CW00520840

ISBN 978-0-656-35865-6
PIBN 10755054

Congrès International des Mines,
de la Métallurgie, de la Mécanique
et de la Géologie appliquées

LIÉGE 1905

Section de Géologie appliquée

1re SESSION

LIÉGE
IMPRIMERIE H. VAILLANT-CARMANNE
(Société Anonyme)
8, Rue Saint-Adalbert, 8.

1905

CONGRÈS INTERNATIONAL

des Mines, de la Métallurgie, de la Mécanique et de la Géologie appliquées

---

LIÉGE 1905

BUREAU DU CONGRÈS

Présidents d'honneur :

MM. FRANCOTTE, ministre de l'Industrie et du Travail de Belgique ;
DE FAVEREAU (baron), ministre des Affaires étrangères de Belgique.

Vice-présidents d'honneur :

MM. PETY DE THOZÉE, gouverneur de la province de Liége ;
KLEYER, G., bourgmestre de la ville de Liége.

Président :

M. HABETS, A., professeur d'Exploitation des mines et de Géographie industrielle à l'Université de Liége, président de l'Association des ingénieurs sortis de l'Ecole de Liége :

Vice-présidents :

MM. DESPRET, Ed., vice-gouverneur de la Société générale pour favoriser l'industrie nationale a Bruxelles, ancien président de l'Association des ingénieurs sortis de l'Ecole de Liége ;
GILLON, Aug., professeur émérite à l'Université de Liége, ancien président de l'Association des ingénieurs sortis de l'Ecole de Liége ;
MAGERY, Jules, administrateur-conseil de l'Aachener Hütten-Actien-Verein, ancien président de l'Association des ingénieurs sortis de l'Ecole de Liége ;
MONTEFIORE-LEVY, Georges, ingénieur, fondateur de l'Institut Montefiore, ancien sénateur, ancien président de l'Association des ingénieurs sortis de l'Ecole de Liége :

MM. PAQUOT, Remy, président du Conseil d'administration de la Compagnie d'Escombrera-Bleyberg, ancien président de l'Association des ingénieurs sortis de l'Ecole de Liége ;

RAZE, Auguste, président de l'Union des charbonnages, mines et usines métallurgiques de la province de Liége, administrateur-délégué de la Société anonyme d'Ougrée-Marihaye.

les *délégués des Gouvernements étrangers* :

Allemagne :

MM. BAUM, Frédéric-G., professeur à l'Académie royale des mines de Berlin ;

MEISSNER, conseiller intime supérieur des Mines, conseiller rapporteur au Ministère prussien du Commerce et de l'Industrie ;

WEDDING, conseiller intime des Mines, professeur à l'Académie royale des mines de Berlin.

Autriche-Hongrie :

Délégués autrichiens :

MM. DIVIS, Jules, inspecteur des constructions et des machines, à Przibram (Bohême) ;

TIETZE (le docteur Emil), conseiller des Mines, directeur de la Geologische Reichsanstalt, à Vienne ;

TOLDT (le docteur Alexandre), conseiller des Mines, à Vienne ;

Délégues du Département hongrois des Finances :

BŒCKH, Hugo, conseiller des Mines et professeur, à Budapest ;

GEZA RÉZ, ingénieur des mines et professeur suppléant, à Budapest ;

Délégué du Département hongrois de l'Agriculture :

ROTH DE FELFGD, Louis, conseiller des Mines et géologue, à Budapest.

Belgique :

MM. DE JAER, Jules, directeur général des Mines, à Bruxelles ;

DEJARDIN, Louis, inspecteur général des Mines, à Bruxelles ;

LIBERT, Joseph, inspecteur général des Mines, à Liége ;

MINSIER, Camille, inspecteur général des Mines, à Mons ;

MOURLON, Michel, directeur du Service géologique, à Bruxelles ;

WATTEYNE, Victor, inspecteur général des Mines, à Bruxelles ;

Bolivie :

M. GODCHAUX, Georges, ingénieur civil, vice-consul de Bolivie, à Bruxelles.

Chine :

M. Ou-Tsong-Lien, Taotai, directeur général des Missions scolaires de Chine.

Danemark :

MM. Borch, L.-C., professeur de Mécanique à l'Ecole polytechnique de Copenhague ;

Ernst, capitaine de l'armée danoise.

Etat Indépendant du Congo :

M. Buttgenbach, Henri, directeur du Bureau des mines de l'Etat indépendant du Congo, à Bruxelles.

États-Unis :

M. Emmons, Samuel, du Service géologique, à Washington.

France :

Section des mines :

MM. Delafond, inspecteur général des Mines, à Paris ;

Kuss, H., ingénieur en chef des Mines, directeur de l'Ecole des maitres-mineurs de Douai ;

Tauzin, L., ingénieur en chef des Mines, directeur de l'Ecole nationale des mines de Saint-Etienne.

Section de métallurgie :

Lodin, A., ingénieur en chef des Mines, professeur de Métallurgie à l'Ecole nationale supérieure des mines, à Paris.

Section de mécanique appliquée :

Worms de Romilly, inspecteur général des Mines, président de la Commission centrale des machines à vapeur, a Paris ;

Section de géologie appliquée :

De Launay, L., ingénieur en chef des Mines, professeur de Géologie appliquée à l'Ecole nationale supérieure des mines, à Paris.

Grand-Duché de Luxembourg :

M. Dondelinger, Victor, ingénieur des Mines, à Luxembourg.

Hollande :

MM. Blankevoort, C., ingénieur des Mines, commissaire royal pour les Mines domaniales, à Heerlen ;

Loudon, A., chef de division au Ministere des Colonies, à Amsterdam ;

Wenkebach, H.-J.-E., directeur général des Mines du Limbourg, à Heerlen.

Italie :

MM. GABÈT, le chevalier Enrico, ingénieur en chef du district de Vicence ;
SINIGAGLIA, Francesco, directeur du Cabinet de technologie de l'Ecole royale d'application pour les ingénieurs de Naples, directeur de l'Association des industriels utilisant des chaudières à vapeur dans la province de Naples.

Japon :

M. WATANABE, J., professeur agrégé à la Faculté des sciences et polytechnique de Kioto.

Norwège :

M. GETZ, Alfred, directeur des Usines à cuivre de Roros.

Roumanie :

MM. ALIMANESTIANU, Constantin, ingénieur en chef, ancien directeur au Département de l'Agriculture, de l'Industrie, du Commerce et des Domaines de Roumanie, à Bucharest ;
BRATIANO VINTILA, Jean, ingénieur, ancien député ;
EDELEANO le docteur Léon, directeur du laboratoire du Service des mines ;
MRAZEC le docteur Léon, membre de l'Académie, professeur à l'Université de Bucharest.

Suède:

M. HOFFSTEDT, W., professeur à l'Ecole polytechnique de Stockolm.

Tunisie:

M. CROZIER, consul de France, à Liége.

Secrétaire général :

M. DECHAMPS, Henri, professeur d'Architecture industrielle et de Construction des machines à l'Université de Liége.

Secrétaire général-adjoint :

M. HABETS, Paul, directeur-gérant de la Société Espérance et Bonne-Fortune, professeur d'Exploitation des mines à l'Université de Bruxelles.

Présidents et Secrétaires des Sections.

Mines.

Président : M. HARZÉ, Emile, directeur général honoraire des Mines.
Secrétaire : M. HENRY, René, ingénieur, chef de service au Charbonnage du Hasard.

Métallurgie.

Président : M. GREINER, Adolphe, directeur général de la Société Cockerill.

Secrétaire : M. RENSON, Constant, ingénieur, directeur technique aux Aciéries d'Angleur.

Mécanique appliquée.

Président : M. HUBERT, Herman, professeur de Mécanique appliquée et de Physique industrielle à l'Université de Liége.

Secrétaire : M. DUCHESNE, Georges, ingénieur, à Liége.

Géologie appliquée.

Président : M. LOHEST, Max., professeur de Géologie à l'Université de Liége.

Secrétaire : M. D'ANDRIMONT, René, ingénieur-géologue, secrétaire de l'Association des ingénieurs sortis de l'Ecole de Liége.

Section de géologie appliquée.

COMITÉ D'ORGANISATION

Président :

M. LOHEST, Max., professeur de Géologie à l'Université, rue Mont-St-Martin, 55, à Liége.

Secrétaire :

M. D'ANDRIMONT, René, ingénieur-géologue, secrétaire de l'Association des ingénieurs sortis de l'École de Liége, rue Bonne-Fortune, 15, à Liége.

Membres :

MM. BRIEN, Victor, ingénieur-géologue, ingénieur au Corps des mines, boulevard Léopold, 10, à Namur.

BROUHON, Lambert, ingénieur en chef du Service des eaux alimentaires de la ville de Liége, rue du Chêne, 35, à Seraing.

CHAUDRON, Joseph, ingénieur en chef des Mines, à Auderghem (Bruxelles).

DE JAER, Jules, directeur général des Mines, avenue de Longchamps, 73, à Uccle (Bruxelles).

DEMARET, Léon, ingénieur principal des Mines, place de Flandre, 7, à Mons.

DENOEL, Lucien, ingénieur au Corps des mines, répétiteur à l'Université de Liége, avenue de Longchamps, 73, à Uccle (Bruxelles).

FALISSE, Abel, directeur général de la Société chimique et minière d'Alaghir, à Vladicaucase (Russie).

FIRKET, Adolphe, inspecteur général des Mines, rue Dartois, 28, à Liége.

FORIR, Henri, secrétaire général de la Société géologique de Belgique, répétiteur à l'Université, rue Nysten, 25, à Liége.

FOURMARIER, Paul, ingénieur-géologue, ingénieur au Corps des mines, assistant à l'Université, rue Maghin, 69, à Liége.

HABETS, Alfred, professeur d'Exploitation des mines à l'Université, rue Paul Devaux, 4, à Liége.

MM. Habets, Paul, directeur-gérant de la Société Espérance et Bonne-Fortune, professeur d'Exploitation des mines à l'Université de Bruxelles, avenue Blonden, 33, à Liége.

Halleux, Arthur, ingénieur du Service technique provincial, rue Fabry, 74, à Liége.

Jamme, Henri, directeur des mines de la Vieille-Montagne, à Bensberg (Prusse).

Kersten, Joseph, inspecteur général des Charbonnages patronnés par la Société générale pour favoriser l'industrie nationale, avenue Brugmann, 43, à Saint-Gilles (Bruxelles).

Lespineux, Georges, ingénieur-géologue, à Huy.

Libert, Joseph, inspecteur général des Mines, rue Saint-Léonard, 384, à Liége.

Renier, Armand, ingénieur-géologue, ingénieur au Corps des mines, rue Dagnelies, 25, à Charleroi.

Servais, Emile, directeur-gérant des Usines de Laminne, à Ampsin.

Smeysters, Joseph, inspecteur général honoraire des Mines, à Marcinelle (Charleroi).

Syroczinski, L., président de l'Association polytechnique de Lemberg, recteur de l'École polytechnique, rue Kopernik, à Lemberg (Autriche).

Timmerhans, Charles, directeur des établissements de la Vieille-Montagne, à Calamine (Moresnet).

Wellens, Victor, directeur des Mines de Dardesa (Laurium.)

Section de géologie appliquée.

BUREAU

Présidents d'honneur :

MM. AGUILERA, G.-Joseph, directeur de l'Institut géologique national, à Mexico.

BACKSTRÖM, Helge, chargé de cours à l'Université, à Stockholm.

BARROIS, Charles, membre de l'Institut, professeur à la Faculté des sciences, à Lille.

CONTRERAS Y VILCHES, Adriano, directeur de la Revista minera, professeur à l'Ecole des mines, à Madrid.

DAWKINS, William-Boyd, professeur à la Victoria University, à Manchester.

DELGADO, Nery-J.-F., directeur du Service géologique du Portugal.

DEWALQUE, Gustave, professeur émérite à l'Université, à Liége.

DUBOIS, Eugene, professeur de Géologie, à l'Université à Amsterdam.

GAUDRY, Albert, membre de l'Institut, professeur honoraire au Muséum d'histoire naturelle, à Paris.

GOSSELET, Jules, correspondant de l'Institut, doyen honoraire à la Faculté des sciences, à Lille.

GRAND'EURY, François-Cyrille, correspondant de l'Institut, ingénieur des Mines, à St-Etienne (Loire).

HEIM, Albert, professeur, à Zurich.

HERMITTE, M.-Enrique, ingénieur civil des mines, chef de la Division des mines, à Buenos-Ayres.

HOEFER, Hans, conseiller I. et R. des Mines, professeur à l'Ecole supérieure des mines, à Leoben.

KEILHACK, géologue du Gouvernement, professeur à l'Ecole des mines, à Berlin.

KRAHMANN, ingénieur des mines, privatdocent pour les Mines, à Berlin.

LEPPLA, A., géologue du Gouvernement, à Berlin.

LUGEON, Maurice, professeur à l'Université et à l'Ecole des ingénieurs, à Lausanne.

MALAISE, Constantin, membre de l'Académie et du Conseil de direction de la Carte géologique de Belgique, à Gembloux.

MM. MATTIROLO, Ettore, ingénieur au Corps royal des mines d'Italie, à Rome.

MELLOR, P.-Edward, du Geological Survey du Transvaal, à Prétoria.

SACCO, Frederico, professeur de Géologie à l'Ecole des ingénieurs, à Turin.

SMEYSTERS, Joseph, inspecteur général honoraire des Mines, à Charleroi.

TCHERNYSCHEFF, Théodosius, directeur du Comité géologique, à St-Pétersbourg.

VAN DEN BROECK, Ernest, conservateur du Musée royal d'histoire naturelle de Belgique, à Bruxelles.

VANKOV, Dr. Lazar, géologue-minéralogiste d'Etat, à Sofia.

Président :

M. LOHEST, Max., professeur de Géologie à l'Université, à Liége.

Secrétaire :

M. D'ANDRIMONT, René, ingénieur-géologue, secrétaire de l'Association des ingénieurs sortis de l'Ecole de Liége, à Liége.

Secrétaires-adjoints :

MM. BRIEN, Victor, ingénieur-géologue, ingénieur au Corps des mines, à Namur.

DE DORLODOT, Léopold, ingénieur-géologue, à Lodelinsart.

FORIR, Henri, ingénieur, répétiteur du cours de Géologie a l'Université, à Liége.

FOURMARIER, Paul, ingénieur-géologue, ingénieur au Corps des mines, assistant à l'Université, à Liége.

GILLE, Gustave, ingénieur des mines, à Liége.

LESPINEUX, Georges, ingénieur-géologue, à Huy.

RENIER, Armand, ingénieur-géologue, ingénieur au Corps des mines, à Charleroi.

PROCÈS-VERBAUX

DES

SÉANCES

DE LA

SECTION DE GÉOLOGIE APPLIQUÉE

SECTION DE GÉOLOGIE APPLIQUÉE

Séance du matin du lundi 26 juin 1905

La séance est ouverte à 9 heures.

Prennent place au bureau MM. le docteur **Emil Tietze** et **Samuel Emmons**, vice-présidents du Congrès, ainsi que M. **Max. Lohest**, président du Comité d'organisation de la Section.

M. **R. d'Andrimont** remplit les fonctions de secrétaire.

M. **M. Lohest** prononce l'allocution suivante :

MESSIEURS,

Comme vous l'a rappelé hier M. MAGERY, président du Comité d'organisation, l'idée d'associer au Congrès des Mines, de la Métallurgie et de la Mécanique appliquée, un Congrès de Géologie appliquée, appartient à M. A. HABETS, le président actuel du Congrès. Le nombre considérable d'adhésions, émanant de nombreux savants et d'ingénieurs éminents, venus ici de toutes les régions du monde, prouve à l'évidence l'opportunité d'une semblable réunion.

La géologie, en effet, offre non seulement un puissant intérêt philosophique, mais une importance économique considérable. Pourrait-on, devant cette assemblée, parler de la géographie d'un pays, de son développement industriel et commercial, de son état social, de son degré de civilisation, sans éveiller immédiatement l'idée de la constitution géologique de son sol.

Si vous avez longé, pour vous rendre à Liége, ces parties des vallées de la Sambre et de la Meuse où, à travers le brouillard des fumées, on aperçoit un pays à physionomie étrange, où les montagnes faites de scories et de rebuts, n'ont rien à voir avec la tectonique et l'érosion, mais ont été extraites par l'homme du sein de la terre, vous vous êtes bien doutés que cet extraordinaire pays noir correspond précisément à une zone teintée en noir sur la carte géologique du pays, zone où viennent affleurer les couches de combustibles.

Aussi, la géologie se trouve-t-elle bien à sa place à la base d'un Congrès des Mines, de la Métallurgie et de la Mécanique appliquée; c'est, pour ainsi dire, une science mère, dont les autres dépendent, l'industrie n'étant, en somme, qu'une conséquence de la nature géologique du sol.

Vers le milieu du dix-neuvième siècle, les études géologiques furent fort en honneur dans l'ouest de l'Europe. C'était alors, pour la Belgique, l'époque héroïque, celle de d'Omalius et de Dumont, et la généralité du public instruit s'intéressait aux découvertes minérales qui venaient si heureusement contribuer au développement et à la prospérité d'une jeune nation.

Plus tard, et jusque dans ces dernières années, les préoccupations de l'ingénieur paraissent différentes.

Envisageant avec confiance l'abondance des matériaux mis à sa disposition, il est porté à considérer la géologie comme une étude de luxe, intéressant surtout les rêveurs et les poètes scientifiques. Rassuré par la grandeur des gisements reconnus, il s'attache uniquement à les épargner dans l'exploitation et à produire un rendement plus grand, par une meilleure organisation du travail et par des appareils plus parfaits.

Mais d'autres préoccupations surgissent aujourd'hui. Les gisements miniers les plus considérables s'épuisent ou présentent des difficultés d'exploitation de plus en plus grandes. Les chefs d'industrie, dans les vieux centres métallurgiques, commencent à s'inquiéter des difficultés d'alimenter, dans l'avenir, les usines existantes.

L'on envisage la possibilité de découvertes minérales nouvelles, entraînant la mort ou le déplacement des anciens centres d'activité industrielle. Et l'éventualité de tels bouleversements économiques venant éveiller l'appréhension, chez les uns, l'espérance, chez les autres, oriente de nouveau l'attention d'une élite intellectuelle vers les recherches et les applications de la géologie.

Indépendamment de l'attrait de l'Exposition universelle de Liége et de l'heureuse structure du sol belge, rassemblant sur un espace minuscule, des représentants de toute la série des couches sédimentaires, d'autres motifs sont de nature à intéresser à ce Congrès le praticien et l'homme de science.

Trop nombreux sur un territoire impuissant, par son exiguïté, à les nourrir tous, les belges ont dû rechercher, dans le sous-sol, des moyens de subsister.

Ils ont ainsi pu obtenir, par l'industrie minière et par le commerce, ce pain quotidien, que l'agriculture seule eût été impuissante à leur procurer. Le sol a été fouillé, exploré, sondé partout, dans l'espoir d'y rencontrer quelque matière utile. De nombreuses voies de communications, nécessitées par la densité de la population, par son activité industrielle, sont venues entailler nos collines en tous sens. Et, de ces recherches, de ces tranchées, il est résulté, non seulement un champ d'études parfaitement préparé pour intéresser des techniciens, mais encore un ensemble remarquable d'observations précises, pouvant seules servir de base solide à l'édification des synthèses scientifiques.

Dans le choix des questions proposées à cette assemblée, nous avons tenu surtout à vous faire connaître et à vous montrer des documents. Dans cet ordre d'idées, nous avons mis au programme les gîtes métallifères, les applications de la boussole et de la paléontologie à la géologie, l'hydrologie et la tectonique.

Notre appel a été entendu en Belgique et à l'étranger. La réputation scientifique des orateurs inscrits est une garantie de succès pour nos réunions.

Vous trouverez peut-être trop belle la part faite à la tectonique dans nos débats. Mais si le monde des ingénieurs et des industriels s'intéresse aujourd'hui à la géologie, c'est non seulement par suite des nécessités de la lutte pour l'existence, mais aussi parce que cette science a évolué. Abandonnant les discussions souvent stériles sur les limites d'étage et les classifications, beaucoup de géologues, dans ces derniers temps, se sont attachés plus particulièrement à l'étude des grands problèmes de la structure et des dislocations de l'écorce terrestre. La tectonique prend chaque jour plus d'importance dans les études géologiques. Et, en cette année 1905, date du premier Congrès de géologie appliquée, nous voyons le doyen infatigable des géologues belges,

M. G. Dewalque, indiquer aux jeunes la voie nouvelle, en publiant un remarquable essai de carte tectonique de notre pays.

Cette science se présente aujourd'hui comme capable de rendre de grands services à l'industrie.

Des ingénieurs, dans ces derniers temps, se basant uniquement sur des considérations de tectonique, n'ont-ils pas retrouvé de nouveaux bassins et rencontré le terrain houiller à de grandes distances de tout affleurement, sous des épaisseurs considérables de morts terrains, et même, sous des couches géologiquement plus anciennes ?

Sous ce rapport, la grande dislocation située au sud de la bande houillère exploitée en Belgique, a, de tout temps, préoccupé les ingénieurs et les géologues. Dumont, en 1848, avait, au grand étonnement de ses contemporains, prédit la rencontre de l'étage houiller à Boussu sous le système silurien. Des dislocations analogues à celles de Boussu s'observent plus à l'Est et ont été suivies jusqu'en Allemagne. Elles ont donné lieu à toute une série de travaux remarquables, dus à des géologues belges et étrangers, travaux dont l'intérêt, au point de vue de l'avenir de nos bassins houillers, est incontestable. Déjà M. Smeysters, inspecteur général des mines, président de la Société géologique de Belgique a, par une minutieuse étude d'un de ces accidents, démontré que le bassin houiller de Charleroi a, en profondeur, une extension considérable, s'étendant à deux kilomètres au moins au delà des premiers affleurements de Calcaire carbonifère.

D'autres recherches font pressentir l'existence de nouveaux bassins cachés, par l'action d'une grande faille, sous un manteau de couches beaucoup plus anciennes. La précision des observations faites dans les travaux miniers, jointes à celles que vous aurez l'occasion de vérifier vous-mêmes sur le terrain, servira de base solide à vos discussions. Je remercie les nombreux ingénieurs qui ont bien voulu nous entretenir de leurs études sur ces sujets d'actualité et nous diriger dans nos excursions.

L'importance donnée à la géologie du terrain houiller ne pouvait nous laisser indifférents aux théories sur l'origine de la houille. Fait heureux pour nous, cette question sera traitée ici par des savants éminents, ayant consacré une partie de leur vie à la résolution de ce problème.

En parcourant la liste des adhésions à ce Congrès, nous avons remarqué bien des noms illustres dans les annales de l'industrie et de la science. Nous vous connaissions déjà, Messieurs, par vos publications et vos œuvres et nous éprouvions le désir de vous voir et de vous entendre.

L'intérêt d'un Congrès ne réside pas seulement dans les questions mises à l'ordre du jour. Le meilleur résultat de ces assemblées est de réunir des hommes de toutes nationalités, de toutes les écoles scientifiques, venus à ces grandes foires intellectuelles, pour y échanger des idées et certains d'y rencontrer des amis poursuivant, comme eux, le même idéal de progrès économique et de vérité scientifique.

Je déclare ouvert le premier Congrès de Géologie appliquée (*Applaudissements prolongés*).

Nous avons, Messieurs, à procéder à la nomination du bureau de la Section. Conformément au vœu émis hier en assemblée générale, nous avons à élire un certain nombre de présidents d'honneur, choisis parmi les notabilités de la science géologique. Le bureau de la Commission d'organisation a cru devoir vous soumettre des propositions au sujet de ces nominations, mais nous vous demanderons, Messieurs, de bien vouloir compléter cette liste, car la hâte avec laquelle elle dut être dressée au dernier moment, peut nous avoir fait omettre le nom de plus d'un savant éminent.

Nous vous proposerons de nommer présidents d'honneur de la Section de Géologie appliquée, MM.

AGUILERA, G.-Joseph, directeur de l'Institut géologique national, à Mexico.

BACKSTRÖM, Helge, chargé de cours à l'Université, à Stockholm.

BARROIS, Charles, membre de l'Institut, professeur à la Faculté des sciences, à Lille.

CONTRERAS Y VILCHES, Adriano, directeur de la *Revista minera*, professeur à l'Ecole des Mines, à Madrid.

DAWKINS, William-Boyd, professeur à la Victoria University, à Manchester.

DELGADO, Nery-J.-F., directeur du Service géologique du Portugal.

DEWALQUE, Gustave, professeur émérite à l'Université, à Liége.

DUBOIS, Eugène, professeur de Géologie, à Amsterdam.

GAUDRY, Albert, membre de l'Institut, professeur honoraire au Muséum d'histoire naturelle, à Paris.

GOSSELET, Jules, correspondant de l'Institut, doyen honoraire de la Faculté des sciences, à Lille.

GRAND'EURY, François-Cyrille, correspondant de l'Institut, ingénieur des Mines, à Saint-Etienne (Loire).

HEIM, Albert, professeur, à Zurich.

HERMITTE, M.-Enrique, ingénieur civil des Mines, chef de la Division des Mines, à Buenos-Ayres.

HŒFER, Hans, conseiller I. et R. des Mines, professeur à l'Ecole supérieure des Mines, à Leoben.

KEILHACK, géologue du Gouvernement, professeur à l'Ecole des Mines, à Berlin.

KRAHMANN, ingénieur des Mines, Privatdocent pour les Mines, à Berlin.

LEPPLA, A., géologue du Gouvernement, à Berlin.

LUGEON, Maurice, professeur à l'Université et à l'Ecole des ingénieurs, à Lausanne.

MALAISE, Constantin, membre de l'Académie et du Conseil de direction de la Carte géologique de Belgique, à Gembloux.

MATTIROLO, Ettore, ingénieur au Corps royal des Mines d'Italie, à Rome.

MELLOR, P.-Edward, du Geological Survey du Transvaal, à Prétoria.

SACCO, Frederico, professeur de Géologie à l'Ecole des ingénieurs, à Turin.

SMEYSTERS, Joseph, inspecteur général honoraire des Mines, à Charleroi.

TCHERNYSCHEFF, Théodosius, directeur du Comité géologique, à Saint-Péterbourg.

VAN DEN BROECK, Ernest, conservateur au Musée royal d'histoire naturelle de Belgique, à Bruxelles.

VANKOW, Dr Lazar, géologue-minéralogiste d'Etat, à Sofia.

(*Applaudissements prolongés*).

Nous avons également à élire un président, un secrétaire et un certain nombre de secrétaires-adjoints.

M. **Ch. Barrois**. — Nous avons parmi nous, Messieurs, deux confrères qui, depuis de longs mois, se sont dévoués à la réussite du

Congrès, au cours de la période d'organisation. Je veux parler de M. Max. LOHEST, président et de M. René D'ANDRIMONT, secrétaire de la Section de Géologie de la Commission d'organisation du Congrès. Nous ne pourrions remettre en de meilleures mains la présidence de notre section et les délicates fonctions de secrétaire (*Applaudissements*).

M. **M. Lohest.** — Les secrétaires-adjoints du Congrès devant fournir un travail assez considérable au cours de la présente session, la Commission d'organisation a pensé qu'elle devait vous proposer la nomination de confrères liégeois. Elle s'est arrêtée aux noms de MM.

BRIEN, Victor, ingénieur-géologue, ingénieur au Corps des mines, à Namur.

DE DORLODOT, Léopold, ingénieur-géologue, à Lodelinsart.

FORIR, Henri, ingénieur, répétiteur du cours de Géologie à l'Université, à Liége.

FOURMARIER, Paul, ingénieur-géologue, ingénieur au Corps des mines, assistant à l'Université, à Liége.

GILLE, Gustave, ingénieur des Mines, à Liége.

LESPINEUX, Georges, ingénieur-géologue, à Huy.

RENIER, Armand, ingénieur-géologue, ingénieur au Corps des mines, à Charleroi.

(*Applaudissements.*)

M. **M. Lohest,** président, cède le fauteuil à M. **J. Gosselet**, président d'honneur, doyen honoraire de la Faculté des sciences de Lille.

MM. **H. Forir** et **P. Fourmarier** remplissent les fonctions de secrétaires.

M. le président aborde l'ordre du jour.

1re question : Tectonique des bassins houillers.

La parole est donnée à M. **J. Smeysters,** inspecteur général honoraire des Mines, à Charleroi, qui fait une communication sur l'*Etat actuel de nos connaissances sur la structure du bassin houiller de Charleroi et, notamment, du lambeau de poussée de la*

Tombe. Il a fait parvenir le résumé suivant de son travail, qui a paru *in extenso* dans les *Mémoires*, pp. 245 à 285, et qui est accompagné de neuf planches.

Etat actuel de nos connaissances sur la structure du bassin houiller de Charleroi,

PAR

J. SMEYSTERS.

Lorsqu'on examine, dans son ensemble, la configuration du bassin houiller de Charleroi, on reste frappé de la délinéation particulière des terrains primaires qui en forment la bordure méridionale.

Au levant de Charleroi, la direction générale de ces terrains est SW.-NE., tandis que, du côté couchant, cette direction affecte l'allure SE.-NW. Entre les deux, se présente l'anse de Jamioulx, qui reproduit, bien que sur une moindre échelle, l'incurvation du bord sud du bassin houiller français entre Valenciennes et Douai.

Cette dualité d'orientation est en rapport étroit avec l'allongement des diverses failles qui divisent notre bassin. Celles que l'on peut suivre au levant de Charleroi, se développent vers l'Est, tandis que, vers l'Ouest, elles disparaissent, soit à proximité, soit dans l'anse même de Jamioulx ; telles sont les failles du Gouffre, du Carabinier et d'Ormont. Au contraire, à l'ouest du méridien de Charleroi, elles gagnent en importance dans cette direction et s'atténuent à mesure qu'elles avancent vers l'Est. C'est le cas pour les failles du Pays-de-Liége, du Carabinier (branche ouest), ainsi que pour l'accident de la Tombe.

La faille du Centre, comme la grande faille du Midi, semble, de prime abord, faire exception à cette règle. Toutefois, en ce qui concerne la première, elle diminue d'importance vers l'Est, pour disparaître au delà d'Auvelais, alors que, vers l'Ouest, elle se poursuit jusque dans le Borinage, où elle a été traversée par le puits sur Jemappes de la Société anonyme des Produits.

Quant à la faille du Midi, que nous suivons grandissant vers l'Ouest, elle se perd à l'est de Charleroi, où une poussée de direction SE.-NW. l'a détournée de sa direction originelle. Elle se termine au Silurien de Puagne.

En somme, ces fractures, dont l'importance s'accroît à mesure qu'elles s'allongent vers le Couchant, doivent être rapportées à la poussée SW.-NE.

Les unes comme les autres sont le résultat de poussées tangentielles, produites sur le bord méridional du bassin ; elles ont un développement considérable, les moindres ayant pu être suivies avec certitude sur 18 à 20 kilomètres.

Celles du second groupe se déploient avec plus d'ampleur encore, car la faille du Centre, notamment, avec son cortège de fractures adventives, s'allonge à travers le Centre, le Borinage et, vraisemblablement, jusque dans le bassin français. Suivant la catégorie à laquelle elles appartiennent, elles prennent une direction sensiblement concordante avec celle du bord correspondant du bassin.

L'accident de la Tombe est certainement l'un des plus intéressants du bassin qui nous occupe et celui sur lequel on a le plus discuté.

Dû à la même cause dynamique qui a provoqué les autres fractures, le lambeau de poussée qu'il constitue se présente sous la forme d'une masse complexe, composée de Frasnien, de Famennien, de Calcaire carbonifère et de Houiller. Cette masse, dont les ailes ont été largement enlevées par dénudation, se réduit, vers le Sud-Ouest, dans une assez forte mesure, pour disparaître sous la faille du Midi. Elle est, d'ailleurs, elle-même traversée par un certain nombre de fractures, parmi lesquelles on distingue celles de Forêt, de Fontaine-l'Evêque et de Leernes, ces dernières si bien définies par Briart dans sa *Géologie des environs de Fontaine-l'Évêque et de Landelies*. Quelques sondages, parmi lesquels celui de la ferme de Luze, pratiqué non loin de la ferme de ce nom, fournissent des indications assez précises sur l'extension et la composition même du massif. Ce sondage a révélé, par l'intercalation d'une partie de Houiller inférieur entre des strates de Calcaire carbonifère, le passage de la faille de Leernes, comme aussi l'existence d'une autre fracture dépendant de celle de Fontaine-l'Evêque.

Le terrain houiller utile $H2$ succédant immédiatement, dans ce sondage, au calcaire viséen supérieur, implique la présence d'une nouvelle faille, à laquelle nous avons rattaché celle de Forêt, qui délimite le paquet houiller auquel nous avons donné le nom de lambeau de Charleroi.

Les travaux exécutés, tant dans la concession de Forte-Taille que dans celle de Monceau-Fontaine, ont établi que la faille de la Tombe s'enfonce du Sud-Ouest vers le Nord-Est sous une pente d'environ 10°, formant ainsi une sorte de chenal qui s'évase à mesure qu'on le suit vers le Nord et qui, après avoir acquis une profondeur maximum de 600 mètres, se relève ensuite vers la surface.

Les exploitations, comme les recherches poursuivies par les puits n° 2, n° 5, n° 12 et n° 14 des charbonnages de Monceau-Fontaine, où d'importantes zones de dislocation ont été reconnues, témoignent de l'extension vers le Nord du lambeau de la Tombe, bien au delà de la limite que lui assignait Briart, limite qui coïncide avec celle du lambeau de Charleroi. Vers l'Ouest, il s'est étendu, d'une part, jusqu'à Anderlues et, d'autre part, jusque la concession du Nord de Charleroi, dont le gisement, vers son affleurement, a été disloqué par la poussée du front même du lambeau.

Vers l'Est, les exploitations des puits n° 5 et n° 11 des charbonnages de Marcinelle-Nord, en délimitent l'aile sud-est. De ce côté, diminuant graduellement d'importance, il finit par se confondre avec celui de Charleroi, et disparaît avec lui, par érosion, sur le territoire de Montigny.

Les travaux d'exploitation du puits n° 12 de Marcinelle-Nord, ceux du siège n° 1 de Fontaine-l'Evêque, ainsi que ceux du puits Avenir de Forte-Taille, s'étendent régulièrement sous la faille de la Tombe. Le lambeau de ce nom constitue ainsi une nappe de recouvrement charriée du Sud-Ouest au Nord-Est sur le terrain houiller, déjà morcelé par des accidents dynamiques antérieurs.

M. O. Ledouble, ingénieur en chef-directeur des Mines à Charleroi, présente une *Notice sur la constitution du bassin houiller de Liége*, dont il a été chargé de dresser la carte minière à l'occasion de l'Exposition universelle de Liége.

L'auteur distingue deux groupes dans le terrain houiller de Liége : le groupe de Liége-Seraing et celui de Herve. Ils sont séparés par une faille reconnue aux charbonnages d'Angleur et de Trou-Souris et se raccordant à la faille eifélienne.

L'établissement de la synonymie des couches des deux groupes est très difficile. L'épaisseur des stampes varie parfois beaucoup ;

cette variation est souvent due à la présence de failles; dans d'autres cas, on peut l'expliquer par les mouvements contemporains de la formation houillère.

Le groupe de Liége-Seraing a son bord nord caché sous les morts terrains. Sa largeur est peu connue; la puissance totale du Houiller peut y être estimée à 1 690 mètres. Le nombre des couches exploitables serait de 59, dont 20 seulement seraient exploitables dans toute l'étendue du bassin, et on y trouverait 1^{m}56 de charbon par 100 mètres de stampe.

La teneur des couches en matières volatiles va en décroissant de l'Ouest à l'Est; sur une même verticale, elle décroît au fur et à mesure qu'on descend la série et, suivant une même couche, elle décroit quand la profondeur augmente.

Le groupe de Liége-Seraing est traversé par de nombreuses cassures rentrant dans trois catégories: *a*) les failles dont l'inclinaison est peu différente de celle des couches et qui sont surtout abondantes dans la région nord-est; elles seraient plus anciennes que les failles de la deuxième catégorie et antérieures au plissement du Houiller; *b*) les failles de la deuxième catégorie, telles que la faille Saint-Gilles, la faille de Seraing, etc., auraient produit un mouvement vertical et latéral; elles sont généralement marquées par une zone fracturée d'une certaine épaisseur; l'affaissement a eu lieu tantôt dans un sens, tantôt dans un autre; *c*) les failles de la troisième catégorie existent surtout aux confins orientaux du bassin; elles indiquent un affaissement général vers l'Est.

Le groupe de Herve contient des charbons demi-gras, devenant maigres en profondeur; la teneur en matières volatiles va en diminuant de l'Ouest à l'Est.

L'épaisseur du terrain houiller, dans ce groupe, peut être évaluée à 1 100 mètres; il renferme 23 couches dont 13 seraient exploitables dans toute l'étendue du bassin.

On y rencontre des fractures de la première catégorie; on constate que plusieurs d'entre elles sont dues à l'accentuation de plis.

Les failles de la deuxième catégorie n'y sont pas connues.

Il existe des failles de la troisième catégorie dans la partie ouest du bassin.

La communication de M. O. Ledouble est publiée *in extenso* dans les *Mémoires*; elle est accompagnée de huit planches.

M. **E. Tietze**, vice-président du Congrès, remplace M. J. Gosselet au fauteuil de la présidence.

M. **P. Fourmarier**, assistant de géologie à l'Université de Liége, fait une communication sur *La limite méridionale du bassin houiller de Liége;* il en a fait parvenir le résumé suivant :

A l'ouest d'Angleur, le Houiller de Liége est limité par une grande faille qui met en contact ce terrain avec le Dévonien inférieur; trois coupes verticales à travers la partie sud du bassin montrent que le Houiller forme un anticlinal faillé, l'anticlinal de Cointe, dont le bord sud est coupé par la faille eifélienne.

A l'est d'Angleur, la faille eifélienne se divise en plusieurs autres et la branche inférieure sépare le bassin de Liége du bassin de Herve; cette branche inférieure se retrouve à Moresnet et au delà d'Aix-la-Chapelle.

Le bassin de Herve, aux environs d'Angleur, est limité au Sud par des failles importantes, qui ont refoulé sur lui les terrains dévoniens et carbonifères, affleurant dans la vallée de la Vesdre; mais une série de coupes montre que le bassin de Herve se raccorde néanmoins au massif de la Vesdre refoulé sur le bassin de Liége.

Aux Forges-Thiry, près de Theux, on voit apparaître du Houiller mis en contact, au Nord, avec du Dévonien inférieur, par une faille inclinant très faiblement au Nord. Le houiller de Theux fait partie d'un massif de terrains dévoniens et de Carboniférien, entouré, de toutes parts, par une ceinture de Gedinnien et de Cambrien, formant ainsi une fenêtre ouverte dans ces terrains par suite de l'érosion. Le contact est une grande faille, appelée faille de Theux, dont l'importance qui augmente du Nord au Sud, atteint, aux Forges-Thiry, approximativement celle de la faille eifélienne à l'ouest de Liége; la première incline au Sud, la seconde au Nord; il paraît rationnel de les raccorder.

D'autre part, le Houiller de Theux montre des plis ayant l'allure caractéristique du bord sud d'un bassin; on peut donc supposer qu'il existe, sous le lambeau de refoulement de la vallée de la

Vesdre, soit un bassin houiller se raccordant directement à celui qui s'amorce au sud de l'anticlinal de Cointe, soit plusieurs petits synclinaux d'importance beaucoup moindre.

Le travail de M. P. FOURMARIER a paru dans les *Mémoires*, pp. 479 à 495 ; il est accompagné de quatre planches.

M. **Ludovic Breton**, ingénieur-directeur des travaux de la Compagnie du chemin de fer sous-marin entre la France et l'Angleterre, à Calais, fait la communication suivante :

Les failles de charriage

PAR

LUDOVIC BRETON.

La géologie nouvelle a mis à la mode les failles de charriage. C'est grâce à ces failles que le Houiller de Liévin est recouvert au Sud par du Silurien, le Houiller de Nœux par du Dévonien, le Houiller de la Clarence par du Calcaire carbonifère, comme celui de Cauchy-à-la-Tour, de Ferfay, d'Auchy-au-bois et de Fléchinelle, et surtout celui d'Hardinghen.

Silurien et Dévonien, ce sont des terrains plus anciens comme nature de roches, que le terrain houiller. Je montrerai que ce qu'on appelle Calcaire carbonifère, au dessus du terrain houiller, est plus récent, comme âge et comme nature de roches.

M. Marcel BERTRAND, professeur de géologie à l'Ecole nationale supérieure des mines de Paris, est, en France, un des chefs de l'Ecole des charriages. Il nous montre, dans les Bouches-du-Rhône, les lignites crétacés recouverts, soit par du Trias, soit par du Jurassique, soit par du Crétacé plus ancien que le Crétacé à lignites, et il trouve que le bassin crétacé à lignites de Fuveau présente, sur son bord méridional, une structure presque identique à celle du bassin houiller du nord de la France. Il a fait paraître dans les *Annales des mines*, livraison de juillet 1898, une étude ayant pour titre : « Le bassin crétacé de Fuveau et le bassin houiller du Nord ».

M. Marcel BERTRAND ne nous dit pas à quelle époque ont eu lieu les charriages sur le terrain houiller du nord de la France ? Est-ce à l'époque permienne ? Est-ce à l'époque triasique ? Est-ce même à l'époque jurassique ?

Comment se fait-il que le terrain houiller, après la fin de sa formation, se soit retourné sur lui-même et retourné encore en sens inverse, imitant le voyageur en wagon couché sur le dos sur la banquette et ramenant ses jambes pliées en chien de fusil, sans jamais recouvrir un terrain plus récent que lui ? C'est-à-dire qu'on n'a pas encore montré qu'un sondage ait rencontré des terrains dans l'ordre suivant :

1° Terrain houiller.

2° Terrain triasique.

ou encore :

1° Terrain houiller.

2° Terrain jurassique.

J'ai bien lu, dans l'*Echo des mines et de la métallurgie*, n° 1 542, lundi 7 décembre 1903 :

« Ardèche.

» Sondage de Berrias. — Le sondage de Berrias vient d'atteindre » la profondeur de 600 mètres, après avoir traversé environ 500 » mètres de terrain stérile. Ce qui est très curieux, au point de » vue géologique, c'est qu'à cette profondeur il a touché le *Trias*. » Il faut supposer, dès lors, que le terrain houiller recoupé fait » partie d'un lambeau de charriage, dont il sera extrêmement » intéressant, à tous points de vue, de trouver l'origine ».

Mais ce Trias n'est-il pas du Dévonien en place? C'est probable. Qu'on me montre du terrain houiller recouvrant du terrain plus récent que lui, au lieu d'être recouvert par toutes sortes de roches plus anciennes que lui ou plus récentes, et je croirai davantage aux failles de charriage.

On ne peut cependant pas appeler charriage tous les déplacements suivant la règle de Schmidt, ou contraires à cette règle. Alors, il n'y avait nul besoin de créer un mot nouveau.

En Belgique, on observe, en plein bassin houiller, un déplacement horizontal de 100 mètres environ, et on l'appelle du nom vraiment trop pompeux de « Grand transport ».

M. **Hans Hœfer**, professeur à l'Ecole des Mines de Leoben, qui devait faire une communication, n'étant pas présent à la séance, M. le président donne la parole à M. **H. Forir**, répétiteur de géologie à l'Université de Liége. Celui-ci invite l'assemblée à se rendre à la section de Géologie de l'Exposition, où sont étalées les cartes et les coupes du bassin houiller de la Campine, qui doivent servir de base à sa conférence.

L'assemblée, étant donné le mauvais temps et vu l'heure avancée, décide d'entendre M. H. FORIR un autre jour de la semaine (1).

La séance est levée à midi.

---

(1) La communication de M. H. FORIR a eu lieu le mardi 27 et a été répétée le mercredi 28 juin, dans l'après-midi, à l'Exposition. Elle est publiée dans les *Mémoires*, avec les planches qui l'accompagnent.

Séance de l'après-midi du lundi 26 juin 1905.

3ᵉ question : Origine des combustibles fossiles.

La séance est ouverte à 3 heures 10, sous la présidence de M. **Th.Tschernyscheff**, président d'honneur.

M. **A. Renier** remplit les fonctions de secrétaire.

M. **C.-Eg. Bertrand** expose, dans une conférence illustrée de projections lumineuses, *Ce que les coupes minces des charbons de terre nous ont appris sur leurs modes de formation.*

En étudiant au microscope les charbons réduits en lames minces, M. Bertrand s'est assigné comme tâche, de définir les caractères spécifiques de chaque combustible, de donner la raison dernière des distinctions que le mineur est parvenu, grâce à une longue expérience, à établir de façon souvent si remarquable.

Malgré les nombreuses difficultés de tous genres qu'il a fallu surmonter, ces études ont déjà donné des résultats importants, dont la somme va chaque jour croissant.

On retrouve, dans tous les combustibles, un certain nombre de caractères généraux qui résultent des conditions nécessaires à leur formation. C'est, tout d'abord, la gelée humique ; puis, c'est le bitume ; ce sont, enfin, des débris les plus variés et les plus variables de débris d'organismes animaux ou végétaux qui communiquent aux charbons des propriétés spéciales, et peuvent encore permettre de définir leur âge ou de préciser la position de leur gisement.

La gelée brune forme la trame des charbons et des schistes bitumineux. Elle enrobe les débris organiques à la façon d'un coagulum qui les a soutenus dans leur chute vers le fond du bassin de dépôt. L'attitude des débris montre combien était grand son degré de consistance.

Cette gélée constitue un milieu fixateur et conservateur à la fois. La fermentation bactérienne y est arrêtée à un certain stade. Aussi, ne peut-on admettre la transformation indéfinie, sous les influences microbiennes, des constituants des divers charbons.

On peut comparer cette gelée aux eaux brunes, alcalines, chargées d'humates solubles, qui sont si propres au développement des êtres dont on retrouve les débris dans les charbons. Ces eaux tiennent indéfiniment en suspension les boues argileuses. Les sels de fer et d'alumine les clarifient complètement ; le précipité obtenu rappelle, par sa consistance, la gelée humique.

La découverte faite par M. Potonié, de dépôts modernes, analogues à ceux qui ont formé les charbons, vient toutefois modifier quelque peu cette conception de l'origine de la gelée fondamentale, tout en confirmant les caractères de consistance et d'imputrescibilité qu'avait fait reconnaître l'examen microscopique.

M. Bertrand décrit ensuite les différents types de charbons, en détaillant leurs caractères remarquables et en attirant incidemment l'attention sur l'intervention du bitume.

L'action de ce bitume est visible dans les coupes minces. On le retrouve libre dans les fentes de la roche. On ne peut, toutefois, que faire des hypothèses sur son mode de formation.

La gelée humique peut, à elle seule, donner un combustible qui est non un charbon, mais un schiste plus ou moins bitumineux suivant le degré d'intervention des matières minérales. Exemples: le *Brown Oilshale* d'Ecosse, le schiste de Ceara, l'escaillage de Liévin, etc., roches d'âges divers qui sont les prototypes des formations charbonneuses.

L'intervention de débris organiques en grande abondance donne à la roche des caractères spéciaux. C'est pourquoi il faut formellement tenir compte de leur présence et de leur nature. Une classe de débris est généralement dominante, et c'est elle qui sert de base à la distinction.

On a ainsi les charbons de purins, chargés de grandes quantités de matières stercoraires. Exemple : le schiste de Buxière-les-Mines. La fossilification charbonneuse des coprolithes témoigne du rôle joué par le bitume.

On distingue ensuite les charbons sporo-polliniques, abondamment répandus dans toutes les formations. Ici encore, on peut, en comparant divers combustibles, établir l'action de la matière bitumineuse.

Une quatrième classe est formée par les *bogheads* ou charbons d'algues. La consistance de la gelée y est celle d'une solution de gélose. L'examen du *Kerosene Shale* permet de saisir, entre autres, le mode de localisation du bitume.

Celui du *boghead* d'Autun établit, en outre, le caractère presque aseptique du milieu formateur.

La houille se caractérise par l'abondance des débris de végétaux supérieurs stratifiés dans la gelée brune. M. Bertrand en étudie les caractères dans les parties des veines, minéralisées par le calcaire ou la silice, dont l'examen offre des facilités spéciales.

La houille provient de débris divers de troncs qui ont subi une altération tourbeuse. On y retrouve des racines indiquant la présence d'une végétation aquatique autochtone, ce qui implique une faible profondeur d'eau. Les végétaux sont parfois fortement désagrégés par les bactéries et l'on retrouve, ici encore, des infiltrations bitumineuses.

Le travail de M. C.-Eg. Bertrand est publié dans les *Mémoires*, pp. 349 à 390 ; il est accompagné de neuf planches.

M. **M. Lemière** fait une conférence avec projections, sur la *Formation et la recherche des combustibles fossiles.*

M. Lemière voudrait s'attacher à définir l'état de la question de la formation des combustibles fossiles, en vue d'établir les lois générales de leurs conditions de gisement.

Il examine d'abord le problème au point de vue de la chimie organique. L'intervention des ferments dans la formation de la houille est aujourd'hui un fait acquis.

Le rôle des ferments, dont on peut constater l'activité à tous les âges de la terre, est, d'autre part, bien connu, et leur action sur la cellulose, constituant prédominant de tous les tissus végétaux, a été parfaitement étudiée. Renault a établi, par l'étude des charbons réduits en lames minces, que les divers caractères de ces roches témoignent de l'intervention successive de microorganismes aérobies et anaérobies. Cette intervention a provoqué la carbonification. Les conditions climatériques et végétatives aux temps primaires ont eu pour conséquence d'intensifier le phénomène.

La qualité des combustibles dépend aussi de la nature des organismes qu'ils renferment. Les pétroles et les asphaltes sont peut-être un résidu de la formation des charbons.

La fermentation ne suffit toutefois pas à expliquer la teneur élevée en carbone constatée dans les combustibles, au moins dans les conditions actuelles de l'activité microbienne.

Il est cependant admissible de croire que la carbonification s'est faite dans des conditions de température et de rapidité analogues à celles des fermentations présentes.

M. Lemière étudie ensuite la stratigraphie générale des dépôts fluvio-lacustres. Les matériaux déposés dans un delta affectent la forme de cônes dont l'allure dépend de la vitesse et de l'agitation des eaux et encore de la composition des alluvions. L'étude des formations houillères montre qu'il s'agit bien de dépôts de ce genre. Elle permet de définir l'importance des divers facteurs dont il faut tenir compte dans les expériences sédimentaires.

M. Lemière examine enfin les diverses parties d'un talus de delta en voie de formation et signale, en quelques remarques, les perturbations accidentelles qui peuvent affecter la formation.

La séance est suspendue à 5 heures.

La section se rend à la salle académique de l'Université, pour assister aux expériences de M. M. LOHEST, auxquelles les membres du Congrès du pétrole ont été invités.

La séance est reprise à 5 h. 15, sous la présidence de **M. Ch. Barrois**, président d'honneur de la Section.

M. M. Lohest fait une conférence d'introduction, dont nous donnons le résumé suivant, à ses

Expériences relatives à la situation géologique des gisements de pétrole,

PAR

M. LOHEST.

Le pétrole existe dans des terrains d'âges divers. C'est un fait d'expérience que, dans les terrains plissés, les gisements suivent la direction des couches ou encore la direction des chaînes de montagnes, déterminée, ainsi que nous l'enseigne la géographie physique, par celle des couches sédimentaires.

On a, de plus, constaté que les anticlinaux sont les gisements pétrolifères par excellence. Cette règle fut formulée à diverses reprises, notamment par Sterry HUNT en 1859 et par M. Hans HŒFER en 1876. Son application a conduit fréquemment au succès ; mais on a enregistré aussi des insuccès. Ces insuccès s'expliquent aisément, si l'on remarque qu'on a souvent négligé de tenir compte de l'asymétrie des plis.

Les gisements anticlinaux sont surtout remarquables parce que le pétrole y est généralement jaillissant. On a cherché à expliquer ce fait en imaginant une théorie hydrostatique. Mais cette explication n'est pas satisfaisante, car souvent, par exemple en Roumanie, on n'a pas rencontré l'eau après le pétrole.

M. Lohest s'est demandé si la cause qui a provoqué l'accumulation sous forte pression du pétrole dans les anticlinaux n'est pas d'ordre géodynamique. Le plissement entraîne, en effet, certains phénomènes d'écoulement et d'orientation dans les masses minérales qui y sont soumises. Peut-être le pétrole, réparti primitivement de façon uniforme dans certaines couches, a-t-il été ainsi accumulé et accumulé sous forte pression, au sommet des plis, compliqués d'ailleurs de cassures et de failles. C'est en vue de vérifier cette hypothèse que M. Lohest a eu recours à l'expérience.

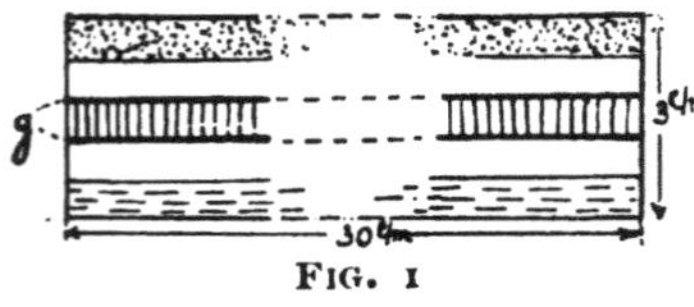

FIG. 1

Partant de l'idée que la présence de pétrole donne à la roche qui le renferme une certaine plasticité, il a superposé, par empilement, un certain nombre de bandes de terre plastique, diversement colorées, en interposant entre certaines d'entre elles deux couches de graisse (g) (fig. 1). Le paquet ainsi formé est posé à plat dans un moule en acier à paroi mobile, puis recouvert d'une couche de sable, et enfin comprimé par les abouts. Il se produit ainsi un plissement du paquet, en même temps qu'un écoulement de la matière, sous une pression considérable due à la friction interne de la couche de sable.

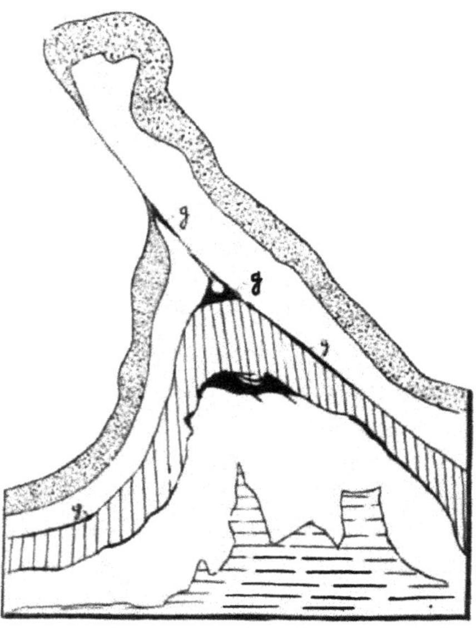

FIG. 2

Lorsque la déformation est suffisamment accentuée, on

constate, en sectionnant verticalement la masse (fig. 2), que la graisse s'est accumulée au sommet des anticlinaux surtout. Elle injecte encore les failles qui compliquent si souvent le prolongement des anticlinaux et le long desquelles se trouvent pincés de véritables écailles ou paquets de couches.

Ces expériences réalisent donc entièrement les prévisions. Elles expliquent pourquoi le pétrole est contenu de préférence dans les charnières anticlinales, qu'il s'agisse d'anticlinaux parallèles au plissement général de la région, ou de bombements transversaux à cette direction. Elles montrent comment il se peut qu'on rencontre du pétrole dans des failles en relation avec les anticlinaux, ainsi que le montre la figure 2.

Ces expériences nous renseignent également sur l'origine des allures constatées dans le terrain houiller belge, où les couches de houille se renflent aux crochons des selles et des bassins, souvent compliqués par des « queuvées ». La couche de houille a joué, dans le plissement de ces terrains, un rôle comparable à celui de la graisse dans les expériences.

M. Lohest signale, en terminant, que ses expériences reproduisent un fait souvent constaté par les praticiens : le manque de corrélation entre les allures superficielles et les allures profondes.

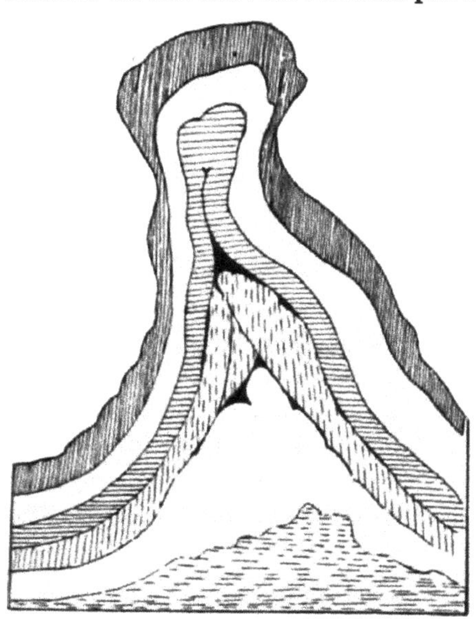

FIG. 3

Les grandes masses schisteuses intercalées, dans nos terrains primaires, entre des couches dures de grès ou de calcaire, peuvent, de même, avoir eu une importance considérable sur la production des failles.

M. **Ch. Barrois** remercie et félicite M. LOHEST d'avoir abordé aussi brillamment la géologie expérimentale, le summum de la science géologique.

M. **M. Lohest**, après avoir signalé brièvement, pendant la préparation de l'expérience, le résultat de ses recherches sur le développement du clivage schisteux, par compression de cylindres d'argile, procède ensuite aux expériences décrites ci-dessus, et obtient le dessin représenté par la figure 3, p. 35.

La longueur primitive des bandes d'argile, d'épaisseur aussi uniforme que possible, était de 30 centimètres; la hauteur totale de leur ensemble était de 3 centimètres et sa largeur, de 4 centimètres. La longueur a été réduite à 15 centimètres par la compression.

M. **Angerman** pense que les expériences de M. LOHEST ne devraient pas être faites sur un ensemble de couches également molles, mais sur des couches alternativement tendres et dures. Elles réaliseraient ainsi, de façon plus approchée, les conditions qui existent dans la nature. Il serait également désirable que ces expériences fussent poursuivies sur une plus grande échelle et que l'intensité de la compression fut plus variée.

M. **Blazy** signale que les résultats des expériences de M. LOHEST ne se concilient pas avec la nature sableuse et la grande extension des couches pétrolifères.

M. **M. Lohest** répond que cette extension a lieu en direction et que, dans ses expériences, il ne définit l'allure que dans les coupes normales à la direction. Il a effectué un grand nombre d'expériences sur des couches alternativement dures et tendres; mais il n'a pas jugé utile de les décrire ici [1].

M. **Blazy** invoque le fait que l'extension du gîte se constate dans des directions perpendiculaires.

M. **M. Lohest** rappelle que les particularités d'allure des crochons ont été nettement établies par les travaux de mines. M. J. GOSSELET a montré qu'un phénomène semblable affecte les gisements d'ardoises du massif cambrien de la Meuse.

[1] Voir *Annales de la Société géologique de Belgique*, t. XXXII, p. B 49, 18 décembre 1904.

M. **Angerman** signale qu'on rencontre effectivement du sable au sommet de l'anticlinal, tandis que dans les flancs de la voûte, les mêmes couches sont représentées par des grès. Le sable est le résultat de la trituration des roches dans le plissement.

M. **Toroceano** cite des exemples pris dans la nature, qui confirment les résultats obtenus expérimentalement par M. Lohest.

M. **Paul Legrand** pense que le débat s'égare dans des généralités; on semble oublier qu'il y a plusieurs types de gisements. D'après lui, on peut classer ceux-ci en trois catégories principales:

1° Les gisements non déformés, qui se présentent tels qu'ils ont été déposés lors de la sédimentation ou avec des modifications peu importantes. L'huile y imprègne les sables et les grès d'une façon uniforme. La production s'y maintient pendant de longues années avec une décroissance régulière ;

2° Les gisements soulevés, mais dans lesquels le mouvement de soulèvement, dû à une action orogénique directe, c'est-à-dire à une poussée verticale de bas en haut, a une grande amplitude. On y rencontre de vastes plis anticlinaux et synclinaux, et la théorie de l'anticlinal s'y fait déjà sentir ;

3° Enfin les gisements très déformés, dans lesquels les plissements très nombreux sont plutôt dus à des composantes latérales, provenant de la décomposition des efforts orogéniques ayant provoqué ia formation de chaines de montagnes parallèles. La partie du sous-sol comprise entre les plans de ces chaines est vigoureusement plissée, froissée de telle façon qu'il s'y produit des laminages et des écrasements. Ce sont ces gisements-là qui renferment le plus de cassures, de failles; et la pratique nous apprend que c'est au sommet des plis anticlinaux ou synclinaux que l'on trouve les grands amas de pétrole, jaillissant avec une violence très grande au début, mais souvent pendant un temps relativement court. Ce sont certainement ces seuls gisements que M. le professeur Lohest a eu en vue d'étudier dans ses expériences. Ce sont, du reste, ceux dont la recherche et l'exploitation présentent le plus de difficultés. Il serait peu logique de vouloir appliquer les théories de M. Lohest aux deux premières catégories de gisements.

M. **Ch. Barrois** annonce que M. **H. Potonié** fera, le mardi 27 juin à 5 heures, une conférence avec démonstrations, sur la *Formation de la houille et des pétroles*, au pavillon de l'*Internationale Bohrgesellschaft*, à l'Exposition.

Cette conférence est reproduite dans les *Mémoires*, pp. 509 à 552.

M. **R. d'Andrimont,** secrétaire, annonce que M. LEMIÈRE continuera, au début de la séance du mardi matin, sa conférence interrompue.

La séance est levée à 6 heures 20.

Séance du mardi 27 juin 1905

1re question. Tectonique des bassins houillers

(*suite.*)

La séance est ouverte à 9 heures, sous la présidence de M. **J. Smeysters,** président d'honneur de la Section.

MM. **H. Forir** et **V. Brien** remplissent les fonctions de secrétaires.

M. **M. Lemière** achève la conférence commencée la veille sur la *Formation et* la *recherche de combustibles fossiles.* Cette communication est reproduite *in extenso* aux pages 203 à 231 des *Mémoires ;* elle est accompagnée d'une planche.

M. **Ch. Barrois** présente de très intéressantes *Observations sur le bassin houiller du nord de la France.* Celles-ci sont reproduites dans les *Mémoires,* pp. 501 à 507.

M. **L. Breton** demande à M. BARROIS s'il a connaissance des expériences effectuées, en 1816, par le minéralogiste BEUDANT, expériences qui ont démontré que certaines formes marines peuvent, petit à petit, s'acclimater dans l'eau douce. Ce fait serait susceptible de mettre en doute le caractère démonstratif de l'argument tiré par M. BARROIS de l'existence de certains horizons marins dans le terrain houiller.

M. **Ch. Barrois** répond que les conditions réalisées par BEUDANT dans ses expériences se trouvent reproduites en grand dans la nature. Les faunes des lacs Baïkal et Tanganyika, notamment, nous fournissent des exemples connus d'acclimatation de formes marines à des conditions d'eau douce ; mais, tandis que certaines formes meurent et que d'autres s'acclimatent, on y voit toujours apparaître un certain nombre d'espèces d'eau douce. Or, ce mélange de formes marines et de formes d'eau douce fait défaut dans les bancs de calcaire considérés dans le bassin houiller et nous assurent de leur origine marine et de leur continuité nécessaire sur de grands espaces.

M. **F. Laur** fait une communication sur *Le nouveau bassin houiller de la Lorraine française.* Cette communication se trouve reproduite aux pages 391 à 436 des *Mémoires* et est accompagnée d'une planche. L'auteur fait l'historique des recherches qui ont conduit à la découverte du prolongement en France du bassin houiller de Sarrebrück. Il indique les raisons théoriques qui ont porté les ingénieurs français à effectuer des sondages à une assez grande distance des parties reconnues du bassin allemand. Se basant sur l'idée du parallélisme des grands plis hercyniens, il indique le prolongement hypothétique, vers l'Ouest, du synclinal de Sarrebrück qui, selon l'orateur, passerait notamment par Commercy, le sud de Reims, le nord de Paris, le nord du Havre et irait se relier, à travers la Manche, aux bassins houillers du Devonshire.

M. **Ch. Barrois** rappelle que les travaux de M. GOSSELET remontant à 1866 et les mémoires antérieurs de GODWIN-AUSTEN ont établi sur des bases positives la continuité des bassins de Namur et de Bristol d'une part, celle des bassins de Dinant et du Devonshire d'autre part ; l'hypothèse émise par M. LAUR de la continuité du bassin de Sarrebrück avec celui du Devonshire lui paraît, pour ces raisons, non seulement gratuite, mais encore en opposition avec les faits connus.

M. **F. Laur** répondant à l'objection de M. BARROIS, dit que toute son hypothèse consiste à relier les bassins du Devonshire au pli concave déterminé par Sarrebrück et continué par son prolongement reconnu en France. C'est évidemment une simple hypothèse, que des recherches vers Rouen contrôleront peut-être un jour. A ce moment, on saura si le pli va de Dinant au Devonshire, en passant par Fécamp, comme le supposait GODWIN-AUSTEN, ou s'il va de Sarrebrück au Devonshire, en passant par Rouen, comme lui-même l'a écrit précédemment.

M. **S. Emmons**, vice-président du Congrès, remplace M. J. SMEYSTERS au fauteuil.

M. **Fr. Villain** résume d'abord l'étude de M. **B. Schulz-Briesen** sur *La continuation du gisement carbonifère sur le territoire de la Lorraine et de la France*, étude publiée dans les *Mémoires*, pp. 81 à 93 et accompagnée d'une carte.

M. **Fr. Villain** présente ensuite ses propres *Notes sur les recherches effectuées en Meurthe-et-Moselle pour retrouver le prolongement du bassin houiller de Sarrebrück en territoire français*. Ce travail se trouve inséré dans les *Mémoires*, pp. 327 à 334.

M. **X. Stainier** fait remarquer que la comparaison des résultats fournis par les documents de la Lorraine avec ceux donnés par les découvertes de la Campine, semble indiquer que, de part et d'autre, les bassins s'appauvrissent en charbon et s'enrichissent en matières volatiles en allant vers l'Ouest. Des faits similaires ont aussi été observés ailleurs ; ils semblent indiquer qu'on se trouve au voisinage des anciens rivages contre lesquels se terminent les gisements houillers.

M. **F. Laur** croit que les épaisseurs de couches constatées dans les sondages doivent être considérées comme des épaisseurs minima, le moment précis où l'on atteint la couche ne pouvant jamais être déterminé exactement.

M. **A. Renier** pense qu'il est possible de reconnaître les terrains avec une grande exactitude, à l'aide de la sonde. Il a, d'ailleurs, exposé en détail les méthodes qui permettent de définir la puissance et la composition des couches de houille recoupées dans un forage. Cette question relevant plutôt de l'exploitation des mines que de la géologie appliquée, il croit inutile d'insister ici sur ce sujet.

M. **E. Gevers** est plutôt tenté de croire, contrairement à l'opinion de M. Laur, que les épaisseurs de charbon reconnues par la sonde sont des épaisseurs maxima, car on est nécessairement exposé à prendre pour du charbon les lits de schiste tendre qu'on trouve au toit et au mur des couches ou en intercalations.

M. **Fr. Villain** fait observer que la constatation des couches de houille se fait, dans le forage au diamant, non seulement par l'observation de la rapidité d'enfoncement de l'outil, mais aussi par la réception, sur le tamis, des fragments de houille ramenés par le courant d'eau. On a fait, au sondage de Pont-à-Mousson, une installation de surveillance sans précédent. Par vingt-quatre heures, trois postes de quatre surveillants y sont affectés. Dans chaque poste, il y a deux hommes occupés à observer la vitesse d'enfoncement il y en a deux autres placés au tamis. *Jamais* les deux hommes de chaque emploi ne s'absentent en même temps. On doit reconnaître que, dans ces conditions, les renseignements fournis par le sondage présentent tout le degré d'exactitude souhaitable. Eh bien, malgré cela, depuis la couche rencontrée à la profondeur de 819 m. et quoique le sondage soit maintenant à près de 1 100 m., on n'a pas noté de nouvelles couches exploitables. Dans ces conditions, nous ne pouvons pas affirmer, certes, que le terrain houiller est stérile ; mais si l'on se place au point de vue industriel, on est bien obligé de reconnaître que sa richesse en combustible est trop petite pour justifier les frais énormes d'un siège d'extraction.

2e question : Les applications de la paléontologie à la géologie appliquée.

M. le président donne la parole à M. A. Renier.

M. **A. Renier**, vu l'heure avancée, renonce à la parole. Son rapport traitant *De l'emploi de la paléontologie en géologie appliquée* paraîtra dans les *Mémoires*, pp. 455 à 478.

M. **P. Fourmarier**, guidé par la même raison que M. A. Renier, annonce qu'il fera sa communication intitulée *Esquisse paléontologique du bassin houiller de Liége*, au cours de la visite que feront les Congressistes au stand du Syndicat des charbonnages liégeois à l'Exposition universelle. Cette collectivité expose une collection de fossiles houillers très complète, provenant du bassin de Liége et rassemblée par les soins de M. P. Fourmarier.

La communication de ce confrère a paru dans les *Mémoires*, pp. 335 à 347

La séance est levée à 11 $^{1}/_{2}$ heures.

Séance du mercredi 28 juin 1905.

La séance est ouverte à 9 ¼ heures, sous la présidence de M. **L. de Launay**, vice-président du Congrès.

MM. **H. Forir, L. de Dorlodot** et **G. Lespineux** remplissent les fonctions de secrétaires.

4e question : Gisements sédimentaires.

M. **Francis Laur** fait une communication sur *Les bauxites dans le monde.*

Le premier gisement exploitable de ce minéral a été découvert dans le Hérault, en 1873, par un mineur qui communiqua sa trouvaille à M. Auger, chef de service, lequel consulta le conférencier; celui-ci fit une analyse de l'échantillon, reconnut qu'il avait affaire à un minéral nouveau et lui donna le nom de *Bauxite,* du nom de la localité où il avait été trouvé.

La première application que l'on tenta de faire de ce produit naturel fut la fabrication de *produits réfractaires*; on aboutit à un échec, l'alumine se volatisant avec la plus grande facilité.

On en fit ensuite du *sulfate d'alumine* et, finalement, en Allemagne, on l'utilisa à la fabrication de l'*aluminium* et cette industrie se répandit rapidement.

Les documents sur la géologie de la Bauxite sont peu nombreux. Les gisements connus sont les suivants : Les Baux, Leoben, Neustadt, l'Irlande, depuis l'Ariége jusqu'à Nice en France et l'Alabama. C'est dans le Var que ses dépôts sont le plus remarquables.

L'origine du minéral est très discutée; il se trouve à des niveaux géologiques variables : à Mauriac, il est au voisinage du granite; dans le Hérault, il se trouve dans l'Oxfordien ; ailleurs, et notamment dans le Var, c'est préférablement dans le Crétacé que se trouvent ses gisements; il y tient généralement la place de l'étage aptien.

M. Laur entre dans des détails sur la constitution minéralogique de la Bauxite; il en distingue trois variétés : siliceuse, ferrugineuse, mixte.

Selon lui, la Bauxite est sédimentaire et d'origine lacustre; c'est un produit alumineux, formé par voie humide.

M. le président remercie M. LAUR de son intéressante communication, qui prendra place dans les *Mémoires*.

5e question : Gisements filoniens.

M. **K.-A. Redlich** fait une communication intitulée : *Epigénétique ou sédimentaire*.

Il décrit quelques types de gîtes pyriteux et ankéritiques ainsi que de pinolite (magnésite ferrifère) et conclut à l'origine épigénétique de ces gisements. Il faut admettre, cependant, que la solution métallifère a pénétré parfois le schiste, alors qu'il était encore plastique.

Cette communication est publiée dans les *Mémoires*, pp. 287 à 295.

M. **L. de Launay** s'associe à la manière de voir de M. Redlich en ce qui concerne l'épigénétisme de ces gisements; il fait cependant objection à l'idée que les schistes encaissants pouvaient être encore à l'état d'argile molle, quand les sulfures s'y sont introduits; car de longues périodes géologiques se sont écoulées, généralement, entre le dépôt des argiles et l'imprégnation sulfurée. Il fait également remarquer, en ce qui concerne les filons de sidérose et d'ankérite, l'importance des phénomènes d'altération secondaire, succédant à des phénomènes de substitution moléculaire.

M. **G. Lespineux** fait une communication sur l'*Etude génésique des gisements miniers des bords de la Meuse et de l'est de la province de Liége* et conclut que les minerais sulfurés qu'on y rencontre ont comblé des excavations préexistantes; il se pourrait que, pour certains gisements, les minéraux carbonatés superficiels soient dus à des réactions entre les solutions sulfurées et les eaux météoriques.

Cette communication a paru dans les *Mémoires*, pp. 53 à 79; elle est accompagnée de cinq planches.

M. **L. de Launay**, appelant l'attention sur les coupes exposées par M. LESPINEUX, fait remarquer combien les élargissements calaminaires à fond sulfureux sont en relation directe avec le niveau hydrostatique *actuel* et semblent, par conséquent, difficilement attribuables au remplissage de grottes anciennes à l'époque où les filons métallifères se sont constitués. Il y a lieu, même pour les sulfures métalliques et, à plus forte raison, pour les calamines, de penser aux altérations secondaires, dont l'amplitude dépasse souvent ce qu'on pourrait croire. Le temps lui manquant pour développer ses idées personnelles à ce sujet, il demande la permission de renvoyer au résumé qu'il a eu l'occasion d'en donner récemment dans son ouvrage sur la *Science géologique*.

M. **S. Emmons** trouve que l'absence de calcaire dans les blendes ne prouve pas qu'elles ne sont pas de substitution. Il est d'accord avec M. L. DE LAUNAY, en ce qui concerne l'origine des amas qu'on trouve à la partie supérieure de ces filons, origine qu'il faut chercher dans l'action d'eaux météoriques quelconques.

M. **F. Laur** trouve qu'il est difficile de préciser l'âge de la circulation des eaux météoriques, les gîtes étant de contact et les circulations d'eau étant continues dans ces contacts.

M. **G. Lespineux** pense que ses vues ne diffèrent de celles de M. L. DE LAUNAY, en ce qui concerne les poches qui surmontent les filons, que par l'estimation de l'époque à laquelle a eu lieu l'action des eaux météoriques. Il croit que la structure zonaire de la blende, qui s'est déposée régulièrement sur le calcaire, écarte l'hypothèse d'une substitution.

M. **Ch. Timmerhans** expose ses vues sur *Les gîtes métallifères de Moresnet*.

Cette communication est reproduite dans les *Mémoires*, pp. 297 à 324; elle est accompagnée de cinq planches.

M. **M. Lohest** renonce à présenter des objections sur la tectonique de la région, telle qu'elle a été exposée par M. TIMMERHANS, l'heure étant trop avancée.

M. **Runq** demande si les failles métallisées ne se prolongent pas vers le Sud et ne sont, notamment, pas en relation avec le granite de Lammersdorf et des Hautes-Fagnes.

M. **H. Forir** ne peut admettre, entre autres, la manière de voir de M. CH. TIMMERHANS, d'après laquelle les fractures SE.-NW. seraient de simples décrochements horizontaux. Il rappelle leur parallélisme avec les failles du Houiller du Limbourg hollandais, de l'Allemagne occidentale et de la Campine. Ces failles seraient dues à un phénoméne général d'affaissement, commencé aussitôt après la période houillère et qui se continue encore de nos jours, phénomène qui a donné naissance à la vallée du Rhin et qui paraîtrait même être l'origine des volcans de l'Eifel et des Sept-Montagnes, comme M. Lohest l'a montré, il y a déjà un certain temps, à la Société géologique de Belgique. Les observations sur lesquelles l'auteur appuie sa manière de voir, s'accordent parfaitement avec l'opinion fort différente qu'il vient d'exposer en quelques mots.

M. **V. Spirek** résume son travail sur *Le gisement de cinabre de Monte-Amiata*, qui a paru dans les *Mémoires*, pp. 135 à 141.

M. **H. Buttgenbach** entretient ensuite la section de ses observations sur *Le gîte auro-platinifère de Ruwe* (*Katanga*). Sa communication est insérée dans les *Mémoires*, pp. 437 à 450.

La séance est levée à 11 $^{1}/_{4}$ heures.

Séance du jeudi 29 juin 1905.

La séance est ouverte à 9 heures, sous la présidence de M. **Th. Tchernyscheff**, président d'honneur.

MM. **H. Forir** et **L. de Dorlodot** remplissent les fonctions de secrétaires.

Questions diverses.

M. **M. Dehalu** parle de *La distribution de la déclinaison magnétique dans le bassin de Liége*. Ses observations ont été faites dans toute la région qui s'étend entre Quiévrain et la Baraque-Michel. Le bassin du Hainaut a donné des variations normales de la déclinaison magnétique, soit environ 30' par degré de longitude. Dans ces conditions, le bassin de Liége ne devrait pas dépasser 10' de variation ; on observe cependant une différence de 30' entre les déclinaisons de Namur et de Liége. Cette région est très compliquée. La recherche des centres et des lignes d'attraction serait encore chose trop hasardeuse.

La communication de M. Dehalu est insérée dans les *Mémoires*, pp. 451 à 453.

M. **Th. Tchernyscheff** demande si l'on ne peut toutefois présumer qu'il existe une relation entre les anomalies magnétiques et les dislocations du sol. Il rappelle les observations faites en Russie, où l'on n'a pas pu encore établir la cause des variations observées.

M. **M. Dehalu** croit qu'il est encore difficile d'établir avec certitude la relation qui existe entre les anomalies magnétiques et les dislocations.

1re question : Tectonique des bassins houillers (*suite*).

M. **V. Brien** expose, d'après les travaux antérieurs, la structure de *La région de Landelies*. Il indique le programme de l'excursion de l'après-midi et donne l'interprétation de la coupe du Calcaire carbonifère qui a été publiée dans les *Mémoires*, pp. 171 à 186, avec deux planches. D'après lui, le tracé de cette coupe démontrerait que la théorie de M. Marcel Bertrand, considérant les grandes failles de refoulement comme des *plis-failles* ne serait pas applicable au cas de Landelies.

M. **M. Lohest** n'est pas d'accord avec M. BRIEN sur l'interprétation de la faille de la Tombe, tout en reconnaissant la précision avec laquelle l'auteur a fait ses observations. M. BRIEN admet que la faille de la Tombe ne peut être un pli-faille ; son principal argument est que l'on ne constate pas d'étirement dans le Calcaire carbonifère. M. LOHEST estime que cet étirement n'est pas nécessaire. Il existe des roches de nature différente : schistes, grès et calcaires. Les schistes, flexibles et compressibles, peuvent s'étirer; il n'en est pas de même des grès et des calcaires, qui sont cassants, incompressibles, et qui se brisent au lieu de s'allonger.

Les grandes lignes de la théorie dite de M. Marcel BERTRAND ont été indiquées, en Belgique, par divers ingénieurs : CORNET et BRIART, ARNOULD, bien antérieurement à la publication du savant français [1]. Cette théorie, presque trop belle, permet l'explication des allures les plus compliquées observées tant en Belgique que dans le nord de la France. Il serait assez facile de répondre aux objections qu'on lui a faites. Elle rend parfaitement compte du *retournement* des terrains anciens sur le système houiller, fait très difficile à expliquer par une autre hypothèse. Par les figures sché-

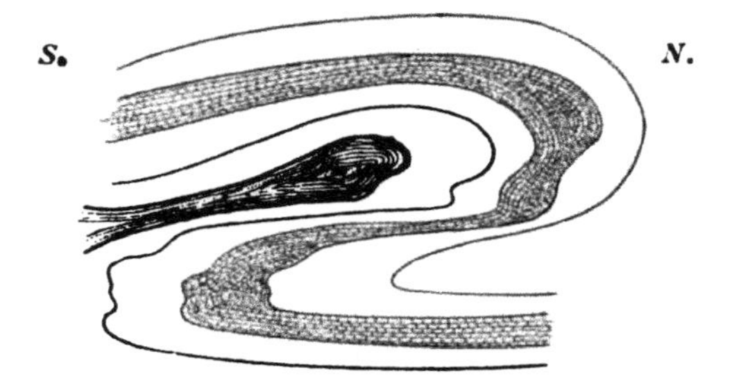

FIG. 1.

Coupe verticale dans un pli en S, analogue à celui invoqué par divers auteurs belges dans l'explication de l'accident de Boussu.

Pour la facilité de l'interprétation des figures 2 et 3, ce pli est supposé orienté Sud-Nord, le Sud étant à la gauche du lecteur. Les figures 2 et 3 ont la même orientation.

[1] Voir *Ann. Soc. géol. de Belg.*, t. XXXII, pp. B 82-83 et B 90-93.

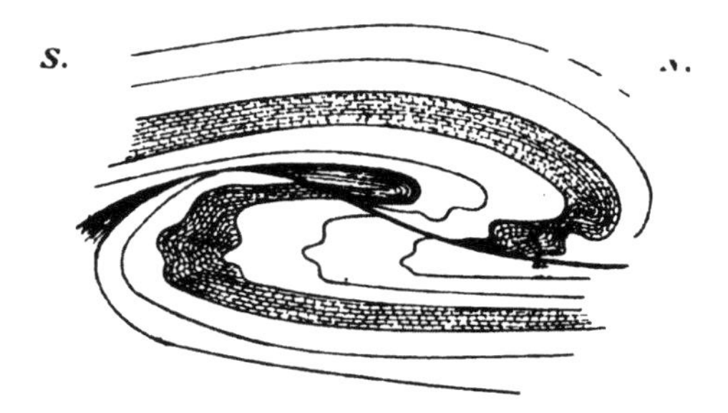

FIG. 2.

Accentuation de la poussée sud sur le pli de la figure 1. Etranglement et détachement d'un noyau anticlinal; production de faille et de charriage. Voir, au sujet de ces figures théoriques : HEIM et DE MARGERIE. Les dislocations de l'écorce terrestre, pp. 60 et 67.

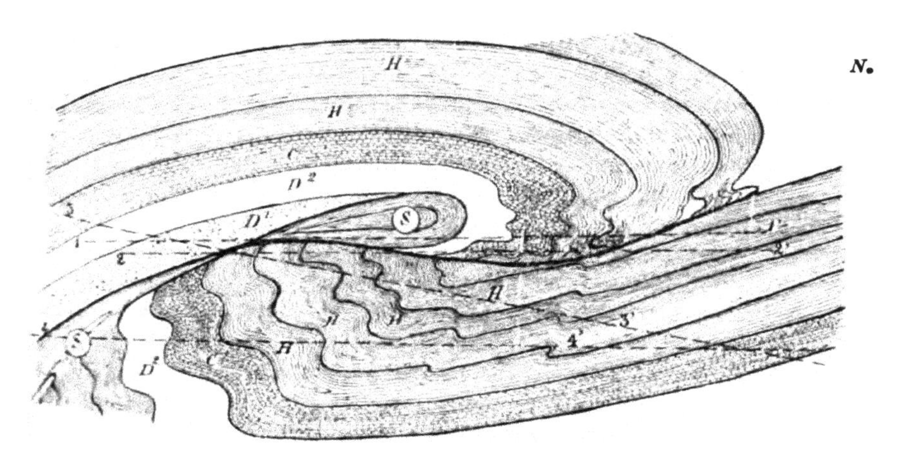

FIG. 3.

Application de la figure théorique 2 à l'explication de l'allure du terrain houiller belge, depuis Boussu, à l'Ouest, jusqu'à Liége, à l'Est.

H. Houiller. *D*¹. Dévonien inférieur.
C. Calcaire carbonifère. *S*. Silurien.
*D*². Dévonien supérieur et moyen.

On sait qu'il y a dissymétrie originelle de part et d'autre de la crete silurienne du Condroz, le Dévonien inférieur n'étant représenté qu'au sud de cette crête.

matiques ci-jointes (fig. 1, 2, 3), analogues à celles publiées par M. Marcel BERTRAND pour la France, M. LOHEST montre que, si l'on suppose enlevé par érosion tout ce qui est supérieur aux lignes pointillées 11', 22', 33', 44', de la figure 3, la partie supérieure restante correspond remarquablement aux coupes nord-sud faites à travers le terrain houiller belge.

La partie inférieure à la ligne 11' reproduit exactement l'allure d'une coupe nord-sud passant par Boussu, où, au Nord, un lambeau de Silurien, suivi de Dévonien moyen et supérieur et de Calcaire carbonifère, se trouve retourné sur le terrain houiller, tandis qu'au Sud, ce même terrain, en stratification renversée, est mis en contact avec le Dévonien inférieur.

La partie inférieure à la ligne 22' représente la disposition générale d'une coupe passant par Landelies.

La partie inférieure à la ligne 33' est conforme aux grands traits de l'allure du terrain houiller de Liége.

Enfin, la partie inférieure à la ligne 44' reproduit l'arrangement des couches dans une coupe méridienne passant par Huy.

Il faut observer que les grands plis couchés sont eux-mêmes compliqués d'ondulations secondaires et il n'est pas certain que les inclinaisons vers le Nord, observées parfois et objectées à la théorie ne soient pas suivies d'un retour des couches vers le Sud, au voisinage du plan de charriage.

M. **V. Brien** fait observer que le pendage des couches vers le Nord, au voisinage de la faille de la Tombe, paraît être l'allure la plus probable ; c'est celle qu'on est amené à figurer quand on veut raccorder les allures observées dans le Calcaire carbonifère à celles reconnues dans le terrain houiller. Il insiste aussi sur ce point, que la faille de la Tombe recoupe, vers le Sud, deux anticlinaux frasniens. Il croit que cette faille n'est pas due à l'accentuation d'un seul grand pli en S, *hypothétique*, mais qu'elle s'est produite au travers des couches et indépendamment des plissements qui les affectaient.

M. **P. Fourmarier** fait observer que l'on peut voir des failles résultant de l'accentuation d'un plissement, contre lesquelles les couches ne sont pas repliées. Cette observation pourrait peut-être concilier les deux manières de voir.

M. **M. Domage** résume sa communication sur le *Bassin lignitifère de Fuveau. Terrains traversés par la galerie de la mer*. Ce travail est publié dans les *Mémoires*, pp. 187 à 201 ; il est accompagné de deux planches.

La séance est levée à 10 $^{3}/_{4}$ heures.

Séance du samedi 1er juillet 1905.

La séance est ouverte à 9 heures, sous la présidence de M. **J. Gosselet**, président d'honneur.

MM. **R. d'Andrimont**, **H. Forir** et **G. Gille** remplissent les fonctions de secrétaires.

M. le président donne la parole à M. **R. d'Andrimont**, qui expose les grandes lignes de son mémoire intitulé : *Les échanges d'eau entre le sol et l'atmosphère. La circulation de l'eau dans le sol.* Il insiste surtout sur la voie rationnelle à suivre et sur les moyens expérimentaux à employer pour résoudre le problème de l'alimentation des nappes aquifères. Il s'agit de déterminer, dans chaque cas particulier : 1°) la proportion d'eau qui s'infiltre dans le sol et est acquise à la nappe aquifère ; 2°) la vitesse de descente de l'eau vers la nappe aquifère ; 3°) la vitesse de l'eau et le chemin qu'elle suit dans la nappe aquifère. Sa communication est publiée dans les *Mémoires*, pp. 143 à 169.

M. **J. Gosselet** insiste sur l'extrême importance des observations de M. R. D'ANDRIMONT, qui ouvrent une voie nouvelle à l'étude rationnelle et scientifique de la circulation de l'eau.

M. **Reinier Verbeek** dit que, considérant la figure 6 de la page 163 du mémoire de M. D'ANDRIMONT, il lui est bien difficile d'accepter comme juste que ces puits aient été descendus dans une même nappe aquifère *libre* en terrain *perméable* et supposé *homogène*. Il ne veut émettre aucun doute quant à l'exactitude des phénomènes représentés dans la figure 6, mais il ne comprend pas comment, dans les conditions géologiques décrites, il peut résulter des phénomènes du genre de ceux que l'auteur constate page 163 :

1°) que certaines parties d'une nappe aquifère libre puissent être douées d'un mouvement ascensionnel, comme le montre l'observation des puits C et D de la figure 6 ;

2° que la partie superficielle d'une nappe aquifère libre puisse circuler en sens inverse de la partie profonde, comme le montre la figure 7.

Il y voit plus clair, maintenant qu'il a reçu de M. D'ANDRIMONT l'assurance, qu'il s'agit ici d'observations faites à la prise d'eau d'Amsterdam, près du village de Zandvoort, en Hollande.

Il comprend, à présent, comment M. D'ANDRIMONT n'ayant pas eu l'occasion de vérifier personnellement les conditions dans lesquelles les phénomènes rapportés se présentent, a pu, sous l'influence de renseignements insuffisants ou inexacts, concevoir une idée erronée sur la situation.

Le fait est qu'il ne s'agit pas ici d'une nappe aquifère *libre* jusqu'à une profondeur telle que la figure 7 nous le fait présumer, ni d'un terrain entièrement *perméable* ou *homogène*.

La nappe aquifère *libre* dans les dunes, où sont situées les canalisations de la prise d'eau d'Amsterdam, ne s'étend pas au-delà de 6 à 7 mètres sous le niveau de la mer. Au-dessous de cette nappe libre, on rencontre une nappe d'une autre nature, c'est-à-dire une assez puissante nappe d'eau *artésienne*, qui se trouve encaissée, en haut et en bas, par d'assez puissantes couches imperméables d'argile ou de sable plus ou moins argileux. On sait qu'en pareille circonstance une couche de sable argileux peut avoir le même effet qu'une couche d'argile pure.

Prenant ceci en considération, il va de soi que la représentation des figures 6 et 7 ne pourrait donner une idée exacte de la situation et qu'une explication plus simple des phénomènes représentés dans la figure 6 serait la suivante :

Les puits A et C de la figure 6 ont été descendus, sans doute, jusque dans la couche artésienne. La hauteur piézométrique de la colonne d'eau dans ces deux puits doit donc être la même, quoique ce niveau s'établisse, dans le puits A, en contrebas de la surface du sol, tandis que les contours de ce même sol permettent à l'eau artésienne, dans le puits C, de s'écouler par son orifice.

Les puits B et D, par contre, ne plongent que dans la nappe supérieure *libre*. Que les niveaux d'eau, dans ces deux puits, soient différents, cela s'explique quand on observe bien la figure. J'y vois tracée la ligne qui indique la surface de l'eau, c'est-à-dire la limite supérieure de l'eau dans la nappe aquifère libre, et il n'est que naturel que le niveau de l'eau, dans les puits qui y sont descendus, s'y conforme. Ici, l'eau n'est pas sous pression comme dans les puits A et C.

L'existence de couches artésiennes sous les dunes, en Hollande, et par conséquent aussi dans d'autres parties de notre pays plat, fut longuement niée, lorsque j'ai annoncé ce fait, il y a maintenant plus de deux ans. De différents côtés, des objections furent présentées. On prétendait surtout, que des couches imperméables n'existent pas ici, sous le sol, sur une assez grande étendue pour permettre la formation de nappes artésiennes.

Afin de prouver l'erreur de cette conception, je fis descendre un puits tubé sur le bord de la mer, à la plage de Zandvoort, donc à un endroit qui, deux fois par jour, est couvert par la mer pendant la marée haute. Si mes antagonistes avaient raison, jamais je n'aurais pu rencontrer de l'eau douce en cet endroit et certainement pas une nappe artésienne d'eau douce. J'ai pu en constater l'existence, cependant. Le tube fut descendu jusqu'à une trentaine de mètres. Je ne suis pas allé plus loin puisque, à cette profondeur, j'ai rencontré un sable très aquifère et d'un grain assez gros. L'eau douce, dans le tube, est sous pression et monte jusqu'à 20 centimètres au-dessus du niveau de l'eau salée à l'extérieur du tube. Le niveau de l'eau douce monte et descend dans le tube avec les marées; c'est là une propriété bien connue des sources artésiennes que l'on rencontre près de la mer et qui s'y déchargent.

Nous avons affaire ici à une nappe artésienne de l'épaisseur considérable de 50 à 60 mètres, à en juger par les sondages qui, depuis, ont été pratiqués plus à l'Est, dans les terrains de la prise d'eau de la ville d'Amsterdam. Avec ces sondages, on a partout rencontré cette même nappe artésienne, dont quelques personnes en Hollande, cependant, continuent à nier l'existence.

La question, en ce moment, a surtout de l'importance, eu égard à l'alimentation future de la ville d'Amsterdam en eau potable.

M. **R. d'Andrimont** répond aux objections de M. Reinier Verbeek. Il fait remarquer que les observations de son contradicteur ne portent pas sur l'objet principal de son mémoire. Il s'attaque surtout à un exemple pris en Hollande. Divers arguments très sérieux plaident, cependant, en faveur de l'existence d'une seule nappe libre en terrain perméable. On les trouvera dans les mémoires de MM. E. Dubois et Penninck [1].

[1] M. Penninck. De « prise d'eau » der amsterdamsche Duinwaterleiding. *Institut royal des ingénieurs*. La Haye, 1904.

E. Dubois. Etude sur les eaux souterraines des Pays-Bas. L'eau douce du sous-sol des dunes et des polders. *Archives du Musée Teyler*, sér. 2, t. IX, 1re partie, 1904.

Il existe, évidemment, dans le sous-sol, des terrains de perméabilité différente; mais tous sont suffisamment perméables pour permettre à l'eau de circuler capillairement. Des lentilles d'argile plus ou moins étendues se rencontrent également et peuvent donner lieu, dans certaines régions, à des jaillissements artésiens. Tel est, probablement, le cas du sondage de Zandvoort cité par M. Reinier VERBEEK.

En ce qui concerne la possibilité d'un mouvement ascensionnel dans une nappe libre et d'une circulation en sens inverse de la partie superficielle et de la partie profonde, il n'est théoriquement pas possible de mettre la chose en doute. Il existe, de plus, deux preuves expérimentales de ces phénomènes :

1° Les observations de M. PENNINCK en Hollande ;

2° Les expériences dans une cuve en verre, qu'il a imaginées et auxquelles il conviera, dans quelques instants, les membres présents à assister.

M. **Reinier Verbeek** ne pense pas non plus que l'eau douce puisse flotter sur l'eau salée et qu'elle puisse se maintenir douce, s'il n'y a pas interposition d'une assise plus ou moins imperméable.

M. **L. Mrazec,** vice-président du Congrès, remplace M. GOSSELET au fauteuil de la présidence.

M. **J. Gosselet** cite des observations faites dans les wateringues du nord de la France, qui confirment entièrement la manière de voir de M. D'ANDRIMONT sur la circulation de l'eau dans les nappes aquifères libres, au voisinage de la mer.

M. **R. d'Andrimont** fait observer que, s'il n'y avait aucune circulation d'eau, M. Reinier VERBEEK aurait raison, la salure envahirait peu à peu l'eau douce. Mais il y a circulation d'eau ; le fait est démontré en Hollande. L'absence d'exutoires superficiels le long du littoral belge, si ce n'est le long de la plage, démontre qu'il y existe un écoulement de la nappe qui, dans ce cas, se fait vers la mer. Il se produit, en même temps, une absorption lente, le long de ligne de contact, entre l'eau douce et l'eau salée, comme il l'a montré dans son mémoire et dans ses communications antérieures sur le même sujet.

Dans ces conditions, les pertes étant compensées par une nouvelle arrivée d'eau, la salure ne peut se propager.

M. **R. d'Andrimont** conduit ensuite les membres de la Section dans le laboratoire de physique, gracieusement mis à sa disposition par M. P. De Heen, professeur de physique expérimentale à l'Université de Liége.

Il y renouvelle, devant eux, l'expérience décrite dans son mémoire. Elle reproduit exactement, en petit, les conditions du littoral belge. L'eau douce flotte et se maintient sur l'eau salée. L'eau douce s'écoule; elle est rongée par l'eau salée. Les traînées dégagées par les grains de permanganate montrent une circulation d'eau en dessous du niveau de drainage. Elles révèlent un mouvement de l'eau en sens inverse dans la partie superficielle et dans la partie profonde de la même nappe aquifère.

M. le président remercie M. d'Andrimont de son intéressante communication et de ses suggestives expériences.

Il donne ensuite la parole à M. **A. Habets.** Celui-ci donne lecture d'un télégramme de M. **F. Laur,** annonçant la découverte d'une couche de houille de 2 m. 40 en Meurthe-et-Moselle.

M. **H. Forir** fait remarquer que cette découverte a déjà été signalée l'avant-veille par M. F. Villain.

M. **J. Gosselet** fait une communication sur un *Essai de comparaison entre les pluies et les niveaux de certaines nappes aquifères du nord de la France.* Ce travail est reproduit dans les *Mémoires*, pages 497 à 500.

M. le président remercie M. J. Gosselet d'avoir bien voulu apporter le concours de sa longue expérience aux recherches mises à l'ordre du jour de la Section.

M. **V. Dondelinger,** vice-président du Congrès, remplace M. Mrazec au fauteuil.

Il donne la parole à M. **R. d'Andrimont** qui fait connaître le résumé suivant que M. **L.-A. Fabre** a fait parvenir au bureau, en s'excusant de ne pouvoir lui-même développer les idées émises dans son travail publié dans les *Mémoires*, pages 95 à 123, sous le titre de *La houille blanche, ses affinités physiologiques*.

La houille blanche et l'armature végétale du sol,

PAR

L.-A. FABRE

I. *La houille blanche est de l'eau en travail (E.-F. Côte).* — Au cours de cette étude, on s'est appliqué à faire valoir le rôle de la végétation *spontanée* et principalement de *la forêt*, dans la recherche, la réserve des eaux atmosphériques et dans leur restitution à la circulation aérienne, à analyser le *travail physiologique* des eaux continentales.

II. *Le travail des eaux continentales développe la végétation qui arme le sol.* — Le développement de la végétation spontanée par les eaux continentales est un corollaire physiologique de l'attaque mécanique et chimique du sol par les eaux. Cette double action progresse simultanément au début du façonnement des formes topographiques.

L'emprise du sol par « l'armature végétale » est le correctif de son érosion; elle finit par suspendre cette érosion.

La stabilité de tout versant dont le niveau de base est fixe, est indéfiniment acquise, dans la limite de nos investigations, dès que la végétation spontanée arrive à couvrir le sol.

III. *La végétation s'adapte surtout par l'eau atmosphérique aux milieux géographiques.* — L'eau est un élément essentiel de vie. L'être doué de locomotion peut rechercher l'eau, la suivre. La plante, rivée au sol qui l'approvisionne d'eau, conférera à ce sol des facultés hygroscopiques spéciales, adaptées à ses propres besoins physiologiques.

L'adaptation organique des espèces de l'armature aux divers milieux géographiques est un fait biologique de plasticité végétale, déterminé surtout par la richesse en eau des courants atmosphériques.

IV. — *Le groupement des espèces de l'armature en associations végétales a comme terme le plus parfait la forêt qui possède les plus grandes capacités hydrologiques.* — Suivant la trajectoire des courants aériens, d'ordre éminemment géographique, l'armature groupe ses espèces en associations naturelles. Celles-ci évoluent par élimination des individus inaptes à lutter ou à assurer la prospérité des types en voie de prééminence. Ces types protègent, à leur tour, les espèces qui leur restent subordonnées. L'ensemble prospère par une sorte de bénéfice réciproque (C. FLAHAULT).

Il a comme terme, dans les régions hydro-climatiques, l'association forestière où dominent les espèces longévives, ligneuses, à puissante ramification aérienne, et au sein de laquelle fonctionne au maximum l'assurance contre la sécheresse (E. RISLER et G. WERY).

Sur le sol des régions xéro-climatiques, se grouperont des espèces sous-ligneuses, vivaces, herbacées, à enracinements profonds, spécialement organisées pour la vie souterraine et pour de courtes périodes de végétation aérienne.

V. *La forêt : gisement de houille blanche.* — Dans la forêt haute et dense, les organes aériens de l'arbre fonctionnent comme écrans condensateurs des eaux atmosphériques. Ils évaporent directement la plus grande partie de la pluie reçue. Les eaux condensées arrivent progressivement au sol. Elles n'y ruissellent jamais, s'emmagasinent dans l'humus et la couverture morte, éminemment hygroscopiques. De là, elles accèdent aux racines qui les absorbent partiellement ; puis elles s'infiltrent lentement dans les couches profondes. L'eau entraînée physiologiquement dans les tissus, est presque totalement restituée à l'atmosphère par transpiration foliacée. Dans l'Europe centrale, une forêt adulte peut transpirer annuellement une tranche de 1 m d'eau ; elle restitue à l'atmosphère les 4/5 de l'eau qu'elle reçoit.

La forêt est donc un organe de perpétuelle remise en travail des eaux continentales. Le sol boisé emmagasine automatiquement et temporairement les eaux, constituant ainsi de véritables gisements de houille blanche ; l'évolution de l'association forestière, d'une souplesse de localisation pour ainsi dire illimitée, leur assure au plus haut degré tous les éléments de pérennité.

Les observations tirées : 1° de l'assèchement de régions marécageuses par la forêt (France, Russie, Italie, Algérie); 2° des constatations aéronautiques au-dessus des grands massifs forestiers (France); 3° de la dépression des niveaux phréatiques dans les sols de forêts de plaines (Russie, France, Indes); 4° de la résurgence des nappes halophiles dans des régions en voie de déboisement (Algérie), confirment l'intensité de la respiration du sol vivant par la forêt, l'action météorologique immédiate et lointaine du boisement.

Les autres armatures *spontanées* du sol jouissent, toutes proportions gardées, des mêmes propriétés hydrologiques; mais une grande partie de ces dernières échappe à l'ensemble des cultures *artificielles* qui, incapables d'ailleurs de défendre le sol contre l'érosion et abandonnées à elles-mêmes, évolueraient vers l'association spontanée locale.

VI. *Appauvrissement des gisements de houille blanche.* — La multiplicité croissante des endiguements, des canalisations, des dessèchements culturaux d'étangs, lacs, marais, a considérablement réduit le stationnement des eaux superficielles : celles-ci s'enfouissent de plus en plus vite, inutilisées, dans les régions calcaires dénudées et stérilisées. En même temps se poursuit, par des causes géographiques bien connues, l'assèchement de vastes régions autrefois marines ou lacustres, de territoires continentaux immenses voués à la destinée désertique (A. DE LAPPARENT).

Les déforestations séculaires culturales, pastorales et industrielles qui, surtout en montagne, ont détruit ou seulement dénaturé l'armature végétale spontanée du sol, ont nécessairement eu leur répercussion météorologique sur la circulation aérienne des eaux, sur le régime et le charriage détritique des rivières, sur l'enneigement des écrans montagneux, sur l'ensemble des gisements de houille blanche, qui s'appauvrissent. Le recul général des glaciers est d'autant plus marqué, qu'ils sont plus continentaux, que leur alimentation est plus soumise au fait humain de la dénudation.

Ces faits sont universels aujourd'hui.

VII. *Réformes à apporter à la législation forestière française concernant les gisements de houille blanche.* — L'insuffisance de la législation française concernant la protection de l'armature végétale spontanée du sol, son inaptitude actuelle à entraver la déchéance des gisements de houille blanche, résultent des faits sommaires ci-après : 1° la loi du 4 avril 1882 sur la restauration des montagnes n'a aucun caractère *préventif :* 2° le *régime forestier* doit abandonner aux déprédations de la jouissance collective : *a*) de grandes étendues forestières montagneuses qui, ailleurs qu'en France, seraient rigoureusement conservées comme forêts de protection ; *b*) des millions d'hectares de landes banales, à ruissellement ou enfouissement, dont un *régime pastoral* devrait réglementer strictement la jouissance; 3° la loi du 28 juin 1859 n'entrave pas le défrichement des bois particuliers; 4° la loi du 17 décembre 1902 est sans aucun effet sur les incendies de forêts, landes boisées ou nues.

Les réformes à opérer doivent s'inspirer des mesures prises par les nations qui, comme la France, *luttent pour et contre l'eau ;* elles doivent surtout procéder de ces idées que, dans un grand état, les forêts ne sont pas exclusivement matière fiscale, les montagnes ne constituent pas absolument des voisinages dangereux. Les unes et les autres sont, pour la masse croissante des clients des eaux et de la houille blanche, de puissants éléments de travail, de prospérité... ou de décadence, suivant les méthodes appliquées.

Le cycle des relations physiques et physiologiques entre la végétation spontanée, la circulation aérienne et continentale des eaux et la houille blanche, peut être formulé ainsi qu'il suit :

I. — Le développement spontané de l'armature végétale protectrice du sol est une fonction des eaux atmosphériques.

II.— Le ruissellement superficiel,cause de l'érosion torrentielle, n'existe pas sur les sols où évoluent naturellement les associations de cette armature : leur terme le plus parfait, possédant les plus grandes capacités hydrologiques, est l'association forestière.

III.— Les couvertures vivante et morte qui abritent immédiatement le sol spontanément armé, et surtout l'humus qui s'y accumule progressivement, assurent par hygroscopicité le stationnement momentané des eaux superficielles, s'opposent à leur enfouissement. La neige est immobilisée, sa fusion très ralentie sur les sols suffisamment abrités par la végétation.

IV. — L'infiltration lente des eaux, facilitée par le travail des êtres qui peuplent, fertilisent et drainent le sol armé, pourvoit aux besoins physiologiques de l'armature ; elle approvisionne ensuite les nappes phréatiques.

V. — Les eaux superficiellement concentrées sous l'abri végétal, constituent des réserves hydrauliques pour ainsi dire automatiques. Ce sont des gisements de houille blanche ; leur localisation est illimitée et progressive, au moins dans les régions hydro-climatiques ; ils en élargissent le rayon d'action hydrologique.

VI. — Les eaux physiquement vaporisées ou physiologiquement transpirées par l'armature, enrichissent les courants atmosphériques. Elles contribuent au revêtement végétal spontané et à l'englaciation des écrans montagneux, à la régularisation et à l'accroissement de la circulation superficielle des eaux continentales.

M. le président déclare que l'ordre du jour de la section est épuisé. Il demande si aucun membre n'a plus de communication à faire.

M. **J. Gosselet**, vu le succès obtenu par la Section de géologie appliquée et le puissant intérêt qu'elle a présenté, demande qu'il soit émis un vœu en faveur de la perennité des Congrès de géologie appliquée.

M. **A.Habets** croit qu'une Section de géologie appliquée pourrait être jointe à tous les Congrès des mines et de la métallurgie.

M. **J. Gosselet** est plutôt d'avis d'organiser des Congrès de géologie appliquée, indépendamment des autres Congrès. Il craint, notamment, que l'hydrologie qui tient une si large place dans les applications de la géologie ne soit sacrifiée dans un Congrès d'ingénieurs, mineurs et métallurgistes.

M. **H. Forir** rappelle que des *Congrès internationaux d'hydrologie, de climatologie et de géologie* ont déjà lieu périodiquement, tous les trois ans, pense-t-il. L'un d'eux a tenu ses séances à Liége, en 1898 ; un autre s'est réuni à Grenoble en 1901 ; d'autres sessions avaient eu lieu antérieurement, d'abord à Biarritz, puis à Paris, à Rome et à Clermont-Ferrand. Enfin, une dernière réunion a dû se faire depuis, mais il ignore en quel lieu.

Il est vrai que ces Congrès s'occupent plus spécialement d'eaux minérales et d'hydrologie médicale, mais il suffirait de l'introduction de quelques spécialistes pour compléter leur programme en ce qui concerne l'hydrologie proprement dite. M. le professeur G. DEWALQUE qui fut le président et l'organisateur de la Session de Liége, pourrait fournir des renseignements plus complets sur ce sujet.

M. **J. Gosselet** propose la nomination d'une Commission en vue d'organiser les prochains Congrès.

M. **G. Dewalque** appuie cette proposition. Il demande que l'on désigne des confrères liégeois, avec mission de s'adjoindre un certain nombre de géologues étrangers.

Le vœu suivant, rédigé par le bureau, en tenant compte des considérations émises précédemment, est mis au voix et adopté à l'unanimité.

« Sur la proposition de MM. **Jules Gosselet**, doyen honoraire
» de la Faculté des sciences de Lille et **Gustave Dewalque**,
» professeur émérite à l'Université de Liége, la Section de géologie
» appliquée émet le vœu de voir son bureau actuel prendre
» l'initiative de composer une Commission internationale choisie
» parmi les membres des diverses Sociétés géologiques du monde.
» Cette Commission aurait pour mission de provoquer des Congrès
» de géologie appliquée et d'en étudier le programme.

» La section émet en outre le vœu que les Congrès de géologie
» appliquée se réunissent de préférence et lorsque les circons-
» tances le permettront, en même temps que les Congrès des mines,
» de la métallurgie et de la mécanique appliquée et en forment une
» section. Cette Commission aurait également pour mission d'in-
» troduire plus encore que dans l'ordre du jour du présent Congrès,
» des questions d'hydrologie ».

Il sera donné connaissance de ce vœu à l'assemblée plénière de clôture.

M. **R. d'Andrimont** donne lecture de la lettre et de la note suivantes, adressées au président de la Section, par M. **Léonard Jaczewski**, du Comité géologique de St-Pétersbourg.

Saint-Pétersbourg, le 21 juin 1905.

Monsieur le président,

Ma proposition au Congrès, que j'ai l'honneur de vous remettre, ci-inclus, est quelque peu tardive.

Je compte, néanmoins, que vous voudrez bien la soumettre à l'examen pendant la réunion générale.

A mon vif regret, le texte allemand de mon travail n'est pas encore complètement terminé, et je suis obligé de me limiter, en vous envoyant le texte russe, un court résumé en allemand et la correction des premières feuilles du texte allemand.

Ces feuilles contiennent une partie de mon travail ayant rapport direct à la question que je pose.

Peut-être, quelqu'un des membres voudra bien examiner mes considérations, et trouvera des motifs pour soutenir ma proposition.

Le directeur du Comité géologique, M. Tchernyscheff, a exprimé le désir de prêter son concours, pour donner quelques explications en cas de nécessité.

Veuillez, Monsieur le président, accepter mes salutations cordiales.

L. JACZEWSKI.

Sur l'organisation des observations géothermiques,

PAR

LÉONARD JACZEWSKI.

Dans mon étude *Ueber das thermische Regime der Erdoberfläche im Zusammenhang mit den geologischen Processen*, j'ai rapproché, tant que j'ai pu, les matériaux dont nous disposons en ce moment pour résoudre le problème de l'état thermique des couches profondes de la terre.

L'examen critique des matériaux que j'ai réunis m'a fait perdre la croyance traditionnelle en l'existence d'une haute température dans la partie centrale de la terre, partie dirigeant le processus géologique de la surface de notre globe. Néanmoins, quelle que soit l'opinion des savants collègues sur l'hypothèse traitée dans mon livre, tous tomberont d'accord sur une de mes conclusions : nous savons bien peu de chose sur le régime thermique de la terre, et ce régime mérite d'être étudié.

Au moment où j'écrivais mon étude, j'ignorais qu'un Congrès international de géologie appliquée aurait lieu à Liége, et dans le chapitre final, dans lequel j'ai ébauché les recherches prochaines, j'ai exprimé l'espérance, que la question de l'étude du régime thermique serait portée au programme du Congrès géologique du Mexique. Mais maintenant je ne peux, arrivé au but, ne pas profiter du Congrès des géologues à Liége, et ce Congrès, à mon point de vue, présente encore un certain intérêt particulier pour la question posée.

Les personnes s'occupant de géologie appliquée sont obligées, plus souvent que celles qui s'occupent de géologie théorique, de descendre dans le sein de la terre, et les premiers, étant en rapport continuel avec les ingénieurs s'adonnant aux travaux des mines et des sondages, pourront les intéresser à ces études géothermiques et, de cette façon, sensiblement augmenter les matériaux qui donneraient une connaissance exacte de la nature thermique de la terre. Mais, laissant de côté les jugements généraux, je me permets de prier le premier Congrès international de géologie appliquée d'examiner le programme suivant des travaux internationaux sur la géothermie.

1. Il serait désirable que, dans les institutions géologiques ou les sociétés savantes de chaque pays, il soit formé un Comité qui poursuivrait le but de recueillir les matériaux existant dans le pays donné sur la géothermie.

2. Il serait désirable aussi que ce Comité soit chargé d'élaborer un programme des observations géothermiques et de le répandre le plus largement possible parmi les personnes s'occupant de mines et de sondages.

3. Ce même Comité devrait attirer l'attention de ses compatriotes sur l'étude, au point de vue thermique, des sources d'eau douce et

d'eaux minérales. Pour les sources d'eau et de naphte, là où les conditions de leur exploitation le permettrait, il s'efforcerait d'établir des observations continuelles sur leur température et leur vie géologique.

4. Indépendamment de cela, le Comité élaborerait un programme des observations géothermiques qu'il croirait désirables et le porterait à l'examen du Congrès géologique suivant.

5. Le présent Congrès de géologie appliquée aurait à élire un Comité international qui serait chargé de grouper les travaux des Comités nationaux et d'en faire connaitre la teneur au Congrès du Mexique.

M. **Th. Tchernyscheff** appuie vivement la proposition de son compatriote et donne quelques explications supplémentaires.

Après un échange de vues entre les membres, le vœu suivant est adopté à l'unanimité.

» A la suite d'une communication de M. **Léonard Jaczewski**,
» appuyée par M. **Tchernyscheff**, la Section de géologie appliquée
» émet le vœu de voir constituer une Commission spéciale, chargée
» de recueillir des documents et d'étudier, dans les diverses régions
» du globe, les variations du degré géothermique.

» Le premier noyau de cette Commission, qui pourrait s'ad-
» joindre, dans la suite, d'autres membres, serait composé comme
» suit :

» M. C. ALIMANESTIANU, L. DE LAUNAY, A. HABETS, L. JAC-
» ZEWSKI, LAGRANGE, J. LIBERT, M. LOHEST, TCHERNYSCHEFF,
» E. TIETZE, R. D'ANDRIMONT. »

Personne ne demandant plus la parole M. le président déclare terminés les travaux de la Section de géologie appliquée.

MÉMOIRES

présentés

A LA

SECTION DE GÉOLOGIE APPLIQUÉE

NOTE

SUR LA

Genèse des Gisements métallifères et des Roches éruptives

PAR

PAUL-F. CHALON

INGÉNIEUR A PARIS

I. Introduction

La nécessité d'une théorie rationnelle concernant l'origine et la formation des gisements métallifères a de tout temps été reconnue.

Sans parler de l'intérêt qu'elle présente au point de vue essentiellement géologique, il est incontestable qu'elle rendrait les plus grands services aux prospecteurs pour la recherche des minerais et aux Ingénieurs pour l'exploitation des mines.

Longtemps, la science géologique a été limitée à l'étude des caractères stratigraphiques et minéralogiques et à la classification des fossiles, comme la minéralogie l'était à l'étude des minéraux et des espèces minérales, considérés en leur état de pureté. C'est pourquoi ces deux sciences, par une trop grande abstraction, n'ont pas apporté au mineur le concours suffisamment pratique qu'il est en droit de leur demander.

C'est la savante école allemande de Freyberg qui, dès le XVIIIe siècle, a commencé à recueillir des documents sur la genèse et la formation des minerais utiles. Ses représentants les plus autorisés, STAHL, ZIMMERMANN (1), GERHARD, WERNER (2) et,

(1) C. ZIMMERMANN. -- Die Wiederausrichtung Verworfener Gange, Lager und Flotze. — Darmstad und Leipzig, 1828.

(2) WERNER. – Neue Theorie von der Enstehung der Gänge. — Freiberg, 1791.

plus tard, VON COTTA [1] et GRIMM [2], ont décrit et classé les formations filoniennes de l'Erzgebirge, la seule région minière du monde qui fut alors exploitée avec méthode par des procédés économiques.

A une époque plus récente, la science française avec ELIE DE BEAUMONT [3], SÉNARMONT [4], DAUBRÉE [5], DELESSE [6], etc., apporte des conceptions nouvelles et de remarquables expériences. En Amérique, WHITNEY [7], et NEWBERRY [8], en Angleterre PHILLIPS [9], résument dans de savants traités leurs théories sur l'origine des gisements métallifères.

Mais on peut dire que la science allemande, jusque vers la fin du dix-neuvième siècle, est restée la seule classique et en honneur. En ces derniers temps, son évangile était le traité de GRODDECK [10] qui, aujourd'hui, nous apparaît confus et embrouillé en raison de ses trop multiples classifications.

L'immense développement qu'a pris l'industrie minière, depuis une quinzaine d'années, aux Etats-Unis, en Espagne et en Australie, a fourni tant de faits nouveaux, tant de connaissances nouvelles, que les théories des géologues de Freyberg se sont trouvées fréquemment en défaut et même en contradiction avec les constatations des mineurs. Et la raison en est simple. La

(1) BERNHARDT VON COTTA. — Die Lehre von den Erzlagerstätten. Freyberg, 1859 u. 1861.

(2) J. GRIMM. — Lagerstätten der nutzbarren Mineralien, 1869.

(3) ELIE DE BEAUMONT. — Introduction à l'explication de la carte géologique de France. Paris. — *Ibidem*. — Note sur les émanations volcaniques et métallifères. *Bulletin de la Société Géologique de France*, 1846-1847.

(4) SÉNARMONT. — Sur les émanations volcaniques et métallifères. Paris, 1847.

(5) DAUBRÉE. — Etudes synthétiques de géologie expérimentale. Paris. — *Ibidem*. — Les eaux souterraines aux époques anciennes et actuelles. Paris. 1887.

(6) DELESSE. — Recherches sur l'origine des roches. Paris, 1865.

(7) WHITNEY. — The Metallic Wealth of the United States. Philadelphia, 1854.

(8) NEWBERRY. — The Origin and Classification of Ore deposits. New-York. 1880.

(9) PHILLIPS. — A Treatise of Ore Deposits. London, 1884.

(10) ALBRECHT VON GRODDECK. — Die Lehre von den Lagerstätten der Erze. Leipzig, 1879.

science allemande, limitée à une très petite région minière, ne pouvait être que *particulariste* et les généralisations trop hâtives qu'elle a formulées se sont trouvées prématurées et erronées.

C'est surtout en Amérique que les formations filoniennes sont variées et importantes. Elles ont fourni une grande quantité d'observations dont l'étude et surtout la comparaison donnent de précieux éléments pour la recherche d'une théorie de généralisation.

Un premier travail d'ensemble sur la question a été présenté, en 1893, au Congrès de l'Industrie des Mines, à Chicago. Là, une remarquable étude « *The Genesis of Ore-Deposits* », due à un savant professeur de Przibram (Autriche), Franz Posepny, a donné lieu à des discussions très documentées et, plus tard, à la mise à point de monographies minières et même de véritables traités ayant pour auteur des ingénieurs et des géologues de tous pays, parmi lesquels il faut citer : KEMP (1), EMMONS (2), VOGT (3), VAN HISE (4), DE LAUNAY (5), LINDGREEN (6), WEED (7), etc.

Les nombreux cas nouveaux qu'ils ont mis en évidence ont élargi considérablement l'horizon de la science filonienne, mais il reste encore à établir une classification simple et pratique des gîtes métallifères ; car, en présence de la grande prolixité de faits plus ou moins dissemblables, les auteurs américains semblent s'être ingéniés à la compliquer de leur mieux. On peut d'ailleurs en dire autant en ce qui concerne les roches d'origine profonde ;

(1) J.-F. KEMP. — The Ore-Deposits of the United States and Canada. New-York, 1900, 3e Edition. — *Ibidem.* — The Role of Igneous Rocks in the formation of Veins. *Richmond Meeting* 1901. — *Ibidem.* Igneous Rocks and Circulating Waters as Factors in Ore-Deposits. *New Haven Meeting.* 1902.

(2) S.-F. Emmons. — Geological Distribution of the useful Metals in the United States. *Chicago Meeting.* 1893.

(3) J.-H.-L. VOGT. — Problems in the Geology of Ore-Deposits. *Richmond Meeting.* 1901.

(4) C.-R. VAN HISE. — Some Principles Controlling the Deposition of Ores. *Washington Meeting.* 1900.

(5) L. DE LAUNAY. — Formation des gites métallifères. Paris, 1893. — *Ibidem.* — Contribution à l'étude des gites métallifères. Paris, 1897.

(6) W. LINDGREEN. — Metasomatic Processes in Fissure Veins. *Washington Meeting.* 1900.

(7) W.-H. WEED. — Influence of Country-Rock on Mineral Veins. *Mexican Meeting.* 1901.

MÉMOIRES

présentés

A LA

SECTION DE GÉOLOGIE APPLIQUÉE

L'intérêt capital des recherches sur la genèse et la formation des gisements métallifères doit donc avoir principalement pour but l'étude des gisements primaires desquels procèdent tous les autres.

Les mêmes observations et les mêmes distinctions s'appliquent à la généralité des roches qui, dès lors, peuvent être classées de la manière suivante :

Roches d'ordre primaire.
Roches d'ordre secondaire.
Roches détritiques.

Les roches primaires sont des produits d'émanation directe, ce sont les *roches éruptives* et les *roches volcaniques* dont il sera donné plus loin une définition génétique complète. Toutes les autres procèdent de celles-ci par remaniement ou altération quelconque : *carbonates*, *sulfates*, *agglomérations schisteuses*, *poudingues*, *grès*, *sables*, etc. ; il faut cependant en excepter quelques-unes, assez rares d'ailleurs, qui ont une origine végétale ou animale comme la houille et ses congénères, les farines fossiles, la craie, les îles de corail, etc. et qu'il convient de classer dans une catégorie spéciale.

III. La genèse des gites primaires et des roches éruptives.

Les gisements métallifères d'émanation directe sont d'origine profonde et leurs matériaux ont été chassés à travers les fentes et fractures de l'écorce terrestre sous des formes variées : *fumerolles sèches ou humides*, *coulées pâteuses* et *solutions aqueuses*.

C'est donc par *sublimation*, *solidification* et *précipitation* que s'est effectué le remplissage des filons et autres fentes ; et les matières de ce remplissage ont pris des formes cristallines, semi-cristallines, ou amorphes, selon les conditions de leur refroidissement.

Les matières minérales qui résultent incontestablement d'émanations directes et constituent, par conséquent, les gisements de l'ordre primaire sont des *sulfures*, *arséniures*, *antimoniures*, *tellurures, séléniures, fluorures* [1], etc., tous composés qui ne contiennent ni eau, ni oxygène et dont on constate également la présence, en quantités presque toujours minuscules il est vrai, dans la plupart des roches.

Ces matières proviennent du noyau interne du globe où elles constituent des magmas fondus, stables *in situ* aux températures élevées qu'on leur suppose généralement, mais qui, très probablement, ne dépassent pas 4 ou 5000° C.

On sait, en effet, qu'il suffit d'une température relativement basse, 300° C. environ, pour ramollir les roches silicatées quand celles-ci se trouvent au contact d'eaux surchauffées à haute pression. On sait aussi que les eaux peuvent circuler dans l'écorce terrestre, jusqu'à de grandes profondeurs, sans prendre nécessairement l'état de vapeur. On peut même déterminer approximativement l'extrême limite à laquelle les eaux doivent commencer à se vaporiser.

En effet, les lois de la physique nous enseignent que, pour amener un liquide à l'ébullition, il faut le porter à une température telle que la force élastique maxima de sa vapeur soit égale à la pression qui s'exerce à sa surface. Or, quoique les expériences de Regnault ne nous fournissent pas de renseignements précis en ce

[1] Cependant il existe dans la nature des binaires et particulièrement des sulfures qui n'appartiennent pas à l'ordre primaire. On rencontre, en effet, certains minerais sulfurés qui proviennent d'oxydés, lesquels ont été retransformés en sulfures par l'action des eaux chargées de matières organiques ou par contact avec des matières carbonacées. Ces substances peuvent, dans certaines conditions, réduire les sulfates et les sulfites, ou céder le soufre qu'elles renferment. L'équation suivante donne, comme exemple, la raison d'une transformation de carbonate en sulfure :

$$PbCO^3 + CuSO^4 + H^2O + 2C = PbS + CuCO^3 + 2CO^2 + H^2O$$

Une réduction analogue peut s'opérer en présence de sulfates ferreux, comme c'est le cas des dépôts de cuivre métallique et de sulfure de cuivre dans les schistes du bassin de Huelva.

$$Cu^2SO^4 + CuFeS^2 + FeSO^4 + 4O = Fe^2O^3,3SO^3 + Cu^2S + Cu$$

Ou encore par l'action d'un sulfure sur un sulfate :

$$Fe^2S^3 + 3ZnSO^4 = 3ZnS + Fe^2O^3,3SO^3$$

On pourrait citer également la formation de pyrite par réaction de matières organiques sur des sulfates alcalins ou terreux (Ebelmen).

$$2Fe^2O^3 + 8CaSO^4 + 15C = 4FeS^2 + 8CaCO^3 + 7CO^2.$$

qui concerne les hautes températures, on admet généralement que la force élastique de la vapeur aux températures élevées peut s'évaluer approximativement au moyen de la formule

$$F = T^4$$

F étant la force élastique, en kilogrammes par centimètre carré ; T, la température, en centaines de degrés centigrades.

Si on désigne par P la pression à la surface du liquide, on voit que la profondeur à laquelle l'eau se vaporise correspond à celle pour laquelle on réalise l'égalité :

$$F = P = T^4$$

La valeur de T se détermine à l'aide du *degré géothermique* et si on admet, pour les facilités d'un calcul qui ne peut être, naturellement, qu'approximatif :

1° Que l'accroissement de température dans l'écorce du globe soit régulier jusqu'à une certaine profondeur.

2° Que le degré géothermique corresponde à trois degrés centigrades par cent mètres,

on trouve que l'égalité précédente a lieu quand la température est voisine de 700° C., alors que la pression correspondante est celle d'une colonne d'eau d'environ 23 kilomètres de hauteur

$$\frac{700}{3} \times 100 = 23000$$

$$P = \frac{23000 \times 1{,}20}{10{,}35} = 2470 \text{ k.}$$

Comme $T^4 = 2401$, on voit que la double égalité est à peu près réalisée.

Ce serait donc seulement au delà d'une vingtaine de kilomètres de profondeur que, la pression sur le liquide étant égale à la force élastique maxima de la vapeur, l'eau contenant des sels en dissolution et d'une densité moyenne égale à 1,20 environ entrerait en ébullition.

Mais il n'est nullement besoin de considérer ce cas de limite extrême d'état critique, puisque nous savons qu'à 300° C. les roches silicatées se ramollissent en présence des eaux surchauffées, sans qu'il soit nécessaire, pour la production de ce phénomène, de faire intervenir l'action de la vapeur.

L'eau peut donc exister à l'état de liquide surchauffé, aux profondeurs de 10 kilomètres qui correspondent à des températures voisines de 300° C., sans entrer en ébullition. Son action est alors assez énergique pour rendre pâteuses les roches les moins fusibles. C'est, par suite, jusqu'à cette profondeur, que les eaux superficielles de la terre peuvent pénétrer après avoir traversé les cassures de tous genres, diaclases et paraclases ([1]), les pores des roches, les plans de stratification, les surfaces de contact, etc. ; puis elles cessent de descendre parcequ'elles arrivent au contact des roches très ramollies qui opposent une barrière compacte à leur pénétration, mais elles peuvent néanmoins agir encore à leur surface et les attaquer peu à peu en formant des combinaisons nouvelles par hydratation ou dissolution.

La pénétration des eaux profondes surchauffées est indiscutable; elle se produit par gravité à travers les diaclases et paraclases, par imbibition des roches meubles, par capillarité dans les roches peu perméables, par osmose ([2]) des solutions, etc. Le courant est favorisé par l'influence de la chaleur et de la pression qui augmentent pour ainsi dire la fluidité des liquides, leur tendance à circuler et l'énergie des imprégnations.

Les eaux descendent par capillarité dans les roches considérées comme imperméables, les granites par exemple, par imprégnation dans les roches légèrement perméables, comme les trachytes ; et leur mouvement lent et continu est facilité par les différences de température. Lorsqu'elles cessent de descendre, au voisinage des magmas fondus du noyau interne, elles ont conservé une grande action dissolvante et oxydante qui s'exerce sur ces matières. En

([1]) M. Daubrée a proposé les expressions de *diaclases* pour désigner toutes les cassures des roches n'ayant causé aucun déplacement de terrain, et *paraclases* pour celles qui ont produit des dislocations avec ou sans rejets. Les premières portent les noms ordinaires de fentes, cassures, fractures, crevasses, fissures, joints ; les secondes sont les *failles*. — P. C.

([2]) La pression osmotique doit jouer un très grand rôle dans le phénomène de déposition des minerais apportés en dissolution par les eaux profondes surchauffées. On la détermine par la loi d'Avogadro : «*Pour un corps donné,* » *la pression osmotique est la même que la tension de ce corps à l'état gazeux,* » *la température et la concentration restant les mêmes, et la concentration* » *désignant la quantité de la substance contenue dans l'unité de volume*». - P. C.
La chimie physique et ses applications, par J. H. Van 't Hoff, traduction française de A. Corvisy. — Paris, 1903.

particulier, elles transforment en silicates les siliciures des métaux alcalins dont les combinaisons binaires plus légères se superposent, par différentiation, aux binaires métalliques — sulfures, arséniures, etc. — du même magma interne.

Cette action lente et continue des eaux profondes surchauffées altère peu à peu les matières primaires, puis les gonfle en les oxydant et les hydratant, à tel point que l'augmentation de volume provoque des ruptures d'équilibre et des poussées dynamiques. Celles-ci, à un moment donné, et dans des circonstances spéciales difficiles à définir, peuvent devenir assez énergiques, soit pour chasser les matières hydropâteuses nouvellement formées à travers les diaclases et paraclases de l'écorce solide et même les faire déborder à la surface du sol sous forme de coulées, dômes ou massifs ; soit encore pour rompre l'écorce terrestre à un point faible et déterminer une éruption volcanique, comme je l'indiquerai plus loin.

Mais quelque soit leur mode d'émergence, ces matières d'origine profonde, à haute température, exercent pendant leur mobilisation une véritable transformation sur tout ce qu'elles rencontrent et en particulier sur les eaux plus froides qu'elles vaporisent brusquement en provoquant de violentes explosions qui produisent des dislocations et des nouvelles cassures dans les roches traversées. De plus, leur violent échappement détermine, avec ou à côté d'elles, par suite de ruptures locales d'équilibre, un entraînement de portions plus ou moins grandes du magma fondu qu'elles recouvraient et maintenaient à l'abri des influences de l'eau et de l'oxygène ; ces matériaux, sulfures et congénères, ainsi séparés du noyau fondu et ayant perdu leur état originel de stabilité, sont entraînés, en fumerolles ou en dissolution, dans les diaclases qu'ils rencontrent et s'y déposent pour former des filons.

C'est ainsi que la présence des eaux surchauffées, à grandes profondeurs, facilite la formation, puis le déplacement des pâtes silicatées et, accessoirement, le mouvement ascentionnel des substances métallifères sous-jacentes qui, à l'état de fumerolles ou de solutions aqueuses, vont remplir les fentes qu'elles rencontrent sur leur passage. Le premier phénomène donne naissance aux roches hydropâteuses d'origine profonde, éruptives et volcaniques, tandis que l'effet subséquent est la formation de filons et gisements primaires dont l'origine se trouve ainsi liée à celles des roches éruptives.

Cette conception explique en effet la corrélation qui existe partout entre les filons métallifères et les roches éruptives ; elle explique également la présence si souvent constatée d'éléments métalliques identiques dans les filons et dans les roches éruptives encaissantes ou voisines. Elle permet encore de se rendre compte que si le remplissage d'un filon s'est effectué jusqu'à la surface du sol, c'est parcequ'il a eu lieu à une époque où la croûte terrestre était relativement peu épaisse et encore très chaude ; fait essentiel à signaler, car la traversée en un milieu froid aurait brusqué l'arrêt du dépôt métallifère à une distance plus ou moins voisine du sol.

La constatation de la grande ancienneté des filons primaires fournit une indication utile au mineur, puisqu'elle montre que leur profondeur est limitée à l'épaisseur qu'avait la portion solidifiée de la croûte terrestre au moment de leur émission ou de leur formation. Postérieurement à leur venue, la crustification s'est continuée par en bas et c'est sur la nouvelle couche formée aux dépens du magma interne que reposent et se terminent les bandes filoniennes.

D'autre part, la croûte solide du globe s'est accrue par en haut dans sa région superficielle, principalement par des dépôts de roches sédimentaires qui se sont formées après le remplissage des filons et ont recouvert l'affleurement originel. On conçoit dès lors l'intérêt que présentent la recherche et la reconnaissance de l'horizon géologique des filons ainsi que l'époque probable de leur formation, puisque ces données doivent fournir des indications précises sur leur pénétration en profondeur et sur l'épaisseur de recouvrement de leurs affleurements.

En outre des sulfures, arséniures et autres composés binaires connexes cités précédemment, l'intérieur du globe contient aussi des carbures, siliciures, phosphures, fluorures, etc. M. Daubrée paraît avoir été le premier à signaler le fait. Il a émis, en effet, l'hypothèse que les métaux ont pu se trouver originairement combinés au carbone à l'état de carbures métalliques et que le carbone des composés organiques provient de la décomposition de ces carbures.

Cette idée a été reprise plus tard, en 1877, et généralisée par le grand chimiste russe Mendeleef, qui admet que les métaux existent dans la partie interne du globe à l'état de carbures ; puis, M. Moissan [1] a pu établir par de multiples expériences que certains carbures métalliques, stables à haute température et constituant des combinaisons parfaitement définies, se décomposent en présence de l'eau en donnant des hydrocarbures.

Ce serait donc aux carbures d'origine interne qu'il conviendrait de rapporter l'origine des pétroles, des bitumes et probablement du graphite et du diamant.

M. Moissan a également démontré qu'en présence de l'eau, les siliciures peuvent être successivement transformés en silicates anhydres, puis en silicates hydratés et enfin en un mélange de silice, de silicates et d'oxydes. On comprend donc que les siliciures du noyau interne fondu aient pu, au contact des eaux surchauffées, donner naissance :

1° à des *roches siliceuses*, où la silice prédomine ;

2° à des *roches silicatées acides*, qui sont des mélanges de silicates et de silice en excès ;

3° à des *roches basiques*, mélanges de silicates et d'oxydes en excès.

Ce sont précisément ces distinctions qui ont conduit un certain nombre de géologues français à employer les expresssions d'*acides* et de *basiques* pour désigner l'universalité des roches d'origine primaire.

En outre, et si l'on admet l'existence de certains composés de carbone et de silicium, le siliciure de carbone, SiC, par ex. [2], on comprend qu'un semblable binaire ait pu donner, par oxydation et décomposition, de la silice, élément primordial des silicates, et de l'acide carbonique, élément originel des carbonates

$$SiC + 4O = SiO^2 + CO^2$$

de sorte que les carbonates résulteraient de l'attaque des silicates alcalins insolubles par les eaux chargées d'acide carbonique, puis de leur dissolution par ces mêmes eaux qui les ont finalement déposés par sédimentation.

Déjà, en 1858, M. Daubrée, à la suite de ses belles investigations

[1] Comptes-rendus de l'Académie des Sciences, séance du 25 Juin 1896.

[2] Le siliciure de carbone SiC a été décelé par M. Moissan dans la météorite de Canon Diablo. *Comptes-rendus de l'Académie des Sciences*, 13 Février 1905, n° 7.

aux sources thermales de Plombières ([1]), avait montré, par des expériences de laboratoire, que le verre, silicate anhydre, soumis à l'action de l'eau surchauffée entre 200 et 400° C°, se transforme en un silicate hydraté, opaque et blanc, d'apparence kaolinique, lequel, en se décomposant dans certaines conditions de température, abandonne de la silice cristallisée. Il en résulte donc trois modifications successives qui correspondent aux trois classes de roches : siliceuses, silicatées anhydres et silicatées hydratées.

Dans la suite, les transformations réalisées par M. Daubrée ont été vérifiées par d'autres expérimentateurs en divers pays. On est même parvenu à opérer la complète dissolution des silicates anhydres en les pulvérisant préalablement et les traitant en vase clos par l'eau surchauffée à 200°.

Mais il est encore un facteur important dont il faut tenir compte. L'eau surchauffée n'a pas seulement pour effet de transformer les siliciures, par ex., en silicates et de donner ensuite au nouveau magma silicaté ainsi produit, la fluidité nécessaire à son déplacement, elle a encore exercé sur ce magna hydropâteux des actions dissolvantes spéciales et plus ou moins accentuées.

On sait, en effet, que toutes les roches silicatées, anhydres ou hydratées, contiennent de l'eau à l'état de combinaison ou d'hydratation. Cette eau s'y trouve en quantités variables, mais d'autant plus importantes que la roche est plus acide, et cette constatation résulte d'une série d'effets faciles à comprendre.

1° Les portions du magma qui ont subi l'action la plus immédiate et, par conséquent, la plus effective de l'eau sont celles des régions supérieures, mélanges de silice et de silicates alcalins. L'eau étant sans cesse renouvelée à leur contact, elles ont dû éprouver de véritables dissolutions qui, plus tard, entraînées lors d'un mouvement orogénique quelconque, ont donné naissance, par voie de déposition, à des roches ultraacides, en tête desquelles il faut placer les roches siliceuses proprement dites : quartz, quartzites, etc. Cette explication permet de classer parmi les *roches éruptives*, ces nombreux amas siliceux, d'apparence euritique ou

([1]) Mémoire sur la relation des sources thermales de Plombières avec les filons métallifères, par M. Daubrée, Ingénieur en chef des Mines. *Annales des Mines*. 5e série, t. XIII. p. 227. — Daubrée : Etudes synthétiques de géologie expérimentale, Paris, 1879.

même porphyrique, qu'il est impossible d'assimiler, au point de vue génétique, aux veines et filons de quartz d'un grand nombre de formations, amas et filons, et dont l'origine est incontestablement différente.

Ces roches, que je désigne sous le nom de *siliceuses* proprement dites ou *ultraacides*, doivent donc être considérées comme de nature éruptive et, dans cet ordre d'idées, assimilées aux roches éruptives telles que les granites, les diorites, etc. Elles traversent sous forme de dykes et d'amas, un grand nombre de terrains.

2° Puis, en pénétrant plus profondément, l'eau déjà moins abondante et moins fréquemment renouvelée, a perdu une partie de son énergie, de sorte que son action dissolvante est atténuée et se borne à rendre très pâteuses ou boueuses les matières sous-jacentes. Celles-ci, expulsées à leur tour, sont venues au jour en formant les groupes des roches acides proprement dites : granites, syénites, porphyres, etc.

3° Plus bas encore, les effets d'hydratation et d'oxydation ont été moindres, et les matières issues de cette région, encore hydropâteuses, ont donné naissance aux *roches basiques*, caractérisées par de fortes teneurs en magnésie, chaux et oxydes de fer, et dont les termes extrêmes aboutissent à des roches, comme certains amas de magnétite, qui sont incontestablement d'origne éruptive (1) et ne contiennent plus qu'une faible portion de silice. C'est le groupe des *roches ultrabasiques*, terme extrême de la série générale qui commence par les *roches ultraacides*.

4° Enfin, les eaux de pénétration devenant rares et moins actives ne peuvent plus produire que des actions très réduites sur le magma inférieur faisant partie du noyau interne fondu et dont les parties hautes sont seules susceptibles d'être atteintes. C'est la région des siliciures, carbures, etc., qui ont pu subir un commencement d'attaque par les eaux et qui recouvrent eux-mêmes d'autres siliciures, carbures, etc., non encore influencés. Ceux-ci, comme il a déjà été dit, se superposent par différentiation aux

(1) Il existe d'autres amas de magnétite qui ne sont pas d'origine directe, mais qui proviennent de la décomposition de pyrites. Lorsqu'on exploite ces minerais, on observe toujours qu'ils se transforment peu à peu en sulfures à mesure que l'on pénètre en profondeur. Tel est le cas des Mines d'Aïn-Sedma (Algérie). — P. C.

sulfures, arséniures et congénères, source d'où proviennent les gisements métallifères d'ordre primaire.

La différentiation des matières du noyau interne fondu est peut-être assez nette dans les régions extrêmes, en haut et en bas, mais il est probable que les parties intermédiaires sont plus ou moins mélangées.

En somme, l'influence des eaux profondes et surchauffées se manifeste avec une énergie qui va constamment en décroissant. En la région supérieure du magma pâteux sur lequel se soude la croûte terrestre déjà solidifiée, il se produit de véritables dissolutions qui donneront naissance à des roches *ultraacides*. Puis ont lieu des demi-dissolutions avec émissions de nature boueuse qui formeront les roches *acides*. Enfin les eaux ne produisent plus que de simples oxydations tout en rendant encore la matière hydropâteuse : c'est l'origine des roches *basiques* et *ultra-basiques*.

La vérification de ces phénomènes divers et successifs est facile à faire. On observe, en effet, dans tous les pays à terrains éruptifs que les roches acides correspondent toujours à la première phase d'éruption, car elles sont traversées par les roches basiques ; les unes et les autres ayant entraîné, dans leur mouvement ascentionnel, des matières métallifères sous-jacentes, origine des gisements métallifères d'ordre primaire.

Mais il est une autre constatation d'ordre général qui a été contrôlée, c'est que les terrains éruptifs aussi bien que les gisements métallifères ne se rencontrent pas indifféremment dans toutes les régions du globe. Les uns comme les autres sont toujours *localisés*, comme s'ils avaient pour raison d'être des causes purement locales. C'est qu'en effet, l'action des eaux surchauffées n'a pas pu se produire indistinctement sur toute la surface et en tous les points du noyau interne fondu, car la circulation et la pénétration des eaux profondes est forcément localisée et non généralisée, puisque les conditions de porosité, de perméabilité, de pénétration en un mot, des roches solides, sont nécessairement variables et même limitées. Aussi la formation des matériaux hydropâteux s'est-elle localisée en un plus ou moins grand nombre de régions qui forment comme autant d'îlots pénétrant dans le noyau interne fondu. Celui-ci présente donc une surface externe irrégulière, hérissée d'apophyses qui s'enfoncent dans la croûte solidifiée, entre les magmas encore hydropâteux et dont les pointes ou extrémités se rapprochent plus ou moins de la surface du globe. Cette conception corrobore une opinion du savant géologue, M. de Lapparent, qui, dans une étude sur les volcans [1] cherche à expliquer leur éruption en disant « *qu'il existe « probablement à de faibles distances du sol et dans les parties « faibles de l'écorce terrestre, des réservoirs restés en relations avec « le noyau central.* »

Ces apophyses, très irrégulièrement distribuées, doivent, en effet, aboutir, ainsi que l'indique M. de Lapparent, aux diverses régions volcaniques du globe. Et comme les magmas séparateurs se gonflent à mesure qu'ils deviennent hydropâteux, il en résulte qu'ils exercent sur la matière fondue des apophyses une compression de plus en plus grande, laquelle, à un moment donné, peut être assez énergique pour déterminer une rupture d'équilibre et forcer la matière fondue à travers la même couche solide de recouvrement. C'est ainsi que l'on peut expliquer les *éruptions* de matières fondues qui ont donné naissance aux *roches ignées* ou *volcaniques*.

C'est également sous l'influence de ces apophyses en fusion pâteuse, rapprochées de la surface, que se chauffent les eaux thermales à températures très élevées. C'est aussi leur voisinage qui détermine des variations anormales du degré géothermique en certaines contrées.

C'est donc aux conséquences résultant du mouvement de descente lent et continu des eaux surchauffées qu'il faut attribuer ces ruptures d'équilibre qui provoquent les mouvements dynamiques du globe, les éruptions des volcans, et probablement aussi les phénomènes de tremblements de terre [2]. Ce sont les mêmes causes, considérablement accentuées, qui ont dû provoquer aux époques anciennes les grands mouvements orogéniques du globe.

[1] L'éruption de la Martinique, conférence faite à Liége, par M. de Lapparent, le 30 Octobre 1902. *Revue des questions scientifiques*, 1902.

[2] L'observation montre que les mouvements séismiques sont plus importants dans les régions maritimes où l'eau peut agir par infiltrations continues sur les matières internes fondues ou hydropâteuses. On sait aussi que dans les pays sujets aux tremblements de terre fréquents, comme la Suisse, la Thessalie, etc., les mouvements sont plus nombreux et plus importants à la suite de saisons très pluvieuses. — P. C.

VI. Classification des roches éruptives. Roches éruptives proprement dites et roches ignées.

Les considérations qui précèdent conduisent à adopter la classification génétique suivante pour les roches d'ordre primaire que j'ai désignées jusqu'à présent sous le qualificatif d'*éruptives proprement dites*.

Roches ultraacides (silice 75 °/₀ et au delà)	Quartz, quartzites et roches siliceuses	environ	90 °/₀	silice.
	Eurites	»	80	»
	Granulites et pegmatites	»	75	»
Roches acides (silice 75 à 56 °/₀)	Porphyres quartzifères.	»	72	»
	Granites	»	70	»
	Syénites.	»	68	»
	Porphyrites	»	67	»
	Andésites quartzifères .	»	66	»
Roches basiques (silice 56 à 45 °/₀)	Porphyres dioritiques .	»	55	»
	Diorites, diabases, gabbros	»	50	»
	Rhodonite (roche spéciale)	»	45	»
Roches ultrabasiques (silice 45 °/₀ et au dessous)	Péridotites	»	43	»
	Serpentines	»	40	»
	Diabase amygdaloïde .	»	38	»
	Magnétite en roche . .	»	10	»

Ce cadre restreint ne comporte que les familles principales auxquelles il est d'ailleurs facile de rattacher tous les autres types et les innombrables variétés de roches cataloguées. C'est ainsi que des modifications peu sensibles et des gradations conduisent, par intercalation de variétés, des granites aux porphyres quartzifères, de ceux-ci aux pegmatites, puis aux eurites et enfin aux quartzites. On passe également, par des intermédiaires plus ou moins nombreux, des granites aux syénites, aux porphyres dioritiques et aux péridotites. On sait même que de la serpentine on peut arriver par gradation à l'euphotide riche en fer et à la magnétite, comme les diorites et norites de Sudbury qui passent peu à peu à la pyrrhotite nickélifère.

C'est pour n'avoir pas admis le système des transitions et des intercalations que la science géologique pure complique de plus en plus ses classifications et sa terminologie.

Ces transitions dans la variété des matériaux de nature éruptive se produisent souvent par voie de métamorphisme. Ce phénomène n'amène pas seulement des modifications de structure qui transforment une roche à gros éléments en roche grenue, le granite en eurite par exemple, ou qui font d'une roche d'origine pâteuse une roche schisteuse [1]; il provoque encore des éliminations d'éléments minéraux qui font d'un granite un porphyre quartzifère ou une granulite, et des substitutions qui orientent une roche acide vers la basicité.

C'est aux époques anciennes que les phénomènes de métamorphisme se sont manifestés avec le plus d'énergie, et l'on constate qu'ils sont réduits ou presque nuls avec les émissions de roches volcaniques.

En somme, et malgré sa simplicité, le classement qui précède a l'avantage de cataloguer immédiatement une roche au point de vue de son ancienneté et de son époque d'émission par rapport aux terrains au milieu desquels elle se montre.

En première ligne apparaissent dans le tableau le quartz et les quartzites ; ils sont en effet le premier terme de la série ultraacide, comme la magnétite est le dernier représentant des roches ultrabasiques de nature éruptive.

A la suite de la série ultrabasique, il convient de placer les gisements métallifères primaires qui sont formés de binaires sans oxygène et dont quelques uns, comme la *pyrite magnétique* et les *pyrrhotites* sont de véritables roches d'épanchement, venues des régions profondes sans avoir subi ni oxydation, ni altération. On relie ainsi les gisements primaires aux roches éruptives, car les uns et les autres ont la même origine et leur mode de formation est, en beaucoup de cas, semblable.

Dans le tableau de classification qui précède n'entrent pas certains

[1] M. Daubrée a montré, par des expériences bien connues, que la schistosité se développe par la compression de matières pâteuses, ce qui explique la formation des schistes cristallins. P. C.

groupes de roches d'origine également éruptive telles que les trachytes, les basaltes, les laves, etc. C'est que ces roches, quoique d'origine profonde, sont de nature ignée ; elles ne sont pas venues à l'état hydropâteux, comme les roches éruptives proprement dites, mais à l'état de magmas fondus par fusion ignée. Ce sont des roches plutoniennes ; elles constituent la série spéciale des roches dites *ignées* ou *volcaniques*, qui se distinguent nettement des roches *hydropâteuses* ou *éruptives proprement dites* par leur nature et leurs caractères différents.

Evidemment, la notion de la plasticité des magmas rocheux résultant de l'action des eaux profondes surchauffées exclut la théorie exclusive, et que l'on a jusqu'à présent trop généralisée, de la fusion ignée : c'est-à-dire d'une origine plutonienne, se produisant seule, sans le secours de l'eau, et dont les éléments primaires se sépareraient, soit par liquation à la manière des alliages, soit sous l'influence d'une énorme compression.

En fait, il est bien certain qu'en dehors des roches volcaniques : *trachytes*, *andésites*, *basaltes*, *ponces*, *obsidiennes*, etc., qui sont des roches d'origine relativement peu profonde mais indiscutablement ignée, les roches éruptives proprement dites : *granites*, *syénites*, *diorites*, *diabases*, *porphyres*, etc., ne présentent jamais les caractères d'une fusion ignée simple. On s'explique très bien, au contraire, que ces dernières ayant acquis une certaine *pastosité* sous l'influence de l'eau et de la chaleur, comme il a été dit plus haut, aient pu traverser l'écorce chaude et solide du globe et affleurer à la surface du sol, à l'instar de ces roches fondues par l'action seule de la chaleur et qui sont désignées sous le nom de *roches ignées*.

L'aspect physique des unes et des autres les caractérise d'ailleurs bien nettement et montre clairement leur état initial différent. Les roches volcaniques ou ignées ont une texture celluleuse, scoriacée ou vitreuse ; elles sont dures au toucher, montrent fréquemment des indices de coulée par fusion ignée et se cassent en prismes ou en noyaux : tous caractères qui accusent un état primitif de matière fondue semblable à celui des scories ou des laves. On peut même les reproduire au laboratoire en fondant ensemble les divers éléments qui entrent dans leur composition et laissant ensuite refroidir graduellement dans certaines conditions déterminées.

Les roches éruptives, au contraire, montrent une texture plutôt compacte. Elles n'ont généralement pas l'aspect vitreux, en dehors des quartz et quelques très rares variétés feldspathiques ; elles ne montrent jamais de traces scoriacées ou d'indices de fusion ignée, mais seulement de coulées aquéo-pâteuses ou boueuses. Si l'on fond leurs éléments au laboratoire, on obtient toujours une substance vitreuse d'aspect tout différent de la première.

Par métamorphisme, les roches ignées produisent des effets de calcination ou de vitrification, tandis que les roches hydropâteuses provoquent des éliminations, des changements ou des substitutions d'éléments constitutifs.

L'influence de l'eau sur la formation de ces roches est indéniable ; elle se manifeste d'ailleurs par un grand nombre de particularités qui attestent une origine aqueuse. C'est ainsi, par exemple, que des entraînements d'eau surchauffée, en se vaporisant dans les régions supérieures plus froides, au moment du passage d'un magma pâteux à travers l'écorce solidifiée du globe, ont amené la formation de ces minéraux fibreux, tels que les amphiboles et plus particulièrement l'asbeste.

Cette propriété si spéciale est bien connue ; elle est utilisée dans l'industrie moderne pour préparer la *laine minérale* ou *laine de laitiers*. Au moment où la scorie s'écoule du haut-fourneau, on dirige sur elle un puissant jet de vapeur à haute pression qui la traverse et la divise en fibres aussi fines que celles de la laine ou de l'asbeste.

L'eau entraînée par les roches ignées et l'eau de constitution des roches hydropâteuses produisent sur les roches elles-mêmes des effets différents et caractéristiques. C'est ce qu'avait observé Elie de Beaumont :

« L'état fendillé du feldspath dans les laves et surtout dans les
» trachytes peut être attribué avec beaucoup de vraisemblance au
» dégagement rapide de la vapeur d'eau, et l'état beaucoup moins
» fendillé du feldspath dans les granites pourrait tenir à ce que le
» dégagement de l'eau a été moins subit dans les granites que
» dans les roches volcaniques telles que les trachytes. [1] »

[1] Note sur les emanations volcaniques et métallifères, par M. Elie de Beaumont. (*Bulletin de la Societe Geologique de France*, 1846-1847, page 1249.)

Or, cette différence d'action provient simplement de l'état différent sous lequel se trouve l'eau dans les roches venues en magmas hydropâteux ou en fusion ignée.

C'est cette même distinction entre les roches hydropâteuses et les roches ignées qui caractérise les grenats cristallisés dans les gneiss et les serpentines et les grenats fondus du *blue-rock* des cheminées volcaniques diamantifères du Cap. Elle explique encore la présence des cristaux de péridot dans les roches éruptives basiques et des grains de péridot fondus dans les basaltes.

Dans les roches basaltiques on ne trouve, en fait de cristallisation d'origine aqueuse, que des zéolithes tapissant les parois des géodes et des cavités et dont l'origine s'explique aisément. C'est qu'en effet, les roches ignées aussi bien qu'éruptives entrainent forcément avec elles de petites quantités d'eau surchauffées et chargées de matières dissoutes, et ces eaux, par vaporisation et refroidissement, y laissent une foule d'éléments étrangers cristallisés. C'est ainsi que s'explique la formation des éléments accessoires des roches, éléments qui, pour la même raison, se trouvent aussi dans les gneiss, les schistes cristallins et les imprégnations de contact, calcaires et schisteuses. Ils peuvent même se trouver amassés en quantités assez importantes pour former de véritables roches : *hornblendites*, *grenatites*, *pyroxénites*, etc.

V. Considérations relatives à la diversité et à la dissémination des roches dans l'écorce terrestre.

Pour résumer les théories qui précèdent, il semble établi qu'au moment où a commencé la crustification de la terre, celle-ci était limitée extérieurement dans l'espace par une matière plus ou moins fluide, composée de corps binaires non oxygénés ; les plus legers, tels que les siliciures, les carbures, les phosphures, par exemple, se superposant aux sulfures métalliques, arséniures, etc. Puis, quand l'atmosphère a commencé de se former, l'eau et l'oxygène de l'air ont transformé les siliciures, pour ne citer que ceux-ci, successivement en silicates anhydres et en mélanges de silice et de silicates hydratés. C'est ainsi que les siliciures ont donné naissance aux roches siliceuses et silicatées qui, peu à peu, ont formé une première croûte solide, résistante et fissurée. Plus tard, les eaux météoriques en s'ouvrant peu à peu passage à travers la croûte naissante et se surchauffant de plus en plus, ont attaqué de nouvelles couches qu'elles ont également transformées en massifs silicatés, en même temps qu'elles leur donnaient l'état que j'appelle *hydropateux*, pour le distinguer de l'état *pateux fondu* par fusion ignée du magma interne initial. Ces massifs, localisés comme des ilots sur la surface irrégulière du noyau interne fondu et se boursouflant progressivement au fur et à mesure de leur transformation, ont provoqué des ruptures d'équilibre aussi bien dans leur propre masse que dans les matières intervallaires non attaquées.

Il en est résulté des refoulements de matières dans les fissures de la croûte terrestre et jusqu'à la surface du sol et, comme conséquence de ce violent effort dynamique, de nouvelles cassures et des épanchements en coulées sur le sol. Naturellement le déplacement et le mouvement ascensionnel qui ont suivi ont provoqué un entrainement partiel des matières sous-jacentes lesquelles étaient, jusqu'alors, maintenues dans leur état primitif de sulfures et autres, en raison de leur préservation de tout contact avec les eaux.

Ces sulfures ont pu former, dans quelques rares cas, des solidifications filoniennes par refroidissement (*pyrite magnétique de Lacour* (*Ariège*), par ex.) ; souvent, ils ont été entraînés en fumerolles sous l'influence de vapeurs à haute pression (*filons de galène en granite de Linarès*, par ex.); mais le plus généralement, ils ont été dissous dans les eaux surchauffées, et, finalement, se sont condensés ou déposés en filons, veines ou amas.

C'est à ce même entrainement et à une différentiation imparfaite qu'est due la présence d'éléments métallifères si fréquemment disséminés dans les roches à l'état de sulfurés, ou d'oxydés par remaniement des sulfures.

On explique ainsi l'origine des roches éruptives et des gisements métallifères d'ordre primaire.

S'il est vrai que l'on observe sur ces roches et filons de très grandes diversités et même, sur des roches semblables, des variations de texture et de structure, il convient de remarquer que ces dernières résultent surtout de la façon dont s'est effetué le refroidissement.

Certains corps, en effet, comme la silice, le soufre, le phosphore, les sulfures métalliques, les métaux natifs et les roches acides, deviennent cristallins quand ils se refroidissent lentement, ou amorphes quand ils se refroidissent rapidement. D'autres, au contraire, comme les pâtes silicatées constituées par un mélange de silice et de silicates neutres, roches basiques, tendent à prendre une texture cristalline grenue en se refroidissant brusquement ou deviennent amorphes quand ils abandonnent lentement leur chaleur. C'est pourquoi l'on observe :

1° que les sulfures des filons sont cristallisés ;

2° que les cristaux sont toujours plus atténués ou plus brouillés aux épontes des filons que dans l'axe de remplissage, la solidification ayant été plus rapide au contact des roches encaissantes que dans le centre de la fente.

Il est une autre cause de modification de la texture des roches qui est due aux phénomènes de *métamorphisme*. Les magmas hydropâteux ou fondus, lorsqu'ils traversent les roches déjà solidifiées mais encore chaudes de la croûte terrestre les altèrent et modifient leur texture (*métamorphisme proprement dit*) ou leur composition chimique (*métasomatisme*).

L'observation des altérations résultant de ces phénomènes démontre très clairement qu'elles sont dues à une action combinée de la chaleur et de l'eau. Aussi l'hypothèse d'une intrusion des matières hydropâteuses est-elle beaucoup plus satisfaisante que celle du passage d'un magma à l'état de fusion ignée, car celui-ci ne pourrait produire par métamorphisme que des effets de cuisson analogues à la transformation des argiles en briques ou encore à celle du calcaire en chaux.

En ce qui concerne la grande diversité des roches et des filons, et leur répartition si capricieuse sur le globe terrestre, on peut l'expliquer sans avoir recours à la théorie de la différentiation géologique dont le point de départ est un état initial de fusion ignée des matières du noyau central, puis leur séparation par ordre inverse de fusibilité ou par voie de compressions énergiques.

Sans doute, quelque phénomène analogue à la différentiation a dû se produire dans le magma initial fondu, et c'est elle probablement qui a provoqué la séparation des binaires alcalins et des binaires métalliques, pour ne citer que les grandes démarcations. Les siliciures, les carbures, etc., se sont superposés aux sulfures, arséniures, etc., et ont pu ainsi être les premiers soumis à l'influence des eaux surchauffées. C'est un phénomène analogue qui a provoqué la séparation et la superposition des divers sulfures métalliques dans les filons : *cuivre sulfuré, chalcopyrite, pyrite, galène, blende*, etc.

Mais la formation des diverses roches éruptives, acides et basiques, d'origine hydropâteuse, ne saurait être attribuée à la différentiation. Il est bien plus simple d'admettre, comme il a été dit plus haut, l'action des eaux produisant des effets locaux sans cesse décroissants en profondeur : dissolutions, hydratations, oxydations de plus en plus faibles ; effets qui se traduisent par la formation des silices, silicates, bases alcalines, bases métalliques, etc., toutes roches irrégulièrement disséminées en raison de la dispersion des attaques internes localisées.

Les partisans de la différentiation veulent que celle-ci se continue perpétuellement ; de la masse interne fondue se séparerait un premier groupe de magmas, de ceux-ci, des magmas d'ordre secondaire, et ainsi de suite de façon à isoler toutes les innombrables variétés des roches silicatées qui constituent l'écorce terrestre.

Cette conception ne résiste pas à l'examen, car s'il est vrai qu'elle puisse rendre compte de la diversité des roches, elle n'explique en aucune façon leur répartition capricieuse et leur dispersion irrégulière à la surface de la terre.

VI. Corrélations entre les gites métallifères primaires et les roches éruptives.

Le géologue allemand Sandberger [1] ayant observé que dans les roches traversées par un filon, on trouve presque toujours des grains et des veinules des mêmes sulfures qui remplissent le filon, en avait déduit la fameuse théorie de la sécrétion latérale : *Les minerais de filons proviennent des roches encaissantes d'où ils ont été extraits par lessivages ou tout autre procédé.*

Cette notion n'était pas nouvelle, elle avait déjà été exposée en 1854, par le géologue américain Whitney [2], à propos des gise-

[1] F. Sandberger.— Untersuchungen über Erzgänge.— Wiesbaden, 1882.

[2] J. D. Whitney.—The Metallic Wealth of the United States. —Philadelphia, 1854.

ments de plomb du Haut-Mississipi, mais il était réservé à M. Sandberger de la généraliser.

L'exagération de cette théorie est évidente, et M. Franz Posepny [1] en a fait justice. Elle présente d'ailleurs une véritable impossibilité matérielle, car la roche encaissante ne contient, le plus souvent, que des granulations métalliques très dispersées, sans compter les autres éléments qui sont absolument étrangers au filon. D'autre part, il existe un grand nombre de filons en roches stratifiées, tels les gisements argentifères en calcaire jurassique de l'Amérique du Sud, dont les éléments métalliques n'ont aucune représentation dans les roches encaissantes.

Mais s'il n'est pas permis d'affirmer que la présence des métaux dans les roches éruptives soit la preuve que les unes procèdent des autres, il est un point sur lequel tout le monde s'accorde : c'est qu'il existe une corrélation génétique indiscutable entre les filons métallifères et les roches éruptives d'une même région. Il y a une concordance certaine entre la venue des unes et des autres et, par conséquent, une preuve que leurs origines procèdent d'une même source commune.

Ainsi l'on rencontre de préférence le platine, le fer chromé, le nickel et le cobalt dans les roches basiques et ultrabasiques, aux Etats-Unis, dans l'Oural et d'autres contrées ; le cuivre et l'étain dans des roches acides : granites, andésites, etc. ; le zinc et le plomb dans des granites et des calcaires anciens, etc., etc. Toutefois, ce serait une grave erreur de croire que la présence d'une roche comporte nécessairement l'existence, dans ses diaclases, du métal qui lui est souvent subordonné.

Cette coïncidence est bien connue des mineurs américains et australiens qui savent la quasi impossibilité de trouver un minerai riche et abondant, surtout de l'or, s'il n'existe pas, dans la région, ce qu'ils appellent des *dykes porphyriques* [2].

[1] The genesis of Ore-Deposits, by F. Posepny. Chicago Meeting, August 1893. — *Transaction of the American Institute of Mining Engineers*. P. 52.

[2] Le mineur américain donne l'appellation générale de *porphyres* à certaines roches éruptives qui se distinguent des granites par un grain plus fin et une texture cristalline moins développée, et des roches métamorphiques par leur cassure. C'est le plus souvent des porphyrites, des porphyres quartzifères, des eurites ou felsites, etc. De même en Californie, on désigne sous le nom général de *greenstones* toutes les roches vertes basiques (diorites, diabases, etc.) dont la présence est généralement favorable aux prospections. — P. C.

Assurément, l'expression de *porphyriques* est défectueuse, mais elle est caractéristique car elle s'applique exclusivement à une roche d'origine éruptive.

Les théories précédentes justifient l'observation générale et la pratique des mineurs. C'est en effet le mouvement ascentionnel des roches éruptives, acides ou basiques, mais surtout basiques, qui a provoqué des entrainements de binaires métalliques sous-jacents lesquels ont déterminé la formation des gisements primaires ; en même temps, par analogie avec la scorie de nos fours métallurgiques qui entraîne avec elle des particules métalliques, ces binaires se sont trouvés dispersés, soit en parcelles isolées, soit en dissolutions aqueuses dans le magma pâteux déplacé, puis s'y sont fixés après avoir subi ou non, suivant les cas, l'action oxydante de l'eau. C'est pourquoi l'on trouve dans les roches voisines des filons, des disséminations de sulfures et d'oxydes métalliques.

Plus tard, l'altération superficielle de ces roches, par voie chimique ou détritique, a donné naissance aux terrains sédimentaires dans lesquels on observe des inclusions de minerais et de minéraux provenant de la roche éruptive mère. On peut d'ailleurs constater que les roches stratifiées — *grès, schistes, calcaires*, etc., contiennent toujours moins d'inclusions étrangères que les roches éruptives dont elles procèdent, mais que ces inclusions y conservent les mêmes formes cristallines telles qu'elles résultent des dépositions aqueuses dans la roche mère.

Les inclusions minérales des roches sont en grains, veinules, veines et amas. Elles sont venues avec la roche hydropâteuse, et lorsque celle-ci, en se refroidissant, s'est fendillée, elle a déposé les matières entraînées en dissolution, tandis que l'eau, le dissolvant, se séparait et traversait les parois des diaclases sous l'effet de la pression osmotique ; on sait que celle-ci, comme l'a indiqué Van't Hoff [1], croît considérablement avec la température.

C'est donc par suite du voisinage des gisements métallifères que l'on trouve, dans les dykes et les roches éruptives, des inclusions de sulfures ou d'oxydes métalliques, et l'on en déduit que les

[1] La chimie physique et ses applications, par J.-H. Van't Hoff. Traduit de l'allemand par Corvisy. Paris, 1903.

filons ne peuvent se rencontrer qu'à proximité de terrains d'éruption. Mais la présence de ces terrains n'implique pas nécessairement, par réciproque, l'existence de filons métallifères voisins ; on connaît, en effet, beaucoup de régions éruptives ou volcaniques sans filons, ou du moins sans filons exploitables industriellement.

Les matériaux des gîtes primaires, si l'on se reporte à leur genèse, se sont frayé passage à travers les fissures des roches, s'infiltrant d'autant plus aisément et plus abondamment que les diaclases étaient plus ouvertes et plus nombreuses. Il en résulte, et c'est un fait d'observation, que plus les roches apparaissent disloquées, tourmentées, plus il y a de chances d'y trouver des minerais et surtout des filons riches. Les matières minérales ont profité de toutes les fentes, failles, fractures accidentelles, joints de stratification, de toutes les issues en un mot, pour les pénétrer et les remplir par voie de solidification (*coulées pâteuses*), de sublimation (*fumerolles sèches ou humides*) ou de précipitation (*dissolutions aqueuses*).

Un autre fait observé par les ingénieurs c'est que, dans les régions minières, les filons ne sont pas distribués d'une façon regulière ou même irrégulière, sur toute la superficie ou l'étendue d'un bassin éruptif. On les trouve, au contraire, localisés, concentrés pour ainsi dire, en un ou plusieurs centres entre lesquels il est inutile de faire des recherches, car la continuité métallifère n'existe pas.

Et de même que l'existence d'un terrain éruptif ne comporte pas nécessairement la présence de filons de son métal préféré, une émission de roches éruptives ne comporte pas toujours la réunion ou la juxtaposition des diverses formes rocheuses : acides, basiques, gisements primaires.

La distribution de ces roches est extrêmement capricieuse. Dans une contrée où les terrains basiques sont à peine signalés, on trouvera des roches acides en abondance ; dans une autre où dominent les diorites, serpentines et péridotites, tous milieux très favorables aux gisements métallifères, les granites sont rares.

Cette irrégularité de dispersion des roches éruptives est due aux localisations des émissions hydropâteuses, comme il a été expliqué plus haut : elle correspond à la distribution géographique si capricieuse des filons et des régions minières.

Une dernière question se pose, comme conséquence de la corrélation qui existe entre la venue des roches et celle des gisements métallifères, c'est de savoir s'ils sont ou non contemporains ou, pour employer la terminologie nouvelle, s'ils sont *syngénétiques* ou *épigénétiques*.

Ce qui apparaît immédiatement et avec une certaine évidence, c'est que les diaclases de l'écorce terrestre ont dû se remplir pendant que se terminait le phénomène d'éruption locale, alors que celle-ci provoquait des fractures et ouvrait des passages aux boues profondes, alors aussi que dans la roche hydropâteuse se formaient des fissures de retrait dès le début de son refroidissement.

C'est pourquoi l'on peut dire que les gisements métallifères d'ordre primaire sont *contemporains*, mais *non simultanés*, des grands mouvements orogéniques du globe et des roches éruptives ou ignées qu'ils avoisinent ou qui les encaissent. Cette particularité les différencie, une fois de plus, des gîtes secondaires qui sont toujours postérieurs aux roches encaissantes.

En résumé, la concordance génétique et les corrélations qui existent entre les filons et les roches acides et basiques, de nature éruptive ou ignée, peuvent se traduire par les règles suivantes dont la pratique est journellement en usage dans les prospections et les recherches de mines.

1. — *On ne rencontre pas de gisements métallifères primaires dans les terrains stratifiés qui ne sont pas traversés par des roches éruptives ou ignées.*

2. — *Les roches à structure tourmentée ou broyée et à nombreuses diaclases, récèlent plus de gisements métallifères que les roches compactes et peu fracturées.*

3. — *Dans les régions étendues et parsemées de terrains éruptifs, les filons ne sont jamais régulièrement ou irrégulièrement répartis, mais au contraire concentrés en un ou plusieurs centres plus ou moins spacieux, comme si la venue métallifère correspondait seulement à une période déterminée de l'éruption originelle, et plus particulièrement à la fin de celle-ci.*

4. — *Les terrains métamorphiques, qui témoignent du voisinage de roches éruptives, sont favorables à la recherche de minerais, particulièrement dans les régions montagneuses.*

VII. Hypothèse sur la constitution interne du globe.

Les explications qui précèdent, relatives à la formation des roches silicatées et des filons métallifères aux époques anciennes, me conduisent à formuler les hypothèses suivantes en ce qui concerne la composition actuelle des parties internes du globe.

Il semble probable qu'aucun des composés binaires : siliciures, carbures, sulfures, phosphures, etc., qui constituent la portion du magma interne fondu d'où procèdent les roches hydropâteuses, les roches ignées et les gisements métallifères, ne persiste aux températures supérieures à 3 ou 4000° C., températures qui, en supposant un accroissement régulier de 3° C. par 100 mètres, correspondraient à une profondeur de 100 à 130 kilomètres. On sait à l'appui de cette assertion, qu'au four électrique, les binaires et les métaux eux-mêmes sont tous volatilisés avant 3000° C.

Il se produit donc, dans les grandes profondeurs, aux parties basses du magma fondu, une réduction graduelle de toutes ces matières en éléments primordiaux dont le nombre doit être de plus en plus restreint. Peut être même, ces divers éléments ne sont-ils en réalité que les formes diverses d'une substance unique, simple, encore inconnue, et dont l'état physique est difficile à définir en raison des conditions toutes spéciales de température et de pression auxquelles elle se trouve soumise. Tout ce que l'on peut supposer, c'est que ces conditions anormales correspondent vraisemblablement à un état de fluidité et de mobilité extrêmes.

Il est d'ailleurs difficile d'admettre que le centre de la terre soit occupé par des matières très pesantes, car s'il est vrai que la densité de la croûte solide aille en augmentant progressivement à partir de la surface du sol, il est probable que cet accroissement est limité comme la pesanteur.

On sait, en effet, qu'à une distance du sol évaluée au sixième du rayon terrestre $\frac{6360}{6} = 1060$, soit un millier de kilomètres, la pesanteur cesse d'augmenter, puis diminue d'intensité jusqu'au centre de la terre où, théoriquement, elle est nulle.

Il est donc vraisemblable que la densité des matériaux constituant l'écorce solide du globe diminue également et atteint un minimum à une distance plus ou moins rapprochée du centre.

En somme, la zône centrale, qui doit mesurer une étendue considérable, serait occupée par des substances simples — peut-être même par une substance unique — soumises à une température et une pression énormes, d'une fluidité parfaite, et douées d'une *radio-activité* telle que celle-ci engendrerait le mouvement perpétuel et l'agitation constante des masses ; elle serait la source de toutes les forces physiques : mouvement, chaleur, électricité, magnétisme, de la vie universelle en un mot.

Cette hypothèse justifie l'idée de l'unité et de l'éternité de la matière, idée que la science admet en principe parce qu'elle correspond à toutes les conceptions de mouvement, de vie et d'origine, mais qui n'a pas encore pu être vérifiée.

CONSIDÉRATIONS SUR LA CONSTITUTION GÉOLOGIQUE

DU

District minier d'Iglesias (Sardaigne)

PAR

Giovanni MERLO

ANCIEN ÉLÈVE DE L'ÉCOLE DES MINES DE LIÉGE

Le district minier d'Iglesias est parmi les districts métallifères un des plus importants aussi bien pour la qualité que pour la quantité des minerais qu'il fournit à l'industrie métallurgique. Son importance industrielle résulte des chiffres suivants, qui se rapportent à la production obtenue en 1903 [1] :

MINERAIS	Nombre des mines.	Quantité en tonnes.	Valeur en francs.
de zinc	101	133.591	15.108.202
de plomb		42.274	5.464.440
d'argent	3	405	235.890
d'antimoine	2	1.372	124.852
de manganèse	2	750	23.250
d'arsenic	1	50	4.000
de cuivre	1	24	3.912
lignite	5	24.016	336.224
anthracite	2	1.423	19.922
Totaux.	117	203.905	21.320.692

[1] *Ministero d'Agric.a Ind.a e Comm.o — Direzione generale dell' Agricoltura — Pubblicazioni del Corpo Reale delle Miniere* — **Rivista del Servizio Minerario nel 1903, con 5 tavole intercalate nel testo — Roma, Tipografia nazionale di G. Bertero e C. Via Umbria — 1904.**

C'est également un district très intéressant aux points de vue historique et géologique.

En effet, de nombreux vieux travaux témoignent que l'industrie minière y était florissante aussi bien pendant la domination romaine, sous laquelle les mines de Sardaigne accueillaient ceux qui y étaient condamnés *ad metalla*, que pendant la domination pisaine, comme il résulte du *Codice Diplomatico di Villa di Chiesa* (c'est-à-dire Iglesias), si bien illustré par M. C. Baudi di Vesme [1].

Les Romains y ont travaillé toujours en contrebas, c'est-à-dire par puits, inclinés suivant le pendage du gîte, et foncés dans la partie la plus riche de celui-ci. Ce sont par conséquent des puits généralement très étroits (parfois larges de 0^m40), qui étaient ménagés avec beaucoup de soin dans les lentilles de galène argentifère. C'est ainsi que de nombreux gisements ont été exploités par eux sur une grande hauteur jusqu'au niveau de la mer, ce qui a causé parfois de coûteuses déceptions aux mineurs de nos jours.

Cette méthode d'exploitation s'imposait, du reste, aux Romains qui ne connaissaient pas les explosifs et n'avaient pas assez de connaissances géologiques et minières pour songer à percer des travers-bancs. Ils disposaient, par contre, d'une main-d'œuvre nombreuse à bas prix, suffisante pour faire l'extraction même à profondeurs assez considérables, mais pas pour lutter victorieusement contre l'eau, à laquelle se sont toujours arrêtés leurs travaux.

Des nombreux dépôts de scories, des pains de plomb d'œuvre et des restes de fours de fusion, qui ont été découverts en plusieurs localités (notamment à Iglesias, Domusnovas, Villamassargia, Fluminimaggiore) témoignent qu'à côté de l'industrie minière florissaient aussi celles de la métallurgie, du plomb et de l'argent. Ainsi à Campera, aux portes d'Iglesias, à côté d'un dépôt de scories contenant 41 % de plomb et 100 gr. d'argent par tonne de scorie, nous avons découvert des restes de murs de construction romaine, des tuyaux incrustés de substances scorifiées et trois pains de plomb d'environ 0^m50 de long sur 0^m10 de large et 0^m05 de haut, marqués avec des chiffres romains. D'après quelques monnaies trouvées sur place on a pu établir que ces restes

[1] *Codice Diplomatico di Villa di Chiesa in Sardigna*, raccolto pubblicato ed annotato da *Carlo Baudi di Vesme* — Torino, Paravia 1877.

remontaient à l'époque de Rome impériale. C'était là évidemment une usine de désargentation, dans laquelle on concentrait les plombs d'œuvre que l'on produisait dans les usines de la région.

Il est d'autre part notoire que plus tard la ville d'Iglesias frappa de la monnaie, pour compte de Pise, dans une usine, dont il existe le souvenir dans le nom de *Via della Zecca* que porte encore une de ses rues dans les environs de l'école des maîtres-mineurs.

Au point de vue géologique, l'intérêt que présente ce district minier tient spécialement à ce qu'il offre un type assez remarquable des systèmes cambrien et silurien, qui y sont représentés par des puissantes séries de phyllades, de calcaires plus ou moins dolomitiques, de grès, de grauwakes et de schistes. Ces couches ont été tellement ravagées par les eaux et tellement bouleversées et disloquées par les mouvements de la croûte terrestre, auxquels elles ont été assujetties depuis l'ère primaire, que l'ordre de superposition des différentes assises y est très difficile à établir.

Ce district constitue par conséquent un champ d'observations et de recherches aussi bien pour le géologue qui s'intéresse aux études paléontologiques, que pour celui qui préfère se consacrer aux déterminations stratigraphiques.

Il peut donc être intéressant pour ceux qui s'occupent de géologie appliquée de connaître la tectonique de ce district minier telle qu'on peut l'établir à la suite des études de paléontologie, de stratigraphie et d'hydrographie souterraine qui ont été faites dans ces dernières années.

I. Généralités

Le district d'Iglesias comprend au point de vue administratif toute l'île de Sardaigne ; mais au point de vue minier on peut le considérer comme restreint à sa partie sud-ouest et divisé en trois régions, savoir :

1° La région septentrionale, qui comprend les territoires des communes d'Arbus, Guspini, Iluminimaggiore (en partie), et qui est connu sous la dénomination de *Fluminese*.

2° La région centrale, qui comprend les territoires des communes d'Iglesias, Domusnovas, Gonnesa (en partie), et qui est connue sous la dénomination de *Iglesiente*.

3° La région méridionale, qui comprend les territoires des communes de Gonnesa (en partie), Villamassargia, Narcao et Teulada, et qui est connue sous la dénomination de *Sulcis*.

Cette subdivision, qui du reste existe dans le pays depuis longtemps, nous a été suggérée par le fait que la région septentrionale est très différente des deux autres, aussi bien au point de vue de la constitution géologique qu'au point de vue de la nature des gisements miniers. En effet dans le *Fluminese* le terrain est presqu'entièrement constitué par du granite et par une puissante formation schisteuse (schiste de Montevecchio) dans laquelle on n'a pas encore trouvé de fossiles, et dont le dépôt remonte probablement à la période silurienne ou dévonienne. Les gisements consistent dans des *filons* bien caractérisés par des salbandes argileuses, par des épontes bien marquées, par une gangue à base de quartz, et par une minéralisation à base de galène et de *blende*, tels que ceux qui sont exploités avantageusement dans les mines de Montevecchio, Piccalinna, Gennamari, Ingurtosu, Tintillonis, etc.

Dans les deux autres régions, savoir dans l'*Iglesiente* et dans le *Sulcis* le terrain est constitué, comme on le démontrera dans la suite, par une puissante formation cambrienne représentée par des phyllades, des calcaires dolomitiques et des grès. Les gisements y sont, pour la plus grande partie, caractérisés par l'absence de salbandes et d'épontes, par une gangue à base de calcaire et de dolomie, et par une minéralisation à base de galène et de *calamine*. A cause de leurs dimensions et de leur position par rapport aux roches encaissantes ils sont connus sous la dénomination de *gisements en colonne* ou *de contact*.

Cependant ces gisements sont parfois accompagnés par des véritables filons aussi bien caractérisés que ceux de la région septentrionale, tels que le filon de S. Giovanni à la mine de Marganai-Reigraxius, celui de la Fortune à la mine de Nebida, celui de Montenovo à la mine de Malacalzetta, etc.

Avec cette note nous nous proposons de donner une idée approximative de la constitution géologique de la région centrale, qui est représentée (fig. 1) par le croquis ci-joint, dressé à l'échelle de 1/200.000.

Cette région est à peu près limitée vers le nord par le village de Fluminimaggiore, vers le sud par celui de Gonnesa, vers l'est par celui de Domusnovas et vers l'ouest par la mer Méditerranée de

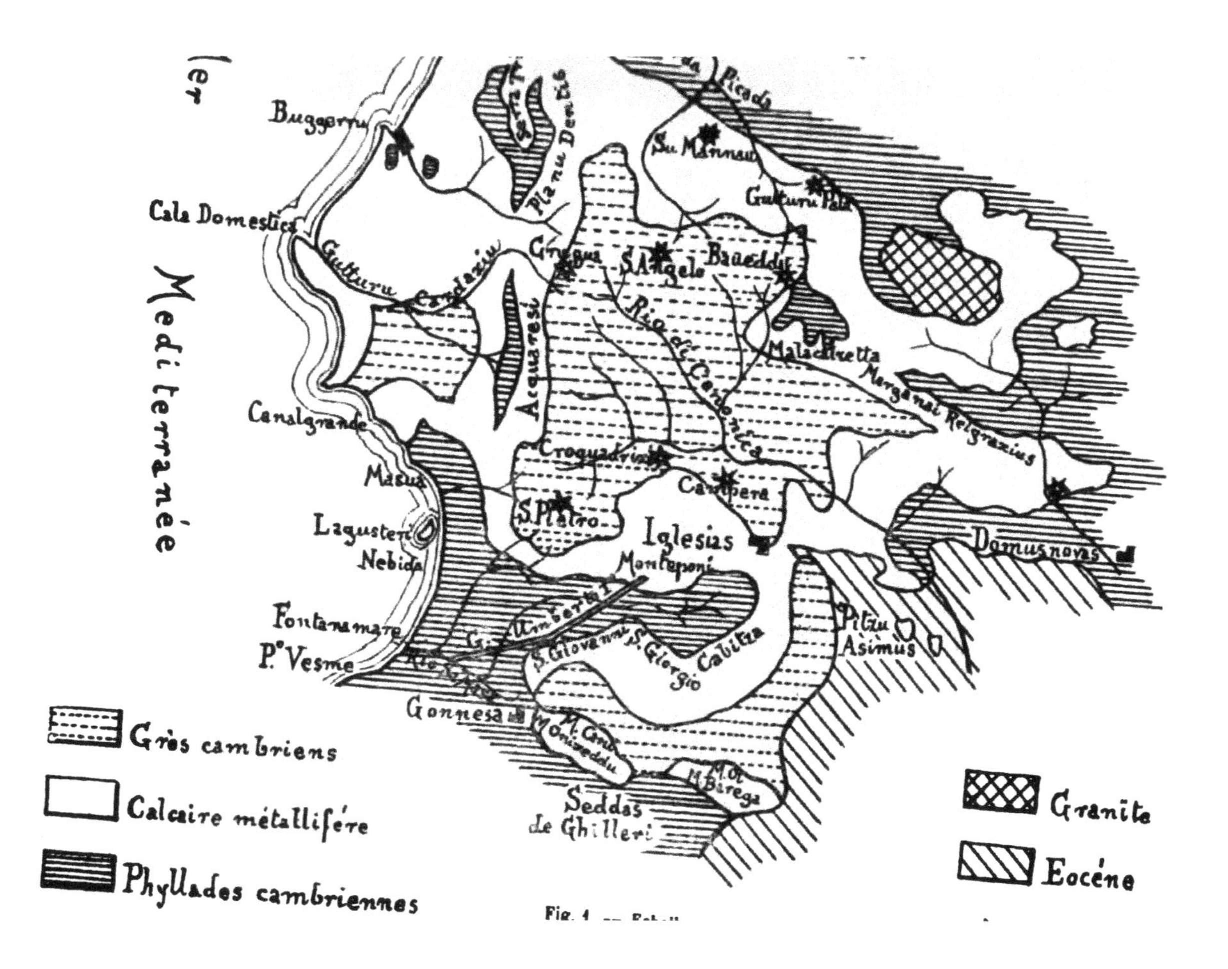
Mer
Mediterranée
Buggerru
Cala Domestica
Gutturu
Canalgrande
Masua
Lagusteri
Nebida
Fontanamare
P° Vesme
Gonnesa
Seddas
de Ghilleri
Acquaresi
S. Angelo
Rio di Canonica
Su Mannau
Croquadrina
Campera
S. Pietro
Iglesias
Monteponi
S. Giovanni
S. Giorgio
Malacalzetta
Marganai
Reigraxius
Domusnovas
Pitzu
Asimus
M. Barega
Grès cambriens
Calcaire métallifére
Phyllades cambriennes
Granite
Eocéne

Fontanamare a Porto S. Nicolò. La superficie correspondante est d'environ 30,000 hectares, et le chef-lieu en est Iglesias, petite ville de dix mille habitants, située presqu'aux pieds du massif montueux de Marganai, à l'altitude de 200^{m}.

Les minerais provenant de l'exploitation des nombreuses mines métalliques de la région sont en partie concentrés à Iglesias et transportés par chemin de fer (54 kilomètres) au port de Cagliari, et en partie descendus jusqu'aux nombreux petits ports qui sont échellonnés le long de la côte, et de là ils sont transportés par barque directement aux voiliers et aux bateaux à vapeur qui mouillent dans la rade de Carloforte, entre l'île de Sardaigne et celle de S. Pietro.

Le chemin de fer Cagliari-Iglesias continue jusqu'à la mine de Monteponi, dont les minerais sont transportés à Porto-Vesme, petit port vis-à-vis de Carloforte, par un autre chemin de fer de 25 kilomètres, exploité par la Société du même nom.

De très bonnes routes relient la ville d'Iglesias aux villages voisins de Fluminimaggiore, Buggerru, Domusnovas, Villamassargia, Portoscuso et Gonnesa, ainsi qu'aux plus importantes mines de la région.

II. Lithologie, Oréographie, Hydrologie et Hydrographie

Au point de vue simplement lithologique le terrain de la région peut être considéré comme essentiellement constitué des roches suivantes :

1° Grès de couleur jaunâtre, qui alternent avec des couches de calcaire, de schiste, de grauwake ; l'ensemble de ces roches est connu sous la dénomination de *grès cambriens* et forme pour ainsi dire le noyeau central de la région ; deux autres noyaux plus petits existent un à l'ouest et l'autre au sud du noyau central.

2° Calcaires blancs et bleus, calcaires dolomitiques jaunâtres et dolomies d'un gris bleuâtre plus ou moins foncé, qui alternent sans aucune loi apparente. Cet ensemble de calcaires et de dolomies est connu sous la dénomination de *calcaire métallifère*, parce que c'est précisément dans ce terrain que se trouvent les riches gisements de plomb et de zinc de la région.

Il est disposé en anneau autour du noyau central des grès cambriens ; deux petits ilôts détachés de la masse principale forment les massifs montagneux de Monte Uda, Monte Cani et Monte Onixeddu au sud-ouest, et de Monte Oi et Monte Baréga au sud.

3° Schistes colorés en gris ardoise, en gris cendre, en vert, en rouge pourpre ou lie de vin, qui présentent souvent, comme par exemple à Monteponi et à Reigraxius, une grande dureté et une structure nettement phylladique ; et contiennent parfois, comme à Baueddu et à Reigraxius des cristaux de pyrite cubique tous orientés dans le même sens. Par ces caractères physiques et minéralogiques ils se rapprochent beaucoup des *phyllades* qui sont à la base de l'étage ardennais de Dumont ([1]).

Ces schistes affleurent aussi bien au milieu du calcaire métallifère en correspondance avec les épanchements que son anneau présente à Baueddu, Acquaresi, Serra Trigus, qu'à la périphérie extérieure de celui-ci, comme par exemple à Sa Perda Picada au nord, à Seddas de Ghilleri au sud, à Reigraxius à l'est, à Nebida et à Masua à l'ouest.

En outre de ces terrains, qui constituent pour ainsi dire l'ossature de toute la région, il en existe d'autres, moins développés, mais qui ne présentent pas moins d'intérêt au point de vue géologique.

Ainsi au contact entre les schistes phylladiques et le calcaire métallifère, il existe une couche de calschistes, qui se fait remarquer notamment à Monteponi, Cabitza, S. Giorgio, S. Giovanneddu, Marganai, etc.

A Nebida, à Punta Mezzodi et en d'autres localités on observe en contact avec le calcaire un poudingue, à gros éléments, dans lequel on vient de trouver des restes de fossiles cambriens appartenant aux genres *Coscinocyathus* et *Protopharetra* ([2]).

En quelques endroits, comme par exemple sur la route d'Iglesias à Gonnesa, un peu avant d'arriver à ce village, il y a deux carrières ouvertes dans des schistes colorés en gris brun ou en gris verdâtre, à structure grossièrement spathique, contenant des nombreux restes de fossiles siluriens (notamment du genre *Orthis* et *Spirifer*).

([1]) A. De Lapparent. Traité de Géologie. Paris. 1883, p. 659 et 667.

([2]) Comptes-rendus des réunions de l'Associazione Mineraria Sarda. Déc. 1904.

Entre Monteponi et Cabika un ilot minuscule de grès jaunâtre, reposant en discordance sur les phyllades, contient des empreintes de feuilles et de tiges appartenant à des individus du genre *Annularia* (probablement *Annularia longifolia Brogn)*, caractéristiques de la partie supérieure de l'étage houiller du système perméo-carbonifère.

Enfin dans la partie sud-est de la région des argiles et des grès éocénes recouvrent le calcaire métallifère, qui affleure par ci et par là, en formant des petites collines comme à Pitzu Asimus, entre Iglesias et Villamassargia.

La région est montagneuse, et sa partie la plus élevée comprend le noyau central des grès cambriens et le grand anneau de calcaire métallifère qui l'entoure. Son altitude varie entre 200 et 1000 mètres. Les montagnes, notamment celles de calcaire, ont une pente très rapide, et sont presque complètement déboisées.

Il existe une certaine relation entre le relief de la région et la nature lithologique du terrain. En effet la ligne qui marque le contact des grès cambriens et du calcaire métallifère suit à peu près la ligne de partage des eaux. Il s'en suit que presque toute l'eau qui tombe sur le noyau central des grès cambriens, s'écoule par le ruisseau dit de Canonica, lequel après avoir traversé à l'est de Iglesias l'anneau de calcaire métallifère, sur un parcours de 2500 mètres, déverse ses eaux dans le rio de Samassi, qui débouche dans le golfe de Cagliari.

Le climat y est très doux, et comme dans d'autres régions du bassin de la Méditerranée, telles que la Sicile, la Tunisie et l'Algérie, il n'est caractérisé que par deux saisons, savoir celle des pluies qui correspond à peu près à l'automne et à l'hiver, et celle de la sécheresse qui correspond au printemps et à l'été.

La hauteur d'eau qui tombe annuellement est d'environ 845 millimètres. Les périodes de pluie y sont fréquentes et de courte durée ce qui détermine dans les ruisseaux qui traversent la région un régime torrentiel, auquel contribuent aussi la rapidité de la pente des montagnes et l'état de presque complète dénudation dans lequel malheureusement elles se trouvent.

La région est dépourvue de bassins artificiels de retenue d'eau: il existe cependant dans les mines des petits bassins qui y ont été créés uniquement pour le service des laveries, comme à Monteponi, S. Giovanni, Nebida, Acquaresi, etc. Il s'en suit que les petits ruisseaux qui traversent la région grossissent rapidement pendant les périodes de pluie, amenant à la mer avec une vitesse torrentielle des énormes volumes d'eau, et sont presqu'à sec lorsqu'il ne pleut pas. Ils le sont totalement en été. Cela arrive d'autant plus facilement que le calcaire, étant poreux, est doué d'un pouvoir absorbant très considérable, qui, étant donné le relief du sol et la nature des roches de la région, agit sur les eaux avant que celles-ci aient pu gagner les schistes phylladiques imperméables, qui sont à la base des montagnes.

Mais si la région n'a pas de bassins artificiels de retenue d'eau qui puissent corriger le régime torrentiel des ruisseaux, elle possède un bassin naturel qui alimente des sources nombreuses, dont le débit et la distribution sont également en relation avec la nature lithologique du terrain, ainsi que avec son orographie.

La source la plus importante qui est alimentée par ce bassin a été obtenue artificiellement du calcaire métallifère par la galerie de rabais Umberto I, qui a été percée par la Société de Monteponi, et dont les travaux ont été projetés et dirigés par son directeur M. E. Ferraris, auquel nous empruntons les données suivantes [1].

Cette galerie, qui est toute maçonnée, a 3^{m} de hauteur sur 2^{m} de largeur ; elle a été attaquée dans les schistes phylladiques près du marais de Fontanamare, à 2^{m}70 au dessus du niveau de la mer et après un parcours de 4192^{m} elle recoupe le calcaire métallifère à 8^{m} au dessus du niveau de la mer. Sa longueur totale est de 4264^{m}, dont les derniers 72^{m} sont dans le calcaire, et sa pente est d'environ 2$^{m.m}$ par mètre. Le percement de cette galerie a coûté presque deux millions de francs, à raison d'environ 450 francs par mètre courant, y compris le fonçage de deux puits de service, l'un de 30 et l'autre de 64 mètres de profondeur.

Le niveau d'eau, qui avant le percement de la galerie était dans la mine à 71^{m} d'altitude, descendit rapidement à 13^{m} et il fut possible ainsi d'exploiter un nouvel étage de 58^{m} de hauteur.

(1) Comptes-rendus des réunions de l'Associazione Mineraria Sada. Mars 1900.

Comme le débit moyen de la source est de environ 1270 litres à la seconde, la quantité d'eau qui sort annuellement de la galerie est d'environ 40.000.000 mètres cubes.

Les autres mines de la région, ont aussi bénéficié des résultats obtenus par le percement de cette galerie mais dans une proportion qui varie naturellement avec leur distance de la source.

La région est pourvue aussi de sources naturelles, dont quelques unes, les plus importantes), jaillissent du calcaire métallifère, et les autres des bancs calcaires qui alternent avec les grès cambriens. Parmi celles de la première catégorie les plus abondantes sont celles de Gutturu Pala et Su Mannau au nord, et celle de Domusnovas à l'est, qui ont un débit de 230,70 et 270 litres par seconde, et qui jaillissent à peu près à la même altitude d'environ 180^{m} à proximité du contact entre les schistes phylladiques et le calcaire métallifère. Les sources de la seconde catégorie sont plus nombreuses mais moins importantes ; on peut citer celles de Baueddu, Campera, Croquadrixi, Grugua, Monte Intru, S. Angelo, S. Pietro etc., dont le débit varie entre 0,20 et 30 litres la seconde. Elles jaillissent presque toutes à la périphérie du noyau central des grès cambriens, près du contact de ceux-ci avec le calcaire métallifère.

L'ensemble de toutes ces sources démontre l'existence d'un bassin d'alimentation très important, capable de fournir annuellement un volume d'eau d'environ 60 millions de mètres cubes, dont 40 s'écoulent par la galerie Umberto I, 16 par les sources de Gutturu Pala, Su Mannau et Domusnovas, et 4 par l'ensemble de toutes les autres sources plus petites.

Quelle est la superficie du bassin aquifère qui y correspond ?

D'après la hauteur annuelle d'eau qui est de 845 $^{m}/_{m}$ on peut calculer le volume d'eau qui tombe annuellement sur les bassins aquifères des trois sources naturelles que nous venons de citer. Les superficies de ces bassins étant de 2.600, 3.000 et 1.000 hectares, ce volume est d'environ 56 millions de mètres cubes. Le volume d'eau qui s'écoule annuellement par les trois sources étant de 16 millions, le coefficient d'absorbtion est de $^{16}/_{56}$ = 0.28, dont la valeur paraît très proche de la vérité, si l'on considère le climat, la nature des roches par rapport à leur perméabilité, la pente des montagnes et leur état de presque complète dénudation.

En appliquant la valeur de ce coefficient au calcul de la superficie x du bassin aquifère qui alimente l'ensemble de toutes les sources de la région, on peut établir la relation

$$60.000.000^{m3} = 0.28 \times 0^{m}845 \times x^{m2}$$

d'après laquelle cette superficie résulte d'environ 25.000 hectares, *qui correspond à peu près à celle du noyau central des grès cambriens et du grand anneau de calcaire métallifère qui l'entoure.*

III. Paléontologie et Stratigraphie

Par les observations et par les études qui avaient été faites sur la paléontologie et sur la stratigraphie de la région, et notamment par le fait que des restes de fossiles siluriens, ou classifiés comme tels, avaient été trouvés par ci et par là, en plusieurs localités (Domusnovas, Gonnesa, Masua, Planudentis, Sanseverinos, etc.) l'on avait cru pouvoir conclure que tous les schistes de la région remontaient à la période silurienne, et l'on avait émis l'hypothèse que l'anneau de calcaire métallifère était d'origine corallienne, et qu'il s'était déposé sur les grès cambriens et sur les schistes siluriens en forme d'atoll [1].

Les terrains paléozoiques de l'Iglesiente (y compris ceux du Fluminese) avaient été, par conséquent, rangés en ordre descendant comme ci-après :

1° Calcaire métallifère sans fossiles ;

2° Schistes, grauwakes et poudingues contenant des restes de trilobites du genre *Dalmanites*, et calcaires à *Orthoceras* à *Cardiola interrupta* et autres fossiles de la période *silurienne* ;

3° Grès, quartzites, schistes et bancs calcaires contenant des nombreux restes de fossiles (*Trilobites*, *Archaeocyathus*, *Cruziana*, etc.) de la période *cambrienne*.

[1] *R. Ufficio Geologico. Memorie descrittive della Carta Geologica d'Italia*, vol. IV. Descrizione geologico-mineraria dell' Iglesiente (Sardegna) di G. Zoppi, Ingegnere nel R. Corpo delle Minière, Roma. Tipografia nazionale di Reggiani e Soci 1888.

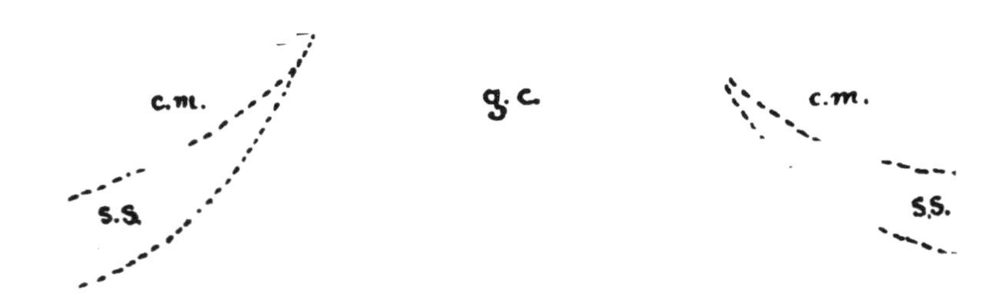

FIG. 2. — s.s. = schistes siluriens ; c.m. = calcaire métallifère ; g.c. = gres cambriens

Cette détermination stratigraphique, représentée par la fig. 2, se heurtait cependant contre les deux faits suivants :

1° Dans la mine de Marganai-Reigraxius, la galerie dite de S. Giovanni, attaquée dans les schistes phylladiques, après avoir traversé le calcaire métallifère, avait pénétré dans les grès cambriens, qui sont au toit par rapport au calcaire (fig. 3) ;

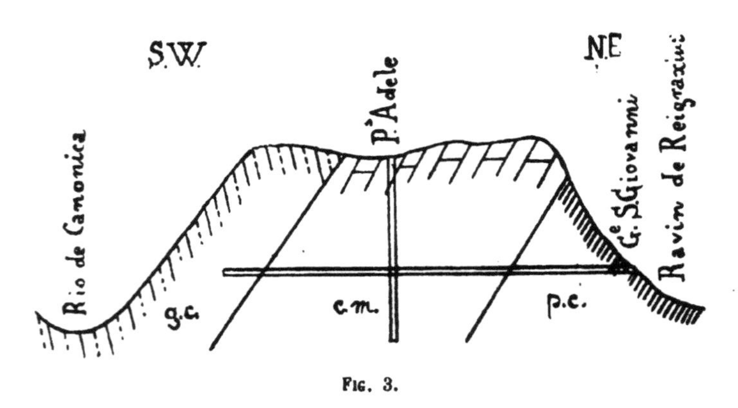

FIG. 3.

2° Dans la mine de Malacalzetta, les travaux d'exploitation avaient démontré que les schistes phylladiques sont superposés au calcaire métallifère qui renferme le filon de Montenovo (fig. 4).

On expliqua ces anomalies en admettant que, à Marganai, l'ordre de superposition avait dû subir un renversement par quelque brusque soulèvement du terrain, et que les schistes de

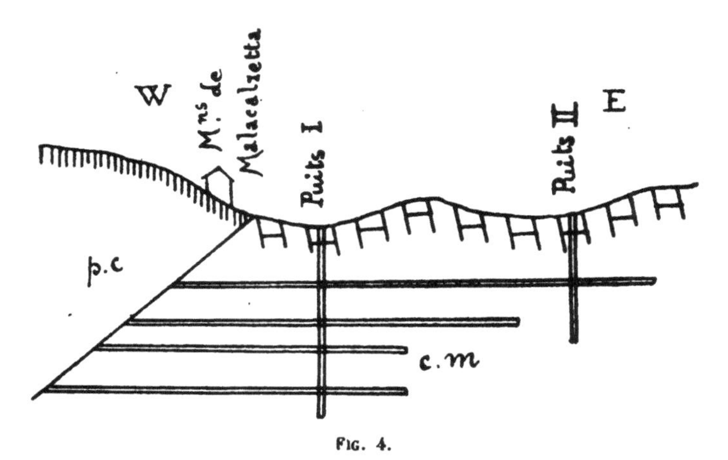

FIG. 4.

Malacalzetta n'étaient probablement pas siluriens comme les autres de Cabitza, Monteponi, etc., mais post-siluriens, et en tout cas supérieurs au calcaire métallifère. On dut, par conséquent, les considérer à part pour en faire une assise spéciale (*phyllades de Malacalzetta*) que l'on rangea au-dessus du calcaire métallifère, de façon à en faire l'horizon le plus élevé de toute la série.

Les connaissances sur la constitution géologique de la région étaient à ce point, lorsque, en 1896, dans les schistes phylladiques que l'on rencontre en allant d'Iglesias à Cabitza, on trouva des restes de fossiles, qui, par les soins de M. N. Pellati, Inspecteur Général du Corps des Mines d'Italie, furent bientôt reconnus comme appartenant à des genres caractéristiques de la faune cambrienne. Plus tard, par les soins de M. E. Ferraris, ingénieur-directeur des Mines de Monteponi, et de M. le Dr Fraas, d'autres fossiles provenant de la même localité furent étudiés par M. J. F. Pompeckj, qui y reconnut plusieurs trilobites des genres *Paradoxides*, *Conocoriphe* et *Ptychoparia*. Cette détermination lui permit d'établir exactement la relation qui existe entre le cambrien de Cabitza et celui de Canalgrande, étudié par MM. Meneghini et Bornemann, et il arriva ainsi à la conclusion très importante que « *dans les schistes de Cabitza appartenant à l'étage inférieur de* « *l'horizon à Paradoxides on a la plus ancienne faune sarde à* « *trilobites du cambrien* » [1].

[1] Comptes-rendus des réunions de l'Associazione Mineraria Sarda. Nov. 1901.

Les schistes de Cabitza, de même que ceux de Malacalzetta, sont caractérisés par leur coloration qui varie du gris-ardoise au vert, au rouge-pourpre ou lie-de-vin, et par leur structure phylladique ; ce sont les mêmes qui, avec les grès cambriens et le calcaire métallifère, constituent pour ainsi dire l'ossature de la région dont nous nous occupons dans ce mémoire. Il conviendrait de les indiquer avec l'appellatif de *phyllades*, qui rappelle leur structure caractéristique.

Cependant comme en plusieurs localités, et notamment près de Gonnesa et de Fluminimaggiore, il existe d'autres schistes, dont la coloration est d'un gris-brun uniforme, et la structure grossièrement spathique, et qu'ils contiennent des nombreux restes de fossiles caractéristiques de la période silurienne, il faut conclure que *des ilots de schistes siluriens reposent sur l'assise des phyllades cambriennes*. La difficulté de reconnaître sur le terrain les limites de ces îlots est d'autant plus grande que les deux roches, phylladique et schisteuse, ont la plus grande analogie au point de vue de leur âge, de leur origine sédimentaire, de leur composition chimique et, par conséquent, aussi de leurs caractères physiques.

D'après les résultats auxquels est parvenu M. Pompeckj, *l'assise des grès cambriens est supérieure à celle des phyllades*. Elle occupe en effet, la partie centrale la plus élevée de la région, tandis que celle du calcaire métallifère occupe une position intermédiaire entre celle des grès et celle des phyllades, laquelle est la moins élevée au dessus du niveau de la mer, comme il résulte du croquis représenté par la fig. 5.

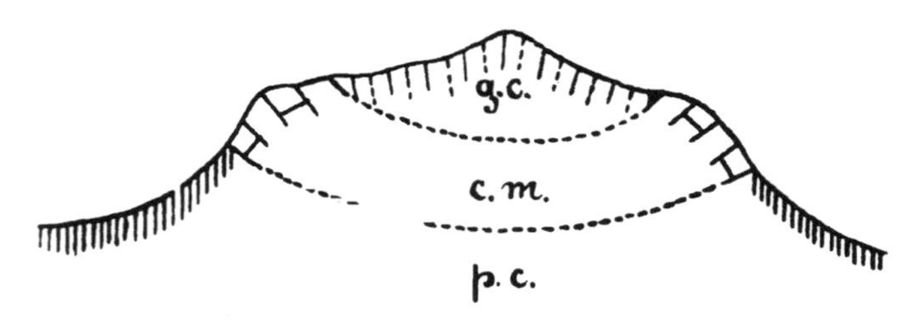

Fig. 5.

Le contact entre l'assise des grès et celle du calcaire est rarement marqué par une variation dans la configuration altimétrique du terrain. Par contre, à proximité de ce contact le calcaire se présente régulièrement stratifié et avec un facies spécial, caractérisé par des bandes de couleur blanche qui alternent avec des bandes de couleur grisâtre, ayant les unes et les autres une direction parallèle à celle de la ligne de contact.

Cette superposition des grès cambriens au calcaire métallifère est visible en plusieurs localités, notamment le long de la vieille route d'Iglesias à Bugerru, et précisément près de Grugua, là où succèdent aux bancs de grès, dirigés N.E.-S.W. avec pendage S.E., les bancs calcaires qui, en bas, forment le tallweg de la vallée où se trouve la ferme Boldetti.

En outre, le long de la route qui relie Iglesias à Fluminimaggiore aussi bien à droite qu'à gauche, on voit le calcaire métallifère affleurer en rochers qui poussent et s'élèvent au milieu des grès cambriens.

Cette superposition est du reste bien démontrée :

1° Par les travaux de la mine de Marganai Reigraxius, dans laquelle la fracture qui donna naissance au filon plombifère de S. Giovanni, après avoir traversé tout le calcaire métallifère, se continue dans les grès cambriens qui sont au toit par rapport à celui-ci ;

2° Par l'étude du régime des eaux souterraines, d'après laquelle il faut conclure que l'eau de pluie qui tombe sur le noyau central des grès cambriens s'emmagasine dans le calcaire métallifère, dans lequel elle doit pénétrer en filtrant à travers les grès cambriens [1].

La superposition du calcaire métallifère aux phyllades cambriens résulte des coupes géologiques de Marganai-Reigraxius, Malfidano, Acquaresi, Nebida, Malacalzetta et Campera, représentées par les figures 3, 6, 7, 8, 9 et 10. On peut, à cet égard, objecter que, d'après les travaux qui ont été faits à la mine de Malacalzetta, les phyllades recouvrent le calcaire métallifère, qui renferme le filon de Montenovo. En effet, (fig. 4) les galeries en direction, percées à différents niveaux dans ce filon, s'arrêtent brusquement contre les phyllades qui, par ce fait,

[1] *R. Ufficio Geologico.* Descrizione geologico mineraria dell Iglesiente (Sardegna) di G. Zoppi. Ingegnere nel R. Corpo delle Miniere. Atlante annesso al vol. IV dell memorie descrittive della Carta Geologica d'Italia. Roma. Tipografia nazionale di Reggiani e soci 1888, Tav. XV.

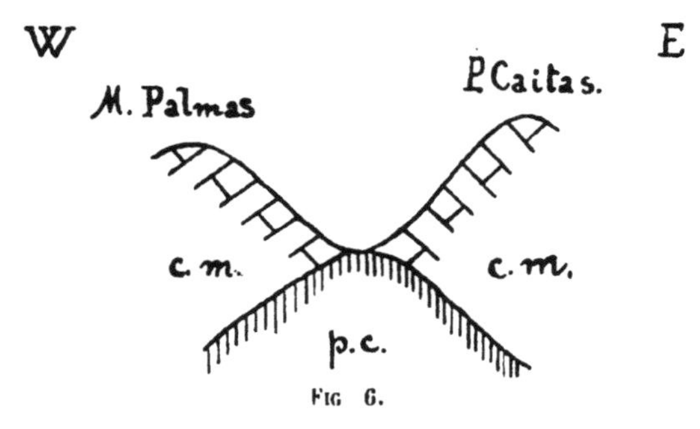

Fig 6.

semblent rester au toit non-seulement par rapport au filon, mais aussi par rapport au calcaire métallifère, qui en constitue les épontes. Cependant nous sommes d'avis que la ligne droite qui réunit les fronts de taille des différentes galeries de niveau représente une faille, d'après laquelle les phyllades ont du glisser sur le calcaire métallifère. En effet :

1° Dans cette localité, le terrain se présente très tourmenté ;

2° Une autre faille a été déjà reconnue dans ce même filon [1] ;

3° Si les phyllades étaient à leur place, la fracture filonienne se serait continuée aussi dans celles-ci, ce qui se vérifie, dans des conditions analogues, à la mine de Marganai-Reigraxius, où la fracture filonienne, après avoir traversé le calcaire se continue dans

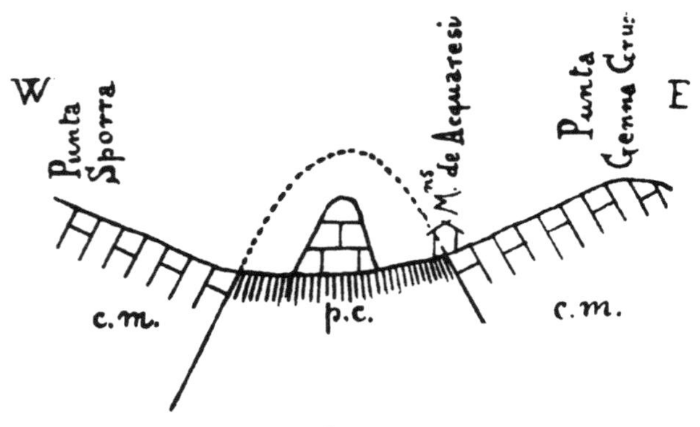

Fig 7.

[1] Comptes-rendus des réunions de l'Associazione Mineraria Sarda. Juin 1904.

les grès cambriens, qui sont en place, c'est-à-dire au toit par rapport au calcaire.

D'après les coupes géologiques représentées par les fig. 6, 7, 8, 9 et 10, les phyllades se trouvent sur l'axe de plis anticlinaux

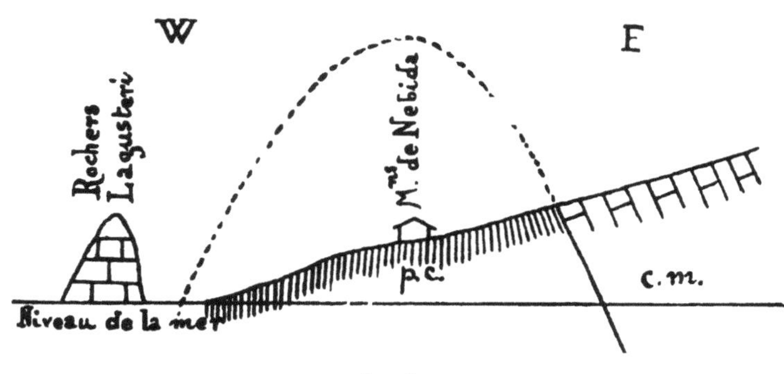

FIG 8.

déterminés par un soulèvement qui a eu pour effet de rompre et de délabrer, par ci par là, les assises du calcaire métallifère et des grès cambriens, et qui, aidé par le travail d'érosion et de transport fait après par les eaux, a porté au jour l'assise des phyllades, sur lesquelles, comme dans les vallées d'Acquaresi (fig. 7) et de S. Spirito (fig. 9), des rochers de calcaire métallifère sont restés en place et témoignent du mode de formation de ces vallées.

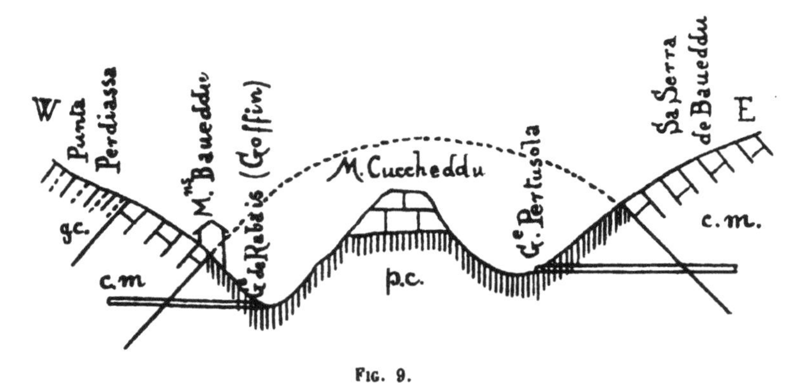

FIG. 9.

Les axes de ces plis anticlinaux sont reconnaissables sur des longueurs variables ; ainsi à Malfidano, cette longueur est d'environ 1500 m. de la poudrière à la mer, tandis qu'à Malacalzetta, elle est de deux kilomètres de Campospino à Canali Bingias, à Acquaresi de quatre kilomètres, de Masua au Gutturu Cardaxiu, à Nebida de cinq kilomètres de Corru Cerbu à Monte Guardianu, à S. Giovanni de plus de sept kilomètres de Fontanamare à Cabitza.

Leur direction est variable également : ainsi à Malfidano, à Acquaresi et à Nebida, elle est à peu près nord-sud, tandis qu'à Malacalzetta (dont le pli anticlinal semble être sur le prolongement de celui de Marganai-Reigraxius), elle est nord-ouest sud-est, et à S. Giovanni est-ouest.

L'étude stratigraphique de la région nous porte donc à conclure que le calcaire métallifère est supérieur aux phyllades, comme le montre également l'étude du régime des eaux souterraines.

En effet, nous avons déjà vu que les eaux de pluie qui tombent sur la partie centrale et la plus élevée de la région s'emmagasinent dans le calcaire métallifère en filtrant à travers les grès cambriens, et que les sources les plus importantes de la région jaillissent du calcaire métallifère, c'est le cas pour la source artificielle de la galerie de drainage Umberto I° et les sources naturelles de Domusnovas, Gutturu Pala et Su Mannau, lesquelles jaillissent à peu près à la même altitude de 180^{m}, qui est l'altitude moyenne du contact entre l'assise du calcaire métallifère et celle des phyllades.

La source de Baueddu jaillit aussi du calcaire, près de son contact avec les phyllades, mais à l'altitude de 600^{m} environ, circonstance qui doit nécessairement être en relation avec la grande hauteur à laquelle ont été soulevés les phyllades qui constituent le tahlweg de la vallée de S. Spirito, et qui sont sur l'axe du pli anticlinal déterminé par le soulèvement qui a renversé vers sud-ouest les assises dolomitiques de Baueddu et vers nord-est les assises calcaires de la Serra de Baueddu.

Par contre, la source de Buggerru, laquelle est évidemment alimentée par les eaux qui circulent dans les calcaires de Caitas et de Malfidano, jaillit au niveau de la mer ; mais, comme toutes les autres, elle jaillit près du contact du calcaire métallifère et des phyllades, lesquelles, ici aussi, sont sur le pli anticlinal déterminé par le soulèvement qui a renversé vers l'est les assises calcaires de Malfidano et de Caitas, et vers l'ouest celles de Planu Sartu et Monte Palmas.

Nous avons déjà vu que les sources provenant des grès cambriens jaillissent près du contact de ceux-ci avec du calcaire métallifère. A cet égard, il est bon de remarquer que, dans quelques localités, comme par exemple à Campera, près d'Iglesias, (et peut-être aussi à Baueddu, à Croquadrixi, à Grugua et ailleurs), la source jaillit des grès cambriens à très petite distance du calcaire métallifère ; mais entre l'assise des grès et celle du calcaire affleurent les phyllades, dans lesquelles a été percée la galerie Livello Zero (fig. 10).

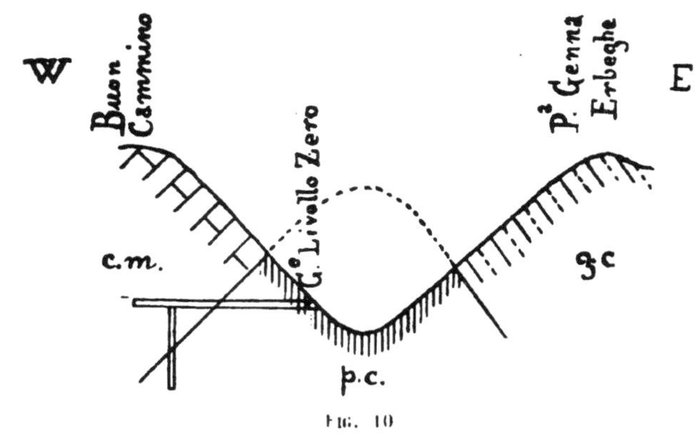

FIG. 10

Peut-on encore faire remarquer que dans la vallée de S. Spirito (fig. 9) s'élève la colline dite de Monte Cuccheddu, dont la base est constituée par des phyllades et le sommet est formé de calcaire dolomitique. Le long du contact entre les deux roches jaillissent des sources peu abondantes dont l'existence prouve que les phyllades sont inférieures par rapport au calcaire métallifère et constituent un lit imperméable, lequel oblige les eaux de pluie qui tombent sur ce bassin aquifère tout-à-fait minuscule à couler le long du contact et à donner naissance aux petites sources qui jaillissent à l'altitude de 700 mètres environ.

D'après les faits que nous venons d'observer, il faut admettre que l'assise des phyllades cambriens constitue le fond imperméable du bassin d'alimentation de toutes les sources de la région, de façon que les eaux qui circulent dans les bancs du calcaire métallifère (ou des grès cambriens là où le calcaire fait défaut) descendent directement à la mer. Le fait se vérifie pour la source de Buggerru et probablement pour beaucoup d'autres qui sont échelonnées le long de la côte, ou bien qui jaillissent (sources de Domusnovas, Gutturu Pala, Su Mannau, Baueddu, Campera, etc.) à une altitude qui dépend de la hauteur de pression et de l'altitude du contact entre le calcaire métallifère (ou les grès cambriens là où le calcaire manque) et les phyllades cambriens, qui constituent le fond imperméable du bassin.

IV. Conclusion

D'après les résultats des études de paléontologie, de stratigraphie et d'hydrographie souterraine que nous venons d'exposer, résultats qui sont remarquables par leur concordance, les terrains paléozoïques du district métallifère d'Iglesias doivent être rangés en ordre descendant comme ci-après :

1° *Grès de Monteponi*, jaunâtre, à gros grain, reposant directement et en discordance sur les phyllades cambriens, et contenant des fossiles du genre *Annularia* de la partie supérieure de l'étage houiller du *système permo-carbonifère*.

2° *Schistes de Gonnesa* et autres localités, contenant des fossiles des genres *Orthis*, *Scyphocrinus*, *Caryocrinus*, *Spirifer*, etc., du *système silurien*.

3° *Grès cambriens*, savoir : ensemble de grès, quartzites, schistes et calcaires, contenant des fossiles (*Trilobites*, *Archæocyathus*, *Cruziana*, etc.) du *système cambrien* (assise supérieure).

4° *Calcaire métallifère*, savoir : ensemble de calcaires, calcaires dolomitiques et dolomies, dans lesquels on n'a pas encore trouvé des fossiles, mais qui doivent être considérés également comme appartenant au *système cambrien* (assise moyenne).

5° *Phyllades de Malacalzetta*, Monteponi, Cabitza, Marganai, etc., contenant des restes de trilobites des genres *Paradoxides*, *Conocoryphe*, *Ptychoparia*, etc., du *système cambrien* (assise inférieure).

Cette nouvelle détermination stratigraphique a une certaine importance non seulement au point de vue *géologique*, par le fait que le système cambrien y est de trois assises au lieu d'une seule, et d'une puissance beaucoup plus grande qu'on ne le croyait, mais aussi au point de vue *minier*, parce que l'anneau de calcaire métallifère, qui entoure le noyau central des grès cambriens, ne peut pas être considéré comme un atoll, mais doit être considéré comme l'affleurement d'une couche, disposée en forme de bassin, qui est en partie recouverte par les grès, et qui à son tour repose sur les phyllades cambriens. Et, comme la minéralisation est en relation intime avec le contact de ce calcaire et des phyllades, la connaissance exacte de la position qu'il occupe dans la série des terrains qui constituent la région est de la plus haute importance pour la bonne réussite des travaux de recherche, desquels dépend l'avenir des mines et la prospérité de l'île.

Constantine (Algérie), mars 1905.

5e Question
Gisements filoniens.

ÉTUDE GÉNÉSIQUE

DES

Gisements miniers des bords de la Meuse & de l'Est

DE LA

PROVINCE DE LIÉGE

PAR

GEORGES LESPINEUX
INGÉNIEUR DES MINES & INGÉNIEUR-GÉOLOGUE
HUY

Introduction.

La Belgique, qui durant la décade de 1861 à 1870, a produit annuellement pour 14.000.000 de francs de minerais, a vu depuis cette époque sa production diminuer au point qu'actuellement notre pays est devenu tributaire de l'étranger, pour la presque totalité des minerais qu'il consomme.

Actuellement, si nos gisements de minerais sont sinon épuisés, du moins abandonnés comme étant devenus d'exploitation trop onéreuse, par suite de la concurrence amenée par le développement des moyens de transport, ils n'en sont pas moins intéressants à étudier au point de vue théorique, et nous croyons que l'enseignement que l'on peut tirer de leur étude sera de nature à contribuer à la connaissance des gîtes métallifères en général, et en particulier des gites calaminaires.

Il y a quelques années, lorsque nous fîmes l'étude du district minier de Moresnet, nous considérions, avec la généralité des auteurs, les amas métallifères qui surmontent les gisements, comme des restes, épargnés par la dénudation, de formations beaucoup plus importantes.

Poursuivant nos études par celle des gisements des bords de la

Meuse, de la province de Liége et de Namur, en relation génésique évidente avec les gisements du district de Moresnet, nous fûmes bientôt convaincu, que la plupart de ces gisements nous apparaissaient actuellement, non pas comme les racines de gisements érodés, mais à peu près tels qu'ils étaient à l'époque de leur formation.

Le but de ce mémoire sera donc d'exposer le résultat de nos observations relatives à la genèse des gisements métallifères des bords de la Meuse et conséquemment des régions voisines de la Prusse, et de montrer les relations qui existent entre l'apparition des gisements, la surface topographique contemporaine de leur formation et la surface actuelle du sol.

Description tectonique de la région métallifère. [1]

Les gisements filoniens belges se trouvent exclusivement localisés dans les formations de l'époque primaire. Ils sont particulièrement bien développés dans les calcaires et dolomies carbonifères et avec une importance moindre, au point de vue industriel, dans les calcaires du dévonien moyen.

Les terrains métallifères font partie des puissants dépôts paléozoïques qui affleurent dans le Nord de la France, la Belgique et la partie Ouest de la Prusse.

Trois grands synclinaux et deux anticlinaux de premier ordre, traversent le Sud de la Belgique en s'épanouissant de l'E. à l'W.

Du Nord au Sud l'on rencontre :

Le synclinal de Namur ;

L'anticlinal silurien du Condroz ;

Le synclinal de Dinant ;

L'anticlinal cambien de l'Ardenne ;

Le synclinal de l'Eifel.

La composition géologique et minéralogique de ces trois grands bassins présente des différences assez notables.

Le dévonien inférieur, essentiellement quartzo-schisteux, qui s'étend sur tout le Sud de la Belgique, à partir de la crête silurienne du Condroz, forme seul, avec une bande de calcaire, le sous-sol du synclinal de l'Eifel.

[1] Voir ann. Soc. Géol. T-XXXI. Les grandes lignes de la géologie des terrains primaires de la Belgique par M. Lohest.

Le synclinal de Dinant est bordé au Nord et au Sud par le dévonien inférieur sur lequel reposent les calcaires du dévonien moyen, les schistes famenniens, puis la série du houiller inférieur avec ses calcaires et ses dolomies.

Dans le synclinal de Namur on rencontre, reposant sur le silurien, les calcaires du dévonien moyen, les schistes famenniens très réduits et toute la série houillère bien développée.

Au bord Sud de ce bassin, il y a renversement des couches sur le houiller.

Au point de vue de la répartition des gîtes métallifères en Belgique, cette division tectonique des terrains primaires, conserve une partie de son importance.

Comme nous le verrons, après avoir donné quelques idées générales sur la formation des fractures et sur la genèse des filons, les gîtes miniers des bords de la Meuse de la région de Verviers et Moresnet, appartenant en grande partie au bassin de Namur et à l'E. du bassin de Dinant, sont essentiellement composés d'un filon surmonté d'une ou plusieurs poches de minerais s'épanouissant à la surface et se coïnçant rapidement en profondeur.

C'est cette région qui fera spécialement l'objet de notre étude.

Les gisements des Ardennes appartenant au synclinal de l'Eifel, par suite de l'absence des strates calcaires disparues par érosion, représentent actuellement les parties relativement profondes des gisements, tels qu'ils étaient au moment de leur formation. Les poches ont disparu, et l'on ne retrouve plus que des filons d'importance plutôt scientifique qu'industrielle.

Le synclinal de Dinant, qui s'étend sur le Condroz, la Famenne et l'Entre-Sambre et Meuse, contient des types de gisements intermédiaires entre ceux des bassins de Namur et de l'Eifel. Certains filons y sont encore surmontés de poches de minerais ; sur d'autres filons on ne constate que les cheminées d'adduction des amas disparus.

Les synclinaux et anticlinaux de premier ordre sont, en Belgique, compliqués d'ondulations secondaires. Les directions de tous ces plis sont sensiblement parallèles.

Ces plissements qui se sont effectués pendant la fin de l'époque houillère et les premières périodes secondaires, s'accentuent vraisemblablement encore de nos jours.

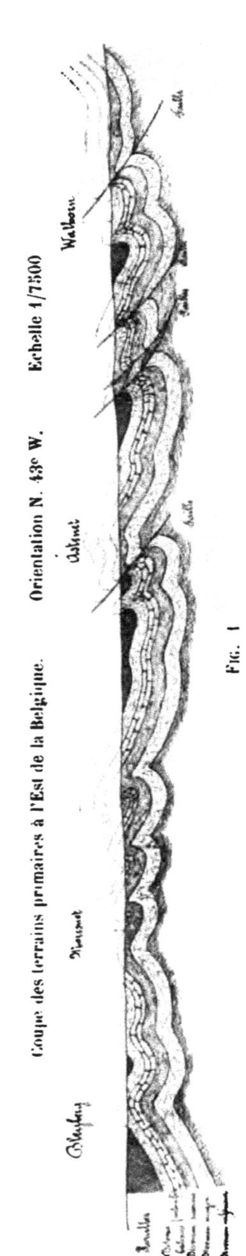

Fig. 1

Coupe des terrains primaires à l'Est de la Belgique. Orientation N. 43° W. Echelle 1/7500

Ces synclinaux et anticlinaux d'ordre secondaire qui se sont développés sur toute la Belgique, comme il ressort de l'inspection des cartes géologiques et des travaux de MM. Dewalque, Lohest et Forir, sont particulièrement prononcés dans l'E. de la province de Liége, où ils sont accompagnés d'une série de failles longitudinales.

Ces ondulations sont parfois si nombreuses qu'une coupe perpendiculaire à la direction des couches faites dans les environs de Moresnet (fig. 1) ne rencontre pas moins de 12 cuvettes sur une longueur de 12 kilomètres. Tous les synclinaux ainsi produits embrassant dans cette région, très riche en gisements miniers, le dévonien supérieur, le calcaire carbonifère et le houiller inférieur présentent leur bord méridional en stratification renversée, comme le bord sud du synclinal de Namur auquel ils appartiennent en partie.

Cette longue suite de cuvettes et de selles accompagnées de failles longitudinales a produit en plusieurs endroits de beaux exemples de couches en structure imbriquée, caractéristique des régions plissées.

Description et Genèse du champ de fractures.

C'est au travers de ces terrains déjà si plissés et si tourmentés que les venues métallifères se sont fait jour par une série de cassures d'effondrement perpendiculaires à la direction des couches.

Ces cassures génératrices ont produit dans les terrains des rejets verticaux qui se traduisent actuellement en affleurements par des rejets latéraux suivant le processus représenté par la fig. 2.

Cependant, dans la plupart des cas, ces

Plan horizontal d'un synclinal traversé par une cassure d'effondrement.

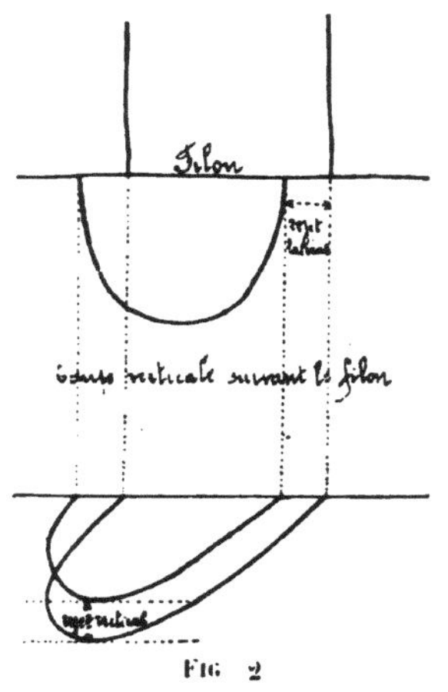

Fig. 2

rejets latéraux ont été modifiés par des poussées qui ont accentué le plissement et remanié les cassures pendant les époques mésozoïque, néozoïque et quaternaire.

Dans cet ordre de vue, nous avons communiqué à la société géologique de Belgique [1] une observation faite relativement à l'accentuation d'une faille des bords de la Meuse pendant le quaternaire.

Nous observons également dans la totalité des gisements miniers Belges et des environs d'Aix-la-Chapelle de beaux exemples de remaniement de filons, postérieurement à leur cristallisation. Comme nous le verrons, le minerai caractéristique de ces gisements est un minerai zonaire composé de couches alternatives de blende de colorations différentes, de pyrite et de galène.

Ce minerai qui s'est déposé symétriquement sur les parois des filons ne se rencontre jamais dans cette position initiale ; au contraire les fronts de tailles présentent toujours le minerai en fragments anguleux disséminés, soit dans des argiles provenant de la décomposition des schistes avoisinants, soit soudés par de la calcite.

Si, pour fixer les idées, nous admettons par exemple que, pour la mine du Dos à Engis, (voir planche IV) les 2/3 du rejet latéral, qui est de 60 mètres, sont dûs à l'effondrement, nous obtenons pour le rejet vertical 50 mètres, mais, d'après ce que nous avons vu, cette évaluation est hypothétique ; nous ne possédons en effet aucune donnée exacte sur les mouvements secondaires dûs au plissement.

Si l'on compare la direction moyenne des principaux filons de Belgique et des régions moyennes de la Prusse, avec celles des grandes failles du Limbourg, de la Wesphalie et des bords du

(1) *Ann. Soc. Géol. de Belg.* Tome XXXI, 1904.

Rhin on voit qu'ils sont sensiblement parallèles et tous dirigés N.N.W.-S.S.E.

Outre cette relation de parallélisme remarquable, il existe entre ce système filonien et celui des failles de la Wesphalie des relations génésiques évidentes.

En effet, dans le bassin de la Roer, on exploite aux environs de Stolberg des gisements filoniens sur le prolongement des grandes failles du Limbourg et notamment de la Münstergewand.

Cette observation est la conséquence naturelle de la concordance génésique qui existe entre toutes ces failles et cassures normales minéralisées et les phénomènes d'effondrement de la vallée du Rhin au nord de Bonn, en relation, comme l'a montré Monsieur le professeur Lohest, avec les phénomènes éruptifs de l'Eifel [1] vers lequel se dirigent tous ces grands accidents.

Quant à l'âge de ce champ de fracture, nous le discuterons à la fin de cette étude, en même temps que celui de la minéralisation des gisements des bords de la Meuse.

Description de quelques gisements des bords de la Meuse.

Les gisements les plus importants de la Belgique se rencontrent dans le terrain carbonifère appartenant au synclinal de Namur.

Les terrains métallifères suivent la vallée de la Meuse de Namur à Liége. Entre ces localités, les principaux groupes de gisements que l'on rencontre, sont les suivants :

Vedrin, Vezin, Sclaigneaux, Velaine, Landenne, Couthuin, Lovegnée, Corphalie, Ampsin, Flône, Engis, Kinkempois, tous situés sur la rive gauche de la Meuse, excepté Lovegnee et Kinkempois.

Au delà de Liége, la Meuse s'oriente vers le Nord, tandis que les terrains métallifères continuant dans leur direction primitive, passent par Verviers où l'on rencontre dans les environs les gisements de Prayon, de Verviers, de Rocheux et d'Oneux.

A l'Est de la province de Limbourg, toujours sur la même ligne géologique, se trouve le célèbre district de Moresnet, s'étendant en partie sur la Belgique et sur la Prusse, où l'on rencontre le district de Stolberg.

(1) La communication dont il est ici question n'a pas encore été publiée : elle fera l'objet d'un mémoire qui paraitra incessamment dans les *Ann. de la Soc. Géol. Belge.*

Enfin les terrains métallifères disparaissent dans la vallée du Rhin, sous les terrains tertiaires pour réapparaître au delà dans l'Erberfeld où se rencontrent de nombreuses formations métallifères.

Groupe de Landenne et Velaine.

Les gisements groupés dans les environs de Landenne et de Velaine, situés à l'Ouest de la province de Liége, au nord de la ville d'Andenne, sont au nombre d'une quinzaine, dont plusieurs filons reconnus sur des longueurs de 500 à 1500 mètres.

Nous allons étudier deux des principaux gisements de ce groupe, celui de Haie-Monet et celui de Roua.

La constitution géologique de la région est très simple (voir planche 1). Le bord Nord du bassin houiller de Namur est recoupé dans cette région par une faille dite de Landenne qui met en contact le silurien avec le groupe carbonifère.

D'après des renseignements provenant de diverses exploitations échelonnées le long de cette faille, on a pu la déterminer exactement; c'est une faille inverse inclinant au Nord, contrairement à tous les accidents de cette espèce qui, en Belgique, inclinent au Sud. Cette faille est probablement due à la réaction du massif silurien contre lequel le plissement est venu se briser.

Gisement de Haie-Monet. (Planche I.)

Le gisement de Haie-Monet se compose d'un filon surmonté de quatre amas. Le filon est dirigé en moyenne N. 70° W. et s'incurve fortement vers le Nord dans sa partie W.; il est situé entièrement au sud de la faille, et plonge normalement dans les calcaires et dolomies carbonifères.

Vu l'ancienneté des exploitations, nous ne possédons aucun renseignement sur les travaux de surface exécutés antérieurement à 1848, époque à laquelle le gisement fut réexploité jusqu'en 1867.

En affleurement, comme on peut s'en rendre compte sur le terrain, le filon est recouvert par des dépôts modernes ; mais, de distance en distance, son passage est marqué par des poches de sables.

Au niveau de 62 mètres, le filon a été reconnu sur une longueur d'environ 1500 mètres. Son remplissage était composé de calamine [1] et de plomb carbonaté.

A ce niveau quatre poches, marquées de I à IV sur la carte de la planche I, ont été reconnues par l'exploitation, mais, à part un peu de calamine sur les pourtours, leur remplissage était composé de sables et d'argiles stériles.

Au niveau de 100 mètres, soit 10 mètres sous le niveau des eaux, qui s'établit naturellement, dans les gisements de Haie-Monet, à 12 mètres plus haut que le niveau moyen des eaux de la Meuse, les quatre amas furent explorés, de même que le filon, sur une longueur de 850 mètres.

A ce niveau, la poche I qui est la plus grande, contenait de la calamine en couches sur toute la périphérie de la poche, entre le point d'entrée et de sortie du filon et un peu au delà ; le reste de la poche contenait toujours des sables et des argiles stériles.

Le remplissage des poches II et IV comprenait le long des parois du carbonate de plomb mélangé d'un peu de galène, et celui de la poche III de la calamine plombeuse.

Le filon était principalement sulfureux,

A l'étage de 120 mètres, la poche I a été exploitée pour calamine, seulement aux environs des points d'entrée et de sortie du filon sulfureux.

Entre les deux points, la poche avait une largeur de 70 mètres et sa longueur n'a jamais été reconnue ; son remplissage était toujours composé de sables et d'argiles.

A ce niveau, la poche II était beaucoup réduite, elle n'avait plus qu'une largeur de 7 à 8 mètres et 50 mètres de longueur dans le sens du filon. Son remplissage était constitué par des minerais sulfureux et un peu de calamine plombeuse.

La poche III avait à ce niveau une superficie de 5 à 600 m² et son remplissage était essentiellement calaminaire et plombeux.

La poche IV n'existait plus, son emplacement était marqué sur le filon presqu'entièrement sulfureux par un élargissement de celui-ci.

[2] Par calamine, il faut entendre un mélange de carbonates de zinc, de plomb et d'oxyde de fer associés à des matières argileuses, mélange dans lequel le zinc domine.

A l'étage de 140 mètres, le filon fut encore reconnu sur une longueur de 1200 mètres.

Il avait une largeur moyenne de 0m,80 : son remplissage était composé de blende zonaire et de galène, en fragments mélangés de la gangue argileuse ou calcareuse.

A ce niveau, le contact de la faille de Landenne a été exploré, il contenait un peu de blende et le filon se perdait dans les schistes siluriens, à part quelques filets de minerais reconnus inexploitables.

Les poches, sauf la première, avaient complètement disparu ; à leur emplacement le filon présentait des élargissements et contenait encore parfois du sable et un peu de calamine.

Gisement du Roua. (Planche II.)

A 3800 mètres à l'Est du point de croisement du filon de Haie-Monet et de la faille de Landenne, se trouve le filon du Roua.

Les conditions géologiques de gisement du Roua sont identiques à celles de Haie-Monet.

Ce filon qui occupe une cassure absolument verticale, d'une longueur reconnue de 420 mètres, recoupe, du Nord au Sud, le calcaire carbonifère qui est orienté N.45°E. avec un pendage de 20° à 25° S.-E.

L'allure du gisement est représentée à la planche II par 6 coupes horizontales, faites entre les étages de 40 et 80 mètres, et une coupe verticale orientée E.-W. et passant par le puits.

En affleurement, le filon est masqué par le limon hesbayen ; mais, comme à Haie-Monet, des poches de sables et d'argiles en jalonnent le passage.

De même que pour le gisement précédemment décrit, nous ne possédons aucun renseignement sur les travaux de surface ; mais d'après les résultats obtenus aux étages de 40 mètres et 47,75 m. et les recherches en surface que l'on fait actuellement, nous pouvons conclure que les zônes supérieures de ce gisement étaient stériles.

Au niveau de 40 mètres, les poches A et B, que nous distinguerons en profondeur, et qui, en surface, n'en forment vraisemblablement qu'une seule, n'étaient pas encore nettement séparées. Leur remplissage était composé de sables et d'argiles stériles avec quelques rares paquets de calamine disséminés le long des parois.

A l'étage de 47,75 mètres, on voit les poches se localiser, mais leur remplissage est toujours sableux. Le filon contenait un peu de calamine, de carbonate de plomb et de galène.

A la profondeur de 60 mètres les poches de sable, qui diminuent en surface, sont entièrement localisées.

La poche B contenait très peu de minerais, tandis que le filon, entre cette poche et le puits, présentait un beau remplissage principalement composé de galène.

Au Nord du puits, la calamine et la carbonate de plomb formaient une couche épaisse le long de la paroi W. de la poche.

A ce niveau, le contact de la faille de Landenne fut exploré ; il se composait d'un remplissage de calcaire spathique dans lequel se trouvaient disséminés des fragments provenant des roches encaissantes, des mouches de galènes et quelques amas lenticulaires peu importants de carbonate de plomb.

Aux niveaux supérieurs à 60 mètres, le contact de la faille se confondait avec la poche de sable A dont on retrouve encore des traces au niveau de 60 et 68 mètres.

Sur ce contact, à 200 mètres environ à l'E. du filon du Roua, il existe un amas important de minerais (qui ne figure pas au plan) probablement en relation génésique avec le filon du Roua.

Les eaux minéralisatrices auront suivi le contact de la faille, qui est minéralisé, comme nous l'avons vu, jusqu'en un point où la concentration aura été assez importante, pour y produire un amas.

A l'étage de 68 mètres, le filon a été exploité sur une longueur de plus de 400 mètres. Vers le Sud, le filon sulfureux, après avoir rencontré la poche B, toujours remplie de sables et d'argiles, mais contenant suffisamment de minerais sulfureux pour être exploitable, a pénétré dans une seconde poche remplie d'argiles rouges et noires, annonçant le voisinage du houiller qui ne fut pas exploré.

Vers le Nord du puits, la poche de sable A a été entièrement reconnue et contenait beaucoup de blende et galène.

Le contact de la faille, de même nature qu'au niveau de 60 mètres, a été exploré sur une longueur de 120 mètres, mais était trop pauvre pour être exploité, malgré son épaisseur de 10 à 12 mètres.

Au niveau de 74 mètres, le filon très argileux présentait de belles passes minéralisées.

Vers le Sud, l'exploitation ne fut pas poussée jusqu'à la poche B ; vers le Nord la poche A existait toujours, mais avait disparu au niveau de 80 mètres où son emplacement était marqué par un élargissement du filon.

Le remplissage à ce niveau, de même qu'aux niveaux inférieurs, était composé de blende zonaire, galène et pyrite avec gangue spathique.

Le point le plus bas atteint par l'exploitation est le niveau de 120 mètres où le filon présentait une largeur moyenne de $0^m,70$ à $0^m,80$, mais, par suite des difficultés d'épuisement, les étages inférieurs furent peu exploités.

Groupe d'Engis. (Voir planche III, fig. I)

Dans les environs d'Engis, le bord Sud du synclinal de Namur, présentant les couches en stratification renversée, forme, sur la rive gauche de la Meuse, une colline d'une altitude moyenne de 160 mètres.

Cette colline est recoupée, un peu à l'E. d'Engis, par la vallée des Awirs dirigée perpendiculairement à la Meuse, dont les eaux moyennes ont une altitude d'environ 68 mètres.

C'est dans la bande carbonifère, qui affleure au sommet de la colline que l'on rencontre, de W. à E., échelonnés sur une distance de 2 kilomètres, les gisements importants suivants :

Gîte du Dos, gîte des Fagnes, situés tous deux au contact du houiller et calcaire, et les gîtes des Awirs, situés sur le contact du calcaire et de la dolomie carbonifère.

Nous allons donner une description sommaire de ces divers gisements.

Gîte du Dos. (Planche III et planche IV, fig. I)

Les gisements dits du Dos, très importants au point de vue des déductions théoriques que l'on peut tirer de leur étude, se composent de 3 filons parallèles, distants de 120 m., occupant des cassures verticales orientées N 35° W. Ces filons accusent respectivement des rejets latéraux de 10 m., 40 m. et 60 m.

Les filons parfaitement reconnus et exploités dans la traversée du calcaire, se perdent dans le houiller dont les schistes sont simplement imprégnés par un peu de pyrite, suivant le prolongement des filons.

Au contact du calcaire et du houiller, il s'est développé par dissolution du calcaire, une immense poche orientée longitudinalement suivant le contact sur une longueur de 350 mètres, et ayant en affleurement jusqu'à 150 mètres de largeur, aux endroits où passent les filons.

Comme nous le montrent les coupes AB, CD, EF, GH, planche IV, ces poches se terminent rapidement en profondeur, sauf suivant le passage des filons. (Voir coupe de l'étage de 140 m.)

Les racines des gisements ont été suivies aussi bas que l'a permis utilement leur exploitation.

Une observation remarquable a été faite dans la mine du Dos (1).

Entre les étages de 140 m. et de 230 m. (Voir coupe EF), on a rencontré dans cette mine une excavation non minéralisée, et vide de tout remplissage, formant une cheminée qui avait, suivant la stratification, un développement de 85 mètres de hauteur et une section horizontale variable allant jusqu'à 200 m².

Cette grotte était parallèle et en dérivation sur une colonne sulfureuse développée suivant l'intersection du plan du filon et du plan de contact, comme le présente la coupe I K de la planche IV. Cette colonne de minerais était entièrement minéralisée et fut exploitée jusqu'à la profondeur de 280 m., soit 200 m. sous le niveau de la Meuse.

Le remplissage du gisement du Dos était essentiellement sulfureux en profondeur et constitué par un mélange de sulfures de zinc, de plomb et de fer; ces minerais se continuaient le long du contact schisteux, jusqu'à une vingtaine de mètres de la surface.

Si nous remontons la série des formations métallifères, nous remarquons que les premiers minerais oxydés firent leur apparition au niveau de 120 m., soit 60 m. sous le niveau d'écoulement naturel des eaux vers la vallée de la Meuse.

Ces calamine et carbonate de plomb se trouvaient localisés au

(1) Voir à ce sujet le travail de M. Harzé dans les *Ann. de la Soc. Géol. de Belg.*, Tome XXXI, 1904.

contact du calcaire, faisant face aux minerais sulfureux. (Voir coupes verticales, planche IV).

Au dessus de 80 mètres, les minerais oxydés deviennent de plus en plus importants et se localisent. Les minerais de fer hydratés se concentrent contre les amas sulfureux dont ils dérivent par oxydation, et les carbonates de zinc et de plomb, formant la calamine industrielle, se concentrent, après transport à l'état de sulfates, du côté du calcaire qui a participé à leur formation.

Outre ces formations métallifères, n'affleurant pas dans les gisements du Dos, les poches contiennent également des produits d'origine détritique, tels que des sables, des argiles et même des cailloux roulés de quartz blanc. Ces dépôts, qui recouvrent tous les gisements en affleurement, se retrouvaient jusqu'à la profondeur de 115 m. (Voir coupe G H).

L'un des filons du gisement du Dos fut exploité jusqu'au contact de la dolomie, où il se perdait dans une poche de sable, qui était partiellement minéralisée. (Voir planche III, fig. I.)

Gîtes des Fagnes. (Planche III, fig. II et III)

Sur la même ligne de contact que les gisements du Dos, et à 900 m. de celui-ci, nous trouvons le gisement dit des Fagnes.

Ce gisement se compose de deux filons I et II parallèles, orientés N. 50° W., avec un pendage de 78° E. (Voir planche III). Ces filons sont situés à l'E. d'une poche présentant, suivant le contact, un développement de 240 m. sur une largeur moyenne de 80 m. en affleurement. La partie W. de la poche, la moins développée, se termine rapidement en profondeur, et ne forme plus qu'une couche de contact au niveau de 75 m.

La partie E. du gisement se prolonge beaucoup plus profondément. Dans le voisinage des filons, il existe, comme dans la mine du Dos, des renflements des filons, suivant l'intersection de leurs plans et du plan de contact.

Au niveau d'exhaure (75 m.) le filon I a été reconnu sur une longueur de 25 m. ; sa puissance utile était de 0m80 à 2 mètres. Ce filon formait, au contact du houiller, un épanchement d'environ 16 m. de développement de 7 m. de renflement.

Le remplissage du filon était mixte à ce niveau, c'est-à-dire formé de carbonates et de sulfures. Le renflement, au contact, contenait de l'argile noire avec nodules de sulfure de zinc et plomb et un peu de calamine.

Au niveau de 100 m., le filon n'était pas exploitable, son remplissage étant trop pauvre. L'épanchement vers le contact était exclusivement sulfureux et présentait une surface de 50 m².

Au niveau de 125 mètres, le filon est toujours inexploitable, mais l'amas de contact avait doublé de surface. A 175 m., l'amas diminue considérablement (40 m²) et son exploitation n'a pas été poussée plus bas.

Le filon II, à 22 mètres de distance du premier, occupe une fracture accusant un rejet horizontal de 20 m.

Ce filon a été reconnu au niveau de 75 m. sur 240 m. de longueur à partir du contact où il présentait un épanchement de 40 m² de surface, contenant des minerais mixtes et argileux.

Le filon, d'une puissance de 2 m., était calaminaire et plombeux.

Au niveau de 100 mètres, le remplissage du filon est exclusivement sulfureux. A l'étage de 125 mètres, sa puissance était de 1 à 3 m., et il fut exploité sur 130 mètres de longueur, de même qu'à l'étage de 175 mètres où il devenait très pauvre.

Le remplissage de la poche était sulfureux en profondeur. (Voir coupe verticale); Au-dessus du niveau d'exhaure, le minerai sulfureux se transforme par oxydation. Comme dans le gisement du Dos, le carbonate zincique se concentre au contact du calcaire, et les minerais de fer, moins abondants que dans la mine précédente, occupaient le centre de la poche et le contact houiller.

Nous retrouvons ici également des formations détritiques ; à l'intérieur de la poche, il existait, intercalés au milieu des minerais oxydés, des amas argileux, qui s'étendaient en surface, et venaient se confondre avec les sables qui remplissaient superficiellement les gisements et pénétraient, dans certains endroits de la poche, jusqu'à la profondeur de 95 mètres.

Gîtes des Awirs. (Planche III, fig. I)

Les gisements situés de part et d'autre de la vallée des Awirs, sur le contact du calcaire et de la dolomie carbonifère, ne présentent pas l'importance des précédents et ont été moins explorés.

Ils se composent de poches de minerais avec racines plongeantes suivant le contact.

Aucune trace de filons n'est indiquée au plan, mais ceux-ci doivent exister ou bien ces poches de minerais sont en relation avec les filons du gisement des Fagnes, par l'intermédiaire de fissures longitudinales, comme nous le verrons plus loin.

Nous avons figuré à la planche III deux coupes perpendiculaires passant par deux des gîtes des Awirs.

Nous voyons que ces gîtes se composaient de poches de minerais se coïnçant rapidement et suivies de colonnes de minerais sulfureux en profondeur.

Dans la coupe A B, nous voyons apparaître la calamine au niveau de 105 m., par rapport aux puits des Fagnes, mais ici elle se rencontre sur tout le pourtour de la poche, celle-ci étant, en effet, entièrement encaissée dans des roches calcareuses.

La partie supérieure de la poche était remplie de sable qui pénétrait jusqu'au niveau de 90 mètres.

La coupe C D est celle d'un gisement situé dans la vallée.

Sous une mince couche de limon et de sable, nous rencontrons des calamines remplissant une poche qui prend naissance au niveau de 75 m. sur une colonne sulfureuse.

Gisement de Corphalie (Huy).

Pour terminer la partie descriptive, nous dirons quelques mots du beau gisement de Corphalie représenté à la planche V par une coupe verticale et trois coupes horizontales.

Ce gisement se composait d'une vaste poche, en forme d'entonnoir arrondi à la base, située au contact du calcaire carbonifère et du houiller.

D'une profondeur totale de 110 mètres, cette poche ne contenait du minerai que dans sa partie inférieure.

Le minerai sulfureux, composé de blende zonaire avec de la galène, formait la totalité du remplissage (voir coupe, étage 20 m.) en dessous du niveau de 18 m. sous la galerie d'écoulement. Au dessus de cet étage, le minerai sulfureux remontait le long des parois et se transformait peu à peu en calamine sur le pourtour calcaire.

Le centre de la poche était occupé par des argiles et des sables.

Les documents relatifs à cette mine ne renseignent l'existence d'aucun filon, mais l'exploitation fut abandonnée avant entier épuisement du gîte.

Etude du minerai zonaire, caractéristique des gisements des bords de la Meuse.

Nous étudierons la formation du minerai dans les roches calcaires, où on le retrouve encore en place. Comme nous l'avons déjà vu, le remplissage des filons ne montre jamais le minerai; il se compose d'un amas bréchiforme de minerais zonaires avec fragments de roches encaissantes disséminées dans des argiles ou soudés par du calcaire spathique.

Dans les poches et dans les excavations latérales au filon, qui ont échappé au remaniement, nous avons souvent pu examiner du minerai en place, c'est-à-dire recouvrant les parois auxquelles il adhérait sans interposition de salbande.

Les études microscopiques que nous avons faites du minerai et de la roche encaissante, dans le but d'étudier le processus de la superposition du minerai sur la roche, nous ont permis de résoudre la question de savoir si la blende zonaire était un minerai de substitution, comme certaines calamines, ou était simplement le produit du remplissage de cavités préexistantes, dues à une circulation d'eau antérieure à la venue minéralisante.

La figure III hors texte nous représente une coupe microscopique, faite dans un échantillon, dont nous donnons une reproduction photographique grandeur naturelle (fig. IV hors texte), provenant du district de Moresnet. Cette coupe nous a permis de voir que sur une épaisseur d'un centimètre environ le calcaire était fortement *imprégné* de pyrite cubique, de galène et d'un peu de blende.

Cette *imprégnation* diminue rapidement vers l'intérieur de la roche à tel point, qu'à la distance de 3 centimètres du minerai zonaire, on ne distingue plus aucune imprégnation réelle : à peine quelques plages de pyrites en cristaux microscopiques et parfois un peu de blende ou de galène.

Recouvrant la couche d'imprégnation, nous rencontrons immédiatement la blende pure, qui, à partir de ce point, se dépose régulièrement en couches concentriques d'une continuité absolue. Ces zones de colorations différentes, dues probablement au sulfure de cadmium qui donne à la blende un aspect brun cireux et une tecture fibro-radiée, sont si nombreuses, que nous avons pu en compter au microscope jusqu'à 140 sur une longueur de

COUPE MICROSCOPIQUE

grossissement 7.5

Zone de pyrite.

Blende zonaire avec cristaux de Galène.

Calcaire imprégné de pyrite.

Blende.

Zones imprégnées de pyrite.

Fig. III,

1. Zone de Marcassite.

2. Zone de Marcassite.

3. Blende zonaire.

4. Zone de Galène.

5. Blende zonaire avec cristaux de Galène.

6. Calcaire imprégné de pyrite.

7. Calcaire, roche encaissante.

1 centimètre, et cela dans un fragment de teinte uniformément foncée à l'œil nu.

Lorsqu'au milieu de ces zones de blende, un cristal de galène vient s'intercaler, les zones s'arrêtent de part et d'autre du cristal sans interrompre autrement la régularité de leur dépôt.

Le cristal de galène, servant de centre d'attraction vis-à-vis des molécules de sulfures de plomb en solution, s'accroît indépendamment des zones de blendes. C'est par suite de cet accroissement indépendant de la blende et de la galène que l'on trouve, sur certains échantillons, des cristaux de galène, dont le sommet de l'octaèdre est seul visible sur la surface terminale de l'échantillon, le reste du cristal étant noyé dans la blende.

La coupe microscopique fig. III nous montre trois cristaux de galène ainsi intercalés au milieu du minerai zonaire.

Dans la partie supérieure droite du cristal du milieu, les zones de blende, sans déranger la régularité du dépôt, se sont accrues concentriquement.

Dans le cristal de droite, la blende est venue entourer le sommet du pointement indépendamment de la continuité des zones de part et d'autre du cristal.

Ces exemples montrent, encore une fois, que la galène cristallisait indépendamment de la blende, et beaucoup plus rapidement.

Les minerais zonaires des bords de la Meuse et du district de Moresnet, comme nous le montre la figure IV (hors texte), sont également accompagnés de zones de marcassite fibro-radiée, qui sont surtout abondantes et bien développées dans la partie extérieure des échantillons et marquent ainsi la fin de la venue minéralisatrice.

Dans la formation de ces minerais, la galène, toujours cristallisee, se trouve disséminée dans toute la masse, et forme également parfois des zones intercalées entre la blende. Mais c'est surtout au contact du calcaire que se concentre la galène, indiquant ainsi que les premières eaux minéralisatrices étaient riches en plomb. L'épaisseur maxima de minerai que nous ayons pu voir en place est de 25 cm.

La question de la formation des minerais zonaires nous paraît donc bien élucidée.

s admettre l'existence préalable d'une cavité qui
a été parcourue par les eaux filoniennes.
outerraines, après avoir minéralisé le calcaire par
sur une faible épaisseur, ont déposé la galène, la
narcassite en couches concentriques et parfaitement
r les parois du filon et dans toutes les excavations
épousant dans une pseudo-stratification toutes les
le la roche encaissante.
nerai zonaire, dont nous venons d'étudier le dépôt,
les gisements des bords de la Meuse, un minerai
mprégnation et substitution de la blende au calcaire.
nnaissons qu'un seul échantillon de ce genre de mi-
llon d'autant plus caractéristique qu'il est composé
olypier calcaire isolé au milieu de la roche entiè-
ormée en blende, et dans laquelle on distingue encore
des plages calcaires.
llon unique, provenant des mines d'Engis, suffit
ur prouver la possibilité de la substitution de la
aire, molécule par molécule, comme cela se produit
pour la smithsonite.
roche encaissante est constituée par des schistes
inerai s'y rencontre sous forme d'imprégnation et
qui rappellent le minerai zonaire, en entourant parent des fragments de schiste.
vonien, le minerai, lorsque la roche encaissante
est formé, par suite du remaniement des filons, de
blende, pyrite et galène.
histes, les filons ne sont ordinairement marqués que
minerai avec imprégnation des épontes.

Genèse des gisements.

s l'avons vu par la description que nous avons faite
sements, la caractéristique de tous ces gîtes irré-
ine incontestablement filonienne est de présenter
ie supérieure, masqués sous les dépôts de sables,
inerais qui ne tardent pas à disparaître en profon-
ouve plus alors que le filon générateur ou quelques
tion.

Une question de la plus haute importance au point de vue génésique se pose ici :

Les poches superficielles, qui surmontent les filons, sont-elles du même âge que ceux-ci ou, pour mieux préciser, le remplissage des poches et des filons s'est-il fait simultanément?

La réponse affirmative à cette question ne présente, selon nous, aucun doute. Abstraction faite des minerais oxydés dérivant des minerais sulfureux, nous voyons ces derniers occuper indistinctement le fond de toutes les poches qui, dans plusieurs cas (Haie-Monet, Roua, etc.), n'existent plus en profondeur que sous la forme d'un élargissement du filon.

Dans le district de Moresnet, nous pouvons observer dans le gisement de Schmalgraf, l'élargissement du filon à la rencontre des divers contacts et la continuité parfaite du minerai, entre le filon et les poches.

Si, comme il résulte des observations que nous venons d'exposer, le remplissage des filons et des poches qui les surmontent a été simultané et si, d'un autre côté, le minerai qui compose ce remplissage est un minerai speudo-stratifié et non de substitution, il faut admettre que les poches existaient au moment de la venue métallifère et qu'elles étaient à cette époque, que nous rapportons au commencement de l'ère secondaire, ce qu'elles sont aujourd'hui, abstraction faite, cela s'entend, des modifications dues à la circulation des eaux dans la zone d'oxydation, et de leur envahissement par les sédiments détritiques.

C'est ici que nous allons à l'encontre des idées généralement admises ; en effet, contrairement à beaucoup d'auteurs, qui sont d'avis qu'on ne voit jamais, par suite de l'érosion, les parties supérieures originelles des dépôts filoniens, *nous admettons, que les gisements de la Meuse et du district de Moresnet nous apparaissent, à peu de chose près, tels qu'ils étaient après leur minéralisation.*

Nous allons résumer dans un exemple général l'exposé des divers phénomènes qui ont participé à la formation de tous les dépôts métallifères belges, si variés dans leurs modes de gisement et qui appartiennent néanmoins, malgré leur divergence d'allure, à la classe des gîtes d'origine filonienne.

Soit (fig. 5) une cuvette due au plissement secondaire, affectant le houiller, le calcaire carbonifère et le Dévonien, traversée de part en part par un filon générateur F F'.

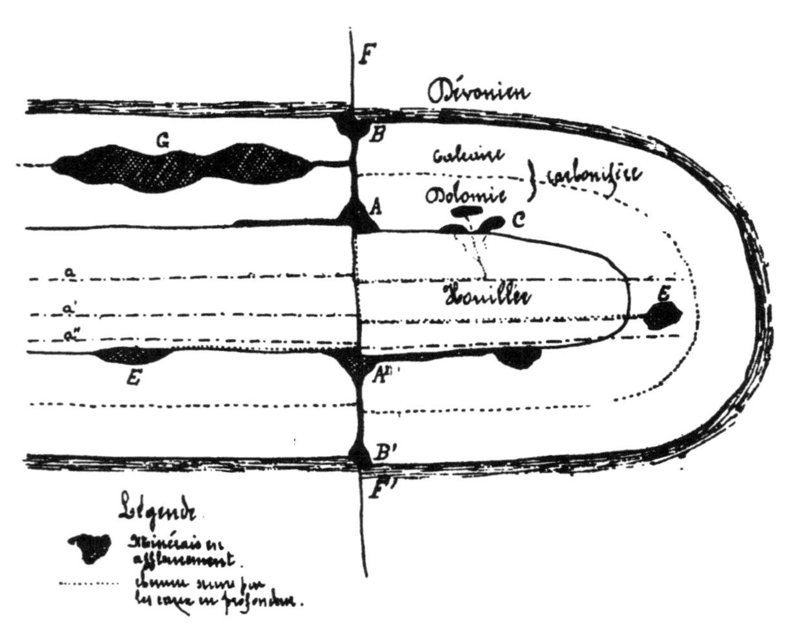

Fig. V

Les cassures étant toujours nettes et franches dans les roches dures, les eaux souterraines qui circulaient dans le filon trouvaient donc un passage facile dans les calcaires et dolomies. De plus, ces roches étant solubles dans les eaux chargées d'acide carbonique, comme le sont les eaux souterraines, elles vont se dissoudre et ainsi élargir les cassures.

La partie du filon traversant le houiller, n'est que partiellement accessible aux eaux filoniennes; les schistes, par suite de leur plasticité, ayant subi des froissements, les cassures n'y sont pas restées ouvertes, sauf dans des cas où, comme à Bleyberg, le filon est très important et le houiller très gréseux.

Il résulte de cette obstruction du filon dans le houiller, que les eaux, arrivant sous la cuvette schisteuse, durent remonter le long de celle-ci et se créer un débouché au contact du calcaire et des schistes.

De là naturellement des dissolutions plus intenses et la création de poches en A et A' faisant suite à deux canaux qui suivent l'intersection du plan du filon et du contact (voir planche IV coupes horizontales et coupe verticale).

Dans les schistes et grès dévoniens, où l'on a longtemps nié l'existence de filons exploitables actuellement bien démontrée, entre autres par celle des gisements de Fossey (Moresnet) (fig. VI), les filons ne présentent pas une continuité absolue, au point de vue industriel bien entendu.

Gîte de Fossey (district de Moresnet. (Coupes verticales orientées N.50° E, et distantes de 20 m. (Echelle environ 1/1500.

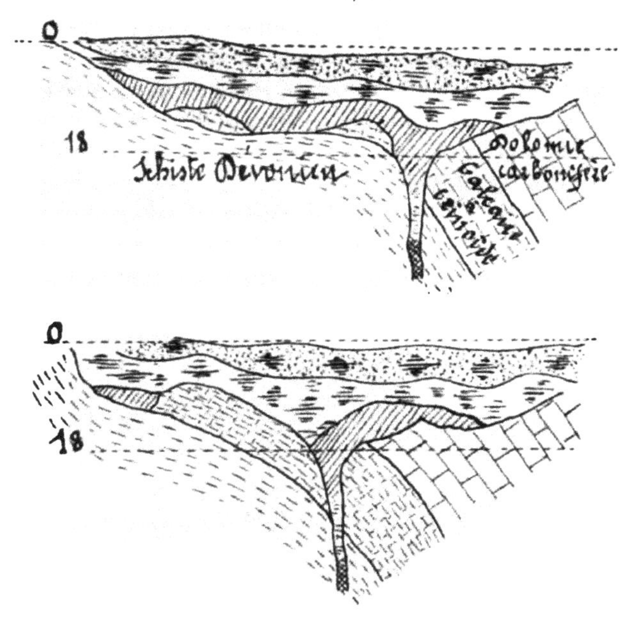

FIG. VI. Légende voir P. I.

Tandis que, dans les assises gréseuses, les cassures ont pu se maintenir ouvertes et peuvent y présenter de belles minéralisations, dans la traversée des schistes, tels que ceux appartenant aux assises famenniennes, les filons n'existent qu'à l'état de filets ou d'imprégnations pour les mêmes raisons que dans le houiller.

Il en résulte une discontinuité de la minéralisation dans le Dévonien et suivant sa composition plus ou moins gréseuse, un nouvel afflux des eaux vers la cuvette calcaire où il pourra y avoir création de poches aux contacts B B'.

En dehors de la circulation des eaux dans le filon générateur, qui seul était en relation directe avec la venue métallifère, le plissement a créé dans les terrains une série de fissures et surfaces de décollement qui, quand elles furent en relation avec le filon, donnèrent lieu à des dérivations des eaux filoniennes et, subséquemment, à la production de dépôts métallifères.

Il est évident que les roches dures, et particulièrement les calcaires et dolomies, n'ont pu effectuer leur plissement sans se fracturer longitudinalement ; ces fractures *a a' a''* (fig. V) ont leur maximum de développement dans le fond de la cuvette.

D'un autre côté, les surfaces de séparation des roches d'inégale plasticité, tels que les calcaires et les schistes, ont donné lieu pendant le plissement à des décollements et à la production de surfaces de glissements.

Les eaux circulant dans le filon ont emprunté ces divers canaux et, dès lors, en s'infiltrant dans les diaclasses des calcaires et dolomies, ou en empruntant les surfaces du contact disjoint, elles ont cherché à se créer une sortie vers l'extérieur. Si les calcaires sont très fissurés, ils auront, par leur dissolution, donné lieu à un réseau de canaux des plus tortueux (C, fig. 5) qui, minéralisé, ressemblera à un remplissage de grotte.

Les eaux qui empruntèrent les surfaces de contact, soit directement, soit par l'intermédiaire des cassures *a a' a''*, donnèrent lieu à la production d'amas isolés (E,fig.V).Il en est de même lorsque le filon est recoupé par une faille de plissement; les eaux souterraines peuvent s'y infiltrer et réapparaître le long de la faille, en y créant des amas isolés (exemple de la mine du Roua).

Le plan de stratification du calcaire et de la dolomie carbonifère a produit dans les mines d'Engis un bel exemple de contact minéralisable, sur lequel on constate l'existence de nombreuses poches (G, fig. V) et divers gisements en relation probable en profondeur avec les filons de la mine des Fagnes (voir planche III, fig.I) par l'intermédiaire du contact disjoint.

Nous admettons donc qu'avant la venue minéralisatrice, tout le système filonien que nous venons de décrire, a été parcouru par les eaux souterraines, et qu'à l'action de celles-ci, est venu sans doute se joindre l'action des eaux de surface dans les parties tout-à-fait superficielles des gisements.

Comme preuve de la circulation des eaux souterraines non minéralisantes, nous citerons la grotte que l'on a découverte dans les mines d'Engis et qui s'étendait parallèlement à une colonne minéralisée entre les profondeurs de 140 à 230 m. (Voir planche IV, coupe E F). Cette grotte vide de tout remplissage, a dû échapper à la minéralisation par suite de l'obstruction de ses canaux d'amenée.

Cette vaste dissolution n'a pu s'opérer par les eaux de surface postérieurement au dépôt de minerai, car, en admettant même la possibilité d'établir le circuit hydrostatique qu'auraient dû suivre les eaux météoriques, pour produire cette dissolution, on aurait dû certainement constater des altérations dans les minerais sulfureux avoisinants et leur transformation en calamine.

Ces excavations souterraines se rencontrent également dans les gisements de Moresnet, où nous avons pu en examiner les parois, sur lesquels nous n'avons constaté que des traces de dissolution intense, sans altérations sensibles de la roche, qui n'était recouverte d'aucun produit stalactitique comme les parois de toutes les grottes dues à la circulation des eaux superficielles.

Lorsque les venues hydrothermales minéralisatrices arrivèrent dans le système de fractures, de poches et canaux de dissolution que nous venons de décrire, elles purent librement circuler dans les parties des filons traversant les roches calcaires et dans la plupart des poches de dissolution.

Par contre, les filons traversant le dévonien et surtout le houiller, s'étaient, pour la plupart, refermés par suite de l'hydratation et du gonflement des schistes. Il en était de même de certaines cavités produites par la dissolution des roches calcaires et de certains contacts, qui s'étaient obstrués à la suite de l'accumulation de matières argileuses provenant, soit des schistes encaissants, soit des produits de dissolution des calcaires.

Les eaux minéralisatrices venant de la profondeur, tenaient en solution les sulfures métalliques, ou les éléments propres à les produire par double réaction, soit simplement par suite de la pression et de la température ou avec le concours de sulfures alcalins et d'acides.

Ces eaux arrivées dans le voisinage de la surface, déposaient les minerais sulfureux, sans autre condition qu'une diminution de pression, de température et de vitesse, sur les parois des filons et de toutes les excavations en relation avec eux.

(Pendant la minéralisation des gisements, des mouvements se produisirent déjà dans les terrains encaissants, comme le montrent certains échantillons de blende zonaire fracturés et entourés, sans solution de continuité, de nouveaux dépôts de minerais.

Les eaux filoniennes qui déposaient des sulfures en profondeur, arrivées aux affleurements des poches et filons se mélangeaient aux eaux météoriques.

Ces eaux chargées d'oxygène provoquaient la sulfatisation du sulfure de zinc, et à un degré moindre, du sulfure de plomb, qui, en présence du bicarbonate calcique, donnaient naissance à la smithsonite et à la céruse; la pyrite par oxydation se transformait en sulfate, pui , par décomposition de celui-ci, se précipitait à l'état de limonite.

Quant à la question de savoir si on retrouve encore actuellement de ces calamines originelles de la formation des gisements, nous ne pouvons, dès à présent, nous prononcer avec certitude, nous présenterons seulement quelques observations sur certains gisements de calamines.

D'une manière générale, les calamines que l'on rencontre au voisinage des minerais sulfureux, et pour lesquelles la différentiation secondaire doit être admise, ne sont jamais cristallisées ; tandis que les parties supérieures des amas calaminaires, notamment du district de Moresnet, contenait de la smithsonite cristallisée et en masse fibro-radiée, de même que de la willémite en agglomération cristalline.

L'ancien gisement calaminaire de Moresnet, dans lequel les sulfures faisaient défaut, était rempli par une association de smithsonite, de willémite et de calamine proprement dite. Tous ces minerais oxydés, mélangés à des argiles colorées par du fer, contenaient jusqu'au fond du gisement, soit à 110 mètres de profondeur, des géodes et des amas de calamine cristallisée. La teneur en plomb était dans ce gisement uniformément de 0,2 pour cent.

A 2,5 kilomètres de Moresnet, on rencontre, sur la même cuvette calcaire qui contenait l'ancien gisement calaminaire, le gîte de Schmalgraf, dont l'affleurement se trouve à l'altitude de 230 m. soit environ 20 m. plus haut que le gisement de Moresnet.

La mine de Schmalgraf contenait de la calamine, jusqu'à la profondeur de 42 m., où elle faisait place aux minerais sulfureux. Cet horizon correspond au niveau naturel des eaux. Les poches de minerais sulfureux se continuent dans cette mine, jusqu'à environ 150 m., soit, à peu près la profondeur du giseme calaminaire de Moresnet.

Au delà de Schmalgraf, se trouvent, toujours sur la même cuvette, à 3 kilomètres et à 5 kilomètres les gisements d'Eschbruch et de Mützhagen.

Ces deux derniers gisements sont démergés de leurs eaux par l'épuisement de la mine de Schmalgraf, et celà par l'intermédiaire de fissures naturelles du calcaire.

Il est vraiment remarquable que ces gisements sulfureux soient situés sur la même cuvette que le gisement calaminaire de Moresnet, qui ne contenait pas de trace de sulfure.

Personnellement, nous croyons que ce célèbre gisement est en relation souterraine avec le filon de Schmalgraf. Sa minéralisation daterait de la venue sulfureuse ; la calamine se serait formée directement par suite du mélange des eaux filoniennes avec les eaux météoriques, qui occupaient la poche préexistante et circulaient dans les fissures des calcaires et dolomies quartzeuses.

Age du champ de fractures et de sa minéralisation.

Des descriptions que nous avons données des gisements des bords de la Meuse, il ressort qu'en affleurement ils étaient tous recouverts de produits détritiques, tels que des sables et des argiles, qui pénétraient parfois profondément dans des gisements.

Comme l'âge géologique de ces sables, disséminés un peu dans toute la moyenne Belgique, est indéterminé, ils ne nous sont d'aucun secours pour la détermination de l'âge des gisements.

Il n'en est pas de même des sédiments qui recouvrent certains gisements du district de Moresnet. C'est, en effet, sous d'épais dépôts de sables et argiles crétacés que, par sondage, les gisements de Mützhagen et autres furent découverts.

Nous avons reproduit à la planche V le plan d'ensemble de quelques sondages et des coupes de ceux-ci, relativent à la mine de Mützhagen.

Comme le montrent ces sondages, les sables et argiles crétacés parfaitement stratifiés, reposent sur le gisement sulfureux érodés.

Sur la coupe A B, on voit distinctement qu'une selle surmontée de minerais, a eu son sommet érodé avant le dépôt des sables appartenant à l'assise d'Aix-la-Chapelle.

Dans cette mine, les sables reposent directement sur l'amas blendeux, sans interposition de minerais oxydés. L'on se trouve, en effet, sous le niveau de circulation naturelle des eaux.

Or, si à cette observation, qui peut se faire dans d'autres gisements, nous ajoutons que les sables ne sont jamais minéralisés, il faut admettre que les gisements qu'ils recouvrent leur sont antérieurs, et comme ils sont postérieurs au plissement Hercinien, nous pouvons conclure que *les gisements de Belgique, les grandes failles du Limbourg et l'effondrement de la vallée du Rhin au nord de Bonn ont été amorcés au commencement de l'ère secondaire.*

Quelques objections nous ont été faites concernant l'âge des gisements; leur réfutation complète nous entraînerait trop loin, néanmoins nous en dirons quelques mots.

La première objection, qui, à première vue paraît la plus fondée c'est que les failles du Limbourg traversent les terrains secondaires et tertiaires.

Nous avons déjà, indirectement, répondu à cette objection, en démontrant que les filons ont été remaniés après leur formation ; d'ailleurs le professeur Holzapfel a figuré dans l'une de ces publications, la coupe d'une faille des environs d'Aix-la-Chapelle, coupe qui montre les déplacements successifs produits par l'accentuation de la faille, d'âge primaire, dans les terrains secondaires, tertiaires et même quaternaires.

Monsieur Forir est arrivé à la même conclusion par l'étude des sondages de la Campine.

Une seconde objection est celle relative à la possibilité de la formation des poches de dissolutions dans les calcaires sous les dépôts de sables et d'argiles. Cette formation admissible dans certains cas, ne l'est pas dans celui qui nous occupe. Le minerai zonaire s'est déposé, comme nous l'avons démontré, dans des cavités vides de tout remplissage, dont on retrouve encore, dans les gisements de la Meuse et du district de Moresnet, des parties qui ont échappé à la minéralisation.

On a également parlé de réouverture des filons pour expliquer la production de poches et l'envahissement des gisements par les sables. Cette objection n'est pas admissible, si l'on considère que le développement des poches se fait toujours suivant la direction des contacts auxquels les filons sont perpendiculaires.

En résumé, au point de vue de la connaissance des gîtes métallifères et spécialement des amas calaminaires, il est probable que beaucoup de gisements présentant des amas en surface, doivent leur origine à une circulation d'eau antérieure à la venue minéralisante, et que, peut-être, beaucoup de ces amas calaminaires sont de formation primaire, c'est-à-dire dériveraient directement des eaux filoniennes, par suite du mélange de celles-ci, avec les eaux météoriques oxydantes et calcareuses.

Huy, le 22 avril 1905.

1re QUESTION

Tectonique des bassins houillers.

—

La continuation du gisement carbonifère

SUR LE

Territoire de la Lorraine et de la France

ETUDE présentée
à la Section de Géologie appliquée du Congrès International
de Liége 1905

PAR

B. SCHULZ-BRIESEN

Ingénieur des Mines et Directeur général honoraire, membre de la Société belge de Géologie, de Paléontologie et d'Hydrologie, à Dusseldorf.

L'auteur ayant traité pendant ces dernières années les conditions géologiques des gisements carbonifères de l'Allemagne s'est proposé, pour compléter l'ensemble de ses études, de s'occuper, dans le présent travail, de la continuation du bassin de la Sarre, sur le territoire de la Lorraine et de la France.

Quant aux gisements de Sarrebrück, point de départ des communications suivantes, nous possédons un grand nombre de publications sorties de plumes très autorisées. La dernière qui a trait aussi, en général, aux découvertes récentes en Lorraine, se trouve dans la revue du 8e Congrès des Ingénieurs allemands, tenu en 1901 à Dortmund ; elle a pour titre : « Les récentes découvertes au district de la Sarre ». Son auteur est Monsieur Prietze, geheimer Bergrat, membre de la haute direction des mines à Sarrebrück.

Les nouvelles découvertes en Lorraine ont été poursuivies et contrôlées par Messieurs les géologues E. Liebheim et le Dr Leppla, qui en ont fait mention dans les revues minières.

Quant à l'existence présumée des gisements sarrebrückois en France, l'auteur a pu recourir aux bulletins de la Société de l'Industrie minérale. Il en a fait mention au n° 5 (année 1904) de la revue métallurgique : « Stahl und Eisen ».

Il est difficile et même impossible de se faire une idée juste des conditions géologiques en Lorraine et en France, concernant la question qui nous occupe, sans avoir une connaissance générale des gisements de Sarrebrück ; il paraît donc indispensable d'en donner un résumé général.

A. — Description générale des gisements de Sarrebrück.

La construction géologique et pétrographique des gisements sarrebrückois est représentée schématiquement, d'après Weiss, comme suit :

FORMATION PERMIENNE :

Couches de Lebach, puissance 1000 m.

Couches de Cusel, puissance vers l'Est, 1400 m., vers l'Ouest, 900 m.

FORMATION CARBONIFÈRE :

Couches d'Ottweiler : puissance approximat.: 3000 m. » dans le Palatinat : 1700 m. » en Lorraine : 2000 m.	grès gris et schiste renfermant une couche de charbon, grès rougeâtres et schistes gris et bleuâtres avec quelques couches de charbon. Lit schisteux caractéristique avec Leoia Baentschiana.
Couches de Sarrebrück : puiss. à Sarrebrück : 3200 m. « dans le Palatinat : 2000 m.	*Couches supérieures :* grès rougeâtres et bigarrés, et au-dessus le conglomérat à gros grains de Holz. *Couches moyennes et inférieures :* grès grisâtres, conglomérats et schistes renfermant 3 séries de couches houillères exploitables.

Dans les gisements d'Ottweiler, peu riches en houille, les couches de charbon se trouvent séparées par des terrains stériles, très épais, tandis que celles de Sarrebrück renferment, à leurs parties moyennes et inférieures, trois groupes de couches de charbon exploitables d'une puissance totale de 80 m. en chiffre rond.

La configuration générale du carbonifère sarrebrückois est facile à comprendre. Le premier relèvement post-permien a soulevé ces couches en forme de dos d'âne ou de dôme elliptique, et celles-ci s'inclinent du plateau en pente légère vers toutes les régions, fait reconnaissable encore aujourd'hui vers le Nord et l'Ouest du Bassin. Un grand rejet parallèle à l'axe longitudinal de l'ellipse et d'un âge plus récent ainsi qu'un certain nombre de failles secondaires ont modifié essentiellement cette situation. Au Sud de cette formidable fracture qui suit l'anticlinal, les couches carbonifères et permiennes sont descendues de $\pm$ 1200 mètres ; elles forment ainsi la limite des terrains exploitables. La continuation Ouest de cette grande faille, à partir de Forbach où elle commence à se cacher sous les gisements triasiques et jurassiques, a donné lieu, par suite de l'importance qu'elle possède pour les travaux de recherche en Lorraine, à des controverses auxquelles nous devrons revenir au cours de notre étude.

A côté de ce grand rejet sud, le carbonifère sarrebrückois est sillonné de nombreux dérangements, dont l'origine date de diverses époques géologiques, que l'on peut suivre jusqu'au temps triasique et même jurassique, et dont une grande partie est reconnue par les travaux de mine. Là où le carbonifère se trouve couvert de terrains plus récents, comme sur tout le territoire lorrain, des dérangements analogues — qui certes n'y manquent pas — sont à présumer, mais il est impossible de les constater. Dans la partie Est du Bassin, ces rejets ont une direction Nord-Est et une pente variable ; vers l'Ouest, ils prennent une direction Ouest et ont une inclinaison uniforme vers le Nord. D'une manière générale, ils sillonnent le territoire en forme de toile d'araignée et aboutissent tous au grand rejet sud. Au nord de celui-ci, nous avons devant nous l'anticlinal du bassin, interrompu irrégulièrement par de nombreux dômes, bassins spéciaux et affaissements locaux qui altèrent fortement son allure originale. C'est ici le moment de nous occuper de plus près du

t Sud-Ouest du grand rejet, à cause du rôle important
is l'examen de la question faisant l'objet principal du
port.

ue E. Liebtheim a traité le susdit rejet dans la
artie du mémoire accompagnant sa carte géologique
t de la Lorraine ; il y constate, comme fait remarqua-
encontré, au sondage d'Oberfangen, près St-Avold,
u'à 588 m.. et également à celui de Freymengen, à 7
Est, des couches peu riches en charbon d'Ottweiler.
tres experts en conclurent que les dits sondages sont
l du grand rejet : conséquemment, ils attribuèrent à
delà de Forbach, une direction nettement Ouest, et
t avec la faille principale du charbonnage de Spittel
arre et Moselle).

opinion a lieu d'être rectifiée, vu que les sondages
rieurement près de Baumliederbach et de Lubeln ont
ouches de charbon d'une puissance de 3m.95, 2m.25,
1m.50, 2m.05, 0m.70 et 0m.80 qui ne peuvent appartenir
noyen des couches de Sarrebrück. Ces découvertes y
mpossibles en cas de déviation hypothétique du dit
pittel. Sa direction en ligne droite paraît aussi plus
n point de vue géologique. Quant aux sondages de
et Oberfangen, il a été reconnu qu'il s'agissait d'une
erronée du lit de schiste argileux rouge rencontré,
i appartient, en effet, à l'étage sarrebrückois.

sommes arrêtés un peu longuement à cette question
a une grande importance par rapport à l'étendue du
quel il y a chance de trouver des couches exploitables
e, tant en Lorraine qu'en France. Un coup d'œil sur
inte suffit pour faire comprendre que tout le terri-
l'une ligne tracée de Metz à Forbach ne présenterait
e d'y rencontrer des couches exploitables, si le rejet
éviait réellement de Forbach à Spittel.

français Villain rapporta, au cours de la séance
s d'août 1903 par la Société de l'Industrie minérale,
suivi le grand rejet jusqu'à Bar-le-Duc, à 200 km. de
et ajouta qu'il détermine la limite sud du territoire
rouver l'étage productif du carbonifère.

Mais en traçant ce rejet en ligne droite sur la carte, on trouve qu'il passe considérablement plus au sud de Bar-le-Duc, ce qui permet de conclure qu'il s'agit d'un autre dérangement. Un dérangement pareil, d'une plus grande importance même, existe, en effet. Il suit la limite entre le Dévonien et le Permien, à 44 km. environ au Nord du rejet de Sarrebrück, et poursuit la direction vers Bar-le-Duc. (Voir le plan.)

B. — Des terrains recouvrant le carbonifère ; leur gisement et leur étendue.

Les dits terrains ont une importance spéciale quant aux recherches des couches carbonifères vers la frontière de la France, vu qu'il faut les traverser en profondeur toujours croissante vers l'Ouest pour atteindre le houiller productif.

Dans le territoire du fisc prussien, les couches houillères apparaissent à fleur de terre, par suite de leur relèvement et de l'érosion ultérieure des terrains plus récents qui les recouvraient jadis.

Au Nord le carbonifère disparaît sous une large couche du Perméen à l'étage du nouveau grès rouge, qui s'étend de Sarreloui jusqu'à la vallée du Rhin et au Palatinat. Ce vaste dépôt occupans une surface de 2500 km² est troué sur toute sa longueur par une suite d'éruptions plutoniennes de roche mélaphyrique et porphyrique qui ont sans doute occasionné le relèvement des couches. A la limite Nord du Permien nous rencontrons le Dévonien entrecoupé de crêtes dont les couches appartiennent à l'étage encore plus ancien du Cambrien qui constitue le stock du Hochwald, de l'Idarwald, de Hunsruck, du Sonwald et du Taunus, aboutissant du côté de l'Est aux formidables éruptions basaltiques du Vogelberg en Hesse.

La limite entre les deux formations, si distantes l'une de l'autre en profondeur et en âge est, selon l'avis de l'auteur, le résultat d'un grand rejet, qui, vers le Sud, a abaissé toutes les couches, de ± 2000 m., formant ainsi la grande dépression de la vallée du Main et du Haut-Rhin. Un sondage exécuté en 1853, par Kind, près de Hombourg-les-Bains, a permis de constater incontestablement que par suite de cette importante dislocation, le terrain triasique se trouve immédiatement juxtaposé au Silurien. L'auteur a déjà attiré l'attention sur cette énorme fracture de la surface dans son travail sur les terrains recouvrant le carbonifère Westphalien. Elle se laisse facilement poursuivre de la vallée de la Nidda dans l'électorat de Hesse jusqu'à Sarrelouis, sur une longueur de ± 200 km., et, en la traçant de là vers la France on touche à peu près Bar-le-Duc où M. Villain a constaté un dérangement analogue,

Au Sud du grand rejet Wellesweiler-Forbach, nous rencontrons d'abord le grès bigarré triasique, et plus loin, le calcaire conchylien recouvert de marne irisée. Ces formations s'étendent largement développées jusqu'au pied de la principale élévation des Vosges à l'Est de Strasbourg. Le Permien et le Dévonien y reparaissent à la surface bordant une éruption porphyrique. De son côté le Dévonien aboutit au grand massif granitique qui, troué par des éruptions de porphyre, constitue le vaste plateau des Vosges.

Après avoir examiné la construction géologique des gisements au Nord et au Sud du bassin houiller de la Sarre, il nous reste à montrer la nature des couches vers l'Est et l'Ouest.

A l'Est de Wellesweiler, le terrain houiller se laisse poursuivre à la surface en forme d'un lambeau rétréci, sur une distance de 28 km., et allant légèrement en pente ; puis de là, il disparaît sous des couches de nouveau grès rouge de la même façon que vers le Nord. Ces couches aboutissent abruptement à l'affaissement de la vallée du Haut-Rhin qui, par suite de deux fractures de la surface datant probablement de l'époque crétacée, présente un phénomène géologique des plus remarquables. Cette dépression, limitée d'un côté par les Vosges et de l'autre par la Forêt-Noire, a 300 km. de long sur 40 km. de large.

A l'Ouest de Sarrebruck le Permien a disparu, à l'exception de quelques dépôts locaux qui ont résisté à l'action de l'érosion, mais il paraît plus que probable qu'il s'interpose de nouveau entre le triasique et le carbonifère et que son épaisseur va en croissant du côté de la frontière française, comme c'est aussi probablement le cas au Sud du grand rejet. Au lieu du Permien nous y rencontrons d'abord le grès rouge bigarré puis le calcaire conchylien, et enfin, le jurassique qui commence sur les deux rives de la Seille et occupe le terrain limitrophe de la France et du Luxembourg.

Ce vaste dépôt secondaire ne forme qu'une partie des bassins étendus formés par ces gisements, souvent recouverts par le Tertiaire et le Quartaire, qui occupent vers l'Ouest et le Nord-Ouest une partie de la France et de l'Angleterre. A l'Est nous les retrouvons interrompus par la dépression précitée de la vallée du Rhin, dans le Grand Duché de Bade, le Nord de la Bavière, le Wurtemberg, la Thuringe, la Saxe prussienne, au Sud de la province d'Hanovre et au Nord du duché de Brunswick. L'anticlinal du dit gisement longe tout le massif alpin de Genève jusqu'à Vienne et au-delà sur une longueur de 800 km. et une largeur de 30 à 40 km. Au pied Sud des Alpes ces couches affleurent de nouveau en formant un développement presque analogue et disparaissent plus au Sud sous les alluvions et les dépôts tertiaires et crétacés de la Lombardie pour reparaître encore sur le littoral Ouest du Golfe de Gênes.

C. — Les découvertes de houille en Lorraine.

Les exploitations du fisc prussien sont limitées vers le Sud-Ouest et le Nord-Ouest par l'ancienne frontière de la France. Au commencement du siècle écoulé, il n'y avait déjà aucun doute au sujet de la continuation du carbonifère sur l'ancien territoire français, et l'industrie l'aurait exploité plus tôt quelle ne l'a fait, sans les difficultés rencontrées pour traverser le mort-terrain aquifère. Monsieur de Wendel, propriétaire des grands établissements sidérurgiques d'Hayange, fut le premier qui sollicita du gouvernement français une concession minière de 5147 hectares aux environs de Forbach. La Société de Sarre et Moselle suivit son exemple et obtint, comme concession, une surface de 15209 hectares, entourant la frontière prussienne en forme d'hémicycle. Reste à mentionner la petite concession de la Houve, d'une superficie de 1732 hectares seulement, ouverte depuis peu d'années à l'exploitation et entourée de trois côtés par celle de Sarre et Moselle.

Tout le terrain à l'Ouest de ces concessions resta à l'état vierge jusqu'à la fin du siècle passé ! Les prospecteurs n'osèrent traverser les puissantes couches aquifères recouvrant le carbonifère. C'est à cette époque seulement que la Société Internationale de Sondage, siégeant à Erkelenz (anciennement à Strasbourg), qui avait déjà dès 1896, étendu son action avec le plus grand succès sur les deux rives du Rhin, a jeté l'œil sur la Lorraine et a réussi à s'y assurer

Nos	NOMS DES SONDAGES	Fin de la marne irisée	Fin du calcaire conchylien	Fin du grès bigarré	Fin du nouveau grès rouge	Commencement du carbonifère	Profondeur totale du sondage	Inclinaison du carbonifère	Couches de charbon découvertes et leurs épaisseurs							
									1	2	3	4	5	6	7	8
									m.	m.	m.	m.	m.	m.	m.	m.
		m.	m.	m.	m.	m.	m.									
1	Berweiler	»	»	204	272	272	509	10°	0,70	3,7	»	»	»	»	»	»
2	Oberdof.	»	20	276	296	296	535,5	25°	1,20	0,60	»	»	»	»	»	»
3	Brettnach	66	154	399	»	399	707,14	10°	1,1	»	»	»	»	»	»	»
4	Hargarten	»	10,2	181,5	187,5	187,3	222,4	17°	0,55	»	»	»	»	»	»	»
5	Ottendorf	59	218	501	584,6	584,6	1000,6	15°	1,00	»	terrain dérangé.					
6	Dentingen I	»	88	423	478	478	706,6	10°	1,00	»	diverses couches jusqu'à 700 m.					
7	Niederwiese	»	62	428	»	428	489,6	»	0,80	»	»	»	»	»	»	»
8	Zimmingen I	»	90	388	415	415	642,9	17°	0,70	0,90	»	»	»	»	»	»
9	Zimmingen II	»	10	402	430	430	671	15°	0,95	»	»	»	»	»	»	»
10	Lubelu	»	»	255	255	279	642	45°	3,95	2,25	0,90	2,40	0,90	1,50	1,00	0,50
11	Baumbiedersdorf I . . .	»	»	297	382	382	714,5	25°	2,20	1,50	2,05	0,70	0,80	2,40	0,90	0,50
12	Dentingen I	»	45	374	470	470	570	20°	0,50	0,20	0,85	»	»	»	»	»
13	Baumbiedersdorf II . . .	»	»	285,37	374,6	374,6	461,8	18°	0,45	1,24	»	»	»	»	»	»
14	Rottrendorf	»	»	452	452	452	642	10°	0,90	0,40	0,50	»	»	»	»	»
15	Lubelu II	»	»	228	362	362	500	25°	2,60	0,35	0,60	»	»	»	»	»
16	Memmersdof	»	»	127,4	»	421	730	5°	1,50	1,91	1,25	1,70	1,85	»	»	»
17	Hemilly.	»	220	528	»	528	786	50°	1,70	à la profondeur de 770 m.						

par de nombreux sondages un vaste territoire d'une étendue d'environ 25,000 hectares.

(En vertu du Code des mines en vigueur en Alsace-Lorraine chaque découverte de minerai concessionnable et déposé en gisements naturels donne droit à une concession de 219 hectares).

Le tableau qui suit présente un aperçu des 17 sondages que la Société Internationale a exécutés en Lorraine, jusqu'en 1901. Les résultats des 15 sondages pratiqués ultérieurement, ne sont pas connus de l'auteur, mais, à son avis, ils n'ont guère augmenté la connaissance générale des gisements. Les données du tableau font voir que le mort-terrain est déposé assez régulièrement, augmentant en puissance vers l'Ouest, et que le carbonifère est probablement moins dérangé qu'à Sarrebrück, vu que l'inclinaison de ses couches ne varie qu'entre 10° et 25 °. Dans les autres bassins houillers, l'expérience a appris du reste que plus on s'éloigne des relèvements occasionnés par des actions plutoniennes, plus les couches se présentent régulièrement.

Nous avons représenté en coupe les n°s 2, 12, 11 et 10 sur la planche annexée. On y trouve également une coupe schématique de l'étage productif des couches de Sarrebrück.

D. — La continuation du gisement carbonifère sur le territoire de la France et les études et efforts faits pour le découvrir et l'étudier.

Nous rapportant à ce qui fut communiqué dans la partie A de cette étude à propos des deux grands rejets, nous répétons que la possibilité de trouver le carbonifère productif sur le territoire français paraît restreinte à la superficie limitée vers le Nord et le Sud par ces deux dérangements.

On doit considérer comme une circonstance heureuse que le nouveau grès rouge couvrant le terrain houiller sur une grande étendue et en couches épaisses au Nord et à l'Est de Sarrebrück, soit très réduit en puissance à l'Ouest par l'érosion mentionnée déjà plus haut. L'anticlinal des terrains de recouvrement dont ,nclinal est à présumer entre l'Yonne et la Loire va en pente légère et très régulière vers l'Ouest (voir la coupe CD du plan).

On pourrait donc présumer que le Permien et le Carbonifère pourraient être rencontrés à des profondeurs abordables dans la vallée de la Moselle en France. Les sondages qui y ont ét exécutés depuis ont confirmé cette prévision.. Mais — il y a malhei reusement un mais—on ne sait absolument pas quant au carbonifèr si l'on tombera sur un dôme ou sur une dépression de ses couche vu que celles-ci se trouvent disposées en ondulations plus ou moin prononcées. Reste à savoir si on rencontrera, après avoir travers le mort-terrain, les couches d'Ottweiler très pauvres, ou celles d Sarrebrück très riches en dépôts de charbon.

La France est obligée d'importer de la Belgique, de l'Angleter et de l'Allemagne un tiers environ de sa consommation de houill Ce fait justifie les efforts entrepris pour l'augmentation des terr toires exploitables autour des divers bassins houillers que le pay possède. Quant aux plus anciens siéges de l'industrie houillère y a peu d'espoir d'ouvrir de nouveaux chantiers dans leurs ale tours. Un développement de l'exploitation y est donc peu probabl on doit peut être même compter sur une diminution.

Le puissant bassin du Pas-de-Calais promettait sous ce rappo un succès meilleur, mais les travaux de recherches récemme exécutés dans ce but ont fortement ébranlé l'espoir d'un dévelo pement plus intensif de ce district.

La nouvelle des découvertes en Lorraine attira donc avec raiso l'attention des Ingénieurs français sur la continuation en Franc du gisement carbonifère de la Sarre.

L'auteur a sous les yeux le bulletin, déjà mentionné, de la séanc du mois d'Août 1903, tenue par la Société de l'Industrie minéra qui s'occupe particulièrement de cette question si importante po l'industrie de la France. De savants ingénieurs géologues comn M. Niviot, président de la société, MM. Delafond, Laur, Wei et Villain prenaient part à la discussion et présentaient des ra ports et études approfondies sur ce sujet. Monsieur Villa attirait notamment l'attention de ses collègues sur les publ cations de MM. Marcel Bertrand, Laur, van Warrecke Niclès qui traitaient ce sujet, et faisait observer que M. Niclè avait proposé comme point le plus propre pour un sondage l environs d'Eply près de Pont-à-Mousson. Ce lieu se recommanc aussi d'après les études de l'auteur comme un des meilleurs qu' puisse choisir. Suivant l'avis de M. Villain on ne devrait p reculer devant la forte épaisseur du mort-terrain et les difficult que présenterait son passage, vu qu'à eux seuls les départemen de l'Est de la France, où l'industrie est très développée, consomment quatre millions de tonnes de charbon par an.

Pendant ce temps une société française de sondage s'est constituée et est entrée en action par le forage de deux trous de sonde en 1904. Le premier, près d'Eply, a atteint des couches appartenant probablement au Permien à la profondeur de 650 m. environ. On peut donc estimer la profondeur jusqu'au carbonifère entre 800 et 900 m. eu égard à l'allure générale des terrains qui le recouvrent. D'après les informations prises par l'auteur, M. VILLAIN soumettra au Congrès un mémoire sur les résultats obtenus par ce sondage. En qualité de collègue laissons donc la parole sur cette question à cet expert plus compétent.

E. — Commentaire des coupes de terrain représentées sur la planche annexée.

La grande coupe AB part du Nord de la ville de Trèves, bâtie sur les alluvions de la Moselle. Nous rencontrons sur la rive gauche du fleuve le Triasique de l'Eifel largement développé, tandis que la rive droite est occupée par le Dévonien du Hochwald. L'opposition de ces deux formations d'un âge géologique si différent laisse supposer l'existence d'une faille importante, formant un rejet s'inclinant vers le Nord. L'élévation dévonienne du Hochwald est entrecoupée par des crêtes de couches siluriennes ou cambriennes, qu'on peut suivre jusqu'à Hombourg-les-Bains. Plus au sud nous traversons le contact entre le Dévonien et le Permien de Sarrebrück caractérisé également par une grande dislocation que nous avons essayé d'expliquer déjà aux chapitres A et B de la présente étude.

Entre ce rejet et celui de Wellesweiler-Forbach, nous arrivons d'abord aux couches du nouveau grès rouge qui couvrent le carbonifère sur une grande étendue. Des éruptions mélaphyriques et porphyriques se sont fait passage près de Neunkirchen et de Dudweiler. Au sud du rejet de Wellesweiler les couches sont descendues d'au moins 1200 m. et, de là, un large bassin triasique s'étend en ondulations jusqu'au pied des hautes Vosges où le Permien ainsi que le Dévonien reviennent à la surface. Le massif granitique des Vosges est perforé par une puissante éruption porphyrique. Au pied sud du dit massif nous entrons dans la grande dépression qui forme la vallée du Haut-Rhin, remplie d'abord d'alluvions et des dépôts diluviens qui couvrent les différents étages de la formation Tertiaire; plus bas on rencontrera sans doute toutes les couches de l'époque secondaire, primaire et primitive. Au milieu de la vallée du Rhin s'élève en dôme une éruption de roche trachytique formant l'élévation du Kaiserstuhl. A Fribourg nous entrons d'abord dans un puissant dépôt de gneiss qui entoure le massif des roches granitiques de la Forêt Noire. Sur la hauteur qu'il forme nous rencontrons, couché dans le Gneiss, un petit bassin houiller appartenant à l'étage productif du carbonifère. Ce bassin a 27 km. de long et de 4 km. de large et on vient d'y ouvrir une exploitation de peu d'importance et d'un avenir douteux.

En poursuivant le carbonifère sur toute l'étendue de la coupe AB et FF, en considérant son affleurement du territoire sud de l'Alsace on est tenté de croire que ses couches se sont déposées jadis presque uniformément sur la plus grande partie de l'Europe et que les bassins isolés de cette formation géologique ont constitué primitivement un dépôt vaste et unique.

En descendant du plateau de la Forêt Noire qui s'élève à 1300 m. nous arrivons au paysage onduleux du canton suisse d'Aargau, composé géologiquement des mêmes couches qui se rencontrent dans la vallée du Rhin entre Bâle et Mayence.

Les petites coupes CD, EF et GH ne demandent pas d'explications, elles présentent seulement le caractère de simples tableaux schématiques, car, à part les points fixés par les sondages, il ne s'agit que d'idées et de probabilités qui, mises en pratique, mènent souvent à des déceptions.

Observations générales.

Dès que les peuples reconnaissent l'importance de l'exploitation des minéraux proprement dits et autres matières utilisables du sol au point de vue économique et même politique, ils recourent à la géologie appliquée. Les gouvernements comprendront que ces idées relativement nouvelles sont destinées à indiquer le chemin à suivre pour exploiter au profit du progrès scientifique et économique toutes les richesses que la terre-mère cache dans son sein.

Non seulement l'industrie minérale, mais toutes celles qui mettent à profit des matières du sol comme la culture forestière, l'agriculture, la céramique, l'industrie chimique ainsi que celles qui s'occupent de la préparation et de l'affinage des matières premières, doivent tirer un grand avantage de cette science.

Le prospecteur qui s'occupe de la recherche des gîtes exploitables devrait faire contrôler ses travaux au fur et à mesure de leur avancement par des ingénieurs géologues expérimentés, car les découvertes perdent de leur valeur si elles ne sont pas confirmées indubitablement par des hommes compétents. A notre époque où l'industrie et le travail reposent sur des bases scientifiques, la simple pratique jadis seule en usage ne suffit plus, et il est indispensable de recourir aux résultats fournis par le travail et les études des savants.

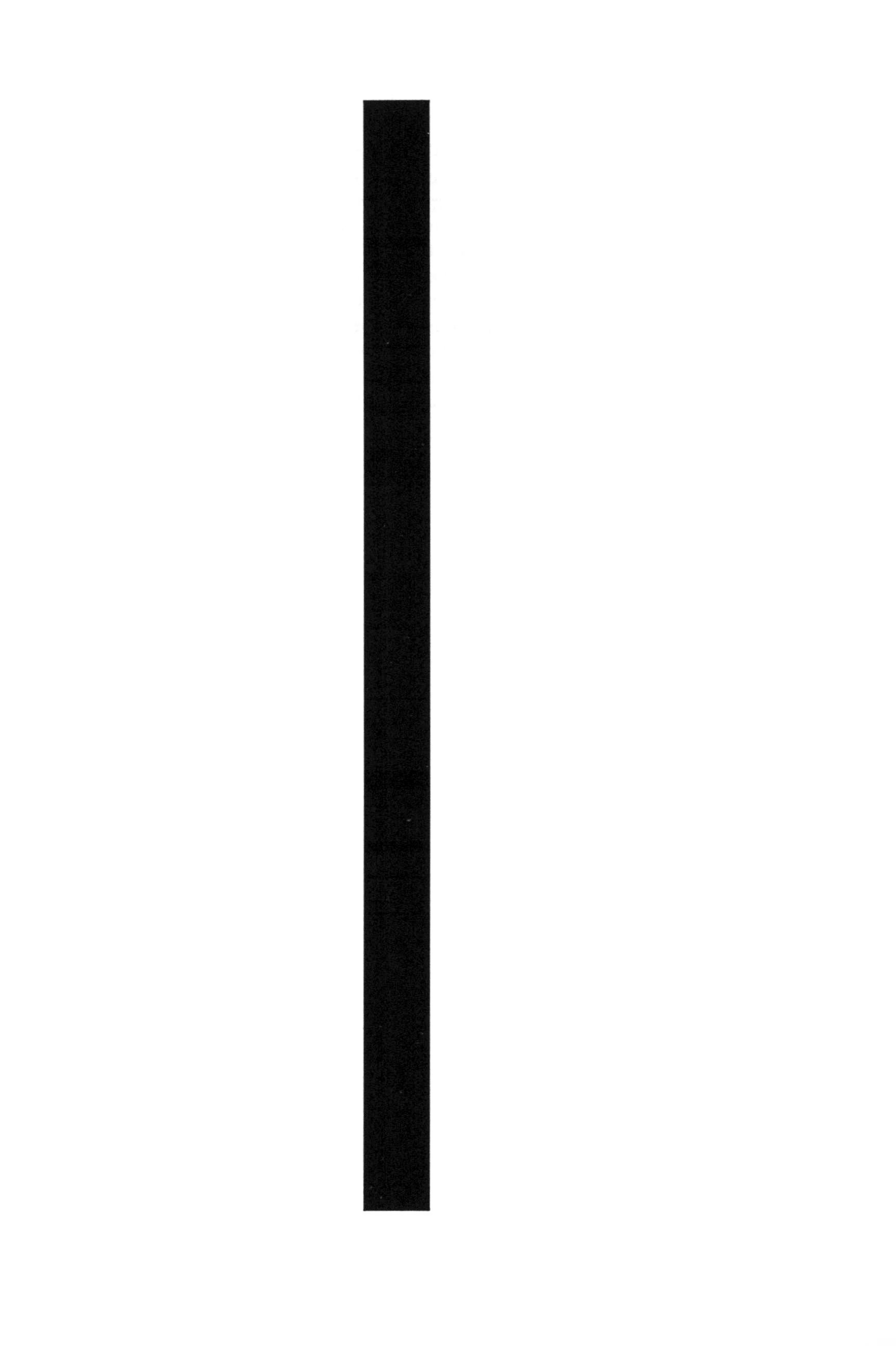

6e Question
Hydrologie.

—

La Houille Blanche, ses affinités physiologiques

PAR

M. L.-A. FABRE

Inspecteur des Eaux et Forêts à Dijon (Côte-d'Or)

SOMMAIRE :

On a défini la Houille-Blanche « de l'eau en travail » ([1]).

Le travail des eaux continentales est commandé par leur circul tion : soit aérienne, quand, partant du réservoir commun, ell aboutissent aux écrans montagneux ; soit superficielle et sout raine, quand elles retournent après condensation, à ce réservo Dans ce double trajet, elles accomplissent un *travail physiologiq* considérable : elles développent la végétation et par suite la v sur le sol, elles y sèment des ***gisements de Houille-Blanche.***

Dans la présente note, nous nous proposons d'étudier sommai ment et pour les régions occidentales et centrales de l'Europe, l phases principales de ce travail physiologique des eaux, partic lièrement en ce qui concerne les gisements types de Houill Blanche, les Glaciers.

I. — Le travail des eaux tend à stabiliser le sol par la végétation

L'eau, le vent, l'être animé sont les grands semeurs de la natu En 1883, l'île de Krakatau fut en partie détruite par une érupti volcanique : la riche végétation qui recouvrait le sol dans la part restée émergée, fut anéantie sous les cendres. Trois ans apr 26 espèces étaient réintroduites : en 1897, on comptait 62 espèc

On estime que cette réemprise végétale du sol est attribuab savoir : aux courants marins, 60 %; aux vents, 33 %; aux a maux, 7 %. (O. Penzig.)

La végétation protectrice du sol ne peut être détruite par l actions naturelles qui ont pour mission de la propager. L'instin de l'animal ne s'accomode pas d'une maigre provende ; il va quér ailleurs : la domestication seule, qui entrave cet instinct, le re destructeur de végétation. A diverses époques géologique particulièrement aux temps miocènes, les terres eurasiatiqu émergées étaient couvertes de forêts denses, peuplées d'immens troupeaux d'herbivores ; les carnivores n'y manquaient pas. Tou

([1]) *E. F. Côte.* — La Houille-Blanche, Bulletin des Anciens élèves l'Ecole Centrale lyonnaise. Avril 1904, p. 3. — Une autre définition pl objective a été donnée de la Houille-Blanche « La Houille-Blanche « » l'énergie de l'eau courante transformée par l'électricité et réalisant l » travaux divers que les combustibles brûlés dans les machines faisaie jusqu'ici. (*Cl Audebrand.* La Houille-Blanche. Juillet 1904).

cette vie intense ne s'est point éteinte par autophagies successives ou par d'imaginatives « révolutions de la mer », mais a évolué par migrations de faunes, par transformations floristiques, à la suite de modifications climatiques consécutives à des phénomènes géologiques. Certaines de nos forêts actuelles, extraordinairement rives en gibier qui les déboisent, ne succombent pas sous la voracité des animaux, mais sont victimes du régime somptuaire qui y dénature la «lutte pour la vie », en détruisant systématiquement les carnivores. Les invasions de rongeurs et d'insectes destructeurs de récoltes ne sont jamais que temporaires, elles cèdent, pour peu qu'on y aide, à l'invasion consécutive de l'ennemi qui rétablira promptement l'équilibre au profit des activités créatrices de la nature par la végétation.

Certains êtres organisés inférieurs, ainsi que les racines des plantes, attaquent et désagrégent les roches, déterminant une « dénudation » qualifiée de « biologique » (Stan. Meunier). Ce n'est nullement un indice de décrépitude du sol, mais un phénomène préparatoire à la vie d'êtres plus élevés dans l'échelle organique qui élaboreront de nouvelles vies susceptibles d'accroître la résistance de la terre en stimulant sa végétation protectrice.

Le vent qui sème là où ni l'animal, ni l'eau courante n'accèdent, n'est destructeur que s'il ne véhicule pas l'eau et des semences ou si son travail s'exerce sur des sols encore meubles, instables, inaptes à une emprise végétale: parfois alors le travail éolien, destructeur sur un point peut-il être créateur sur d'autres, comme c'est le cas pour le lœss de la Chine, le limon de la Hesbaye. (Van den Broeck).

Les dunes sahariennes, résultat caractéristique de la sécheresse du climat, contribuent le plus à corriger dans une certaine mesure les effets de cette sécheresse en conservant précieusement l'eau que le ciel envoie au désert avec parcimonie (G. Rolland) ; on a justement signalé cette « antithèse de la nature ».

Les eaux dissocient mécaniquement ou dissolvent chimiquement les roches auxquelles elles donnent une sorte de vie (C. Villain), par la transformation de leurs minéraux élémentaires. Elles atténuent ainsi les formes structurales du sol, façonnent ses formes topographiques, entraînent au loin des vases et des sables dont elles constituent de nouvelles terres plus aptes à l'emprise végétale. Elles véhiculent, en même temps que les graines, les dissolutions minérales qui alimentent la vie des plantes protectrices du sol.

Ces deux actions, l'une réductrice des reliefs par l'érosion et l'intempérisme, l'autre conservatrice de ces reliefs par l'armature végétale, sont en antagonisme apparent : elles évoluent simultanément au début. La rudesse de certains versants entièrement boisés, montre qu'il n'est guère de limites à la puissance de l'emprise végétale qui compte fort peu avec l'espace et nullement avec le temps. On doit admettre qu'il s'est trouvé pour une région géographique donnée, accessible aux eaux atmosphériques, une période pendant laquelle le travail « préparatoire », chimique et mécanique des eaux cessant d'être destructeur, a pour ainsi dire changé de sens : par le développement des activités physiologiques de la végétation, il a évolué vers une phase nouvelle qui peut être qualifiée de « définitive » : elle assurera la stabilité des versants, si l'ensemble des causes génératrices de l'érosion restent constantes. Tel est le cas de certaines régions boisées où les rivières aux « eaux noires » ne charrient que des débris végétaux, à l'exclusion de toute matière solide minérale.

Le captage du ruissellement superficiel, l'immobilisation des neiges par la végétation, limitera ainsi l'usure du sol à celle des thalwegs alimentés seulement par la résurgence des eaux souterraines ou la fusion des glaciers. A proprement parler, ces derniers seuls, lors de leurs crues, peuvent anéantir la végétation, et encore n'est-ce point au préjudice du sol pour lequel ils constituent la plus protectrice des cuirasses. L'érosion glaciaire doit être considérée comme négligeable au point de vue de la dénudation.

De part et d'autre des hautes vallées de nos Alpes françaises se conjugue en série presque ininterrompue, la suite des cônes de «l'ère torrentielle» (Surrel), sans doute contemporaine de la décrue glacière consécutive à la dernière oscillation positive de nos rivages pleistocènes. L'activité torrentielle des bassins d'origine s'est « éteinte » à la suite de l'installation de la végétation spontanée dont on retrouve encore des lambeaux. Des villages se sont groupés sur ces cônes où à leurs abords, en raison des facilités relatives de culture et d'installation. L'exploitation pastorale des pelouses et forêts du bassin a fini par en dénuder le sol. Aujourd'hui, particulièrement en Savoie, de nouveaux cônes se surimposent aux anciens, engloutissant ou détruisant habitations et cultures.

Au niveau de base du bassin gascon, les dunes littorales *anciennes* se couvrirent de vastes forêts de chênes, abritant aux temps préhistoriques une population pastorale, forestière et maritime. Vers les XIVe ou XVe siècles, à la suite de la mise en culture du sol du bassin gascon, les sables expulsés par la Gironde réalluvionnèrent tout le littoral, y compris les forêts et les dunes anciennes. Cette ère *moderne* de dunes, en pleine évolution de nos jours, ne peut être attribuée qu'à la dénudation culturale.

Les effets désastreux de cette dénudation ne sont nulle part plus accusés que dans la plaine russe à tchernoziom cultivée depuis un demi siècle à peine, en proie aujourd'hui au ravinement, à l'ensablement, à tout le cortège du dérèglement des eaux.

Le rôle protecteur de la végétation n'est pas limité aux terres exposées à l'érosion torrenticlle ou subaérienne, il s'étend à celles attaquées par l'abrasion marine. On connaît la fixation par les « salicornes » des plages sableuses de la Camargue (C. Flahault et Combres); la protection donnée par les tapis d'algues aux trottoirs des falaises calcaires (C. Pruvost); le rôle des zostères dans la fixation des vases précontinentales (C. Barrois). Les plages sableuses immergées sont défendues, dans la zône habituelle d'agitation des lames, par de puissants herbiers marins qui sont aussi de riches frayères.

C'est à l'exploitation, ou pour mieux dire, à la destruction de ces abris du sol et de la vie littorale, que s'ingénie le pêcheur comme à l'amont, le pasteur qui surmène et détruit les forêts et les pelouses protectrices du sol montagneux.

L'emprise du sol par la végétation est donc le dernier terme, l'objectif du travail mécanique, chimique et physiologique des eaux, harmonieusement aidées par le vent et l'être animé, dans cette installation de vies rudimentaires, qui prépareront la terre à la vie humaine.

II. — **Les formes suivant lesquelles les espèces végétales s'adaptent au milieu, évoluent surtout en raison de la capacité en eau de l'atmosphère.** [1]

L'eau est le véhicule des matières minérales constitutives des tissus organisés, c'est l'aliment de toute vie : élaborée par la plante, c'est de « la vie commencée » (Michelet).

Parmi les facteurs élémentaires de vie, température, pression atmosphérique, radiation, vents, pluies, neiges, etc., la capacité de l'air en eau est évidemment déterminante, les autres facteurs ne sont que contingents.

Les monades élémentaires, les algues nitrificatrices « prodromes de la vie du sol » (E. Risler et C. Wéry) vivent bien plus des embruns de l'air que de la substance de leur support. Il en est de même des tourbes aériennes des régions boréales, froides et brumeuses, des épiphytes des régions tropicales, chaudes et ensoleillées. Le désert n'est que le résultat géographique de la sécheresse par insuffisance d'irrigation éolienne. L'être animé qui peut se mouvoir, émigre à la recherche de l'eau : la plante rivée au sol doit nécessairement trouver cette eau dans son milieu atmosphérique, pour naître et se perpétuer.

Dans les zones « contestées » (Flahault), où certaines espèces sont dépaysées, leurs formes douées de « plasticité végétale » (G. Bonnier), cherchent à se mettre « en rapport étroit, rigoureux avec les conditions du milieu ». C'est ainsi que la plante lutte « pour la vie », en silence, sur place, et sans anéantir la vie, constitue la protection du sol autour d'elle. Cette évolution biologique tendra toujours à proportionner la transpiration physiologique aux apports hydriques éoliens. Dans ce but, les tissus pourront devenir scoriacés, villeux, parcheminés ; les sucs s'épaissiront ; les formes extérieures se raseront ou s'émacieront, réduisant au minimum la surface de l'appareil foliacé ; l'appareil radicellaire s'exagèrera ; la matière végétale annuellement élaborée, la substance ligneuse se réduiront de plus en plus ; la plante tendra vers une vie souterraine, absolument abritée.

[1] Bibliographie sommaire : *G. Bonnier*. Les plantes de la région alpine, leurs rapports avec le climat *Ann. de Géogr.* IV. — *C. Flahault*. Les limites supérieures de la végétation forestière et les prairies pseudo-alpines en France, *Revue des Eaux et Forêts*, 1901. — *Schirmer*. Le Sahara. — *E. Risler*. et *G. Wéry*. Irrigation et drainage, 1904. — etc.

Dans les régions xéro-climatiques, arctiques ou sahariennes, où la végétation à peine ébauchée doit parfaire son cycle en toute hâte, des enracinements profonds et puissants permettront à la plante perennante des toundras, steppes, Nanos et pampas, aussi bien froides que chaudes, de se perpétuer souterrainement sans fruits ni graines, échappant ainsi à la rigoureuse et périodique siccité, aux radiations et évaporations intenses du climat superficiel. L'armature rudimentaire du sol se réduit à des espèces rustiques capables de rester sur leur soif, de sommeiller de longs mois anéanties entre de courtes saisons de pluies. Dans la plupart des cas, la constitution d'un engrais fertile et hygroscopique dit « humus ou terre noire », spontanément élaboré par la couverture végétale, stimule l'activité biologique de cette dernière, et lui facilite ses courtes reprises de vie aérienne.

C'est seulement dans les zones hydro-climatiques plus régulièrement sinon plus abondamment arrosées par les courants atmosphériques, telles la zone des « mers de nuages » pyrénéenne, ou plus généralement la *zone subalpine* européenne, voisine des glaciers, que se développeront les espèces pérennes, aux puissantes formes aériennes, les arbres, à grande transpiration foliacée, susceptibles d'une mise en travail intensive, presque permanente et à grand rayon d'activité, des eaux continentales.

III. — **Le groupement des espèces végétales en « Associations » naturelles, a pour terme le plus élevé, la Forêt qui possède les plus grandes capacités hydrologiques.** [1]

Les espèces végétales se groupent en « associations naturelles » : dont la distribution géographique tend à s'ordonner régulièrement par zone suivant la latitude ou l'altitude, de l'équateur aux pôles ou de la base au sommet des montagnes. Les variations de cette distribution traduisent celles du climat : elles sont une résultante

[1] Bibliog. sommaire. — *G. de Saporta*, Les associations forestières, etc. 1888. — *C. Flahault*, La paléobotanique, etc. Conférences faites à l'Institut botanique de Montpellier, 1903. — *P. Fliche*, Note sur la flore des lignites, etc. Bul. soc. géol. de France, 3me série, Flore des tufs du Lautaret et d'Entraiques., ibid., 4me série. — *W. Kilian*, sur les tufs calcaires du Lautaret. C. R. Acad. des sciences, 1894. — *J. Brunhes*, L'Irrigation, 1903. — *A. Mathey*, Le pâturage en forêt, 1902, etc.

physiologique des conditions géographiques du lieu. L'association végétale exprime mieux qu'une espèce quelconque (fut-elle même dominante par ses dimensions ou par le nombre de ses individus) les rapports entre la végétation et l'ensemble des causes qui agissent sur elle. (C. Flahault).

On sait par l'enchaînement des faits géologiques que les continents actuellement émergés sont la résultante des transformations de l'écorce terrestre occasionnées par son refroidissement progressif. Au cours de la concentration de la lithosphère, des effondrements, des plissements corticaux déterminèrent des oscillations de lignes de rivage, des érosions continentales, des sédimentations marines qui modifièrent la distribution relative des terres et des mers. Les reliefs émergés ou immergés agissant sur les courants atmosphériques ou marins ont pu, dans la suite des temps, modifier profondément la climatologie d'un même point du globe. Si bien que les englaciations dont on trouve la trace dès le carbonifère, purent naître, osciller en phases variées, sous la seule influence de ces transformations géographiques (A. de Lapparent). « La végétation actuelle ne représente qu'un moment de l'histoire de la vie végétale à la surface de la terre », (C. Flahault) ; ce moment résulte du rapport des conditions géographiques dans le présent et le passé.

La disjonction de certaines associations séparées aujourd'hui par des obstacles infranchissables, mers ou montagnes, résulte de l'effondrement d'anciens continents, de plissements orogéniques : elle les date dans une certaine mesure. La différenciation de plus en plus accusée depuis les temps miocènes, de la flore de l'Europe occidentale par rapport à celle de l'Amérique septentrionale tempérée, vient appuyer la notion des effondrements successifs du continent paléo-arctique dans l'ancienne Méditerranée, sur l'emplacement actuel de l'Atlantique boréal. L'expansion de la flore xérophile des steppes et des toundras qui se retrouve dans nos zones alpines, nous a été léguée par le régime climatique contemporain de la grande englaciation pleistocène. La pénétration réciproque dans certaines zones, des associations arcto-alpines et subalpines, aux espèces survivantes, endémiques, réfugiées, témoignera de l'oscillation des glaciations, des périodes de réchauffement climatique interglaciaires, pendant lesquelles la flore sylvatique hygrophyle gagna le terrain que perdait la flore arctique. « L'ancienneté des Pyrénées relativement aux Alpes est établie par le plus grand nombre d'endémiques et par leur différenciation plus grande relativement aux espèces dont elles dérivent». (Flahault).

Les plantes ne luttent pas entre elles. Les flores se sont succédé en s'éteignant sur place, en se déplaçant lentement. Chacune d'elles a laissé des espèces survivantes, éparses, des colonies devenues étrangères au milieu de populations nouvelles, différentes, qui elles-mêmes doivent être parfois rattachées à des souches dont les séparent aujourd'hui des barrières et des distances insurmontables. Avec le temps, ces types délaissés peuvent varier aussi d'après les types initiaux. Enfin certaines espèces seront de véritables réactifs par rapport à d'autres, dans la composition d'associations qui naissent ou déclinent par suite de causes complexes auxquelles l'homme peut ne pas être étranger. Ces nuances floristiques traduisent avec une extrême sensibilité des modifications climatiques à fort longue échéance, qui échappent à toute autre observation.

La botanique sera donc pour le géologue et le géographe un précieux élément de contrôle, comme elle est le guide infaillible du sylviculteur. Aussi s'attache-t-on aujourd'hui à coordonner la distribution actuelle des anciennes flores aussi bien dans un but de philogénie floristique que de glaciologie et d'hydrologie générale. C'est l'étude très attentive de la localisation des associations qui a permis de préciser pour nos régions torrentielles françaises l'ensemble des conditions de réinstallation artificielle de l'armature végétale montagneuse (C. Flahault); de recréer sûrement et avec discernement des forêts, et par elles des pelouses.

Les affinités hydrologiques de «l'association», loin d'être inférieures à celle des types individuels, s'exagèrent par le «bénéfice réciproque» que la vie sociale procure à chacun d'eux. Il se développe entre eux une sorte de solidarité qui stimule leur activité propre. La nature réalise ainsi l'idée sociale de coopération sous sa forme la plus élémentaire.

Les associations artificielles et particulièrement les cultures agricoles qui en sont une expression rudimentaire se trouvent en état d'infériorité cultural et social évident : constituées par des types dépaysés ou absolument isolés, elles ne peuvent s'assurer spontanément les éléments essentiels de fertilité, ni bénéficier des autres avantages de l'association. [1]

L'installation de l'arbre sur le sol résulte d'un long processus physiologique au cours duquel une suite d'organismes de plus en plus perfectionnés, a préparé le sol à ce couronnement de l'évolution végétale, par un jeu constant d'espèces hydro ou xérophyles, calcicoles ou calcifuges, etc. : leurs ventilations séculaires correspondent à des assolements occultes, à des transformations insoupçonnées du milieu, ou bien résulte de l'intervention plus ou moins avisée de l'homme. L'art sylvicole s'attache à maintenir rigoureusement le groupement spontané, tout en y assurant la prédominance à certaines espèces, auxquelles les autres resteront subordonnées.

Les associations forestières, c'est-à-dire celles où dominent les espèces ligneuses, longévives, à puissante ramification aérienne, abritent à la surface et à l'intérieur de leur sol essentiellement stable, perpétuellement défendu contre l'intempérisme et enrichi par leurs dépouilles, une vie intense, un monde d'organismes en quête d'eau, qui ne se serait pas développé au voisinage de types isolés ou au sein d'associations moins protectrices du sol. C'est à l'aide des réductions, des sidérations, du travail souterrain de ces organismes, de ces

[1]) Des exemples remarquables de la précarité des associations pseudo-forestières, existent en France.

A la suite des gelées de l'hiver 1879-80, 70,000 hectares de pineraies solognotes, constituées en *Pins maritimes*, essence qui n'est pas spontanée dans le centre de la France, furent détruits ; la reconstitution de ces forêts a été faite en Pins sylvestres qui ne sont pas dépaysés et résistent aux gelées.

A la même époque, dans la foret domaniale de Compiègnes (14,500 h.) de hauts perchis d'anciennes plantations dites « de Pannelier » qui remontent à 1773 constitués à peu près exclusivement par des chênes pédonculés furent décimés sur près de 7000 hectares ; plus de 150,000 stères de bois gelés durent etre réalisés à vil prix de 1880 à 1882. D'autres anciennes plantations dites « de Marsault » à peu près contemporaines des précédentes, mais constituées par des essences locales mélangées, furent absolument indemnes. Il en a été de même des magnifiques futaies de chênes rouvres de cette forêt où l'on trouve des sujets de plus de 300 ans.

Les maladies microbiennes et autres qui anéantissent nos chataigneraies sont certainement une cause de l'état pseudo--spontané des chataigniers.

L'emploi des espèces forestières exotiques ne se justifie que comme procédé de réarmature rapide et transitoire ou d'assainissement de sols insuffisamment drainés, pour faciliter l'introduction définitive de la végétation spontanée.

êtres qui fertilisent, fouissent et drainent le sol, l'hygroscopisent presque autant que peuvent le faire l'humus et le feutrage de la couverture, que s'emmagasineront et se distribueront automatiquement les réserves hydriques nécessaires aux besoins physiologiques de l'association en cas de disette d'eau atmosphérique. C'est ainsi que se conçoit théoriquement l'impossibilité du ruissellement superficiel, tout aussi bien en forêt que sur les tapis de l'alpe et de la steppe. Cet ensemble considérable d'activités individuelles concordant toutes au développement de la collectivité, fait que, « l'association forestière, réalise le type le plus parfait de la pérennité » (de Saporta). Milieu géographique et association végétale, réciproquement et progressivement adaptés l'un à l'autre, finissent par être le « miroir » (A. Mathey) l'un de l'autre.

La répartition des races humaines est aussi le « miroir » de la distribution phyto-géographique de la vie. « Les grands courants secs de l'atmosphère ont semé le désert, dispersant devant eux les hommes, les animaux et les plantes » (Duclaux), Il serait difficile de faire exactement la part respective qu'ont eue les faits purement géographiques et les dévastations du nomadisme pastoral dans les causes d'exodes des premiers hommes : dans les régions qu'ils ont désertées « ce n'est pas la terre qui a de la valeur, mais l'eau » (J. Brunhes). C'est à l'ombre des vastes forêts dont les vents de l'Atlantique armèrent les écrans montagneux de l'Eurasie occidentale que notre civilisation put naître et abriter son berceau. La Houille-Blanche, au jour peut-être prochain où la Houille-Noire n'existera plus qu'en souvenir, sera le privilège des nations que cette civilasion aura assez éclairées pour leur faire défendre et accroître, dès maintenant, leurs richesses forestières et pastorales.

IV. — La Forêt : Gisement de Houille-Blanche [1]

La domestication de l'association végétale par la culture, introduit dans le sol des modifications profondes.

[1] *J. Brunhes*. La forêt comme alliée de l'eau dans les grandes entreprises d'irrigation. C. R. 2e Cong. du Sud-ouest. — Navigable. Toulouse 1903. — *Id*. L'irrigation 1903. — *Ebermayer*, der Einflus der Walder auf die Bodenfeuchtigkeit, etc. 1900. — *Grandeau*, La doctrine de l'humus 1872. — *E. Henry*. sur le rôle de la forêt dans la circulation de l'eau à la surface des continents. 1901. — L'azote et la végétation forestière, Acad. de Sc. de Nancy, 1897 ; Les diverses formes de l'humus 1902 ; Fixation de l'azote

Sur les terres cultivées, l'association est réduite à un noml restreint de types spécifiques souvent dépaysés et très différe des types autochtones. Les sols agricoles sont relativement ricl par eux-mêmes, généralement en plaine, toujours travaillés, am dés artificiellement, fréquemment irrigués. On leur restitue éléments minéraux rares, phosphates, nitrates, etc. que les cultu généralement temporaires exportent en masse. Ils réclament assolements, des jachères. Ils subissent des découvertures, dénitrifications périodiques et prolongées, sont exposés au ruiss lement [1], à la dessication, au tassement, à l'asphyxie et aux sères physiologiques, à toutes les rigueurs de l'intempérisn Abandonnée à elle-même, la couverture artificielle et tempora du sol cultivé évolue fatalement vers l'association locale, step pelouse ou forêt après un temps plus ou moins long passé à l'é de brousse ou de lande [2].

atmosphérique par les feuilles mortes des forêts, 1904, etc. — *Houllier*, les causes de l'appauvrissement des sources dans les régions de plaines R. Acad. des Sciences, 1905. — *E. Imbeaux*, Essai programme d'hydrolo Zeitch f. Gewässerkeunde, 1899. — *A. Mathey*, Observations sur le régi des eaux dans la région des barrages-réservoirs algériens. 2e Cong. S ouest. - Navigable, Toulouse, 1903. — *Ototzky*, Influence des forêts sur eaux souterraines, Ann. sciences agronom. franç. et étrangers 1899. *E. Risler*, Recherche sur l'évaporation du sol et des plantes 1879 ; Géolo agricole 1884-1900. - *Sibertzew*, Etude sur les sols de la Russie. C. VIIe Congrès de Géologie, 1897, etc.

(1) Boussignault a calculé qu'en eaux moyennes, la Seine est chargée nitrates à raison de 11 gr. par mètre cube, ce qui correspond à un entrai ment annuel à la mer, de plus de 12.000.000 kgs d'azote, d'une val actuelle supérieure à 24.000.000 fr. Pendant la crue de 1876 (Belgrand et moine) le fleuve avait ainsi charrié : 762.000 kg. d'ammoniaque
21.229.000 kg. d'acide azotique
renfermant une quantité d'azote de 6.000.000 kg. valeur de 12.000.000 fr

Cette année là, le ruissellement, les drainages, l'inondation avaient d soustraits au bassin agricole de la Seine pour plus de 36.000.000 fr. d'azo

Ces chiffres donnent une idée des pertes de fertilité considérables subissent par le fait de la dénudation et du ruissellement, les terres m tagneuses et surtout les hautes pelouses vouées à l'exportation des fumi ou aux incendies pastoraux. M. Risler évalue la perte des fumiers résult de « l'odyssée de la transhumance », aux 2/3 de la production.

(2) La propagation de la bruyère sur les landes de l'Allemagne du N est attribuée surtout à l'épuisement du sol par la culture. C'est une végétat artificielle résultant de l'action de l'homme, de la « Plaggenwirscha (Trabner. Rabe). Le million d'hectares de bruyère de notre Plateau Cent n'a pas d'autre origine.

Par contre, les sols spontanément armés et particulièrement les sols forestiers, sont généralement pauvres, en situation difficile. Ils n'ont pour les cultiver, les aérer et les amender que le travail des colonies d'êtres qui les habitent. Les assolements s'y font spontanément par la ventilation des types spécifiques. Ils n'exportent en masse que des principes carburés, puisés dans l'atmosphère, s'enrichissent progressivement par les dépouilles annuelles de la récolte qui accumulent sur place les principes organiques assimilables. Ils sont, pour ainsi dire, perpétuellement abrités par les multiples étages de la couverture, contre les attaques de l'intempérisme, et soustraits au ruissellement, à la dessication prolongée, à la décalcification. L'arbre vit des siècles.

Ces différences considérables sont une des causes des inextricables difficultés qu'a toujours rencontré l'expérimentation hydrologique et comparative entre les sols agricoles et forestiers. Suivant la juste expression de Surrel, les expériences pour être démonstratives, devraient embrasser le même terrain alternativement couvert de cultures ou de forêts ; elles devraient aussi se prolonger pendant la durée moyenne de la vie d'un arbre. D'autre part, si la forêt prospère sur tous les sols suffisamment arrosés, en les enrichissant, la culture ne s'accomode nullement de la masse des sols forestiers.[1]

Les sols agricoles et forestiers se différencient essentiellement par *la fertilité spontanée et progressive* qui est l'apanage exclusif de ces derniers.

Au cours de ses magistrales études sur la nutrition végétale, M. Grandeau fut conduit à analyser des sols spontanément armés, de forêts ou de steppes, pour le comparer aux sols cultivés. L'éminent agronome reconnut que les premiers sont toujours plus

[1] Il ne faut pas compter, sans chances d'erreurs, pouvoir serrer de trop près et par des procédés rigoureusement mathématiques, ces questions de phyto-hydrologie aux relativités si étendues. En évaluant horairement et par décimètre carré de surface foliacée, la transpiration d'une série de plantes, aux environs de Genève, la végétation forestière s'est trouvée classée en toute dernière ligne (E. Risler) : le gazon et surtout les prairies artificielles transpireraient près de 10 fois plus que les chenes et les sapins. Les observations aronautiques et physiographiques dont il sera parlé au cours de cette étude, contredisent absolument le fait. Ce n'est pas avec des semis de luzerne qu'on aurait jamais drainé et assaini les Landes : partout le dessèchement du sol a suivi l'extension des cultures et la disparition des boisements.

riches que les autres en matières organiques et spécialement e
acide phosphorique directement assimilable, que « l'humus », l
matière noire superficielle de ces sols, assure à leur végétatio
une fertilité indéfinie. « Admettons, ajoute-t-il en parlant des so
forestiers en expériences et qui ne dépassent pas la fertilit
moyenne des sols agricoles, que ces sols si riches soient défriché
et que la culture s'en empare, la couche arable suffirait au max
mum pendant 45 ans. Le défrichement de ces terrains, aura
donné pour résultat de transformer en terre de médiocre valeur de
sols forestiers de premier ordre. » Ce raisonnement s'applique
fortiori à des forêts moins fertiles que celles en expérience.... « C
serait une opération désastreuse au point de vue de l'intérêt gén
ral du pays. » Les travaux de MM. Grandeau et Fliche sur les so
forestiers des Landes constitués par du sable presque chimiquemen
pur, mais où cependant végètent de belles forêts feuillues et rés
neuses, ont confirmé l'importance considérable de l'humus, c
engrais assimilables que la végétation spontanée seule réussit
élaborer avec le temps, sur les sols les plus stériles [1].

L'azote est un des principes indispensables à la vie végétale
que l'exploitation ligneuse exporte en grande quantité. Or les so
forestiers où l'humus est de provenance végétale sont défavorabl
à la nitrification. Les apports aériens et la nitrification déte
minée par les espèces légumineuses du tapis végétal paraissaien
être les origines uniques mais insuffisantes de la récupération c
azote des sols forestiers. Les délicates et lumineuses expérienc
de M. Henry ont établi que cette récupération se fait surto
dans la masse de feuilles mortes des forêts, où les êtres vivant
les micro-organismes et particulièrement les lombrics l'élab

[1] La teneur du sol en acide phosphorique mesure sa fertilité. L'épuiseme
des sols forestiers en principes assimilables et particulièrement en phosphat
est d'autant moindre que le régime des forêts est à plus longue révolutio
Il y a toujours enrichissement dans le sol des futaies jardinées où l'on co
serve la couverture en n'enlevant que de vieux bois.

D'après Ebermayer, l'exportation en phosphates, sur un hectare, résulta
de l'enlèvement de futaies de hêtres ou de pins, est inférieure à l'exportati
résultant de cultures de blé, de prairies, de trèfle et de pommes de terr
dans les proportions suivantes :

pour le hetre, de 7,5 à 12,6 p. %
» pin, de 20,0 à 33,9 »

raient [1] : « La forêt, expose M. Henry, est le moyen le plus précieux que l'homme ait à sa disposition, le seul qui ne nécessite aucune dépense pour enrichir le sol en ces deux groupes de substances si rares et si essentielles à la végétation : les matières azotées et les principes minéraux nutritifs. Elle met avec le temps et sans frais, les sols les plus pauvres en état de pourvoir aux exigences des récoltes agricoles ». Les cultivateurs voisins des forêts dont ils exploitent les feuilles mortes par les procédés de Raub-cultur, ne l'ignorent pas.

La condition essentielle de l'élaboration de la vie des êtres organisés dans le sol, aussi bien que des transformations chimiques de la couverture en humus, est *la présence de l'eau et de l'air*. Trop d'eau réduit, putréfie les matières organiques qui, pour être heureusement transformées par « l'érémacausis », doivent s'oxyder lentement et avec un degré voulu d'humidité.

Wolny a précisé les modifications que les variations dans l'aération et l'humidité introduisent dans les divers humus forestier, steppal, tourbeux, etc. Sibirtzew a nettement signalé que « le manque fréquent d'humidité » dans la steppe russe à tchernoziom était une cause de l'épuisement de la légendaire fertilité des terres-noires.

On conçoit dès lors, la raison physiologique de l'excessive hygroscopicité de l'humus qui peut absorber en eau jusqu'à 70 % de son volume.

La couverture immédiate du sol, vivante ou morte : mousses, algues, lichens, feuilles, menues ramilles, écorces,etc. qui couvrent toujours le sol et qui engendre l'humus, est également très hygroscopique.

La mousse desséchée à 15° absorbe 2,37 à 3,24 de son poids d'eau,
La fougère » » » 2,59 »

On a trouvé qu'un poids donné de la couverture forestière absorbait en eau les quantités suivantes :

Pyrénées Orientales :	Forêts de chênes,	9 fois	son poids d'eau	(Calas)
»	» hêtres,	5 à 8	»	»
Lorraine	»	4		(Henry)
Bavière		2	»	(Ebermayer)

[1] Dans la forêt de Haye, le 1/4 ou le 1/5 de la couverture annuelle est, au bout d'un an, transformé en humus par le fait des vers de terre et autres invertébrés. (E. Henry).

Ces différences qui varient avec la série des conditions géog
phiques, sont évidemment en rapport avec la composition
tapis végétal, et la rapidité plus ou moins grande de sa transf
mation en humus.

En Lorraine, d'après M. Henry, le poids à l'hectare de ce
couverture desséchée à 100° varie de 5000 à 9000 kilog. A
environs de Nancy, le sol d'une plantation d'épicéas faite en 1
a donné en 1904, les résultats suivants : la couverture morte
1 hectare desséchée à 100° pesait 30,170 kilog; 100 gr. de ce
couverture desséchée à 100° se chargeaient de 415 gr. d'eau.

On a constaté en Allemagne (Fricke) qu'à la fin de l'hiv
le sol forestier revêtu de sa couverture naturelle, conter
20 °/o d'eau en plus que le même sol ratissé.

Les neiges sont immobilisées sur le sol armé des forêts et
steppes ; leur fusion y est très retardée, elle ne s'opère (
progressivement, au fur et à mesure de l'éveil printanier de
végétation, sans produire ni stagnation ni ruissellement sur le s

Si nous envisageons l'action mécanique de l'étage aérien
plantes, fûts, tiges, rameaux, chaumes et feuilles qui abritent
couverture immédiate du sol, nous constaterons que ces « écran
ont un double rôle positif et négatif en ce qui concerne l'appro
sionnement hydrique du sol : le phénomène est surtout appar
en forêt. Les observations méthodiques poursuivies depuis p
de 30 ans, dans divers centres forestiers européens ont éta
que la pluviosité est augmentée de 15 à 20 °/o au voisinage
massifs forestiers étendus. D'autre part, l'appareil aérien
arbres intercepte de 10 à 50 °/o de la pluie (les feuillus de 0,1 à 0
les résineux 0,5) qui s'évapore ainsi directement.

Hartig estime qu'en Allemagne, une forêt adulte, peut, si
pluie le lui permet, restituer une tranche annuelle de 1m d'
à l'atmosphère.

Il ne faut pas perdre de vue que ces données n'ont rien d'abs
et sont sous la dépendance de contingences multiples : sous
tropiques, par exemple, où le climat est humide, mais chaud
sol boisé paraît restituer moins d'eau à l'air que le sol nu. (Henr

On peut apprécier l'importance de ces restitutions en les déc
sant du poids de la matière végétale sèche : en admettant (Wol
Lawes), que la production de 1 gr. de cette matière exige

moyenne 300 gr. d'eau, on estime que sous nos climats, et pour arriver à maturité :

1 hectare de blé aura utilisé en eau . .	1.180	Tonnes	métriques.
1 — — seigle — . .	835	—	—
1 — — orge — . .	1,237	—	—
1 — — forêt [1] — . .	1.950	—	—

D'après Büsgen :

1 bouleau avec 200.000 feuilles évapore en été 60 a 70 kg. d'eau par jour.

1 hêtre de 50 à 60 ans	id.	id.	10 kg.	
1 — — 115 —	id.	id.	50 kg.	—

1 hectare de hêtraie de 115 ans évapore en été de 25 à 30 Ton. mét. par jour.

L'eau n'est pas seulement le véhicule alimentaire des sels minéraux, mais c'est un élément constitutif des tissus qui en contiennent en poids : de 70 à 95 % pour les végétaux herbacés, de 50 à 65 % pour les espèces ligneuses. La plante susceptible de rester sur sa soif, s'adapte temporairement à l'excès comme au manque d'eau ; elle peut dépenser l'eau à profusion ou l'épargner outre mesure. L'association comme nous l'avons vu est encore mieux douée : « la forêt de grande étendue fonctionne au maximum de l'assurance mutuelle contre la sécheresse » (E. Risler et G. Wery).

L'énorme profusion de vapeurs d'eau que le mécanisme de la végétation forestière restitue ainsi à l'atmosphère pour assurer la constance et l'enrichissement de sa fertilité, est expérimentalement prouvée par la suite des observations que nous relatons sommairement ci-après :

a) *Assèchement par l'arborisation de régions marécageuses.* — Avant l'installation des pineraies en Sologne et en Basse-Gascogne, les landes de ces deux régions 800.000 hect. insuffisamment drainées, tendaient au désertisme par pléthore d'eau. En Algérie, la culture n'a pu conquérir la plaine paludéenne de la Mitidja que par l'arborisation. En Italie, les essences forestières, « buveuses d'eau », ont assaini les marais littoraux. Les marais de Djournocélié (Russie) ont été entièrement asséchés par le boisement. En Belgique, on se propose de draîner les eaux stagnantes des Hautes-Fanges Ardennaises à l'aide de plantations d'épicéas.

[1] Donnant à l'hectare 6.500 kg. de matière ligneuse (Ebermayer).

B) *Dépression des nappes phréatiques immobiles sous le massifs forestiers de plaine.* — Ces observations commencée dans la plaine russe xéro-climatique par M. Ototzky en 1898, on été poursuivies en Allemagne par M. Ebermayer, et dans la plain lorraine hydro-climatique en 1902, par M. Henry. Partout la napp phréatique « immobile » du sol a été trouvée déprimée sous l couvert des forêts ; la dépression est d'autant plus accusée que l région est moins pluvieuse.

C) *Résurgence des nappes souterraines halophiles dans de régions récemment déboisées.* — Ces observations ont été faites e Algérie, par M. Mathey, à la suite des inondations de Rivol en 1900.

D) *Appauvrissement par les cultures agricoles du débit de rivières en plaine.* — Ces observations ont été faites récemmen par M. l'Ingénieur Houllier, dans le bassin de la Somme, rivièr au régime exceptionnellement calme et facile à jauger [1]

E) *Constatations aéronautiques faites au dessus des grand massifs forestiers.* — L'excès d'humidité atmosphérique s'es fait remarquer jusqu'à 1500 m. de hauteur ; au dessus des grande forêts (Orléans, 30.000 hectares), il oblige à délester les aérostats (Cel Renard).

On a pu évaluer numériquement le taux de vaporisation propr à certains grands massifs boisés : 600.000 hectares de pineraies on été artificiellement créées dans nos landes gasconnes depuis u siècle. Les vents de l'Atlantique se saturent de vapeurs en traver sant l'atmosphère d'évaporation de ces pineraies, avant d'atteindr la ceinture montagneuse de la cuvette gasconne. S'appuyant sur le données numériques fournies par les expériences de MM. Henr et Ototzky, M. E. Marchand a calculé que les vapeurs d'ea fournies par la forêt landaise pourraient donner une hauteu supplémentaire annuelle de plus de 60 millimètres d'eau, réparti sur une étendue 7 à 8 fois plus grande que celle de la forêt, de Pyrénées Occidentales à la Montagne Noire et aux Causses. L versant nord des Pyrénées Centrales et les Plateaux sous-pyré néens peuvent ainsi recevoir 8 à 10 % d'eau de plus qu'ils n'e

[1] L'influence pluviométrique *positive* de la forêt a été particulièreme établie dans la plaine de la Somme, au voisinage du massif forestier d Mormal, par les observations de M. Prouvé. (R. Blanchard).

auraient sans la présence du massif landais ; d'ailleurs, les fortes pluies n'étant pas plus influencées que les autres, les pineraies gasconnes ne peuvent avoir aucune action aggravante sur le mécanisme des inondations montagneuses : elles accroissent surtout les pluies *échelonnées* dont bénéficie l'agriculture.

La série de ces observations qui portent surtout sur l'Europe Centrale y fait concevoir la végétation forestière comme un merveilleux appareil automatiquement adapté à la circulation superficielle et permanente des eaux ; susceptible dans les régions de plaines éloignées des écrans montagneux, de faire naître et de multiplier ce qu'on a appelé les pluies « de terre » (Surrel), de « retour » (Brückner). Certains auteurs estiment que « les arbres ressemblent à des drains verticalement plantés dans la terre dont ils aspirent l'humidité pour l'envoyer dans l'atmosphère à travers l'énorme surface d'évaporation des feuilles » (E. Risler). Pour d'autres, « la Forêt est une sorte de merveilleuse pompe aspirante et foulante activant sans cesse la circulation des eaux continentales ». (E. Henry).

L'excès de pluviosité a des causes multiples : reliefs propres de la masse forestière, ses inégalités [1] ; évaporation physique et comme nous le verrons dans la suite, physiologique, au voisinage des massifs boisés, etc. Le rôle d'écran que joue le dôme végétal vis-à-vis soit de l'accès direct soit de l'évaporation des eaux atmosphériques sur le sol, se conçoit comme devant s'opposer aux lixiviations trop intenses et à l'épuisement prématuré des matières solubles de l'humus. Comme d'autre part, on n'observe jamais aucune trace d'érosion sur les sols spontanément armés, on doit admettre que le ruissellement superficiel, cause générale de toute érosion, n'y peut exister ; et que l'association locale s'est toujours spontanément adaptée à capter ce ruissellement, à immobiliser les eaux superficielles assez longtemps pour que l'infiltration profonde les absorbe. Aussi, a-t-on pensé avec raison, que la saturation du sol n'est jamais réellement atteinte

[1] L'action « brisante » de la foret sur le vent, connue depuis longtemps, met évidemment en jeu, dans une certaine mesure, le mécanisme aérien de détente et de condensation, générateur des pluies en montagne. Les poussières minérales qui flottent sur les villes industrielles, augmentent la nébulosité et la pluviosité de l'atmosphère de ces villes (Angot) : l'évaporation du sol est sensiblement réduite dans leur voisinage. (A. Penck.)

par les surfaces couvertes de bois, de mousses et de gazons (E. Imbeaux) : il faut ajouter toutefois que ces couvertures doivent être spontanées.

On a totalisé ainsi qu'il suit (E. Imbeaux), l'ensemble des restitutions hydriques que la forêt européenne procure à l'atmosphère :

a) Action d'arrêt du dôme de feuillage	0,30 de la pluie tombée			
b) Evaporation du sol boisé	0,13	»	»	
c) Transpiration des arbres	0,29	»	»	de (1/3 ou 1/4)
Total (4/5 de la pluie).	0,72			

L'appareil foliacé confère des aptitudes hydrologiques spéciales à chaque essence forestière dont la distribution spontanée s'harmonise avec la répartition géographique des pluies.

Dans les zones prémontagneuses et sur les bordures des grandes chaînes où se font les précipitations atmosphériques les plus abondantes, sont installées de vastes forêts feuillues et résineuses. Les unes feuillées dès les premiers hâles du printemps, se défeuilleront après les chaleurs estivales avec les brumes de l'automne, laissant à leurs dépouilles le soin d'abriter des sols relativement riches contre le rayonnement hivernal. Ailleurs, sur les hauteurs et les plateaux tourbeux, le sapin et l'épicéa conserveront leurs rameaux feuillés pour abriter et immobiliser les neiges grâce auxquelles la circulation de l'eau et une vie relative pourront être maintenues dans le sol en hiver.

Encadrant cette zone forestière hydro-climatique, soit dans les basses plaines, soit dans la haute montagne, les pins rustiques distribuent leurs claires futaies, « buveuses d'eau », sur des sols déshérités et maigrement arrosés : ils en atténueront l'assèchement par le large espacement des cimes et des racines, par un entassement rapide d'aiguilles et de débris sur le sol.

Sur les prés-bois de l'alpe, profondément gelés pendant de longs mois, desséchés par de violentes insolations, une agitation constante de l'air, une faible tension de la vapeur d'eau, il fallait que l'essence spontanée put parfaire, en toute hâte, le cycle de la végétation ligneuse et sommeiller ensuite, inerte, pendant de longs mois. Un feuillage caduc et tendre, un large espacement des fûts ont merveilleusement adapté le mélèze aux rudes hivers des hauts sommets.

Sous les tropiques, des pluies saisonnières inondent un sol embrasé pendant de longs mois : la sylve devient impénétrable aux rayons du soleil ; le puissant écran de son dôme de feuillage y conserve une atmosphère et un sol toujours saturés d'eau.

Au Spitzberg, où il ne pleut jamais, l'épais tapis des mousses et des lichens s'imbibe et vit, grâce aux embruns et aux eaux de fonte de neiges.

Tous ces types se fondent par gradations insensibles, sans heurts, délicatement modelés sur la distribution éolienne des eaux.

L'influence de la végétation forestière sur la circulation souterraine des eaux qui « bénéficie nécessairement des eaux soustraites au ruissellement superficiel » (Henry), ne peut être contestée.

Dans les régions planes, à stratification sensiblement horizontale, le ruissellement n'existe pas, les nappes phréatiques sont pour ainsi dire immobiles. Il n'y a pas non plus de sources ni de résurgences comme au voisinage immédiat de massifs montagneux qui dans l'Europe occidentale jouent un rôle considérable sur le mécanisme des pluies. C'est précisément en montagne que le ruissellement se manifeste avec toute son intensité, accusée par l'érosion. Or l'érosion ne naît jamais sur les sols spontanément abrités par la végétation, le ruissellement superficiel ne s'y manifeste donc pas : et l'on doit dès lors admettre jusqu'à preuve du contraire, que le phréatisme bénéficie, dans les sols armés, de toutes les eaux superficielles que n'utilisent pas les aptitudes physiques et les besoins physiologiques de l'armature végétale. Ces eaux d'infiltration vont, par suite de « reports » hydrologiques, souvent fort éloignés dans le temps et dans l'espace, et même peut-être de « virements » de bassins à bassins, alimenter les nappes artésiennes ou les résurgences vauclusiennes sur lesquelles les recherches des hydro-géologues et des spéléologues cherchent à faire la lumière aujourd'hui.

En pareille matière, on s'abuserait étrangement si l'on s'attachait à rechercher des règles absolues, mathématiques, à voir dans la forêt un mécanisme précis dont le fonctionnement résulte uniquement de faits locaux à contingences limitées.

Les sols armés par la végétation spontanée, forêt, pelouse ou steppe, *gisements de houille blanche*, constituent un organisme merveilleusement harmonisé par la nature en vue du captage des eaux atmosphériques, de la régularisation du régime des eaux continentales et en fin de compte de la *fertilité* progressive de ces sols, dans la limite de durée des conditions géographiques auxquelles ils se trouvent soumis, limite qui pour la vie de l'homme équivaut à la pérennité.

Aussi, au point de vue de la glaciologie et particulièrement dans les Alpes françaises systématiquement déboisées et pastoralisées et où les glaciers régressent, a-t-on été fondé à se demander « s'il ne peut pas se produire, par suite du déboisement naturel et » artificiel, des modifications climatiques capables de créer des » conditions exceptionnelles qui suivant les cas, hâteront ou ren- » forceront l'effet des périodes de crues ou de décrues glaciaires ». (W. Kilian).

V. — **Appauvrissement progressif des gisements de Houille-Blanche.** [1]

Les glaciers, gisements types de la Houille-Blanche, sont sujets à des crues et des décrues dont on avait pensé pouvoir encadrer les oscillations, au moins pour les Alpes, dans une période de 35 ans. (Brückner). La régression de tous les glaciers européens est géné-

[1] Bibliographie sommaire : *Belloc*. Lacs supérieurs du massif pyrénéen. Revue de Coomminges, 1899, p. 105, etc. — id. Recherches et explorations lacustres dans les Pyrénées centrales. Annuaire du Club alp. Franç. 1894. — *E. Brauckner*, die schweizerische Landschaft einst und jetzt. Berne, 1900. — *C. Girardin*, Observations glaciaires en haute Maurienne, dans les Grandes Rousses et l'Oisans, Ann. C. A. F. 1903, p. 367-368. — *W. Kilian*, Rapport sur les variations des glaciers français de 1900 à 1901, Ann. C. A. F. 1901. — id. Les glaciers du Dauphiné : Grenoble et le Dauphiné : Grenoble, Gratin et Rey, 1904 — *E.-A. Martel*, Le reboisement des plateaux calcaires, A. F. A. S., 1896. — id. Universalité et ancienneté du phénomène des cavernes du calcaire, A. F. A. S., 1902. — id. sur l'enfouissement des eaux souterraines et la disparition des sources. Acad. des sciences C. R., 2 mars 1903, etc. — *Ch. Rabot*, Essai de chronologie des variations glaciaires Géog. histor. et descript. 1902, n° 2. — id. Revue de Glaciologie, 1902, Ann. C. A. F., 1903, p. 399-461. — *Richard*. Sur la diminution des sources et de l'eau à la surface des continents. Cong. Int. de météorol. 1878, n° 20. — *E. Richter*, Rapport de la comm. internat. des glaciers. Cong. Int. de Géolog. 1900, I, p. 212. *A. de Tillo*, Sur la conservation des richesses aquifères de l'empire russe. St-Pétersbourg, Birkenfeld, 1898. — *Trutat*. Mater. pr servir à l'étude des anc. gl. des Pyrénées, Toulouse, Lagarde 1900 - br. 72 p. in 8°. — *H. Walser*, Veranderungen der Oberfläche in Konkreis des Kantons, Zurich, etc., Berne, 1896. — *W. Whitaker*. Discusion on the presant shortage of water available for supply. (Jal of sanitary Institute, Avril 1903, p. 71.89). — *A. Woeikoff*, De l'influence de l'homme sur la terre. Ann. de Géogr., 1901, p. 197. 215. — etc.

rale depuis un assez grand nombre d'années; la rapidité de la décrue est propre à chaque région montagneuse, parfois à chaque glacier. Dans les Alpes, on a reconnu des séries d'oscillations «secondaires», encadrées dans des variations «primaires» embrassant des périodes pluri-séculaires (C. Rabot); autant vaut dire que la «loi» de ces oscillations, s'il en existe une, nous est encore absolument inconnue. Le fait constaté, le plus intéressant à notre point de vue, est que dans les montagnes éloignées de la mer, les oscillations sont plus accentuées que dans celles plus rapprochées des côtes : les variations des glaciers scandinaves sont beaucoup moins importantes que celles des Alpes, du Caucase et de l'Asie centrale (Richter). Tous les glaciers des Alpes françaises sont en decrue très accentuée (P^ce^ R. Bonaparte, Kilian, Girardin); quant aux glaciers pyrénéens, ils agonisent à l'état d'épaves.

Dans beaucoup de régions xéro ou hydro-climatiques, planes ou montagneuses, on signale aujourd'hui la réduction du débit des sources, des rivières; l'ensablement des lits fluviaux et des estuaires; l'accentuation du régime des cours d'eau qui tendent a type «torrent». Nombre de fleuves européens navigables encore au 18e siècle, ne le sont plus aujourd'hui : le phénomène de la dégradation des climats est devenu partout un lieu commun.

Le Sahara ne s'est désertisé qu'après avoir passé par une phase pluviaire très intense. La région aralo-caspienne asséchée aujourd'hui, était encore abondamment pourvue d'eau à l'époque historique. Au centre de l'Asie et de l'Afrique, des lacs ont disparu, d'autres s'assèchent. Pareils faits ont été signalés en Amérique.

En Suisse, en Savoie et jusqu'en Haute-Provence, des forêts d'épicéas, types hygrophiles de nos associations forestières subalpines, se clairièrent. « Il est hors de doute qu'actuellement la marche rétrograde de la végétation forestière alpine dans le Dauphiné se soit transformée en un phénomène naturel, continu, qui se produit avec une incroyable régularité, en dehors de l'intervention humaine.» (Kilian). En Algérie, les végétaux xérophiles gagnent du terrain, l'alfa descend des hauts plateaux où il avait été toujours cantonné, l'aire du pin d'Alep s'agrandit. Par contre, les chênes, les pistachiers et d'autres espèces relativement hygrophiles, disparaissent. (A. Mathey).

La France paye un lourd tribut, souvent signalé depuis quelques années, à cette sorte de déchéance hydraulique : sa situation géographique qui aurait dû lui ménager le monopole de la Houille-Blanche, du travail utile des eaux, ne lui assure guère que le privilège des activités torrentielles ; un seul de ses quatre grands fleuves reste navigable. Nous soldons en argent et surtout en vies humaines des dîmes torrentielles effrayantes. Notre agriculture, nos grandes agglomérations urbaines et industrielles sont perpétuellement aux prises avec la disette d'eau. Toutefois, des observations séculaires poursuivies dans les basses plaines et sur le littoral de plusieurs de nos grands bassins hydrographiques alimentés par les vents océaniques, établissent nettement que les apports pluvieux marins y sont au moins constants, si non progressifs (G. de Gasparin, V. Raulin). D'autre part, la masse de nos écrans montagneux ne subit pas, en altitude et en surface des réductions capables de modifier leur rôle condensateur. Il faut donc chercher ailleurs que dans des causes « actuelles » purement géographiques, l'interprétation d'un phénomène dont l'aggravation est pour ainsi dire toute contemporaine.

En se reportant à ce qui a été exposé précédemment sur le rôle hydrologique tour à tour positif ou négatif de la végétation spontanée, la dénudation systématique ou la simple dénaturation de cette couverture accentuées par l'ensemble des autres faits culturaux humains, expliqueront la phase « d'activisme » (Stan. Meunier), dans laquelle nous sommes entrés ; la dégénérescence du régime des eaux continentales, la décrue presque générale des glaciers européens apparaîtront comme une conséquence de l'exagération soit du ruissellement superficiel, soit de l'enfouissement souterrain des eaux qui sont ainsi soustraites aux reprises de l'évaporation aérienne.

Dans toutes les régions calcaires, du type Karstique, où l'eau ruisselante sur la roche dénudée, s'engouffre inutilisée comme sur « un toit troué » ; où elle dissémine les foyers de contamination des résurgences lointaines, on a fait valoir l'impérieuse nécessité du boisement du sol. (E. A. Martel.) Le dessèchement artificiel de lacs, étangs et marais, les canalisations, endiguements et colmatages, poursuivis sur d'immenses étendues de plaines et de montagnes en Europe, ont nécessairement appauvri et précipité le cours des fleuves dont les irrigations culturales saignent à blanc les sources montagneuses. A la place du glacier qui disparaît, dénudant le squelette du sol, livré au ruissellement, l'inlassable assaut pastoral ne laisse à la terre aucune trêve pour se réarmer.

A n'étudier que le sol français, on suit facilement depuis un siècle la marche d'immenses déforestations. En 1791, nos forêts domaniales, couvraient plus de 4.700.000 hectares; elles n'occupent plus actuellement que 1.164.000 hectares: sur les 4 millions d'hectares de nos « terres pauvres » landes, etc., plus ou moins boisées autrefois, absolument dénudées aujourd'hui, il ne paraît possible que de restaurer 345.140 hectares.

Dès 1787, certaines de nos Assemblées provinciales récompensaient les mémoires relatifs au défrichement des bois communaux. Bien que les lois du 25 juillet et du 23 août 1790 aient excepté les forêts de la vente des Biens Nationaux, la loi du 10 juin 1793 leur portait un coup fatal en décrétant le partage des Biens Communaux entre les habitants des communes. Nul ne peut évaluer les dévastations légales qui se commirent alors, malgré les louables efforts du Directoire qui avait conscience du désastre. La loi du 20 mars 1813 livra à la « Caisse d'Amortissement » d'immenses étendues de forêts communales. De 1824 à 1865, tous nos régimes battirent monnaie avec les forêts : plus de 355.000 hectares de bois domaniaux furent aliénés; en 1848, on poursuivit de nouveau, l'allotissement des forêts communales. Les désastreuses inondations de la Loire faisaient peu à peu naître la « question des montagnes », du Reboisement, qui se complète naturellement aujourd'hui par celle de la Houille-Blanche.

Dans les Alpes Dauphinoises et Savoyardes, pays d'origine de cette dernière, la zône des « boisés » a rétrogradé de 300 mètres, depuis l'époque historique. (A. Mathey). « Il est d'observation courante dans le Briançonnais de voir, dans des régions escarpées, inaccessibles à l'homme et aux troupeaux, la limite supérieure des forêts, marqué par une zône d'arbres morts que ne vient remplacer aucune poussée forestière » (W. Kilian). Semblable observation a été faite dans les forêts norwégiennes. (F. Rekstad).

Les Pyrénées perdent par siècle sous l'assaut pastoral, la moitié de leurs forêts : « elles se reboiseraient d'elles-mêmes, si on les abritait du troupeau pendant moins d'un quart de siècle (C. Broilliard). L'action torrentielle y est pour ainsi dire née au cours du XIXe siècle par les dévastations que les populations ont préparées de longue main dans les anciennes forêts de la zone des

« mers de nuages. » Tous les lacs glaciaires en séries qui y emmagasinaient ou y régularisaient encore au XVIIIe siècle la force vive des gaves, sont attéris ou vidés, transformés en « oules » pierreuses aujourd'hui. Ces « conquêtes » pastorales ont fait de la Gascogne un pays de lutte exceptionnelle pour et contre l'eau. L'étude méthodique des associations végétales pyrénéennes a mieux que toutes les statistiques, fait reconnaître que l'abaissement de la limite supérieure des forêts dont bénéficient le ruissellement et l'avalanche est imputable à l'homme seul (C. Flahault). On a évalué à 8 millions de chevaux vapeurs, l'énergie de la Houille Blanche pyrénéenne ; par le fait de la dégradation du sol et du régime des eaux, c'est à peine si 165.000 chevaux-vapeurs sont utilisables (Ader).

L'appauvrissement et la torrentialité croissante du régime de la Loire ne peuvent être sans relation avec la dénudation du Plateau central, avec la récente transformation culturale des Solognes, de la plaine du Forey où le fleuve avait ses réserves d'eau. C'est à la culture qu'on attribue la réduction actuellement très marquée du débit de la Somme (Houllier). L'assèchement cultural de la Dombes a torrentialisé ses rivières (Passerat). Les ingénieurs élèves de Vauban signalèrent les fâcheux effets des déboisements alpins sur le régime du Rhône. Les recherches océanographiques de M. Bouquet de la Grye, ont conduit au même rapprochement en Gascogne, entre le déboisement des Pyrénées et l'altération du régime de la Garonne. La dégradation des Alpes bergamasques était pour Lombardini une des causes de l'exhaussement du lit du Pô. La relation échappa entièrement à Lavoisier dans le bassin de la Loire. Dans la plaine russe où la mise en culture des steppes a précipité le ravinement et l'ensablement, on a dû renoncer à la conquête culturale des marais et lacs d'origine de la plupart des fleuves (A. de Tillo). En Amérique, on s'est hâté de soustraire à « l'inondation vivante » du troupeau d'immenses étendues territoriales aux sources des fleuves : L'Indian Forest Act a fait de même aux Indes en 1878.

Je mentionnerai, sans m'y arrêter ici, le palliatif qu'on s'est ingénié à apporter à cette disette progressive par les *barrages-réservoirs*. L'idée, vieille comme le monde, à trouvé à notre époque des adeptes nombreux et de haute valeur. En région montagneuse, torrentielle, insuffisamment armée par la végétation, ces édifications ruineuses, inquiétantes, atterries ou rompues n'ont causé que des déceptions, souvent des catastrophes. Après le désastre de Bouzey survenu en pleines Vosges boisées, on s'est fiévreusement hâté de contrebarrer certains réservoirs bourguignons alimentés par de paisibles ruisseaux. Dans les pamirs pyrénéens, en amont de la «zone contestée», le procédé va donner son suprême effort avec le captage des lacs de Néouvieille en voie manifeste de comblement par le fait des avalanches si ce n'est du ruissellement. Dans les Alpes durantiennes, on a parlé de cimenter le plafond de certains lacs de hauteurs qui fuient, on a renoncé au babélique projet de réservoir de Serre-Pons, on se bornera plus modestement à barrer des étranglements, des « clues » dans les basses rivières provençales. On escompte partout ces eaux prestigieuses non encore captées, mais on ne songera certainement pas à envoyer moins de moutons transhumants dévaster et tarir leurs régions de sources !

Si les continents s'appauvrissent en eau, l'océan doit s'enrichir : cette « tendance » à la concentration des eaux continentales dans le réservoir commun, à une oscillation positive des lignes de rivage, consécutive à l'érosion continentale, est formulée depuis longtemps [1] par les géologues « bien qu'elle ne soit pas démontrable aujourd'hui » [2].

On a également émis l'idée fort juste que la présence d'un glacier exerce sur l'englaciation une action « positive » de voisinage, sans que cette action puisse être susceptible de mesure (Forel). Cette influence est de l'ordre de celle qu'exerce sur les masses d'air avoisinantes, le sol couvert de végétation pérenne : influence aujourd'hui directement démontrée et chiffrée en ce qui concerne le boisement, au moins pour les pays de l'Europe occidentale. L'alimentation des glaciers de l'Europe centrale est évidemment beaucoup plus influencée que celle des glaciers de l'Europe occidentale par les faits culturaux de dénudation et d'assèchement précédemment étudiés.

(1) A. de Lapparent. — Le niveau de la mer. — Bulletin Société Géologique de France. 3e Serie. 1886, p. 379.

(2) E. Suess. — La face de la Terre, II. p. 541-546.

La dégénérescence du régime des eaux est une conséquence fatale de « l'âpre lutte contre la forêt et le marécage à laquelle l'homme ne s'est résigné que tard, au début de la colonisation du sol. » (Vidal de la Blache). Le but est dépassé aujourd'hui : l'extension inconsidérée des zônes agricoles hors de « celles qui ne peuvent produire économiquement que du bois » (Hitier) ou des pelouses, détermine partout à lutter pour l'eau, presque autant que contre elle : C'est un fait de « pathologie sociale » (Gatti).

En France, à la fin du 16ème siècle, la mise en valeur extensive du sol par la déforestation se poursuivit sous l'influence de la maxime « labourage et pastourage sont les deux mamelles de la France. » A la fin du 17ème siècle « la France allait périr faute de bois » ; on essaya d'endiguer la déforestation. C'est au 19ème siècle, qu'un éminent agronome précisant une série de faits d'hydrologie culturale, formula le principe des « justes retours » (E. Risler) que l'agriculture doit aux forêts, régularisatrices du régime des eaux, fertilisatrices spontanées et progressives de la terre. Depuis vingt ans, un ensemble d'observations physiographiques, de « révélations agricoles » (J. Brunhes) éclaire d'un jour nouveau l'action de l'homme sur le sol. La réinstallation judicieuse de son revêtement végétal protecteur, particulièrement en montagne, doit être un des principaux objectifs de la masse des clients de la Houille-Blanche, de tous ceux qui, à des points de vue divers, visent à l'utilisation du travail mécanique ou physiologique des eaux.

Conclusions

Le cycle physique et physiologique de la relation étudiée peut être formulé ainsi qu'il suit :

1° Le développement spontané de l'armature végétale protectrice du sol est une fonction des eaux atmosphériques.

2° Le ruissellement superficiel, cause de l'érosion torrentielle, ne se manifeste plus sur les sols où évoluent naturellement les associations de l'armature : leur terme le plus parfait, possédant les plus grandes capacités hydrologiques est « l'association forestière ».

3° Les couvertures vivante et morte, qui abritent immédiatement le sol spontanément armé et surtout l'humus qui s'y accumule progressivement, assurent par hygroscopicité, le stationnement momentané des eaux superficielles, s'opposent à leur enfouissement. La neige est immobilisée, sa fusion très ralentie sur les sols suffisamment abrités par la végétation.

4° L'infiltration lente des eaux, facilitée par le travail des êtres qui peuplent, fertilisent et draînent le sol armé, pourvoit aux besoins physiologiques de l'armature ; elle approvisionne ensuite les nappes phréatiques.

5° Les eaux superficiellement concentrées sous l'abri végétal, constituent des « Réserves hydrauliques » pour ainsi dire automatiques. Ce sont des *Gisements de Houille-Blanche :* leur localisation est illimitée et progressive, au moins dans les régions hydroclimatiques; ils en étendent le rayon d'action hydrologique.

6° Les eaux physiquement vaporisées ou physiologiquement transpirées par l'armature, enrichissent les courants atmosphériques. Elles contribuent au revêtement végétal et à l'englaciation des écrans montagneux, à la régularisation et à l'accroissement de la circulation superficielle, au travail utile des eaux continentales.

Dijon, 22 Avril 1905.

L.-A. FABRE.

6e Question
Hydrologie

SUR LE

RÉGIME DES EAUX SOUTERRAINES

DANS LES

Dépôts quaternaires et tertiaires de l'Allemagne du Nord

PAR LE

PROFESSEUR Dr K. KEILHACK, DE BERLIN

Les formations meubles des plaines de l'Allemagne du Nord sont généralement divisées comme suit :

A. Dépôts d'alluvion ;

B. Dépôts diluviaux ou glaciaires ;

C. Dépôts tertiaires.

A. Les dépôts d'alluvion ne possèdent pas, en général, une grande puissance et ne jouent par conséquent, au point de vue hydrologique, qu'un rôle insignifiant. Les sables des dunes forment peut-être la seule exception à cette règle ; grâce à leur pureté, ils contiennent une eau tout à fait supérieure et, par suite de la finesse de leurs grains, ils possèdent la faculté de retenir une proportion importante des précipitations atmosphériques et de former une nappe aquifère qui descend vers la côte par une pente assez raide. C'est pourquoi on observe fréquemment qu'il existe, dans nos dunes, à une distance de la mer de 50 à 100 m. à peine, des puits fournissant d'eau potable les habitations des pêcheurs : dans ces puits, d'où l'on tire l'eau en y plongeant simplement un récipient, la tête d'eau peut se trouver, selon les circonstances, à 2 et 3 mètres, et même davantage, au-dessus du niveau de la mer voisine.

B. En contraste avec le rôle, tout à fait négligeable, des alluvions, celui des dépôts glaciaires du Diluvium est de la plus haute importance. Au point de vue hydrologique, nous pouvons diviser ces dépôts en deux groupes :

a) *Couches difficilement perméables et couches imperméables* ;

b) *Couches perméables.*

Dans les *couches imperméables*, il faut ranger les formations de moraines profondes appartenant au type des argiles à blocs erratiques ainsi que toutes les argiles et toutes les formations d'apparence argileuse constituées par du sable d'une très grande ténuité. La limite de perméabilité de ces sables correspond à un diamètre des grains de 0,02 mm. et par conséquent les diverses formations sableuses rangées sous les dénominations de sables marneux et de sables très fins doivent être comptées dans le groupe des roches difficilement perméables.

Les couches perméables sont représentées par les masses énormes de sables et de graviers dont les grains ont un diamètre supérieur à la dimension ci-dessus indiquée et qui peuvent, du reste, comporter des éléments de toute grosseur : des sables fins et sables perméables à gros grains jusqu'aux graviers et aux accumulations de matériaux les plus grossiers.

En ce qui concerne leur composition minéralogique, il importe de noter, au point de vue hydrologique, que les dépôts glaciaires de l'Allemagne du Nord sont de composition extrêmement hétérogène et qu'ils contiennent un grand nombre d'éléments susceptibles d'influencer, par leur dissolution, la composition chimique des eaux. Parmi ces éléments, il faut citer, avant tout, le calcaire qui se trouve dans presque tous les dépôts diluviaux, notamment dans les sables à grains fins, qui en contiennent de 1/2 à 2 %, dans les sables les plus grossiers qui peuvent en renfermer de 5 à 6 %, enfin dans les gros graviers où la teneur en calcaire peut atteindre jusqu'à 15 et 20 %. Il y a lieu de mentionner ensuite les silicates ferrifères qui se rencontrent en assez grande abondance, tels que la hornblende, l'augite, etc... ainsi que le granit, qui, par dissolution, fournissent surtout à l'eau des sels de fer. Cette circonstance explique que la plupart des eaux circulant dans le Diluvium tiennent en dissolution des quantités assez considérables de chaux et de fer ; c'est au point que, dans bon nombre d'applications particulières, il est nécessaire de les épurer et de les débarrasser notamment du fer qu'elles contiennent.

Le plus important et le plus étendu des dépôts du Diluvium est constitué par les argiles à blocs erratiques, moraines profondes des différentes mers de glace ; il atteint par endroits des puissances considérables, particulièrement dans les provinces orientales de la Prusse : les sondages effectués en Poméranie, dans la Prusse occidentale et dans la Prusse orientale ont souvent recoupé les moraines profondes avec des puissances de plus de cent mètres. Il arrive fréquemment qu'au milieu de ces puissantes formations de moraines, il se trouve des intercalations lenticulaires de sables et de graviers qui sont parfois complètement remplies d'eau et qui peuvent faire croire à l'existence d'importantes nappes aquifères. La venue fournie par des sondages effectués dans ces lentilles fut, dans bien des cas, extrêmement satisfaisante pendant quelques jours et même pendant des semaines entières jusqu'au moment où, presque toujours soudainement, elle se mit à décroître rapidement et finit bientôt par cesser complètement. Dans ce cas, on a affaire à des quantités d'eau qui ont mis probablement des centaines d'années pour venir, à travers les marnes, saturer les lentilles de sable.

On peut évidemment, dans une telle occurrence, espérer alimenter en eau potable une seule maison, mais jamais on ne pourra recueillir des masses d'eau suffisantes pour d'importantes applications industrielles, telles que distilleries, fabriques de sucre, etc...

Que l'on a effectivement affaire à un tel réservoir d'eau, isolé de toutes parts, on peut s'en assurer dans la plupart des cas par ce fait que pendant le pompage le niveau de l'eau subit un abaissement régulier et ininterrompu et qu'après la fin du pompage, il ne remonte pas ou ne remonte que fort lentement.

On peut évidemment trouver, dans les mêmes conditions, au milieu des dépôts argileux étendus, des intercalations lenticulaires de ces sables aquifères qui ne contiennent qu'une quantité d'eau limitée et non renouvelée par des apports nouveaux.

Les principales ressources en eau de l'Allemagne du Nord sont les graviers et sables perméables du Diluvium. Nous pouvons, d'après leur importance au point de vue économique, diviser ces formations en deux groupes :

a) dépôts de sables et de graviers n'occupant que des aires restreintes ;

b) dépôts de sables et de graviers de grande extension superficielle et de puissance considérable.

Au premier groupe, appartiennent les formations de sables et de graviers qui reposent sur un substratum imperméable, souvent très dérangé, plissé et disloqué par les actions glaciaires, mais parfois aussi peu ondulé ; elles en remplissent les dépressions en forme de cuvettes qui souvent sont, en plan, fort irrégulièrement délimitées. Ou bien ces cuvettes de sables et de graviers sont complètement isolées, ou bien elles sont disséminées aux points les plus bas d'une région et sont en relation les unes avec les autres. Leur remplissage dépend de leur situation vis-à-vis des cuvettes voisines avec lesquelles elles communiquent, ainsi que du relief du sous-sol imperméable. Si l'on puise dans un tel réservoir, il peut arriver qu'il se produise, vers celui-ci, un écoulement des eaux d'un réservoir voisin situé en amont, mais cet écoulement cessera dès l'instant où la cuvette supérieure se sera vidée jusqu'au niveau correspondant au point le plus bas de sa périphérie. Le sous-sol imperméable peut être constitué soit par certaines formations glaciaires, soit par des couches d'âge tertiaire. Les conditions que nous venons de décrire sont très fréquemment réalisées et l'utilisation de ces nappes aquifères, par des puits peu nombreux, destinés à desservir quelques familles seulement, peut sans aucun doute être effectuée avec succès ; mais il est évident qu'il ne peut en être de même dès qu'il s'agit d'alimenter en eau potable des agglomérations de quelque importance.

Ce qui précède s'applique aussi aux sables et graviers aquifères d'extension superficielle restreinte qui se rencontrent sous forme d'intercalations entre des couches imperméables ou qui recouvrent en très nombreux lambeaux, un sous-sol imperméable et qui fournissent l'eau nécessaire à des milliers de puits. Mais malgré tout ces ressources ne peuvent jamais subvenir qu'à des besoins fort réduits ; les projets de distribution d'eau devant fournir quotidiennement des milliers et même des centaines de milliers de mètres cubes doivent faire appel à des nappes aquifères beaucoup plus puissantes et beaucoup plus étendues.

Parmi ces importantes couches aquifères, on peut distinguer trois types distincts. Ce sont :

a) Les plaines dénommées « *Saudr* » ;

b) Les plaines des anciennes vallées des fleuves glaciaires ;

c) Sandrs et vallées des époques glaciaires antérieures, recouverts par des dépôts postérieurs.

a) En avant de la ligne des moraines terminales correspondant à la plus longue phase d'arrêt dans la période de recul des glaciers, se trouvent accumulées de nombreuses masses de sables et de graviers, dont la puissance peut atteindre 20 mètres et davantage et qui descendent, le plus souvent en pente douce, des crêtes couronnées par les moraines terminales jusqu'aux grandes vallées Est-Ouest, les plus proches vers le Sud. Dans ces puissantes masses de sables et de graviers se meut lentement, suivant leur inclinaison, un fleuve souterrain dont le niveau supérieur se révèle par les nombreux lacs existant dans ces plaines sableuses. Les masses d'eau qui se meuvent vers l'aval réapparaissent à la limite Sud des plaines de Sandr en-dessous du niveau aquifère des grandes vallées et elles se meuvent ensuite dans ces dernières ; ou bien elles passent, à un moment donné, sous des couches imperméables qui reposent sur les masses de sables de Sandr et, de cette façon, peuvent être transformées en eaux artésiennes ou sous pression. (Voir ci-dessous.)

b) Plus importantes encore sont les plaines, formées d'accumulations de sables et de graviers, des grandes vallées glaciaires de direction Est-Ouest et de leurs vallées tributaires, très nombreuses, qui doivent à la fois, à la fonte des glaciers, leur origine et leur remplissage par des sédiments perméables. Tandis que dans les plaines de Sandr la tête d'eau est souvent à une assez grande profondeur, 15 et 18 mètres et même davantage, il en est tout autrement dans les grandes vallées glaciaires. Dans celles-ci, on rencontre souvent, à des profondeurs de 2 à 3 mètres, un vaste et puissant niveau aquifère dont le rendement est particulièrement considérable quand les sédiments glaciaires de la vallée reposent immédiatement sur des couches plus anciennes de sables et de graviers entamées par l'érosion fluviale. Dans ce dernier cas, la puissance de la couche aquifère peut atteindre 30 et 40 mètres et le rendement est d'autant plus grand que le volume des grains de sable et de gravier, et par conséquent celui des interstices, est lui-même plus considérable. Souvent des couches d'argile à blocs et des bancs de marne argileuse sont intercalés dans les graviers reposant sur les sables des vallées. Si

ces intercalations n'ont pas trop d'étendue superficielle, ell
n'influencent en aucune façon le régime des eaux, seulement
courant souterrain se meut en contournant ces couches impe
méables et les masses d'eau en-dessous et au-dessus de celles-
restent étroitement en relation l'une avec l'autre.

La distribution d'eau de Berlin a utilisé les deux niveaux aqu
fères repris sous les litt. *a* et *b*; les installations pour
captation des eaux au bord du Wansee et du Teufelssee dans
Grunewald, tirent leur eau d'accumulations sableuses analogu
à celles de Sandr; celles du Muggelsee et du lac de Tegel sont effe
tuées dans les sables de la grande vallée glaciaire de Berlin, ma
ils sont descendus à grande profondeur jusque dans les sabl
et graviers appartenant au Diluvium plus ancien subordon
aux sables de la vallée. Les distributions d'eau de Breslau,
Magdebourg, de Leipzig, de Francfort-s.-O., et d'autres vill
encore sont également établies sur les cours d'eau souterrains d
grandes vallées glaciaires.

Dans le bassin hydrographique des fleuves de l'Allemagne
Nord qui se jettent dans la mer Baltique, on observe fréquemme
que l'allure des dépôts fluviaux est en relation avec des niveau
supérieurs différents atteints par les eaux, ce qui est démontré p
l'existence de deux ou plusieurs terrasses superposées. Ces dépô
de terrasses sont aussi le siège d'un puissant courant souterra
qui émerge ordinairement là où une terrasse est contiguë à u
autre. Dans ces endroits, la sortie de ces eaux souterraines
souvent décélée par la formation de dépôts organiques
calcaires ou par une intense imprégnation ferrugineuse. Parfo
il se forme des sources permanentes ou des sources interm
tentes : ce dernier cas est réalisé lorsque la nappe souterrai
n'atteint la surface qu'aux époques des hautes eaux. Maintes fo
aussi on trouve au pied des terrasses des traces de dépôts laiss
par les sources, bien qu'en ces points, la nappe souterraine n'a
teigne plus jamais aujourd'hui la surface, même aux époques d
hautes eaux.

c) Les vastes nappes aquifères qu'on rencontre en profonde
peuvent vraisemblablement s'expliquer par le fait que les surfac
actuelles désignées sous les litt. *a*) et *b*) comme des témoins d'u
ancienne époque glaciaire sont recouverts par toute une série

couches plus ou moins variées de la dernière période glaciaire. Dans ce cas, le courant souterrain qui y circule sera immédiatement atteint dès que les sondages auront traversé tout l'ensemble des couches supérieures. De tels cas sont particulièrement fréquents dans l'Est, où le puissant recouvrement des moraines profondes, dont nous venons de parler, renferme une nappe aquifère extraordinairement productive. Souvent, dans ce cas, les eaux se trouvent sous pression, elles montent plus ou moins haut dans les trous de sonde, souvent même arrivent jusqu'à la surface et s'écoulent librement. Les conditions nécessaires pour la formation de ces nappes artésiennes ne sont pas aussi variées dans le cas de dépôts glaciaires que dans celui des régions où existent d'anciennes montagnes affectées de nombreux accidents tectoniques. La formation des nappes artésiennes par failles et dislocations est ici complètement exclue et nous avons seulement affaire au cas, d'ailleurs rare, où des couches perméables affectent la forme de plis ou de bassins et, par suite, donnent naissance à des eaux artésiennes ou au cas où des couches viennent affleurer dans des régions élevées avec un pendage faible et constant et qu'elles sont recouvertes en profondeur de sédiments imperméables. La formation des nappes artésiennes par l'allure en bassin des couches se ramène au cas où une surface perméable, régulièrement ondulée, est recouverte plus tard de couches imperméables. C'est pourquoi les puits artésiens se trouvent fréquemment dans nos vallées actuelles qui existaient déjà comme telles lors de la dernière époque glaciaire pendant laquelle elles furent recouvertes par des couches imperméables. Au second type de puits artésiens appartient notamment celui de Schneidemulh dans la province de Posen qui, après 90 ans, produisit dans la région une véritable catastrophe : en même temps que l'eau, des matières extrêmement ténues qui y étaient en suspension furent extraites, des vides se créèrent sous la ville, ce qui amena la destruction de toute une partie de celle-ci.

C. Les dépôts tertiaires de l'Allemagne du Nord sont de composition extrêmement simple. Le calcaire, le grès, le schiste et les roches éruptives y font complètement défaut; on y rencontre presque exclusivement des argiles, des sables, des graviers et des lignites. Les argiles peuvent posséder tous les degrés de pureté, depuis les argiles parfaitement pures jusqu'à celles qui contiennent une forte proportion de silice. Elles sont tantôt absolument blanches, tantôt colorées en brun ou en noir par proportions plus ou moins importantes de matières organiques, tantôt enfin en rouge, jaune et gris comme dans le miocène de Posen et de Silésie. Les sables se présentent aussi avec des couleurs et des dimensions de grains fort variables depuis les sables fins et blancs ou légèrement brunâtres jusqu'aux sables tout à fait grossiers qui peuvent même passer aux graviers fins. Dans toute la série des couches, ces graviers dépassent à peine la grosseur d'une noix. C'est le quartz qui entre pour la plus grande part dans la composition des sables et des graviers; comme éléments secondaires, on trouve le mica blanc et, dans les dépôts marins, de la glauconie. Les sables glauconifères peuvent, par l'apport de calcaire finement divisé et d'éléments argileux, passer à l'état de marnes glauconifères.

La statigraphie du tertiaire est aussi simple que sa composition. Tandis que les formations marines, plus anciennes, s'étendent en couches horizontales sur des espaces relativement énormes, les couches miocènes supérieures et particulièrement les couches lignitifères sont très fréquemment plissées et ces plis, qui ont partiellement une origine tectonique, partiellement une origine glaciaire, ont été, par endroits, érodés par l'action des glaciers et ils sont aujourd'hui recouverts, en discordance de stratification, par des formations glaciaires.

La circulation des eaux est exclusivement limitée aux sables et aux graviers. Dans les sables des assises lignitifères, souvent colorés en noir par des matières bitumineuses, il existe sans doute une importante quantité d'eau; mais dans la plupart des cas, cette eau est impropre à la consommation à cause de sa couleur et à cause de sa teneur en matières organiques ainsi qu'en produits de dissolution de la pyrite, si abondante dans le tertiaire. Par contre, les sables et graviers quartzeux du miocène renferment une eau excellente et de grande pureté. Dans la Prusse orientale et la Prusse occidentale, les formations glauconifères de l'oligocène contiennent une eau plus ou moins chargée de carbonates alcalins, tandis que plus loin vers l'ouest, en Poméranie et dans la province de Brandebourg, les eaux de ces formations renferment fréquemment des sels sodiques, parmi lesquels, à côté des chlorures, se rencontrent aussi, bien qu'en fort minimes proportions, des bromures et des iodures. Ces eaux sont parfois recoupées par sondages dans le sous-sol de Berlin ; elles se trouvent sous pression, de telle sorte qu'elles viennent déboucher au jour et sont utilisées en thérapeutique.

Les eaux salées ne sont non plus pas rares dans le Diluvium et dans les dépôts d'alluvion. Le fait qu'une plus ou moins grande quantité de ces sels se rencontre en beaucoup d'endroits dans les couches alluviales, diluviales, tertiaires et crétacées tandis que les couches salifères originelles n'existent dans aucune de ces formations, rend vraisemblable l'hypothèse que tous ces sels ont une origine commune dans les couches de sel du Zechstein supérieur, qui s'étendent sur des espaces si considérables, dans le sous-sol de l'Allemagne du Nord, qu'ils proviennent du lessivage de ces formations et que, grâce à un cheminement ininterrompu et compliqué à travers les couches supérieures, ils finissent par arriver au jour; aux points où ils débouchent, ils ont souvent donné lieu autrefois à l'établissement de petites usines pour l'extraction du sel et aujourd'hui encore leur présence y est révélée par l'existence, dans la flore terrestre, de nombreuses espèces halophiles.

5e Question
Gisements filoniens.

Le Gisement de Cinabre du Monte Amiata

PAR

VINC. SPIREK
Ingénieur
Directeur technique des mines de Siele et Cornacchino (Toscane, Italie)

La géologie de cette région intéressante de l'Italie centrale située entre Sienne et Viterbe est bien connue des géologues, d'abord par les travaux et publications du service géologique et de la société géologique d'Italie, puis par diverses monographies qui ont paru dans bon nombre de publications européennes. Plusieurs mémoires concernant les mines de mercure de cette région ont été publiés dans le « Zeitschrift für praktische géologie » entre autres par Spirek : Nov. 1897, Sept. 1902; Lotti, Février 1901, etc., puis par Léon Demaret dans les « Annales des Mines de Belgique » tome IX, 1904.

Cet article n'aura d'autre but que d'accompagner une petite collection de minerais de cinabre présentée par l'auteur au Congrès de Géologie appliquée et qu'il offrira en souvenir à l'Ecole des Mines de Liége dont la renommée est si grande.

La théorie de la genèse des gîtes de cinabre de Monte Amiata, telle qu'elle est donnée par Spirek a servi de base, dans ses applications pratiques, à tous les travaux de recherche exécutés dans les exploitations de mines de cette région. Les résultats ont toujours été nettement satisfaisants et l'on a pu ramener à la vie mainte mine qui déjà avait été abandonnée : c'est donc un vrai triomphe de la géologie appliquée.

Il faut admettre ici, comme on l'a fait pour d'autres régions, que les sulfures métalliques sont en *relation originelle* avec le *Magma éruptif*. On distingue ici : 1) le groupe des roches éruptives rapportées à des diabases-serpentines et 2) à des trachytes.

Après de longues recherches, l'auteur est arrivé à cette conclusion que seule la roche à serpentine accompagne les gisements de cinabre : les trachytes qui forment le sommet de cette belle montagne qu'est le Monte Amiata (1734 m.) ne viennent en contact avec le gisement de cinabre que dans le voisinage de Abbadia San Salvadore, mais là également, on trouve la serpentine. Les serpentines ne se présentent qu'à l'état de conglomérats décomposés (breccie), soit qu'elles accompagnent les diabases, soit qu'on les trouve isolées ; elles montrent les traces manifestes de la désagrégation et de l'oxydation des sulfures par les agents atmosphériques. Ces roches ont donc été le *lieu de formation des solutions sulfurées métallifères*. On trouve également dans le voisinage des dépôts d'oxydes de fer et de maganèse.

Ces solutions constituées par des acides, du soufre et des métaux qui sont principalement le Hg, Te, Mn, ainsi que Sb, As, Cu pénètrent dans des bancs de calcaire argileux de puissances diverses, atteignant parfois 50 m. et appartenant au Lias ou à l'Eocène. Toutes les combinaisons du soufre et des acides du soufre peuvent se former par les actions chimiques que nous avons indiquées : parmi celles-ci notons spécialement $K_2 S_3$, $Na_2 S_3$ et CaS_3 ou CaS_5 (Schwefelleber ou foie de soufre) qui précipitent le mercure de ses solutions de sulfates à l'état de sulfure rouge cristallin, Hg S, que l'on appelle cinabre. On remarquera que la formation de cinabre par les polysulfures alcalins et alcalino terreux est possible tandis que l'acide sulfhydrique ne donne que du sulfure de mercure noir et amorphe ; une température de 40° c. suffit d'ailleurs (fabrication artificielle du cinabre). Les considérations suivantes ont une très grande importance : lorsque $K_2 S_3$ ou $Ca S_3$ passant à l'état de $K_2 S$ ou CaS ont abandonné deux molécules de leur soufre, ils peuvent à nouveau dissoudre Hg S à l'état de sel double HgS-CaS. C'est ce fait qui avait déterminé le célèbre géologue américain Becker (Z. f. p. géologie 1894, p. 13) à abandonner les idées qu'il avait admises précédemment, qui s'accordaient avec ce qui vient d'être dit et à attribuer la séparation du cinabre à la présence de bitumes. Ainsi qu'on l'a rappelé, cette formation s'opère dans un calcaire argileux ; après la dissolution, l'argile finement divisée reste en suspension dans le liquide, elle enveloppe le sulfure de mercure rouge à l'état naissant, le protège par là même du CaS qui tend constamment à le faire rentrer en solution, et se dépose avec lui dans les vides qui ont été creusés ; c'est là qu'on le trouve accompagné de pyrites et d'autres sulfures métalliques qui se sont formés en même temps, ainsi que de tablettes et de lamelles transparentes de gypse particulièrement caractéristiques pour ce mode de formation.

On appellera ce dépôt « gîte primaire de cinabre dans les bancs de calcaire métallifère » (de l'Eocène ou du Lias.)

Par l'action du CO_2 qui s'est formé par la pénétration des eaux sulfatées dans le calcaire, ainsi que par les eaux qui circulent continuellement dans le sol et qui contiennent toujours un peu de CO_2, les vides formés dans les bancs calcaires s'élargissent et de nouveaux conduits se frayent. Le cinabre englobé dans l'argile qui s'est déposé d'abord dans ces vides, notamment lorsque ceux-ci sont développés au contact du calcaire et des schistes plastiques imperméables « gallestro » pourra être ainsi remis en mouvement et se déposer suivant les lois de la pesanteur, d'après son poids spécifique : il en résultera la formation de minerais très riches (renfermant jusqu'à 80 % de Hg).

La partie de l'excavation restée vide sera comblée dans la suite par les débris de la roche encaissante ou restera telle dans le cas où la voûte sera solide ; plus souvent encore elle sera en partie comblée de beaux cristaux de gypse ou de calcite de forme et dimensions variées qui tapisseront ses parois.

Alors, l'eau qui continue de circuler sous pression pénètre dans les fissures des couches de calcaire ; elle entraîne avec elle des fragments de minerai, élargit ces crevasses et abandonne, au moment où la pression diminuant, le CO_2 se dégage, à la fois des minerais et de la calcite. C'est de cette façon que se sont développées les veines de calcite métallifère qu'il est important de prendre en considération dans les travaux de recherche.

Lorsque les roches situées au dessus ou en dessous du calcaire métallifère sont poreuses, comme c'est le cas par exemple des grès, trachites, conglomérats à serpentine, phtanites ou autres calcaires, alors les eaux de circulation peuvent transporter les minéraux dans ces roches, et il aura pu se former ainsi de nouveaux gisements exploitables. On trouve et l'on peut observer la formation d'imprégnations de cinabre dans les travertins de formation la plus récente.

Ces modes de formation que nous venons d'indiquer et qui se sont développés aux dépens des premiers dépôts abandonnés par la solution métallifère par les eaux de circulation ont été dénommés « gîtes de transport ou secondaires ».

En dehors de ces modes, il en existe d'autres, encore formés par des dislocations mécaniques, des glissements, par la remise en mouvement et la sédimentation dans des bas-fonds lacustres; tels sont, par exemple, les dépôts chaotiques lacustres d'Abbadio San Salvadore et d'autres près de Saturnia, dans des conglomérats pliocènes : on trouve dans ce gisement toutes les roches de la région.

Suivant le mode de gisement, l'âge des formations et la nature des roches, il est possible de classer les gîtes de cinabre en quatre types différents.

1. Type de Siele Solforate ;
2. id. Monte buono ;
3. id. Abbadia San Salvadore ;
4. id. Cornacchio.

1. **Type Siele Solforate.** — Les calcaires métalliques appartiennent à l'Eocène ; on les désigne sous le nom de « Calcare Arborese », à cause des belles dendrites en forme de plantes qu'y dessinent les composés manganésifères. Les gîtes de cinabre du premier groupe (Solutions métalliques sulfureuses), ainsi que ceux du second groupe (développés aux dépens du premier par Co_2 en solution dans les eaux de circulation), sont limités à ces calcaires pour cette raison que ces bancs sont compris entre des couches imperméables « Gallestro ». Ce n'est qu'exceptionnellement, lorsque les « Gallestro » sont très minces et qu'ils forment la transition à d'autres bancs de calcaire très argileux dénommés « Coltellino », qu'une partie du cinabre a passé dans les veines de calcite de ce dernier.

2. **Type Monte buono.** — Les calcaires métallifères appartiennent aux termes les plus anciens de la formation Eocène : les calcaires numulitiques; ils sont en partie environnés de Gallestro, en partie recouverts de grès (Macignos). Une partie du cinabre du premier gîte a passé dans ce dernier.

3. **Type Abbadio San Salvadore.** — Le premier gîte est formé dans les calcaires du Lias, de l'Inpolias et dans les calcaires numulitiques de l'Eocène ; une partie du gîte passe dans le trachyte

voisin ; une autre partie a été complètement disloquée et forme un gîte en synclinal très disloqué dans le gaeestro.

4. **Type Cornacchio.** — Les calcaires métallifères appartiennent au Lias. Une partie du cinabre qui forme un gîte secondaire a été transporté dans la phtanite sous-jacente. Ce gîte appartient en partie au 1er type, en partie au 2me type. Le gîte de cinabre de Saturnia appartient aussi au type 1 et au type 2, où le second gisement se trouve dans le grès pliocène et dans les conglomérats.

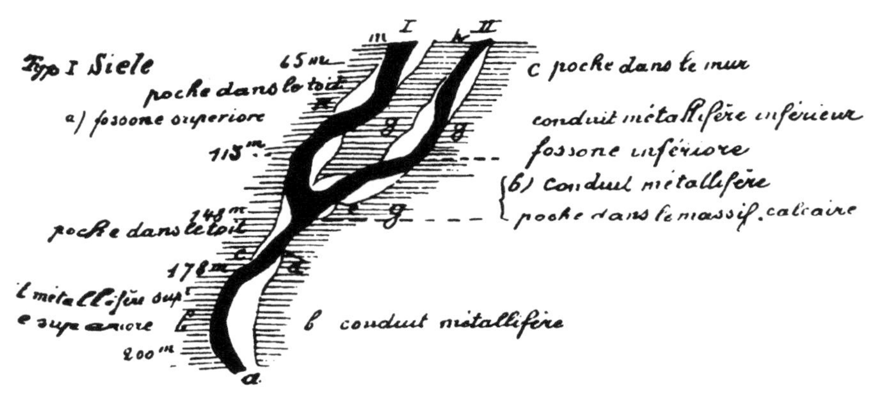

Fig. 1. — Trajectoire des solutions métallifères dans les bancs calcaires de Siele coupe perpendiculaire au plan des couches calcaires
I et II = bancs calcaires — g = gallestro.

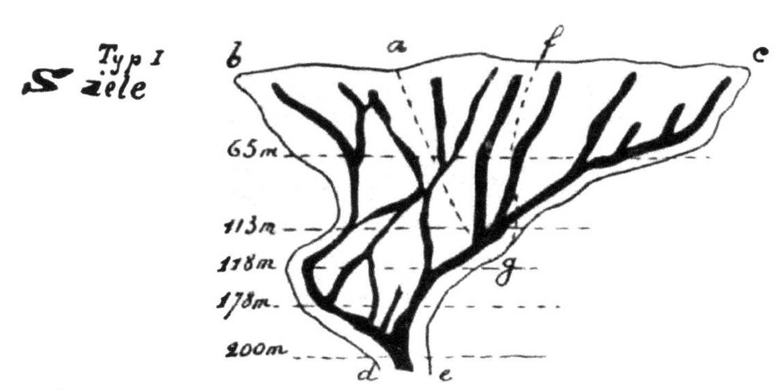

Fig. 2 — Poches métallifères ou conduit en projection dans le plan des couches calcaires.

En se basant sur ces données de la géologie, on a obtenu les meilleurs résultats dans les travaux de recherches exécutés dans les Mines de Monte Amiata, d'autant plus que les fours Cermak-Spirek permettent de traiter des minerais de cinabre très pauvres.

Voici quelques mots d'explication au sujet des travaux de recherche.

Par galeries, puits ou bachures, ou simplement par des fouilles superficielles, on suit la trace du cinabre dans le calcaire jusqu'au gisement voisin, et l'on se convainc si l'on a ou non affaire au calcaire dans lequel s'est opérée la venue métallifère.

Quand c'est le cas on recherche, d'une part, le filon de cinabre, alors que d'autre part, on fixe en direction le banc calcaire, comme on le ferait pour une couche de houille, par ses contacts, les éboulis, etc.

Le gîte de cinabre dans les calcaires occupe la trajectoire suivie par la solution métallifère qui a pénétré par la dissolution des couches calcaires inférieures. Il s'est ainsi formé : *a)* des conduits ou excavations dans le toit, ou à l'intérieur même des bancs calcaires ; *b)* des tromboni dans le mur ; *c)* des fossoni dans le toit.

Höfer a dénommé ces gîtes de pénétration « Schlouchenzone ».

Les filons métallifères s'épanouissent au delà d'un contact soit qu'ils aient déjà atteint des dimensions notables, soit qu'ils ne consistent qu'en minces veines de calcite avec traces de cinabre. Si l'on suit une veine de calcite transversalement au banc calcaire on aboutit certainement à la grande venue métallifère, c'est-à-dire aux colonnes de minerai, aux poches métallifères qui souvent peuvent atteindre de 20 à 50 m. de large et 10 à 30 m. de hauteur, e[illegible] qui constituent parfois d'énormes voûtes « Cammerini ».

En observant les zônes de contact, on trouvera les passages d[illegible] gite du calcaire métallifère vers les roches voisines perméables [illegible] l'on pourra exécuter des travaux de recherche pour ces gites seco[illegible]daires.

Presque toutes les méthodes d'exploitation doivent être mises [illegible] pratique pour l'exploitation de gîtes métallifères de modes [illegible] divers.

Si l'on prend soin de tenir constamment compte des faits

acquis par l'expérience que nous avons rapportés ici, on pourra exploiter d'une façon rationnelle, et avec profit, les mines de Mercure de Monte Amiata, en se basant sur les données de la géologie appliquée.

Siele, 18 avril 1905.

V. SPIREK.

6e QUESTION
Hydrologie.

Les échanges d'eau entre le sol et l'atmosphère

LA CIRCULATION DE L'EAU DANS LE SOL

Exposé de nos connaissances actuelles et des recherches à entreprendre

PAR

RENÉ D'ANDRIMONT

INGÉNIEUR DES MINES — INGÉNIEUR-GÉOLOGUE

SECRÉTAIRE DE L'ASSOCIATION DES INGÉNIEURS SORTIS DE L'ÉCOLE DE LIÉGE.

Nous avons actuellement des notions assez précises sur la perméabilité et l'imperméabilité relative des diverses roches.

Nous savons que l'eau, après avoir été véhiculée dans l'atmosphère, atteint la surface du sol sous forme de précipitation ou de rosée et qu'elle descend ensuite plus ou moins verticalement jusqu'à la rencontre d'une assise moins perméable que celle qui la surmonte.

Le terrain plus perméable se gorge alors d'eau pour former une nappe dont la puissance dépend du niveau des exutoires.

Nous savons aussi qu'il faut distinguer :

les nappes libres,
les nappes captives (1).

Nous proposerons pour ces dernières une définition qui présente l'avantage de pouvoir s'appliquer à tous les cas particuliers, notamment aux nappes dont le niveau piézométrique s'établit en contrebas de la surface du sol.

Nous appellerons nappe captive toute nappe ou partie de nappe dont les eaux sont maintenues sous pression par un toit moins perméable que l'assise qui la contient.

(1) Nous disons captives et non artésiennes, parce que cette appellation est de nature à fausser les idées, en laissant supposer qu'elle ne s'applique qu'au seul cas des nappes qui donnent lieu à un jaillissement « artésien » au dessus du sol.

Nous disons nappe ou partie de nappe, parce que toute napp captive en profondeur est généralement libre dans sa partie la plu élevée ou affleure la couche perméable qui la contient.

Nous savons déterminer pour chaque cas particulier et dan les grandes lignes :

1° Les terrains plus ou moins imperméables au contact desquel la nappe aquifère se forme ;

2° L'étendue de la zone alimentaire et la quantité d'eau mesuré au pluviomètre qu'elle reçoit par suite des précipitations atmos phériques.

3° Les exutoires par ou s'écoule le trop plein de la nappe et l cube d'eau qu'ils débitent.

On en déduit par comparaison avec la quantité d'eau recueilli au pluviomètre le rendement moyen par hectare jour.

La détermination de ces divers éléments est relativement facil dans les terrains horizontaux. Nous devrons y distinguer deu catégories de nappes :

1° Les nappes contenues dans des terrains également perméabl en tous sens ;

2° Les nappes contenues dans des terrains de compositio minéralogique uniforme, mais découpés par des fissures dont majeure partie sont orientées dans une même direction.

La détermination de certaines des données mentionnées plu haut, devient plus difficile dans les terrains redressés et général ment constitués d'assises perméables alternant avec des assise moins perméables (exemples : grès et schistes). Les nappes de c genre deviennent généralement captives en profondeur.

Nous considérerons enfin les eaux contenues dans les massif calcaires comme soumises à un régime tout spécial.

Nous connaissons donc au point de vue absolu et sans entre dans les détails, le chemin que l'eau parcourt depuis le momen ou elle s'infiltre dans le sol jusqu'au moment ou elle en émerge aussi n'insisterons nous pas sur ces points dans cet exposé.

Il me paraît par contre utile d'examiner d'une façon plus détaillée nos connaissances actuelles et les recherches à entreprendre su une partie de la science hydrologique au sujet de laquelle nous n possédons encore que des données vagues et incertaines. *Nou voulons parler de la détermination :*

1° *De la proportion d'eau qui après avoir été, soit précipitée su le sol à l'état liquide soit condensée directement à sa surface sous forme de rosée, atteint réellement la nappe aquifère sous-jacente.*

2° *De la vitesse avec laquelle l'eau chemine dans le sol.*

Nous ne croyons pas devoir insister sur l'utilité de ces recherches, car ces données essentielles nous permettraient de déterminer *d'avance*, dans chaque cas particulier (connaissant l'étendue de la zone alimentaire) le cube d'eau que l'on pourra retirer d'une nappe aquifère.

Il serait possible de prévoir en quelque sorte les disettes qui sont tant à craindre pour des agglomérations d'une certaine importance et de prendre d'urgence les dispositions nécessaires pour capter de nouvelles réserves.

Avant d'entrer dans plus de détails nous tenons à attirer l'attention de nos collègues sur la méthode à suivre pour déterminer ces deux données essentielles. La plupart des publications hydrologiques qui ont paru jusqu'à ce jour, se trouvent être, soit des traités où la partie purement descriptive est suivie de quelques idées générales,soit encore,des monographies consciencieuses de certaines régions intéressantes.

Mais en ce qui concerne la proportion d'eau qui atteint la nappe aquifère et la vitesse de circulation de l'eau dans les diverses assises, les auteurs se bornent à mentionner les quantités d'eau recueillies au pluviomètre, à calculer approximativement la superficie de la zone alimentaire et le cube d'eau qui s'écoule par les exutoires *visibles* et ils déduisent de ces données, ce que l'on appelle le rendement du bassin par hectare jour. Dans certains cas, assez rares, il leur est possible également d'apprécier, en comparant les quantités d'eau précipitées sur le sol avec la variation de débit des exutoires, le temps que met l'eau pour atteindre la nappe aquifère.

Une étude ainsi comprise, fut-elle faite avec tout le soin désirable, ne peut guère augmenter nos connaissances hydrologiques et une incertitude absolue règne encore au sujet de ces deux données principales : la proportion d'eau qui s'infiltre et la vitesse de circulation de l'eau dans le sol.

Comment serait-il possible en effet, de résoudre avec des observations rudimentaires (mesures pluviométriques, débit des exutoires) un problème aussi compexe où les facteurs en jeu sont nombreux et varient au cours des phases successives de la circulation de l'eau dans le sol.

Nous tenons donc à attirer l'attention de nos confrères *sur la nécessité absolue de distinguer et d'étudier séparément les trois phases successives et essentiellement différentes de la circulation de l'eau dans le sol, savoir* :

1° *Les échanges d'eau entre l'atmosphère et les terrains de diverses natures ;*

2° *La circulation de l'eau dans le sol depuis le moment où elle est définitivement soustraite à l'atmosphère jusqu'au moment où elle atteint la nappe aquifère.*

3° *La circulation de l'eau dans la nappe aquifère.*

L'étude de ces diverses phases pourrait se faire concurremment dans le laboratoire et sur le terrain même.

Lorsque nous connaîtrons les lois qui régissent la circulation de l'eau au cours de chacune de ces périodes, nous pourrons enfin résoudre le problème de l'alimentation des nappes aquifères et en tirer des conclusions pratiques.

Tel est en résumé la voie vers laquelle nous devons actuellement orienter nos recherches et c'est dans cet ordre d'idées que nous allons exposer succinctement l'état de nos connaissances actuelles et les recherches à entreprendre.

Il convient en premier lieu de distinguer les terrains perméables en grand des terrains perméables en petit.

Un *terrain perméable en grand* est un terrain formé par l'accu-mulation d'éléments plus ou moins imperméables, de dimensions et de formes telles, que les interstices qui existent entre eux ne donnent pas lieu à des phénomènes capillaires sensibles. [1]

Telles sont les roches perméables par les fissures qui découpe leur masse, comme les calcaires et les grès; telles sont encore l couches de gravier.

Dans un terrain perméable en grand, la circulation verticale l'eau a lieu sous la simple action de la pesanteur. La perte

[1] Il conviendra de distinguer dans ce rapport, l'imbibition capillaire l'imbibition superficielle : le sens qu'il conviendra d'attacher à ce dernière expression ressortira des considérations qui vont suivre.

charge étant relativement très faible, la vitesse d'alimentation d'une nappe aquifère uniquement recouverte d'un terrain de cette catégorie sera très rapide.

Un *terrain perméable en petit* est formé par l'accumulation d'éléments plus ou moins imperméables, de dimensions et de formes telles, qu'ils donnent lieu à des phénomènes capillaires sensibles.

Nous verrons, par la suite, que nous pouvons ranger les terrains perméables en petit en trois classes qui diffèrent entre elles par leur manière d'absorber l'eau.

Les couches superficielles étant presque toujours composées de terrains perméables en petit (sables, limons, tourbes, etc.) l'étude de la circulation de l'eau dans ceux-ci est spécialement importante. Très souvent ils recouvrent des terrains perméables en grand et dans ce cas, si leur épaisseur est suffisante, ils règlent la proportion d'eau qui est acquise à la nappe aquifère.

Nous nous bornerons donc dans cette note à étudier la circulation de l'eau dans les terrains perméables en petit.

I. — Nous conformant au programme tracé nous examinerons en premier lieu la phase des échanges d'eau entre le sol et l'atmosphère.

Nous constaterons d'abord les énormes divergences de vue a ce sujet.

M. O. Volger et les partisans de sa théorie sur l'alimentation des nappes aquifères par la condensation directe des vapeurs d'eau de l'atmosphère dans les interstices du sol, ont été jusqu'à prétendre que pas une seule goutte d'eau provenant des précipitations atmosphériques n'atteignait la nappe aquifère.

D'autres moins absolus attachent encore une grande importance aux condensations directes des vapeurs d'eau à la surface du sol.

La plupart des spécialistes ont cependant toujours attribué une part prépondérante aux chutes pluviales.

Nous croyons qu'il est actuellement impossible de donner entièrement raison aux uns ou aux autres. Les idées de M. O. Volger sont évidemment exagérées et elles ont été aisément réfutées par un météorologiste viennois M. J. Hann [1], mais il est

[1] J. Hann. - Ueber eine neue Quellenthéorie auf météorologischer Basis météorologisch. Zeitschrift. Bd. 15 p. 482. Vienne 1886.

néanmoins vrai que le sol peut condenser directement les vapeurs de l'atmosphère et tant que des expériences concluantes n'auront pas été faites les opinions les plus contradictoires et les plus fantaisistes pourront être soutenues.

Il nous paraît indispensable avant de continuer cette étude, de donner quelques détails sur la façon dont l'eau peut être incluse et circuler dans les terrains perméables en petit.

Nous reproduisons donc ci-après un extrait d'une communication que nous avons faite en 1904 à la Société géologique de Belgique [1].

Pour fixer les idées, nous envisagerons d'abord une masse sableuse.

1) Lorsque cette masse paraîtra entièrement sèche, elle sera *fluide et boulante*. M. J. Van der Mensbrugge [2] considère que chaque grain est entouré d'une gaine d'air, qui fait corps avec lui et le tient séparé de ses voisins.

2) Ce même sable, humecté légèrement, se contracte. Les grains adhèrent les uns aux autres, de telle sorte qu'on peut le dresser en paroi verticale. L'examen le plus attentif à l'aide de tous les moyens d'investigation qui sont à notre disposition, ne permet pas d'y *voir* l'eau ; cependant chauffé à 120°, ce sable en perd une forte proportion. Dès mes premières observations sur le sujet qui nous occupe, j'avais pensé que chaque grain est entouré d'une pellicule d'eau, et que cette pellicule chemine d'un grain à l'autre.

Ayant consulté M. De Heen à ce sujet, ce savant confirma entièrement cette manière de voir et y introduisit la notion de l'état superficiel qui, dans sa pensée, constitue un état intermédiaire entre l'état gazeux et l'état liquide.

Son esprit ingénieux lui fit concevoir un dispositif très simple, démontrant que l'eau peut circuler dans une roche, sans que notre œil puisse la percevoir. Cette expérience, qui fut l'objet d'une note communiquée, à l'Académie des sciences (n° 1, pp. 63-65, 1904), sera décrite dans la suite de cet exposé.

On peut donc considérer que, dans un sable humide, chaque grain est doué de micropores d'une telle ténuité que leur section est de l'ordre de grandeur de la sphère d'activité moléculaire de l'eau. Ces micropores peuvent tra-

(1) L'alimentation des nappes aquifères. Annales de la Société géologique de Belgique, tome XXXI, mémoires.

(2) Remarques sur quelques phénomènes d'imbibition. *Bulletin de l'Académie des sciences,* 1901, n° 7.

verser les grains ou tracer, à la surface de ceux-ci, des canaux d'une ténuité extrême : tous ces canaux restent imprégnés d'eau et l'on peut considérer que toute la surface libre des grains est enduite d'une pellicule d'eau extrêmement mince, qui fait corps avec elle.

Je crois que c'est à l'ignorance de ce phénomène, qui cache à nos yeux la présence de l'eau, qu'est due l'erreur de ceux qui prétendent qu'à une certaine profondeur, dans les couches perméables, on ne constate plus la moindre trace visible de liquide, et qui concluent de cette observation, que l'alimentation par descente de l'eau à l'état liquide, est impossible.

3 Si nous ajoutons une nouvelle portion d'eau à ce *sable imbibé superficiellement*, il arrivera un moment où tous les intervalles seront exactement remplis de liquide et où l'adhérence des grains par *action capillaire* sera maximum. Le volume théorique des vides laissés entre une pile de grains sphériques égaux est de 26 %, quel que soit le diamètre de ces sphères. Les expériences de M. Spring ont démontré, qu'arrivé à cet état, un tel sable, que je qualifierai de saturé, contient environ 28 % d'eau.

4) Si une dernière portion d'eau vient à être ajoutée à ce sable saturé, le mélange forme une véritable émulsion de sable dans de l'eau. Chaque grain est écarté de ses voisins, d'une distance telle, que les effets de la tension capillaire ne peuvent plus se faire sentir, et le sable se met à fluer comme un liquide. M. Spring [1] est arrivé, par un procédé très ingénieux, à saturer exactement d'eau un sable. A cet état, ce dernier se laisse couper en tranches fines, comme de la terre plastique ; jeté dans l'eau il ne dégage aucune bulle d'air. Une goutte d'eau déposée sur une des tranches, provoque le foisonnement de la masse.

Comme je le montrerai dans la suite de cette note, l'eau peut se trouver, dans un terrain, sous ces divers états.

Je crois, cependant, qu'avant de poursuivre cette étude, il est utile de rappeler les lois qui régissent l'écoulement dans des tubes capillaires et celles qui semblent se rapporter à l'imbibition des solides par de l'eau à l'état superficiel (pelliculaire).

Écoulement capillaire vertical de l'eau dans un terrain perméable en petit. — Aucune des formules connues ne me paraissant satisfaisante, j'ai demandé à M. Edgar Forgeur, répétiteur des cours de physique mathématique de l'Université de Liége, de bien vouloir établir une formule qui permette d'apprécier la loi suivant laquelle se fait cet écoulement.

[1] W. Spring. Expériences sur l'imbibition du sable par les liquides et les gaz. *Bull. Soc. belge de géol.*, mai 1903.

Supposons un tube capillaire, de longueur l, soudé à la base d'un réser-

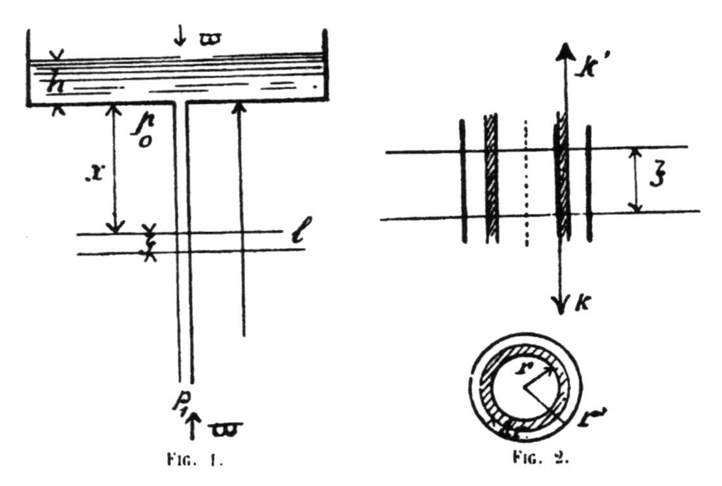

FIG. 1. FIG. 2.

voir où l'on maintient de l'eau à un niveau constant h. Cherchons la vitesse d'écoulement à la base du tube, c'est-à-dire le volume d'eau qui passe en une seconde.

Les calculs que nous avons donnés dans notre communication de 1904 conduisent à une formule donnant la vitesse d'écoulement et, par conséquent, le volume Q débité en l'unité de temps

$$Q = R\left(g + \frac{h}{l}\right)$$

R étant un coefficient qui est inversement proportionnel au coefficient de frottement intérieur du liquide.

$$R = \frac{R'}{\eta}$$

Ce coefficient η dépend lui-même de la quatrième puissance des diamètres d des tubes capillaires par lesquels on remplace le filtre.

$$\eta = cd^4$$

Il est visible qu'à mesure que l croît Q décroît et tend vers la limite.

$$Q = R\,g = \frac{R'}{\eta}$$

Lorsque $h = o$ la formule n'est plus applicable car il faut tenir compte d'un phénomène nouveau : la tension superficielle d[illegible] ménisque capillaire. Si λ est la hauteur d'ascension capillaire, cette tension superficielle équivaudra à une pression λ dirigée de bas en haut.

La formule devient pour cette phase

$$Q = R\left(g - \frac{\lambda}{l}\right)$$

Nous verrons tantôt que cette formule permet de se rendre compte de certains phénomènes qui se passent lors de la circulation de l'eau au travers des terrains.

Nous continuerons cet exposé en reproduisant un second extrait de notre mémoire sur les nappes aquifères.

Imbibition des terrains par l'eau à l'état superficiel (pelliculaire). — Voici les lois qui semblent régir cet écoulement :

I. L'épaisseur de la couche superficielle recouvrant les particules du terrain diffère d'un endroit à un autre; elle peut varier de zéro à une épaisseur maximum, qui est celle de la sphère d'activité moléculaire. Lorsque cette épaisseur est atteinte, il se forme une couche d'eau perceptible.

II. Le mouvement imbibitif est toujours dirigé des zones où cette couche est la plus épaisse, vers les zones où elle est moins épaisse.

III. Les couches d'eau à l'état superficiel sont soumises à la pesanteur qui tend à les faire descendre.

Il résulte de ces lois que, si un terrain est imbibé par le bas, la hauteur d'ascension est limitée. En effet, la force imbibitive étant constante et la pesanteur agissant sur une masse d'eau de plus en plus considérable, les deux actions tendent à se contrebalancer. Lorsqu'au contraire, un terrain est imbibé par le haut, ces deux actions agissent dans le même sens et la descente de l'eau peut se continuer indéfiniment.

L'action imbibitive se manifestera lorsque l'épaisseur de la couche superficielle n'est pas uniforme ; elle se manifestera donc, à fortiori, lorsqu'un terrain sera mis en relation avec une zone imbibée capillairement.

Connaissant toutes les propriétés qui viennent d'être décrites, il nous est possible d'analyser le mouvement de l'eau dans un terrain perméable en petit. Nous supposerons que les conditions météorologiques se succèdent dans l'ordre suivant, permettant d'étudier tous les cas qui peuvent se présenter

Pluie peu abondante et continue.
Pluie abondante.
Sécheresse.

Un terrain déterminé peut absorber, par unité de surface et de temps, un cube maximum, au-delà duquel l'eau s'amasse, sur une certaine épaisseur, à la surface du sol.

n'est pas atteint, le terrain, quelle que soit sa nature,
l'absorber plus d'eau qu'il n'en tombe, paraitra simple-
s non mouillé. Ce maximum sera d'autant plus grand que
ra des vides en section plus considérables.
ndant de distinguer trois catégories de terrains. Soient
scente capillaire correspondant au terrain déterminé, pour
itesse de descente superficielle ; soient enfin Q^o et q les
section correspondant à ces vitesses.
a colonne d'eau cheminera par descente capillaire jusqu'à
isée par le cube d'eau qu'elle laisse au-dessus d'elle à l'état
probablement le cas des sables à gros grain.
$Q^o > q$. — Dans ce cas, l'eau cheminera également par
; mais la vitesse, à la base de la colonne, sera ralentie du
nbibitive superficielle, qui lui enlève continuellement de
nte capillaire cessera, par disparition de l'eau à l'état
rofondeur moindre que précédemment.
$q \geq Q^o$. — Dans ce cas, l'imbibition superficielle absorbe
be et la hauteur de descente capillaire sera nulle. C'est le
yen.
ntenant que la pluie vienne à augmenter d'intensité, il
nt où le terrain ne pourra plus absorber la quantité d'eau
massera, à la surface du sol, une épaisseur d'eau h capable
tion capillaire d'un volume d'eau $Q > Q^o$.
nt se comporteront, dans ce cas, les terrains que nous
les catégories précédentes.
t $V^o < v$, $Q^o > q$. — Les terrains de ces deux catégories
comme dans le cas précédent, sauf que la hauteur de
sera augmentée.
ins terrains de la catégorie 2 se comporteront d'abord
catégorie 1 et ce n'est qu'à une certaine profondeur, que
rviendra.
Q^o. Dans ce cas, V et, par conséquent, Q va en diminuant
. Sur une épaisseur de quelques centimètres, la descente
nation capillaire, comme pour un terrain de la deuxième
nfluence du terme $\frac{h}{l}$ décroit en profondeur et le débit
nent pour qu'il ne puisse plus alimenter que l'imbibition

mode de descente que M. De Heen a reproduit dans
j'ai parlé precedemment, et que je décrirai succinctement
inférieure d'un tube en verre, on introduit d'abord un

» couche de sable *de*, destinée à représenter la couche aquifère. Le tube
» n'est pas fermé à sa partie inférieure, mais effilé en pointe, afin de
» permettre le départ de l'air. Au-dessus du sable, en *bd*, on introduit une
» couche de limon pulvérisé en poudre impalpable. Si l'on vient à introduire
» de l'eau en *ab*, on remarque d'abord que la partie supérieure du limon
» s'imprègne complètement d'eau. Dans ces conditions, par suite d'un effet
» de réfraction, le contact de l'eau et du verre fait que le cylindre de limon
» apparait comme ayant un diamètre égal au diamètre extérieur du
» tube.

» Mais lorsque l'imprégnation s'est faite sur une hauteur *bc*, le débit
» diminue déjà suffisamment pour qu'il ne puisse plus alimenter, à la fois,
» les *pores* et les *micropores*. Et comme ces derniers, par
» suite de leur petit diamètre, ont une puissance de succion
» incomparablement plus grande que les premiers, ce
» sont également eux qui servent exclusivement de
» véhicule à l'eau à partir de ce moment. Le tube n'est
» plus mouillé, et le cylindre de limon apparait comme
» ayant un diamètre égal au diamètre intérieur du tube
» en verre, et l'on voit à la loupe les grains d'argile sans
» interposition d'eau.

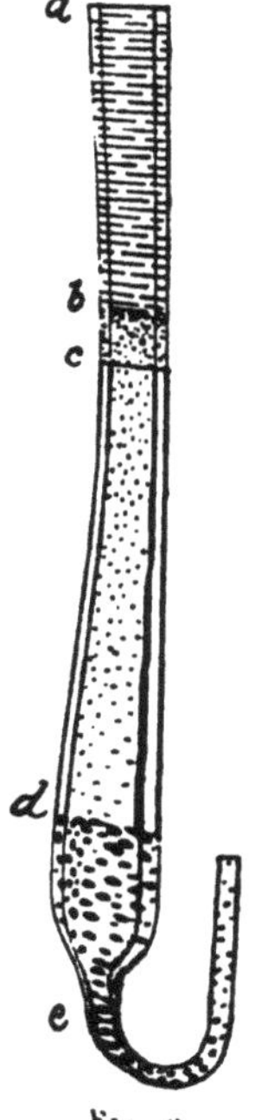

Fig. 3.

» Les choses se passent ainsi jusqu'au moment où l'eau,
» traversant les *micropores*, atteint la surface du sable en
» *d*. L'eau sort alors de ces espaces ultra-capillaires et
» pénètre dans les pores du sable : elle imbibe complète-
» ment celui-ci, et le cylindre de sable apparait de nouveau
» comme ayant un diamètre égal au diamètre extérieur du
» tube, de même qu'en *bc*. Le liquide, en un mot, redevient
» complètement libre, et, en résumé, le liquide a traversé
» la couche de limon à l'*état superficiel*. »

J'ai répété cette expérience avec du sable moyen, et elle montra que l'absorption se fait suivant le processus n° 1.. Ces deux expériences sont extrêmement remarquables et elles justifient nettement la classification proposée des terrains.

Les idées qui viennent d'être développées s'adaptent parfaitement aux faits observés dans la nature :

Plus un terrain sera perméable en petit, plus Q^o sera petit et plus il sera susceptible de former de la boue ($h > o$).

Cette quantité Q^o sera dépassée pour un grand nombre de chutes pluviales et une grande quantité d'eau sera perdue pour l'alimentation de la nappe aquifère, à cause du ruissellement qui sera intense.

Les oscillations des nappes aquifères, recouvertes d'un terrain à gros éléments, seront rapides. Celles des nappes recouvertes de couches à petits éléments seront lentes et dépendront surtout des longues saisons humides.

Voyons maintenant quels seront les phénomènes qui interviendront lorsque la précipitation de l'eau à la surface du sol cessera. L'analyse des mouvements de l'eau devient alors intéressante, à cause des pertes par évaporation et, ici encore, il faudra tenir compte de la classification des terrains, établie précédemment :

En effet, l'intensité de cette évaporation est maximum à la surface du sol et décroit rapidement en profondeur.

Il suffit, pour s'en rendre compte, de se rappeler qu'à la suite des plus fortes périodes de sécheresse, le sol ne se dessèche que sur une épaisseur maximum de 20 ou 30 centimètres. Encore, faut-il, pour atteindre ces chiffres extrêmes, que les terrains présentent des pores où l'air circule très facilement, comme dans un sable grossier.

En ce qui concerne les limons, où les pores sont fort petits, cette épaisseur est loin d'être atteinte.

En raisonnant comme précédemment, on voit que l'épaisseur de la couche superficielle et, par conséquent, la vitesse d'ascension, peuvent être considérées comme constantes pour la zone supérieure d'un affleurement perméable, lorsqu'il s'est écoulé quelque temps depuis la dernière précipitation atmosphérique. Dans ces conditions, on voit que la circulation de l'air décroit rapidement en profondeur, puisque la zone où s'établit l'équilibre entre la quantité fournie par imbition superficielle ascensionnelle et celle qui est enlevée par circulation d'air, est à une profondeur qui, en moyenne, ne dépasse pas 20 à 30 centimètres.

Il est donc vraisemblable d'admettre, contrairement à l'opinion de certains hydrologues, que cette évaporation ne peut atteindre les couches profondes. Elle ne se manifestera avec intensité, que si les circonstances sont telles qu'elle puisse se faire sentir avant que l'eau ait atteint ces couches.

L'intensité de l'évaporation décroissant rapidement en profondeur, l'on comprendra facilement qu'elle produit des pertes très peu sensibles, lorsqu'il s'agit d'un terrain de la première catégorie. Elle sera plus grande pour la deuxième et elle jouera surtout un rôle important avec la troisième catégorie de terrains. Pour celle-ci, il convient d'envisager deux cas.

Si la précipitation atmosphérique est lente et continue, l'imbibition superficielle se fera continûment et un grand cube d'eau échappera à l'évaporation. Si, au contraire, la pluie devient assez abondante pour qu'elle donne $h > 0$, il se produira une zone d'imbibition capillaire de hauteur l. Si la pluie cesse, cette zone, immobilisée à peu de profondeur, perdra une très forte proportion d'eau, par voie d'évaporation. L'eau provenant de pluies peu abondantes, tombant sur un sol sec, n'imprègne le terrain que sur une hauteur peu considérable et retourne toute entière à l'atmosphère, par évaporation.

L'analyse de tous ces phénomènes, tant au point de vue de la descente capillaire et superficielle, qu'à celui de l'importance de l'évaporation, nous porte donc à considérer que tous les terrains perméables doivent être classés en terrains perméables en grand et en terrains perméables en petit et que ces derniers doivent être rangés en trois catégories. En passant d'une catégorie à l'autre, il semble que le coefficient d'absorption doive varier et, par conséquent, que le rendement par hectare-jour doive être différent.

Il convient également de dire quelques mots d'une action qui sera loin d'être négligeable. Je veux parler de l'air inclus dans un terrain avant une précipitation atmosphérique. Si nous avons affaire à une alimentation lente, où la hauteur de descente capillaire est réduite presque à zéro, l'air pourra facilement s'échapper, parce que l'eau s'introduit à la façon d'un *coin*. Il en sera tout autrement, s'il se produit une tranche d'une certaine épaisseur, imbibée capillairement. Dans ce cas, l'eau tendant à descendre, formera piston et comprimera l'air emprisonné dans les pores du terrain.

Il en résultera que la vitesse de descente capillaire *V* sera enrayée et que l'imbibition superficielle interviendra à une profondeur moindre et, peut être meme, pour certains terrains de la première catégorie. Par conséquent, cette action est encore nettement défavorable à l'absorption d'une précipitation atmosphérique abondante.

Telles sont les considérations que nous avions cru pouvoir émettre sur la circulation de l'eau dans le sol.

Nous avions terminé notre exposé en émettant le vœu de voir nos confrères entreprendre des expériences pour étudier les diverses phases du phénomène.

Nous préciserons d'avantage, dans le présent rapport, le programme de ces recherches.

Il conviendrait avant tout de déterminer dans chaque cas particulier, la profondeur à partir de laquelle l'eau est définitivement soustraite à l'action évaporante de l'atmosphère et des organismes végétaux, car ce n'est qu'à cette profondeur que l'on pourra déterminer exactement la proportion d'eau qui sera acquise à la nappe aquifère.

Lorsque l'eau sera descendue en dessous de ce niveau, commencera la seconde phase de l'alimentation, c'est à dire la descente plus ou moins verticale et définitive vers la nappe aquifère sous-jacente. Au cours de cette deuxième période la vitesse de cheminement de l'eau dépendra d'un ensemble de facteurs différents de ceux qui ont régi la circulation au cours de la première.

Cette profondeur à partir de laquelle l'eau est définitivement acquise à la nappe aquifère est extrêmement variable. Elle dépend de la perméabilité du sol, de sa composition minéralogique, de la température, du degré d'humidité de l'atmosphère, de la manière dont se produisent les précipitations atmosphériques (abondante et brève, peu abondante et continue, neiges, etc., etc.) du vent, de la pente du sol, de la végétation, etc. L'expérience seule peut donc, pour chaque cas particulier, nous permettre de déterminer cette profondeur.

Il conviendrait d'entreprendre dans cet ordre d'idées :

1° Des recherches de laboratoire pour étudier les lois de la circulation capillaire et de l'imbibition superficielle des terrains et pour rechercher la profondeur maximum à laquelle peut se faire sentir l'action évaporante de l'atmosphère et de la couverture végétale du sol ;

2° La construction d'un appareil capable d'enregistrer, pour une profondeur déterminée, les échanges d'eau entre le sol et l'atmosphère.

De nombreuses tentatives ont déjà été faites pour réaliser un dispositif de ce genre ; mais les appareils enfouis dans le sol et dont la forme rappelait celle d'un pluviomètre étaient trop rudimentaires. Ils ont donné quelques indications sur la proportion d'eau qu'il est possible de recueillir à diverses profondeurs et on permis de vérifier que la proportion d'eau infiltrée annuellement est d'autant plus faible que l'appareil est enterré plus profondément.

En hiver, on a recueilli plus d'eau dans les récipients placés près de la surface. Le contraire se produit en été.

Ils ont également permis de vérifier deux faits parfaitement connus d'ailleurs.

Les pluies faibles et continues donnent un coefficient d'absorption plus considérable que les pluies abondantes et brusques.

Les pluies d'hiver contribuent surtout à l'alimentation des nappes aquifères.

Nous avons tout récemment fait construire un appareil (perméomètre) plus perfectionné, qui a été sommairement décrit dans notre mémoire sur l'alimentation des nappes aquifères [1].

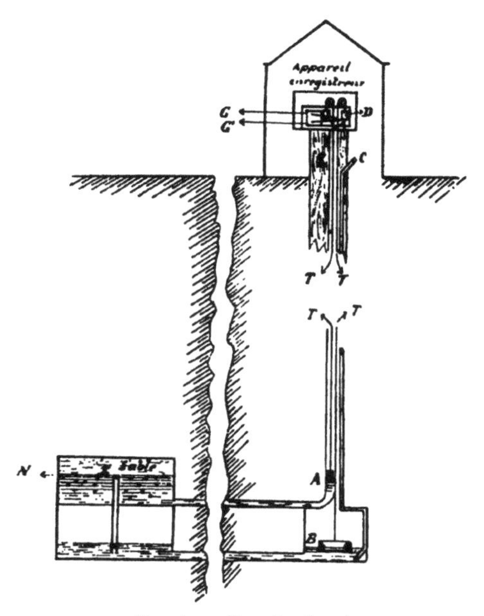

Fig. 4. — Perméomètre I.

A. et *B.* Flotteurs.
C. Tube de vidange.
D. Contrepoids.
E. Trop plein (source).
G. Courbe des niveaux de la nappe aquifère.
G'. Courbe du perméomètre.
T. Fil de laiton
S. Support.

La figure 1 permet de se rendre compte du fonctionnement de l'appareil, qui doit être placé en dessous d'un massif de terrain resté en place. En comparant les diagrammes entre eux et avec ceux d'un pluviomètre enregistreur, placé au niveau du sol, il serait possible d'évaluer :

1° La proportion d'eau qui atteint une nappe aquifère *N* placée à la profondeur correspondant à l'expérience.

2° La vitesse d'alimentation de la nappe.

[1] L'alimentation des nappes aquifères. Annales de la Société géologique de Belgique, tome XXXI, mémoires.

3° La variation du coefficient d'absorption avec la façon dont a eu lieu la précipitation atmosphérique.

4° L'abaissement du niveau de la nappe aquifère en dessous de l'exutoire *E* ; ce qui montrerait quelle proportion d'eau la nappe peut perdre pendant une période de sécheresse, soit par ascension superficielle, soit par circulation d'air dans le terrain.

Ces expériences pourraient également être faites en permettant un certain ruissellement et en faisant pousser de la végétation à la surface du sol.

Un plan plus détaillé figure dans la section de géologie de l'Exposition de Liége. L'appareil est actuellement enfoui en Hesbaye, en dessous d'un massif de limon resté en place.

Cependant, cet appareil n'est pas complet, il ne permet pas d'évaluer : *a*) l'importance et la rapidité des condensations d'eau à la surface du sol ; comme je l'ai fait remarquer, la quantité d'eau ainsi absorbée par un terrain peut être assez importante ; *b*) l'importance et le processus de l'évaporation de l'eau après que celle-ci a atteint le sol.

Il ne nous paraît pas impossible de réaliser dans l'avenir un appareil qui fournisse ces données.

Voyons maintenant les résultats essentiellement pratiques que pourrait nous fournir le perméomètre que nous venons de décrire.

Nous enfouirons successivement l'appareil à des profondeurs de plus en plus grandes jusqu'à ce qu'il n'enrégistre plus de déperdition d'eau de la nappe E vers l'atmosphère. A partir de ce moment, il permettra d'enregistrer d'une façon continue et par comparaison avec les observations pluviométriques :

1° La proportion d'eau définitivement acquise à la nappe aquifère sous-jacente et la part qu'il faut attribuer aux condensations d'eau dans le sol ou à la surface du sol ;

2° La vitesse de descente de l'eau pendant la première période de son cheminement dans le sol.

Nous sommes loin de prétendre à une réussite complète, mais nous tenons cependant à faire part à nos collègues de cette tentative, afin de provoquer de nouvelles recherches. Nous sommes persuadés que tôt ou tard le succès couronnera les efforts des spécialistes qui s'attacheront à préciser ces grandes inconnues de la science hydrologique.

II. — Examinons maintenant la deuxième phase de l'alimentation, comprenant la descente plus ou moins verticale de l'eau depuis la profondeur à laquelle l'influence évaporante de l'atmosphère ne peut plus se faire sentir jusqu'au niveau de la nappe aquifère.

Nous nous trouvons, en ce qui concerne cette deuxième période, devant une seule inconnue à déterminer : *la vitesse de descente de l'eau.*

Cette vitesse est-elle sensiblement constante dans un terrain homogène ?

Dans la plupart des terrains perméables en petit, l'état capillaire ne persiste que pendant les quelques premiers centimètres de la descente et n'existe plus au cours de la deuxième phase de l'alimentation. L'imbibition superficielle y est donc parfaitement établie et quelques expériences préliminaires que nous avons faites, nous portent à croire que dans ces conditions la vitesse de descente est assez constante.

Des recherches plus complètes que nous allons proposer permettront peut-être de préciser d'avantage.

Dans certains cas, lorsque le terrain qui surmonte la nappe aquifère est composé d'assez gros éléments et que son épaisseur n'est pas trop considérable, on remarque une concordance assez nette entre les périodes pluvieuses et les hauts niveaux aquifères.

Tel est notamment, paraît-il, le cas de la nappe des dunes en Hollande.

Le plus souvent, par contre, cette concordance est presque impossible à saisir à cause du temps extrêmement long que l'eau met à atteindre la nappe aquifère.

Nous croyons donc utile de faire remarquer, qu'en principe, il suffirait pour déterminer la vitesse de descente dans ces cas difficiles, de raccourcir la période de filtration.

Nous proposons deux moyens d'atteindre ce but :

1° Disposer successivement à diverses profondeurs un perméomètre enregistreur répondant aux mêmes conditions que celui que nous avons décrit précédemment.

2° Doser journellement ou même plusieurs fois par jour, la teneur en eau d'échantillons de terrains prélevés au même endroit et à une même profondeur, suffisamment faible pour que les

précipitations atmosphériques se traduisent à courte échéance]
des variations de teneur en eau.

La vitesse de descente et même les variations de vitesse à ı
profondeur déterminée se déduiront aisément par comparais
des teneurs en eau avec les quantités d'eau recueillies au pluv
mètre. On pourrait de même étudier les variations éventuelles
la vitesse de descente avec la profondeur.

L'étude serait évidemment plus compliquée pour les nap]
aquifères surmontées par des alternances d'assises de nature di
rente. Mais il suffirait d'étudier successivement chaque couche p(
arriver à apprécier la durée totale de la période d'alimentation.

**III. — Nous conformant au programme que nous nous somn
tracé, nous étudierons pour terminer la circulation de l'e
dans les nappes aquifères libres contenues dans des terra
perméables en petit.**

Nous avons déjà dit qu'une nappe aquifère se forme lorsq
l'eau atteint un terrain moins perméable que celui qui la surmon
Cette définition s'impose, croyons-nous, parce que tous les t
rains sont perméables dans une certaine mesure.

Lorsqu'une nappe est drainée, soit naturellement, soit artifici
lement, elle prend une forme extérieure plus ou moins paral
lique.

Il est très intéressant également de rechercher quelle peut êtr
trajectoire parcourue par chaque goute d'eau et la vitesse a
laquelle elle se meut depuis le moment où elle atteint la na]
aquifère jusqu'au moment où elle en sort.

La forme extérieure de la nappe, la trajectoire suivie par
venues liquides et la vitesse avec laquelle elles se meuvent le lc
de celles-ci dépendent de la nature du terrain, de l'étendue de
nappe, de la forme de la base plus ou moins imperméable qui
retient, de la profondeur à laquelle elle se trouve, du niveau
exutoires, etc.

Il existe trois moyens pour résoudre le problème :

1. Le Calcul.

Il convient de remarquer que jusqu'à présent aucune théo
mathématique n'a fourni une solution pratiquement satisfaisan

Toutes celles qui ont été proposées reposent sur des hypothèses plus ou moins vraies ou vraisemblables.

Il faut cependant mettre à part l'important mémoire de M. J. Boussinesq, Membre de l'Institut, intitulé : *Recherches théoriques sur l'écoulement des nappes d'eau infiltrées dans le sol* (1). M. Edgar Forgeur nous communique à ce sujet la note suivante :

« Dans cet intéressant travail, l'auteur, s'appuyant sur la loi de Hagen-Poisseuille, relative à la filtration, établit les équations des problèmes, d'abord dans l'hypothèse de la presque horizontalité de la vitesse, ensuite, dans un complément, pour le cas général.

» Hors certains cas particuliers, l'intégration de ces équations paraît inabordable.

» Voici quelques résultats :

» L'écoulement, en temps de sécheresse tend à se régler rapidement.

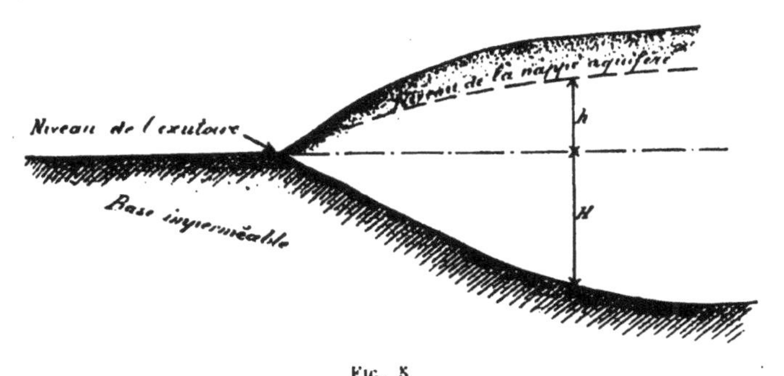

Fig. 5

» Si nous appelons h (fig. 5) la hauteur mouillée au-dessus du niveau du seuil de la source et H la profondeur à laquelle se trouve le sous sol imperméable sous ce niveau, pour une verticale donnée, ce régime sera atteint quand les valeurs de h resteront proportionnelles entre elles ; c'est-à-dire, en langage mathématique, quand h sera le produit d'une fonction $f(x, y)$ des coordonnées par rapport à des axes, choisis dans le plan horizontal du seuil, par une fonction du temps.

(1) Journal de Mathématiques pures et appliquées. 5me Série, T. X, Fasc. I et IV. 1904.

» Il vérifie qu'il doit en être ainsi dans les cas suivants :

» 1° h très petit vis à vis de H, le débit est alors $Q = Ae^{-\alpha t}$, α étant un coefficient de tarissement.

» 2° au contraire H très petit vis à vis de h (fond plat horizontal) le débit est alors $Q = \frac{c}{(1 + \alpha t)^2}$.

» 3° Quand pour un fond soit concave, soit même convexe, H est proportionnel à h, le débit sera $Q = c \frac{K^2 e^{-kt}}{(1 - e^{-kt})^2}$.

» Ce cas pourrait être celui du littoral belge (fig. 10), étudié par M. R. d'Andrimont [1] ; car entre les nappes d'eau douce et d'eau salée circulant en sens inverse, il doit exister, puisque la vitesse des filets voisins ne peut être discontinue, une zone stagnante faisant l'office de fond imperméable et telle que H soit proportionnel à h.

» M. Boussinesq montre ensuite la stabilité du régime établi.

» Enfin, il compare les résultats calculés d'après sa formule de débit avec ceux obtenus expérimentalement par M. Maillet pour trois des sources de la Vanne. (Ville de Paris).

» En tous cas, le problème, tel qu'il est posé, est déterminé ; peut-être, en introduisant la seule hypothèse de l'homogénéité, pourrait-on le résoudre complètement ; car dans ce cas la détermination de la charge, en tous points, revient à la résolution du problème de Dirichlet et M. H. Poincarré [2] a indiqué une méthode (dite méthode du balayage) pour la solution de cette question ».

2. *L'observation directe sur le terrain.*

On peut se rendre compte, à l'aide de sondages, de la nature du terrain, de la forme extérieure de la nappe, de la profondeur de la base et du niveau des exutoires.

Enfin, l'observation du niveau de l'eau dans des puits tubé[illegible]

[1] Etude hydrologique du littoral belge envisagée au point de vue d[e] l'alimentation en eaux potables. *Revue univ. des Mines.* T. II. 4e séri[e] p. 117, 1903.

L'allure des nappes aquifères contenues dans des terrains perméables e[n] petit au voisinage de la mer. *Annales de la Société Géologique de Belgiqu[e]* tome XXXII, p. 101 mémoires.

[2] Théorie du Potentiel Newtonien. 1899.

descendus à diverses profondeurs dans la nappe permet de se rendre compte, par les pertes de charge observées, de la direction dans laquelle les eaux des différentes parties de la nappe circulent.

La figure (6) fera mieux comprendre cette méthode.

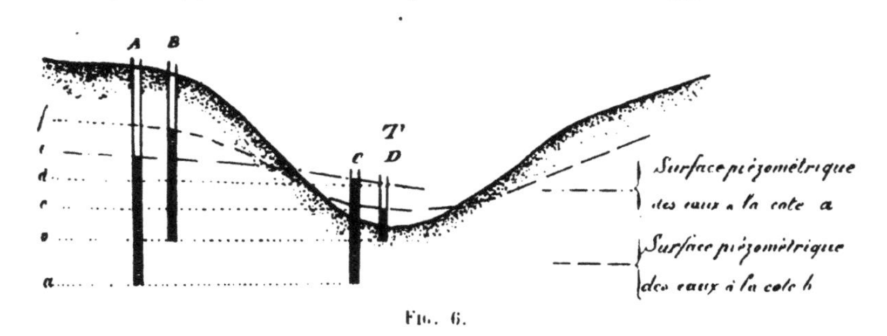

Fig. 6.

La différence entre le niveau de l'eau dans les puits A et B indiquera que la composante verticale de la vitesse de l'eau entre la base des puits est dirigée de haut en bas.

Cette composante sera au contraire dirigée de bas en haut à l'endroit où sont foncés les puits C et D. On conclura de même qu'aux cotes *a* et *b*, les eaux se dirigent vers la dépression T et que la composante horizontale de la vitesse est plus grande à la profondeur *a*. Connaissant la perte de charge entre divers points de la nappe et la nature du terrain perméable (supposé homogène), il semble que nous ayons les éléments suffisants pour déterminer la trajectoire parcourue par l'eau et la vitesse ave laquelle elle se meut le long de celle-ci.

Cette méthode d'investigation, que nous avons préconisée il y a plus de deux ans déjà [1], a été appliquée en Hollande et y a fourni des indications très intéressantes.

Elle a notamment montré :

1° Que certaines parties d'une nappe aquifère libre peuvent être douées d'un mouvement ascensionnel, comme le montre l'observation des puits C et D dans la figure (6).

2° Que la partie superficielle d'une nappe libre peut circuler en

[1] Etude hydrologique du littoral belge envisagée au point de vue de l'alimentation en eau potable. — Revue Universelle des Mines. T. II, 4e série, p. 117 — 1903.

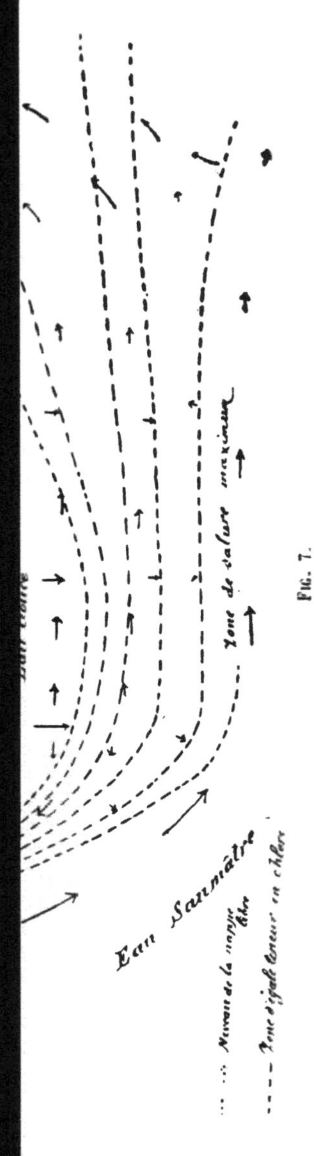

FIG. 7.

sens inverse de la partie profonde. La figure (7) montre très clairement les observations qui ont été faites.

3. *Recherches de laboratoire.*

1. Enfin il existe une troisième méthode de recherche que nous avons appliquée récemment pour démontrer l'allure des nappes aquifères qui se trouvent en relation directe avec les eaux de la mer (1). Nous la décrirons succinctement dans cet exposé.

Nous avons fait construire une cuve en verre de $2^m,50$ de long, de $0^m,50$ de large, de 1 m. de haut. Ces dimensions sont suffisantes pour disposer dans la cuve diverses couches de terrains perméables et imperméables, de manière à reproduire en petit, tous les cas qui peuvent se présenter dans la nature. On produit ensuite une pluie artificielle d'eau colorée, afin de

...inaire sur une nouvelle méthode pour étudier expérimen... ...les nappes aquifères dans les terrains perméables en petit... ...é Géologique de Belgique, T. XXXII, Mémoires.

rendre plus visible sa pénétration lente dans les terrains perméables. Des nappes aquifères finissent par se former au contact des terrains moins perméables, et l'eau s'écoule par les exutoires (sources, captages), que l'on dispose aux endroits voulus.

L'intérêt de ces recherches étant surtout de se rendre compte du chemin suivi par l'eau depuis le moment où elle est déversée sur le terrain jusqu'au moment où elle en sort par un exutoire, des grains de permanganate potassique sont disposés en des points convenablement choisis le long des parois du verre.

Les traînées coloriées émanant de ceux-ci donnent des indications tellement précises que l'on peut déterminer, pour ainsi dire, la trajectoire parcourue par chaque goutte d'eau.

Il est possible de garder trace des phases successives de l'expérience en les dessinant rapidement sur les parois de verre avec des crayons de couleurs différentes.

La méthode expérimentale qui vient d'être décrite peut donc servir à déterminer la direction d'écoulement des nappes aquifères, quelles que soient les conditions spéciales où elles se trouvent. Nous pourrons, notamment, étudier les relations qui existent entre la forme extérieure de la nappe, le profil du sol et celui de la base imperméable.

Nous pourrons, de même, étudier l'influence drainante d'une dépression, d'une galerie ou d'un puits, atteignant une nappe aquifère.

Cette méthode s'annonce donc comme devant être féconde en résultats pratiques. Dès sa première application, elle nous a permis de déterminer quelques notions d'hydrologie restées, jusqu'à présent, assez obscures :

1° Dans le cas le plus simple d'une nappe aquifère dominant une vallée et drainée par celle-ci, la trajectoire décrite par une goutte d'eau est une courbe régulière, dont la concavité est dirigée vers le haut. Nous nous réservons de reprendre les calculs qui ont été faits à ce sujet, et nous comparerons la courbe calculée avec la courbe réelle.

2° La plupart des hydrologues ont admis, sans y faire d'objection, que l'on peut distinguer, dans une nappe libre, une partie active et une partie passive.

D'après la définition adoptée, la partie active ou mobile d'une nappe serait au-dessus du plan horizontal passant par le point le plus bas, pouvant servir d'exutoire.

La partie passive, ne participant pas au mouvement général de la nappe, serait donc située en-dessous du même plan (fig. 8).

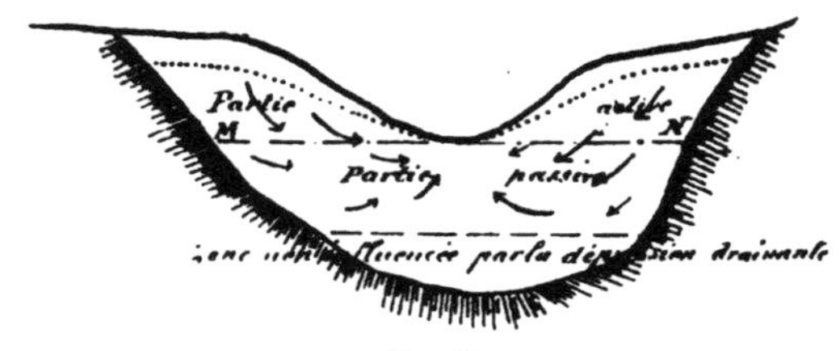

Fig. 8.

Notre expérience a démontré que la notion de la partie passive, telle qu'elle a été proposée et généralement acceptée est fausse. En effet, des grains de permanganate disposés aux points de départ des flèches, ont dégagé des traînées coloriées, très importantes, dans le sens indiqué.

Il résulte de là, qu'il faut reporter beaucoup plus bas la zone non influencée par la dépression drainante.

L'appellation *active* pourra être conservée à la partie de la nappe située au-dessus du plan MN, car c'est le poids de cette partie qui donne la charge nécessaire pour mettre en mouvement la partie passive qui subit l'action de la partie active.

Il existe alors, en dessous de la partie passive, une troisième zone, où les eaux ne seront plus soumises à l'action drainante de la dépression et, dans le cas de la figure 8, par exemple, elles pourront, pour ainsi dire, être stagnantes. Cette zone jouira des propriétés que l'on avait attribuées à tort à la nappe passive.

Remarquons, en passant, que la circulation de l'eau est possible à une certaine profondeur en-dessous du niveau de drainage d'une région, et qu'il est facile ainsi, d'expliquer les altérations de certains gîtes métallifères et la dissolution des calcaires en-dessous du niveau des vallées sans devoir faire appel à des soulèvements et des affaissements du sol.

Voyons maintenant s'il est possible de déterminer la profondeur de la zone non influencée par une pression drainante déterminée.

Nous savons (fig. 9) que la surface qui limite une nappe aquifère

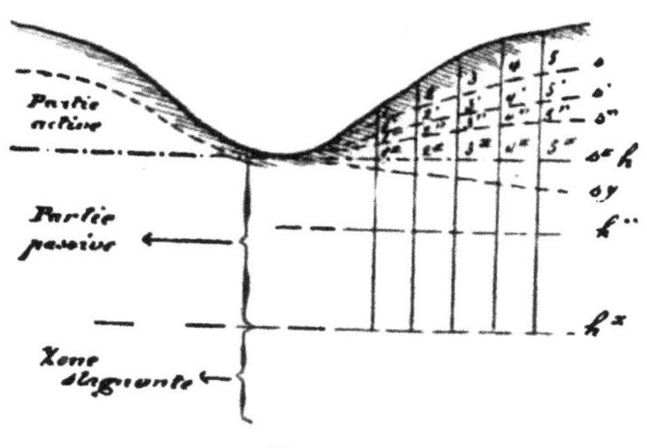

FIG. 9.

est une courbe *s*, ayant une forme plus ou moins parabolique. Cette forme peut avoir été reconnue par une succession de puits tubés, 1, 2, 3, 4, 5. Supposons que nous approfondissions ces mêmes puits jusqu'à un niveau marqué par l'horizontale h'. Si ces puits ne sont en communication avec la nappe que par la base, l'eau montera jusqu'aux hauteurs 1', 2', 3', 4', 5'. Nous pourrons faire passer, par ces points, une courbe s', analogue à la courbe *s*, mais généralement plus aplatie. De même, les puits approfondis jusqu'en h'' donneront une courbe s''.

Il arrivera un moment où les puits auront atteint une profondeur telle, que la courbe s^x se confondra avec l'horizontale. La profondeur des puits, à ce moment, correspondra à la limite entre la partie passive et la zone des eaux non influencées par la dépression drainante.

Cependant cette zone, non influencée par une dépression déterminée, peut contenir des eaux circulant, en profondeur, dans un sens différent de celui de la circulation des eaux des parties active et passive. Nous pourrions, en effet, trouver, pour des eaux contenues en dessous de h^x, une courbe telle que s^y, indiquant une circulation en sens inverse, vers un exutoire situé à droite et à une plus grande profondeur que la dépression.

Les expériences que nous avons faites pour reproduire les conditions hydrologiques du littoral belge ont démontré la possibilité de ces circulations d'eau dans des directions différentes, en ce qui concerne le versant continental des dunes. Pour celui-ci, en

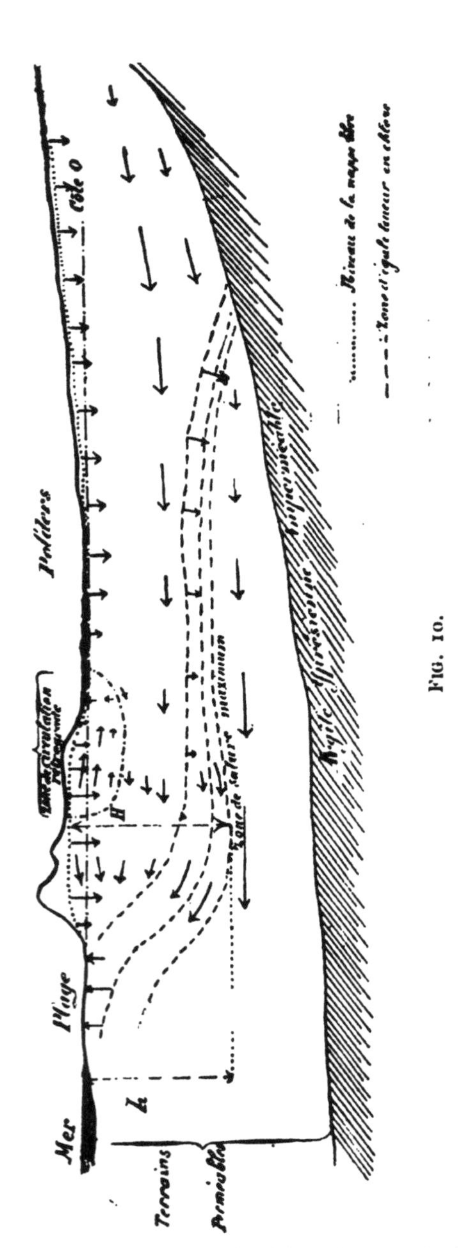

Fig. 10.

effet, des eaux circulent superficiellement vers le continent et en profondeur vers la mer. Nous avions d'ailleurs déjà parlé de ce phénomène dans nos précédentes communications ([1-2]).

Nous reproduisons ci-contre (fig. 10) l'une des figures que nous avons publiées et que nous avons obtenue exactement dans notre expérience.

Il ressort de tout ce qui précède, qu'il ne faut pas toujours se baser sur la position des crêtes de partage des eaux souterraines, pour calculer l'étendue de leur bassin alimentaire.

Cette partie de notre exposé est forcément incomplète, à cause du petit nombre d'expériences que nous avons pu faire jusqu'à ce jour.

Nous nous réservons d'étudier tous les cas qui peuvent se présenter dans la nature et nous espérons compléter ainsi les idées

Note complémentaire à l'étude hydrologique du littoral belge. *Ann. géol. de Belg.*, t. XXXI. Mémoires.

L'allure des nappes aquifères contenues dans des terrains perméables etit au voisinage de la mer. ibid. Tome XXXII, p. 101, Mémoires.

émises aujourd'hui. Nous chercherons à concilier les résultats d'expériences avec le calcul et à en tirer des lois générales sur la circulation de l'eau dans les nappes aquifères contenues dans les terrains perméables en petit.

Tel est l'exposé que nous tenions à faire, de nos connaissances actuelles et des recherches à entreprendre sur les échanges d'eau entre le sol et l'atmosphère et sur la circulation de l'eau dans le sol.

Nous espérons que ce travail, forcément incomplet et qui résout beaucoup moins de problèmes qu'il n'en soulève, sera suivi d'une série de recherches plus complètes, entreprises par nos collègues belges et étrangers.

Nous estimerions avoir entièrement atteint le but que nous poursuivons, si le rapport que nous avons eu l'honneur de présenter au Congrès, contribuait à établir une méthode rationnelle qui permettrait, dans chaque cas particulier, *de déterminer la quantité d'eau qui s'infiltre dans le sol, de prévoir le temps qu'elle mettra pour atteindre la nappe, et de prédire, par conséquent, l'augmentation ou la diminution des réserves d'eau qui s'emmagasinent dans le sol et dont nous disposons pour nos besoins.*

Liége, le 1er juin 1905.

La Région de Landelies

Note préparatoire à l'excursion du 29 juin

PAR

VICTOR BRIEN

Ingénieur au Corps des Mines, Ingénieur-géologue

La présente notice n'a d'autre but que de servir de guide aux membres du Congrès qui participeront à l'excursion organisée aux environs de Landelies. C'est en partie la reproduction d'un article présenté à la *Société géologique de Belgique*, en séance du 19 mars 1905. J'en ai supprimé l'argumentation relative à certaines questions n'ayant qu'un intérêt local. En revanche, j'ai cru utile d'y rappeler sommairement les théories, actuellement admises, par lesquelles on explique la structure complexe de la région et de décrire, d'après les travaux antérieurs, l'allure des failles et la composition des massifs refoulés; enfin, j'ai reproduit, non seulement le tracé, mais encore la description détaillée de la belle coupe de calcaire carbonifère dont l'étude constitue le but principal de l'excursion.

* *

La région visitée par le Congrès et qui se trouve à quelques kilomètres à l'Ouest de Charleroi, est célèbre dans la littérature géologique. Il y existe, en effet, de grands accidents tectoniques qui ont longtemps tenu les savants en échec et pour lesquels de nombreuses explications ont été proposées. Au milieu du terrain houiller exploité, par conséquent dans une situation tout à fait anormale, on y rencontre une sorte d'ilôt de terrains plus anciens s'étendant surtout sur le territoire des communes de Mont-sur-Marchienne, Montigny-le-Tilleul, Landelies, Leernes et Fontaine-Lévêque. Pour la clarté de l'exposé, je le représente dans la fig. 1, de la planche 2, qui n'est que la reproduction de la carte publiée en 1894, par Briart ; il a la forme d'une ellipse fort irrégulière dont le grand axe, orienté du Nord-Ouest au Sud-Est, mesure environ 11 kilomètres et dont le petit axe a une longueur approximative de 5 kilomètres. Il est composé de houiller, de calcaire carbonifère et de dévonien ; il est entouré de toutes parts d terrain houiller, inférieur ou supérieur, sauf vers le Sud-Oues où il est en contact, sur 3 kilomètres, avec des grès d'âge coblencie (dévonien inférieur).

Ce n'est pas ici l'endroit d'exposer les diverses hypothèses qu ont été émises pour rendre compte de la situation singulière de c massif ou pour résoudre d'autres cas, tout à fait analogues, qu'o peut observer au bord sud de notre bassin houiller. Qu'il me suffis de rappeler que c'est Briart qui, le premier, a donné de ces phéno mènes, une explication tout à fait satisfaisante, définitive même peut-on dire, quant à son principe. C'est dans son célèbre mémoir « *Géologie des environs de Fontaine-Lévêque et de Landelies* publié en 1894 [1], que le grand géologue belge démontra l'existence dans la région qui nous occupe, d'une série de lambeaux superposés séparés les uns des autres par des failles courbes. Cette théorie qui fut admirablement féconde et qui éclaira d'un jour nouveau l tectonique de nos terrains primaires, est, aujourd'hui, devenu absolument classique. Je la résumerai cependant très brièvemen afin de faire comprendre bien nettement à tous les excursionniste la structure de la région visitée.

Les grands accidents auxquels on doit les anomalies stratigra phiques ci-dessus décrites datent d'une époque où nos terrain primaires étaient relevés et plissés comme ils le sont de nos jour et où s'étaient déjà produites les principales cassures qui le affectent. Ils ont eu une cause initiale unique, à savoir cette puis sante poussée tangentielle venant du Sud, dont tant de fait contribuent à démontrer la réalité et qui, à cette époque, avait e notamment pour conséquence le renversement du bord Sud de synclinaux du bassin stratigraphique de Namur.

Selon Briart, les phénomènes se sont effectués en quatre phase distinctes.

1re phase : Sous l'action de cette poussée tangentielle, une frac ture, peu inclinée sur l'horizontale, se produisit à un momen donné vers le bord Sud du bassin houiller et un important lambea de terrain fut charrié vers le Nord; le cheminement, probablemen

[1] *Ann. soc. géol. Belg.*, t. XXI. Mém. pp. 35 et suiv.

très lent, de ce lambeau s'effectua, en partie le long du plan de fracture, en partie le long de la surface du sol sur lequel il était poussé. Mais il arriva un moment où, pour une cause quelconque, le massif refoulé opposa au mouvement une résistance de plus en plus grande; cette cause, un certain nombre de géologues, MM. Gosselet et H. de Dorlodot notamment [1], la cherchent, non sans raison semble-t-il, dans le fait que la surface de faille, primitivement plane, se déformait, se creusait peu à peu en forme de cuvette sous l'action même des efforts orogéniques sans cesse agissants.

C'est alors que commença la deuxième phase du phénomène : grâce à ce bombement du plan de faille et à l'action de la poussée Sud, une cassure finit par se produire dans le massif refoulé ; la partie inférieure s'arrêta, tandis que le reste du massif continuait à s'avancer vers le Nord, le long de cette nouvelle faille.

Cette seconde phase se termina comme la première : le second massif refoulé rencontrant à son tour, et pour les mêmes raisons que précédemment, une résistance croissante au mouvement, une troisième cassure s'y forma, le long de laquelle la partie supérieure du massif continua à cheminer tandis qu'une nouvelle écaille restait définitivement en place.

Enfin, pendant une quatrième et dernière période, les mêmes faits se reproduisirent à nouveau et le phénomène se clôtura par la formation d'une grande faille qui rejeta, par dessus les lambeaux précédemment refoulés et le terrain houiller resté en place, une nappe énorme de terrains plus anciens.

A l'origine, ces lambeaux de recouvrement avaient probablement une extension superficielle considérable, mais ils ont été, dans la suite, l'objet d'une érosion intense qui, par endroits, les a fait complètement disparaître et qui, à Landelies, n'en n'a plus conservé que des vestiges.

Il résulte à toute évidence de la théorie qui précède que, parmi ces diverses failles plates superposées, ce sont les failles inférieures, c'est-à-dire celles dont l'affleurement actuel est, en général, le plus au Nord, qui sont les plus anciennes.

[1] Gosselet. *L'Ardenne*, pp. 745 et 749.
Chanoine H. de Dorlodot. *Genèse de la Crête du Condroz et de la Grande Faille*, *Ann. Soc. scient. de Brux.* *1898*, p. 43 du tiré à part.

A Landelies, le premier lambeau refoulé, qu'on peut appeler le *lambeau de la Tombe ou de Marchienne-au-Pont* (voir pl. 2 fig. 1) est composé de calcaire carbonifère et de houiller ; il est limité inférieurement par la *faille de la Tombe*, dont Briart fait coïncider l'affleurement vers le Nord avec une faille reconnue par les travaux de charbonnage, la *faille du Carabinier*; la bande de houiller appartenant à ce massif a une largeur maxima d'environ 2 kilomètres ; elle est superposée au terrain houiller en place et nombre de couches qu'elle contient sont exploitées souterrainement.

Le *second lambeau* est celui de *Fontaine-Lévêque*, limité par la faille du même nom; il est composé surtout de calcaire carbonifère et repose en partie sur le terrain houiller en place, en partie sur le lambeau de Marchienne-au-Pont.

Superposé à ces deux massifs et recouvrant vers le Sud-Est du houiller et du calcaire carbonifère en place, vient ensuite le *lambeau de Landelies* qui comprend du calcaire carbonifère, du famennien (dévonien supérieur) et du frasnien (dévonien moyen) et qui est limité par la *faille de Leernes* ; en plan, le tracé de cette faille figure presque une courbe fermée, ce qui indique clairement la forme en cuvette de la surface de faille. Une particularité digne d'être signalée, c'est qu'à proximité de la gare de Landelies, en contact avec le frasnien et le famennien de ce troisième lambeau, Briart a reconnu l'existence de terrain houiller qui, d'après lui, serait en place et dont il explique très simplement la présence : par suite d'un bombement local de la surface de faille, l'érosion aurait, en ce point, enlevé complètement ce massif charrié et laissé apparaître le substratum sur un certain espace ; on aurait donc là ce que l'on a appelé un *œillet* ou une *fenêtre*.

Enfin, la dernière poussée a refoulé vers le Nord, le long d'une faille peu inclinée un important complexe de couches, dont la partie actuellement visible près de l'affleurement de la faille est constitué par des grès coblenciens ; la faille en question est la *Faille du Midi* ou *Grande Faille* qui joue un si grand rôle dans la tectonique de nos terrains primaires ; son plan (et non sa ligne d'affleurement) marque la limite de l'extension méridionale possible de notre bassin houiller exploité; on la retrouve, sous dnoms différents et malgré d'importantes interruptions [1] d'un bout à l'autre de notre pays, au bord sud de la cuvette houillère ; c'est elle, notamment, qui est connue sous les noms de *faille du Bois de Loverval* et *faille du Bois de Châtelet* aux environs de cette dernière localité, sous le nom de *faille eifelienne* dans le pays de Liége ; ou tout au moins, ce qui revient à peu près au même, ces failles, quoique ne pouvant se raccorder à la Faille du Midi, sont dues incontestablement à la même cause et jouent un rôle tout à fait analogue. Disons enfin que cette Faille du Midi est considérée par tous les géologues comme la dernière en date, comme celle qui termina définitivement l'ère des dislocations qui affectèrent nos terrains paléozoïques.

L'excursion de Landelies permet de faire une étude, à la fois très claire et très démonstrative, de ces failles et de ces lambeaux du refoulement. Elle peut donc servir utilement de préparation à l'excursion dirigée par M. Fourmarier dans la région située à l'Est de Liége, où se remarquent des phénomènes analogues, mais beaucoup plus complexes.

Les observations sont facilitées à Landelies par l'existence d'une fort belle coupe naturelle qui se voit sur la rive gauche de la Sambre et qui se continue par la coupe de la tranchée du chemin de fer du Nord à proximité de l'arrêt de la *Jambe de Bois*. Cette coupe présente, sur une longueur totale de plus de 1500 m. et pour ainsi dire sans lacune, la série complète des couches carbonifères presque partout entamées par des exploitations. Aussi, si elle est intéressante au point de vue stratigraphique, ne l'est-elle pas moins au point de vue de l'étude de notre calcaire carbonifère et, bien que ce dernier point soit secondaire, je n'ai pas cru devoir le négliger dans la présente notice. Cette coupe a été publiée autrefois par plusieurs géologues et notamment par Briart dans le travail dont

(1) Voir notamment X. Stainier, *Sur la terminaison orientale de la Crête silurienne du Condroz. Bull. Soc. belge de géol.* t. VIII pr. verb. pp. 234 et suiv.

De Dorlodot, *Recherches sur le silurien occidental de Sambre et Meuse et sur la terminaison orientale de la faille du Midi. Ann. Soc. géol. de Belg.* t XX. Mém. pp. 289 et suiv.

j'ai parlé précédemment. Mais à l'occasion de l'excursion, je la publie à nouveau en y joignant une vue en plan, relevée exactement sur les lieux, et qui facilitera beaucoup aux excursionnistes l'étude de la coupe (Pl. I fig. 1). Cette vue en plan m'a du reste été d'une grande utilité pour tracer avec précision la fig. 2 et j'ai pu ainsi corriger quelques inexactitudes de détail de la coupe de Briart. Comme on le voit d'après la planche I, j'ai effectué non pas une coupe droite mais une coupeb risée AB. CD. EF. GH. IJ. KL. de façon à ce que les tronçons AB, CD etc. restent constamment perpendiculaires aux couches rencontrées. En outre, j'ajouterai dès à présent que mon interprétation diffère de celle de Briart, d'abord en une série de points de détail et en second lieu, au sujet de deux questions importantes : la signification stratigraphique des brèches et la réalité de l'existence de la faille de Leernes dans la carrière, dite du Trou de l'Ermite, de la coupe de la Sambre. Mais ce sont là, en somme, des problèmes qui ont surtout un intérêt local et dont la solution ne peut rien changer *aux grandes lignes* de la stratigraphie ; je m'abstiendrai donc de les discuter.

* * *

Dans la région de Landelies, le calcaire carbonifère présente une série de particularités assez remarquables. Les deux étages qu'y distingue la carte géologique officielle au 40.000e, le Tournaisien à la base et le Viséen au sommet, y ont des développements forts inégaux : alors que la puissance du Tournaisien n'est que de 75 m., celle du Viséen est de 550 à 600 m.

Les puissantes assises du *petit granit* (T2b), si bien développées sur l'Ourthe, où elles sont très activement exploitées pour pierres de taille, n'existent pas à Landelies ou plutôt on les y retrouve avec une faible puissance, 25 à 28 m., et dolomitisées (T2by). Les calcaires construits, dit waulsortiens qui, aux environs de Dinant, se rencontrent à peu près au niveau stratigraphique du petit granit font complètement défaut dans la région visitée, ainsi que le calcaire dit violacé (T2bl).

L'assise inférieure de l'étage Viséen est assez mal représentée ; elle est presque entièrement dolomitisée ; on n'y retrouve pas notamment ce calcaire noir à grain fin et à cherts noirs exploité comme marbre à Dinant et à Denée (V1a).

En revanche, les couches de calcaires à *Productus Cora* qui surmontent cette dolomie viséenne sont extrêmement puissantes; elles comportent une épaisseur de 225 m. de beaux calcaires oolithiques, de calcaires gris-clair en gros bancs et de calcaires blancs massifs d'une grande pureté.

Les couches supérieures à ce niveau, telles que les distingue la légende de la carte géologique au 40.000^e sont également fort bien caractérisées et très puissantes : citons notamment les célèbres brèches à ciment gris ou rouge souvent exploitées comme marbre et qu'on trouve dans la coupe de la Sambre, fort bien caractérisées et avec une épaisseur d'environ 60 m.

Voici, du reste, la description détaillée de la coupe; les notations employées sont celles de la légende de la carte géologique officielle au 40.000^e.

I. Tournaisien.

A. *Assise inférieure*, dite *assise d'Hastière*. (T1)

T 1 a. Calcaire à crinoïdes, dit à *Spirifer glaber*. Puissance 10 m.

Ce calcaire est fort peu visible dans la coupe, on en trouve quelques bancs verticaux au haut des escarpements, en contact avec les schistes de l'assise T1b. Vers le sud-ouest, on voit également quelques bancs d'allure horizontale sur la signification stratigraphique desquels je ne suis pas encore fixé.

T 1 b. Schistes d'un vert-sombre, jaunâtres en altération, assez fissiles, à *Spiriferina octoplicata*. Puissance 3 m.

Ces schistes forment, comme on sait, un horizon géologique d'une grande constance. Briart déclare n'y avoir pas trouvé le fossile caractéristique; celui-ci n'est cependant pas rare. On rencontre en outre un assez grand nombre d'autres fossiles, en général bien conservés. Ces schistes constituent la paroi S.-O, légèrement surplombante, de la première carrière, dont ils ont fini par rendre l'exploitation impossible.

T 1 c. Calcaire à crinoïdes, dit de Landelies, à *Spirifer tornacensis*. Puissance 18 m.

Ces calcaires ont été exploités pour pierres de taille. Outre le fossile cité, ils contiennent de grands polypiers, *Amplexus*, *Zaphrentis*, etc., assez abondants et qui permettent souvent de les reconnaitre à première vue. Ils ne renferment pas de concrétions siliceuses, dites *cherts*. Les intercalations schisteuses sont rares

T 1 c h. Calschistes et calcaires à chaux hydraulique, dits de Tournai.

Ces couches sont bien visibles dans la paroi N.-E. de la carrière précédente. Elles sont surtout formées de schistes calcareux grossiers, extrêmement fossilifères. Malheureusement les fossiles sont assez mal conservés. Il y a aussi quelques bancs de calcaire impur qui seraient peut-être propres à la fabrication de la chaux hydraulique. Une partie de cette assise est cachée par la végétation.

B. *Tournaisien supérieur. Assise des Ecaussines ou de Waulsort.* (*T2*)

T 2 a. Calcaire à crinoïdes, dit d'Yvoir. Puissance 6 à 8 m.

Cette assise n'est visible qu'à mi-hauteur et à la partie supérieure des escarpements. Elle est généralement caractérisée par l'existence de bandes continues ou subcontinues de cherts noirs, parallèles à la stratification ; malgré des recherches attentives, je n'ai pu découvrir une seule de ces concrétions siliceuses. C'est le seul point de notre calcaire carbonifère où j'aie constaté l'absence de cherts à ce niveau.

T 2 b y. Dolomie claire à crinoïdes. Puissance 25 à 28 m.

Cette dolomie est incontestablement l'équivalent du petit granit, qui, sur l'Ourthe notamment, surmonte immédiatement le calcaire d'Yvoir. Elle est assez nettement stratifiée, sauf vers le haut où les bancs deviennent assez épais et où la roche prend par endroits une apparence massive. Elle est de couleur plutôt claire et contient assez bien de tiges de crinoïdes. On y trouve aussi des *Syringopores*. Briart, sur la foi de de Koninck, considère ce fossile comme caractéristique du Tournaisien et sa présence lui paraît un argument de plus en faveur de l'assimilation de la dolomie à crinoïdes au petit granit. De fait, les *Syringopores* se rencontrent le plus souvent dans les couches inférieures de notre calcaire carbonifère. Il n'est pas fort rare cependant d'en trouver dans le Viséen et je me souviens, pour ma part, d'avoir, aux environs de Boulogne, trouvé ce fossile dans le calcaire à *Productus Cora* et même dans les couches supérieures à ce niveau. Quoi qu'il en soit et par analogie avec ce qui se voit ailleurs dans notre carbonifère, il ne paraît pas douteux qu'il faille ranger la dolomie à crinoïdes au sommet de l'étage tournaisien.

II. Viséen. (V)

A. *Viséen inférieur* ou *assise de Dinant* (V 1). Dolomie noire, non crinoïdique, dite de Namur, stratifiée ou massive, avec intercalations de bancs calcaires, à cherts, contenant *Chonetes papilionacea*. Puissance 100 m.

Cette assise comprend d'abord 40 à 45 m. de dolomie noirâtre, non crinoïdique, stratifiée, avec nombreuses géodes remplies de calcite spathique et quelques rares intercalations de calcaire dolomitique; puis viennent 28 m. de calcaire gris-noir dont les premiers bancs, assez minces, contiennent des cherts en lits subcontinus ainsi que d'autres concrétions siliceuses fort bizarres; les bancs suivants sont plus gros, de couleur plus claire, ils sont fossilifères et on y trouve notamment en assez grande abondance, le *Chonetes papilionacea*. Un certain nombre de ces bancs calcaires sont légèrement dolomitisés et ils contiennent quelques intercalations de dolomie noire bien caractérisée. Enfin l'assise se termine par de la dolomie noire massive ou mal stratifiée. Un caractère qui distingue cette dolomie de la dolomie tournaisienne, c'est qu'elle devient pulvérulente par altération. Je n'ai point retrouvé les quelques bancs minces de calcaire à texture compacte et à cherts que Briart dit exister à la base de l'assise (1), au contact de la dolomie tournaisienne et qu'il considère, assez arbitrairement du reste, comme l'équivalent du marbre noir (V 1 a).

Il ne me paraît pas utile de tenter de subdiviser cette assise; tout ce qu'on peut dire, c'est que les bancs calcaires à *Chonetes papilionacea* devraient plutôt être rangés dans le niveau supérieur, désigné sous la notation V 2 b par la légende de la carte officielle.

B. *Viséen supérieur* (V 2) ou *assise de Visé*.

V 2 a. Calcaire oolithique, calcaire gris blanc en gros bancs et à nombreux clivages, calcaire blanc, massif, d'une grande pureté. *Productus Cora*. Puissance 225 m.

Immédiatement sous la dolomie viséenne apparaissent des calcaires fort nettement oolithiques, en gros bancs, à nombreux clivages; il s'y trouve quelques bancs de dolomie claire dans laquelle la texture oolithique reste visible. Ils sont suivis de calcaire gris-clair en assez gros bancs, qui sont parfois légèrement et irrégulièrement dolomitisés. Ils présentent souvent une texture fort intéressante, que j'ai rencontrée maintes fois dans les roches de ce niveau

(1) Loc. cit. p. 82.

et à des endroits fort distants les uns des autres (par exemple aux environs de Namur, près de Verviers, etc.) : la roche ressemble, par endroits, à une brèche à petits éléments entourés d'une pâte calcaire, parfois oolithique ; ces éléments, qui sont toujours subanguleux ou même arrondis, ne paraissent pas provenir de la désagrégation de rochers préexistants ; ils ressemblent plutôt à des concrétionnements irréguliers autour de certains centres d'attraction; dans certaines plages de la roche, cette apparence est fort nette et cette origine semble indéniable; ailleurs, le caractère détritique de la roche semble prédominer.

Au-delà, on trouve, sur une épaisseur de plus de 100 m., un calcaire d'une blancheur éclatante, parcouru par de nombreuses cassures qui, par endroits, simulent à s'y méprendre la stratification [1]. Il contient de nombreux *Productus Cora*. Il est d'une grande pureté et est activement exploité pour servir notamment en verrerie et en glacerie. Bien que le calcaire de ce niveau revête souvent une apparence massive, je n'ai constaté nulle part ailleurs cette absence complète de stratification.

Je range tous les calcaires que je viens de décrire dans le niveau qui forme la base du Viséen supérieur (V 2 a). Je ne me dissimule pas qu'il serait possible de faire rentrer toute la partie inférieure contenant les calcaires oolithiques et les calcaires gris à apparence détritique ou vaguement bréchiforme dans le Viséen inférieur. La paléontologie fournirait peut-être des arguments en faveur de cette dernière manière de voir. Mais en réalité j'attache à cette question de limites d'assises assez peu d'importance et je crois qu'au point de vue pratique et pour la région qui nous occupe, il est plus commode de ne pas séparer des calcaires qui ont entre eux d'assez grandes ressemblances au point de vue minéralogique.

V 2 b. Calcaire gris, souvent grenu, bien stratifié, parfois traversé par des veines blanches de calcite. Puissance, 65 à 70 m.

Ce calcaire apparait déjà à la paroi Est de la grande carrière de calcaire blanc à *Productus Cora*. Il est surtout visible dans l'excavation suivante, le long de la Sambre, où il a fait l'objet d'une exploitation, actuellement abandonnée. Il est généralement gris, grenu ou subgrenu ; quelques bancs contiennent d'abondantes tiges de crinoïdes noires ; il est parfois, surtout vers le sommet de l'assise, parcouru par des veines de calcite blanche qui le font ressembler quelque peu au marbre dit *bleu-belge* ; Briart a le tort de désigner l'assise V 2 b sous ce nom de bleu-belge, alors qu'il conviendrait

[1] Il y a une erreur dans le plan et la coupe qui accompagnent cette notice : le calcaire blanc massif commence une quarantaine de mètres avant la carrière où il est exploité.

pour éviter toute confusion, de réserver cette appellation au marbre bleu-noir, veiné de blanc, appartenant au niveau V 2 c, qui s'exploite surtout à Bioulx et à Warnant [1].

Vers le milieu de l'assise, on trouve, dans la coupe de la Sambre, une sorte de cassure d'allure verticale, de 12 à 15 m. de large, contre laquelle les couches viennent butter fort nettement (voir pl. 1 fig. 2); elle est remplie par une brèche à éléments assez homogènes, parmi lesquels on distingue surtout des fragments des bancs encaissants et notamment du calcaire grenu à crinoïdes noires ; le ciment est peu apparent, il semble parfois argileux et rougeâtre, mais il est le plus souvent spathique ; la calcite est, en tout cas, fort abondante et remplit tous les joints et toutes les cavités de la roche. Il est difficile de préciser l'âge et le mode de formation de cette cassure; si elle est accompagnée d'un rejet, celui-ci est à coup sûr fort peu important, les bancs calcaires ne paraissent guère différents de part et d'autre de la cassure et celle-ci ne semble affecter en rien la régularité et la continuité de la coupe. Quoi qu'il en soit, je pense que la brèche qu'elle contient n'a rien de commun avec la puissante assise de brèche que nous allons voir quelques mètres plus loin et qu'on a simplement affaire à une brèche de remplissage.

V 2 cx. Brèche massive, à éléments calcaires hétérogènes de volume très variable, à ciment gris ou rouge, argileux ou argilo-calcaire.

Le passage des bancs précédents à la brèche se fait insensiblement; la stratification devient de plus en plus confuse et le caractère bréchiforme, d'abord indistinct, apparait petit à petit ; quelques bancs de l'assise précédente, visibles au bas de l'escarpement, ne se prolongent pas vers le haut et viennent butter contre la brèche. Les éléments de la brèche sont assez hétérogènes, ils sont de volume variable ; les plus gros éléments semblent se trouver au voisinage des bancs du calcaire V 2 b; cependant il faut remarquer que même près du contact de ces bancs, on trouve des plages de brèche à éléments fort petits. Le ciment, d'abord gris et calcareux, devient plus en de plus argileux et rougeâtre. C'est vers le haut de l'assise que se trouvent les meilleures qualités exploitables pour marbre. La brèche n'est nulle part stratifiée; par endroits cependant, on distingue de vagues apparences de bancs assez bien parallèles à la stratification générale; parfois on trouve quelques petits bancs bien nets de calcaire non bréchiforme, entourés de toutes parts par la brèche massive contre laquelle ils viennent butter.

[1] L'expression purement commerciale, de *bleu-belge* s'applique aussi à un marbre frasnien qui s'exploite notamment à Merlemont et qui a une grande analogie avec le marbre de Bioulx.

J'ai trouvé dans la brèche deux cailloux fort nettement roulés, deux vrais galets calcaires aplatis ; ils n'étaient pas englobés dans le ciment rouge, ils semblaient plutôt se trouver au milieu d'un gros élément calcaire de la brèche.

L'assise se termine à un gros banc calcaire de 4 mètres d'épaisseur, sur lequel la brèche repose en stratification renversée et qui contient par endroits de véritables accumulations de petits brachiopodes. Immédiatement sous ce banc, existe un autre banc d'environ 2 m. d'épaisseur constitué par une brèche grise à petits éléments et à ciment spathique.

Briart se refuse à considérer la puissante masse de brèche que je viens de décrire comme une assise proprement d'te et lui attribue une origine dynamique. Au contact de la brèche et des couches sur lesquelles elle repose en stratification renversée, ce savant croit, en effet, reconnaître le passage d'une faille importante, ou plutôt de deux failles, les failles de Leernes et de Fontaine-Lévêque, dont les plans de poussée coïncideraient précisément en ce point de la coupe de la Sambre ; ce serait pendant le mouvement de transport dû à ces failles que les calcaires du toit se seraient brisés et désagrégés et que se seraient formées les accumulations de brèches observées. Comme je l'ai dit précédemment, ce n'est pas ici le lieu de discuter cette théorie ; je me bornerai à dire qu'une étude attentive de la brèche de Landelies et, en général, de toutes nos brèches carbonifères m'a convaincu que la théorie de Briart est absolument insoutenable et que ces brèches ont une origine détritique ou sédimentaire ; elles forment une assise distincte qui peut même être considérée comme un bon horizon géologique et qui doit recevoir une notation distincte et non une simple notation de facies ; si j'ai, dans ce travail, noté la brèche V 2 c x, c'est simplement pour me conformer aux indications de la légende officielle actuellement admise.

J'ajouterai que je ne crois pas au passage, dans la coupe de la Sambre, des failles de Leernes et de Fontaine-Lévêque ; je pense que les calcaires rencontrés depuis les premiers calcaires tournaisiens jusqu'à ceux qui s'exploitent dans les carrières de Monceau-sur-Sambre appartiennent à un seul et même massif refoulé. Cette observation ne porte pas, du reste, atteinte au principe même de la théorie de Briart, mais elle devrait conduire à apporter des modifications plus ou moins importantes au tracé de la carte et de ses coupes.

V 2 c. Calcaire noir, compact, dit à *Productus giganteus*, contenant vers la base des bandes de cherts noirs et vers le sommet des lits de schistes charbonneux. Puissance 100 à 120 mètres (?)

Ces bancs, compacts ou subcompacts, ont parfois une texture rubannée due probablement à l'existence d'organismes (stromatoporoïdes). Je n'y ai point rencontré le fossile que la légende officielle considère comme caractéristique de cette assise et qui y est, du reste, assez rare. Les cherts que contiennent les bancs inférieurs n'existent pas fréquemment à ce niveau; au contraire, les lits de schistes charbonneux, dits à tort lits d'anthracite, sont d'une très grande constance dans tous le pays. C'est surtout au voisinage du houiller qu'ils se rencontrent. Il n'est pas possible de déterminer exactement la puissance de cette assise. Les bancs exploités dans les carrières de Monceau-sur-Sambre ont une épaisseur de 60 m. ; comme on ne voit ni le contact avec la brèche ni le contact avec le houiller, je crois qu'on peut sans exagérer évaluer la puissance totale de l'assise à 100 ou 120 m.

Au-delà des carrières de Monceau-sur-Sambre, on voit quelques affleurements de schistes et de phtanites houillers qui semblent en concordance de stratification avec les bancs calcaires.

L'ordre de succession des couches rencontrées, dans la coupe depuis le famennien jusqu'au houiller indique clairement qu'on se trouve au bord Nord, renversé vers le Sud, d'un grand anticlinal. Les couches, d'abord voisines de la verticale, s'infléchissent de plus en plus vers le midi, au point qu'à partir des calcaires à *Productus Cora*, on croirait avoir affaire à une succession de plateures régulières. Immédiatement sous la brèche, on constate que les bancs décrivent un anticlinal d'abord peu accentué, dont l'axe est à peu près parallèle à la direction de la Sambre. On suit très facilement cet anticlinal dans les excavations qui se voient depuis la carrière de brèche jusqu'à la tranchée du chemin de fer du Nord; près de cette tranchée, on remarque une disposition de couches qui paraît, à première vue, assez singulière : le haut de l'escarpement est occupé par des plateures inclinant légèrement au Sud, tandis que la partie inférieure est formée de dressants à pendage Nord ; la chose s'explique très simplement par le seul fait que l'axe du pli est incliné vers le Sud.

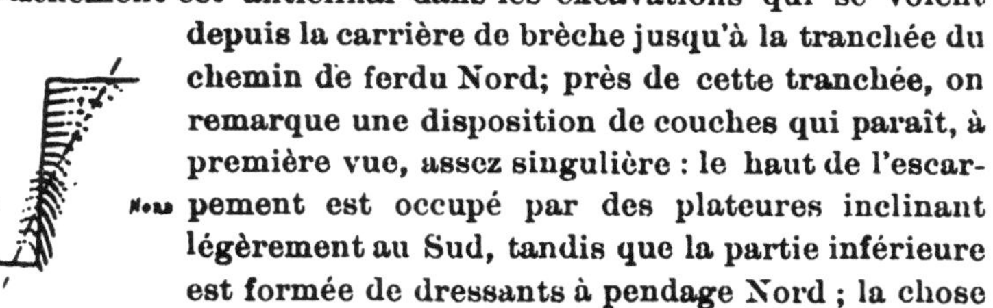

Dans la tranchée du chemin de fer, on voit d'abord affleurer les plateures du haut de l'escarpement suivies immédiatement par des couches en dressants ; bien qu'on ne puisse voir ces allures se raccorder l'une à l'autre, il me paraît évident que c'est le pli de la coupe de la Sambre qui réapparaît. Le crochon de tête de cet anticlinal, que j'ai figuré, en X X, par des traits interrompus (pl. I fig. 1) plonge visiblement vers l'Ouest; l'espèce de rejet vers le Nord

ce crochon en passant dans la tranchée de chemin de fer
l'apparent et tient simplement au fait que la coupe du
de fer est à un niveau supérieur à celui de la coupe de la
et que l'axe du pli incline au Sud. Dans la tranchée du
de fer, nous voyons ensuite les couches à *Productus*
us, dessiner un synclinal contenant au centre de la brèche;
nt un large anticlinal, suivi par lui-même d'un nouveau
l dont le bord Nord n'apparaît que dans les carrières de
ı-sur-Sambre et au centre duquel se voit également de la
Mais il ne faut pas perdre de vue que nous sommes en
ation renversée et que ces divers plis sont des *plis retour-*
couches formant le bord Nord des anticlinaux ont donc
e rotation très considérable : après avoir été redressées,
versées vers le Sud jusqu'à l'horizontale, elles ont continué
on jusqu'à redevenir à peu près verticales, tournant ainsi
-mêmes d'environ 270°. La présence de brèche *au centre*
inaux formés par des couches *plus récentes* démontre bien
que ces synclinaux sont en réalité des voûtes retournées.
ce qui est dans l'interprétation de la coupe, il est visible
couches dessinent un pli couché. Dans la fig. 3 de la
2, j'ai représenté ce pli de façon à serrer d'aussi près
sible la réalité. J'ai tracé à petite échelle la coupe de
carbonifère telle que je l'ai dressée; j'ai donné au famen-
puissance que lui attribue la carte de Briart et je l'ai
ıté en dressants à peu près verticaux, d'après mes
observations et celles de M. le Chanoine H. de Dorlodot [1];
ré les deux voûtes décrites par le frasnien. Quant au terrain
, je l'ai représenté, avec M. Smeysters, affectant une série
ıormaux (c'est-à-dire non retournés), à axe incliné vers le
i tracé également, d'après les travaux de ce dernier savant,
le la faille de la Tombe, dont le parcours souterrain a pu
erminé assez exactement par les travaux de charbonnages;
Nord, j'ai fait coïncider son plan de poussée avec celui de
du Carabinier. Enfin, me conformant en cela aux idées
ıes jusqu'à présent admises, je l'ai raccordée souterraine-
ec la faille du Midi; je dois dire cependant qu'à mon sens,

. cit., p. 66 du tiré à part.

il serait également possible d'admettre que les plans des deux failles se coupent.

J'ai fait abstraction, dans la coupe, de la faille plate de Forêt, qui, d'après M. Smeysters, se raccorderait également à la faille de Carabinier et délimiterait un petit lambeau de terrain houiller superposé au houiller du massif de la Tombe. Quant aux deux failles de Leernes et de Fontaine-Lévêque, je n'ai naturellement pu les figurer, puisque je considère comme démontré qu'elles n'existent pas dans la coupe de calcaire carbonifère et que rien ne m'autorise à les faire passer hypothétiquement au travers du terrain houiller. Est-ce à dire que, contrairement aux idées de Briart et abstraction faite du petit lambeau de recouvrement de Forêt, les phénomènes de charriage des environs de Landelies ne se sont effectués qu'en deux phases correspondant à la production de la faille de la Tombe et à celle de la faille du Midi ? Il serait téméraire d'oser l'affirmer dès à présent, et il faudrait, en tout cas, pour cela, faire à nouveau le levé complet de la région. Mais, cette question mise à part, la coupe que je publie et qui, j'y insiste, n'est pas une coupe théorique, mais une coupe réelle, me paraît donner lieu à quelques observations intéressantes. Elle montre que les couches qui composent le massif refoulé dessinent un pli en S renversé ou « pli couché » assez important; que la branche moyenne de l'S, ou flanc inférieur de l'anticlinal, n'a subi aucun étirement et que la faille limitant inférieurement le massif coupe les couches suivant leur tranche et très probablement en allures à inclinaison Nord; qu'elle ne passe pas suivant la branche moyenne de l'S, mais qu'au contraire, elle recoupe sa branche inférieure; que, par conséquent, cette faille ne peut, en aucune façon, être assimilée à un pli-faille et que la théorie de Marcel Bertrand n'est pas applicable au cas de Landelies. Ce n'est là, du reste, que la confirmation d'une idée défendue avec un grand luxe d'arguments, par M. le Chanoine de Dorlodot, dans le travail que j'ai déjà cité. Au point de vue du mécanisme des phénomènes de charriage, la coupe que j'ai tracée ne laisse pas cependant d'être assez suggestive, en ce sens qu'elle montre de façon tout à fait manifeste, qu'elle rend, en quelque sorte, tangible la poussée Sud à laquelle on attribue justement ces phénomènes; elle fait assez bien ressortir que c'est à une pression et non à un étirement que sont dues les failles de refoulement. Le premier effet de cette pression a été la formation du grand pli couché ; il semble donc bien que celui-ci ne soit pas intervenu directement dans la genèse des grandes failles de transport mais qu'il en fut en quelque sorte le prélude, qu'il fut produit pendant une phase préliminaire du phénomène.

Société nouvelle de Charbonnages des Bouches-du-Rhône.

BASSIN LIGNITIFÈRE DE FUVEAU

Terrains traversés par la galerie de la mer,

PAR

M. DOMAGE.

Dans la Provence Méridionale, la série fluvio-lacustre où se trouvent les assises du bassin lignitifère de Fuveau s'est déposée dans une dépression existant dans la partie émergée du littoral méditerranéen, à l'époque où la partie supérieure du terrain crétacé se déposait dans le bassin de Paris et en Normandie, pour ne citer que la France.

La série lignitifère de Fuveau est contemporaine de la craie de Meudon, dans le bassin de Paris, et du tufeau de Maestricht, dans le Limbourg.

C'est par le col de St-Maximin que sont arrivés dans le lac les matériaux entraînés par les eaux ravinant les montagnes de l'Esterel et des Maures.

Pour ce qui concerne les couches de houille de Fuveau, M. de Lapparent s'exprime ainsi.

« Les couches de houille de Fuveau sont encaissées dans un » système de schistes et de plaques marneuses ou bitumineuses, » allant depuis le charbon impur jusqu'au calcaire plus ou moins » coloré en brun par la décomposition des résidus végétaux. Les » débris déterminables de plantes y sont extrêmement rares ; en » revanche, sur les plaques charbonneuses, abondent de menus » fragments de végétaux palustres ou fluviatiles, parmi lesquels » les rhizocantées paraissent dominer. Dans les lits charbonneux » de Trets, on a trouvé d'innombrables empreintes de feuilles » d'un *Lotus* analogue à celui qui peuple les eaux des fleuves

» chinois. La formation des houilles de Fuveau semble donc avoir » eu lieu par le transport de débris encore organisés, noyés dans » une pâte végétale déjà décomposée. »

Limites du bassin.

Le bassin de Fuveau est limité de tous côtés, comme la vallée de l'Arc qui le traverse dans toute sa longueur, de l'Est à l'Ouest, par des hauteurs formées (à l'exception d'une lacune de quelques kilomètres, dont il sera question plus loin) par des calcaires secondaires marins bien caractérisés, qui se profilent en hauteurs plus ou moins abruptes et forment les chaînes de la Fare (Néocomien) et de Sainte-Victoire (calcaires supérieurs du Jurassique) au Nord ; le Mont Olympe (Infralias, Lias et Jurassique inférieur) à l'Est ; la chaîne de l'Etoile (Gault, Aptien, Urgonien, Jurassique supérieur et inférieur et Infralias) au Sud (voir pl. I).

Ce vaste golfe est rempli par un ensemble énorme de dépôts, les uns marins, les autres saumâtres ou d'eau douce ; partant chronologiquement du calcaire à *Hippurites* (étage santonien de de Lapparent), largement développé à l'auberge de la Pomme, ces dépôts s'élèvent dans la série géologique par des stratifications d'une parfaite concordance jusqu'à des couches constituant le fond de la vallée de l'Arc, aux environs des Milles, et qui sont formées principalement par des argiles et marnes rougeâtres et des poudingues à éléments variés (étage yprésien de de Lapparent).

Ces couches des Milles sont ce que l'on connaît de plus récent dans la vallée de l'Arc ; elles occupent précisément cette lacune de quelques kilomètres dont il est question plus haut, dans la ceinture secondaire qui limite au Nord le bassin de Fuveau, ce qu'on peut appeler le détroit d'Aix ou des Milles.

Composition du bassin.

La formation dite des lignites de Fuveau est comprise dans ce vaste ensemble qui, à partir du sommet, se divise comme suit :

Eocène	Argiles et marnes rougeâtres et poudingues des Milles.		Yprésien.
	Calcaire de Langesse		Sparnacien, 120 m. d'épaisseur.
	Vitrollien	Argiles et marnes rouge foncé et calcaire à *Physa montensis*.	Montien et Thanétien, 350 m. d'épaisseur.
Supracrétacé	Rognacien	Argiles grises, roses, bigarrées, à reptiles, de 270 à 280 m. de puissance, 3 petites couches de charbon inexploitables, dites de Châteauneuf-le-rouge, calcaire à *Lychnus* de Rognac.	Danien, 320 m. d'épaisseur
	Bégudien	Calcaires marneux, bancs de grès et d'argiles qui deviennent prépondérants vers l'Est, banc de charbon (non exploitable) dit mine de Bidaou, calcaires à pisolithes et calcaires à graines de *Chara*.	Maestrichien (Dordonien), 350 m. d'épaisseur
	Fuvélien	Calcaires dont quelques bancs sont propres à faire du ciment, couches de charbon lignite exploitées activement.	Maestrichien (Dordonien), 160 m. d'épaisseur
	Valdonnien	Calcaires marneux, bitumineux à la Pomme. Marnes charbonneuses aux Martigues et aux Pennes.	Campanien, 120 m. d'épaisseur

Marnes, calcaires noduleux à *Hippurites*. Santonien, 130 mètres d'épaisseur.

osition des couches de lignite.

ostraction faite de nombreux filets charbonneux les bancs calcaires, comprend sept couches de osées :

tage se trouve la couche dite Grande-Mine, dont est de 2m.72, en moyenne.

ssus du toit de la Grande-Mine, et séparée de s bancs de calcaire très dur, se trouve la couche Mine (parce qu'elle est inexploitable généralesseur, dans la division Castellane-Léonie, est de

ut, se trouve la couche dite de Quatre-Pans (son e qu'elle a environ 4 pans ou 1m.20 d'épaisseur); sseur et est séparée de la Mauvaise-Mine par des énéralement peu épais et un peu marneux, entre vent intercalés plusieurs filets charbonneux om de Ravettes.

re de 1m.85 d'épaisseur, situé à 8 m. au-dessou tre-Pans, donne lieu à plusieurs exploitations d Valentine, parce que la première exploitatio village de la Valentine.

lessus du toit de Quatre-Pans, et séparée d its bancs de calcaire un peu marneux, se trou Gros-Rocher, qui a 1m.08 d'épaisseur.

aut, se trouve la couche dite Mine-de-l'Eau, q et qui est séparée de Gros-Rocher par des ban ment assez épais, entre lesquels (près de trouvent trois filets charbonneux (Ravettes).

e de 0m.60 d'épaisseur, situé à 11 m. au-desso u est propre à la fabrication du ciment, ma té.

us du toit de la Mine-de-l'Eau, et séparée ncs assez épais de calcaire au milieu desqu ette de charbon, se rencontre la couche d s (son nom lui vient de ce qu'elle a enviro aisseur); elle a 0m66 d'épaisseur.

ut, se trouve la couche la plus élevée de l'ét ne-de-Gréasque ou de-Fuveau ; cette couch et est séparée de la Mine-de-l'Eau par calcaires assez résistants, en bancs épais dans la partie inférieure et minces dans la partie supérieure ; dans cette dernière partie, se trouvent disséminés quatre filets charbonneux (Ravettes).

Un banc calcaire de 0m.60 d'épaisseur, situé à 2m.10 au-dessus de la Mine-de-Deux-Pans est propre à la fabrication du ciment, mais il n'est pas exploité.

La Mine-de-Gréasque ou de-Fuveau est recouverte par 13 m. de bancs calcaires assez épais, couronnés par un banc de 0m.46, propre à faire du ciment, qui forme le sommet de l'étage fuvelien.

Couches exploitables.

A l'origine, les sept couches de charbon énumérées ci-dessus ont été quelque peu exploitées au moyen de puits inclinés, par les propriétaires de la surface, près de leurs affleurements.

Quand sont arrivés les premiers exploitants, après la constitution des concessions, les trois couches supérieures ont été complètement abandonnées, comme étant trop pauvres; cependant, plus tard, vers 1875, une tentative de reprise d'exploitation fut faite dans la Mine-de-Gréasque, au moyen d'un puits vertical de 75 m., près du village de Gréasque; on y travailla pendant quelques années dans les moments où les eaux gênaient l'exploitation de la Grande-Mine, puis ce puits fut abandonné et désarmé.

Les quatre couches inférieures sont toutes plus ou moins exploitées dans la section de Gardanne: dans celle de Castellane-Léonie, on exploite quelque peu la couche de Gros-Rocher et un peu plus celle de Quatre-Pans, mais surtout la Grande-Mine.

D'une manière générale, toutes les couches s'amincissent en allant de l'Ouest vers l'Est; aussi, vers Trets, les petites couches sont-elles inexploitables et inexploitées; seule la Grande Mine l'est encore dans d'assez bonnes conditions de rendement.

Failles.

Toute la partie nord du bassin de Fuveau est formée de couches régulièrement et faiblement inclinées, dont les affleurements et les courbes de niveau décrivent de larges ellipses concentriques autour d'un point central, situé dans la montagne de Regagnas (qui prolonge vers l'Ouest le mont Olympe), formant intersection

des communes de Belcodène, de Peynier et de
point a été le centre d'un soulèvement qui a produ
res radiales dans tous les sens, ainsi que l'a fa
en 1888, M. Long, ingénieur aux Charbonnages d
Rhône, en traçant sur une carte toutes les «moulière
reconnues dans les exploitations de Trets, de Fuve
ne.

gion comprise entre Gréasque et le mont Olympe, e
rès nombreuses, constituent, ce qu'en termes locau
artens ou *moulières*.

ères sont des failles très ouvertes à la surface, s'ami
issant parfois à zéro en profondeur, à remplissa
près les orages, elles donnent passage aux eaux
t et amènent de formidables venues d'eau qui inonde
en dépit de tous les moyens d'épuisement. Ce sont e
rtout qui ont nécessité le creusement de la galerie

Gréasque, dans la direction de Valdonne et jusq
ces déchirures sont de véritables failles, très serré
art, qui ont produit des dénivellations de plusieu
vant aller jusqu'à 25 mètres; telles sont les failles
et de Cerisier, et la faille de Doria, dont la déniv
oup plus forte (300 mètres environ) isole complèteme
e Bouilladisse du bassin de Fuveau.

le Gréasque, vers Gardanne, se trouve le lambe
de Gardanne, en pleine exploitation. Ce lambeau e
d par une faille très peu inclinée vers le Sud (en
nue sous le nom de « faille de la Diote », bien qu'
e passe pas par ce hameau. Le hameau de la Diote
ffet, sur une petite faille du système des moulières q
rs l'Est la première moitié de la faille de la Diot
a seconde moitié s'incline vers le Sud-Est, dans
St-Savournin, où elle va rejoindre la faille dite
i qui, dans l'exploitation de Valdonne, met en conta
e Fuvélien renversé au niveau de la mer.

la faille de la Diote, et sensiblement parallèle
rouve la « faille du Safre » qui est dans l'axe d'
qui limite au Sud la partie en place du lambeau

Gardanne. A l'Est, cette faille rejoint celle de la Diote et, par suite, celle du Pilon-du-Roi.

Au sud de la faille du Safre, et aussi sensiblement parallèle à celle-ci, se trouve enfin la faille du Pilon-du-Roi qui va de l'Ouest à l'Est jusqu'à St-Savournin, pour s'infléchir au Sud-Est au-delà de ce village.

Entre ces deux dernières failles, se trouvent : du Bégudien, du Fuvélien, du Valdonnien, de l'Urgonien et de l'Aptien, renversés et plissés. Il s'y trouve aussi, apparaissant à la surface, empâté dans l'Aptien, un lambeau de Trias assez étendu.

Nous laissons à de plus compétents que nous le soin d'expliquer la présence du Trias à cet endroit. M. Marcel Bertrand, ingénieur en chef des Mines, membre de l'Institut, dans son mémoire « Le bassin crétacé de Fuveau et le bassin houiller du Nord » publié dans la livraison de Juillet 1898 des *Annales des Mines*, a donné son opinion sur ce sujet. M. Vasseur, professeur de géologie à la Faculté des sciences de Marseille, qui a fait une étude détaillée du bassin de Fuveau et de la chaîne de l'Etoile, doit prochainement faire, sur le même sujet, une communication à la Société géologique de France.

D'après M. Marcel Bertrand dans le mémoire ci-dessus cité, le lambeau de Gardanne, compris entre la faille de la Diote et celle du Safre, est une lame de charriage ; et la bande de Mimet, comprise entre la faille du Safre et celle du Pilon-du-Roi, est un lambeau de poussée.

Galerie de la mer. Sa direction. Son but.

Ainsi que nous l'avons dit plus haut, si au sud du village de Gréasque, les failles sont très serrées et ne laissent pas passer l'eau, par contre les failles moulières qui sont au nord et à l'est du même village reçoivent à peu près toutes les eaux de ruissellement et les conduisent rapidemment au fond des travaux d'exploitation.

Aussi, tant que l'exploitation s'est pratiquée dans la région des failles serrées, comme actuellement à Valdonne et à Gardanne, n'a-t-on eu à lutter que contre de faibles venues d'eau pour l'exhaure desquelles les moyens ordinaires d'épuisement de mines ont toujours suffi ; mais lorsqu'on a voulu prolonger l'exploitation au delà de Gréasque, vers Fuveau, on s'est vu obligé, après chaque pluie un peu importante, d'extraire des quantités d'eau considérables et même, si les pluies persistaient un peu, de laisser noyer une partie de la mine, de sorte que, par des années exceptionnellement pluvieuses, toute l'exploitation était inondée, bien qu'on disposât d'une force d'épuisement de 1 000 chevaux permettant d'extraire 33 mètres cubes d'eau à la minute.

A certains moments, on a constaté des venues d'eau intérieures de 150 mètres cubes à la minute.

Il était impossible de pourvoir, avec des moyens mécaniques, à un tel exhaure. Dès 1842, pour exploiter la région dénommée le « Rocher-Bleu », comprise dans les moulières, il avait fallu creuser la galerie d'écoulement dite de Fuveau à la cote de 230 m. : elle avait 3 kilomètres de long et ne coûta pas moins de 782 000 fr. ; mais cette galerie n'avait permis l'exploitation du charbon que près des affleurements. Pour poursuivre l'exploitation en profondeur, en toute sécurité, il fallait assurer l'écoulement des eaux au point le plus bas possible, c'est-à-dire au niveau de la mer.

Il fallait donc creuser une galerie qui, partant de la mer, aboutit à une de nos exploitations, et comme on pouvait avoir en même temps intérêt à transporter du charbon le long de cette galerie, après avoir étudié trois tracés, on résolut d'adopter celui qui, partant de l'entrée nord des ports de Marseille, aboutissait vers l'extrémité ouest du lambeau lignitifère de Gardanne.

Cette galerie fait un angle de 28° 23' à l'Est par rapport au Nord vrai et a une longueur de 14 700 mètres depuis son orifice à Marseille jusqu'au puits Ernest-Biver, foncé non loin de Gardanne.

Commencée en novembre 1890, à la suite des formalités d'expropriation du sous-sol, elle a été terminée en mai 1905.

On a dû vaincre de grosses difficultés du fait de la rencontre de grandes quantités d'eau, d'abord dans l'Urgonien, puis dans les dolomies du Jurassique supérieur. Dans ces dolomies, l'eau jaillissait par des fissures en communication avec des parties caverneuses, entraînait des milliers de mètres cubes de sable, provoquait des éboulements et obligeait à faire des travaux exceptionnels, tant pour la dérivation de l'eau que pour la consolidation de la galerie.

Coupes géologiques de la galerie de la mer.

1° *Coupe de M. Dieulafait, faite en 1879.*

Quand on a commencé la galerie de la mer, on n'avait comme indications géologiques que la coupe dressée en 1879 par M. Dieulafait, professeur de géologie à la Faculté des sciences de Marseille, suivant le tracé de l'axe de cette galerie qui avait été fait dans le second semestre de 1879.

Ainsi qu'on pourra le voir sur cette coupe (pl. II, fig. 1), la galerie devait traverser :

de 0 à 2 600 m., les argiles et poudingues du Miocène, avec beaucoup d'eau et l'exécution de travaux d'art aussi solides que possible ;

de 2 600 à 3 200, le calcaire blanc miocène, avec peu d'eau et peu ou point de travaux d'art ;

de 3 200 à 3 350, le calcaire à *Chama*, sans eau et sans aucun travail d'art ;

de 3 350 à 3 450, le calcaire marneux du Valenginien, avec un peu d'eau et grâce à des travaux d'art solides ;

de 3 450 à 3 650, le calcaire dolomitique du Corallien supérieur, sans eau et sans travaux d'art ;

de 3 650 à 6 600, des calcaires en gros bancs et les dolomies du Corallien moyen et du Corallien inférieur, sans eau et sans travaux d'art ;

de 6 600 à 6 850, le calcaire en gros bancs, très compact, de l'Oxfordien supérieur, avec peu ou point d'eau et sans aucun travail d'art ;

de 6 850 à 7 050, le calcaire à grain fin de l'Oxfordien moyen, avec très peu d'eau et sans travail d'art ;

de 7 050 à 8 750, les calcaires encore assez résistants, mais déjà un peu marneux de l'Oxfordien inférieur (Callovien), avec de l'eau en quantité notable et des travaux d'art ne dépassant pas un simple revêtement en maçonnerie ;

de 8 760 à 11 000, le calcaire marneux de la Grande Oolite, avec beaucoup d'eau et des travaux d'art très solides ;

de 11 000 à 11 900, les calcaires du Callovien, de l'Oxfordien moyen et de l'Oxfordien supérieur ;

de 11 900 à 12 450, les calcaires du Corallien inférieur et moyen ;

de 12 450 à 12 650, le grès permien, avec un peu d'eau et un simple revêtement en maçonnerie;

de 12 650 à 12 850, le grès du terrain houiller, avec un peu d'eau et un simple revêtement en maçonnerie;

de 12 850 à 13 450, le Corallien supérieur;

de 13 450 à 13 650, les calcaires très durs et les grès du Turonien, avec peu d'eau et des travaux d'art sans importance;

de 13 650 à 14 700, les calcaires, grès et argiles avec bancs de charbon lignite de la série fluvio-lacustre, avec beaucoup d'eau et des travaux d'art peu ou très importants suivant les bancs traversés.

On verra plus loin que, sauf aux deux extrémités, cette coupe a été erronée au point de vue des terrains traversés, et qu'au point de vue des eaux, s'il n'en a pas été rencontré là où elles étaient indiquées, par contre, on en a trouvé des quantités considérables là où l'on ne devait point en avoir.

2° *Coupe de M. Marcel Bertrand.*

A la fin du mois de février 1898, alors que la galerie de la mer était creusée entre les points 0 kil. et 5 kil. par l'attaque de la Madrague, entre les points 6 kil. 549 et 6 kil. 658 par celle du puits de la Mure, et entre 13 kil. 500 et 14 kil. 700 par celle du puits Ernest-Biver à Gardanne, M. Marcel Bertrand, ingénieur en chef des Mines, membre de l'Institut, fut chargé par notre Conseil d'administration de faire une étude approfondie des difficultés de toute nature que la galerie pouvait rencontrer avant d'être terminée.

Ainsi qu'on le verra en consultant les fig. 2 et 3, pl. II, il existe à la surface, au lieu dit St-Germain, un pointement de Trias que les géologues considéraient comme appartenant à un lambeau de ce terrain devant être rencontré par la galerie et qui offrirait, lors de sa traversée, des difficultés presque insurmontables.

L'étude de M. Bertrand qui démontre que le terrain triasique ne serait pas rencontré par la galerie dissipa ces craintes.

A la suite de son étude des terrains, M. Marcel Bertrand dressa la coupe géologique (fig. 2, pl. II).

D'après cette coupe, l'attaque de la Madrague devait :

de 0 à 5 kil. 110, traverser les calcaires marneux de l'Hauteri-

de 5 kil. 110 à 5 kil. 300, traverser le calcaire à *Chama* de l'Urgonien;

de 5 kil. 300 à 5 kil. 400, traverser les brèches valanginiennes;

de 5 kil. 400 à 6 kil. 300, traverser les calcaires marneux de l'Hauterivien;

de 6 kil. 300 à 6 kil. 380, traverser les brèches valanginiennes;

de 6 kil. 380 à 6 kil. 547, traverser l'Urgonien.

Au delà du point 6 kil. 658 et du puits de la Mure, après la rencontre :

de 160 m. de dolomies du Jurassique supérieur,

de 100 m. de calcaire compact du Séquanien,

de 110 m. de calcaires lithographiques de l'Oxfordien,

de 170 m. de calcaires marneux du Callovien,

la galerie devait traverser

de 7 k. 200 à 9 k. 900, les calcaires marneux du Bathonien,

et de 9 k. 900 à 11 k. 020, soit sur une longueur totale de 120 m., laminés contre la faille du Pilon-du-Roi, le Bajocien, le Lias, le Trias, les Dolomies, le Néocomien, l'Aptien et le Gault.

Au-delà de la faille du Pilon-du-Roi, la galerie se continuerait :

de 12 k. 020 à 12 k. 140, dans le Bégudien.

de 12 k. 140 à 12 k. 270, dans le Gault,

de 12 k. 270 à 12 k. 670, dans le Fuvélien renversé,

de 12 k. 670 à 13 k. 500, dans le Bégudien renversé, puis en position normale,

de 13 k. 500 à 14 k. 700, dans la série fluvio-lacustre en position normale au-delà de la faille de la Diote.

D'après M. Bertrand, dans ce qui restait à faire de la galerie de la mer, fin février 1898, il y avait à prévoir, pour la partie de la galerie située au sud de la chaîne de l'Etoile, la rencontre de grosses sources :

1° vers le point 5 k. 100, au passage d'une faille transversale ;

2° au voisinage du puits de la Mure, à cause de la faille qui passe dans ce puits ;

3° sous le Grand-Vallon (vers le km. 8.650), au passage de la faille transversale des Bastidonnes ;

4° aux abords de la faille du Pilon-du-Roi.

M. Bertrand, tout en ne supposant pas la rencontre de grosses sources entre le puits de la Mure (6 k. 630) et le Grand-Vallon (8k.650), admettait qu'on y trouverait des suintements plus ou

eux, que ces suintements diminueraient à partir du
et qu'on travaillerait à sec sur 2 ou 3 kilomètres,
n voisine de la faille du Pilon-du-Roi.
la chaine de l'Etoile et de la faille du Pilon-du-Roi,
admettait :
lerie traverserait des terrains secs (ou avec peu
ux approches de la cuvette de St-Germain ;
e Trias, elle pourrait peut-être percer le fond de la
nne de St-Germain et qu'on y aurait une forte venue
cas tout à fait plausible, où la faille transversale de
e, qui est dans le voisinage, serait une faille de
uvette ne contenant alors que l'eau de son alimenta-
qui ne serait pas bien considérable.
uvette de St-Germain, il ne voyait plus à craindre
Grand-Babol, dont le fond pourrait aussi donner
u ; mais M. Bertrand regardait comme à peu près
e fond ne serait pas touché par la galerie.

'après les travaux.

, pl. II représente la coupe des terrains réellement
la galerie de la mer.

n le verra, de 0 à 2 k. 802, la galerie a traversé les
et poudingues du Miocène ; dans cette partie, on
quelques petits suintements d'eau à la rencontre des
oudingue, suintements dont le débit total n'excédait
la seconde.

à 3 k. 730, on a eu le calcaire à *Chama* de l'Urgonien.
et 3.082, ce calcaire a été fendillé et a donné issue
dont le debit total était de 817 litres à la seconde.
tres petites sources, au-delà de 3 k. 082, débitaient
res environ. Entre 2 k. 800 et 2 k. 910, les grosses
té captées par des tronçons de cuvelages en fonte.
près une faille simple ou un pli-faille, la galeri
ques metres de calcaires marneux de l'Hauterivien.
3.930, elle demeure dans les calcaires bréchoïdes
ou quelques petites sources débitent envir

à 4.192, calcaires dolomitiques, dans lesquels,
git, par une fissure, une source débitant 95 litres à
e source a été captée par un cuvelage en maçonner

De 4.192 à 4.535, la galerie a traversé de nouveau les brèches valanginiennes. Sur cette longueur, quelques petites sources d'un débit total de 10 litres.

De 4.535 à 4.775, deuxième traversée de calcaires dolomitiques. Ceux-ci sont en partie crevassés et, des crevasses, entre 4.548 et 4.630, jaillissent diverses venues d'eau dont le débit total atteint 196 litres à la seconde. Cette partie a été cuvelée, pour une petite partie, 1/3 en fonte et 2/3 en maçonnerie, et, pour la majeure partie, entièrement en maçonnerie de béton.

De 4.775 à 5.450, troisième traversée dans les brèches valanginiennes. Terrain absolument sec.

De 5.450 à 6.400, de nouveau, calcaires de l'Hauterivien ; la partie inférieure de ces calcaires est compacte ; dans la partie moyenne, on a constaté l'existence, sur une certaine épaisseur du terrain, de nombreux rognons de silex ; à la partie supérieure, calcaire marneux. Sur cette longueur d'environ 1 kilomètre, quelques sources insignifiantes ont un débit de 5 litres.

De 6.400 à 6.600, la galerie traverse de nouveau le calcaire à *Chama* de l'Urgonien. Par les plans de stratification de ce calcaire, entre 6.400 et 6.545, venue d'eau de 134 litres.

Cette venue a été captée par un cuvelage 1/3 en fonte dans la partie inférieure et 2/3 en béton de ciment dans la partie supérieure.

Entre 6.600 et 6.640, traversée du pli-faille de la Mure, dans lequel l'Hauterivien et le Valenginien passent écrasés.

De 6.640 à 10.050, dolomies du Jurassique supérieur. Ce terrain a été particulièrement aquifère, principalement aux points suivants :

6.650, où une source de 20 litres a été captée par un cuvelage de 1/3 fonte et le reste en béton de ciment ;

entre 6.714 et 7.230, diverses petites sources donnant un débit de 3 litres ;

entre 7.230 et 7.633, par diverses fentes verticales, venues d'eau de 153 litres ;

entre 7.633 et 7.940, nombreux suintements d'un débit total de 55 litres ;

entre 7.940 et 8.630, diverses sources d'un débit total de 180 litres ;

entre 8.630 et 9.000, dans un terrain particulièrement caverneux, venues d'eau d'un débit total de 175 litres ;

à 8.630 et à 9.260, d'une coupe, caverneuse à gauche, serrée à droite, a jailli une source de plus de 10 mètres cubes par minute. Cette source a fait atteindre le débit maximum d'écoulement d'eau par la galerie : 900 litres à la seconde, cuvelages fermés.

L'eau de cette source et une partie des précédentes s'est reportée en avant au fur et à mesure de l'avancement.

A 8.963, entre 9.488 et 9.518, entre 9.658 et 9.680, la galerie a rencontré des parties caverneuses, remplies de blocs de sable et d'argile, d'où se sont écoulées des quantités considérables de sable et d'argile délayés, entrainées par les eaux qui sortaient de ces cavernes.

A 9.882, une source de 2 500 litres, sortant d'une fissure dans la paroi, a entrainé environ 6 000 mètres cubes de sable et beaucoup d'argile rouge. Il a fallu capter cette source pour arrêter définitivement l'écoulement du sable.

De 10.050 à 10.620, traversée des calcaires lithographiques du Séquanien et de ceux de l'Oxfordien.

De 10.620 à 11.291, calcaires plus ou moins marneux du Callovien, du Bathonien et peut-être un peu du Bajocien.

De 11.291 à 11.306, calcaire dolomitique de l'Infralias, un peu pyriteux à sa partie inférieure et laissant suinter quelques gouttières.

De 11.306 à 11.316, marnes irisées du Trias, laminées dans la faille du Pilon-du-Roi, absolument sèche. Au mur de cette faille, la galerie a rencontré :

entre 11.316 et 11.333, le calcaire de l'Urgonien,

de 11.333 à 12.000, les calcaires plus ou moins marneux et plus ou moins plissés de l'Aptien renversé, absolument secs, sauf à 12.780, où l'on a rencontré une source de 15 à 20 litres par seconde, que l'on a captée au moyen d'un cuvelage de 1/3 en fonte et de 2/3 en béton,

de 12.800 à 12.850, le calcaire du Sénonien marin renversé,

de 12.850 à 12.960, le calcaire et l'argile du Valdonnien renversé,

de 12.960 à 13.100, les calcaires et argiles du Bégudien renversé sur la faille du Safre, laquelle faille n'est, en somme, que l'axe d'un anticlinal,

de 13.100 à 13.770, les calcaires et argiles du Bégudien normal, de 13.770 à 14.700, les calcaires et les couches de charbon lignite du Fuvélien, en position normale,

à 14.700, extrémité de la galerie de la mer, se trouve le puits E.-Biver, de l'exploitation de Gardanne. Ce puits a 270 m. de profondeur.

Comparaison des Coupes. Résumé.

Ainsi que nous l'avons déjà dit, entre les coupes dressées, l'une d'après les travaux, l'autre par M. Dieulafait, il y a concordance aux deux extrémités ; mais cette concordance n'existe plus pour le corps de la coupe, comprenant la traversée de la chaîne de l'Etoile et de ses contreforts; elles n'ont plus rien de semblable parce que, d'une manière générale, M. Dieulafait n'a pas donné aux terrains leur épaisseur réelle et qu'il n'a vu, plus loin, que des poussées verticales entre des paquets de terrains restant normalement stratifiés, alors qu'il y avait eu des poussées obliques repliant les terrains sur eux-mêmes et en charriant même des lambeaux à distance par dessus ceux déjà repliés.

Entre la coupe de M. Bertrand et celle résultant des travaux, des différences existent encore :

1° parce que, pour la traversée du corps de la chaîne de l'Etoile, M. Bertrand ne l'ayant pas étudiée en détail, avait pris comme bonnes les épaisseurs de terrains données par M. Dieulafait ;

2° parce que, pour la même raison, la faille du Pilon-du-Roi fixée par M. Dieulafait dans le vallon de Gréou au sud de la colline de la Galère est, en réalité, un peu au nord de la crête de la dite colline.

Au nord de la faille du Pilon-du-Roi, les hypothèses de M. Bertrand se sont réalisées, le lambeau de Trias de St-Germain n'a pas été implanté en profondeur; il provient bien de la masse reposant sous le Jurassique de l'Etoile; il est sorti par la faille du Pilon-du-Roi et a rempli un creux de l'Aptien replié; seulement cet Aptien, replié en accordéon, occupe en profondeur, plus d'espace que n'en avait supposé M. Bertrand.

3e Question.

Formation et recherche des Combustibles fossiles

PAR

M. LEMIÈRE.

MESSIEURS,

Je me propose de résumer devant vous quelques considérations nouvelles, dans le but de savoir si la question de la formation des combustibles fossiles est assez avancée pour qu'il soit possible d'en déduire une méthode rationnelle de recherches, applicable à leurs gisements.

Ces deux problèmes (formation et recherche) sont corrélatifs, mais la question est compliquée et demande beaucoup d'ordre ; c'est pourquoi j'y consacrerai quatre parties :

1° Chimie organique (ferments);

2° Stratigraphie générale;

3° Chimie minérale (combustibles);

4° Application à divers bassins, et cette dernière partie me servira de réponse à la question initiale.

I. — Chimie organique.

1. *Origine et rôle des ferments.*
2. *Exemples des fermentations de la cellulose.*
3. *Conclusions.*

1. — Les ferments sont des micro-organismes dont l'origir s'écarte peu de celle de la vie à la surface du globe ; on les trou dans les restes fossiles, animaux ou végétaux, contemporains de terrains sédimentaires les plus anciens comme des plus récents on les retrouve également figurés dans les dents et les ossemen des momies égyptiennes qui, malgré leurs quarante siècles d'aines sont nos contemporaines vis-à-vis des âges géologiques. C'est vo dire que tous les êtres organisés se sont fidèlement transmis cet tare originelle, ou plutôt ce principe de vie et de mort ; aussitôt q l'un d'eux est abandonné par ce que la science, pour ne pas compromettre, appelle les *forces vitales*, il est immédiateme envahi par des légions de microbes acharnés à sa décompositio

Par contre, ils président aux premières manifestations de la v et, pour ne parler que du règne végétal, aucune plante ne pe croître sans le secours des microbes qui sont alors des agents c fertilisation, rôle tout opposé au premier.

Si les infiniment petits sont infiniment anciens et abondamme répandus dans le Temps, ils ne le sont pas moins dans l'Espace l'air, l'eau, le sol et les tissus organiques.

Cette constatation permit à Pasteur de réduire à sa juste vale la théorie des générations spontanées et le conduisit à la déco verte de la vie sans air, qui va nous donner la clef de la formati des combustibles fossiles : parmi les *ferments vivants*, les uns so *aérobies*, c'est-à-dire peuvent vivre et pulluler dans l'air atmo phérique ; d'autres *anaérobies* sont tués par le contact de l'ai mais, par leurs secrétions, appelées *ferments solubles* ou *diastase* ont la propriété de décomposer les matières organiques en conta pour vivre à leurs dépens ; pendant cette action, il se produit d substances carburées, gazeuses, liquides ou solides, dont l'accum lation peut devenir mortelle pour le microbe générateur, q succombe dans le milieu antiseptique qu'il a lui-même créé. C constate que beaucoup de microbes peuvent être *aérobies* c *anaérobies* suivant les circonstances.

La période anaérobie est donc la lutte pour la vie d'un organisme qui ne veut pas mourir et qui résiste à l'asphyxie menaçante; le «struggle for life» est une loi naturelle chez les infiniment petits et la meilleure définition de la fermentation.

Après PASTEUR, VAN TIEGHEM pressentit dans la formation de la houille le rôle des ferments que B. RENAULT, dont je dois saluer ici la mémoire avec une respectueuse admiration, a surpris en flagrant délit d'action par ses études en coupes minces.

Vous n'attendez pas de moi, Messieurs, les minutieux détails donnés par ces savants; vous les trouverez dans les travaux de B. RENAULT et ceux de M. BERTRAND, de l'Université de Lille. Mon but est de résumer leurs conclusions, de grouper les faits industriels, les expériences de laboratoire, les considérations mathématiques dans la mesure nécessaire pour comprendre la formation des combustibles que nous avons pour mission d'exploiter; mais, patience ! les ingénieurs prendront largement leur revanche dans le chapitre II, car il est impossible de comprendre cette formation sans l'alliance étroite de la chimie et de l'hydrodynamique.

2. — Au point de vue anatomique, les végétaux se composent de tissus cellulaires, vasculaires ou fibreux, d'eau, de liquides divers renfermant des cristaux ou des cristalloïdes, des granulations et des secrétions variables suivant l'espèce végétale (alcaloïdes, résines, gommes, matières colorantes, etc.). La substance prédominante est la *cellulose* constituant les tissus ; elle se dissout dans le réactif de Schweitzer (oxyde de cuivre ammoniacal) qui peut la donner cristallisée et pure sous la formule $C^6 H^{10} O^5$.

Sous l'action des bases (et principalement des alcaloïdes que nous venons précisément de signaler dans les secrétions) ou des acides, la cellulose donne, suivant le procédé employé, différents produits industriels dont les principaux sont : le *celluloïde*, le *viscoïde* d'où dérive la soie artificielle, le *loréïde* et les cuirs factices, le *collodion* et les pellicules photographiques, le coton-poudre, etc.

Quelques-uns de ces produits ont une grande ressemblance avec certaines esquilles de houille ; mais ce qui nous intéresse le plus, c'est l'action des ferments sur la cellulose. Comme preuve de cette action, on peut citer les observations suivantes :

nènes de la digestion chez l'homme et les
s *amylobacter* se rencontre toujours dans
res où il dissout la cellulose; les diastases
elles sont des adjuvants énergiques de la

erobe qui décompose les matières organiques
tuels, en dégageant de grandes quantités de

s l'industrie pour détruire le parenchyme des
les et mettre en liberté les matières amyla-
re du lin ou du chanvre, il dissout les fibres
t l'eau en brun et cette coloration est l'origine
bustibles fossiles.
ion de la bière et de l'alcool, on emploie suc-
nts solubles (malt) puis les ferments vivants

1 fumier de ferme au moyen des pailles et des
n détail par Dehérain : il y a reconnu l'action
, aérobies et anaérobies, un abondant déga-
nalement la production de matières solubles
: assimilables par les plantes.
général, les matières organiques, par exemple,
ent, avant d'être employées comme engrais,
ines bactéries nitrogènes qui les ramènent à
x seuls assimilables par les plantes.
rimentalement que les plus fortes pressions,
es voisines de 100°, la lumière, les courants
e font que retarder l'action microbienne sans
x substances antiseptiques par elles-mêmes,
ntes et, parmi elles, le sel marin n'est pas la

ault, les combustibles fossiles réduits en
paraissent comme formés d'une matière fon-
qu'il nomme phytozymose, résultant de la
s les plus altérables des tissus végétaux sous
cette matière visqueuse, englobant et soudan
s parties plus ou moins altérées, renferm
mplies de gaz provenant de la fermentati
mes restés apparents au milieu de la mass

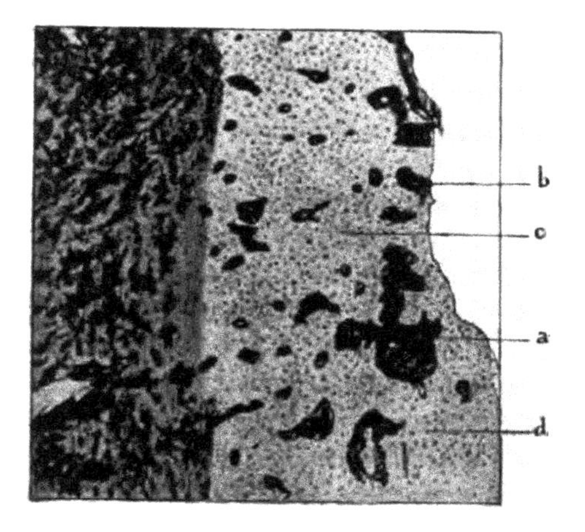

Fig. 1. — Fragment de plaque osseuse envahie par les Bactériacées.

a, Cavité ayant contenu des vaisseaux sanguins se ramifiant en plusieurs branches ; *b*, un canal sanguin ; *d*, Régions désorganisées remplies de Bactériacées. (B. Renault).

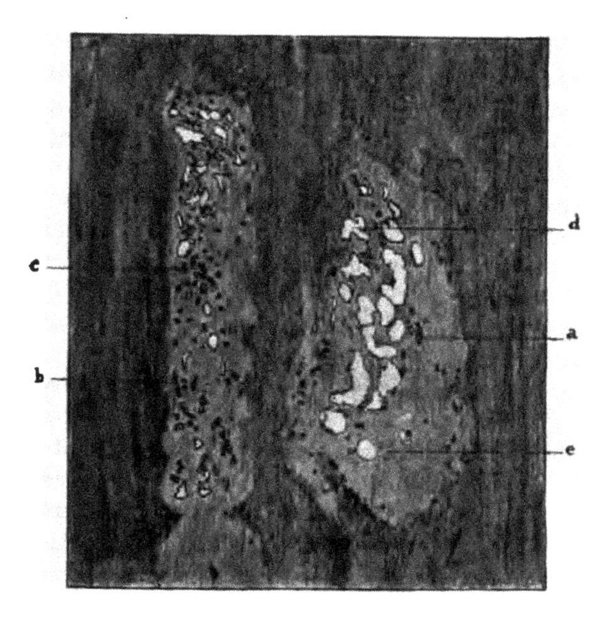

Fig. 2. — Coupe faite dans un bois d'Arthropitus houillifié.

Gros. $\frac{650}{1}$

a. Bacillus Carbo isolé ; *b*' B. Carbo en chaînette. *c*. Micrococcus Carbo disséminés dans la houille ; *d*. Vacuoles de forme et de grandeur variées contenant les gaz produits par la fermentation (B. Renault).

celle-ci aurait perdu quelquefois 4/5 de son poids, 11/12 et même 29/30 de son volume, tandis que les microbes eux-mêmes n'auraient pas subi de contraction (figures 1 et 2).

Ces microorganismes sont des infusoires, des algues, des champignons et des bactéries (bacilles ou microcoques) ; les traces de l'altération qu'ils ont produite, myceliums (blanc de champignon), indiquent que les uns, aérobies, ont travaillé au fond de marais peu profonds ; les autres, anaérobies, ayant continué l'action des premiers, au fond des lacs ou des estuaires où les végétaux furent entrainés. Ces deux actions successives produisirent des dégagements gazeux d'acide carbonique, de méthane, d'hydrogène et des formations de carbures et d'acide ulmique, de telle sorte que les rapports primitifs $\frac{C}{O}$ et $\frac{C}{H}$ qui existaient dans la cellulose, sont modifiés et varient d'un combustible à l'autre ; ces variations sont dues à ce que l'évacuation des gaz, des carbures et de l'acide ulmique, rencontrant des obstacles, limita plus ou moins l'intensité de la *carbonification*, c'est-à-dire que le processus de l'action microbienne a varié.

On observe que l'enrichissement en C, par rapport à la cellulose primitive, dont la composition est invariable, va en augmentant de la tourbe à l'anthracite ; les variétés de combustible ont pu être des formations contemporaines entre elles ; généralement, les anthracites sont plus anciennes que les houilles et celles-ci plus anciennes que les lignites ; mais il n'y a pas transformation graduelle d'une variété à l'autre.

9° A ces observations exposées par B. Renault, je crois utile de joindre les suivantes :

Aux époques primaires, les saisons n'ayant pas encore apparu à la surface du globe, les tissus végétaux étaient bien différents de ce qu'ils furent plus tard ; la proportion des secrétions (alcaloïdes, gommes, résines, etc.) fut plus grande et l'action des microbes plus énergique ; la salure des eaux ambiantes fut généralement moindre ; par conséquent, l'antisepsie du milieu ambiant étant moindre, la carbonification put atteindre un degré plus élevé.

Outre les circonstances extérieures, la nature des végétations adventives qui se développèrent dans la masse des végétaux ou qui y furent introduites par l'action mécanique des eaux ou des vents, vint modifier l'espèce définitive du combustible produit.

Ainsi, un développement abondant de plantes tourbeuses limita aux lignites la carbonification des végétaux aériens ; les algues donnent une variété de houille appelée *bog-head* ; les pollens apportés par les vents à la surface des eaux et englobés dans les masses en macération en firent des *cannel-coals ;* les matières organiques conduisirent aux schistes *bitumineux*.

De ces masses en fermentation, il se dégagea non seulement des gaz, mais encore des liquides qui furent également fatals aux habitants des eaux et qui, entraînés souvent fort loin de leur lieu d'origine se retrouvent probablement aujourd'hui dans les sources de *pétrole* ou les gisements *d'asphalte*.

10° J'ajouterai enfin que *Gümbel*, en traitant les fragments de houille par un réactif oxydant (acide nitrique et chlorate de potasse), les transforme en acide ulmique, puis en ulmate alcalin qui, dissous, laisse apparaître comme trame des tissus ligneux, des organes et des produits végétaux de toute sorte : la chimie organique à elle seule fournit donc la preuve que les combustibles sont formés de végétaux accumulés sous les eaux et soumis à une action microbienne générale.

3. Les végétaux ont donc apporté avec eux toutes les substances, actives ou passives, nécessaires à leur transformation. Que nous faut-il de plus pour admettre que l'action microbienne déjà reconnue comme fait général, soit encore un fait suffisant ?

C'est que, il nous manque encore une vérification expérimentale décisive :

1° On a pu gélifier la cellulose puis la faire fermenter, mais sans réaliser l'enrichissement final en C qui caractérise les diverses espèces de combustibles. La cellulose pure renferme environ 50 % de C, les tourbes et les lignites 65 à 75 %, les houilles et les anthracites 85 à 95 %, à l'état pur ; or, on n'obtient guère, dans les produits expérimentaux, que la proportion de C que l'on avait mise dans les ingrédients.

2° On a souvent parlé de pièces de bois transformées en lignite, mais les conditions dans lesquelles elles se trouvaient n'ont qu'un rapport lointain avec celles que nous connaissons de l'époque houillère.

3° Les formules chimiques approchées données par B. Renault ne sont pas une preuve démonstrative de la réalité de l'action micro-

bienne, puisque nous ne pouvons la reproduire. Tant qu'on n'au
pas réussi à opérer la synthèse la plus réduite, c'est-à-dire la tran
formation d'un morceau de bois en houille, nous ne pourrons co
sidérer le problème comme résolu.

4° Restent les injections bitumineuses consécutives au fait d
chaque accumulation végétale, pour expliquer leur enrichisseme
en C ; mais c'est avec raison que la plupart des géologues se ref
sent à les admettre.

A défaut d'autre explication, nous pouvons dire que nous
connaissons pas tous les microbes générateurs des hydrocarbur
ou bien qu'ils travaillaient à l'époque houillère dans des cond
tions inconnues ou bien encore qu'ils ont perdu une partie de le
énergie ancestrale. Pourquoi, en effet, la théorie du transformism
ne s'appliquerait-elle pas aux infiniment petits ?

Nous pouvons sûrement admettre que la transformation s'e
effectuée à basse température (probablement vers 65°, qui est
température optima pour les levures actuelles) car les tissus vég
taux sont souvent intacts dans les combustibles.

Nous sommes loin des températures de plusieurs milliers
degrés réclamées tout récemment ; sans doute, il s'est dég
beaucoup de chaleur, mais en combustion lente et sans ces
refroidie par les eaux. Il n'est guère probable que les couches
houille puissent être considérées comme des sources de chale
capables de modifier le degré géothermique des terrains houiller

La *carbonification* s'est opérée graduellement sous l'action d
ferments, dans un espace de temps comparable à celui des ferme
tations actuelles ; et ensuite la *houillification* s'est accomplie so
la pression des terrains superincombants, car les eaux charriaien
par intermittences, des végétaux et des matières minérales et c'e
cette remarque qui me fournit la transition désirable pour ent
mer le chapitre suivant.

II. — Stratigraphie générale.

1. *Conditions des dépôts sédimentaires.*
2. *Théorie des formations coniques et des profils sédimentaires Remarques.*
3. *Formation des couches de végétaux. Particularités.*

1. — Au point de vue stratigraphique, les matériaux sédimen
taires sont de deux sortes :

1° Ceux qui, formés de matières clastiques nettement pondérables dans l'eau, sont d'abord entraînés par l'action mécanique des eaux et se classent ensuite par catégories d'équivalence soit en eau courante, soit en eau tranquille.

2° Ceux qui, formés de débris dont la légèreté spécifique ou l'extrême division favorise le flottage, ne peuvent se déposer que dans des eaux tranquilles en profondeur ou sur des rivages éloignés des courants.

Dans cette dernière catégorie, se rangent les matières impalpables, les précipités chimiques, les coquilles microscopiques et les débris des végétaux incomplètement imbibés d'eau.

Les sédiments de la première catégorie furent très abondants dans les premiers terrains primaires ; dans le Houiller inférieur, ils semblent, au contraire, adventifs au milieu des bancs du Calcaire carbonifère qui correspond à une longue période de tranquilité des eaux ; dans le Houiller supérieur, ils redevinrent prédominants ; les eaux recommencèrent à charrier des blocs, des cailloux, des argiles et des végétaux.

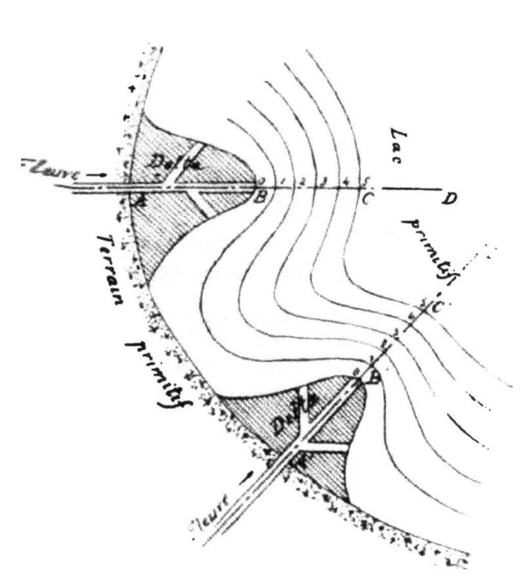

Le delta AB est formé de couches souvent remaniées discontinues et reposant en stratification généralement discordante sur les couches noyées plus anciennes (formations coniques BC et CD) dont l'ensemble constitue le cône de remplissage du lac et dont le volume total est incomparablement plus grand.

Fig. 3. — Formations coniques
Plan côté.

On sait, par l'observation directe, que ces matières se déposent devant les embouchures des fleuves sous forme de cônes de remplissage, progressant sans cesse en prenant des talus plus ou moins aplatis dont il s'agit précisément de déterminer la composi-

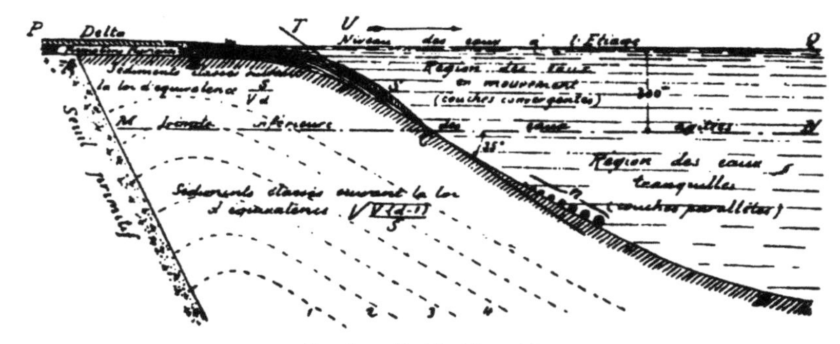

Fig. 4. — Profil sédimentaire
Coupe verticale $A\ B\ C\ D$ du plan coté (fig. 3)

tion et la forme : il est logique et conforme à l'observation directe, d'admettre que l'arrangement définitif des talus commence par la base du cône et s'accroît en remontant ; laissant de côté les phénomènes d'adhérence, de capillarité, les actions ioniques qui sont des causes secondaires, on peut dire que l'état d'équilibre des talus noyés dépend de deux causes principales : 1° la vitesse et l'agitation des eaux ; 2° la proportion des grosseurs des éléments charriés.

1° On observe par l'expérience directe et on établit par le calcul que les courants d'eau classent les matières qu'ils charrient, suivant la loi d'équivalence $\frac{S}{V d}$, c'est-à-dire par ordre de grosseur décroissante vers l'aval, lorsque les densités sont peu différentes. Dans l'eau immobile, au contraire, le classement se fait par ordre de grosseur croissante vers l'aval.

Inversement, si nous trouvons dans les stratifications géologiques des sédimentations présentant ces caractères de classement, nous pourrons conclure au mouvement ou à l'immobilité de l'eau au sein de laquelle elles se formèrent.

Mais la vitesse de l'eau *parallèle aux talus* résulte principalement de l'oscillation superficielle des vagues, car les courants des fleuves s'amortissent très rapidement en profondeur. Les frères Weber ont observé expérimentalement que, pour trouver l'eau tranquille, il faut descendre à 300 ou 350 fois la hauteur de la vague (fig. 5); ces expériences, faites dans une auge à oscillations bien rythmées donnent probablement une limite supérieure à celle

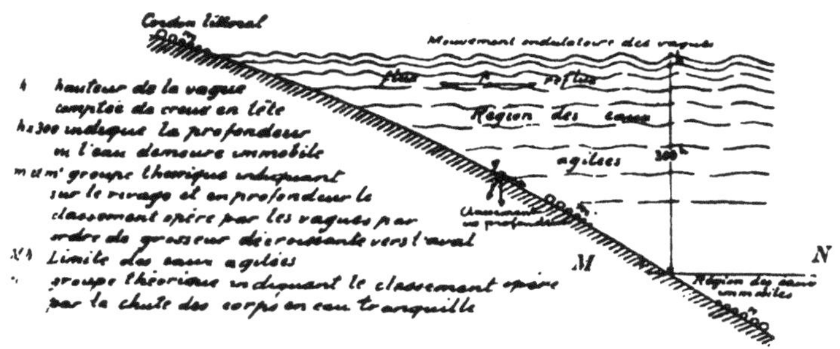

Fig. 5. — Action des vagues (*schéma*) sur les rivages et en profondeur. Coupe verticale.

que l'on observerait dans la nature ; d'autre part d'après les mémoires de M. Thoulet, l'océanographie n'est pas encore en mesure de fournir à la géologie pratique des renseignements précis ; nous pouvons donc seulement dire que, à des profondeurs moindres et sur des talus inclinés à 35° environ, l'oscillation superficielle, quoique intermittente, produit sûrement des classements par équivalence sur des matières meubles ; et en effet, nous trouvons dans les stratifications houillères, des bancs cunéiformes continus depuis la surface jusqu'à 300 m. et plus de profondeur ; et au-dessous, des bancs formés de gros éléments ; ce qui confirme bien que, dans les lacs houillers, l'eau était agitée dans la partie supérieure et immobile à partir d'une certaine profondeur variable avec l'étendue du lac, son orientation, sa forme etc., circonstances qui déterminent l'amplitude des vagues : ainsi, pour ne parler que du lac de Genève, la hauteur maxima des vagues est de 1^m75 ; elles sont fréquentes de 0^m50 à 1^m00.

2° La proportion des matières impalpables, simplement pulvérulentes ou plus volumineuses, mais ne devenant nettement pondérables dans l'eau qu'après une imbibition plus ou moins longue, matières qui ne peuvent se déposer qu'en eau tranquille, joue un grand rôle dans l'allure des talus d'équilibre ; ceux-ci commencent en effet à s'établir par leur base reposant sur le fond du bassin de dépôt ; mais si ce fond est remblayé dès le début par des matières légères n'ayant pu se déposer qu'horizontalement en eau tranquille, il est clair que les talus qui viendront s'y superposer et s'y arcbouter n'auront pas la même allure que si, au contraire, le fond du bassin était resté vide ; dans ce dernier cas, le fond ne pourra se remplir que par des matériaux empruntés aux corps nettement pondérables qui, par l'action de la pesanteur, viendront, sans arrêt dans les parties supérieures, se ranger sur le fond dans une eau tranquille avec le classement qui lui est propre ou bien par l'éboulement de lentilles telles que *S* (fig. 4).

Nous pouvons avoir la mesure des proportions relatives des grosseurs des éléments charriés à l'époque houillère, en comparant les masses des poudingues, grès, schistes et charbon dans les terrains houillers actuels : on trouve que les roches formées de gros éléments sont en grande majorité par rapport au groupe des schistes et combustibles et nous observons précisément que le fond des bassins houillers ne renferme pas plus de matières légères que les parties supérieures, au contraire : donc, dans les apports houillers, la proportion des matières demeurant en suspension dans l'eau agitée était faible. Ces matières ne formaient même qu'une faible partie des groupes d'argiles et de végétaux.

Dans les végétaux charriés, la majeure partie avait une densité supérieure à 1 ; de même pour les éléments des argiles, car nous trouvons beaucoup de schistes déposés en eau courante.

La proportion des matières fines change complètement la forme des talus noyés ; il suffit, pour s'en convaincre, de considérer les cas extrêmes. Par conséquent, si on veut faire des expériences sédimentaires qui soient dans des conditions comparables à celles qui ont généralement présidé aux stratifications houillères, il faudra :

1° réaliser, dans la partie supérieure des bâches d'expériences, une oscillation capable de produire une vitesse sur les talus noyés, mais laissant l'eau immobile sur la majeure partie à partir du fond.

2° n'introduire dans les matières charriées qu'une faible proportion de matières légères ; nous verrons en outre que le plus souvent, à l'époque houillère, les végétaux ne furent entraînés que par intermittence.

2. — Connaissant approximativement la variation des masses charriées, celle des vitesses et l'inclinaison des talus naturels, je vais essayer de déterminer la forme des talus d'équilibre. Soient *A* et *A'*, deux fleuves torrentiels se jetant dans un lac de grande étendue (fig. 3). Je suppose ces fleuves au niveau de l'étiage et renfermés dans leur lit mineur ; prenant le remplissage du lac au moment où les premiers talus 1, 2, 3, 4 (fig. 4), d'abord immergés sont venus affleurer à la surface de l'eau, je vois que chaque fleuve coule par une ou plusieurs branches entre lesquelles se trouve le sol émergé du delta circonscrit par la courbe de niveau *O* (fig. 3).

Prenons la coupe verticale (fig. 4) passant par l'axe d'une des branches principales de la fig. 3. Soit *P Q* le niveau de l'eau et *M N* la limite des eaux agitées et des eaux tranquilles supposée fixe à 300 m. de profondeur, par exemple. Le profil du cône de remplissage se compose de 3 parties : *AB*, *BC*, *CD*.

1° *A B* constituant le lit formé par les apports fluviaires, ses rives sont les résultats des alluvions répandues entre les branches du fleuve pendant les crues, de telle sorte que la grosseur moyenne des éléments augmente depuis la berge jusqu'au milieu de la plaine alluviale, où sont déposées les matières les plus fines. Cette partie *AB* correspond aux couches fluviales décrites par M. St. Meunier dans son étude sur le Diluvium de la Seine. L'existence de ces couches n'est souvent qu'éphémère, les divagations du fleuve faisant avancer leurs éléments par étapes jusqu'au moment où ils feront partie des couches *BC* sur lesquelles ils reposent en stratification discordante ; c'est pourquoi je crois que, pour éviter toute confusion, il faut, comme en géographie, réserver le mot *delta* pour désigner le sol émergé, parce que les formations immergées sur lesquelles il repose, quoique formées d'éléments de même provenance, en diffèrent totalement par leur durée et par l'allure de leurs stratifications, comme on va le voir.

2° *B C*. Cette partie du profil s'étend depuis l'extrémité du delta jusqu'au point *C* où l'eau est tranquille ; comme les couches *A B*, les couches *BC* sont formées par l'action mécanique des eaux, de telle sorte que leurs éléments sont classés théoriquement par ordre de grosseur décroissante en descendant.

Si on met le problème en équation, on trouve que le terme principal de la vitesse d'un élément est $\frac{S}{Vd}$; par conséquent à mesure qu'on s'approche du point *C*, on trouvera des éléments de plus en plus fins, comme l'indique le groupe *m* (fig. 4).

Mais nous savons que ceux-ci sont en minorité dans les matières pondérables ; donc les matériaux les plus lourds s'accumulent en amont du point C, là où la vitesse de l'eau diminue jusqu'à ce que l'entassement ait dépassé la limite CT du talus naturel des matériaux charriés ; à ce moment la lentille S (fig. 4), devenue en équilibre instable, s'éboule vers la profondeur, pour former les couches CD.

3° CD. Ces couches sont formées par les matériaux que nous venons de voir s'ébouler en masse, et par ceux qui ne s'arrêtent pas sur BC. Dans tous les cas, ces corps arrivent dans une eau tranquille : l'observation directe fait voir que, dans ces conditions, leur classement sera inverse de ce qu'il était en eau courante, c'est-à-dire qu'il sera fait par ordre de grosseur croissante vers l'aval comme l'indique le groupe n (fig. 4).

Mettant le problème en équation, on arrive à démontrer que le terme principal de la vitesse d'un corps dans ces conditions est $\sqrt{\frac{V(d-1)}{S}}$. Comparant cette expression à la précédente, on voi[t] que le classement est renversé et beaucoup moins net, toute[s] choses égales d'ailleurs. De plus la convergence qui, sur BC, s[e] manifestait vers le point d'inflexion C, n'a plus les mêmes raison[s] d'exister sur CD vers ce même point C; car, les gros éléments son[t] bien toujours en majorité dans la masse, mais dans leur mouve-ment vers l'aval, ils se répartissent sur une surface beaucoup plu[s] grande que celle qu'ils occupaient avant l'éboulement.

Ces talus en eau tranquille se forment d'une façon tout à fa[it] analogue à celle des remblais à l'air libre ; or, ne voyons-nous pa[s] toujours ceux-ci sous le même angle ? cela vient d'une raison d[e] symétrie, la composition moyenne de leurs matériaux restant l[a] même; de plus, leur longueur peut-être très grande, n'étant limité[e] que par la rencontre du plan de base. J'en conclus que les talu[s] successifs en eau tranquille doivent être à peu près parallèle[s] entre eux et sur une longueur très grande. Donc, théoriquement au dessus du niveau MN, nous avons des talus convergents vers c[e] niveau, et au-dessous des talus sensiblement parallèles entre eux et c'est dans le voisinage de ce niveau MN, au dessus et au dessous que se trouve le maximum des éléments fins.

Considérons maintenant le plan coté (fig. 3) et remarquons qu[e] la vitesse de l'eau diminue graduellement de part et d'autre d[u] plan vertical de coupe $ABCD$; nous en conclurons que plus l[a] proportion des gros éléments augmentera et plus les formation[s] coniques qui constituent le cône de remplissage seront nettement convexes vers l'intérieur du lac, tandis que, dans les anses, les dépôts des éléments fins seront concaves vers ce lac.

Remarques. — Pour voir comment cet ordre théorique si net se concilie avec l'apparente confusion et l'aspect désordonné des coupes géologiques, il y a de nombreuses remarques à faire.

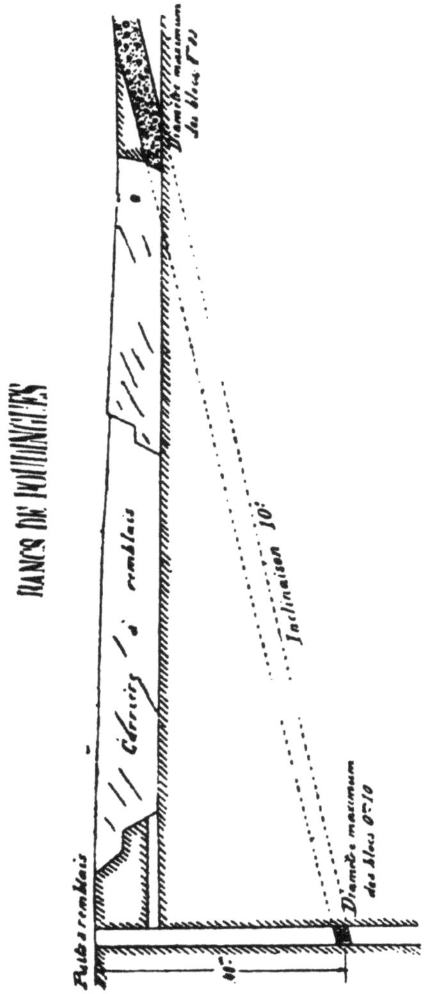

1° Le niveau *MN* varie avec l'agitation superficielle ; c'est ainsi que, sur le lit des courants d'eau et sur les plages à galets, on ne distingue plus que la résultante totale et surtout celle du dernier courant ou de la dernière marée. Dans un puits de mine, c'est encore plus difficile ; nous n'avons pas encore de critérium net pour dire si un banc de poudingue s'est formé en eau courante ou en eau tranquille, à cause des superpositions de grosseurs équivalentes. Il n'y a que des cas exceptionnels, comme ceux des fig. 6 et 7, où l'on peut se prononcer sans redouter d'erreur.

Fig. 6. — Formé en eau courante (Coupe verticale)

2° Le dépôt des matières en suspension dans l'eau finit plus ou moins vite par s'opérer en profondeur, de sorte que le fond des bassins renferme quelquefois,

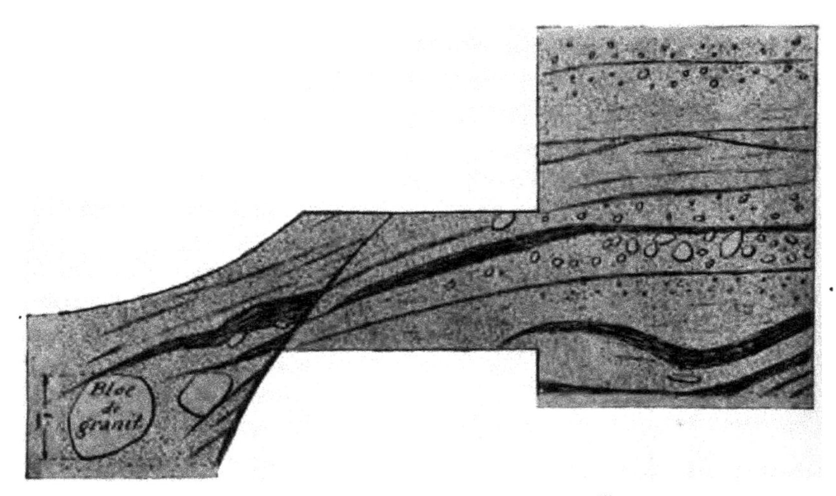

Fig. 7. — Formé par éboulement en eau tranquille
(Coupe verticale)
Profondeur = 350 m.

par endroits, mais non en moyenne, autant de matières fines que les parties voisines du niveau *MN*.

Ces dépôts inattendus ne peuvent donner lieu à une théorie générale, autrement nous trouverions toujours des couches de houille au fond des bassins parmi les gros éléments, ce qui n'est pas.

3° Par suite du changement de direction d'une branche principale du fleuve, il peut arriver qu'une anse de dépôt se trouve contournée de telle sorte qu'il en résulte un bassin particulier dont les courbes de niveau se ferment en forme de *fond de cuvette*.

4° Les mouvements du sol produits par des éruptions introduisent dans les apports des matières nouvelles, font naître des failles longitudinales ou transversales, aux abords desquelles les courbes de niveau prennent des allures de *fond de bateau*, ou provoquent des éboulements qui modifient complètement l'allure des bancs.

5° La pente primitive des bancs est modifiée dans la suite par les tassements des terrains beaucoup plus importants au centre d'un bassin que sur les bords.

6° Les mouvement orogéniques d'une région changent la pente des bancs déposés antérieurement ; ainsi dans beaucoup de bassins les fleuves houillers coulaient dans une direction opposée à celle des cours d'eau actuels.

7° Au lieu de faire la coupe *ABCD* par l'axe d'une branche principale d'apport, nous pourrions la faire par l'axe de l'anse comprise entre les apports des fleuves *A* et *A'* ; alors la partie AB du profil sédimentaire aura disparu ; la grosseur des éléments et la pente des sédiments seront beaucoup plus faibles ; les gros éléments, qui auront pu être apportés par les branches latérales des fleuves, seront rejetés sur la côte par la force vive des vagues sous forme de cordons littoraux ; à l'aval de ceux-ci s'étendront des plages de sable fin, à pente douce, allant se raccorder, en profondeur, avec les talus des *formations coniques* ci-dessus décrites.

J'en aurais peut-être fini avec l'exposé des causes perturbatrices qui viennent modifier l'allure théorique des assises houillères, si la forme elle-même du bassin de dépôt ne jouait, dans leur allure, un rôle considérable. Cette question se rattache à la monographie de chaque bassin et je me contente, pour le moment, de rappeler que je ne me suis occupé ici que du cas, le plus général il est vrai, d'un lac très étendu rempli par un certain nombre de fleuves débouchant sur son pourtour.

3. — J'ai supposé jusqu'à présent que les fleuves *A* et *A'* ne sortaient pas de leur lit mineur et, par conséquent, charriaient surtout des matières stériles : les rares végétaux qu'ils pouvaient entraîner trouvaient leur place avec les éléments fins ; mais, pour que les couches de houille aient pu acquérir la continuité que nous leur voyons aujourd'hui sur des centaines de kilomètres carrés, il a fallu que, sur ces surfaces qui recevaient jusqu'alors des matériaux grossiers, la vitesse de l'eau ait tout à coup diminué notablement ; donc il a fallu une surélévation du niveau des eaux du fleuve, de manière à submerger la zone de végétation aérienne. Les forêts houillères pourvoyeuses des couches de houille futures s'étendaient sur le delta, entre les branches du fleuve, sur toute la vallée et sur les pentes avoisinantes ; le sol était jonché de débris de végétaux à tous les états de décomposition et par conséquent de densité variable. Les eaux envahissantes entraînaient d'abord ces débris puis, à leur suite, les végétaux eux-mêmes ; parmi ces éléments, les uns coulaient à fond en prenant

place sur les talus des cônes de remplissage, assez près des embouchures; les autres flottaient d'abord entre deux eaux, allaient se déposer à plat sans déchirure, ni duplicature, souvent sur le prolongement des mêmes talus, et enfin, ceux qui avaient flotté quelque temps à la surface, finissaient également par sombrer, après avoir formé des îles flottantes, dans les anses ou sur les rivages dépourvus de tout courant; l'apport des matériaux stériles ayant généralement cessé, tous ces apports végétaux formaient une couche continue sur une surface très étendue et, d'un point à l'autre de cette surface, la densité et la composition des végétaux étaient variables.

Mais l'inondation ne conservait pas un niveau invariable; supposons qu'il s'abaisse, les apports minéraux reprennent leur cours et forment un dépôt stérile superposé aux végétaux: supposons, au contraire, que le niveau s'élève et dépasse le niveau primitif; il atteint alors des régions encore pourvues de végétaux qu'il entraîne à leur tour, le dépôt stérile partiel de tout à l'heure devenant une intercalation minérale; plus loin, sur le dépôt de végétaux déjà formé, s'en dépose un second de composition différente, quoique sans intercalation aucune; ainsi s'expliquent les lits de charbons différents dans une même couche et les formes du mur ou du toit en dents de scie dont la pointe est dirigée tantôt vers l'amont, tantôt vers l'aval.

Enfin, lorsque les eaux se rapprochent de l'étiage, la quantité de matières stériles transportées revient au maximum et il se forme alors une série de bancs qui forment le toit de la couche antérieure et le mur de la couche suivante car, pendant ce temps, les surfaces abandonnées par les eaux, se recouvrent d'une nouvelle végétation et ainsi de suite.

Les couches de houille sont donc le résultat d'inondations intermittentes s'élevant notablement au-dessus du niveau moyen des eaux; cette circonstance s'accomode mal du voisinage d'une mer étendue; il faut donc admettre que les couches de houille se sont déposées dans des lagunes profondes au début, ne communiquant pas ouvertement avec la haute mer; on observe d'ailleurs pour corroborer cette opinion que le régime marin n'est qu'adventif dans les terrains houillers.

Les couches de houille se sont formées sur des talus préexistants dont elles ont épousé l'allure et suivi toutes les vicissitudes indi quées au § 2 ; c'est pourquoi nous y trouverons les mêmes formes en coupe horizontale ou verticale ; par conséquent, étant donné un bassin complet, c'est-à-dire n'ayant pas subi d'érosion, nous trouverons, à la partie supérieure, des couches à bancs convergents descendant juqu'à la position la plus basse du niveau $M N$; des couches à bancs parallèles pourront se trouver intercalées aux premières, mais elles deviendront exclusives en profondeur, là où le niveau $M N$ ne peut descendre. Donc, dans les eaux tranquilles, les couches sont inclinées, régulières et très étendues ; dans les eaux agitées, elles sont moins inclinées, moins étendues et moins régulières.

Comme vous le voyez, Messieurs, en reprenant la question au fond, indépendamment de toute théorie stratigraphique antérieure, j'en ai édifié une nouvelle que je me suis efforcé de rendre mathématique, espérant qu'elle sera exacte et complète ; et en effet, chemin faisant, outre les formations fluviaires $A B$, vous y avez trouvé l'explication des bancs cunéiformes et des formations convergentes dans les parties supérieures $B C$ des bassins, des formations parallèles à des profondeurs plus grandes $C D$, et enfin des formations par radeaux flottants dans les parties exemptes de courants.

Toutes ces formations sont allochtones ; les végétaux aériens n'ont pas formé de couches autochtones, puisqu'on ne trouve aucune tige debout à l'intérieur des couches de houille; et, en effet, les racines en général ne peuvent vivre longtemps dans un humus non nitrifié. Certaines îles flottantes ayant sombré, ont pu donner l'illusion de formations autochtones,

Les tourbières sont des formations autochtones sous les eaux ; on les trouve quelquefois remplies de végétaux aériens qui s'y sont trouvés transportés de plus ou moins loin ; leur état de carbonification ne dépasse pas celui des lignites à cause de l'acide tannique produit dans la tourbière et qui y a joué le rôle d'antiseptique ; de même, c'est par suite de l'antiseptie du sel marin, que les accumulations végétales qui peuvent se former dans les mers actuelles, ne dépasseront pas en teneur en C celle du lignite.

III. — Chimie minérale

1. *Analyse élémentaire et analyse immédiate.*
2. *Rapports entre la composition immédiate et les conditions topographiques du gisement.*
3. *Conclusions.*

1. — Considérant désormais les combustibles fossiles comme des substances minérales provenant de la décomposition d'une matière organique de composition connue et presque constante, proposons-nous de savoir si les différences de composition observées entre les divers combustibles peuvent s'expliquer par les théories ci-dessus exposées.

Il y a deux sortes d'analyses : l'analyse élémentaire et l'analyse immédiate.

Par l'analyse élémentaire, on trouve que les végétaux se composent d'O, H, C, Az, Ph, As et de divers métaux en quantités infinitésimales ; le même procédé appliqué aux combustibles donne les mêmes résultats; on y retrouve les mêmes éléments, sauf quelques-uns qui étaient dans les végétaux à l'état de sels solubles et qui ont partiellement disparu par l'action des eaux ; tels sont par exemple, les sels de potasse ou de soude qui se trouvent souvent réduits à des traces inappréciables ; dans tous les cas, il ne s'est pas introduit dans les combustibles d'éléments nouveaux ; ce mode d'analyse convient aux recherches scientifiques.

Mais il en est un autre plus simple, plus rapide et plus concluant au point de vue de l'emploi industriel des combustibles ; c'est l'analyse immédiate qui consiste à déterminer leur composition en matières volatiles, carbone fixe et cendres. Elle a permis de les classer en cinq types suivant leur teneur en carbone fixe : les lignites, les houilles sèches, les houilles grasses, les houilles maigres et les anthracites.

Appliqué comparativement aux végétaux et aux combustibles, ce procédé d'analyse donne des produits analogues, mais variables suivant le cas et aussi suivant la température de la distillation sèche : il se dégage des gaz ou des vapeurs dont on peut séparer des carbures liquides et il reste dans la cornue du coke et des cendres ; les carbures recueillis n'existent pas tout formés dans les végétaux ni dans les combustibles ; ils se forment pendant la distillation, par la recombinaison des éléments dissociés, suivant la température.

Ces deux sortes d'analyses permettront sans doute de démontrer une fois de plus la commune origine des combustibles. Je ne saurais, pour le moment, m'occuper de ce sujet et je me borne à signaler que l'analyse immédiate, outre la classification dont je viens de parler, a démontré qu'il existe des rapports entre la teneur en matières volatiles et les circonstances du gisement.

2. — D'après M. X. Stainier, professeur à l'Université de Gand, docteur en sciences naturelles, membre de la Commission de la Carte géologique de Belgique, (*Annales des mines de Belgique*, tome V, 1900), ces rapports sont au nombre de neuf : la plupart des couches se composent de différents bancs de charbon superposés du mur au toit, et chacun de ces bancs a une composition chimique et des propriétés physiques distinctes ; ces caractères varient également quand on suit cette couche suivant sa direction et suivant son inclinaison ; de même, quand on passe des couches les plus anciennes aux couches plus récentes ou qu'on opère dans cette recherche, de part et d'autre d'une faille, on observe des variations qui ont depuis longtemps attiré l'attention des géologues ; je ne puis ici, entrer dans le détail de la question, mais plus avantageusement vous prier de vous reporter aux documents nombreux du remarquable travail de M. X. Stainier : partant de cette idée que tous les combustibles avaient originellement des compositions chimiques peu différentes, on a essayé d'expliquer les variations observées, par des effets métamorphiques. On a invoqué, suivant les cas : 1° le métamorphisme par la vapeur d'eau ; 2° par la chaleur des roches éruptives ; 3° par la chaleur due aux mouvements du sol (dynamo-métamorphisme) ; 4° par l'imperméabilité des roches encaissantes ; 5° par les morts-terrains ; 6° par l'allure des couches ; 7° par le métamorphisme géothermique ; 8° par la pression de l'eau.

3. — D'après M. Stainier, ces influences expliquent mal les variations ; de plus, elles se contredisent souvent et viennent toutes échouer contre cette première observation : que les couches ne sont pas homogènes entre leur toit et leur mur, mais formées de lits ayant des propriétés physiques et chimiques différentes.

Cette constatation prouve que les apports des végétaux furent intermittents et dus à des recrudescences des inondations successives.

Dans la théorie stratigraphique et microbienne ci-dessus exposée, cette constitution des couches est toute naturelle. Elle explique aussi aisément les variations de teneur en matières volatiles suivant l'ancienneté des couches, suivant qu'on les suit en direction ou en profondeur, etc., et c'est, en somme, la confirmation de la conclusion finalement émise par M. STAINIER, c'est-à-dire que c'est dans le travail microbien qu'il fallait chercher l'explication tant désirée de ces variations.

IV. — Applications.

1. *Bassin de la Loire.*
2. *Bassin franco-belge.*
3. *Conclusions.*

Bien que, dans les trois premières parties, je ne vous aie donné que des détails strictement nécessaires, je me vois obligé, pour ne pas dépasser les limites d'une conférence, d'abréger autant que possible la quatrième, dans laquelle vous trouverez seulement le bassin lacustre de la Loire et le bassin marin franco-belge.

1. *Bassin de la Loire.*

La dépression primitive qui a formé le bassin houiller de la Loire, rappelait le lac de Genève par sa forme générale et par ses dimensions, sauf la profondeur. Pendant son comblement et après, le bassin a subi de nombreux mouvements qu'il ne m'appartient pas de vous énumérer : nous constatons aujourd'hui qu'il est traversé, dans sa largeur, par la ligne de partage des eaux entre le bassin hydrographique du Rhône et celui de la Loire ; le niveau relatif de certaines parties s'est trouvé modifié par suite de failles longitudinales ou transversales, ainsi l'extrémité Est a été relevée; mais il n'en est pas moins vrai qu'on peut encore reconnaître la forme ancienne à travers la forme superficielle actuelle.

Au commencement de l'époque houillère, le niveau des eaux s'étendait sans discontinuité de l'extrémité Ouest à l'extrémité Est. Pour suivre l'ordre de superposition des terrains, je me servirai de l'ouvrage de Grüner d'après lequel le comblement commença par l'éboulement des falaises riveraines dont les débris remués par les eaux formèrent la brèche de la base; au dessus, se déposèrent alternativement des bancs stériles et des couches de houille, les premières par remplissage comme dans les lacs alpins, les secondes par suite de la végétation superficielle qui s'enfonçait périodiquement sur place avec les formations inférieures déjà existantes (voir le mémoire de Grüner, 1892).

Tout autre est le mode de formation que je vais vous proposer : Ayant sous les yeux la carte des affleurements du bassin (fig. 8, planche) jointe à ce mémoire et faisant application des théories microbienne et stratigraphique que j'ai exposées ci-dessus, je crois pouvoir dire que les rives nord et ouest du lac primitif recevaient de nombreux cours d'eau tandis que la rive sud, plus escarpée, en recevait beaucoup moins et que le courant total se dirigeait de l'Ouest à l'Est.

Les deltas, les vallées et les pentes avoisinantes étaient couverts de végétaux que les inondations intermittentes entrainèrent et classèrent de telle sorte que la densité des végétaux arrivant sur le fond du lac, allait en diminuant de l'Ouest à l'Est et aujourd'hui, après avoir subi la carbonification et la houillification, nous trouvons que les couches de Rive-de-Gier sont plus riches en matières volatiles à mesure qu'on marche de l'Ouest à l'Est, ce qui est bien conforme à la théorie des formations coniques.

Ces couches sont connues seulement dans le bassin de Rive-de-Gier ; elles doivent pénétrer dans celui de St-Chamond et de St-Etienne en prenant l'allure de ces bassins : le bassin de Rive-de-Gier est étroit et allongé ; les couches y ont pris la forme en gouttière ou fond de bateau particulière à ce genre de bassin, où les matières légères se déposent sur le fond et près des rivages, la vitesse de l'eau étant très grande au milieu ; dans ce bassin la convexité générale des formations n'est plus un indice de faible teneur en matières volatiles. Dans le bassin de St-Etienne, au contraire, nous aurons des couches analogues à celles de la fig. 5.

Quelque temps après le dépôt des couches de Rive-de-Gier survinrent les éruptions geysériennes de St-Priest, dont les épanchements siliceux s'introduisirent au milieu des bancs de poudingues en formation dans le reste du bassin ; c'est pourquoi ces bancs renferment des galets calcédonieux de plus en plus arrondis à mesure qu'on marche vers l'Est et ensuite des nappes boueus euritiques auxquelles on a donné le nom de *gore* blanc.

Après cet incident géologique, défavorable à la formation de houille, favorable aux pétrifications siliceuses, se déposèrent l couches de St-Chamond, avec une allure intermédiaire entre celles Rive-de-Gier et celles de St-Etienne ; mais, peu après, la commur cation entre les deux bassins se trouva interrompue par une fail transversale, probablement celle du Langonan. Alors, les eaux q primitivement s'écoulaient vers Rive-de-Gier, durent trouver u issue d'un autre côté : en consultant la carte de Grüner, vous verr que ce fut très probablement vers le Sud, dans la direction renvers du Furens.

Vous voyez, en effet, les formations coniques désormais nett ment dessinées par les courbes de niveau des couches de St-Etienn les deltas empiètent de plus en plus sur le lac, dernier vestige d la grande dépression primitive et, finalement, celle-ci se trouv comblée par le dépôt de l'étage supérieur au sud de la ville d St-Etienne.

Si je passe maintenant à l'examen des teneurs en matières vola tiles, l'ouvrage de Grüner en main, je constate qu'elles sont forte dans les anses de dépôt, c'est-à-dire dans les régions où les courbe de niveau sont concaves vers l'intérieur du lac et faibles dans l régions où les courbes de niveau sont convexes vers cet intérieu celles-ci se trouvant, d'après la théorie des formations coniques, s le courant d'apport des végétaux.

Tel est, à grands traits, sauf des anomalies que vous comprend facilement sur un pareil sujet, le mode de formation du terr houiller de la Loire. Ce remplissage a été souvent déformé p l'effet de failles longitudinales ou transversales, dont je ne p tenter ici la description. Je dois dire seulement qu'elles produis quelquefois des convexités et des concavités qui n'ont rien commun avec celles dont je viens de parler. Quant à l'allure gé rale relative des couches de houille, je crois qu'elles tende devenir parallèles en profondeur, tandis que, dans les parties su rieures, elles se rapprochent de l'allure convergente, au mo certaines d'entre elles ; il en résulte que l'ensemble doit occu sur le profil sédimentaire (fig. 4), la position *C D* et empié sur *C B*.

2. *Bassin franco-belge.*

Contrairement au précédent, le terrain houiller franco-belge ne repose pas sur le terrain primitif ; il s'est déposé sur le Calcaire carbonifère qui, lui-même, a pour substratum le terrain dévonien.

La dépression du Calcaire carbonifère a la forme générale d'un arc de cercle dont la corde, orientée à peu près W.-E., a 200 km. environ, sur une largeur maxima de 15 km. au méridien de Mons, qui coïncide également avec le maximum de profondeur ; car, le fond de la vallée carbonifère se relève vers l'W. où il vient affleurer à Fléchinelle et vers l'E. où il affleure au ruisseau de Samson entre Namur et Andenne. A quelques kilomètres à l'W. de Charleroi et jusqu'à Fléchinelle, le terrain houiller est recouvert de morts-terrains ; dans toute la partie est, il affleure à la surface du sol.

La limite N. du bassin est formée par l'affleurement du Calcaire carbonifère ; d'après les nombreux travaux sur cette question, vous savez que la limite S. n'est plus celle qui existait à la fin du remplissage du bassin ; elle fut d'abord formée par le même Calcaire carbonifère qui se relevait rapidement vers le S., comme l'indique la crête silurienne du Condroz ; mais, peu après le remplissage, ce relèvement s'accentua de plus en plus, jusqu'à renverser sur lui-même le terrain houiller, qui se trouve maintenant avoir pour toit le Calcaire carbonifère qui lui servait d'abord de mur ; dans certaines régions, les terrains siluriens et dévoniens eux-mêmes, par suite d'une translation horizontale, vinrent dans leur ordre naturel se superposer aux précédents.

La nature des terrains de remplissage est tout à fait différente de celle des bassins ci-dessus décrits, qu'on appelle *lacustres* ; dans celui-ci, la proportion des schistes atteint quelquefois 70 %, la moyenne générale doit être d'environ 40 % au lieu de 4 à 5 % dans les précédents ; cela vient probablement de ce que les argiles amenées par les fleuves étaient précipitées rapidement par les eaux salées qui ont laissé, intercalés dans les bancs ordinaires du houiller, d'autres bancs à coquilles marines ; donc, abondance de schistes et de coquilles marines, voilà ce qui caractérise les terrains houillers *marins* ; de plus, dans le bassin franco-belge, les poudingues si remarquables des terrains lacustres, font défaut ; les plus gros éléments ne dépassent pas la grosseur d'un pois ;

par conséquent, les fleuves de remplissage avaient peu de vitesse et parcouraient des plaines basses très étendues avant d'atteindre la dépression ; celle-ci devait consister en lagunes profondes ne communiquant pas directement avec la haute mer, parce que le libre accès de celle-ci est peu compatible avec des inondations très développées en hauteur ; au contraire, elles devaient s'étendre très loin en surface.

Si nous étudions au point de vue des teneurs en matières volatiles la belle carte du bassin houiller du Nord de la France par M. H. Charpentier, nous voyons que, dans le voisinage de la limite nord, depuis Vieux-Condé jusqu'à Ostricourt inclus, les couches anthraciteuses sont pour ainsi dire exclusives et que leurs courbes de niveau sont convexes vers le Sud ; tandis que, en gagnant vers l'Ouest, les anses de Carvin, Meurchin et Vendin, où les courbes de niveau sont concaves avec des charbons 1/4 gras et 1/2 gras, alternent avec des parties convexes sur lesquelles les charbons sont maigres ou anthraciteux.

Sans doute, si une couche gardait la même teneur en matières volatiles sur une étendue de plusieurs kilomètres carrés, on trouverait peut-être le fait plus étonnant que celui d'y constater des variations ; mais, que ces variations se manifestent dans le même sens dans un grand nombre de couches superposées dans la même région et que ces variations dépendent de la convexité ou de la concavité générale, voilà qui est plus étonnant encore et ne s'explique bien jusqu'à présent que par la théorie des formations coniques.

J'en conclus que le bassin s'est rempli par les apports d'un grand nombre de fleuves débouchant sur la rive nord (fig. 9, planche) ; les courbes de niveau sont peu sinueuses, parce que les gros éléments étaient peu abondants par rapport aux schistes, ou bien parce que nous les prenons à des niveaux profonds, la partie supérieure du bassin ayant été érosionnée.

Le rivage du Sud, beaucoup plus éloigné que la limite sud actuelle, puisque le terrain est replié sur lui-même de 5 à 6 kilom., ne pouvait recevoir que des végétaux peu macérés qui ont donné les couches grasses ou à gaz que l'on rencontre aujourd'hui bien déplacées de leur position primitive. L'exutoire superficiel de tous ces courants d'eau se faisait-il du côté de Fléchinelle ou sur quelque point du rivage sud, c'est ce que je ne saurais dire pour le moment.

Dans la partie belge (Hainaut) du bassin (fig. 9, planche) on trouve le même mouvement tectonique produit par la poussée gigantesque venant du Sud, même avec plus d'intensité encore puisqu'un paquet de Houiller et de Carbonifère renversés se trouve isolé au beau milieu du bassin et n'ayant plus de continuité avec les couches du Sud, par suite d'érosions consécutives au renversement.

Pas plus que dans le bassin français, je ne puis m'attarder ici à parler des failles longitudinales, des dressants ou des plateures qui en furent les effets ; la carte de M. SMEYSTERS en main, on voit que les courbes de niveau du bassin hennuyer, dans les combles du Nord, sont encore moins sinueuses que dans le bassin français ; les couches y sont maigres ou anthraciteuses et présentent des variations qui indiquent également de nombreuses embouchures de fleuves ; on remarque que les couches deviennent anthraciteuses en approchant de la pointe est du bassin, ce qui indique un courant venant vers l'Ouest.

Les combles du Sud présentent, d'ailleurs, une particularité qui permet d'émettre une conjecture sur la situation de l'exutoire probable de tous ces courants ou au moins de l'un d'eux, ce dont je n'ai pu trouver trace sur la limite sud du bassin français :

En effet, à l'ouest de Charleroi, et depuis le méridien de Mons, les couches des combles S. (fig. 9, planche) s'étalent en longues directions rappelant les maîtresses allures des combles N. par leur régularité (voir les travaux de M. SMEYSTERS) ; elles sont souvent dérangées par des failles et particulièrement par le lambeau rejeté au milieu du bassin dont j'ai parlé plus haut; mais elles conservent toujours leur caractère de couches à coke ou à gaz, parce qu'elles se composent surtout de végétaux flottants renfermant le plus de matières volatiles ou collantes, mais en approchant du méridien de Charleroi, elles s'infléchissent vers l'anse de Jamioulx, en perdant leurs matières volatiles, ce qui est un cas tout à fait anormal dans les combles sud ; il semblerait qu'en approchant de cette région, il existait un courant plus rapide ne permettant qu'aux matières végétales les plus lourdes de se déposer sur le fond.

D'autre part, si nous examinons la nature et l'allure des couches à l'est de Charleroi, nous avons déjà signalé un courant venant de l'Est, parce que les couches des combles nord deviennent de plus en plus maigres ; ce qui corrobore cette opinion, c'est que les couches des combles S., dans la même région, se présentent sous forme de formations coniques indiquant également plusieurs courants venant de l'Est (fig. 10); les nayes actuelles correspondraient ainsi aux anses anciennes et les selles, à la partie convexe des formations coniques originelles ; mais comme ces formations coniques sont superposées à une faille de refoulement vers le Nord, j'en conclus que, dans leur situation primitive, elles devaient se trouver quelques kilomètres plus au Sud.

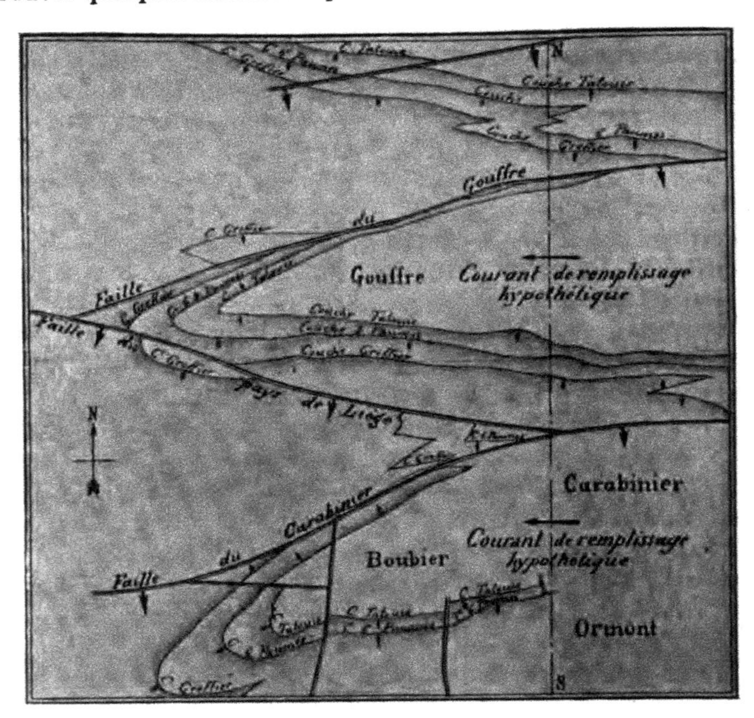

Fig. 10. — Extrait de la Coupe panoramique du bassin houiller de Charleroi par M. Smeysters.
Coupe horizontale à 150 m. au-dessous du niveau de la mer.

Ces courants venant de l'E. ne pouvaient que se réunir à ceux venant de l'W., pour s'écouler vers le S. dans le détroit de Jamioulx qui n'existe plus qu'à l'état d'anse.

Pour terminer, je ferai remarquer que les couches du bassin franco-belge occupent sur le profil sédimentaire (fig. 4), la position *C D*, ce qui explique l'absence de convergence nette et leur parallélisme approché suivant l'inclinaison et sur de grandes longueurs.

3. *Conclusions*.

Il ressort du chapitre I que la transformation des végétaux est due à une action microbienne dont la température fut d'environ 65°, sauf influence de l'excès de pression atmosphérique à l'époque houillère par rapport à l'époque actuelle.

La conclusion du chapitre II est que l'allure des couches et la répartition de leurs teneurs en matières volatiles dépendent de la proportion des degrés d'équivalence des matériaux de remplissage, de la forme du lac, de l'agitation des eaux et du degré de macération préalable des végétaux charriés.

Enfin, par le chapitre III, on voit que, inversement, étant données les allures d'un certain nombre de courbes de niveau dans un faisceau de couches, et la répartion sur ces courbes des teneurs en matières volatiles, on peut en déduire la situation des courants d'apport anciens, la forme et la composition probables des dépôts encore inconnus.

Montvicq, mai 1905.

L. Lemière.

Quelques considérations

RELATIVES AUX

Minerais et aux dépôts sédimentaires

de Galway (Connaught),

PAR

RICHARD-J. ANDERSON

Professeur à Galway (Connaught).

Galway (53°16' latitude nord et 9°3' à 9°4' longitude occidentale) est bâti sur du calcaire et du granite. Le granite qui se trouve à l'est de la ville est regardé actuellement comme archéen. Par sa structure, il rappelle certaines variétés de syénite. L'elvanite remplace le granite vers l'Est, dans une zone comprise entre deux cercles de 1 mille et de 2 1/2 milles de rayon ; par intervalles, cette roche se montre sur une longueur de plusieurs milles. Le granite intercalé d'elvanite est visible le long de la rive septentrionale de la baie de Galway. La felsite aussi se rencontre souvent ; elle affleure quelquefois sur quelques mètres et peut couvrir une surface de 1 000 m. sur la rive occidentale du lac Corrib. Le Calcaire carbonifère de la rive gauche du lac Corrib passe sous le lit de ce lac pour atteindre sa rive droite en amont.

Une petite rivière partant du lac en amont de la ville court à l'Est et au Sud sur un demi-mille et disparaît sous le calcaire, pour atteindre la mer par un conduit souterrain.

En certaines places, cette rivière est large de 16 pieds (5 m.) et profonde de 1 m., plus ou moins. Le niveau du lac Corrib varie ; sa surface est à 14 pieds au-dessus du niveau moyen des hautes eaux.

Son apport à la mer varie. La rivière coule souterrainement, à travers le calcaire sur trois mille anglais ; elle se jette à la mer en un point proche d'Oranmore. Le niveau du lac Corrib ne permettant pas d'alimenter directement les parties élevées de la ville, un réservoir a dû être établi à un niveau convenable, dans lequel l'eau est refoulée par une machine établie près du point de séparation de la rivière souterraine d'avec le lac.

L'alimentation d'eau a été considérablement améliorée dans le cours des trois dernières années, par l'établissement de turbines ; un réservoir, établi à un niveau supérieur, assurant une alimentation parfaite avec une dépense minimum pour les turbines, lorsque l'eau disponible en permet l'usage, complète l'installation.

Il n'est pas douteux que la rivière ait agrandi le conduit à travers lequel elle passe, en suite de ce que, sur son cours, elle a rencontré des marécages, entraîné avec elle une partie des matières solubles et coulé sur des galets et des sables avant de s'enfoncer souterrainement. Il est possible que la cause du mouvement lent de la rivière souterraine se trouve dans la chute de parties du toit, particulièrement près de l'ouverture du conduit dans la mer. Le lac Corrib reçoit une partie de son eau du lac Mask. Le niveau de celui-ci est variable ; il est marqué à 10 pieds, c'est probablement trop. Un tunnel souterrain situé près de Cong contient la rivière qui réunit les lacs Mask et Corrib.

Il y a quelques années, un canal fut construit pour permettre à des bateaux plats de passer du lac Mask au lac Corrib ; mais, par suite des fissures des couches, on rencontra des difficultés pour maintenir le canal étanche. On peut dire que les roches métamorphiques de cette région retiennent un peu l'eau, mais les roches quartzeuses, par suite de leurs joints et de leurs fissures, la laissent passer librement, de même que les roches ordoviciennes, là où elles sont dérangées. L'eau est parfois ferrugineuse ou cuprifère.

Les terrains siluriens de Galway, là où ils sont arénacés, tufacés ou calcaires retiennent l'eau, en sorte qu'on a proposé d'y faire des puits pour servir de réservoirs. Ces puits sont ordinairement pleins pendant la saison pluvieuse et secs en été. On indique une hauteur d'eau tombée de 50 pouces pour des endroits voisins de la ville de Galway, mais la moyenne semble devoir être de beaucoup inférieure à cela. Les puits foncés dans le diluvium s'assèchent par une longue période de sécheresse.

Les sources minérales de Lisdoonvarna sont bien connues. Elles proviennent du Carbonifère supérieur et contiennent du soufre, du fer et de la magnésie. Certaines souces de Galway contiennent des sels minéraux en dissolution. Ce fait a déjà été mentionné.

On trouve du calcaire magnésien à ou près de Menlough et à Terryland. La circulation de l'eau magnésifère à travers le calcaire explique la formation de la dolomie.

Les couches calcaires plongent dans différentes directions par suite des actions souterraines de la région. Au nord de la ville, les couches plongent à l'Est et au Nord-Est. Plus loin au NE., l'inclinaison est à l'Est et au SE. De l'autre côté, au Nord-Ouest, l'inclinaison peut être au SE. ou la couche peut être horizontale ou inclinée au Nord.

Des *veines métallifères* se rencontrent dans les roches gneissiques du Nord-Ouest et de l'Ouest. Il s'y trouve des minerais de cuivre et de plomb. Le plomb se trouve encore plus abondant même que le cuivre dans les couches carbonifères. Le Diluvium qui couvre de grandes étendues de la contrée a été lavé en certaines places, de sorte qu'on y trouve des sables et des argiles fines. Le sable a donné à l'examen de petites quantités d'or, tandis que l'argile a été essayée à la fabrication des poteries.

Les grands bancs de cailloux roulés que se trouvent entre Barna et Blackrock sont particulièrement intéressants, parce qu'ils nous permettent d'évaluer l'importance de l'érosion sur cette côte.

On peut prouver, par l'examen des cartes, que la valeur du déplacement par la mer en 230 ans du banc le plus proche de la ville de Galway est de deux kilomètres. L'ouverture, dans la lagune de Barna (lac Rusheen) est beaucoup plus à l'Ouest qu'autrefois. Le mouvement des glaciers dans le Galway méridional était dirigé S. et W. Des roches moutonnées et des blocs perchés se trouvent à quelques kilomètres au nord de Galway.

Les galets et les pierres sont ordinairement en granite rouge ; ils jonchent la plage qui est sablonneuse. En dehors des bancs mentionnés et entre le signal de Blackrock et la plage, l'eau semble être devenue moins profonde, et ceci paraît être vrai pour plusieurs parties de la baie de Galway, pendant les deux cents dernières années. Ce changement peut avoir eu lieu par suite du relèvement du fond de la baie ou par l'ensablement de certaines parties. Cependant, les profondeurs sont données dans la charte de 1845 pour l'eau basse et dans la charte française pour des marées déterminées (à basse mer, dans les grandes marées). Néanmoins, le fait qu'il y a une différence de 16 brasses entre les mesures de 1670 et celles de 1845 ne peut être expliqué par une erreur qui aurait été commise en sondant la baie entre l'île centrale d'Aran et la baie de Cashla, car une si grande erreur n'est pas possible, même en tenant compte de l'exactitude des méthodes modernes. Le Calcaire carbonifère qui se montre au nord du lac Corrib couvre, comme on le sait, une partie considérable de l'Irlande centrale et est couvert lui-même de tourbe sur de nombreux milles carrés.

Il s'enfonce tantôt dans une direction, tantôt dans une autre. Il est modifié par le granite de telle sorte qu'il s'est formé du calcaire métamorphique d'excellente qualité en différents endroits. Le *grès* carbonifère à Oughtrard suggère l'existence antérieure d'un rivage. Des filons de cuivre et de plomb ont été trouvés dans les roches ignées et le Calcaire carbonifère ; le plomb paraît être plus commun que le cuivre dans le calcaire. La pyrite et la pyrrhotite se trouvent parmi ces minerais, la blende également. Le bassin houiller de Connaught ne parait pas s'étendre à l'ouest de Roscommon, bien que le Houiller inférieur existe à Mayo.

Le calcaire inférieur, le schiste et le vieux grès rouge sont au sud de la ville de Galway. Le Calcaire carbonifère est au centre, et les couches inférieures réapparaissent au nord, tandis que le calcaire noir et le schiste disparaissent. Vers la côte de Clare, le terrain devient sabloneux et marécageux ; du charbon ou des roches carbonifères se rencontrent par places.

Le continent occidental devait, à l'époque carbonifère, s'arrêter près de la position de la plage occidentale. L'abondance des couches calcaires et des couches à cherts indique des fluctuations ; il peut s'être produit un affaissement ou un soulèvement, mais le grès rouge et le conglomérat du Nord sont une preuve indiscutée du voisinage d'un rivage. L'accroissement d'épaisseur des couches vers le Nord-Ouest et le Sud-Ouest et les modifications du schiste et du grès montrent la présence indiscutable d'un continent occidental qui subsistait probablement depuis l'époque archéenne.

Le Llandovery, le Wenlock et le Ludlow sont d'épaisseur considérable et présentent un facies d'eau douce. Le Silurien est visible sur la rive nord du lac Corrib et la rive sud du lac Mask, à l'ouest de Cong, comme dans quelques îles du lac Corrib. Les fossiles sont ceux de Gowlaun et certains sont les mêmes que ceux de Kilbride. Une faille dirigée du NW. au SE.

modifie une autre faille dans la région de Killary. Des schistes rouges sont à la base du groupe de Culfin. Les grès du Salrock, du lac Muck et le groupe de Gowlaun indiquent la proximité d'une terre, tandis que les tufs et les eurites marquent aussi une région côtière.

Les roches stratifiées ordoviciennes de North-Mayo sont représentées par les schistes de Lettermullen et de Croagh-Patrick. Geikie cite Murchison qui dit que plusieurs trilobites, *Harpes*, *Amphion*, *Bronteus*, etc., quoique abondants dans l'Ordovicien d'Irlande, sont rares en Angleterre et dans le Pays-de-Galles et ne se rencontrent pas sur le continent européen. D'autre part, ils se trouvent dans l'Ordovicien d'Amérique. Cependant, les schistes noirs de Waterford ressemblent aux schistes de Glenkilow, en Ecosse.

Le complexe de Connemara n'a pas encore été complètement débrouillé ; il est probable que certains roches micacées s'y trouvent dans une position qui indique une origine cambrienne, mais les calcaires, quartzites et ophiolites peuvent avoir une origine plus récente que l'époque cambrienne.

La série entière représente 11 000 pieds. M. de Lapparent note notre Archéen (Précambrien) comme s'étendant de Donegal à l'Ecosse occidentale et à la Norwège. Le granite du sud de Galway appartient à l'Archéen inférieur. Plusieurs séparent les roches acides ou même siliceuses de l'Archéen, et on a proposé de distinguer de l'Éparchéen ou Précambrien ; mieux encore, de réunir le type du nord de l'Irlande avec le type du SE. du Highland sous le nom de Dalradien (Geikie) ; c'est là une excellente association, car les sables, les conglomérats et même le graphite de Donegal ne sont pas représentés dans le Perthshire et le calcaire du Rossshire ne peut être rapporté à l'Archéen.

La mer qui couvrait la Norwège, la Suède, l'Angleterre, la France et l'Espagne couvrait ou touchait l'Irlande au Nord et à l'Ouest (fig. 1) et une ligne côtière existait probablement là où sont aujourd'hui les rives du Connaught et du Munster. Il est probable ou au moins possible, que le rivage s'étendait au NW. de l'Espagne.

Le Connaught et l'Ulster semblent avoir eu une rive avec une terre au Nord-Ouest à l'époque ordovicienne, tandis que les iles sœurs étaient ensevelies sous la mer, sauf peut-être une faible

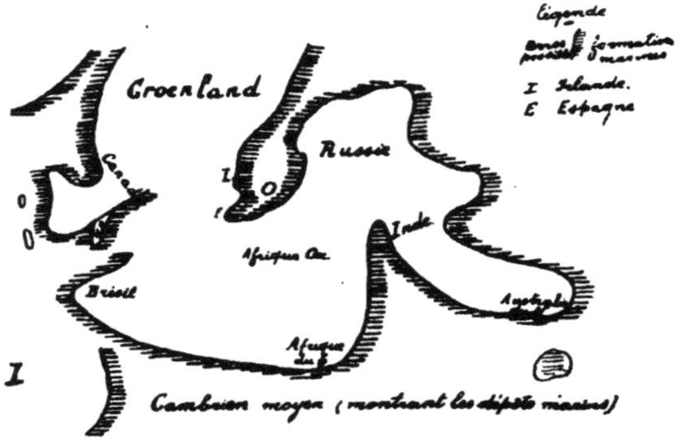

Fig. 1

portion de l'Angletere centrale et le Highland d'Ecosse. On p
admettre parmi les choses possibles, qu'un vaste continent (fig

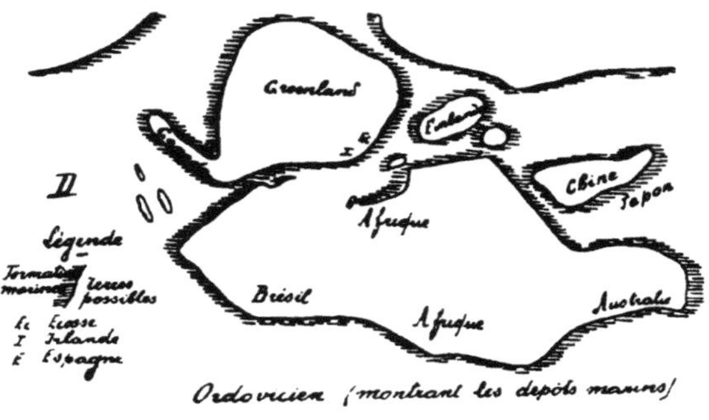

Fig. 2.

comprenant le Canada oriental, le Groenland, des parties
l'Irlande, de la France, de l'Espagne et de l'Ecosse exist
dans l'Océan atlantique.

La terre subissait des fluctuations, mais les *couches sédimentai*
d'Irlande indiquent la présence, pendant le Silurien, de la terr
l'Ouest avec une ligne côtière peu éloignée de l'ouest de l'Irlan
l'ouest de l'Ecosse (fig. 3), avec une île océanique proche
Wicklow, le Groenland et l'Irlande aussi bien que le Canada e
frontière orientale des Etats-Unis peuvent avoir fait partie
ces terres qui semblent avoir eu beaucoup de ressemblance.

L'époque dévonienne trouva l'Irlande réunie à la Norwège
une péninsule qui, selon toute probabilité, s'étendait de la Norw

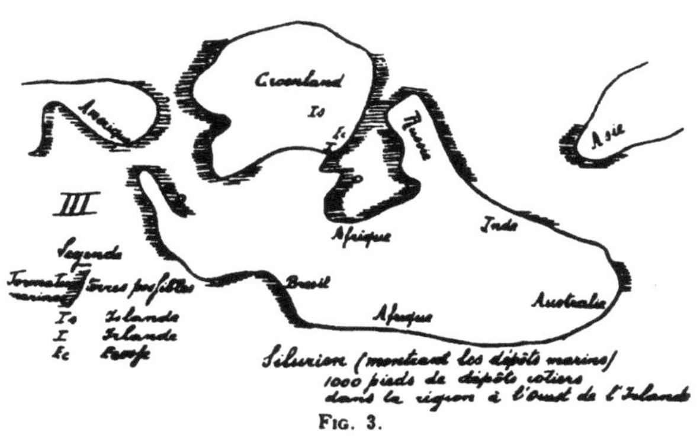

FIG. 3.

au NW. et au SE. de l'Irlande, tandis que le NE. et le SW. étaient sous la mer (fig. 4).

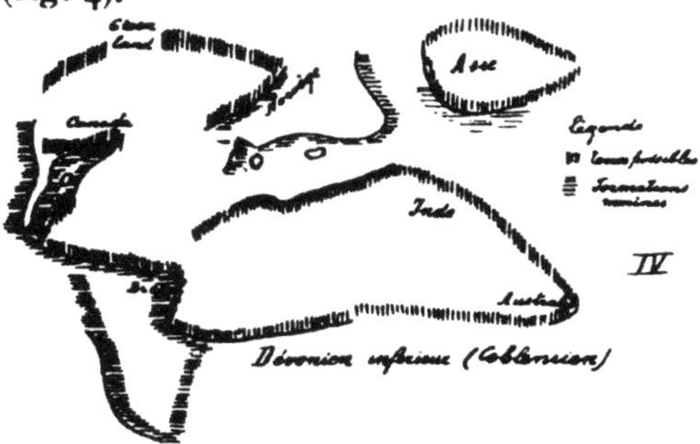

FIG. 4.

Graduellement, le sol se souleva et la mer déposa des sédiments côtiers au sud de Galway, à l'ouest de l'Ecosse, au nord du Connaught et à l'ouest de la Norwège avec limites certaines (fig. 5). L'ouest de l'Espagne et le NW. de la France semblent avoir été proches de la rive. L'Amérique, l'Europe et la plus grande

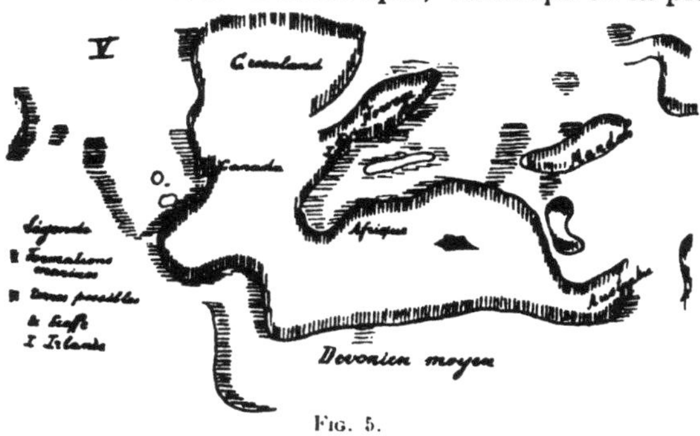

FIG. 5.

partie de l'Asie étaient sous la mer. Les amas ignés, d'origii souterraine, semblent avoir été principalement limités à des régioi situées sous les grands océans. Les *sédiments*, en tous ca indiquent la présence de grandes étendues de terres, là où s trouvent maintenant ces grands océans.

A l'époque du Dévonien supérieur, l'Ulster et le Connaugl (en grande partie) étaient sous un bras de la mer du Sud, mai Galway paraît avoir été une péninsule de la Norwège.

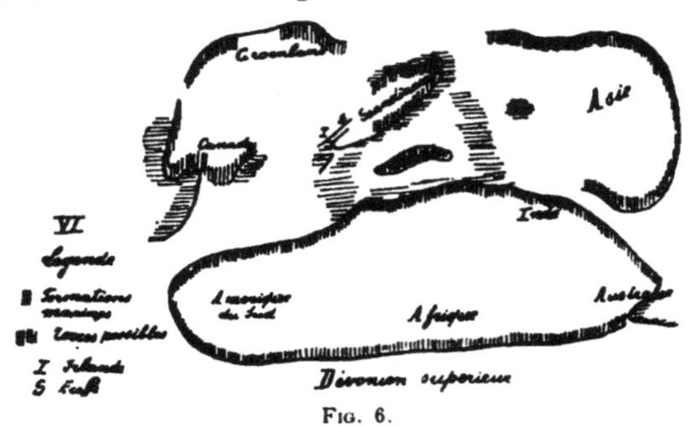

Fig. 6.

L'écorce terrestre peut avoir été bombée par des amas soute: rains (hypogés) de matières liquides, de sorte que la terre continua en cette période, à occuper de grandes régions couvertes présent• ment par l'océan.

A la période du Calcaire carbonifère, la mer baignait le su et l'est du Donegal et l'ouest du Connaught (fig. 7).

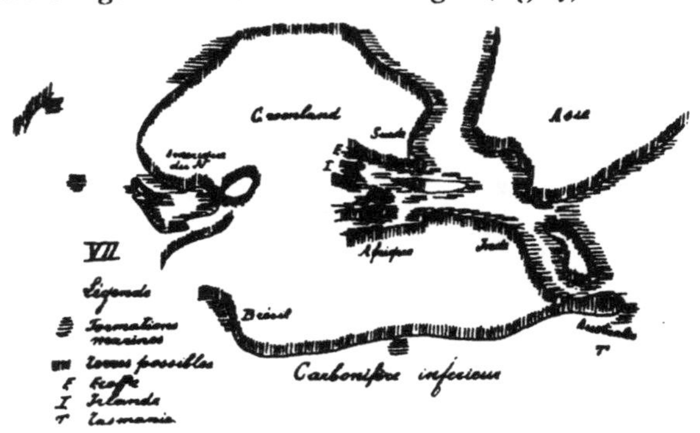

Fig. 7.

Les sédiments océaniques manquent ensuite (fig. 8) dans u district qui correspond à l'est de l'Irlande, à la France, à l

Fig. 8.

Hollande et à la Belgique, y compris une faible partie de l'Angleterre. Le Danemark et la Russie occidentale n'ont pas de sédiments marins et peuvent avoir été des terres, mais les mêmes sédiments océaniques se retrouvent de l'Irlande au Caucase. Les dépôts du sud de l'Angleterre et du sud de l'Irlande aussi bien que ceux de l'Ecosse indiquent la proximité de la terre. Des sédiments marins qui sont en évidence dans la Russie méridionale et en Westphalie se retrouvent dans le SE. de l'Irlande et l'existence de terres océaniques est parmi les probabilités qui se sont imposées au géologue spéculatif.

Pendant l'époque du Houiller supérieur (fig. 9) ou ouralienne, des sédiments d'eau douce ou de rivage se trouvent dans des districts s'étendant d'Irlande en Russie où des dépôts marins

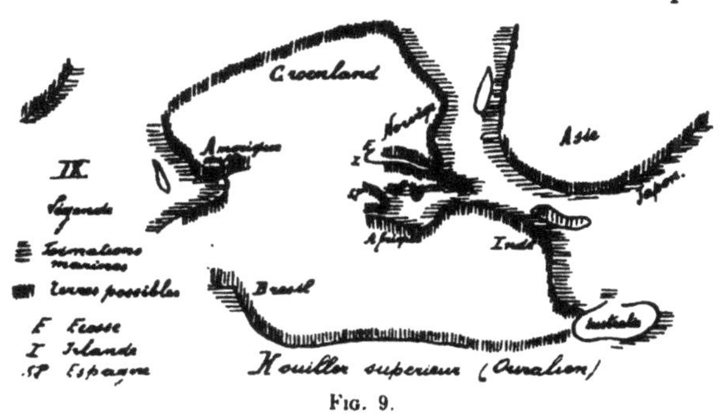

Fig. 9.

sont nombreux, aussi bien que dans l'Asie méridionale, entre la mer Caspienne et le Japon. L'ouest du Connaught et du Donegal étaient alors probablement des terres réunies à d'autres au Nord et à l'Ouest.

A l'époque du Permien inférieur, un continent s'étendait du cap Nord au Caire. Dans le Lancashire, les sédiments sont d'origine lacustre, caractéristiques d'une bande qui s'étend de la mer d'Irlande à travers la Hollande, l'Allemagne et l'Autriche jusqu'en Macédoine, reliée par des dépôts sédimentaires de lagune à la France et à l'Italie septentrionale. Dans l'est de la Russie, les sédiments sont océaniques.

Cette nature de sédiments est moins marquée dans le Permien supérieur (fig. 10). Les lagunes s'étendaient de Thuringe en

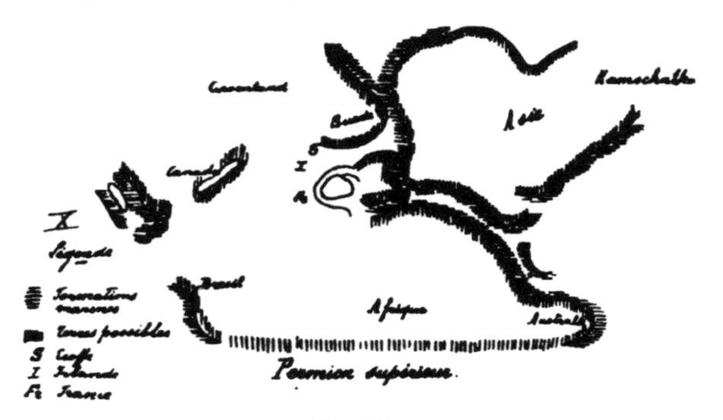

Fig. 10

Irlande. La mer d'Italie qui, précédemment, avait été réunie aux lagunes franco-britanniques recula. Les rives de la lagune septentrionale s'étendaient de la Russie au centre de l'Irlande. Il n'y a pas de *sédiments* de cette époque dans la plus grande partie de l'Irlande. Évidemment, les continents asiatiques, européens et américains se développaient au détriment des formations océaniques, tandis que les dépôts de l'Inde, de l'Australie et de l'Afrique indiquent une terre dans l'Océan indien, le pays de Gondwana. Il est clair que des terres plus ou moins étendues ont pu ponctuer les bombements temporaires de la masse profonde, liquide, bien que la tendance dernière fût à l'établissement du système continental du Nord actuel.

Sans s'arrêter aux marbres et ophiolites de Galway, on peut mentionner que des marbres noirs et blancs sont connus depuis longtemps ; le premier provenait de Merlin-Park et de Menlo. Mentionnons aussi l'ophiolite de Clifden (Streamstown) et de Recers (Lissoughter) et la pierre de Kylimore.

Le granite de Galway est intéressant, non seulement à cause de sa beauté intrinsèque et de sa grande antiquité, mais par le fait qu'il est ponctué, en maintes places, par des feldspaths qui contiennent des veines de cuivre et de plomb, comme d'autres minerais, mais ces veines ne sont pas restreintes aux surfaces marquées par les feldspaths ; elles apparaissent aussi ailleurs. D'après les cartes du Service géologique, la présence de veines a été relevée en trente-et-un points dans un rayon de 3 milles de Oughterardt ; certains sont dans les roches schisteuses et gneissiques ; d'autres, de plomb, dans le calcaire. On rencontre de la pyrite et de la pyrrhotite. Des mines de cuivre ont été exploitées à 5 kilomètres de Oughterardt, mais des filons ont été trouvés à petite distance de cette ville. Des mines de plomb ont été ouvertes dans d'autres districts. On trouve, à côté de minéraux communs, comme la chlorite, la stéatite, la hornblende, la calcite, le soufre, le gypse, la fluorine, la barytine, l'épidote, l'andalousite, etc., des minerais de fer, y compris la limonite (limonite des prairies), la calamine, la blende, la galène, la pyrite cuivreuse.

La région du diluvium a été examinée, il y a quelques années, afin de déterminer si cette formation ne contient pas de métaux qu'on pourrait exploiter. Une certaine quantité d'or fut trouvée, mais c'était avant l'introduction du procédé Forrest-Mac-Arthur, pour l'extraction de l'or des alluvions, et il est probable qu'une quantité d'or pourrait être obtenue, qui suffirait et au-delà à couvrir les frais. Les matériaux hydro-carbonés se réduisent à de minces couches d'anthracite dans le Galway méridional et à des schistes bitumineux dans le district du West-Mayo ; mais la couche de tourbe trouvée à Salthill est très intéressante, parce qu'elle est formée d'une accumulation de débris des arbres qui constituaient un trait saillant du paysage de la période pleistocène. Cette couche a deux pieds d'épaisseur et contient de nombreuses branches d'arbres plus ou moins bien conservées, ayant souvent l'écorce intacte. Cette tourbe est plus compacte que la tourbe ordinaire, et elle indique une plus grande analogie de formation avec la houille. Ce marécage descend sous le niveau des hautes eaux et témoigne péremptoirement de l'affaissement de la région dans son voisinage. Des marais sous-marins se trouvent ailleurs, et dans la grande île d'Aran, il y a d'autres preuves de submersion. Il a été établi que la submersion, dont l'importance est quelquefois de 12 pieds, a eu lieu après la formation de la côte soulevée qui est actuellement de 25 pieds et avant que se soit formée la plage de 13 pieds. Il n'est pas douteux que la séparation de la baie de Galway d'avec l'Atlantique soit une des nombreuses questions intéressantes, ayant trait aux changements survenus pendant l'époque tertiaire en Galway et dans l'Irlande occidentale. Et Galway marque apparemment la limite ou, en tous cas, indique un district dont la mer reprit possession dans les temps primitifs et si le Connaught représente actuellement le continent atlantique il subit de nombreuses vicissitudes dans le passé. Plusieurs d'entr'elles sont indiquées ou marquées par les couches sédimentaires de Galway et d'autres endroits.

RICHARD-J. ANDERSON,

1re Question

—

Etat actuel de nos connaissances

SUR LA

Structure du Bassin Houiller de Charleroi

ET, NOTAMMENT, DU

Lambeau de Poussée de la Tombe,

PAR

M. SMEYSTERS

I.

La formation houillère belge comporte les bassins bien connus de Liége, de Charleroi, du Centre et du Borinage, dénominations empruntées à leur situation topographique.

Nous nous occuperons seulement, dans cette étude, des bassins de Charleroi et du Centre formant un même ensemble sous le double rapport de la continuité de leurs couches et des accidents stratigraphiques importants qui les affectent.

Ces deux bassins appartiennent à la région centrale de la formation et constituent la partie orientale du bassin houiller du Hainaut. Ce dernier, ainsi que je l'ai exposé dans un précédent travail (1), prend naissance à la saillie calcaire du ruisseau de Samson, s'étend dans la Basse-Sambre namuroise, en passant par Tamines, entre dans la province de Hainaut, se poursuit à travers le pays de Charleroi, pénètre dans la région industrielle du Centre pour y former le bassin de ce nom et se limiter, géographiquement, aux environs de Mons.

La fin de son depôt a été marquée par des mouvements orogéniques intenses qui se sont produits sur son bord méridional. Il en est résulté des poussées successives qui l'ont profondément plissé tout en le morcelant. A la hauteur de Namèche, il a subi une forte constriction ayant déterminé le relèvement au jour de son substratum calcaire.

(1) Etude sur la constitution de la partie orientale du bassin houiller du Hainaut. *Annales des mines de Belgique*, t. V.

De part et d'autre de cet accident, les bassins de Liége et du Hainaut s'épanouissent progressivement tout en s'ennoyant dans un sens diamétralement opposé. En ce qui concerne ce dernier, d'abord étroitement encaissé dans le Calcaire carbonifère, il s'évase et gagne en profondeur à mesure qu'on le suit vers l'Ouest. On le voit s'allonger d'abord en replis multiples et pressés courant à faible distance du sol, puis se développer en largeur aussi bien qu'en profondeur, à mesure qu'il avance dans cette direction. A son entrée dans le Hainaut, sa largeur apparente à la surface atteint 8 kilomètres environ ; elle augmente successivement jusqu'à 1 760 mètres au delà de Charleroi où elle mesure 15 kilomètres. A partir de ce point, elle se réduit de nouveau, de sorte qu'au méridien de Bray, elle descend à neuf kilomètres et demi (pl. I).

Cette variation dans l'expansion transversale du bassin qui nous occupe est une conséquence de la compression latérale à laquelle il a été soumis et qu'accusent nettement les différences d'alignement des assises primaires superficielles formant sa bordure méridionale.

On peut y distinguer deux sens distincts de poussées. Dans la région située au levant de Charleroi, les strates houillères ont été refoulées du Sud-Est au Nord-Ouest, tandis qu'au couchant, le refoulement s'est opéré du Sud-Ouest vers le Nord-Est. Entre les deux, se présente l'anse de Jamioulx qui reproduit, bien que sur une échelle moindre, l'incurvation du bord sud du bassin français, entre Douai et Valenciennes.

Ce dynamisme a eu, comme nous le verrons, une répercussion violente, non seulement sur les allures originelles des couches, mais encore sur leurs relations stratigraphiques qui en ont été complètement modifiées. Aussi, les grandes fractures qui les affectent, présentent-elles généralement, dans leur développement, une relation nécessaire avec le sens et l'ordre des poussées auxquelles elles se rapportent.

La direction uniforme des couches dans le versant nord du bassin contraste vivement avec les mouvements tourmentés que l'on constate dans les zones méridionales. Alors que, dans le Nord, elles s'étendent en plateures régulières s'étalant de l'Est à l'Ouest sur une longueur dépassant 50 kilomètres, avec une pente vers le Sud de 25° à 40°, sans cesser de présenter une régularité telle qu'elle leur a valu la qualification de « maîtresses allures », elles affectent, au contraire, à mesure qu'elles se rapprochent de la bordure sud du bassin, des replis nombreux, déjetés jusqu'au renversement et parfois assujetis aux déformations les plus déconcertantes. Chose remarquable, ces accidents sont d'autant plus marqués qu'on les observe sur des points plus rapprochés de la surface ; ils s'atténuent par contre et finissent même par disparaître dans les couches gisant à plus grande profondeur.

C'est là une conséquence de l'affaissement du bassin et des poussées concomitantes et répétées auxquelles il a été soumis le long de son versant méridional. Les couches les plus superficielles ont été refoulées les unes sur les autres, alors que les plus profondes ont, au contraire, subi un étirement sous l'influence duquel leur puissance s'est amoindrie. Mais l'effet le plus considérable de ces poussées, réside dans le fractionnement de la formation houillère en massifs distincts, véritables lambeaux charriés les uns sur les autres. De là, de part et d'autre des fractures ainsi produites, des discordances caractéristiques dans l'alignement des strates, en même temps qu'une modification dans la succession normale des couches, que révèle une variation parallèle de leur composition chimique.

Ces fractures qui prêtent au bassin houiller de Charleroi sa physionomie si particulière, sont donc nettement inverses.

Cependant, on constate dans le versant nord du Centre quelques failles d'affaissement, mais elles sont généralement locales et peu importantes relativement. A cette catégorie, se rattachent les puits naturels mentionnés dans notre étude précitée, ainsi que ceux ayant fait l'objet d'une récente publication dans les *Annales de la Société géologique de Belgique* [1].

Ainsi que nous le signalions au début de ce chapitre, le bassin s'enfonce progressivement vers l'Ouest. Dans l'état actuel de nos connaissances, le point le plus bas, dans la région du sud de Marcinelle-Nord atteindrait approximativement 2 000 mètres. La distance de 47 kilomètres qui le sépare du ruisseau de Samson, assigne à l'ennoyage général des strates entre les méridiens de Namèche et de Charleroi 42 m/m par mètre.

Je ferai remarquer, cependant, que l'on ne peut conclure de ce chiffre à une progression continue et constante de cet ennoyage dans cette direction. Les travaux d'exploitation montrent, en

[1] J. Smeysters. *Annales de la Société géologique de Belgique*, t. XXXI.

effet, que les crochons des diverses couches ondulent, ramenant ainsi à un même horizon des bancs d'ordre stratigraphique différent. Tout en faisant la part des influences dynamiques auxquelles ils ont été soumis, il est vraisemblable que les strates les plus profondes n'échappent pas à cette règle et qu'elles doivent, dès lors, quoiqu'en proportion moindre, avoir subi de semblables variations d'ennoyage. Au surplus, l'enrichissement de la vallée houillère vers l'Ouest atteste sa pente dans cette direction jusqu'au méridien 17 000 où les tracés déduits des couches déhouillées dans les charbonnages de Ressaix, Leval et Péronnes, indiquent un relèvement de son axe sur lequel nous ne sommes pas encore fixés. S'il en est ainsi, et le changement qui se produit dans l'orientation du bord sud du bassin au méridien de Mons semble le confirmer, il en résulterait une démarcation stratigraphique entre les bassins du Centre et du Borinage.

Des considérations que je viens d'exposer, on peut conclure que la partie orientale du bassin houiller du Hainaut a subi des compressions latérales sous l'action desquelles il a été morcelé en massifs chevauchant les uns sur les autres, en même temps que les couches intercalées entre les strates se plissaient et se déformaient; que ces poussées se sont produites successivement dans des directions différentes selon qu'on envisage les régions situées au levant ou au couchant du méridien de Charleroi ; enfin, que les replis des couches sont d'autant plus multipliés que ces dernières appartiennent à des lambeaux de refoulement moins profonds et que ces couches elles-mêmes gisent plus rapprochées de la surface.

II.

Les failles qui découpent la partie du bassin belge, objet de ce travail, peuvent être classées en deux catégories dépendant des mouvements orogéniques auxquelles elles se rapportent. Les unes résultent d'une poussée exercée du SE. au NW. ; les autres, d'une poussée dirigée au contraire du SW. au NE. (pl. I).

A la première catégorie appartiennent :

1° La faille du Gouffre ;

2° La faille du Carabinier (branche est), avec sa cassure adventive dite de Boubier ;

3° La faille d'Ormont.

A la seconde :

1° La faille du Placard ;
2° » » de St-Quentin ;
3° » » du Centre ;
4° » » du Pays-de-Liége ;
5° » » du Carabinier (branche ouest) ;
6° » » de la Tombe ;
7° » » du Midi ou Grande faille.

Dans mon étude sur la constitution de la partie orientale du bassin houiller du Hainaut, j'ai exposé d'une manière détaillée le régime de ces différents accidents. Je me bornerai aujourd'hui à en faire ressortir les caractères et la continuité en me référant aux nombreuses coupes publiées dans l'étude prérappelée. Je signalerai cependant, indépendamment de quelques rectifications de tracés, une faille nouvelle, celle de Boubier qu'ont révélée les travaux récents du puits n° 2 de cette concession, ainsi que ceux du siège n° 4 de Marcinelle-Nord, faille apparaissant comme une cassure adventive de l'accident du Carabinier (branche est).

Par contre, je m'étendrai davantage sur le lambeau de poussée de la Tombe qu'un examen plus minutieux m'a permis de définir plus complètement que je ne l'avais fait et qui se manifeste à nos yeux sous la forme d'un charriage d'une importance tectonique exceptionnelle.

PREMIER GROUPE.

Faille du Gouffre. — Elle a été tout d'abord reconnue au charbonnage du Gouffre qui lui a valu son nom.

Les droits presque verticaux des couches Dix-Paumes, Cinq-Paumes, Huit-Paumes et Gros-Pierre, longtemps exploités au puits n° 7, depuis le niveau de 225 mètres jusqu'à celui de 530 m., ne se raccordent pas aux maîtresses-allures du Nord, déhouillées au puits n° 8 du même charbonnage.

Les divers travers-bancs percés à partir de l'étage supérieur jusqu'à celui de 580 mètres, y ont fait reconnaitre une zone de terrains bouleversés et le brusque arrachement des droits d'avec les maîtresses-allures correspondantes. Ces dernières descendent vers le Sud sous la faille et établissent ainsi le remontement sur le faisceau du Nord des mêmes couches appartenant au massif méridional, remontement qui atteint environ deux cents mètres.

La fracture se redresse en s'élevant vers la surface, tandis qu'elle s'aplatit au contraire en profondeur, comme le montre l'extension des travaux entamés dans les plateures septentrionnales.

A l'ouest du charbonnage du Gouffre, son extension est relativement restreinte. Si nous la retrouvons encore dans la concession du Trieu-Kaisin, où elle revêt les mêmes caractères qu'au puits n° 7 et aussi dans la méridienne du puits Moulin-des-Viviers, où elle subsiste avec une allure fortement redressée et un rejet d'environ deux cents mètres, nous constatons qu'elle y est bientôt coupée non loin de la surface par la faille peu inclinée du « Pays-de-Liége », dont nous parlerons plus loin. Au delà, vers les puits n° 11 du Trieu-Kaisin et Epine de Bonne-Espérance, elle se réduit à une simple fracture, pour disparaître bientôt dans les replis méridionaux des maîtresses-allures, à 3 kilomètres environ du puits n° 7 du Gouffre.

A l'est de ce puits, au contraire, son développement est beaucoup plus considérable. Se poursuivant d'abord à travers la concession du Gouffre, elle pénètre dans celle de Masse-St-François, où nous la retrouvons aux étages de 450 mètres, 495 mètres et 575 mètres du puits Mécanique. Là encore, elle se manifeste entre les maîtresses-allures du Nord et le prolongement des droits du Gouffre dépendant du même faisceau ; seulement le rejet, plus important, atteint 350 mètres. Dans le charbonnage contigu d'Aiseau-Presles, elle marque son approche aux étages de 318 et de 380 mètres du siège St-Jacques, par des dérangements affectant les couches Ste-Barbe ou Dix-Paumes et Huit-Paumes déhouillées au sud du puits.

Toutefois, les travaux d'exploitation n'ont pas été poussés jusqu'ici assez loin pour pouvoir l'atteindre. Par contre, au puits n° 1, d'Oignies-Aiseau, elle se présente sous la forme d'une double fracture entre les deux branches de laquelle se trouve compris, entre le niveau de 260 mètres et celui de 350 mètres, un lambeau des couches Sainte-Marie et Ste-Barbe.

Le lambeau comporte un anticlinal appartenant ci-devant aux allures du Nord et resté en route, alors que le massif méridional continuait sa translation dont l'amplitude ne parait pas devoir être loin de 350 mètres.

Une particularité à retenir, c'est que les couches appartenant au massif chevauchant se modifient dans leur allure en se prolongeant vers l'Est. C'est ainsi que les grandes plateures de tête des droits du Gouffre, si uniformes, se plissent un grand nombre de fois en se poursuivant dans cette direction, ce qui implique une progression parallèle de l'accentuation de la poussée.

Plus loin, dans la Basse-Sambre namuroise, nous voyons la faille du Gouffre nettement accusée au puits n° 1 de Falisolle, où elle a été reconnue par les travers-bancs nord ouverts aux divers étages depuis celui de 240 mètres jusqu'à celui de 400 mètres. Là aussi s'affirme le remontement du faisceau sud des couches de la série du Gouffre sur leurs allures septentrionales, remontement s'élevant de 350 mètres à 375 mètres.

On la suit ensuite dans la concession d'Arsimont, où on la retrouve avec tous ses caractères. Elle sépare, au puits n° 2 de cette concession, le faisceau midi des couches Grande-Veine, Quinaut et Victor qui se synchronisent avec celles du faisceau du Gouffre, des membres du même groupe venant du Nord.

Ici encore, se produit le phénomène de chevauchement avec un rejet semblable à celui que nous avons relevé à Falisolle. Passant au charbonnage de Ham, nous constatons son passage à 500 mètres environ au nord du puits n° 1, où l'a traversé le travers-banc de l'étage à 200 mètres. Elle y sépare un synclinal de la couche Bragard des plats des veines les-Sillons, Brutonne ou Dix-Paumes, Bragard ou Lambiotte, alias Gros-Pierre, déhouillées aux puits n°s 1 et 5.

Plus loin vers l'Est, faute de travaux suffisamment développés, nous ne trouvons d'autre indice de son prolongement que celui résultant des discordances stratigraphiques révélées par les anciennes exploitations, au niveau de la galerie d'écoulement, des charbonnages de Soye et de Mornimont, ce qui nous permet de conclure à son extension jusque dans la concession de Floriffoux.

Il n'en reste pas moins certain que, d'après les indications tirées des points où elle a été bien reconnue, nous pouvons lui assigner vers l'Est, à partir du puits n° 7, un développement certain de quinze kilomètres au moins, de sorte qu'au total, on la suit sur une longueur de 18 kilomètres. Dans tout ce parcours, sa direction générale s'accorde sensiblement avec celle du bord sud du bassin dans cette région.

Faille du Carabinier (branche est). — Cette faille située au sud de la précédente constitue, au point de vue tectonique, l'un des accidents les plus intéressants parmi ceux qui affectent notre bassin.

On pensait autrefois que les plateures méridionales des couches exploitées par les puits n°s 3 et 5 du Gouffre devaient se raccorder par une série de replis avec le pendage nord du grand anticlinal du même faisceau déhouillé au charbonnage du Carabinier, situé au sud du précédent. A la faveur d'une convention intervenue le 2 mai 1866 entre les deux Sociétés, le charbonnage du Gouffre poursuivit, dans la concession du Carabinier, l'exploitation des couches Dix-Paumes, Huit-Paumes et Gros-Pierre de son siège n° 5 jusqu'au niveau de 619^{m}50. Les travaux permirent de reconnaître que ces couches, au lieu de se raccorder au gisement du Carabinier, s'en trouvaient séparées par une faille importante et qu'elles devaient se prolonger encore notablement plus loin vers le Midi. Cette constatation amena, en 1878, les deux Sociétés à modifier la convention de 1866 et le Carabinier rentra en possession des parties encore vierges des couches de la série dont le développement inattendu lui avait été ainsi révélé. Il se décida, dès lors, à entreprendre l'approfondissement de son puits n° 3, approfondissement qui fut poussé jusqu'au niveau de 931 mètres. Ce travail montra la stérilité de la stampe des terrains gisant sous la couche Léopold jusqu'à la profondeur de 768 mètres, où l'on rencontra une couche de 0^{m}76 présentant les caractères de la couche Dix-Paumes. Vingt-cinq mètres plus haut, on avait recoupé une cassure remplie de matières détritiques qui n'est autre que la faille du Carabinier. Celle-ci a également été rencontrée dans les travaux du charbonnage de Boubier contigu, vers l'Ouest, au précédent. Le puits n° 1 de ce charbonnage a pénétré, au niveau de 600 mètres, dans une zone de terrains bouleversés en dessous de laquelle les bancs s'étant régularisés, on reconnut successivement les diverses couches de la série du Gouffre exploitées par le puits n° 8 du Trieu-Kaisin, où elles forment le prolongement vers l'Ouest des plateures déhouillées au puits n° 5, susmentionné. Comme au Carabinier, le grand anticlinal de Boubier chevauche les plateures du même faisceau venant du Nord. L'importance du remontement semble dépasser 1 000 mètres. [1]

[1] La faille vient d'etre atteinte à la limite nord du charbonnage d'Ormont, à la profondeur de 130 mètres d'un burquin descendu de l'étage, à 950 mètres du puits St-Xavier.

Des passers de veines recoupées au dessous du niveau de 1 080 mètres font prévoir une extension plus grande encore du remontement.

La faille qui nous occupe, sans avoir été atteinte au charbonnage d'Aiseau Presles, y accuse cependant son passage par l'extension, vers l'Est, de l'anticlinal qui constitue le gisement supérieur, anticlinal qui, à l'exemple de celui du Gouffre, prend une allure de plus en plus plissée sous l'influence de l'accentuation, dans cette direction, de la poussée méridionale.

Au charbonnage d'Oignies-Aiseau, le bouveau sud ouvert à l'étage de 210 mètres du puits St-Henri, a traversé, à la longueur de 1 300 m., une cassure au delà de laquelle se répète le même faisceau de couches composant la série du Gouffre. De même à Falisolle, une fracture mise à jour à 1 200 mètres au midi du puits n° 1, par l'étage de 240 mètres, sépare le groupe des couches Grande-Veine, Victor et Lambillotte, d'assises appartenant à un niveau stratigraphique inférieur.

Plus loin encore, au charbonnage d'Arsimont, nous voyons les travers-bancs sud percés aux niveaux de 147 mètres et 250 mètres du puits n° 1, atteindre, à la longueur de 375 mètres et de 540 mètres respectivement, une faille de 25 mètres d'épaisseur, suivie de terrains présentant les caractères des strates inférieures du Houiller productif et même du *H1*, comme le montre la présence d'un banc de calschiste fossilifère. Ici, une fois de plus, se manifeste l'accentuation de la poussée signalée plus haut.

Si les travaux d'exploitation ne nous permettent plus de suivre sûrement plus loin le passage de la faille, les discordances que présentent les couches déhouillées à faible profondeur dans les divers charbonnages situés vers le Levant, nous fournissent cependant des indices fort probants de son extension dans cette direction.

Tous les points que nous venons de citer s'accordent pour assigner à la faille du Carabinier une allure analogue à celle du Gouffre et concordante avec l'affleurement du bord méridional du bassin.

Si nous nous reportons à l'ouest du puits n° 1 de Boubier, nous constatons, au puits n° 2 du même charbonnage, le prolongement du grand anticlinal dont nous avons parlé. — Le faisceau de couches qui compose ce massif se retrouve, mais sensiblement modifié dans son allure, au puits n° 4 de Marcinelle-Nord, puits situé à 1 023 mètres au sud du puits n° 2 précité et à 1 467 mètres à l'ouest.

Entre les niveaux de 750 et de 760 mètres, on constate une faille que nous avions précédemment considérée comme étant celle du Carabinier. L'extension des travaux vers l'Est a permis de reconnaître que cet accident prend naissance au puits n° 2 du Boubier et constitue une fracture adventive de la faille principale qui n'a pas encore été rencontrée au puits n° 4 (aérage) de Marcinelle, bien que ce dernier ait été poussé à la profondeur de 1 028 mètres. — Il s'ensuit que, dans ces parages, la faille du Carabinier affecte une allure fortement redressée. La profonde discordance des couches proprement dites de Marcinelle-Nord avec celles du massif déhouillé au puits n° 4, montre cependant clairement l'allure qui affecte l'accident que nous étudions et dont le prolongement extrême se marque notablement atténué à l'étage de 220 mètres du puits Saint-Charles du charbonnage du Cazier.

Il résulte de ces faits, que la faille du Carabinier doit se perdre dans l'anse du Jamioulx et que les terrains recoupés au puits n° 4 de Marcinelle-Nord en dessous du niveau de 760 mètres, appartiennent encore au massif chevauchant. La faille ne pourra, dès lors, être atteinte qu'au delà de 1 028 mètres, profondeur à laquelle se trouve foncé le puits d'air de ce siège. L'incurvation de son extrémité ouest, aussi bien que la fracture adventive signalée, s'explique par le changement brusque de direction que prend, dans cette région, le bord sud du bassin.

Quant au développement de cet accident, on peut l'estimer suffisamment déterminé sur 18 à 20 kilomètres.

Faille d'Ormont. – Cette faille remarquable a été rencontrée à la profondeur de 63 mètres environ du puits St-Xavier du charbonnage de ce nom, où elle présente une épaisseur de 14 mètres avec remplissage de schistes pourris, dépourvus de toute stratification. Les terrains surincombants appartiennent aux assises inférieures du *H1* ; ce sont des schistes siliceux, inclinés d'abord vers le Sud, puis vers le Nord, séparés par une cassure. Plus bas, ont apparu des strates schisteuses et calcareuses (calcaire noir de Dinant) reposant sur une escaille noire suivie de schistes pyriteux formant le toit de la fracture. A partir de là, le puits St-Xavier est entré dans l'étage houiller *H2* et a recoupé successivement, jusqu'à la profondeur de 620 mètres, le faisceau complet des couches de la série du Gouffre, dont l'allure a été bien reconnue par les divers étages d'exploitation. Le travers-banc du niveau à 498 mètres, a été poussée, vers le Midi, à la longueur de 970 mètres où s'est déclarée une forte venue d'eau qui a mis fin à la recherche. Vraisemblablement, le trou de sonde qui a livré passage à cette venue a-t-il touché au grès souvent aquifère de la couche Gros-Pierre ; peut-être aussi, a-t-il touché la faille elle-même.

S'il en est ainsi, le remontement des strates méridionales dépasserait 1 000 mètres et même beaucoup plus encore si la faille s'étend vers le Sud, puisqu'il ramène vers le Houiller productif, au delà de l'orifice du puits, le Calcaire carbonifère et l'étage *H1* qui lui est superposé.

Ainsi que le fait observer M. le professeur H. de Dorlodot [1], la faille d'Ormont s'étend vers l'Ouest jusqu'au décrochement de Chamborgneaux ; mais nous pouvons la suivre plus loin. Le puits n° 4 du charbonnage de Marcinelle, dont il a été fait mention à l'occasion de la faille du Carabinier, a dû être descendu jusqu'à la profondeur de 520 mètres avant d'atteindre la couche Dix-Paumes de la série du Gouffre. Jusque là, les terrains se sont trouvés appartenir à une zone stérile. A la cote de 345 mètres, les stratifications droites, constatées en dérangement, ont été brusquement interrompues pour faire place à des allures plates, régulières, faiblement inclinées vers le Sud. C'est ce point qui, à notre avis, trahit le passage de la faille d'Ormont dont l'affleurement se dessinerait ainsi dans le Houiller productif au nord de la station de Couillet, puis dans l'anse de Jamioulx. La stérilité constatée dans l'enfoncement du puits n° 4 s'explique par l'effet du remontement des strates méridionales sur le faisceau des couches de l'anticlinal de Boubier, l'ennoyage de celles-ci vers l'Ouest ayant fait place à la zone relativement pauvre comprise entre les couches Dix-Paumes et Naye à Bois. Il est à noter, d'ailleurs, que cette dernière affleure au sud du puits n° 2 de Boubier.

Au delà du décrochement de Chamborgneau, la faille d'Ormont prend, à la cote-150, aussi bien qu'en affleurement, une direction NE.-SW., plus ou moins concordante avec celle du bord sud du bassin, jusqu'à l'endroit de la faille dite « de Borgnery ». Dans cette direction, elle sépare le gisement du puits St-Charles du Cazier, de

[1] Recherches sur le prolongement occidental du Silurien de Sambre-et-Meuse et sur la terminaison orientale de la faille du Midi. *Annales de la Société géologique de Belgique*, tome XX., 3me livraison, 1895.

celui du puits St-Ernest du même charbonnage, lequel appartient au Houiller inférieur comme celui que l'on peut observer sur les hauteurs de Couillet. On voit donc se manifester encore ici le remontement des stratifications méridionales sur les allures du Nord, comportant le faisceau complet des couches du Gouffre. Au delà de la fracture de Borgnery, la faille d'Ormont se poursuit en s'incurvant dans l'anse de Jamioulx jusqu'au calcaire de la Tombe. Elle a été traversée au niveau de 510 mètres au puits Avenir de Forte-Taille et vient d'être recoupée au bouveau nord de l'étage à 300 mètres de ce siége, à 1 200 mètres du puits, circonstance qui confirme l'exactitude du tracé que nous n'en avions donné qu'à titre hypothétique.

Si nous nous reportons au puits St-Xavier, nous voyons l'étage *H1* réduit à la bande phtanitique, se poursuivre superficiellement à l'Est, en gagnant progressivement en largeur pour permettre, au bois de Brou, l'apparition du poudingue. Une recherche par puits et forage, exécutée par la Société d'Aiseau-Presles à l'est du chemin d'Aiseau, a traversé, sur une hauteur de 233 mètres, les assises appartenant au Houiller inférieur et au Calcaire carbonifère, avant de pénétrer dans le Houiller productif. Ce dernier s'est trouvé tout disloqué sur 47 mètres, après quoi les terrains se sont régularisés. Ce dérangement nous paraît déceler la faille d'Ormont qui, cette fois encore, a ramené l'étage inférieur sur le Houiller proprement dit.

Plus loin vers l'Est, l'existence de cet étage, malgré ses variations, semble bien, par ses conditions stratigraphiques, annoncer le prolongement de la faille d'Ormont jusqu'au décrochement de Taravisée.

Vraisemblablement s'étend-t-elle plus loin, c'est ce que des recherches ultérieures nous apprendront. Son développement connu serait d'environ 26 kilomètres.

Quoi qu'il en soit, nous voyons ici encore, la faille d'Ormont serrer de très près le bord sud du bassin. Sa situation tout-à-fait méridionale se prête moins que pour les précédents accidents, à une détermination précise, à cause de l'insuffisance des données tirées des travaux d'exploitation ou de recherche restés écartés de cette région.

Néanmoins, les circonstances dans lesquelles elle se présente là où elle est bien reconnue, font augurer une large extension du bassin houiller productif au-dessous des formations plus anciennes qui le recouvrent.

Les trois failles que nous venons de décrire offrent cette particularité remarquable de s'allonger vers l'Est et de disparaître en s'approchant du méridien de Charleroi. Elles doivent être, toutes trois, rapportées à des poussées dirigées du Sud-Est vers le Nord-Ouest, opinion que vient confirmer leur direction générale sensiblement concordante avec le bord sud du bassin dans la région qu'elles traversent.

DEUXIÈME GROUPE.

Faille du Placard. — Elle a été bien reconnue d'abord dans l'approfondissement des puits n° 1 et n° 2 du charbonnage de Bascoup, entre les niveaux de 400 et 420 mètres, ainsi que par les travers-bancs midi des étages à 508 et 596 m. 50 des mêmes puits. Les travaux ont établi sans conteste que les couches recoupées en profondeur appartiennent au faisceau moyen et principal de Mariemont, tandis que les couches supérieures anciennement déhouillées et, parmi elles, celle dite « Réussite » par sa teneur en matières volatiles (13.11 %), correspondent au faisceau inférieur du même charbonnage. Briart [1] en concluait avec raison que la faille du Placard avait eu pour effet de remonter vers le Nord le prolongement méridional des dernières couches du siège Ste-Henriette sur l'ensemble du faisceau de Mariemont.

Le même accident a été révélé d'une manière aussi concluante par la reconnaissance effectuée au niveau de 500 mètres du puits n° 4, situé à 800 mètres au levant de celui du Placard. A la longueur de 410 mètres, le travers-banc sud de cet étage a rencontré une faille qui n'est autre que l'extension orientale de celle dont nous parlons ; au-delà, les veines recoupées ont montré une réduction significative de leur teneur en matières volatiles, notamment celle que ses caractères ont permis d'assimiler sûrement à la veine Nickel de Bascoup, Gigotte de Mariemont et de Haine-Ste-Pierre et, plus loin, une autre de 0.40 en charbon qui représenterait la veine « au Gros », dernière de la série.

[1] A. BRIART. Les couches du Placard. *Annales de la Société géologique de Belgique*, tome XXI.

Ici encore s'affirme le relèvement sur les maîtresses-allures Mariemont, de leur prolongement méridional.

Plus au Levant, une fracture rencontrée dans les allu septentrionales des couches du nord de Charleroi, à proximité la limite de ce charbonnage avec celui de Courcelles paraît bie par sa situation et son alignement, représenter la faille Placard, mais notablement atténuée quant à l'importance rejet. Cette fracture disparaît vers l'Est.

A l'ouest du puits du Placard, les données manquent de pré sion. Des dérangements importants, constatés par les trave bancs sud ouverts à l'étage de 502 mètres du puits n° 6 et à ce de 604 mètres des puits n° 8 et n° 9 de Houssu, se lient intir ment à la faille du Placard. Cette dernière paraît se dédoub entre ces deux sièges, la branche nord se poursuivant à trave les concessions de Sars-Longchamps, de La-Louvière, de Bois-c Luc, jusque dans celle de Strépy-Bracquegnies.

De nouveau ici s'observent des remontements atteignant une a plitude de plus de 150 mètres. Il n'est pas douteux que le passage la branche principale de la faille ne soit mis en évidence par travaux du puits Saint-Frédéric du charbonnage du Bois-du-Lu Cette opinion est corroborée par les dérangements reconnus ta au puits n° 7 de La-Louvière que par ceux des puits St-Julien Strépy et n° 1 et 3 de Maurage. Ces dérangements dénotent u zone fracturée, intimement liée à la faille du Placard dont le dév loppement est-ouest atteindrait ainsi une vingtaine de ki mètres.

Faille de Saint-Quentin. — Cette fracture se rattache intin ment à la faille du Centre qui, ainsi que nous le verrons plus lo constitue l'accident tectonique le plus marquant de la régi orientale du bassin du Hainaut. Elle a été nettement définie p les travaux exécutés aux divers étages du puits du charbonna du Centre de Jumet qui lui a donné son nom, notamment par l travers-bancs nord des niveaux à 287 mètres et 364 mètres.

On voit se reproduire ici le relèvement des couches du grou Malfaite, Neuf-Paumes et Richesse sur celles de la même sér déhouillées plus au Nord sous les n°s 1, 2 et 3. Plus loin, appar une faille de plissement limitant vers le Midi les allures d couches du Bordia séparées ainsi de celles du puits dont no venons de parler.

La faille de Saint-Quentin se poursuit vers l'Est dans la concession de Masses-Diarbois où elle amène une répétition par remontement de la couche Grosse-Masse au nord du puits n° 5, puis dans celle d'Appaumée-Ransart. Elle s'y rencontre à la profondeur de 185 mètres du puits n° 1 où elle prend le caractère d'un pli-faille pour se perdre au levant de cette dernière concession en s'y soudant vraisemblablement à la faille du Centre. Son développement à l'est du puits Saint-Quentin serait ainsi de 7 kilomètres environ. Au couchant de ce puits, nous la voyons traverser le gisement du charbonnage de La-Rochelle qu'elle scinde au voisinage de la limite septentrionale, puis, celui du charbonnage du Nord-de-Charleroi au sud de la faille du Placard. Elle passe ensuite dans la concession de Mariemont à douze cents mètres du puits Sainte-Henriette dans le grand travers-banc sud du niveau de 298 mètres. Elle se prolonge certainement dans les concessions de Haine-St-Pierre, de La-Louvière et du Bois-du-Luc dans la zone dérangée qui y caractérise le passage de la faille du Centre dont, ainsi que nous l'avons déjà dit, elle représenterait une branche septentrionale.

Faille du Centre. — Ce remarquable accident a été mis en évidence par l'extension des travaux du puits St-Quentin du charbonnage du Centre-de-Jumet. J'ai exposé dans mon précédent travail les considérations qui en avaient révélé l'existence. Je montrai, en effet, que les couches G^e-Veinette et Grosse-Fosse, déhouillées autrefois par le puits dits « de la Bruyère » et de « la Caillette » couches qui forment le prolongement septentrional du faisceau inférieur du charbonnage d'Amercœur, s'identifient avec celles désignées sous les noms de Malfaite, Neuf-Paumes et Richesse du puits St-Quentin ; qu'il résultait de cette similitude, aujourd'hui bien établie, un remontement considérable des premières sur le gisement reconnu de ce dernier puits.

Les travaux poursuivis depuis par le charbonnage d'Amercœur sont venus confirmer en tout point le fondement de cette conception.

Un travers-banc de recherche percé vers le Nord à l'étage de 359 mètres du puits Chaumonceau avait été abondonné à la suite de la rencontre d'une roche présentant les caractères du poudingue houiller. Un bouveau ouvert dans la même direction, mais cette fois à l'étage de 500 mètres du même puits, après avoir traversé une zone de terrains bouleversés, recoupa, à 765 mètres de la couche Grande-Veinette, le faisceau du puits St-Quentin représenté par les plateures des couches Malfaite (alias Dix-Paumes), et Neuf-Paumes (Anglaise).

Des amontements ménagés dans ces deux couches furent poussés jusqu'au niveau de 359 mètres en veine absolument régulière.

Ce résultat auquel on devait s'attendre d'ailleurs, justifie le tracé que nous avions fait de cette faille en nous basant sur les données puisées dans les charbonnages voisins. C'est ainsi que nous l'avions vu traverser le puits Paradis du charbonnage de La-Rochelle-de-Charnois, à la profondeur de 242 mètres où nous était apparu le poudingue de base, attestant ainsi le recouvrement, par des assises inférieures, du faisceau de couches normalement exploitées par ce puits. De même, dans la concession du Nord-de-Charleroi, nous constations que le groupe des couches déhouillées par les puits n° 2 et 3 chevauche celles de la riche série du puits Perier et y accuse un remontement dépassant probablement 1 200 mètres. Récemment, le travers-banc nord du niveau à 750 mètres du puits n° 4 du charbonnage de Monceau-Fontaine a traversé le même accident à la longueur d'environ 280 mètres, non loin du point de passage que nous lui avions hypothétiquement assigné à ce niveau. Au delà, trois couches ont été recoupées qui semblent bien correspondre à celles du premier faisceau du charbonnage de La-Rochelle, ainsi que du groupe inférieur de la série de St-Quentin. Cette découverte assigne à la faille du Centre dans cette région une inclinaison vers le Sud de 28° à 30°.

Si nous passons au charbonnage de Mariemont, nous voyons le faisceau de couches du puits St-Eloi s'identifier avec celles du puits Sainte-Henriette ; les couches n° 31 et de 0m40 du premier se synchronisent, comme l'a montré Briart, avec Gigotte et Au-Gros des grandes plateures du Nord, la couche Fulvie, plus élevée dans la série correspondant à la Veine d'Argent. Le chevauchement des couches méridionales sur les grandes allures du Nord est rendu palpable par les données du grand travers-banc sud percé au niveau de 272 mètres du puits Ste-Henriette, travers-banc qui atteint le gisement du puits St-Eloi après avoir traversé, à la distance de 1 200 mètres, la faille de St-Quentin et, trois cents mètres plus loin, celle du Centre dont la précédente forme la branche septentrionale.

Au delà de Mariemont, l'extension vers l'Ouest de la faille devient hypothétique quant à son tracé, par la raison que les travaux d'exploitation des divers charbonnages échelonnés sur le versant nord du Bassin ne se sont pas suffisamment étendus vers le Midi pour l'y rencontrer.

Mais l'extension que nous lui reconnaîtrons bientôt vers l'Est, non moins que l'importance que lui assignent les reconnaissances pratiquées dans les charbonnages de Mariemont, du Centre-de-Jumet, de La-Rochelle, de Monceau-Fontaine et d'Amercœur ne laisse subsister aucun doute sur son prolongement à travers tout le district du Centre et c'est pour cette raison que nous lui avons attribué son nom. D'ailleurs, comme l'a établi Briart, le gisement de Ste-Aldegonde continue vers l'Ouest celui de St-Eloi et il n'est pas douteux que le nouveau puits du charbonnage de Bois-du-Luc n'en vienne démontrer bientôt l'existence dans cette direction. Signalons enfin que des indices sérieux de son prolongement jusque dans le Borinage ont été relevés par mon collègue Jules Dejaer [1].

Si nous nous reportons à l'est du puits St-Quentin, nous constatons le passage de la faille du Centre au sud du puits n° 5 du charbonnage de Masses-Diarbois où elle sépare le faisceau des couches de ce charbonnage de celui actuellement déhouillé au puits des Hamendes dépendant des charbonnages réunis de Charleroi. Ici encore se manifeste un remontement dépassant 1 200 m. d'un groupe sur l'autre. Le même fait se reproduit dans la concession d'Appaumée-Ransart, dont le gisement répète celui du charbonnage de Noël-Sart-Culpart.

Nous pouvons suivre la faille dans la concession du Bois-Communal-de-Fleurus dont le gisement est scindé au nord du puits Ste-Henriette avec relèvement des allures méridionales sur les plateures septentrionales des couches appartenant au même faisceau. Au charbonnage du Petit-Try, le même accident se reproduit dans les travers-banc sud des étages à 168, 228 et 288 mètres aux

[1] La Société anonyme des Produits, après avoir traversé une zone de terrains bouleversés qui impliquent le passage de la faille du Centre, a atteint, par son puits de Jemappes, le faisceau des couches de Ghlin, c'est-à-dire celui du Centre-Nord.

:es respectives de 225 mètres, 295 mètres et 33o mètres du
.° 1 du siège Ste-Marie. Son prolongement méridional a été
ent établi à l'étage de 478 mètres du puits n° 1 du charbon-
e Bonne-Espérance à Lambusart où elle affecte une incli-
vers le Sud ne paraissant pas dépasser 5 à 6 degrés. Ici, de
on observe un relèvement des couches sur les grandes
'es correspondantes venant du Nord. On la retrouve au sud
ts Ste-Eugénie du charbonnage de Tamines, séparant le
u remonté des puits nos 1, 2 et 3 sur celui des mêmes
s en maitresses-allures du Nord. Sur ce point, s'accuse une
ion notable de rejet qui ne paraît pas devoir dépasser 500
. Plus loin, dans le charbonnage d'Auvelais-St-Roch, nous
ouvons plus que des traces; elle semble avoir disparu vers
ıans que nous puissions préciser l'endroit de sa terminaison.
ırement à l'opinion que nous émettions précédemment, elle
t être rattachée à la faille de Comogne dont l'existence serait
d'hui douteuse.

considérations auxquelles nous venons de nous livrer nous
tent de conclure que si la faille du Centre a été ébauchée
la première phase de plissement du bassin, c'est surtout
, région ouest de ce dernier qu'elle revêt le caractère de
fracture. C'est pourquoi nous la rapportons à la poussée
E. qui a spécialement affecté cette région. Nous ajouterons
›résence du poudingue houiller au lieu dit : « Trau de Jumet »,
l de l'église de Ransart, dans la tranchée du chemin de fer
nd-Central, aussi bien que les grès blancs affleurant dans
de Soleilmont où ils ont été exploités pour empierrement,
ınt, à la surface, le passage de la faille. Leur disparition
Est indique que cette dernière s'atténue dans cette direction,
.sparaître ensuite ainsi que nous l'avons fait remarquer plus

qu'il en soit, on peut la considérer comme suffisamment
sur une longueur d'environ 3o kilomètres dans le sens
est.

e dite du Pays-de-Liége. — Elle se présente au charbon-
e ce nom sous l'aspect d'une fracture multiple où l'on peut
ıer deux branches principales.

ranche supérieure sépare deux faisceaux de couches strati-
ןuement distincts. Tandis que le faisceau surincombant

est plissé et complètement déjeté, comme le montrent les exploitations du Poirier, l'inférieur s'étend en plateures à pied sud, faiblement ondulées, qu'une fracture secondaire vient interrompre; ce faisceau se reproduit ensuite avec son allure plate, en chevauchant le train de couches venant du Nord, dont le sépare la branche inférieure.

Nous retrouvons cette dernière aux profondeurs respectives de 370 mètres et de 240 mètres des puits n° 12 et n° 1 des charbonnages réunis de Charleroi. Elle a été bien reconnue par les travaux ouverts dans les couches Mère-des-Veines et Crèvecœur à l'étage de 464 mètres du puits n° 2 des mêmes charbonnages ; on peut la suivre dans les concessions voisines tant à l'Est qu'à l'Ouest. C'est ainsi qu'on la constate au puits St-Auguste comme au puits de l'Epine du charbonnage de Bonne-Espérance, au puits Bellefleur des Viviers, aux sièges n° 6, n° 10 et n° 11 du Trieu-Kaisin où elle se perd à une faible distance à l'est du puits n° 8 vers la faille du Carabinier.

Par contre, elle se développe dans la même direction avec une intensité plus marquée à l'ouest du charbonnage du Pays-de-Liége. On la connaît, en effet, aux différents sièges du charbonnage de Sacré-Madame où elle se traduit par des dislocations de terrains et la discordance des trains de couches qu'elle sépare. Il en est de même aux puits St-Charles, St-Auguste et St-Henri-de-Bayemont, ainsi qu'au siège Providence du charbonnage de Marchiennes, où l'on a atteint son prolongement méridional à l'étage de 812 mètres. Elle se poursuit vers l'Ouest avec la même direction générale W. 10° N. à travers la concession de Monceau-Fontaine et Martinet, où les travaux l'ont atteinte à 550 mètres du puits n° 4 dans les travers-banc sud de l'étage à 333 mètres et à 1 050 mètres au niveau de 482 mètres. Des dérangements rencontrés aux puits n°s 8, 10, 14 et 17 du même charbonnage doivent lui appartenir à cause de leur parfaite concordance avec les diverses constatations faites dans les concessions voisines vers l'Est. Les relevés de ces points de passage lui assignent une pente vers le Sud d'environ 15°. Son prolongement dans la région du Centre ne paraît pas douteux ; si l'extension des travaux n'y a pas encore fixé sa situation précise, on trouve cependant, dans les exploitations des charbonnages de Ste-Aldegonde et de Péronnes des indications de sa présence.

Ainsi que nous le faisions remarquer dans notre précédente

étude, on peut évaluer son développement dans le sens Est-Ouest à 21 kilomètres. Au méridien de Charleroi, elle est nettement reconnue dans le sens N.-S. sur une longueur de 4 1/2 kilomètres mesurée horizontalement. C'est donc un accident tectonique important que des fractures secondaires du massif chevauchant sont venues compliquer, tout en montrant l'intensité de la poussée à laquelle il doit son origine. Nous ferons observer en outre qu'alors qu'elle disparaît vers l'Est pour prendre une expansion plus marquée vers l'Ouest, le tracé de la faille au niveau de 150 mètres qui est celui de notre carte (pl. I) suit très sensiblement l'alignement du bord sud du bassin à partir du méridien de Charleroi. C'est pourquoi elle doit être considérée comme une conséquence de la poussée SW.-NE., qui a affecté cette région.

Faille du Carabinier (branche ouest). — Cette faille, à laquelle nous avons conservé le nom de «Faille du Carabinier» parce qu'elle se trouve stratigraphiquement dans l'alignement général de celle que nous avons décrite précédemment, doit en être considérée comme une faille homologue. Elle s'en distingue néanmoins, pour ce qu'on en connaît, en ce qu'elle dérive de la poussée SW.-NE. qui a affecté en masse le bassin de Charleroi à l'ouest du méridien de cette ville.

Si les travaux de la région qu'elle traverse ne fournissent pas d'indications suffisamment multipliées, pour en définir rigoureusement l'allure, cependant les données tirées des exploitations et des recherches ne laissent subsister aucun doute quant à son existence et à sa continuité.

Tandis que les couches voisines de la bordure SE. du bassin se distinguent par des replis répétés d'une hauteur relativement faible, celles qui s'allongent contre le bord SW. se présentent en droiteures fort développées qui constituent le gisement du Centre-Sud.

Ces droiteures ne se raccordent pas aux maîtresses-allures du Centre moyen.

Un travers-banc percé vers le Midi à l'étage de 320 mètres du puits n° 10 du charbonnage de Monceau-Fontaine, après avoir été poussé à la longueur de 1 950 mètres, a atteint les strates redressées appartenant au gisement du Centre-Sud. Il a traversé, à 1 200 mètres de son origine, des terrains bouleversés qui établissent une ligne de démarcation nette entre les couches des deux groupes. On retrouve vers l'Ouest, dans les exploitations du puits n° 4 d'Anderlues, comme dans celles des puits Ste-Aldegonde et Ste-Marie de Péronnes, des indices de son passage que l'extension des travaux est appelée à rendre ultérieurement plus évidents.

Revenons à l'est du puits n° 10 du charbonnage de Monceau-Fontaine. Le puits n° 12 de ce charbonnage offre, au niveau de 420 mètres, une dislocation de terrains qui nous paraît former le prolongement méridional de la faille ci-dessus; cette déduction est corroborée par ce fait que l'on y a traversé, à l'étage de 370 mètres, une fracture qui marque le passage de la faille de la Tombe, attendu qu'elle sépare les allures en droit reconnues jusqu'à cette profondeur, des plateures venant du Nord, allures qui se rattachent, comme nous le verrons, au gisement du Centre-Sud.

La situation qu'occupe la faille du niveau de 420 mètres, non loin de celle dite « de la Tombe » permet de la synchroniser avec celle du puits n° 10, c'est-à-dire avec la branche ouest de la faille du Carabinier.

Plus loin vers l'Est, nous ne trouvons plus d'indications certaines de son passage. Le travers-banc midi de l'étage à 812 mètres du puits Providence du charbonnage de Marchiennes, bien que poussé à la longueur de 1 500 mètres environ ne l'a pas encore touchée. Par contre, les travaux du puits St-Joseph de l'ancienne concession La-Réunion ont traversé vers le Nord différentes fractures qui en annoncent l'approche. Nous devons, pour la retrouver, aller jusqu'au puits n° 12 de Marcinelle-Nord où nous la voyons atteinte au niveau de 630 mètres. Au delà, les données précises manquent. Cependant les tracés déduits des exploitations de la région révèlent des discordances qui peuvent s'y rattacher et qui établiraient que sa direction s'infléchit vers le Sud-Est.

Ainsi qu'on le voit, la faille du Carabinier (branche ouest) est moins bien définie que son homologue. Ce qui rend difficile sa détermination, c'est que les renseignements tirés des travaux exécutés au voisinage de son affleurement ne fournissent aucune indication, la faille de la Tombe, contrairement à l'opinion que nous avions précédemment émise, n'empruntant pas, comme nous le croyions, le plan de fracture de la faille qui nous occupe. Nous sommes, au contraire, fondés à admettre aujourd'hui que cette dernière a été coupée par l'accident de la Tombe dont l'extension vers le Nord dépasse vraisemblablement de beaucoup les limites que nous avions cru devoir lui assigner ci-devant. Comme nous le verrons plus loin, le lambeau de poussée dont il s'agit se présente sous la forme d'une masse charriée du Sud vers le Nord au dessus du terrain houiller déjà morcelé par des phénomènes dynamiques antérieurs.

Quant à la faille du Carabinier (branche ouest), nous présumons qu'elle s'atténue sensiblement dans la concession de Marcinelle-Nord, pour y disparaître ou se relier à la branche homologue de l'Est. S'il en est ainsi, elle s'étendrait parallèlement au bord sud-ouest du bassin sur une vingtaine de kilomètres et, sans doute, bien au delà dans la région proprement dite du Centre, avec un rejettement dépassant 500 mètres.

L'extension que prendront dans l'avenir les exploitations nous dira si nos vues sont exactes.

Faille de la Tombe. — L'ensemble complexe de terrains que délimite cette faille, constitue certainement l'accident tectonique le plus remarquable du bassin houiller de Charleroi. S'il procède, en réalité, des mêmes causes qui ont provoqué la production des importantes fractures passées en revue jusqu'ici, il se présente dans des conditions exceptionnelles, aussi bien par la nature des roches qui le composent que par les contacts inattendus qu'elles nous révèlent. Ingénieurs et géologues se sont attachés à en fournir une définition probante, mais ce n'est que récemment que l'étude en a fait saisir le véritable caractère.

En réalité, il consiste en paquets de roches charriés les uns sur les autres, que nous allons chercher à reconnaître et à circonscrire.

On sait la situation anormale qu'occupe, dans le bassin, le massif calcaire dit « de la Tombe ».

D'une configuration grossièrement trapézoïdale, il est orienté parallèlement au bord sud-ouest de ce dernier. Sur la majeure partie de son pourtour, il confine au terrain houiller. Vers le Sud, le Famennien lui succède en stratification sensiblement concordante. Cependant, là où apparaissent les schistes et le calcaire rapportés par Briart à l'assise d'Etrœungt, les strates en dressant se replient en plat sur le haut de la côte sambrienne avec une inclinaison d'environ 30° vers le NW., ce qui semble être l'indice de la présence d'une faille. Il se pourrait qu'il y ait là l'extension vers l'Ouest d'une autre fracture existant à l'extrémité est du massif et jalonnée à la surface par un gîte de minerai de fer. (voir pl. II).

La bande famennienne suivie de deux lambeaux de calcaire frasnien différemment stratifiés et coupés par des failles, s'étend jusqu'à la grande faille dite « du Midi ». Son épaisseur est relativement faible au voisinage de cet important accident. Une série de puits foncés au commencement du siècle dernier par le charbonnage de Forte-Taille sur une ancienne areine, à 230 mètres au sud du chemin descendant de la route de Beaumont sur le déversoir de Landelies et échelonnés depuis cette route jusqu'à proximité de la Sambre, ont traversé cette formation sur des hauteurs variant de 5 à 12 mètres, puis du calcaire sur 15 à 20 mètres, avant d'atteindre le terrain houiller. Les plus rapprochés de l'œil de l'areine sont entièrement percés dans cette roche que la galerie elle même, d'après un plan, traverserait sur près de deux cents mètres.

D'autres puits, dans la même région, tels ceux dits : Hanoteau (ancienne fosse Veinette), Minerve et Neptune, non loin des précédents ont rencontré le Famennien à partir de la surface sur 9 à 13 mètres, avant de rencontrer le terrain houiller. Celui désigné sous le nom de « Nouvelle Espérance » situé à 300 mètres au NW. du puits Hanoteau et à 38 mètres du chemin de Landelies renseigné plus haut, l'a percé sur 19 mètres. Après avoir recoupé du calcaire sur 35 mètres, il a pénétré dans le terrain houiller qui y a été reconnu et exploité jusqu'à la profondeur de 124 mètres. Ce calcaire incline au Nord sur 10° à 12° et les strates houillères sous-jacentes se présentent en dressant avec retour en plat vers le Nord. Dans les divers puits où le calcaire a été rencontré, ce dernier est séparé des droiteures appartenant au terrain houiller par une cassure remplie d'une terre noire et grasse résultant de la trituration des bancs houillers.

Les puits Neptune, Nouvelle-Espérance, Minerve et Hanoteau sont asséchés par une areine ou « sèwe » commencée en 1841 et débouchant à la Sambre à 80 mètres au nord de l'ancienne. Cette galerie offre des particularités intéressantes à noter. A son origine, elle affecte une direction NW.-SE. Maçonnée sur une longueur de vingt mètres, elle traverse du terrain houiller

incliné vers le Nord de 14° environ. Au dessus du sol, se mo
du calcaire qui, à la distance de 25 mètres au delà de la pa
muraillée, descend jusqu'au toit de la galerie. En cet endroit, il
coupé par une cassure oblique à l'axe de l'arène de 51° à 56° ;
incline faiblement vers l'Est. Le calcaire qui se maintient en
plonge de 10 à 12° vers le Nord, en affectant une direction de 24
256°, alors qu'au dessous, le conduit traverse le terrain houill
recoupe-bancs. Entre ce dernier et le calcaire, on observe la m
terre noire et grasse que nous avons signalée plus haut. En
point même, on trouve une matière gris jaunâtre, analogue à
d'une salbande.

A la distance de 98 mètres, se rencontrent les anciens reml
de la couche Grande-Veine laquelle a été, par le puits Nepti
déhouillée en droit au nord du conduit sur plus de 400 mè
vers l'Est. Dix à douze mètres au-delà, on passe de nouvea
travers-banc, la couche Grande-Veine comme le calcaire res
au nord de la galerie. On recoupe ensuite la couche Veinett
étreinte, dans laquelle la galerie a été poursuivie de l'Ouest
l'Est sur 400 mètres jusqu'au puits Minerve et de là, jusqu'au p
Hanoteau.

Le long de l'escarpement, à l'entrée de l'areine, on ne trouv
calcaire ni terrain houiller, sans doute masqués par des ébou
au dessus sont des schistes et des psammites paraissant fan
niens. Le calcaire a été aussi rencontré à l'étage de 57 mètres
puits Hanoteau, par un bouveau nord de 154 mètres qui l'a trav
sur une longueur de dix mètres. La pente générale des str
calcareuses se produit ici, non vers le Nord comme dans la gale
mais vers le Midi, sous un angle de 12° à 14°. Ici encore, on re
une complète discordance entre le calcaire et le terrain houil
ainsi que l'existence d'une cassure remplie d'une argile détriti
noire, semblable à celle précédemment mentionnée.

Un ancien plan renseigne à l'est du puits Minerve une im
tante fracture affectant le calcaire et s'étendant au terrain hou
sous-jacent.

De l'ensemble des considérations que nous venons d'expo
découle cette conclusion que le contact insolite du calcaire f
turé avec le terrain houiller reconnu et exploité, marque
passage du relèvement vers le Sud de la faille de la Tombe
englobe entre ses lèvres les divers lambeaux de calcaire do

vient d'être parlé et se prolonge ainsi, avec une faible pente, jusqu'à la faille du Midi. Cette manière de voir trouve sa confirmation non seulement dans la présence anomale du calcaire au-dessus du terrain houiller productif, mais encore dans les fractures qui l'affectent aux divers points où il a été constaté. Nous ajouterons qu'elle s'accorde d'ailleurs parfaitement avec ce que l'on connaît des affleurements de la faille, aussi bien sur Leernes que sur Montigny-le-Tilleul.

Le puits dit « Nouvelle-Espérance » de son côté, a percé la faille qui nous occupe, entre le niveau de 19 mètres et celui de 54 mètres où il a pénétré dans le terrain houiller. Ce puits, envahi par les eaux en 1871, dût être définitivement abandonné. La venue fit soudainement irruption dans les travaux d'exploitation du plat de pied de la couche Grande-Veine, vers la Sambre, à l'étage de 97 mètres, endroit où une hauteur de quelques mètres seulement les séparait du calcaire traversé par le puits. Elle ne peut être attribuée qu'à l'existence de cassures dépendant de l'accident de la Tombe, cassures allant jusqu'à cette roche et probablement à la Sambre elle-même.

Non loin du puits dont nous parlons, se montre, à la berge sud du chemin de Landelies un affleurement de calcaire qu'on retrouve dans le bois ainsi que dans le ravin qui lui fait suite; il se prolonge jusqu'aux environs du puits Neptune. Cet affleurement qui semble constitué de blocs isolés doit se rattacher au calcaire rencontré dans le puits «Nouvelle-Espérance» ainsi que dans la galerie d'écoulement. Vers l'Est, il est en contact avec le Famennien et vers l'Ouest, avec le psammite de l'escarpement de la Sambre.

La véritable nature de ce calcaire est restée assez longtemps énigmatique. Sa couleur bleue et la présence d'abondantes veinules blanches contournées, l'avaient fait ranger par M. Blanchart, ancien directeur de Forte-Taille, dans le Frasnien. Or, on rencontre dans l'escarpement de la Sambre, à 200 mètres environ au sud de l'œil de l'areine de 1841, une ancienne carrière de calcaire avec veinettes d'anthracite et du phtanite accusant nettement l'assise du Viséen supérieur. Le banc traversé par le bouveau de l'étage de 57 mètres du puits Hauoteau appartient également à ce niveau. On peut conclure de là à l'origine commune de ces calcaires qui seraient dès lors nettement carbonifères et pincés les uns dans la faille de la Tombe, l'autre dans la faille du Midi.

On remarque sur Landelies, notamment dans la tranchée du chemin de fer du Nord, un petit lambeau de terrain houiller inférieur (voir pl. II).

A raison de la proximité de l'accident de la Tombe, nous y voyons l'enlèvement par érosion d'une ondulation de cette faille ayant laissé ainsi, comme un regard, par lequel s'aperçoit le Houiller inférieur. Ce dernier se relierait, vers l'Ouest, à la bande correspondante de Leernes et vers l'Est, à la formation de même nature située en bordure de l'anse de Jamioulx.

Maintenant que nous avons déterminé la position du relèvement méridional de la faille de la Tombe, voyons ce qui se passe ailleurs.

Nous avons vu la faible épaisseur qu'offre au sud du chemin de Landelies la formation famennienne. Celle-ci augmente d'importance vers le Nord. Un vieux puits foncé à 290 mètres environ dans cette direction au-delà du croisement de ce chemin avec la route de Beaumont et le long de cette route, est resté dans le Famennien à la profondeur de 50 mètres. Il en a été de même pour une fosse de recherche ouverte à 340 mètres au nord de la précédente, fosse qui est restée dans cette formation à la profondeur de 42 mètres.

Un puits creusé en 1870, à 80 mètres de la limite nord du charbonnage de Forte-Taille et à 35 mètres à l'est de la route de Beaumont, après avoir traversé, sur neuf mètres, des schistes décomposés appartenant au Famennien, a rencontré vingt mètres d'argile plastique suivis d'un dépôt de minerai de fer épais de 11 mètres, après quoi se sont montrés des blocs de calcaire séparés par un ciment argileux. Ce puits a été abandonné à la profondeur de 58 mètres, à cause de l'affluence des eaux.

La présence du minerai de fer a été constatée au contact du calcaire carbonifère à l'est comme à l'ouest du puits sur plus de 800 mètres, ce qui donne à penser que l'on y est en présence d'une faille que ce puits a traversée. Il est possible, comme nous l'avons dit, que cette fracture coïncide avec celle mentionnée sur la Sambre à l'endroit où apparaît l'assise d'Etrœungt de Briart. Aucun des puits que nous venons de citer n'a atteint la faille de la Tombe, dont l'affleurement se marque visiblement à la surface à une distance variant de 50 à 400 mètres à l'est de la route de Beaumont. Il n'en est pas ainsi d'un sondage entrepris en 1893 par la Société charbonnière de Monceau-Fontaine et Martinet, à

450 mètres à l'ouest de cette route, au sud des chemins reliant Montigny-le-Tilleul à Landelies. Après avoir percé des roches argileuses et sableuses provenant de l'altération des psammites famenniens, puis des stratifications calcaires correspondant aux étages de Tournai et de Visé, il a recoupé la faille de la Tombe à la profondeur de 208 m. 80 pour atteindre ensuite le terrain houiller dans lequel il a pénétré jusqu'à la cote de 288 mètres. Aux profondeurs respectives de 236, 254 et 257 mètres, ont été rencontrées des passées charbonneuses donnant à l'analyse 12.75, 13.19 et 12.93 pour cent de matières volatiles, ce qui indique clairement que l'on est entré dans le Houiller productif. Au surplus, l'inclinaison des bancs d'abord de 10° à 12° vers le Nord, s'est graduellement modifiée pour se traduire, en dernier lieu, vers le Sud-Est jusqu'à 25°, après une pente vers le Nord atteignant 37 degrés. Ceci suppose une succession de plats et de droits appartenant au comble méridional du bassin dont dépend le gisement de Forte-Taille. Au nord-est de ce sondage, un autre, exécuté en 1877 par la Société charbonnière de Saint-Martin à l'endroit dit « Gounelies », non loin de l'écluse de la Jambe-de-Bois, est resté dans le calcaire à 139 m. 35. Si nous comparons les points où s'accuse, au midi du chemin de Landelies, le relèvement méridional de la faille de la Tombe et celui où cette dernière a été traversée par le sondage de la Société charbonnière de Monceau-Fontaine, nous voyons que cette faille s'enfonce progressivement vers le Nord, sous une pente générale d'environ 10 degrés.

Nous avons dit que le charbonnage de Forte-Taille avait déhouillé entr'autres couches, sous le bord sud des assises famenniennes, la Grande-Veine par les puits Hanoteau, Espérance et Neptune. Par le Cayat-Bayet, les couches Parmentier, Grande-Veine et Potier ont été exploitées à 50 mètres sous le calcaire. D'autre part, le bouveau nord à 160 mètres de profondeur du puits Avenir dépendant du même charbonnage, a été poussé sous le calcaire à la longueur de 350 mètres et y a successivement recoupé les couches Grande-Veine, Veinette, Veine-à-Charbon, Deux-Sillons, Quatre-Sillons, Dur-Mur et Damade ; les couches Veine-à-Charbon et Deux-Sillons ont été déhouillées par ce niveau.

Par le bouveau ouvert à l'étage de 300 mètres du même puits, on a atteint, à 530 mètres environ sous le calcaire, la faille d'Ormont et au delà de ce point ont été rencontrées des couches de charbon en plat et en droit que l'on est présentement occupé à reconnaître.

Ces travaux ne sont pas les seuls qui se soient étendus sous le massif de la Tombe. Les exploitations pratiquées par le puits n° 12 du charbonnage de Marcinelle-Nord dans les couches Six-Paumes, Cinq-Paumes, Grand-Mambourg, Vicomme, Quatre-Paumes et Petite-Veine-à-Layettes ont été poussées sous le calcaire aux niveaux de 370 mètres, 420 mètres, 470 mètres et 520 mètres. A l'extrémité opposée du même massif, les travaux de déhouillement ouverts par le charbonnage de Beaulieusart aux étages de 410, 470 et 530 mètres de son puits n° 1 dans les couches Frédérick, Richesse, Trois-Sillons, St-Pierre et St-Paul ont été poursuivis vers le Levant jusqu'au dessous de l'affleurement du même massif.

La couche Alfred est même déhouillée par l'étage à 470 mètres à plus de 460 mètres de cet affleurement, sous le calcaire lui-même.

Si nous nous reportons au Nord, dans la concession de Monceau-Fontaine, nous voyons que le puits n° 12 situé à 150 mètres environ au nord d'une ancienne carrière ouverte dans le grès grossier de la bande septentrionale du Houiller inférieur en avant du calcaire de la Tombe a recoupé, depuis la surface jusqu'au niveau de 370 mètres, les allures en droiteures correspondant à celles des concessions de St-Martin et de la Réunion. C'est à partir de ce niveau qu'on est entré dans les plats venant du Nord, après avoir traversé une importante cassure qui établit une séparation nette entre les deux allures. Ce point marque le passage de la faille de la Tombe. L'examen des travaux d'exploitation et de recherches effectués dans les charbonnages de St-Martin et de la Réunion aboutit à la même constatation.

Les allures en dressant, si caractéristiques de ces deux charbonnages, s'interrompent brusquement aux profondeurs respectives de 623 et 650 mètres des sièges St-Joseph et St-Martin, pour faire place à des plateures constituant l'extension méridionale des gisements exploités dans les concessions situées au nord de celles qui nous occupent.

Il résulte évidemment de ces faits que le terrain houiller s'étend sans discontinuité sous le massif de la Tombe dont le sépare la faille de ce nom. Celle-ci plonge du Sud vers le Nord sous un angle de dix à douze degrés, tout en se relevant à l'Est comme à l'Ouest, figurant ainsi un chenal évasé dont la largeur s'accroît rapidement au fur et à mesure qu'on le suit vers le Nord. Ainsi que nous le verrons plus loin, elle se relève également dans cette direction pour venir affleurer en plein terrain houiller.

Pour apprécier dans son ensemble le véritable caractère de cet accident tectonique, il convient d'examiner de près les diverses fractures que présente le lambeau de poussée, objet de cette étude et de vérifier, à la lumière des faits révélés par les exploitations minières semées le long de son front septentrional, comment se résout sa terminaison dans cette direction. La formation calcaire qui en fait partie intégrante, se termine en pointe à l'Est au tumulus dont elle a tiré son nom.

Du côté de l'Ouest, elle se divise en deux crêtes entre lesquelles subsiste une mince bande de Houiller inférieur, constituée d'un petit synclinal venant buter contre le prolongement ouest de la faille désignée par Briart sous le nom de « faille de Fontaine-l'Evêque ».

La crête méridionale, bornée au Sud par la faille de la Tombe, se poursuit visiblement jusqu'à Fontaine-l'Evêque où elle se dérobe sous les assises tertiaires ; elle se continue néanmoins au-dessous de ces dernières jusque dans la concession d'Anderlues. En effet, un sondage exécuté à l'angle du chemin dit « des Hayettes » et de la route de Bascoup à Anderlues en a reconnu l'existence à la profondeur de 49 m. 60. Un autre forage pratiqué à 360 mètres à l'est du précédent a également rencontré le calcaire à la profondeur de 45 m. 25. Il est probable que ce dernier ne s'allonge pas beaucoup au delà de la route prémentionnée.

Quant à la crête septentrionale, beaucoup moins développée, elle ne dépasse guère la station de Fontaine-l'Evêque. Elle constitue un lambeau de calcaire viséen pincé, d'une part, entre la faille de ce nom et, d'autre part, une branche secondaire de celle-ci (faille z) d'une importance d'ailleurs secondaire.

Un sondage exécuté en 1873 par la Société de Monceau-Fontaine et du Martinet dans la méridienne de son puits n° 12, au sud et au voisinage de la ferme de Luze (voir coupe DD, pl. VII) fournit des renseignements instructifs sur la structure de ce massif. Après avoir traversé des strates calcareuses appartenant au Viséen supérieur sur une hauteur de cent mètres, il a percé 30 mètres de houiller inférieur H_1, après quoi se sont présentés de nouveaux bancs calcareux très inclinés (65° à 80°) suivis d'un retour en plat des mêmes bancs dont on est sorti à la cote de 200 mètres environ. A partir de ce point, le forage entré dans le Houiller productif a été poussé à la profondeur de 370 mètres, non sans avoir recoupé quelques veiniats entre 200 et 300 mètres.

L'interprétation que l'on est amené à déduire de la coupe de ce sondage est la suivante :

Le calcaire rencontré dès la surface jusqu'à la profondeur de cent mètres appartient au lambeau délimité inférieurement par la faille de Leernes ; la passe de terrain houiller $H1$ qui lui succède, constitue un fragment pincé entre cette faille et la branche de la fracture dite « de Fontaine-l'Evêque ». C'est ce fragment qui apparaît à l'Ouest entre les deux crêtes du massif par suite de la disparition de la faille de Leernes. Quant au contact anormal du calcaire et du terrain houiller utile, il accuse la présence d'une nouvelle fracture (faille *x*) branchée sur la faille de la Tombe dont le passage se marquerait à l'endroit du sondage, à la profondeur de 390 mètres environ, si l'on en juge d'après la position qui lui a été assignée au puits n° 12. Briart, dans son beau travail sur la géologie des environs de Fontaine-l'Evêque et de Landelies, a décrit l'allure des failles de Leernes et de Fontaine-l'Evêque. Nous en avons admis en grande partie le tracé, notamment en ce qui touche aux affleurements septentrionaux. Seulement, pour des motifs tirés de la stratigraphie, nous avons interverti au-delà de la Sambre les noms de ces failles au sujet desquelles une confusion s'est introduite dans l'étude de l'éminent géologue.

Latéralement, l'une et l'autre se raccordent à celle de la Tombe avec le caractère d'un refoulement successif du Midi vers le Nord des divers éléments du massif, consécutif à la translation générale opérée par celui-ci.

La faille de Fontaine-l'Evêque qui, à l'Ouest, limite au Sud la crête calcaire septentrionale (voir pl. II) se dérobe, vers l'Est, sous le lambeau de roches séparé par sa congénère de Leernes.

Elle ne réapparaît à la surface qu'à la Sambre où elle vient buter à cette dernière faille avec laquelle elle reste confondue. Une fracture se rapportant aux deux accidents, traverse les escarpements de la rivière où elle met en contact les bancs de calcaire bleu et des brèches rouges bigarrées. La faille se poursuit alors en suivant le méandre de ce cours d'eau sous les alluvions de la vallée, échappant ainsi aux investigations, pour se produire de nouveau dans les escarpements de la rive droite, à l'endroit dit « Jambe-de-Bois », puis dans la carrière d'un four à chaux en remontant ainsi vers le Nord-Est jusqu'à la route de Beaumont. Là, des carrières ouvertes au sud du hameau de Lutia montrent des brèches rapprochées des couches d'anthracite propres à la partie supérieure de l'étage et reposant sur elles par un contact incliné vers le Sud.

Son extension plus à l'Est est moins bien définie.

Ainsi que le fait remarquer Briart, on observe, au hameau dit des Hayes de Mont-sur-Marchienne et à 500 mètres de la ferme du même nom, d'immenses excavations d'où l'on a extrait des minerais de fer, du sable et des argiles de filon semblables à ceux que nous avons déjà signalés au vieux puits Avenir du charbonnage de Forte-Taille, de même qu'au contact du Famennien avec l'assise de Tournai, de part et d'autre de la route de Charleroi à Beaumont. Il est permis de supposer, comme l'admettait Briart, que cette condition des lieux témoigne du raccordement de la faille de Fontaine-l'Evêque avec celle de la Tombe à sa jonction avec le terrain houiller.

Nous avons vu, d'après les données fournies par le sondage de Luze que cette faille y est accompagnée d'une fracture secondaire que nous avons désignée sous la lettre *z* (voir coupes AA, BB, pl. III et IV). Dans l'ignorance où nous sommes de son développement, comme aussi de l'incertitude que présente la nature du contact du calcaire avec le Houiller inférieur, nous avons cru devoir en figurer l'affleurement entre les deux le long du massif et le poursuivre vers l'Est jusqu'à sa rencontre avec la branche maîtresse. Il est probable que des ondulations l'amènent à traverser tantôt l'une tantôt l'autre formation.

Quoi qu'il en soit, elle a peu d'importance relativement à celle dont elle émane ; mais elle permet une appréciation plus claire de la structure stratigraphique de l'ensemble du lambeau de poussée telle que nous la concevons.

Quant à la faille de Leernes, elle limite à l'Ouest le massif de ce nom, pour rejoindre la faille de la Tombe à son contact avec le Famennien. Elle suit le ruisseau de Leernes coulant au pied des escarpements calcaires jusqu'au four à chaux de la Roquette et, de là, vers l'Est, le long du ruisseau de Fontaine. Par une inflexion au Sud-Est, elle traverse le chemin d'Anderlues, puis elle se poursuit sinueusement dans cette direction jalonnée par les escarpements où sont ouvertes de nombreuses carrières dont quelques-unes encore en activité, alimentent des fours à chaux. Plus loin, elle disparaît sous le limon jusqu'à la Sambre où s'opère sa connexion avec la faille de Fontaine-l'Evêque, connexion marquée par la présence des brèches rouges de friction signalées plus haut dans les calcaires qui bordent cette rivière. Au-delà, comme l'indique Briart, réserve faite quant au nom qu'il lui a attribué par erreur, elle remonterait vers la route de Beaumont en suivant la vallée des Mauyottes où se rencontrent d'anciennes carrières ouvertes dans le calcaire de Visé diversement stratifié. On la retrouve plus loin dans la direction du SE., sur la rive droite de la vallée de l'Heure. Les hauteurs qui dominent le rocher Lambot, montrent une bande de psammites famenniens d'une longueur d'environ 200 mètres, fort étroite, se terminant en pointe vers le Nord-Ouest. Cette bande qui se continue d'ailleurs vers l'Est, se trouve encaissée d'une part entre du calcaire viséen et d'autre part, l'assise à crinoïdes de Tournai, exploitée à la route de Bomerée. C'est vraisemblablement le prolongement oriental de la faille de Leernes qui se relierait ainsi à celle de la Tombe, à 280 mètres à l'ouest de cette route.

Nous observons ici un fait qui mérite de retenir l'attention. La faille de Leernes étant postérieure à celle de Fontaine-l'Evêque, le massif qu'elle a détaché a dû chevaucher celui dépendant de cette dernière fracture ; dès lors, il semblerait que les assises famennienne et de Tournai eussent dû être masquées par ce mouvement. S'il n'en est pas ainsi, il faut l'attribuer au pivotement subi dans sa translation par le massif chevauchant, pivotement que son ensemble permet de saisir facilement, l'extrémité ouest s'étant fortement avancée vers le Nord, tandis que l'extrémité est éprouvait un recul vers le Midi. De tels exemples sont d'ailleurs fréquents dans le terrain houiller, où nous avons eu plus d'une fois l'occasion de les constater. On voit ainsi que le lambeau de poussée de la Tombe comprend, dans sa région méridionale, trois massifs refoulés l'un sur l'autre du SW. au NE. et que cette dislocation est une conséquence immédiate de la translation de l'ensemble dans cette direction.

Cette translation s'est opérée sur une aire bien plus considérable que celle à laquelle on avait cru pouvoir la restreindre jusqu'aujourd'hui. Si l'on consulte la planche II, on discerne, au nord du calcaire de la Tombe, une double zone appartenant au Houiller inférieur. La plus septentrionale est caractérisée par une suite d'affleurements gréseux rapportés par Faly et d'autres géologues au poudingue houiller. On distingue, en effet, ces grès au voisinage du ruisseau de Forchies, dans une ancienne carrière établie à 150 mètres au sud du puits n° 12 du charbonnage de Monceau-Fontaine. On peut les suivre vers l'Est, successivement, dans la tranchée du chemin de fer du Centre, en aval de la station dite « La Bretagne », dans un vestige d'ancienne carrière à l'angle NW. du bois de Monceau, au lieu dit « Haies des Tiennes » de Mont-Sur-Marchienne, dans les berges de la route de Charleroi à cette dernière commune, non loin de la propriété Jules François, derrière la station même de Charleroi, dans la propriété Cambier-Dupret à Marcinelle et, finalement, à l'angle Nord-Est de la place de cette commune. Nous les revoyons dans le tunnel reliant le puits St-Charles du Poirier au rivage à la Sambre de ce charbonnage, le long de la route de Montigny où ils forment un imposant escarpement. Plus loin vers l'Est, ils se montrent de nouveau à l'angle du chemin des Ecoles et, au Nord, au croisement de ce chemin avec celui du Trieu-de-Montigny. Après une interruption assez grande, on les retrouve au lieu dit « des Augnies » derrière les usines de Sambre-et-Moselle. Ils y affleurent des deux côtés de la route et la chapelle édifiée non loin de là, marque le point extrême où on les observe. D'autre part, les mêmes grès se poursuivent vers l'Ouest et on les retrouve sur divers points du territoire de Charleroi jusque sur le plateau qui domine la ville. Si certains de ces affleurements sont peut-être discutables au point de vue de la détermination de leur niveau et n'appartiennent pas, comme nous le croyons, au Houiller inférieur, ils doivent, par leur facies, être rangés parmi les strates de la base du Houiller proprement dit, circonstance qui n'est pas de nature à modifier nos conclusions.

Si nous nous reportons en arrière jusqu'à la place de Lutia de Mont-sur-Marchienne, nous voyons, sur le bord septentrional de cette place, une masse gréseuse que son aspect pétrographique paraît devoir faire rapporter au niveau *H1*. Bien qu'on ne puisse la suivre que sur une longueur d'environ 70 mètres, elle y forme et cette fois à la distance normale du calcaire, comme à Couillet, un alignement distinct du précédent. Cet alignement se manifeste en divers points le long de cette formation, notamment sur l'Eau-d'Heure, sur la Sambre ainsi que dans divers chemins côtoyant ou recoupant le massif. Entre les deux s'étend une bande de terrain houiller productif, sur laquelle sont foncés quelques puits anciens comme les puits Morgnies et Loth dépendant du charbonnage de Monceau-Fontaine, lesquels ont donné lieu à une exploitation restreinte effectuée à faible profondeur. Cette répétition de l'horizon du Houiller inférieur est la conséquence de la fracture x rencontrée à la profondeur de deux cents mètres au sondage de Luze (voir pl. VII).

Ainsi que le montrent les diverses coupes annexées à ce travail, la poussée qui l'a produite a eu pour effet d'entraîner au-dessus du terrain houiller productif dépendant du lambeau de la Tombe un paquet comprenant à la fois du H_1 et du H_2. Circonscrit par la faille dite « de Forêt » qui constitue le prolongement infléchi vers le nord de la faille x du sondage précité, ce paquet représente, avec son extension du côté de l'Ouest, la nappe de recouvrement que nous avons désignée dans une précédente étude [1] sous le nom de lambeau de Charleroi.

La faille « de Forêt » que signale au puits n° 12 de Monceau-Fontaine, une discordance visible dans la région supérieure du gisement, a été particulièrement bien reconnue au puits n° 9 (Conception) du charbonnage de Marcinelle-Nord. Les travaux d'exploitation de ce siège aujourd'hui abandonné ont montré que la fracture affecte les têtes des droiteures déhouillées jusqu'au niveau de 586 mètres. Ces têtes ont été refoulées vers le NE. et, avec elles, une suite de strates houillères surincombantes que l'on peut suivre au-delà du puits St-Joseph. Ce complexe ne comporte, dans la méridienne du puits n° 9, que le faisceau de Foulette ainsi que la couche Drion, mais la faille qui le limite inférieurement s'incline faiblement vers le Nord et ne semble pas devoir s'étendre au-dessous du niveau de 160 mètres. Les travaux d'exploitation qui y ont été pratiqués ont permis de la suivre jusqu'à 1 500 mètres environ au Couchant. Les constatations superficielles relatives à l'alignement septentrional de H_1 permettent d'en déduire son extension jusqu'au puits n° 12 de Monceau-Fontaine où la discordance stratigraphique signalée la révèle.

[1] J. SMEYSTERS. Le massif de la Tombe et le lambeau de refoulement de Charleroi. *Revue universelle des Mines*, 3e série, t. XLI, 1898.

Vers l'Est, le déhouillement a permis de la reconnaître jusqu'au-delà du puits n° 11 du charbonnage de Marcinelle-Nord. Or, ainsi que nous l'avons signalé ailleurs, l'horizon gréseux de la place de Marcinelle se reliant à celui du tunnel du Poirier, il y a là un fait significatif. Ce niveau coïncide avec l'affleurement de la branche sud de la faille qui s'étendrait ainsi jusque sur le territoire de Montigny-s.-Sambre, c'est-à-dire jusqu'au point où le *H1* disparaît.

Nous avons, dans nos études antérieures, signalé que cet horizon forme une des caractéristiques du lambeau de Charleroi. D'autres faits l'ont mis également en évidence. Nous citerons, dans cet ordre d'idées, la circonstance que le puits St-Charles du Poirier a rencontré, seulement à la profondeur de 292 mètres, la première couche grasse de sa série ; la qualité relativement inférieure des produits des couches exploitées par diverses fosses anciennes au-dessus de ce niveau ; les terrains disloqués de l'ancienne « sèwe » ouverte à 400 mètres à l'ouest du puits précité, terrains dont on n'est sorti qu'à la longueur de 700 mètres vers le Nord, pour entrer dans le faisceau régulier des couches grasses de la série du Mambourg ; la faible teneur en matières volatiles (13.72 %) d'une veinette mise à découvert dans l'établissement des fondations de l'hôtel téléphonique de Charleroi, enfin la présence du grès de la base, non loin du puits Blanchisserie du charbonnage de Sacré-Madame, où une galerie ouverte à la profondeur de dix mètres pour relier ce siège au puits Mécanique, dit de la Campagne, a rencontré, à la distance de 128 mètres de son origine, une coupure fixant un point de passage de la branche nord de la faille « de Forêt ».

Quant à la branche est, elle partirait du fond de Montigny pour se diriger Sud-Est—Nord-Ouest, en passant à 300 mètres environ en-deçà du puits Neuville du charbonnage du Pays-de-Liége aux confins de la zone dérangée renseignée plus haut. Ce tracé nous est imposé par la teneur en matières volatiles (19.30 %) d'un veiniat rencontré dans la tranchée du chemin de fer du Grand Central à la cote de 133 m. 88. Elle s'infléchirait ensuite vers le Sud-Ouest pour passer au midi du puits Mécanique du charbonnage de Sacré-Madame. Au-delà vers l'Ouest, faute de renseignements suffisants, la détermination de son affleurement reste imprécise. Cependant, il y a lieu d'y rattacher l'exploitation de terre plastique renseignée à l'extrême nord de Landelies par Briart qui y voyait un point de l'affleurement nord de la faille de la Tombe.

Notre tracé, en dehors de ce que nous venons de dire, ne s'appuie que sur l'atténuation de la faille de Forêt vers le puits n° 12 de Monceau-Fontaine et l'allure générale du Houiller à l'extrémité ouest du massif de la Tombe.

Les replis que présentent les grès rapportés suivant les uns au niveau du *H1*, par les autres aux strates profondes du terrain houiller productif dont est recouverte la région orientale du lambeau de Charleroi, paraissent à première vue assez singuliers. L'explication de cette disposition stratigraphique se trouve dans le relèvement vers l'Est du fond de la cuvette délimitée par la faille de Forêt, d'où est résulté l'amenée au jour du plat de pied des droiteures de la bordure, indépendamment du déplacement latéral du lambeau.

Dans les conditions où nous avons cru pouvoir le figurer, le lambeau de recouvrement qui nous occupe présenterait un développement Est-Ouest de 11 kilomètres, avec une largeur maximum de deux kilométres et s'étendrait sur les communes de Montigny, Charleroi, Marchienne, Monceau-sur-Sambre.

Nous avons vu que l'ensemble du massif de la Tombe, massif des plus complexes, comporte au nord du calcaire, un groupe de strates appartenant non seulement à l'étage *H1*, mais encore et surtout au Houiller productif, depuis lontemps exploré et exploité. Ainsi que nous l'avons dit plus haut, Briart avait cru trouver un point de la branche nord de la faille à l'endroit d'une exploitation de terre plastique résultant soit d'une argile de filon, soit d'une décomposition de schistes houillers en rapport avec une fracture interne.

Nous avons vu qu'elle représente, à nos yeux, l'indice de passage de la branche nord de la faille de Forêt à la limite du lambeau de Charleroi. Quant à l'affleurement nord de la faille de la Tombe, il se produit beacoup plus loin et nous allons chercher à en définir l'extension dans cette direction, en nous basant sur les travaux miniers poursuivis dans la région.

Si nous nous reportons à la coupe méridienne DD (pl. VI) nous voyons, ainsi que nous l'avons exposé, apparaître la faille de la Tombe à la profondeur de 370 mètres du puits n° 12 du charbonnage de Monceau-Fontaine. Le gisement de ce siège composé de droiteures séparées par des plateures intermédiaires se relève vers le Nord en plats de pied que les exploitations

St-Martin et de Marcinelle-Nord ont fait reconnaître des plus accidentées. Il en est de même des plateures venant du Nord dans cette zone. Celui du puits n° 14 du même charbonnage n'est pas mieux partagé. Planté sensiblement sur le même méridien que le puits n° 12, des dérangements importants se sont manifestés jusqu'au niveau de 425 mètres, au point d'y rendre l'exploitation inopérante. Ce n'est qu'au dessous de ce niveau que se montre le riche faisceau de couches déhouillé actuellement. Sur toute cette hauteur de 425 mètres, les terrains sont disloqués et séparés par de nombreuses cassures dont l'une des plus marquantes passe à la profondeur de 125 mètres. C'est là, à notre avis, le passage du relèvement septentrional de la faille, avec son cortège de fractures accusant l'importance de la dislocation des terrains qu'elle affecte.

Uue cassure secondaire qui s'en détache se poursuit pour ainsi dire horizontalement en se dédoublant, dans la concession du charbonnage du Nord-de-Charleroi où elle a ramené un rejet vers le Nord des têtes des couches du faisceau régulier du siège n° 14. Ce fractionnement du gisement a été bien reconnu par les travaux d'exploitation des puits n° 2 et 3 du Nord-de-Charleroi. Nous sommes ici en présence de la terminaison de la faille.

Le lambeau charrié de la Tombe est venu buter contre la partie supérieure du faisceau dont nous venons de parler, faisceau aujourd'hui bien amoindri par les phénomènes de dénudation, provoquant ainsi la scission du gisement après avoir coupé la faille du Centre.

Cet effet se retrouve dans des conditions pour ainsi dire identiques dans la coupe EE (pl. VIII) prise à 2 600 mètres à l'est de la précédente. Nous observons ici une connexité parfaite entre les allures des couches plissées de la concession de St-Martin et celles de la série des couches Babylone à Roland, autrefois déhouillées par le puits n° 2 du charbonnage de Monceau-Fontaine. Un travers-banc nord, poussé du niveau de 144 mètres de ce puits, sur plus de 800 mètres, n'a rencontré que des terrains bouleversés et failleux. Il en a été de même pour un travers-banc sud, percé au puits n° 5 du même charbonnage sur deux cents mètres environ. A l'un comme à l'autre puits, le gisement est resté rebelle à une exploitation quelque peu étendue. Il y a plus : on retrouve au nord du puits n° 5, comme aux puits n° 1 et n° 4, la faille plate que nous avons signalée plus haut, dans le Nord-de-Charleroi. Ici comme là, elle se dédouble, en scindant les têtes des couches composant le même faisceau.

Les exploitations pratiquées par les divers puits n° 1, n° 2, n° 4 et n° 11 ont mis ce fait bien en évidence. La masse rocheuse charriée a rompu, au point extrême de sa translation, le faisceau de couches contre lequel elle est venue s'arrêter, ainsi qu'elle l'avait fait à 2 600 mètres plus à l'Ouest.

Si l'affleurement réel de la faille de la Tombe doit être recherché non loin du puits n° 5 du charbonnage de Monceau-Fontaine, les effets de la double cassure qui lui est adventive se sont fait sentir à plus de 400 mètres au-delà du puits Paradis de La-Rochelle, après avoir affecté la faille du Centre elle-même. On remarquera la grande extension prise, dans cette région, par la nappe charriée. Poussant nos investigations plus loin vers l'Est, voyons ce qui se passe dans la méridienne des puits n° 5 et 12 du charbonnage de Marcinelle-Nord.

La coupe F F (pl. IX) nous fournit à ce sujet d'intéressantes constatations. Le faisceau de couches déhouillé par ce dernier siège nonobstant les multiples replis qu'il comporte, contraste fortement, par sa régularité relative avec celui exploité ci-devant par le puits n° 5. Nous sommes ici à 3 300 mètres à l'est de la coupe précédente EE. Nous voyons que les veines de la série s'étendant de Cinq-Paumes à la couche bien connue du Grand-Mambourg, sont, à ce puits, excessivement tourmentées et portent la trace du dynamisme qui les a affectées. Elles appartiennent visiblement au lambeau de la Tombe, alors que celles du puits n° 12 font partie de la région restée indemme de cet accident, circonstance qui nous permet de fixer très approximativement la limite est de ce lambeau.

La grande régularité que présente, au Nord, le gisement dépendant des charbonnages Réunis par l'opposition qu'elle offre avec les résultats peu favorables des recherches poursuivies dans les parties supérieures des puits Blanchisserie et Mécanique du charbonnage de Sacré-Madame, établit avec netteté la démarcation existant entre la nappe charriée et le terrain houiller en place, si fructueusement exploité dans ce dernier charbonnage.

La détermination de l'étendue du lambeau qui nous occupe y est donc facile et nous voyons combien elle se réduit à la hauteur du méridien considéré. Elle s'atténue encore vers l'Est, où elle se confond avec le lambeau de Charleroi.

Si nous reportons sur la carte générale (pl. I) les trois points de l'affleurement septentrional de la faille de la Tombe, nous obtenons une ligne sensiblement concordante avec l'axe du massif calcaire, ce qui montre clairement le sens de la translation de l'ensemble.

Des diverses considérations que nous venons d'exposer, nous pouvons conclure que *le lambeau de poussée de la Tombe constitue en réalité une nappe importante de recouvrement charriée sur le terrain houiller sous-jacent, fracturé par des dislocations antérieures.*

Faille du Midi ou Grande Faille. – Si elle a été peu touchée par les travaux d'exploitation ou de recherches, par contre, elle se marque clairement au versant sud du bassin, par les discordances des terrains qu'elle sépare, l'une des dernières manifestations du dynamisme sous l'influence duquel le bassin a acquis sa structure définitive ; elle doit être rapportée à la poussée SW.-NE. A l'Ouest, elle met le Dévonien inférieur successivement en contact avec le Houiller, le Famennien et le Frasnien de Montigny-le-Tilleul et de Landelies, puis avec le Calcaire carbonifère de Leernes. On la suit jusqu'à Binche où elle longe une bande de Calcaire carbonifère, puis, à travers la concession du Levant-de-Mons, elle gagne le bassin borain. Sur ce long parcours, sa direction ne dépasse pas 20 degrés et s'atténue en progressant vers l'Ouest.

Du côté de l'Est, elle marque son passage par des contacts également anormaux. Epousant le contour du fond de l'anse de Jamioulx où elle sépare le Calcaire carbonifère du Dévonien inférieur, elle se relève vivement à 40° vers le NE., jusqu'au décrochement de Chamborgneaux, mettant les roches dévoniennes successivement en contact avec les bandes famenniennes de Loverval et de Couillet, puis le Silurien avec le prolongement est de cette dernière bande.

De là, la direction vire vers l'Est, descendant à moins de 5 degrés. Elle limite vers le Nord le Silurien de Chamborgneaux et du bois de Châtelet qu'elle sépare ainsi du Calcaire carbonifère et des bandes successives de Famennien, de Frasnien et de Givétien qui lui font suite vers le Sud. Puis, elle oblique vers le NE., comme

le fait le bord sud du bassin, pour passer entre les roches roug
de Naninne et les calcaires dévoniens de Presles. Selon M.
professeur de Dorlodot, elle ne se prolongerait pas au-delà.]
fracture qui paraît exister plus loin dans la campagne de
Casterie au contact des schistes de Naninne et des schistes
Franc-Waret, n'en serait qu'une branche secondaire ; au levant
croisement des chemins d'Aiseau et de Châtelet à la Figotter
elle se recourberait vers le Sud-Est, dans la pointe silurienne
Puagne.

La faille du Midi n'existerait plus de Sart-Eustache à Hermal
sous-Huy ou, tout au moins, y serait sans importance, alors qu
vers l'Ouest, elle se prolonge jusqu'en France avec tous les cara
tères qui lui ont valu le nom de Grande-Faille donné par Gossel
C'est ce qui nous a amené à la ranger parmi les failles du secon
groupe, tout en admettant, cependant, qu'elle a subi ultérieureme
l'influence de la poussée SE.-NW.

Nous devons faire remarquer, en effet, que si cette faille a ét
comme nous l'avons dit, l'une des dernières manifestations
dynamisme qui ait affecté notre bassin, ce dernier a enco
cédé subséquemment à des poussées suivant le plan des ancienn
fractures qui ont continué à jouer et c'est à une action de l'espè
que nous devons attribuer le contournement de la faille du Mi
autour de l'anse de Jamioulx, ainsi que le long d'une partie du bo
sud-est du bassin. Nous y voyons, notamment, l'indice d'une acce
tuation posthume de la faille d'Ormont et du phénomène
compression latérale ayant donné naissance à la fracture
Boubier.

Sous le rapport de ses relations avec le terrain houiller propr
ment dit, la faille du Midi nous est peu connue, les travau
d'exploitation étant restés généralement éloignés de la région
elle apparaît. Cependant, un travers-banc ouvert dans la directic
du Sud, à l'étage de 64 mètres du puits Hanoteau du charbonnag
de Forte-Taille, après avoir recoupé la veine dite « A Charbon
repliée trois ou quatre fois sur elle-même, a rencontré au-delà, de
grès coupés par des cassures et très aquifères.

La proximité de l'affleurement de la faille, marqué d'ailleurs à l
surface par une ligne de sources, semble bien indiquer que le
dérangements traversés seraient une conséquence de la pousse
due à cet accident.

Le travers-banc sud du puits n° 6 du même charbonnage, foncé au sud-est du précédent, a pénétré, au niveau de 42 mètres, au-dessous de la faille du Midi dont l'affleurement se montre à une faible distance au nord-ouest de l'orifice de ce puits. Un ancien plan de la couche Bodson déhouillée par ce niveau, renseigne, obliquement à la direction de la fracture, un repli ondulé d'allure fort dérangée.

Avec les résultats du sondage sur Fontaine-l'Evêque dit « du Brûlé », lequel a traversé la faille à la profondeur de 211 m. 45, ce sont les seuls exemples que nous puissions citer de travaux exécutés souterrainement dans son voisinage immédiat.

L'extension des recherches au-delà de la limite sud actuelle du bassin aura pour conséquence de mieux définir ce grand accident dont l'origine se confond avec celle des diverses fractures qui ont morcelé notre bassin houiller.

Charleroi, le 21 mars 1905. JOS. SMEYSTERS.

ERRATUM.

Page 273, 11e ligne à partir du bas, entre les mots « viséen » et « pincé », intercaler « bordant un synclinal houiller $H1$, ».

5e Question.

—

Sédimentaire ou Epigénétique ?

Contribution à la connaissance des gîtes métallifères des Alpes Orientales

PAR LE

Dr Karl-A. REDLICH

Professeur à l'Ecole supérieure des mines de Léoben.

Aucun type de gîtes métallifères ne donne lieu, quant à sa genèse, à autant de controverses que les dépôts de pyrite et de minerai de fer, concordants, en apparence, avec les roches encaissantes.

L'explication la plus simple, consistant à les considérer comme des sédiments, tout comme les formations calcaires, se heurte à leur croisement très fréquent avec les joints de stratification des couches encaissantes.

Au nord de la chaine centrale des Alpes orientales, se trouve un système très développé de roches très métamorphiques : calcaires, schistes et conglomérats, désigné depuis longtemps sous le nom de « zone des grauwackes » ; ce système qui commence, à l'Est, dans le voisinage de Gloggnitz et de Reichenau, s'étend, vers l'Ouest, jusqu'au Tyrol et contient partout des gisements de pyrite, de minerai de fer et de magnésite.

Dans cette communication, je compte me limiter à l'examen de deux types.

Le premier comprend les pyrites à faible teneur en cuivre, 2 à 3 %, contenant de la galène, de la stibine, de la blende, etc., subordonnées, en nids compacts, suivant presque complètement la stratification de la roche ; ces pyrites sont entourées de schistes très métamorphiques: chloritoschistes, schistes à hornblende, riches en séricite. Des exemples de ces gîtes se trouvent à Œblarn et à Kalwang en Styrie ; c'est dans la première de ces localités que l'on observe le mieux les apophyses du gisement de minerai.

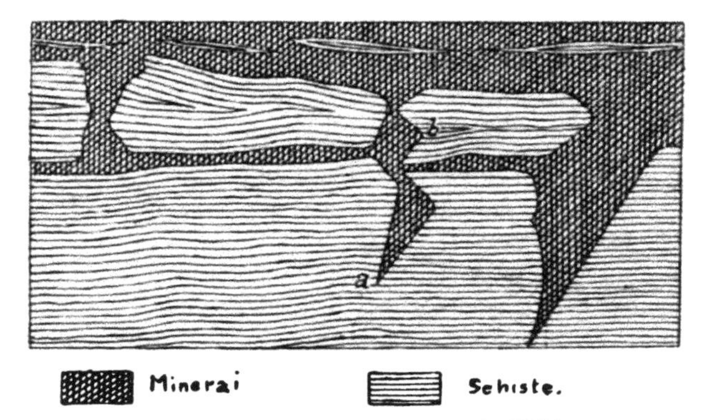

Fig. 1. Coupe dans les gisements de pyrite d'Œblarn.

Ces apophyses ne pénètrent pas seulement dans le mur du gîte, mais on les voit parfois réunir deux bancs de minerai. M. Beck a décrit de semblables phénomènes dans le dépôt de pyrite d'Elterlein en Saxe et, tout récemment, M. Canaval de Leitenkofel, dans celui de Rangersdorf, dans le Mölltale, en Carinthie. Les apophyses ne peuvent être considérées ni comme des formations secondaires, ni comme dues à des plissements des roches encaissantes.

M. Klockmann, dans ses études sur Huelva, dont les gîtes métallifères doivent être rapportés au même type, en formulant la conclusion que les pyrites de Huelva sont des secrétions concrétionnaires, formées au sein de boues schisteuses plastiques, imprégnées des éléments chimiques de la pyrite, admet nettement leur origine épigénétique et M. Beck considère, à bon droit, cette hypothèse comme une théorie intermédiaire.

Citons ce que M. Klockmann écrit à ce propos :

« Il est très possible que la séparation concrétionnaire ait été
» préparée et accompagnée par des précipitations de substance
» pyriteuse. Toute la complexion géologique s'accorde avec cette
» supposition : les dimensions très variables et la forme des
» grandes lentilles et des couches, les appendices qu'elles
» présentent, l'existence de « cunas », etc. Les schistes enve-

» loppants, imprégnés de pyrite visible, paraissent alors un » stade inachevé du développement du gîte, dans lequel la pyrite » s'est séparée sous forme de concrétions, mais n'est pas arrivée à » une concentration compacte ; les schistes cuivreux existant en » maints endroits, à Tharsis, par exemple, représentent alors un » autre stade, encore moins avancé, où la pyrite incluse n'est pas » parvenue à une séparation perceptible. Les gîtes de pyrite » d'Espagne sont donc comparables, en grand, avec ce que l'on » voit, en petit, dans les schistes cuivreux du Mansfeld, présen- » tant de courtes taches et des ponctuations de minerai compact, » dans les joints des couches ; au point de vue génétique, ils sont » proches parents des grès plombifères de Commern et de Mecher- » nich, avec les «blackbands» et les sphérosidérites de la formation » houillère, avec les silex de la craie, avec les concrétions ferrugi- » neuses des sables quaternaires, etc. Si les gisements espagnols » de pyrite ne sont pas sous forme d'un essaim de nids et de » lentilles, mais sous celle de lits de dimensions peu communes, » intercalés dans les couches, cela peut s'expliquer par la grande » proportion de matière pyriteuse préexistante et par le fait que » la secrétion commença à une époque reculée, au milieu de boues » schisteuses encore très humides et très molles.

» Les roches éruptives du voisinage et leurs tufs, vraisembla- » blement tous deux d'origine sous-marine, peuvent être considé- » rés comme les adducteurs de minerais. »

Si les roches éruptives et leurs tufs sont bien les adducteurs de minerais, ces derniers, qui y étaient contenus, ont dû être dissous tout d'abord, puis se concrétionner *en second lieu* ; ou bien ils ont fait irruption sous forme de sources post-volcaniques ultérieures, ce qui est la manière de voir des partisans de l'épigénie. Quoi qu'il en soit, les matériaux devaient d'abord s'être déplacés pour que de si grandes concrétions pussent prendre naissance.

Examinons maintenant le second type : ce sont des sidérites et des ankérites, irrégulièrement associées, à teneur variable en fer: elles contiennent des parties plus ou moins grandes de chalcopyrite, de telle sorte que leurs gisements ont souvent été exploités uniquement pour le cuivre, par exemple, au Radmer, près Hieflau. Il convient aussi d'y mentionner l'arsenic et la schwatzite, le cinabre, la barytine et l'arsénopyrite, en quantités variables. Ils se rencontrent tantôt en filons isolés, tantôt en filons-couches, c'est-à-dire en gîtes parallèles à la stratification. Je puis vous montrer, avant tout, quelques filons proprement dits, qui appartiennent à l'horizon géologique le plus ancien du bassin minier que j'ai visité :

Quartz, sidérite et tétraédrite de Schendelegg, près de Payerbach en Basse-Autriche, intercalés dans des schistes gris et noirs, riches en quartz ; puissance $0^m.50$. Plus à l'Ouest, en dehors du voisinage immédiat de l'Erzberg, les filons d'ankérite du Radmer (Styrie), dans les mêmes schistes noirs ; puissance $0^m.75$. Enfin, un groupe de filons du district minier connu de Mitterberg (Salzbourg) : sidérite et chalcopyrite, encore dans les mêmes schistes noirs ; ici, nous avons affaire à des filons incontestables, puissants de plusieurs mètres. Il découle de ceci que, dans les schistes quartzifères noirs, existent des filons incontestables auxquels je pourrais encore joindre le filon Josefi, près de Gollrad, à la frontière de la Styrie et de la Basse-Autriche.

Dans le voisinage immédiat de tous ces filons, on trouve partout les mêmes minerais, soit sous forme de bancs dans les schistes, soit sous forme de lits et d'amas irrégulièrement délimités, au contact des schistes et des calcaires.

Dans le Radmer, on en rencontre un très bel exemple (fig. 2). Sur un soubassement de schiste tendre, gris (1), inclinant vers le versant normal de la montagne — $i = 2$ h. — on observe des

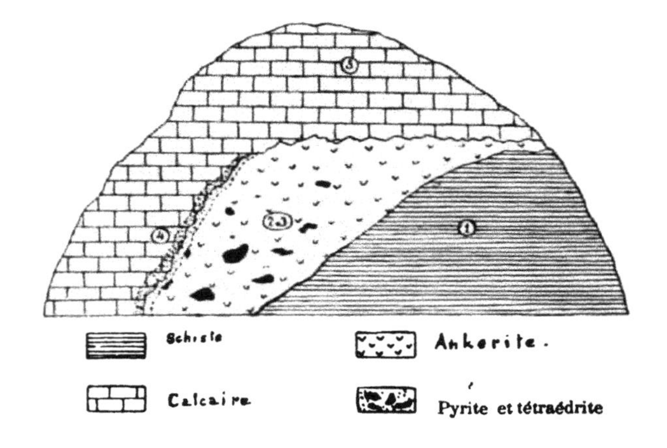

calcaires minéralisés, dans lesquels on peut distinguer deux zones: l'ankérite (2, 3) à la partie inférieure et le calcaire (4 et 5) à la partie supérieure.

La première (2), de couleur gris clair et d'aspect pinolitique a la composition chimique suivante :

Carbonate de calcium	51.16
Carbonate de magnésium.	28.22
Carbonate ferreux	16.74
Résidu insoluble	4.05
	100.17

Des débris d'une roche compacte, grise, presque de même composition (3), gisent dans cette masse ; leur composition est la suivante :

Carbonate de calcium.	50.09
Carbonate de magnésium.	27.99
Carbonate ferreux	17.60
Résidu insoluble.	4.35
	100.03

L'ankérite contient, comme éléments primaires, des secrétions de chalcopyrite et de tétraédrite, atteignant jusque la grosseur du poing. Elle a un aspect massif et passe, dans toute son étendue horizontale, vers son toit, à du calcaire stratifié qui, tout-à-fait à la limite des deux roches (4), présente la compositon suivante :

Carbonate calcique	80.14
Carbonate de magnésium.	7.10
Carbonate ferreux	4.66
Résidu insoluble	8.12
	100.02

Les parties plus élevées (5) donnent, à l'analyse :

Carbonate calcique.	96.96
Carbonate de magnésium.	1.41
Carbonate ferreux	1.06
Résidu insoluble	0.60
	100.03

Le pendage du calcaire — $i = 23$ h. — diffère, dans les lits inférieurs, de celui du schiste ; dans les lits supérieurs, il redevient normal ; ceci résulte de la discordance du calcaire et du schiste.

L'ankérite d'aspect massif, qui passe, avec une limite irrégulière, au calcaire stratifié dont elle diffère aussi chimiquement, ne peut avoir pris naissance qu'après que ce dernier était déjà déposé ; elle a pénétré par les parties offrant le moins de résistance du contact du schiste mou avec le calcaire originel, transformant progressivement celui-ci.

Dans cette substitution, les pyrites ont pénétré plus rapidement dans le calcaire que l'ankérite, car on voit déjà des cristaux de pyrite imprégnés dans le calcaire à plusieurs centimètres du gisement.

On peut observer le même phénomène dans maintes exploitations du district minier. Un exemple en petit est représenté dans la figure 2 : à la base se trouve le schiste du mur ; vers le haut, l'ankérite irrégulièrement limitée contre le calcaire stratifié.

C'est sous cette forme que l'on observe, d'une part, partout le filon type de Schendlegg, le filon Plösch du Radmer, le filon Josefi du Gollrad et les filons du Mitterberg, d'autre part, les calcaires métamorphiques de l'Erzberg, du Radmer, du Gollrad, etc. Les deux peuvent se montrer directement associés, de sorte que l'on peut suivre la source avec ses dépôts et les modifications qu'elle a produites ; ou bien la racine de l'arbre est, suivant notre manière de voir, restée cachée, et l'on n'aperçoit plus que la couronne, comme, par exemple, à l'Erzberg, près d'Eisenerz.

Réunissons maintenant les deux types. Les pyrites pures d'Œblarn, Kalwang, Huelva, etc., semblent avoir été formées lorsque la matière argileuse des schistes était encore plastique ; les substances minérales y existant pouvaient s'y concrétionner et s'y imprégner; c'est un type qui est à la limite des sédiments et des filons. Les gîtes minéraux du Radmer, du Gollrad, etc., doivent avoir pris naissance lorsque le schiste et le calcaire étaient déjà formés ; la discordance de stratification de ces derniers par rapport aux premiers, plaide avant tout en faveur de cette manière de voir.

Je ne puis terminer cette communication sans parler des dépôts de pinolite (magnésite), si proches parents de nos gîtes de sidérite et d'ankérite. De nombreux intermédiaires conduisent chimiquement des premiers aux derniers, tout comme des sidérites aux ankérites.

La teneur en fer peut diminuer toujours davantage, jusqu'à ce que l'on soit en présence d'une dolomie et, dans cette dernière, la richesse en magnésie peut augmenter de telle sorte que la roche, malgré son pourcentage en fer, environ 1 à 3 %, et en calcium, environ 2 %, doive recevoir le nom de magnésite grenue. Les éléments isolés ont l'aspect de pinolite entourée d'une gaîne gris noir et ressemblent, extérieurement, à l'ankérite du Radmer.

Cette forme extérieure semblable et les relations chimiques analogues des deux minerais font déjà présager une même genèse et, en fait, on peut voir, dans les pinolites (magnésites) du Veitsch, sur le territoire de Semering, aujourd'hui la plus grande exploitation de magnésite du monde, comment le carbonate de magnésie a pénétré postérieurement dans une masse de dolomie.

Un échantillon de cette espèce est figuré ici (fig. 3) :

FIG. 3.
a Dolomie. *b*. Magnésite (pinolite).

Nous voyons, dans la masse fondamentale de dolomie (*a*), la pénétration de magnésite (*b*) la remplaçant progressivement. Comme dans l'échantillon figuré, on peut observer le même phénomène dans la nature, sur une beaucoup plus grande échelle. La dolomie y forme souvent des masses de plusieurs mètres de hauteur. Mais il est vraisemblable qu'elle n'est pas un constituant originel ; elle est plutôt une transformation du calcaire par une sorte de diffusion, simultanée à la formation de la magnésite.

On peut en rapprocher, pour la comparaison, l'ankérite compacte, gris noir (2e analyse), du Radmer, qui, par son aspect extérieur et son gisement contre la roche encaissante, équivaut entièrement à la dolomie du Veitsch, quoiqu'elle en diffère par la composition.

	Veitsch	Radmer
Carbonate calcique	54.12	50.09
Carbonate magnésique	42.75	27.99
Carbonate ferreux	2.11	17.60
Résidu insoluble		4.35
	98.98	100.03

L'ensemble du gisement donne l'impression que, ici aussi, les solutions de magnésie ont été introduites dans le calcaire non entièrement consolidé.

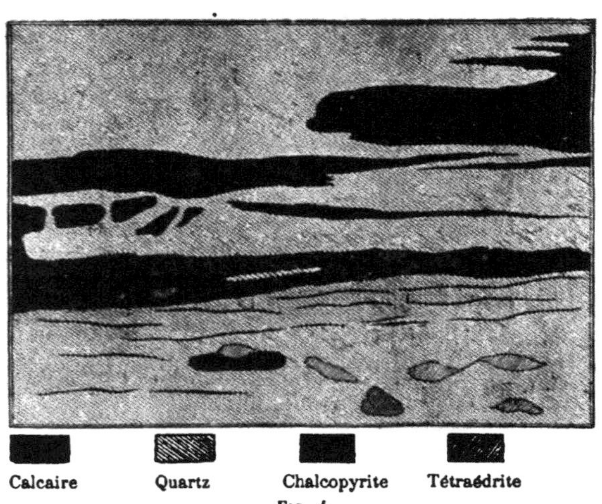

Calcaire — Quartz — Chalcopyrite — Tétraédrite

Fig. 4.

On peut observer, à Durrsteinkogel dans le Veitsch, une substitution des bancs calcaires par du quartz, de la tétraédrite et de la chalcopyrite (fig. 4) et je vous fais voir, de cette localité, un échantillon caractéristique.

Vous y voyez le calcaire originel presque complètement dissous et éliminé en une place et, dans le joint de stratification, le quartz et la solution métallifère ont été introduits.

Léoben, le 20 mai 1905.

Professeur Dr K.-A. REDLICH.

5e Question

Les gîtes métallifères de la région de Moresnet

PAR

CH. TIMMERHANS

Ingénieur honoraire des Mines, Directeur des Etablissements
de la Vieille-Montagne, à Moresnet.

Il y aura bientôt 50 ans que Braun publia, dans la *Revue de la Société allemande de géologie*, une description du district minier de Moresnet, particulièrement des gisements d'Altenberg et de Welkenraedt qui étaient alors, avec le filon du Bleyberg, les seuls de quelque importance exploités dans la région.

La plupart des ouvrages traitant des formations métallifères ont donné des résumés de cette description, mais, à part quelques considérations nouvelles sur la genèse des amas, on a peu ajouté au récit de Braun et c'est à peine si une couple d'auteurs font mention des gîtes découverts pendant la seconde moitié du dernier siècle. Il m'a paru qu'il n'était pas sans intérêt de combler cette lacune et de tracer, avec quelques détails, la physionomie du district, telle qu'elle résulte des travaux d'exploitation et d'exploration effectués jusqu'à ce jour.

Géologie de la contrée.

La région considérée embrasse le territoire de la concession de la Vieille-Montagne, qui recouvre, tant en Belgique qu'en Prusse, une étendue de 8 500 hectares, et celui de la concession du Bleyberg, sa voisine du côté nord.

Elle occupe la partie centrale du massif de terrains carbonifères et dévoniens qui sépare les bassins houillers du pays de Herve et d'Aix-la-Chapelle et que la dénudation du Crétacé a mis en partie à découvert jusqu'au delà de la frontière hollandaise. Au Sud, ces terrains s'appuient sur le Cambrien de l'Eifel ; les assises du Dévonien inférieur et du Dévonien moyen se succèdent régulièrement jusqu'au calcaire givétien, où l'on constate déjà, à Membach, à Eupen, des vestiges de minéralisation ; mais c'est surtout à partir du Famennien que la région devient intéressante au point de vue métallifère. Cet étage est représenté par des schistes et des psammites ; le Carbonifère qui vient ensuite, par des dolomies souvent superposées à du calcaire à crinoïdes ou à du calschiste, et par le calcaire viséen, pauvre en fossiles, quelquefois fétide ou chargé, vers le sommet, de concrétions siliceuses de chert. On ne rencontre, dans la concession de la Vieille-Montagne, que les assises inférieures du Houiller, en général des schistes compacts, presque plastiques au voisinage des gîtes ; les bancs de grès y sont plus rares que dans la concession du Bleyberg, où l'on trouve d'ailleurs des schistes plus fermes et mieux stratifiés, passant, vers le Nord, à l'étage houiller proprement dit,

Tous ces terrains ont été fortement plissés et forment une série de selles et de bassins qui s'accusent distinctement, à la surface, dans les assises supérieures au Givétien, (voir la Carte géologique, fig. 1, pl. I). Ils sont recouverts à l'est et à l'ouest des concessions, par des sables et des argiles d'origine sénonienne, en couches alternantes presque horizontales. C'est donc entre les périodes houillère et crétacée que se place le soulèvement des terrains primaires déposés sur le massif antérieurement émergé du Cambrien de Stavelot. La direction générale des bancs est NE.-SW. et conforme à celle de la chaîne hercynienne, dont le passage est traversé dans la Haute-Fagne, au sud du district, par le pointement granitique de Lammersdorf. Les plis s'étendent à l'Ouest dans la vallée de la Vesdre et à l'Est au delà de la ville d'Aix-la-Chapelle, où ils donnent naissance aux bassins houillers de la Wurm et d'Eschweiler et recèlent les gisements métallifères de Stolberg, très analogues à ceux de Moresnet.

Les efforts de poussée venant du Midi ont, en général, déterminé la formation de plis isoclinaux renversés vers le Nord ; les têtes des selles ont été rompues et souvent détruites jusqu'au Dévonien supérieur, de telle sorte que le Calcaire carbonifère se présente en bandes alternantes entre les schistes famenniens et le Houiller (voir la coupe en travers des terrains de la concession de la Vieille-Montagne, fig. 2, pl. II). Là où la résistance opposée par les calcaires était trop grande, l'effort de refoulement s'est résolu par une faille qui a amené dans certains cas la superposition du Dévonien et du Houiller. Ces failles de plissement, dont la plus importante passe au nord de la mine de Fossey et se laisse poursuivre jusqu'à une grande distance dans la vallée de la Vesdre, pourraient être une manifestation du dérangement connu en Belgique sous le nom de faille eifélienne.

L'attention des mineurs a, depuis longtemps, été attirée sur ce district par la présence d'amas métallifères au contact, ou près du contact de roches de nature différente, les schistes et les calcaires. La plus importante de ces formations, le gîte de Moresnet ou d'Altenberg, avait fourni, pendant des siècles, la calamine aux fondeurs de laiton, avant de devenir le berceau de l'industrie belge du zinc, mais on relève également de nombreuses traces d'anciens travaux à Schmalgraf, à Rabotrath, en Prusse, et surtout à la Bruyère près Welkenraedt, en Belgique. On connait aujourd'hui, dans la concession de la Vieille-Montagne, un grand nombre d'amas et de nids de contact. On a constaté, d'une manière générale, qu'ils sont en relation plus ou moins étroite avec des fractures normales à la direction des couches et souvent minéralisées, mais n'affleurant que fort rarement à la surface et s'accusant tout au plus, dans les terrains calcaires, par une dépression locale des dépôts de recouvrement.

Ainsi le filon du Bleyberg détermine, avec les gîtes de Moresnet et de Fossey, une première ligne ou zone de fracture. Une seconde est donnée, à l'Ouest, par la mine de Schmalgraf, les filons de Lontzen, l'amas du même nom, les gisements de contact de Poppelsberg et de Rabotrath et, à 4 kilomètres de là, par deux petits nids de minerais dans la ville d'Eupen. La faille de Welkenraedt qui traverse toute la série des assises primaires jusqu'au lac de la Gileppe est jalonnée par les formations de contact de Wilcour, de Welkenraedt, de la Bruyère, de Heggelsbrück (calamine) et de Heggen (limonite avec un peu de sulfures). Une autre cassure passe en Prusse par le stockwerk d'Eschbroich ; une différente, à la frontière belge, prolonge très probablement, dans la nouvelle mine de Mützhagen, le filon autrefois exploité à Dickenbusch; une dernière enfin se révèle par deux épanchements de contact à l'ouest de la Bruyère et à Pandour. La carte géologique renseigne d'autres directions métallifères ; mais l'étude du champ de fractures de la région est cependant loin d'être terminée. Elles ne traversent nulle part les sédiments crétacés, ce qui permet de faire remonter leur âge au début de la période secondaire.

La présence de gisements à l'intersection des cassures et des contacts s'explique en partie par la dislocation plus considérable des roches en ces points. Plus le pli est accentué, plus les conditions de naissance du gîte ont été favorables. On trouve donc surtout les formations de minerai sur les versants de selles ou de bassins étroits, comme il s'en présente à Moresnet, à Schmalgraf, à Eschbroich, à Mützhagen, dans un synclinal de la même assise dévonienne d'où jaillissent, au NE. de la concession, les eaux thermales sulfureuses d'Aix-la-Chapelle. A Stolberg, on observe également que la plupart des gisements sont concentrés dans un bassin resseré, résultant d'un plissement spécial à la région.

Les fractures affectent volontiers les points de l'écorce où les roches ont offert une inégale résistance aux efforts de compression ; là, par exemple, où le schiste houiller commence à remplir une dépression calcaire, comme à Schmalgraf, ou la dolomie un pli du schiste famennien, comme à Moresnet. La grande épaisseur du massif dévonien, à l'est de cette dernière mine, sa surélévation par rapport aux assises dolomitiques voisines, plus fermes et beaucoup moins aptes à épouser la tendance au ridement, justifient l'importance de la déchirure qui l'a traversé et s'est propagée bien au delà, dans le bassin houiller du Bleyberg.

D'autres fois, les cassures sont dues à la production locale de plis secondaires et alors toujours accompagnées d'un rejet horizontal des surfaces de contact. Tel est le cas des filons de Lindengraben (voir fig. 3, pl. III) et de Prester de la mine de Fossey. La pénétration des terrains tendres et homogènes par des fractures de ce genre ne s'est faite, en général, que sur l'étendue du pli.

La grande faille de Welkenraedt, qui a rejeté horizontalement le Famennien et toutes les assises antérieures, sur une longueur de 350 mètres environ, paraît avoir son origine dans une déformation analogue du bassin carboniférien adjacent. Tandis qu'à droite, le schiste cédait librement à la poussée, il se formait, à gauche, une série d'ondulations auxiliaires qui faisaient surgir le calcaire au milieu du Houiller et le raidissaient contre cet effort. Le déplacement horizontal s'est donc combiné avec un rejet vertical des bancs au droit de la cassure.

En résumé, les fractures de la région sont généralement, si pas toujours, la suite de l'action de plissement et sont, comme telles, particulièrement développées dans la bande hétérogène des terrains superficiels. Elles perdent de leur importance en profondeur, avec la diminution du chevauchement relatif des assises recoupées.

Du reste, la nature des roches encaissantes a une grande influence sur la manière d'être des fractures. Elles sont ordinairement assez nettes dans les calcaires, mais on ne pourrait citer, dans toute la concession de la Vieille-Montagne, un seul exemple de diaclase ayant laissé des traces de son passage dans le Houiller.

Le filon du Bleyberg, qui traverse des schistes moins plastiques et plus mélangés de grès, constitue la seule exception à cette règle. Du fait que le gîte de Moresnet ne présente aucune ramification dans les selles dévoniennes voisines, on avait de même conclu autrefois à l'inexistence de fractures dans le Famennien, par suite du rapprochement des salbandes. Cependant, on connaît aujourd'hui plusieurs filons très bien minéralisés dans ce terrain, à Schmalgraf, à Lidengraben, à Prester, à Lontzen.

L'absence de dislocation apparente entre certaines assises rend souvent difficile la détermination exacte des axes de rupture. Cette recherche serait simplifiée si les fractures avaient une allure rectiligne. Mais bien que coupant à peu près normalement les bancs, elles sont loin d'être parallèles entre elles et accusent de nombreuses déviations en rapport avec la nature des roches, les circonstances locales du plissement. On a plus souvent affaire à un faisceau de cassures qu'à un accident unique. Les lignes d'ébranlement s'écartent même parfois de la direction principale de l'effort et prennent une disposition étoilée. Les crevasses filoniennes de Lahn et de Jaegershaus, entre Schmalgraf et Lontzen, sont dans ce cas. On remarquera encore sur la carte géologique (fig. 1, pl. I) la tendance générale à la convergence des lignes de fracture principales de la concession : ainsi l'alignement Bleyberg-Moresnet-Fossey est orienté à 41° NW., celui de Schmalgraf-Lontzen-Poppelsberg, à 21° et la faille de Welkenraedt entre Wilcour et Heggelsbrück, à 11°. Quant à l'inclinaison, elle est variable: on trouve, dans la même mine, des filons de pendages différents, soit dans le calcaire (Schmalgraf), soit dans les schistes (Prester

et Lindengraben) ; il n'est pas rare que, dans la première roc
l'inclinaison passe d'un côté à l'autre de la verticale.

Etude des gisements.

Les considérations précédentes sur la tectonique de la régi
me permettent d'aborder l'étude proprement dite des gisemen
Il y a lieu de distinguer, parmi ces derniers, les remplissages
contact et ceux de fracture.

Forme extérieure du remplissage.

Les remplissages de contact sont les plus importants. On fa
entrer dans cette catégorie, non seulement les formations dép
sées entre deux roches de nature différente — c'est le cas d
amas de Schmalgraf, de Lontzen, de St-Paul à Welkenraedt,
la plupart des gîtes calaminaires de Fossey, de nombreux nids
mais aussi celles dont l'épanchement s'est produit au voisina
du contact, dans le calcaire, la dolomie (Moresnet, Heggelsbrück
plus rarement dans le schiste (Mützhagen). Le premier type n'e
souvent qu'une modalité locale du second.

Tous ces gîtes se caractérisent par des dimensions transv
sales assez considérables, une grande irrégularité de formes et
diminution de leur section avec la profondeur. Presque toujou
la matière minérale a pris la place du calcaire qui présente, surto
dans le cas de remplissage calaminaire, de vastes érosions. l
profondeur de la poche n'est pas liée à un niveau déterminé ; el
peut être limitée par la cessation du contact, par exemple au fo
d'un bassin houiller (Schmalgraf), par l'étranglement de la mi
ralisation dans une fracture, ou même par sa disparition co
plète, ce qui est le sort de presque tous les gisements pureme
calaminaires qui ne descendent guère, sauf celui de Moresn
(110 m.), en dessous de 50 mètres.

Les remplissages de fractures ou filons ne sont souvent que
continuation des formations de contact dans les roches enca
santes ; ailleurs, ils ne se montrent qu'à une certaine distance
contact, par l'épanouissement d'une fissure venant du gîte.
dernier est alors une manifestation locale de la disposition
colonnes, que l'on observe dans tous les filons de la contrée. L

étreintes et les renflements sont en rapport avec les déviations de direction, les glissements de salbandes, tandis que le pendage des colonnes est, en général, indépendant de la stratifiation. A l'exception du filon du Bleyberg, connu dans le Houiller sur une longueur de plus de 5 kilomètres, la minéralisation ne pénètre jamais très loin dans les bancs, 200 à 250 mètres au maximum, à moins qu'il n'y ait récurrence de contact. Quant à la puissance, elle dépasse rarement 1 m. à 1 m. 50 dans les schistes, mais elle est souvent considérable dans les roches calcaires ; une des colonnes de Schmalgraf mesure jusque 18 mètres de largeur, dans la mine voisine d'Eschbroich, la zone minéralisée par la fracture s'étend sur plus de 85 mètres et constitue, au milieu de gros blocs détachés des parois, un véritable stockwerk. Les filons jettent parfois des ramifications dans le calcaire, ou se dédoublent en veines régulières dans les schistes, mais on ne rencontre jamais de filons croiseurs. La nature souvent grenue du remplissage, la présence de stries, de surfaces poliés, sur les lits argileux des salbandes, attestent que les fractures ont été soumises à des remaniements postérieurement à leur minéralisation.

On n'est pas fixé sur la profondeur que peuvent atteindre les filons de la région. Celui de Dickenbusch, la seule mine belge de la concession de la Vieille-Montagne où l'on ait eu affaire à un filon bien caractérisé, n'a pas été suivi plus bas que 83 mètres. Mais les colonnes métallifères de Schmalgraf descendent en dessous du niveau actuel d'exploitation de 132 mètres, celles de Fossey en dessous de 100 mètres et les travaux du Bleyberg étaient engagés en plein minerai à 180 m. de la surface, lorsque l'abondance des venues d'eau détermina leur abandon. Toutes les mines du district sont en effet très aquifères. Il est, néanmoins, incontestable que la minéralisation tend à diminuer en profondeur, soit que les conditions du dépôt y aient été moins favorables, soit que les dislocations n'affectent largement que la croûte superficielle.

Nature du remplissage.

Au point de vue de la nature du remplissage, les filons ont un facies très différent des gîtes de contact et ceux-ci, à leur tour, présentent des caractères particuliers suivant que la roche carbonifère encaissante est le calcaire ou la dolomie.

La minéralisation des filons consiste en sulfures, blende, g ... pyrite, tout au moins à partir d'un certain niveau ; les gis... ments de contact sont ou sulfureux ou calaminaires, ou co... tiennent à la fois des sulfures et de la calamine.

A. Gîtes calaminaires.

Si la formation est limitée par la dolomie, comme à Moresn... Fossey, Heggelsbrück, le remplissage est constitué essentiel... ment par de la calamine et cette calamine est un mélange de ca... bonate et de silicate de zinc. Au contraire, les contacts calcai... peuvent être le siège de dépôts sulfureux plus ou moins oxyd... mais le résultat de cette oxydation, pour la blende, est toujours carbonate.

Il importe peu, d'ailleurs, que le second élément du contact s... houiller ou dévonien ; ce dernier terrain est généralement reco... vert par la dolomie, mais là où il y a interposition accidentelle ... calcaire à crinoïdes, on voit régulièrement apparaître le sulfu... ou le carbonate. Poppelsberg, par exemple, était un gîte de s... fures au contact du calcaire et du Dévonien ; à Fossey, il subsis... de la blende aux endroits où la couche de calamine confine ... calcaire.

La présence du silicate de zinc est donc étroitement liée à ce... de la dolomie et, par conséquent, exclusive aux contacts dé... niens. On ne rencontre jamais ce minerai près du Houiller.

La calamine carbonatée se montre à la partie supérieure ... gisements sulfureux, au voisinage du calcaire. Il est fort rare q... toute la masse du gîte soit composée de calamine, on ne conn... guère dans ce cas que la mine belge de Pandour. Quand la form... tion est enveloppée par le schiste ou des argiles noires compact... comme à Mützhagen, on ne constate pas de minerais oxydés, mê... à quelques mètres de la surface ou des sédiments crétacés. L'... terposition d'un lit d'argile houillère marquait de même, à ... mine St-Paul, de Welkenraedt, la transition des carbonates a... sulfures.

Qu'ils soient à base dolomitique ou calcaire, en partie silica... ou simplement carbonatés, les gîtes calaminaires ont une sé... de traits communs. Ce sont d'abord une grande sinuosité ... contours, le recouvrement de la formation par des argi...

rouges plastiques, la présence, au sein de la calamine, mais surtout vers le toit et les salbandes calcareuses, d'argiles zincifères de teintes variées, peu alumineuses et désignées dans le pays sous le nom de « bolaires ». Aux environs de la dolomie, ces argiles sont souvent colorées en vert par le silicate de fer ; la Moresnétite en est une variété nickélifère. Tous les gîtes calaminaires ont été visiblement formés aux dépens du calcaire ou de la dolomie, dont on trouve des blocs parfois très volumineux au milieu du minerai; la dolomie est alors décomposée, d'aspect sableux, noircie par le manganèse ou chargée de sels de zinc. Une autre particularité de ces gisements réside dans la faible teneur en plomb des matières de remplissage ; les silicates en sont même tout à fait exempts et ce n'est guère qu'à la partie inférieure des dépôts de carbonates, que l'on discerne ce métal en quantité appréciable, sous forme de cérusite, puis de galène.

D'ailleurs, les calamines se distinguent, en général, par une grande pureté de composition ; les variétés silicatées sont toutefois moins ferrugineuses que les carbonates, par suite, sans doute, de la concentration plus radicale du fer en nids ou amas distincts, particulièrement bien représentés dans la région de Fossey. Ces formations de limonite ou plus rarement de sidérite ne contiennent que peu de zinc ou de phosphore et se caractérisent par une assez forte proportion de manganèse, allant jusqu'à 13 %. Elles sont presque toujours exploitables, tandis que les limonites des contacts houillers ne possèdent, d'ordinaire, un degré de richesse et de pureté suffisant, que si elles résultent de l'altération en place de pyrites peu zincifères (Heggen, Grünstrasse, Grünhaut).

Les deux genres de formations calaminaires diffèrent surtout par la nature et l'aspect de la minéralisation. Les silicates de zinc hydratés, plus ou moins mélangés de carbonates, se présentent en masses compactes ou concrétionnées, de texture grenue ou bréchiforme, à cavités tapissées d'une multitude de petits cristaux. Ceux-ci sont, en général, des rhomboèdres de smithsonite à faces légèrement bombées, presque toujours le rhomboèdre primitif ; le rhomboèdre aigu est fort rare. Ils sont souvent recouverts d'un enduit brun, ferrugineux ou associés à la calcite, exceptionnellement au quartz.

A Moresnet, on trouvait également, surtout dans les géodes de la partie supérieure du gite, des cristaux blancs et transparents de calamine (silicate de zinc hydraté), prismes tabulaires à six faces (m, g^1), portant, à leurs extrémités dissymétriques, divers biseaux ($a^{1/3}$, a^2, $e^{1/3}$, e^1), dont ceux constituant la pointe inférieure du cristal sont peu visibles.

La calamine amorphe, silicatée, est blanche ou plus généralement jaune brunâtre, parfois aussi colorée en noir violacé par les sels de manganèse ; elle fait place, en certains endroits, à la willémite, variété anhydre du silicate, complètement dépourvue d'anhydride carbonique et caractérisée par une texture cellulo-compacte avec de nombreux petits cristaux arrondis, semblables à des oolithes et qui sont des prismes hexagonaux, terminés par un rhomboèdre obtus.

La calamine carbonatée des gisements situés au contact du Houiller, se présente sous des aspects beaucoup plus variés. Les cristaux de smithsonite y sont rares, ou peu prononcés, ou juxtaposés par très petits éléments, donnant l'apparence d'un duvet nacré (Pandour); mais on rencontre couramment toute la série des formes imitatives : laminaire, lamellaire, feuilletée, mamelonnée,

FIG. 4.
Stalactites de smithsonite (mine de Pandour).

Fig. 5.
Epigénie de smithsonite sous forme de calcite.

Fig. 6.
Transformation partielle de calcite en smithsonite.

stalactitique (fig. 4), stalagmitique, panniforme, etc., et de nombreuses épigénies sous forme de calcite : tantôt la smithsonite a remplacé des prismes hexagonaux avec pointement rhomboédrique (fig. 5); tantôt elle recouvre un noyau cristallin dont elle a conservé la structure (fig. 6); tantôt la substitution s'est faite dans les joints de clivage des rhomboèdres qui ont été partiellement dissous, ce qui donne au minerai une disposition cloisonnée. Plus fréquemment, des blocs de calcaire amorphe subsistent dans une enveloppe calaminaire formée à leurs dépens et de texture généralement feuilletée (fig. 7). La couleur de la smithsonite compacte ou concrétionnée est blanche, grise, noire, jaune, brune, rouge et parfois bleue.

Fig. 7.
Transformation partielle de calcaire en smithsonite

B. Gîtes sulfureux.

La constitution du remplissage des gîtes sulfureux dépend à la fois de leur forme et de la nature des roches encaissantes.

Filons dans les schistes.

Lorsque les sulfures se présentent en filons dans les schistes, la minéralisation affecte une grande régularité et n'est guère souillée que par des débris arrachés aux salbandes. Il n'y a pas de gangue apportée de la profondeur à l'état dissous, ou bien cette gangue recouvre le minerai et ne l'imprègne pas ; elle est manifestement le produit d'une injection ultérieure dans une réouverture de la fracture. On observe une veine de calcite de ce genre dans le filon dévonien de Prester, au voisinage de la dolomie. A Bleyberg, les infiltrations agissant dans les mêmes conditions sur des blocs de grès éboulés dans la fente, y ont déposé du quartz avec de beaux critaux de galène et de blende rhombododécaédrique.

La blende de ces filons est brune, généralement plus foncée et d'une texture plus cristalline dans le Houiller que dans le Dévonien ; elle se montre ici en grains ou en fragments concrétionnés, mélangés plus ou moins de galène ou de pyrite, tandis que la blende du Bleyberg formait des dépôts rubannés, distincts de la galène.

Filons dans les calcaires

Si les filons traversent le calcaire, le minéral est associé à une forte proportion de calcaire amorphe ou spathique, la blende est blanche ou brune, souvent en écailles avec cordons de pyrite.

Gîtes de contact

Les gîtes de contact intercalés entre le Calcaire carbonifère et le Houiller, de même que les stockwerks, offrent un type de minéralisation particulier, caractérisé par la disposition zonaire des trois sulfures.

Dans les premiers (Schmalgraf, Welkenraedt, etc.), l'arrangement des dépôts successifs de galène, de blende et de pyrite est plus ou moins concentrique et constitue des rognons qui se trouvent disséminés dans les argiles noires houillères, formant la gangue. Ces rognons sont généralement brisés et il est difficile de dire s'il en existait, à l'origine, de complètement fermés, mais beaucoup paraissent avoir une origine stalactitique. Le centre des nodules est presque toujours occupé par de la galène cristalline ou une masse de blende brune galénifère ; autour, s'est déposée la blende, de couleur variable suivant sa pureté, blanche, jaune brune ou bleuâtre, en rubans parallèles plus ou moins larges et dont les plus foncés entourent souvent de minces filets de galène; vient ensuite la pyrite.

Parfois, le dépôt s'est effectué autour de centres différents rapprochés et les bandes externes des formations circulaires se rejoignent et s'épousent ou interfèrent les unes dans les autres de manière à constituer un bloc unique. Un tel ensemble sert fréquemment de moule à un nouveau dépôt mamelonné, où la galène apparait en un premier cordon d'épaisseur notable. C'est donc qu'il y a eu plusieurs périodes d'incrustation successives. Si les trois sulfures de zinc, de plomb et de fer sont représentés, la pyrite termine chaque période, et la blende qui l'a précédée, est presque toujours colorée en brun par les sels de fer dont se charge[illegible] la [illegible]. On rencontre des morceaux qui ont été brisés [illegible] au cours de la minéralisation ; les rubans sont alors [illegible] à l'endroit de la cassure et croisés par d'autres [illegible] à un dépôt concentrique ultérieur (fig. 8).

Fig. 8.
Blende rubannée à noyau brisé (mine de Schmalgraf)

La blende se présente également en concrétions allongées ; une variété remarquable, dite tricotée, se compose d'un réseau de veinettes de blende blanche, enveloppant des filaments de galène disposés suivant les plans du clivage cubique, de manière qu'ils paraissent alignés dans la cassure et communiquent au minerai des reflets chatoyants.

Dans les stockwerks en roche calcaire, dont la mine d'Eschbroich fournit le type, les concentrations en rognons ou en mamelons sont moins fréquentes que dans les amas de contact, mais en revanche, les formes concrétionnées y sont plus nombreuses, les stalactites mieux individualisées, surtout dans les parties supérieures du gîte, et les géodes avec disposition inverse des rubans, la pyrite occupant le centre, très communes. Cependant, la majeure partie du minerai remplit les intervalles entre les blocs calcaires, dessinant des cordons d'épaisseur assez régulière et de contours sinueux, que l'on peut souvent suivre sur de grandes distances. Les rubans sont disposés parallèlement à la fente, mais non symétriques, c'est-à-dire que la minéralisation s'est opérée sur une seule lèvre et constamment dans le même sens, alors même que cette lèvre était tournée vers le bas. Le dépôt de base incruste le calcaire et contient toujours le plus de galène, tandis qu'il subsiste souvent, du côté opposé, un vide entre la roche et le minerai qui prend alors volontiers, si c'est de la blende, la forme de grappes ou de dendrites.

A Eschbroich, on n'observe jamais, dans les morceaux, plus de trois périodes de dépôts successifs, terminées chacune par le sulfure de fer ; il n'y a eu qu'un faible apport de blende, de couleur foncée, entre les deux dernières venues de pyrite. Ce minerai s'est superposé, finalement, en plusieurs couches que surmontent encore, la plupart du temps, des cristaux hexagonaux de calcite avec des pointements divers. La présence de carbonate de chaux cristallisé est, au contraire, exceptionnelle dans la gangue argileuse des amas sulfurés de contact.

Une dernière catégorie de gisements, dans lesquels le minerai a pénétré les couches du terrain houiller à proximité d'une assise calcaire, est représentée, dans la région, par la mine de Mützhagen. Le caractère successif des dépôts est encore apparent dans ce gîte, mais il se manifeste rarement par une structure rubannée régulière; il résulte plutôt de la cimentation des premiers magmas sulfureux formés, par des infiltrations ultérieures, cimentation qui devient une véritable imprégnation lorsqu'elle a envahi des joints de texture. La galène et la pyrite sont abondantes, la blende, de couleur généralement brune, se distingue de celle des gîtes précédemment décrits, par une nature plus cristalline, encore exaltée au voisinage des grès, par l'injection de veinettes de quartz. On remarque parfois, sur les morçeaux, du soufre natif provenant de la décomposition de la pyrite.

Tous ces minerais sont empâtés dans une gangue argileuse ou schisteuse, et forment plusieurs agglomérations irrégulières et sans lien apparent entre elles, dans les strates du terrain houiller dont elles suivent les ondulations. L'origine du gisement semble devoir être recherchée dans une imprégnation des couches par les émissions d'un filon que l'on a des chances de découvrir en profondeur. Là où les sulfures touchent accidentellement les parois calcaires du bassin, on constate des phénomènes d'oxydation partielle.

Description de la mine de Schmalgraf.

(Fig. 9. pl. IV)

Braun a donné, dans son mémoire, une description géologique très complète de la mine de Moresnet. Je me dispenserai donc d'y revenir, d'autant plus que les gîtes de calamine ne présentent plus aujourd'hui qu'un intérêt secondaire pour l'exploitation. Mais je crois bien faire en entrant dans quelques détails au sujet de la mine de Schmalgraf, qui est actuellement la plus importante de la région et offre un type très caractéristique des formations de contact en rapport avec des filons.

Le gisement de Schmalgraf est situé sur le prolongement sud-ouest du bassin carbonifère de Moresnet, un peu au delà de l'endroit où ce bassin s'ouvre pour recevoir les premiers sédiments houillers.

L'effort qui a déterminé la production du synclinal a renversé, au Sud, le Famennien sur la dolomie et occasionné une faille longitudinale, qu'attestent la discordance de stratification des calcaires et du schiste dévonien et la grande différence d'épaisseur du massif carbonifère au sud et au nord de la mine, de part et d'autre du bassin houiller. Ce dernier constituant, par son intercalation dans le calcaire, une zone de moindre résistance, il y a eu fracture ; la partie occidentale du bassin a cédé plus facilement à la poussée que son extrémité orientale, enserrée par le calcaire ferme ; elle a donc subi un plissement plus énergique, avançant davantage au Sud, restant en arrière au Nord, de sorte que les lèvres de la fracture accusent, sur les deux versants escarpés du bassin, des glissements en sens inverses, mais dont l'amplitude diminue avec la profondeur. Du reste, la dislocation n'a pas été unique; tandis que du côté sud, près de la faille de plissement, le calcaire et la dolomie ont éclaté suivant un réseau de fentes plus ou moins divergentes, il existe, au Nord, une seconde fracture parallèle à l'accident principal (filons n° 1 et n° 2). De plus, les cassures ont éprouvé une déviation au passage du terrain houiller, en se rapprochant de la paroi calcaire qui limite, à l'Est, la dépression occupée par ce dernier.

Les amas de minerais se sont formés à l'intersection de la fracture principale avec les surfaces de contact ; ils émanent d'une base commune en dessous du bassin et s'élèvent de part et d'autre de sa ligne d'ennoyage, entre le calcaire et les schistes.

L'amas nord possède une seconde racine dans le filon n° 2 ; il va en s'évasant circulairement dans le calcaire jusqu'à 20 mètres de la surface, où il présente, sous les argiles et les sables, une section d'environ 4 000 m². Le gîte sud pénètre, à sa partie inférieure, dans la même roche, s'y allonge suivant la fracture, en épouse les déviations, tout en émettant de nombreux griffons dans les salbandes, et prend peu à peu l'allure régulière et les dimensions d'un filon. Vers 90 mètres de profondeur, il s'engage entre le schiste houiller et le mur latéral du bassin, s'épanche le long de cette paroi et y remplit une vaste érosion traversée par une ramification de la fracture principale. Un autre dépôt de contact, de moindre importance, gît dans l'espèce de fer à cheval correspondant à l'origine du pli.

Le remplissage de ces gîtes est sulfureux, à l'exception des parties supérieures des deux poches précédentes, dont le minerai consiste en une calamine assez ferrugineuse, jusqu'au niveau d'une vallée voisine. Les sulfures présentent, en général, la disposition rubannée, en rognons ou mamelons, caractéristique des formations de contact.

bien que les filons constituent les prolongements naturels d‹ amas dans la roche encaissante, ils s'y rattachent, en profondeu à une manière peu distincte et n'acquièrent leur principal dév eloppement qu'à une certaine distance du contact. C'est ainsi qu la fracture nord n°1 est largement ouverte dans le gîte à l'étag de 52 mètres, à peine minéralisée sur une longueur de 70 mètres l'étage de 92 mètres et tout à fait stérile à celui de 132 mètre jusqu'à 100 mètres environ de l'amas. Le filon n° 2 donne lieu à l même remarque, sauf que sa minéralisation ne commence qu une centaine de mètres de la surface.

Des rapports plus intimes unissent le gîte sud et le filon su de par la forme même du premier qui est allongé dans le sens d la fracture ; cependant les signes de cette dépendance s'atténuer également vers le fond du bassin, les parois du gîte se rappr chant et finissant par se rejoindre dans le trajet infléchi corre pondant au déplacement latéral de l'axe de dislocation.

La minéralisation des filons offre, au surplus, d'autres lacun qu'au voisinage des amas de contact et il en résulte, dans le fil nord n° 1 principalement, une succession de colonnes riche séparées par des intervalles à peu près stériles. La longueur de c colonnes diminue, mais la puissance de quelques unes augmen plutôt avec la profondeur. Elles sont inclinées au Sud, dans le pl de la fracture, de même que l'amas nord qui constitue en réali l'épanchement d'une colonne dans le contact, et si l'on obser que la faille de soulèvement de la selle dévonienne a égaleme cette inclinaison, on est tenté de croire que les solutions métall fères se sont frayé un passage dans les dislocations produit le long de cette faille. Ajoutons encore que le filon sud pénètre, sa partie supérieure, dans le schiste famennien, mais que, dans l parties basses de la mine, où un glissement des salband est moins marqué, il cesse contre cette roche, après un élargiss ment dans le contact.

Les filons nord n° 1 et n° 2 ont, en dessous de l'étage de 92 mètre leurs pendages dirigés en sens inverses. On retrouve la trace d premier sur les deux versants de la selle dévonienne voisine, où forme de petits nids de contact encore peu explorés.

La minéralisation des colonnes se compose d'un mélange p intime de blende, de galène et de pyrite, à gangue de même natu que les roches encaissantes, mais presque nulle dans la travers du schiste dévonien. Le filon nord n° 1 affleure seul à la surface et a subi, jusqu'à une cinquantaine de mètres de profondeur, des phénomènes d'oxydation qui se traduisent successivement dans l'ordre descendant, par une zone de calamine assez ferrugineuse, une zone de calamine imprégnée de cérusite, une zone des mêmes minerais avec cristaux de galène et enfin, immédiatement au dessus des sulfures indécomposés, par une zone de blende galénifère incrustée de calamine. On remarque fréquemment des cubes de galène à moitié enchâssés dans le noyau de blende des échantillons provenant de ce dernier horizon, à la suite d'une dissolution qui a enlevé la croûte superficielle de carbonate de zinc.

Considérations sur la genèse des gisements.

Si l'on considère que toutes les formations de contact sont localisées sur des lignes de fracture, mais que leur minéralisation, très différente suivant la nature des roches encaissantes, présente toujours les mêmes caractères et les mêmes espèces dans les mêmes roches — calamine silicatée dans la dolomie, sulfures ou carbonates au contact des calcaires ou du terrain houiller — qu'ainsi des formations fort dissemblables jalonnent une même cassure génératrice, on doit admettre que les solutions minérales émises par celle-ci ont eu, sinon une composition identique sur toute son étendue, du moins des constituants au même état de combinaison chimique. Sur la fracture Bleyberg-Moresnet-Fossey, nous trouvons, par exemple, les sulfures à Bleyberg dans le Houiller, les silicates dans la dolomie de Moresnet, les sulfures dans la selle famennienne de Fossey et de nouveau les silicates au contact dolomitique voisin. On se refuse à croire que la solution ait été sulfureuse à Bleyberg et dans le Dévonien de Fossey, chargée de silicate dans la dolomie. D'ailleurs, le fait que le filon de blende du Lindengraben s'épanche à la surface en un petit amas de calamine silicatée, suffit à prouver l'origine commune de ces minerais, et cette observation s'applique évidemment au cas où les sulfures et les silicates ne sont pas associés dans le même gisement.

On a prétendu que la calamine de Moresnet s'était déposée d'une solution contenant à la fois le silicate et le carbonate de

excès de bicarbonate alcalin et d'anhydride carboni-
de la volatilisation de cet anhydride dans les régions
; ailleurs et surtout à la base du terrain houiller, les
uraient été transformés en sulfures par l'action de
drique ou des sulfures alcalins provenant eux-mêmes
osition des pyrites par le carbonate alcalin. Dans cette
calamine carbonatée qui recouvre les gîtes sulfureux
oduction en place, alors qu'elle résulte visiblement
du sulfure dans les morceaux ayant conservé un
ux. D'autres croient à une solution originaire d
auraient été réduits en sulfures par les matières bitu
terrain houiller.
s sont infirmées par la présence, aujourd'hui recon-
de sulfures dans le Dévonien, où il n'existe pas d'é-
cteurs et où les émanations d'acide sulfhydrique ou
lcalins n'ont pas eu plus de raison de se former ni de
e dans les assises dolomitiques voisines.
coup plus naturel d'admettre que les métaux sont
ntérieur à l'état de sulfures, dissous probablement
thermales chargées d'anhydride carbonique et de sels
tout de bicarbonate de soude, qui sont, comme on le
'hui par les observations du Sulphur-Bank de la
des Steamboat-Springs du Nevada, les véhicules par
es sulfures métalliques. Ces corps — l'anhydride
t les carbonates alcalins — appartiennent aux mani-
l'activité interne et se rencontrent dans les sources
ix-la-Chapelle, ce qui est symptomatique pour la

re rubannée des minerais sulfureux, la proportion
hacun d'eux dans les divers gîtes, dénotent des chan-
omposition de la solution métallifère suivant l'époque
es dépôts. Telle fracture, comme celle de Bleyberg-
ssey, n'a donné passage qu'à des sources peu pyri-
ndant, on observe d'une manière générale que la ga-
et la pyrite cloturé l'ère de la minéralisation, la der-
ssant les vides et bouchant les fissures qui terminent
s filons.
e les eaux minérales ont exercée sur les roches cal-
faitement mise en lumière par la disposition des

concrétions sulfureuses dans les veines rubannées du stockwerk de la mine d'Eschbroich. S'il y avait eu simplement remplissage de crevasses préexistantes par le minerai, la distribution des rubans sur leurs parois serait symétrique, ou constamment dirigée vers le haut dans les cordons horizontaux. Or, nous avons vu que l'on ne constate nulle part cette symétrie et que la succession descendante des dépôts est fréquente. Il faut donc admettre un élargissement progressif des fentes au fur et à mesure de la minéralisation, élargissement qui a pu se produire dans le calcaire sous l'influence de l'anhydride carbonique libre des solutions, avec précipitation simultanée des sulfures contenus. Le dépôt le plus ancien a toujours incrusté la lèvre restée en plan de la fissure primitive. Parfois, l'action corrosive de l'anhydride carbonique a été arrêtée par l'obstruction de la fente, alors la série des dépôts n'est pas complète; ailleurs, elle a perduré au-delà de la minéralisation, ou bien elle a été plus active que celle-ci et les vides créés ont été comblés partiellement par des concrétions de diverses formes, grappes, géodes, stalactites, etc., souvent très volumineuses. La substitution du calcaire aux minerais des solutions n'implique pas nécessairement une transformation de la roche en place, car il est certain que les phénomènes d'attraction ont joué un rôle dans l'accumulation des dépôts ; mais elle a dû s'accomplir assez rapidement, ce qui explique la texture peu cristalline de la blende. Quant au bicarbonate de chaux dissous, il s'est débarrassé, au voisinage de la surface, de l'excès d'anhydride carbonique libre ou combiné et a cristallisé largement, au dessus du gîte, tandis que le résidu ocreux de la dissolution recouvrait toute la formation d'un lit épais d'argile rouge. Une petite partie seulement du carbonate a séjourné dans les fentes et laissé des cristaux de calcite sur les derniers agrégats pyriteux formés.

Les observations précédentes, faites dans un terrain purement calcaire, permettent de se rendre compte de la genèse des gîtes sulfureux de contact. Il est d'abord aisé de justifier la forme en pointe de ces amas. Les effets des dislocations ont été les plus intenses au contact de roches de consistances différentes, puisque l'inégalité de résistance de ces roches a été souvent, comme nous l'avons vu, le motif déterminant de la fracture. Les intersections des surfaces de contact et des cassures ou les failles transversales ayant fait chevaucher les calcaires sur les schistes ont donc constitué des voies particulièrement favorables à l'émission des sources minérales. Mais, d'autre part, la présence d'une assise imperméable, qui a forcément dévié l'afflux de ces sources vers le contact, a eu pour effet d'activer leur circulation dans l'assise perméable voisine. Les eaux ont tout naturellement tendu, dans leur mouvement ascensionnel, à s'épanouir le long de la roche imperméable, et comme leur teneur en bicarbonates alcalins ou en anhydride carbonique libre les rendait dissolvantes pour le calcaire, elles ont créé une érosion allant en s'évasant vers le haut.

Il est possible que, dans certains cas, la dislocation ait déterminé, au voisinage du contact, des vides qui se sont élargis sous l'action des eaux météoriques, plus ou moius chargées d'anhydride carboniqne et douées d'un pouvoir dissolvant d'autant plus grand que leur circulation était plus rapide, c'est-à-dire qu'elles appartenaient à des parties plus élevées de la nappe. Mais cette décalcification, qui expliquerait également l'allure en pointe des amas, ne paraît avoir joué qu'un rôle secondaire, car des excavations d'une certaine importance n'auraient pu subsister sous le schiste houiller, et les éboulis argileux de cette roche auraient opposé plus tard une barrière impénétrable aux solutions métallifères.

C'est pour cette raison que l'on doit considérer l'érosion du calcaire comme contemporaine des dépôts et, par suite, comme un résultat de l'action des sources. Il y a eu, de même qu'à Eschbroich, substitution des matières minérales au calcaire, mais dans une mesure amplifiée par la présence du contact et l'état de désagrégation de la roche voisine. Le schiste de la paroi opposée s'est effondré dans les creux ouverts par la dissolution, la forçant à gagner de nouvelles couches et entraînant dans sa chute les noyaux de minerais déjà solidifiés ; la gangue argileuse noire de nos gîtes n'a sans doute pas d'autre origine. Les fragments détachés ont pu servir de base à de nouveaux dépôts, et ceux-ci, en se superposant, donner lieu à la disposition concentrique. Dans les grottes calcaires, ont dû se former des stalactites qui ont perdu leur point d'appui avec les progrès de l'érosion et dont les débris ont été recouverts ensuite de concrétions mamelonnées. Tel est, probablement, le motif pour lequel on rencontre rarement de vraies stalactites dans les gîtes sulfureux de contact ; la disposition plane des rubans, si commune dans les stockwerks, ne se conciliait pas davantage avec les conditions troublées du dépôt.

A partir de quelle profondeur les phénomènes de substitution, et, d'une manière plus générale, ceux de minéralisation ont-ils pu s'accomplir ?

On n'est pas fixé à cet égard, mais tout porte à croire que la diminution de température et de pression a provoqué et localisé la précipitation métallifère dans une portion relativement mince de l'écorce terrestre. Il est admissible également que la formation des dépôts a été favorisée dans les calcaires par le mélange des eaux superficielles avec les sources, qui s'étaient saturées de bicarbonate de calcium en profondeur et avaient ainsi perdu une partie de leur faculté dissolvante. Cela rendrait compte de l'amincissement des colonnes filoniennes sous les amas et de l'abondance relative de la calcite dans leur remplissage, contrastant avec l'absence à peu près complète de cette gangue dans les gîtes de contact qui ont été, en revanche, envahis par les matériaux détritiques des salbandes. La richesse minérale considérable des uns et des autres, 25 à 30 % en moyenne de zinc et de plomb, le premier métal dominant en général beaucoup le second, prouve que, dans tous les cas, la proportion de gangue abandonnée par les solutions a été faible ; la silice y fait défaut, sauf dans les gîtes résultant d'une lente imprégnation des schistes et des grès, tels que Mützhagen et certaines parties du filon de Bleyberg.

La calamine carbonatée, qui surmonte la plupart des gisements de minerais sulfureux, doit indubitablement son origine à des phénomènes d'oxydation ; les gîtes contenus dans le schiste ou protégés contre les eaux d'infiltration par une gangue argileuse compacte, ont seuls échappé à cette altération.

L'oxydation a pu s'opérer en place, par l'action des eaux chargées d'oxygène et de bicarbonate de chaux, sur les sulfures. Son résultat a été, dans ce cas, la transformation de la blende en smithsonite, de la pyrite en limonite, exceptionnellement en sidérite ; quant à la galène, dont le soufre a plus d'affinité pour le plomb, elle n'a été que partiellement attaquée et continue à se montrer jusqu'au voisinage de la surface, dans les gîtes où ce métal domine (filon de Bleyberg dans le calcaire). Si le zinc est prépondérant, nous avons vu que l'on rencontre également des cristaux de galène indécomposés dans la calamine, mais seulement à partir d'une certaine profondeur ; au-dessus, le plomb se présente à l'état de carbonate, quand il n'a même pas tout à fait

la zone superficielle. Un second mode de formation probablement plus fréquent, mais qui implique une ; grande de la nappe, consiste dans l'attaque des res par les eaux chargées de sulfate de zinc prove- lation de la blende. La calamine remplit alors de tuosités aux contours déchiquetés et peu nets, où formes épigènes et les restes calcaires d'une substi- plète. Faut-il attribuer la même origine aux stalac- mites de maint gîte calaminaire ? Je crois plutôt que us sont issues d'une solution de bicarbonate de zinc épens de la calamine elle-même. Le processus aurait à celui que l'on observe journellement dans les res, hypothèse d'autant plus plausible que le bicar- ic existe à l'état naturel dans certaines sources.
n soit, la remise en solution des composés zincifères séparation favorable à la richesse et à la pureté des vrai que les sels de fer ont subi des transformations ais comme le carbonate ferreux est beaucoup plus elui de zinc, il a, en général, été entraîné en dehors cupée par les calamines et converti en limonite par 1 complémentaire. C'est un cas particulier de con- e l'on observe même dans les gîtes de carbonatation action des eaux a purifié, décoloré la calamine, et ent ferrugineux vers les salbandes, souvent consti- s argiles qui en ont été profondément imprégnées . On conçoit que, dans un milieu soumis à un pareil sulfate de chaux résultant de la combinaison des lliques avec les calcaires ou le bicarbonate n'ait pas ision de se déposer ; aussi, sa présence est-elle e dans nos gîtes.
nènes de redissolution et de transport expliquent faible teneur en plomb des calamines d'affleurement, néral suivant ce mode. Car le sulfate de plomb est ble pour avoir suivi en quantités notables les péré- la solution de sulfate de zinc ; il a été transformé, tie de la blende, en carbonate, en donnant naissance es très plombeuses. Cependant, l'absence à peu près plomb dans certaines formations calaminaires qu'il e considérer comme le produit exclusif de l'action

exercée sur les calcaires par les sels de zinc oxydés, semble prouver que, si la circulation des eaux chargées d'anhydride carbonique a été très active et la teneur en plomb initiale de la blende modérée, tout ce métal a pu disparaître du gîte par voie de dissolution.

Ceci m'amène à parler des gisements calaminaires proprement dits, c'est-à-dire de ceux ne contenant que des traces de sulfures et dont la masse est composée essentiellement, suivant les cas, de carbonate, ou d'un mélange de carbonate et de silicate de zinc.

A la première catégorie, appartient le gîte de Pandour près Welkenraedt (fig. 10, pl. V). C'est un amas de substitution, peu profond, intercalé entre le Carbonifère et le Houiller, dans des conditions qui ont extrêmement facilité l'oxydation par les eaux superficielles. En effet, le calcaire est renversé sur le terrain houiller, qui est ici du grès et non du schiste. La formation du dépôt primitif n'a donc pas été contrariée par des éboulements de salbandes, les eaux ont pu y jouer librement et transformer ultérieurement la blende en calamine, en expulser le fer et même le plomb dont il n'a subsisté que de minimes quantités dans la pointe terminale du gîte. La remise en mouvement d'une partie du zinc, par dissolution, a disséminé la minéralisation sur plusieurs nids séparés les uns des autres par les résidus argileux de l'attaque des calcaires ; un fait assez original et qui met bien en lumière ces actions de transport, est la présence d'une veinette de charbon au sein de la calamine, entre deux moitiés de gîte évidemment formées successivement, quoique dérivant d'un massif blendeux commun.

Si l'origine de la smithsonite est facile à justifier par une transformation du sulfure de zinc, il en est autrement des silicates que l'on rencontre dans les gisements à base dolomitique. On ne peut guère admettre que les sources minérales aient apporté la silice ou des silicates alcalins, car le quartz est presque une rareté minéralogique de nos gîtes et les sels alcalins ne sont pas sans action sur le sulfure, de sorte qu'on devrait, dans cette hypothèse, trouver du silicate de zinc dans les filons, ce qui n'est pas. La silice ne provient pas davantage des schistes et des grès dévoniens, qui ne montrent jamais de traces de pénétration par le minerai. Il me paraît donc qu'elle a été incorporée à la calamine par des infiltrations superficielles. Dans quelles conditions? C'est ce dont je vais chercher à donner l'explication.

ıssortir antérieurement l'étroite dépendance des
· silicate et des roches dolomitiques. Il est natu-
· à l'élément magnésien entrant dans la composition
un rôle dans la constitution chimique des dépôts.
·mblement, lors de l'injection des solutions métal-
s fractures de la dolomie, c'est le carbonate de chaux,
ue celui de magnésie dans les eaux chargées d'anhy-
que, qui a été remplacé de préférence par les sulfures;
t donc trouvés empâtés dans une masse magnésienne.
ılus tard, l'action oxydante des eaux de surface s'est
s sulfates à l'état naissant ont immédiatement ren-
le carbonate de magnésie, l'anhydride carbonique
eur propre transformation en carbonates, et s'en sont
tant plus vivement que l'autre produit de la double
ı, le sulfate de magnésie, est très soluble, contraire-
ıte de chaux résultant de la précipitation par les eaux
·aires. La carbonatation s'est donc accomplie et pro-
ıp plus rapidement que dans les gîtes étudiés jusqu'ici
encore favorisée par le fait que, la masse minérale
e dans une roche cohérente, mais caverneuse, la
ıt parfois du schiste au mur mais jamais au toit, n'en-
:u de matières argileuses et offrait une facile circu-
ıux. Soit dit en passant, c'est probablement la raison
ces gîtes occupent toujours les versants méridionaux
voniennes et non les versants septentrionaux, où le
nversé sur la dolomie. Elle rend également compte
ıroportion de minerais en roche y est toujours beau-
·ée que dans les amas sulfureux des contacts houillers
raction à Moresnet et à Fossey, 1/10 environ à

idère encore que le produit de la carbonatation devait
ıx et perméable, par suite du départ de la magnésie,
ı'aucune partie du gîte n'ait échappé à l'oxydation et
nate de plomb, peu abondant dès le principe, ait été
: éliminé. Est-ce une hérésie de supposer que la silice
ṇue dans les eaux superficielles se soit déposée dans
ette masse et combinée à une partie du carbonate de
bserve sur la tête de beaucoup de gisements sulfureux
(Carinthie, Iserlohn en Silésie) des calamines ayant

sans doute cette origine ; mais j'incline, cependant, à croire que la silicification de nos gîtes dérive de causes purement chimiques. On peut imaginer que le squelette magnésien du noyau de substitution blendeux a subi une première transformation en silicate de magnésie plus ou moins hydraté — la nature offre des exemples de magnésite mélangée à du carbonate de magnésie et à de la silice concrétionnée — et que l'oxydation des sulfures a donné, par double décomposition avec cette substance, le silicate de zinc. Quoi qu'il en soit, la silice paraît venir, comme je l'ai dit, de la surface; à Moresnet, la proportion de silicate diminuait en profondeur.

La théorie précédente rend compte de certaines particularités communes aux gîtes silicatés, telles que l'abondance des fentes et géodes cristallifères, conséquence du retrait subséquent au départ de la magnésie, la texture celluleuse de la willémite, la pureté de la calamine, la concentration de la majeure partie du fer et du manganèse en amas distincts, la présence aux salbandes d'argiles vertes imprégnées d'un hydro-silicate du premier métal. Du reste, la grande quantité d'argiles colorées qui recouvrent ces formations atteste l'énergie de la corrosion de la dolomie, bien que les dépôts de subtitution secondaire y soient moins fréquents que dans le calcaire, le sulfate de zinc ayant généralement trouvé à se fixer en place.

Production des mines de la région de Moresnet.

Il n'est évidemment pas possible de préciser les quantités de minerais extraites par les anciens de la mine de Moresnet et d'autres gîtes de la concession actuelle de la Vieille-Montagne. Ce n'est que depuis la constitution, en 1837, de la Société du même nom, que l'on possède une statistique exacte de la production des points miniers de la région. Cependant Braun estimait, en se basant sur les résultats d'un cubage, que la mine de Moresnet a livré, antérieurement à 1850, un million de tonnes de calamine. En ajoutant à ce chiffre 1 150 000 tonnes de roches et calamine lavées, produites pendant la seconde moitié du siècle, on peut évaluer à plus de 2 000 000 tonnes l'apport total du gîte en minerais de zinc. De cette quantité, 1 414 328 tonnes (613 492 tonnes de roche et 800 836 tonnes de calamine lavée) ont été exploitées par la Vieille-Montagne.

La même société a extrait, dans la partie belge de sa conces-sion, c'est-à-dire par les mines de Welkenraedt, La Bruyère, Dickenbusch, Heggelsbrück et Pandour 465 475 tonnes de hau werks calaminaires et sulfureux, qui ont rendu 233 031 tonnes calamine, 27 080 de blende et 11 811 de minerai de plomb. Enfi la concession prussienne, avec les sièges de Schmalgraf (ouve en 1867) de Fossey (en 1878) d'Eschbroich (en 1882), de Mützhag (en 1899) et de Poppelsberg, a produit, jusque fin 1904, 687 5 tonnes de haufwerks, dont il est issu 196 543 tonnes de calami 201 619 tonnes de blende et 11 624 tonnes de galène. On se prépa seulement à mettre à fruit le gisement de Lontzen.

La mine de Bleyberg a été exploitée à diverses reprises po plomb, dans la première moitié du siècle dernier, mais on igno quelle fut la production de cette époque. De 1850 à 1881, date la fermeture de la mine, elle a fourni 97 543 tonnes de galène p argentifère (100 gr.) et 100 226 tonnes de blende lavée.

1re Question.

—

Note sur les Recherches

effectuées en Meurthe-et-Moselle

pour retrouver le prolongement du bassin houiller de Sarrebrück en territoire français

PAR

FRANÇOIS VILLAIN

Ingénieur au Corps des mines, à Nancy (France).

Les quelques renseignements très brefs, que nous nous proposons de donner sur les recherches de houille exécutées pendant les deux dernières années, en Meurthe-et-Moselle, ont surtout pour but de fixer l'état de la question, en résumant les faits acquis à ce jour.

Il existe actuellement, en Meurthe-et-Moselle, deux régions minières, exploitées toutes les deux, mais bien différentes; l'une au Nord, connue sous le nom de *bassin de Briey*, contient, dans l'étage toarcien, d'immenses richesses en minerais de fer; l'autre au Sud, particulièrement dans le bassin de la Meurthe, entre Lunéville et Nancy, renferme dans le Keuper un gisement énorme de sel gemme.

Le nom de *bassins*, employé dans le langage courant pour désigner l'un et l'autre de ces gisements, répond bien aux conditions topographiques du dépôt souterrain.

Le sel est logé, en effet, dans une immense dépression synclinale, dont l'axe approximatif est dirigé suivant une ligne joignant *Sarreguemines* à *Nancy*.

Le fer, dans le bassin de Briey, est de même rassemblé dans des cuvettes dont l'enfoncement se fait graduellement vers le Sud-Ouest, suivant une ligne axiale qui s'écarte peu de la direction *Luxembourg-Briey*.

Entre ces deux cuvettes, passe une ligne de crêtes, marquée à la fois dans les terrains secondaires et dans les terrains primaires sous-jacents, et qui suit approximativement la direction de *Sarrebrück* à *Pont-à-Mousson*. Cette ligne de crêtes constitue une région anticlinale que l'on a justement considérée comme offrant les conditions les plus favorables pour la rencontre, à des profondeurs acceptables, du prolongement du terrain houiller de Sarrebrück. Nous l'avons nous-même désignée sous le nom d'*anticlinal guide*, dans l'étude sur *La houille en Lorraine*, publiée en mars 1903.

Dès le mois de mars 1901, notre ami M. Nicklès, professeur de géologie à l'Université de Nancy, habilement secondé par son collaborateur Authelin, enlevé malheureusement à la science quelque temps après, par une mort prématurée, se livrait à une étude minutieuse de l'allure de cet anticlinal ; et c'est avec un discernement vraiment admirable qu'il indiqua *Eply* comme le point où l'on atteindrait le Primaire à la plus faible profondeur.

Le sondage exécuté dans cette localité a rencontré, en effet, en juillet 1904, le terrain houiller à 659 mètres de profondeur. Personne n'aurait osé espérer un pareil résultat quelques mois auparavant. A 691 mètres, on trouvait le premier banc de houille, et on pouvait affirmer, aux moyens des nombreuses empreintes végétales retirées du sondage, que l'on était en présence des assises westphaliennes.

C'était donc un excellent début pour la campagne de recherches qui prit bientôt une rapide extension.

Un autre sondage, effectué au nord-ouest d'Eply, à 3 kilomètres de distance environ, à *Lesménils*, rencontra le terrain primaire à 754 mètres. Les assises houillères recoupées étaient encore westphaliennes, très inclinées malheureusement, et ne contenant que des veinules de charbon. Jusqu'à la profondeur de 1 500 mètres à laquelle fut poussé ce sondage, pas une seule couche de houille exploitable ne fut recoupée.

Une troisième recherche, entreprise à *Pont-à-Mousson*, semblait devoir être plus heureuse. Le terrain primaire y fut recoupé à la profondeur de 789 mètres ; et à 819 mètres, on recoupait, le 19 mars dernier, une couche de houille exploitable. Comme à Eply, comme à Lesménils, le terrain houiller reconnu à Pont-à-Mousson appartenait à la série westphalienne. Plusieurs veinules de houille, d'importance négligeable, furent encore recoupées après la couche située à 819 m. ; malheureusement, on est arrivé aujourd'hui à près de 1 100 mètres sans en avoir retrouvé d'autres pouvant être considérées comme exploitables.

Entre Eply et Pont-à-Mousson, à *Atton*, un quatrième sondage, après avoir recoupé le Primaire à 749 mètres de profondeur, a trouvé, jusqu'à ce jour, trois petites couches, savoir ; 1° $0^{m}56$ à 793 m. ; 2° $0^{m}30$ à 930 m. et 3° $0^{m}55$ à 1 001 m. Comme dans les trois sondages précédents, le Houiller traversé appartient sans conteste à l'étage westphalien.

On ne peut pas être aussi affirmatif pour un cinquième sondage, dit de *Laborde*, effectué un peu au sud de Nomeny. Il a trouvé le primaire à 859 mètres, sous la forme d'argiles gréseuses rougeâtres, dont l'épaisseur a été de 116 mètres. Ce n'est qu'à 975 mètres que le terrain houiller bien caractérisé, sous forme de grès et de schistes, a été atteint. On a eu une petite couche de $0^{m}30$ avec dégagement de grisou abondant à 993 mètres et on est arrivé aujourd'hui à 1 025 mètres sans nouvelle rencontre. L'aspect vert rougeâtre des strates houillères de ce sondage et l'absence presque complète d'empreintes fossiles, les différencient considérablement de celles que les quatre sondages précités ont recoupées. Celles-ci, qui sont, à n'en pas douter, de l'étage westphalien, appartiennent vraisemblablement aux couches *moyennes*, flambantes, ou aux couches *inférieures*, grasses, de Sarrebrück. Au contraire, celles de Laborde paraissent devoir être rangées dans les couches *supérieures*. Elles sont peut-être même stéphaniennes.

Un sixième sondage, dit d'*Abaucourt*, un peu au nord de celui de Laborde, facilitera les déterminations que ce dernier pourrait laisser quelque peu imprécises. Il est entré dans le Primaire à 30 mètres de profondeur et il vient de recouper, à 896 mètres, une belle couche de $2^{m}65$ de houille. C'est le plus beau résultat qu'on ait obtenu jusqu'alors en Meurthe-et-Moselle.

Les six sondages que nous venons de passer en revue sont les seuls qui aient atteint le terrain primaire jusqu'à ce jour.

On peut les grouper ainsi, en considérant la cote d'altitude par rapport au niveau de la mer à laquelle le toit du Primaire y a été trouvé :

1° Région de la ligne anticlinale principale :

Eply (— 480) ;
Atton (— 569).

gion septentrionale :

Lesménils (— 558) ;

Pont-à-Mousson (— 6

gion méridionale :

Laborde (— 666) ;

Abaucourt (— 629).

it mieux ressortir que toute
ıcement d'Eply, recommandé
ent choisi.

à moins de 700 mètres le ter
dage a résolu, au point de v
recherche du prolongement d
, d'une façon particulièrement
te explorer ce terrain houille
es ressources en charbon suffis
ploitation. On a vu, par ce qu
herches effectuées jusqu'à ce j
au sondage d'Eply lui-même,
ises par une série de graves a
'atteindre une profondeur supé
être continué.

six sondages dont il vient d'êt
ıctuellement en Meurthe-et-Mo
de l'anticlinal principal prolon
rd'hui à 300 mètres environ de
per) ;

550 mètres environ, à la base d
mètres environ, dans le Keupe
ı 760 mètres environ, dans les
ı région anticlinale :
ıètres environ, dans le Lias inf
région anticlinale :
mètres environ, dans le Keup
mètres environ, dans le Musch
ètres environ, dans le Keuper i
ndage a recoupé la plus belle
t trouvée jusqu'à ce jour en
est en plein dans le synclinal k
r, que nous avons signalé plus

L'intérêt que ce sondage présente spécialement tient à sa situation très avancée vers le sud de la région anticlinale d'Eply-Atton ; il fera connaître si le refoulement en profondeur du Houiller, qui a été constaté en Prusse et en Lorraine allemande, dans la partie méridionale du bassin de Sarrebrück, se continue en France avec les mêmes caractères.

Les résultats fournis jusqu'à ce jour par les recherches de Meurthe-et-Moselle, considérées dans leur ensemble, au point de vue de la composition des terrains explorés, sont les suivants :

Failles et anticlinaux. — La région attaquée par les sondages est coupée par des séries de failles orientées NE.-SW., dont celle du Nord passe à Arry et Preny et abaisse la lèvre nord, et celle du Sud passe à Sailly (en Lorraine),Nomeny, Ville-au-Val, et vient buter dans celle de Dieulouard.La faille de Nomeny—Ville-au-Val, qui a fracturé à la surface le Rhétien et le Lias, paraît, comme celle du Nord, avoir abaissé la lèvre nord de la cassure, et le Lias semble avoir moins d'ampleur dans la bande sud que dans la bande nord. Mais elle a dû alors rejouer en sens inverse de son jeu primitif qui avait abaissé fortement la région sud, puisque tous les sondages ont atteint, au Nord, directement les régions plus ou moins profondes du Houiller de Sarrebrück (Westphalien), tandis que celui de Laborde et celui d'Abaucourt, situés au Sud, y trouvent un Houiller d'un facies tout différent qui paraît être soit le Houiller supérieur de Sarrebrück, soit peut-être le Houiller rouge d'Ottweiler (Stéphanien).

Variations dans la sédimentation. — Les flancs des anticlinaux et dômes plongent assez fortement vers les failles et plis qui les séparent et les sondages placés plus ou moins près des arêtes ont trouvé, dans les terrains secondaires, des différences d'épaisseur ou même de facies, tenant à la variation du coefficient de sédimentation qui augmente à mesure qu'on s'éloigne des voûtes anticlinales, fait que M. Nicklès avait prévu dans sa brochure de 1902, en citant la loi émise par Jacquot dès 1850, et qui l'avait amené à conseiller des emplacements situés sur les anticlinaux ou les dômes.

Les trois sondages les plus à l'Est, Eply, Abaucourt et Brin, ont leur orifice dans le Rhétien ; Laborde et Lesménils, dans le Sinémurien ; Atton, Pont-à-Mousson, Belleau et les autres à

ns le Charmouthien. L'épaisseur des morts-terrains
ement, à cause de cette superposition d'étages nou-
ıd on s'éloigne vers l'Ouest, et il n'est pas compensé
nution, presque insensible, des étages triasiques.
en a son toit formé par les argiles de Levallois, qui
n rouge foncé sur la teinte grise du calcaire à gryphées,
iit un point de repère très net.
nes irisées ont une puissance assez variable suivant
ns des sondages par rapport aux lignes de dépression
i délimitaient les lagunes de l'époque. Elles présentent,
la faille de Nomeny, une épaisseur bien plus grande
; ainsi que nous l'avons vu, cette région était abaissée
faisait le dépôt triasique, et, comme dans tous les
et cuvettes synclinales de cette époque, il y a eu
sement des dépôts et formation de lentilles de sel. Au
'aille, c'est à peine si on rencontre de faibles traces de
ı fait à l'Ouest, à Greney et surtout à Martincourt, où
linale s'atténue de plus en plus (Martincourt est déjà
nbée), on a trouvé pareillement un peu de sel.
ıelkalk présente des variations analogues à celles des
ées et dues aux mêmes causes. Il a été souvent très
le séparer de cet étage, tant sa partie supérieure
même facies que la partie inférieure du Keuper, surtout
a faille de Nomeny. La partie moyenne calcaire est
renferme quelques sources d'eau salée. La partie
st formée d'argiles bigarrées d'une coloration très
'ournissent un point de repère précieux dans la masse
ıniformément grise que traverse la sonde. Ces argiles
es et plastiques colorent l'eau du curage en rouge, de
ne peut manquer de les reconnaître.
ıgarré ne semble pas présenter de grandes différences
de la Lorraine ; il est formé d'assises sableuses, ver-
'ougeâtres au sommet, blanches vers le milieu, puis
rouge et plus argileuses à la base, en passant insensi-
Grès des Vosges, de sorte que l'on éprouve de grandes
pour distinguer ces étages. Leur ensemble constitue un
méable, dans lequel s'est amassée, sous le manteau
le des argiles bigarrées, *une puissante nappe d'eau*
alimentée par les affleurements lorrains, et qui a fait

irruption lors de la traversée de la partie inférieure de ces grès (dans les sondages du Nord, dès le toit du grès bigarré), avec une pression qui atteint presque 7 kilogs à l'orifice du sondage. Le débit maximum obtenu à l'orifice libre des sondages, après qu'on eut traversé une tranche de 100 mètres de grès, oscille de 10 à 15 m³ par minute et paraît n'avoir pas faibli depuis un an à Eply. La température de l'eau est de 32° à 33° centigrades. Dans les sondages au Sud, Laborde et Abaucourt, le jaillissement n'a commencé que plus bas, dans le Grès des Vosges, et n'a pas dépassé 6 m³. Le régime des eaux y est donc différent, comme celui des dépôts.

Grès des Vosges. Leur toit est formé par un banc de couleur blanchâtre, formé de grains anguleux et assez gros, surmonté par la base assez argileuse des grès bigarrés. Sa partie médiane est constituée par des assises de grès rouge, très tendre et très poreux, qui sert de lit à la partie la plus importante de la nappe artésienne décrite plus haut. Les 40 à 50 mètres de sa partie inférieure sont de plus en plus durs et de couleur rouge foncé, surtout le conglomérat de base, extrêmement difficile à forer et qui paraît très pyriteux (10 à 12 m. de puissance). On rencontre, sur toute leur hauteur, diverses couches pyriteuses, fait qui avait déjà été signalé par Jacquot dans sa *Géologie de la Moselle*.

Amincissement à l'Ouest. — L'étude du profil Eply - Atton - Greney - Martincourt, montre que la partie supérieure du Trias, formée par les Marnes irisées et le Muschelkalk, tend peut-être plutôt à augmenter d'ampleur. Pour les Grès bigarrés, il ne semble pas non plus qu'on puisse constater un amincissement notable.

Les Grès des Vosges paraissent cependant présenter une certaine diminution, puisqu'à Eply ils ont encore 229 mètres d'épaisseur, tandis qu'à Atton on n'en trouve plus que 212. Cette diminution s'accentuera-t-elle à l'Ouest ? Les sondages de Greney et de Martincourt le montreront, mais on peut déjà constater que cela sera loin de compenser l'énorme accroissement des morts-terrains du Lias.

Jacquot estimait que le Grès vosgien devait diminuer rapidement d'épaisseur et n'avoir que 100 mètres vers la Moselle. M. Nicklès avait calculé son épaisseur maximum à 300 mètres ; MM. Marcel Bertrand et Bergeron, concluaient pour 200 à 240 mètres,

nt ainsi, d'une façon vraiment remarquable, de la

entreprendre un sondage à Belleville, près Verdun, et au nord des sondages de Meurthe-et-Moselle. Il ınt d'observer si les terrains du Trias subissent, dans un amincissement notable. S'il n'en était pas ainsi, ɔntée par le Syndicat minier des Ardennes n'aurait ɜe de trouver le Primaire avant 1 200 mètres.

— Tous les sondages qui sont entrés dans le Primaire immédiatement à la base des grès, quelques mètres ·ouge, compacte, sans trace de sédimentation. Ce ɪvrent de petits bancs gréseux de quelques mètres eulement, intercalés parfois dans le dépôt argileux la même coloration.

ıuiller. — Les couches traversées par le trépan à les autres sondages au dessous des argiles rouges ·ssus, étaient des schistes violets, avec nombreuses ·égétales. Nous avons eu recours, pour en faire la ı, à la haute compétence et à l'extrême obligeance de es premiers échantillons recueillis à Eply renfer- pèces suivantes (1) : *Sphenopteris quadridactylites*, *hen. Cœmansi*, Andræ ; *Pecopteris pennæformis*, *uropteris gigantea*, Sternberg ; *Neur. heterophylla*, *r. rarinervis*, Bunbury ; *Linopteris obliqua*, Bunbury ; *ncipalis*, Germar *sp.* ; *Cord. Cordai*, Geinitz *sp.*

», dit M. Zeiller, « une flore westphalienne bien carac- e deux des espèces typiques des régions élevées du ı : *Neuropteris rarinervis* et *Linopteris obliqua*, qui t dans le bassin de Valenciennes vers le haut de la ne et abondent dans la région supérieure. »

s violets ont une épaisseur variant de 2 à 24 mètres ısson, 1 à 2 m.) ; ensuite, leur succèdent des schistes e flore à peu près semblable avec *Neuropteris rari-* res plus bas, à 691m50, à Eply, on trouvait la première ıille.

·rminations, il résulte, de toute évidence, que les ts étaient bien westphaliens, bien que le Westphalien noir ou gris foncé dans le bassin de Sarrebrück.

(1) *C. R. Académie des Sciences*, 27 mars 1905.

Cette teinte violacée ou rouge, qui s'est présentée sur une hauteur de 24 mètres au dessous de la surface arasée, n'est, en somme, qu'une altération, qu'une sorte d'épigénisation produite par l'action de l'eau fortement minéralisée du Grès vosgien. La température et la pression de cette eau, déjà notablement élevées actuellement, ont pu l'être davantage dans les diverses phases d'affaissement et de soulèvement que la région a traversées. Cette action s'est poursuivie depuis le début du Muschelkalk jusqu'à nos jours, ce qui constitue une durée considérable, et, par suite, un facteur des plus importants dans la question.

Ainsi donc, la couleur ne peut servir d'indication lorsque la sonde commence à pénétrer dans le Primaire ; les documents paléontologiques seuls peuvent faire pressentir à quel étage appartiennent les couches que l'on traverse. En général, dans les sondages où l'on a déjà traversé le Primaire sur une épaisseur notable, le Houiller s'est montré formé soit de conglomérats, soit de grès argileux ou de grès gris. Deux couches pouvant être rapportées à des *Tonstein* ont été traversées, l'une à Pont-à-Mousson, à 832 mètres de profondeur, *Tonstein* peu net, mélangé de grès argileux ; l'autre, extrêmement nette,à Atton, à 910 mètres de profondeur (0^m80 d'épaisseur).

A Eply, les schistes semblent plus argileux qu'ailleurs ; ils sont fréquemment séparés par des conglomérats plus ou moins épais. A Atton, les schistes sont encore argileux, fréquemment barrés de veinules de houille et alors très argileux, avec veinules moins fréquentes lorsqu'ils sont sableux ; les grès et conglomérats y sont encore fréquents.

D'après M. Zeiller, les empreintes rencontrées spécialement à Atton contiendraient : *Sigillaria mamillaris ; Sphenopteris schatzlarensis ; Calamites ramosus ; Asolanus camptotænia ;* et *Sphenophyllum myriophyllum* assez fréquent ; la présence de cette dernière empreinte présente une assez grande importance; M.Potonié (in Leppla) ne la mentionne que dans les *untere Saarbrücker Schichten*, où elle se trouve associée à *Cingularia typica*, spécial au bassin de Sarrebrück et que l'on a d'ailleurs retrouvé aussi à Atton.

Dans ces conditions, les couches traversées actuellement à Atton confineraient aux *untere Saarbrücker Schichten*, faisceau des charbons gras, si l'on n'y est pas déjà (1). Ce faisceau est le meilleur de Sarrebrück. Le sondage d'Atton était donc dans une situation très favorable pour reconnaître cette zone si fertile à Sarrebrück, qu'il y a lieu, malheureusement, de craindre appauvrie vers l'Ouest.

François VILLAIN.

27 juin 1905.

(1) La houille retirée des sondages de Meurthe-et-Moselle présente une richesse en matières volatiles oscillant autour de 40 o/o.

Elle donne généralement, par la calcination, un coke compact.

2e Question.

—

ESQUISSE PALÉONTOLOGIQUE

du Bassin houiller de Liége

Par P. FOURMARIER,

Ingénieur-géologue,
Assistant de géologie à l'Université de Liége.

L'étude des fossiles du bassin houiller de Liége n'avait préoccupé que fort peu les géologues et les ingénieurs jusqu'en ces dernières années et nous étions restés très en retard par rapport aux contrées voisines.

A plusieurs reprises, M. le professeur X. Stainier publia des notices sur ce sujet et il vient, notamment, de faire paraître un important travail [1] qui contribuera beaucoup à éclaircir les idées sur la constitution géologique et paléontologique de notre bassin ; l'auteur signale, dans ce travail, toute une série de niveaux fossilifères.

M. l'ingénieur des mines A. Renier [2], dans une note sommaire, indiqua les principaux caractères paléontologiques du bassin de Herve et en tira des conclusions peut-être un peu hardies, quant à l'âge de ce bassin.

Enfin, je n'oublierai pas de mentionner une note que fit paraître, il y a plusieurs années, M. l'ingénieur des mines A. Bertiaux [3], sur le charbonnage de Bonne-Espérance, à Herstal.

J'avais commencé, depuis assez longtemps déjà, des recherches analogues sur quelques charbonnages du centre du bassin de Liége; mais on conçoit que, pour faire une semblable étude pour

(1) X. STAINIER. Stratigraphie du bassin houiller de Liége, première partie. *Bull. Soc. belge de géol.*, t. XIX, *Mém.* Bruxelles, 1905.

(2) A. RENIER. Note préliminaire sur les caractères paléontologiques du terrain houiller des plateaux de Herve. *Ann. Soc. géol. de Belg.*, t. XXXI, *Bull.* Liége, 1904.

(3) A. BERTIAUX. Esquisse d'une étude paléontologique sur le charbonnage de Bonne-Espérance à Herstal. *Ibid.*, t. XXVI. Liége, 1899.

tout un bassin houiller, il faut pouvoir y consacrer un temps très long et faire des recherches nombreuses et souvent pénibles, avant de se hasarder à tirer des conclusions. Aussi, ne puis-je présenter ici qu'une esquisse indiquant les principaux caractères et les lignes générales de la paléontologie de notre bassin.

Mes études sur ce sujet ont été grandement facilitées, grâce à l'initiative du Syndicat des charbonnages liégeois, qui a eu l'heureuse idée de rehausser son compartiment à l'Exposition universelle de Liége en 1905, par une collection des fossiles du bassin. La plupart des membres [1] de cette importante collectivité ont fait, dans leurs travaux, des recherches sérieuses des restes organiques qui pourraient s'y rencontrer et ont bien voulu me les communiquer. Je ne saurais trop les remercier de leur généreuse initiative et de leur concours désintéressé.

D'autres charbonnages [2], ne faisant pas partie de cette association m'ont également fourni des matériaux, dans le but de m'aider dans la tâche entreprise et m'ont permis d'étendre ainsi mes recherches à presque tout le bassin. Qu'ils veuillent bien accepter l'expression de ma vive reconnaissance.

Je me suis occupé principalement de l'étude des fossiles végétaux, sans toutefois négliger les restes animaux ; mais les premiers ont l'avantage d'être beaucoup plus nombreux et plus variés et, partant, plus faciles à découvrir. Aussi conviennent-ils mieux pour une étude forcément rapide.

Le terrain houiller exploité aux environs de Liége est réparti en deux régions bien distinctes ; le bassin de Liége proprement dit au NW. et le bassin de Herve au SE.

[1] Charbonnages de *Angleur*, à Angleur, *Belle-Vue-et-Bien-Venue*, à Herstal, *Bois-d'Avroy*, à Sclessin-Ougrée, *Bonne-Espérance, Batterie et Violette*, à Liége, *Bonne-Fin*, à Liége, *Corbeau-au-Berleur*, à Grâce-Berleur, *Cowette-Rufin*, à Beyne-Heusay, *Espérance-et-Bonne-Fortune*, à Montegnée, *Est-de-Liége*, à Beyne-Heusay, *Fond-Piquette*, à Vaux-sous-Chèvremont, *Gosson-Lagasse*, à Jemeppe-sur-Meuse, *Grande-Bacnure*, à Herstal, *Herve-Wergifosse*, à Herve, *Horloz*, à Tilleur, *John-Cockerill*, à Seraing, *La-Haye*, à Liége, *Lonette*, à Retinne, *Maireux-et-Bas-Bois*, à Soumagne, *Marihaye*, à Flémalle-Grande, *Nouvelle-Montagne*, à Engis, *Oupeye*, à Hermalle-sous-Argenteau, *Patience-et-Beaujonc*, à Glain, *Petite-Bacnure*, à Herstal, *Quatre-Jean*, à Queue-du-Bois, *Six-Bonniers*, à Seraing, et *Wérister*, à Beyne-Heusay.

[2] Charbonnages de *Abhooz-et-Bonne-Foi-Hareng*, à Herstal, *Ans*, à Ans-lez-Liége, *Bois-de-Micheroux*, à Soumagne, *Bonnier*, à Grâce-Berleur, *Hasard*, à Micheroux, *Minerie*, à Battice, et *Wandre*, à Wandre.

Le raccordement des couches déhouillées de part et d'autre est une grave question qui a toujours préoccupé les sociétés exploitantes et qui, jusqu'à présent, n'a pas reçu de solution bien définitive.

Il me parait rationnel de passer en revue la succession des niveaux paléontologiques, en commençant par la partie inférieure du bassin et, comme cette partie inférieure est mieux connue dans le bassin de Herve que dans celui de Liége, c'est de ce premier que je parlerai tout d'abord.

Bassin de Herve.

Dans la zone inférieure du bassin de Herve, on rencontre une couche très caractéristique, dont le toit renferme en assez grande abondance des animaux marins :

Gastrioceras Listeri, Martin *sp.*
Aviculopecten sp.

Ces restes organiques sont généralement pyritisés et contenus dans de gros nodules très durs, formés principalement de sidérose et de calcaire.

Cette couche à fossilles marins si caractéristiques est appelée *Première-Miermont*, aux charbonnages de Quatre-Jean et de Lonette, *Beaujardin*, au charbonnage du Hasard, *Bouxharmont*, à Wérister, *Beaujardin*, à Fond-Piquette et *Veine-de-Herve*, à la Minerie.

Je n'ai pas pu obtenir d'échantillons ni de renseignements convenables pour les couches inférieures à ce niveau.

Au dessus de la couche dont il vient d'être question, se trouve une autre couche (*Quatre-Jean*, aux charbonnages de Quatre-Jean, de Lonette et du Hasard, *Grande-Delsemme*, à Wérister, *Bastin-Piquette*, à Fond-Piquette et *Grosse*, à la Minerie), caractérisée par une très grande abondance de fossiles végétaux. *Neuropteris Schlehani*, Stur en est le fossile le plus caractéristique ; les sigillaires y sont nombreuses et notamment *Sigillaria elegans*, Brongniart.

Au dessus de cette première zone, si remarquable par l'abondance et la variété des restes organiques végétaux et animaux, il existe une autre zone où les fossiles paraissent être rares. On y trouve des sigillaires et notamment *Sigillaria rugosa*, Brongniart, assez abondante dans certains charbonnages : on y voit encore *Neuropteris Schlehani*, Stur, mais beaucoup plus rare que dans les couches inférieures.

Au sommet de cette deuxième zone, on rencontre *Lepidodendron lycopodioides*, Sternberg et, plus haut encore, on voit une première apparition de *Neuropteris*, autres que *Neuropteris Schlehani*, c'est-à-dire, *Neuropteris obliqua*, Brongniart *sp.*, et *Neuropteris gigantea*, Sternberg et aussi des traces de *Linopteris*.

Enfin, dans les couches supérieures du bassin, tout au moins aux charbonnages du Hasard et du Bois-de-Micheroux (couche *Sidonie* - *Florent*) ces derniers fossiles se montrent en abondance : *Neuropteris gigantea*, Sternberg, *Linopteris Brongniarti*, Gutbier *sp.*, *L. obliqua*, Grand'Eury *sp.*, *L. neuropteroides*, Gutbier *sp.*, accompagnées de *Lonchopteris Bricei*, Brongniart, etc.

Au charbonnage de Wérister, les recherches faites dans les couches équivalentes sont restées stériles jusqu'à présent.

J'attire, dès maintenant, l'attention sur la succession des fossiles dans le bassin de Herve : une assise inférieure est pauvre en *Neuropteris* autres que *Neuropteris Schlehani*, Stur, alors que ces végétaux, ainsi que *Linopteris* et *Lonchopteris*, apparaissent assez brusquemment et sont très abondants dans une seconde assise qui ne comprend que les couches supérieures du bassin. En outre, l'assise inférieure peut se subdiviser en deux zones ; la zone inférieure à *Goniatites*, *Neuropteris Schlehani*, Stur, et *Sigillaria elegans*, Sternberg *sp.*, abondantes et une seconde zone à fossiles plus rares et représentés surtout par des *Sigillaria* et des *Lepidodendron*.

Bassin de Liége.

Dans ce bassin, les couches inférieures sont beaucoup moins bien connues que dans le bassin de Herve, parce que les travaux d'exploitation houillère n'y ont pas pénétré d'une façon aussi générale.

J'ai cependant rencontré, dans les grandes lignes, des caractères analogues à ceux du bassin de Herve.

Au charbonnage de la Nouvelle-Montagne, il existe deux couches, *Lurtay* au N. et *Hawy* au S., au toit desquelles des *Goniatites* ont été rencontrées, accompagnées d'*Aviculopecten*. Je n'ai, malheureusement, pas trouvé ces fossiles dans les couches qui paraissent leur correspondre aux environs de Seraing, mais M. le professeur X. Stainier m'a déclaré qu'ils y existent.

Au siège Violette des charbonnages de Bonne-Espérance, Batterie et Violette, ces animaux ont été découverts au toit d'une petite veinette ; un autre fossile marin, *Lingula mytiloides*, a été également rencontré dans cette zone.

Neuropteris Schlehani, Stur parait être peu abondante dans le bassin de Liége ; les couches inférieures la contiennent néanmoins, car j'en ai reçu des échantillons provenant du toit de la couche *Violette* au siège Violette, de la couche *Belle-et-Bonne*, au charbonnage d'Oupeye, et de la couche *Guillaume*, au charbonnage de l'Est-de-Liége.

Les couches qui se trouvent au-dessus de cette première zone contiennent peu de fossiles ; ce sont principalement des sigillaires et des calamites ; le toit de la couche *Castagnette*, au charbonnage de Marihaye, renferme en abondance *Cordaites principalis*, Germar et *Lepidodendron lycopodioides*, Sternberg. On y voit apparaître aussi *Neuropteris obliqua*, Brongniart *sp.*, mais cette fougère est encore rare cependant.

En continuant à s'élever dans la série des couches, on voit apparaître un niveau tout à fait remarquable par sa constance dans toute l'étendue du bassin ; au toit d'une couche (*Dure-Veine*, à Seraing = *Kinette*, aux Kessales = *Sauvenière*, à La-Haye = *Veine-du-Fond*, à Bonne-Espérance à Herstal = N° 2, à Belle-Vue-et-Bien-Venue), les fossiles végétaux abondent, dans un schiste gris clair tout-à-fait particulier. Ces organismes sont principalement :

Sphenopteris Hœninghausi, Brongniart ;
Sphenopteris gracilis, Brongniart ;
Sphenophyllum cuneifolium, Sternberg ;
Lepidodendron lycopodioides, Sternberg.

Cette couche est partout comprise entre deux autres qui en sont assez rapprochées et dont l'inférieure contient, dans son toit, de nombreuses *Calamites Suckowi*, Brongniart.

C'est dans la couche supérieure à la couche *N° 2* du charbonnage de Belle-Vue-et-Bien-Venue, à Herstal, que j'ai rencontré les premières *Linopteris*.

A une centaine de mètres au-dessus de cet horizon remarquable à *Sphenopteris Hœninghausi*, Brongniart, on voit apparaître, dans tout le bassin de Liége, une nouvelle assise où abondent les *Neuropteris* autres que *N. Schlehani*, Stur, telles que *Neuropteris gigantea*, Sternberg, *N. heterophylla*, Brongniart, *N. obliqua*, Brongniart *sp.*, *N. flexuosa*, Sternberg.

On peut considérer comme base de cette zone la couche *Houlleux*, bien connue dans le bassin de Seraing (= *Grande-Moisa*, à La-Haye = *Grande-Bovy*, à Bonne-Espérance et à Belle-Vue-et-Bien-Venue = *N° 6* (?), à la Batterie).

Il serait inexact de dire que ces *Neuropteris* n'existent pas dans les couches inférieures du bassin. On peut, certes, les y rencontrer, mais elles sont rares, tandis qu'elles abondent au-dessus de l'horizon que je viens de signaler, alors que *Neuropteris Schlehani*, Stur y devient d'une rareté extrême.

Ces *Neuropteris* existent jusque dans les couches supérieures du bassin ; cependant, vers le sommet, *Neuropteris gigantea*, Sternberg est moins commune, tandis que *N. tenuifolia* devient plus fréquente et que *N. rarinervis*, Bunbury fait son apparition.

On peut donc dire que, dans le bassin de Liége, le terrain houiller exploitable se divise en deux assises bien nettes : l'assise inférieure sans *Neuropteris*, l'assise supérieure à *Neuropteris* abondantes. Cette assise supérieure, de même que celle qu'elle surmonte, comprend une série de zones carractérisées par l'abondance de certaines espèces végétales.

La partie inférieure contient de nombreux restes de cette belle fougère appelée *Alethopteris decurrens*, Artis, si facilement reconnaissable ; de même, dans certains points du bassin, *Lonchopteris Bricei*, Brongniart et *L. rugosa*, Brongniart sont très abondantes. Les *Linopteris* s'y rencontrent fréquemment.

Au dessus, vient une nouvelle zone, moins riche peut être en espèces végétales, mais dont la base est formée par un horizon très remarquable (couche *Joyeuse* du Horlooz, de La-Haye et du Gosson = *Flairante*, du Bonnier = *Grande-Veinette*, de Bonne-Fortune = *Loup* de Herstal), dont le toit est formé d'une grande épaisseur de schiste noir, fin, velouté, avec nombreuses coquilles de *Carbonicola ovalis*, Martin. On y rencontre aussi *Lingula mytiloides*. C'est donc un horizon marin.

Au dessus de cette seconde zone, il s'en trouve une troisième dont la base est formée par la couche *Cinq-Pieds* supérieure, constituant également un horizon caractéristique. Au toit de la couche, on trouve de nombreuses *Carbonicola ovalis*, Martin, dans un schiste noir et fin, tandis qu'au dessus, le schiste est plus compact et contient parfois de belles fougères : *Neuropteris heterophylla*, Brongniart, *Mariopteris muricata*, Schlotheim *sp.* C'est dans la troisième zone que *Neuropteris gigantea*, Sternberg est en décadence et que se rencontrent surtout *N. flexuosa*, Sternberg, *N. tenuifolia*, Scholtheim *sp.* et qu'apparait *N. rarinervis*, Bunbury (couche *Chat* du charbonnage de la Batterie). Un autre végétal fait aussi son apparition dans les couches supérieures du bassin (partie supérieure de la troisième zone), dont il semble être caractéristique, car je l'ai rencontré dans plusieurs charbonnages, c'est *Sphenophyllum myriophyllum*, Crépin.

Si nous comparons maintenant les caractères paléontologiques des bassins de Liége et de Herve, nous constatons une grande ressemblance.

De part et d'autre, nous avons pu établir deux assises : l'assise inférieure sans *Neuropteris*, à part *N. Schlehani*, Stur et l'assise supérieure à *Neuropteris* nombreuses et *Linopteris*.

Dans la première assise, nous trouvons, dans les deux bassins, une zone à fossiles nettement marins, notamment à *Goniatites*, et à végétaux assez abondants avec, notamment, *Neuropteris Schlehani*, Stur, surmontée, de part et d'autre, par une zone où les restes organiques sont peu abondants. L'assise supérieure ne serait représentée, dans le bassin de Herve, que par la zone inférieure.

Pour compléter l'analogie, il ne manque, dans le bassin de Herve, que l'horizon à *Sphenopteris Hœninghausi*, Brongniart, que je n'ai pas pu retrouver jusqu'à présent. Cet horizon est peut être représenté par les couches à *Neuropteris gigantea* et *Linopteris*, végétaux qui auraient fait leur apparition plus tôt en certains points du bassin de Herve ; mais il est difficile de résoudre cette question actuellement.

les bassins de Liége e
que, dans l'assise infé
oitables sont, en génér
que, dans l'assise supér
.

---

deux assises que j'ai
correspondent à celles
sans *Neuropteris* ou zo
ou zone riche au somme
ıre le bassin de Liége à
ncore une grande anal
au point de vue paléo
.. Renier et par moi (1);
ons suivantes, numéro

tyopteris) très abondan
enuifolia, Schlotheim

igantea, Brongniart, *N*
ovalis, Martin *sp.*, abon
ıx rares.

ge correspondrait ainsi
ıre de Liége équivaudra
ieure de la zone nº 3, ta
entée à Liége. Stratigra
ıs complet que celui de
let que celui de Herv

ége est donc nettement
nmet de cet étage.

---

marquer que, pour étab
végétaux, ce sont surto

ER. Etude paléontologique
Belgique *Ann. des mines de*

en y rangeant également les *Neuropteris*, qui ont la plus grande utilité, parce qu'elles varient d'avantage et, parmi elles, ce sont les *Neuropteris* qui rendent le plus de services.

Je joins à ce travail un tableau indiquant les principales espèces végétales que j'ai rencontrées ; j'ai suivi la classification adoptée par M. Zeiller, dans son bel ouvrage sur le bassin houiller de Valenciennes, qui a tant de ressemblance avec les bassins belges. J'ai indiqué, dans ce tableau, la répartition des fossiles suivant les principales zones dont il a été fait mention au cours du travail.

Inutile de dire que ce tableau est loin d'être parfait, et qu'il ne pourra être complété qu'au fur et à mesure des recherches.

Un second tableau indique la répartition des fossiles animaux ; il a été établi d'après mes propres recherches et, pour le bassin de Liége, d'après les travaux de M. le professeur Stainier [1].

Enfin, je joins un troisième tableau montrant la succession des couches dans les bassins de Liége et de Herve, ainsi que les limites des assises et des zones que j'ai pu déterminer.

Il est bien entendu que ces tableaux ne se rapportent qu'à la partie du terrain houiller, exploitée dans les charbonnages.

Laboratoire de géologie
de l'Université de Liége, juin 1905.

(1) X. STAINIER. *Op. cit.*

'ABLEAU 1.

Flore.

DÉSIGNATION DES ESPÈCES	Bassin de Herve			Bassin de Liége					
	Assise inférieure		A^sise supé^re	Assise inférieure			Assise supérieure		
	Zone 1	Zone 2	Zone 1	Zone 1	Zone 2	Zone 3	Zone 1	Zone 2	Zone 3
enopteris sp.	×	.	.	.	.	.	.	.	.
— *obtusiloba*, Brongniart	×	.	.	.	.	×	.	×	?
— *trifoliata*, Brongniart	.	.	.	.	.	×	×	×	×
— *Hœninghaus* Brongniart	.	.	.	×	.	C	.	.	.
— *Bronni* Gutbier	.	.	.	.	.	.	.	×	.
— *Sauveuri* Crépin	.	.	.	.	.	.	×	×	.
— *spinosa*, Gœppert	.	.	.	.	.	.	.	.	×
— *coralloides*, Gutbier	×	.	.	.	.	.	.	×	×
— *gracilis*, Brongniart	.	.	.	.	.	C	.	.	.
— *laxifrons*, Zeiller	.	.	.	.	.	×	.	.	.
— *furcatum*, Brongniart	.	.	.	.	.	?	.	×	.
— *Essinghi*, Andræ	×	.	×	.	.	.	.	.	.
— *artemisiæfolioides* Crépin	.	.	.	.	.	?	.	.	.
— *Sternbergi* E tingshausen *sp.*	×	.	.	.	.	.	.	.	.
— *Cœmansi* Andræ	.	.	.	.	.	.	R	.	.
— *chærophylloides*, Brongniart *sp.*	?	.	.	.	.	.	.	.	.
— *neuropteroides*, Boulay *sp.*	.	.	.	.	.	.	×	.	.
— *Souichi*, Ze ller	.	.	.	.	.	.	.	.	×
riopteris muricata, Schlotheim *sp.*	×	×	×	×	×	×	C	C	C
— *acuta* Brongniart *sp.*	.	.	.	.	.	×	×	×	×
— *sphenopteroides* Lesquereux *sp.*	.	.	.	.	.	×	.	.	×
— *Dernoncourti* Zeiller	.	.	.	.	.	?	.	×	.
lothmema Zeilleri, Stur	.	.	.	.	.	.	.	?	.
opteris sp.	.	.	×	.	.	.	.	.	.
— *crenulata*, Brongniart	.	.	.	.	.	.	.	×	.
— *abbreviata*, Brongniart	?	.	.	.	.	.	×	×	×
— *dentata* Brongniart	×	×	.	×	.	.	×	×	×
— *pennæformis* Brongniart	.	.	.	.	.	.	.	×	.
— *aspera*, Brongn art	?	.	.	.	.	.	×	.	.
— *Volkmanni*, Sauveur	.	.	.	.	.	.	×	.	×
thopteris decurrens, Artis *sp.*	×	.	.	×	.	.	C	×	.
— *Serli*, Brongniart *sp.*	?	.	.	.	.	×	×	.	.
— *lonchitica*, Schlotheim *sp.*	×	×	.	×	.	.	?	?	.
— *Davreuxi*, Brongniart *sp.*	.	.	.	.	×	.	×	×	.
chopteris Bricei, Brongniart	.	.	×	.	.	.	C	.	.
— *rugosa*, Brongniart	.	.	.	.	.	.	C	×	.
ropteris gigantea, Sternberg	.	R	×	.	.	×	C	C	×
— *flexuosa*, Sternberg	.	.	.	.	.	?	×	C	×

Vote. — Le signe × signifie que le fossile existe dans la zone correspondante, is spécification de rarete ou d'abondance. Le signe C indique qu'il est abondant que sa présence est générale, le signe R signifie qu'il n'y a été rencontré exceptionnellement.

DÉSIGNATION DES ESPÈCES	Bassin de Herve — Assise inférieure — Zone 1	Bassin de Herve — Assise inférieure — Zone 2	Bassin de Herve — A^sse supé^re — Zone 1	Bassin de Liége — Assise inférieure — Zone 1	Bassin de Liége — Assise inférieure — Zone 2	Bassin de Liége — Assise inférieure — Zone 3	Bassin de Liége — Assise supérieure — Zone 1	Bassin de Liége — Assise supérieure — Zone 2	Bassin de Liége — Assise supérieure — Zone 3
Neuropteris obliqua, Brongniart *sp.*	.	×	×	R	R	×	×	×	×
— *heterophylla*, Brongniart	.	.	.	.	.	×	C	C	×
— *tenuifolia*, Schlotheim *sp.*	.	.	.	.	.	.	.	×	×
— *rarinervis*, Bunbury	.	.	.	.	.	.	.	.	×
— *Schlehani*, Stur	C	×	.	×	.	.	R	.	.
Cyclopteris sp.	.	.	.	.	.	.	×	.	.
— *orbicularis*, Brongniart	.	.	×	.	.	.	×	×	.
Linopteris sp.	.	.	.	.	.	R	×	.	.
— *Brongniarti*, Gutbier *sp.*	.	×	×	.	.	.	×	.	×
— *obliqua*, Grand' Eury *sp.*	.	.	×	.	.	.	×	×	.
— *neuropteroides*, Gutbier *sp.*	.	.	×	.	.	.	?	.	.
Calamites sp.	.	.	.	.	×	.	.	.	.
— *Suckowi*, Brongniart	×	×	×	×	×	×	×	×	×
— *ramosus*, Artis	.	.	.	.	.	×	×	×	×
— *Cisti*, Brongniart	×	.	×	.	.	×	×	×	×
— *approximatus*, Brongniart	.	.	.	.	.	.	.	×	.
— *undulatus*, Sternberg	.	.	.	.	.	.	×	×	×
— *cruciatus*, Sternberg	.	.	.	.	.	.	×	×	.
— *Schutzei*, Stur	.	.	.	.	.	×	.	.	.
Calamophyllites Gœpperti, Ettingshausen *sp.*	.	.	.	.	.	×	×	.	.
Asterophyllites equisetiformis, Schlotheim *sp.*	×	.	.	.	×	×	.	×	×
— *longifolius*, Sternberg *sp.*	×	.	.	.	.	×	.	.	.
— *grandis*, Sternberg *sp.*	×	.	.	.	.	×	×	.	.
Palæostachya pedunculata, Williamson	×	.	.	.	.	×	×	×	×
Annularia radiata, Brongniart *sp.*	×	.	.	.	.	×	×	×	×
— *stellata*, Schlotheim *sp.*	.	.	.	.	.	×	.	×	.
— *sphenophylloides*, Zenker *sp.*	.	.	.	.	.	.	×	×	.
Sphenophyllum cuneifolium, Sternberg *sp.*	×	×	×	.	.	C	×	×	×
— *myriophyllum*, Crépin	.	.	.	.	.	.	.	.	×
Pinnularia columnaris, Artis *sp.*	.	.	.	.	.	×	C	×	.
Lepidodendron sp.	×	×	×	.	×	.	×	.	.
— *aculeatum*, Sternberg	?	.	.	.	.	.	×	×	C
— *obovatum*, Sternberg	.	×	.	.	?	.	×	×	×
— *Wortheni*, Lesquereux	.	.	.	.	.	×	.	.	×
— *lycopodioides*, Sternberg	.	×	.	.	×	C	×	.	.
— *Haidingeri*, Ettingshausen	.	.	.	.	.	.	.	.	×
— *Jaraczewskii*, Zeiller	.	.	.	.	.	.	.	.	?
— *rimosum*, Sternberg	.	.	.	.	.	.	.	×	.
— *Veltheimi*, Sternberg	?	.	.	?	.	.	.	.	.
Lepidostrobus sp.	.	.	.	.	.	×	.	.	.
— *variabilis*, Lindley et Hutton	.	×	.	.	×	×	×	×	×
— *ornatus*, Brongniart	.	.	.	.	.	.	.	×	×

DÉSIGNATION DES ESPÈCES	Bassin de Herve			Bassin de Liége				
	Assise inférieure		Assise supérieure	Assise inférieure			Assise supérieure	
	Zone 1	Zone 2	Zone 1	Zone 1	Zone 2	Zone 3	Zone 1	Zone 2
Lepidophyllum lanceolatum, Lindley et Hutton	×	.	.	.	.	×	×	×
— ***triangulare***, Zeiller	.	.	.	.	.	.	?	.
Lepidophloios laricinus, Sternberg	.	.	.	.	×	.	×	.
Ulodendron majus, Lindley et Hutton	.	.	.	×	.	.	×	.
— ***minus***, Lindley et Hutton	×	.	.	.	.	.	.	.
Bothrodendron minutifolium, Boulay *sp.*	.	.	.	.	×	.	×	×
— ***punctatum***, Lindley et Hutton	.	.	.	.	.	.	×	.
Sigillaria sp.	.	.	×	.	.	.	.	.
— ***scutellata***, Brongniart	?	.	.	.	.	.	×	×
— ***lævigata***, Brongniart	×	.	.	.	×	×	×	.
— ***ovata***, Sauveur	C	.	.	.	.	.	×	.
— ***elongata***, Brongniart	×	.	.	.	.	×	×	?
— ***nudicaulis***, Boulay	×	.	.	.	.	.	×	.
— ***rugosa***, Brongniart	.	C	.	.	.	×	×	.
— ***Sauveuri***, Zeiller	×	.	.	.	.	.	.	.
— ***reniformis***, Brongniart	.	.	.	.	.	.	×	.
— ***tessellata***, Brongniart	×	.	.	.	.	×	×	×
— ***elegans***, Sternberg *sp.*	C	.	.	.	×	.	×	.
— ***mamillaris***, Brongniart	.	.	.	.	.	.	×	.
— ***Deutschi***, Brongniart	.	×	.	.	.	.	.	.
— ***camptotænia***, Wood *sp.*	.	.	R	.	.	.	.	.
— ***reticulata***, Lesquereux	.	.	.	.	.	.	.	.
Sigillariostrobus sp.	×	.	.	.	.	.	.	×
Stigmaria ficoides, Sternberg *sp.*	×	×	×	×	×	×	×	×
Cordaites principalis, Germar *sp.*	×	×	×	.	×	×	×	×
— ***borassifolius***, Sternberg *sp.*	.	.	.	.	.	.	×	×
Trigonocarpus Nœggerathi, Sternberg *sp.*	×	.	.	.	.	.	×	×
Cordaicarpus Cordai, Geinitz *sp.*	.	.	.	.	.	×	.	.
Cordaianthus sp.	.	.	.	.	.	.	.	.
— ***Pitcairniæ***, Lindley et Hutton	.	.	.	.	.	.	×	.
Samaropsis fluitans, Dawson *sp.*	.	.	.	.	.	.	×	×

Faune.

SIGNATION DES ESPÈCES	Bassin de Herve			Bassin de Liége					
	Assise inférieure		Assise supérieure	Assise inférieure			Assise supérieure		
	Zone 1	Zone 2	Zone 1	Zone 1	Zone 2	Zone 3	Zone 1	Zone 2	Zone 3
BRACHIOPODES									
lla mytiloides. Sow.	.	.	.	×	.	.	.	×	.
ANNÉLIDES									
'bis carbonarius, Daws. .	×	×	×	×	×	×	×	×	×
LAMELLIBRANCHES									
nomya sp.	.	.	.	×	.	.	.	.	.
opecten sp.	×	.	.	×	.	.	.	.	.
icola ovalis, Mart. *sp.* .	×	×	.	×	×	×	×	×	×
subconstricta, Sow. *sp.*	.	.	.	.	×	.	.	.	.
acuta, Sow. *sp.* . .	.	.	.	×	×	×	×	.	×
abbreviata, Gdf. *sp.* .	.	.	.	.	×	.	.	.	.
turgida, Brown *sp.* .	.	.	.	×	.	.	×	.	×
similis, Brown *sp.* .	.	.	.	.	.	.	×	.	.
antiqua, Hind . . .	.	.	.	.	×	.	×	.	×
carbonaria. Gdf. *sp.* .	.	.	.	.	×	.	.	.	.
nucularis. Hind. . .	.	.	.	.	.	.	.	×	.
aquilina Sow. *sp.* . .	.	.	.	.	.	.	×	.	.
comya lævis, Daws. *sp.* .	.	.	.	.	.	×	.	.	×
Williamsoni, Brown *sp.*	.	.	.	×	.	.	.	.	.
CÉPHALOPODES									
oceras Listeri. Phill. *sp.* .	×	.	.	×	.	.	.	.	.
ENTOMOSTRACÉS . . .	.	.	.	.	.	.	×	.	.
POISSONS	.	×	.	×	×	.	×	×	.
lopsis sp.	.	×	.	×	×	.	×	.	×
nthus sp.	.	.	.	×	.	.	.	.	.
hthys sp.	.	.	.	×	×	×	.	×	.
omus sp.	.	.	.	×	.	.	.	.	.

LIBRARY
Leland Stanford, Jr.
UNIVERSITY

Ce que les coupes minces des charbons de terre nous ont appris sur leurs modes de formation.

Conférence donnée dans la section de Géologie appliquée

PAR

M. C.-EG. BERTRAND,

Professeur à la Faculté des sciences de Lille.

§ I. — Utilité de l'analyse optique des charbons.

Parlant dans un Congrès des mines, je dois vous montrer d'abord la portée pratique que peuvent avoir les notions que je vais exposer.

Actuellement, pour caractériser un charbon, le mineur donne sa teneur en cendres, en matières volatiles et en carbone fixe. Ce sont là les données d'une analyse chimique grossière. Elles ont l'avantage de se traduire numériquement et d'être rapidement obtenues. La manipulation journalière de nombreux échantillons permet au mineur de remarquer si le charbon est compact ou craquelé, s'il présente des lames brillantes, du fusain, des fragments végétaux reconnaissables : feuilles, tiges, écorces ; mais c'est presque à son insu qu'il emploie ces caractères morphologiques; la plupart du temps, il est impuissant à les traduire en faits précis. Si l'ingénieur et le chef-porion reconnaissent sans hésitation qu'un morceau *A* vient de leur *veine Maréchale*, qu'un morceau *B* vient de leur *veine Louise*, leur embarras est grand quand il leur faut dire à qui n'est pas du métier ce qui leur permet de différencier le charbon qui vient de la veine Louise, par rapport à celui qui vient de la veine Maréchale.

Vous le connaissez tous, cet embarras trop réel ; il tient à ce qu'on n'a pas appris à l'ingénieur à lire *la langue botanique que parle le charbon.*

Comme tout le monde, j'ai été étonné de la sûreté avec laquelle l'exploitant reconnaît les houilles de ses diverses couches qu'elles me semblaient, à moi profane, toutes semblables entre elles. Plus tard, ayant manié des charbons, j'ai perçu des différences nettes entre les houilles d'un même puits; la plupart étaient la traduction de menus accidents personnels à chaque couche. Puis un jour est venu où, lisant mieux sur les coupes minces les éléments formateurs du charbon, il m'a semblé que l'on pouvait trouver, *dans la nature des débris végétaux*, *dans leur association*, des caractères extrêmement précis, se traduisant extérieurement, qui permettent de définir une couche ou un système de couches.

Je sais bien que la lecture des coupes minces des charbons comporte de grandes difficultés. La taille des houilles est chose délicate. Toutes ne s'y prêtent pas, soit à cause de leurs *craquelures trop nombreuses*, soit à cause de leur *coloration trop foncée*, soit aussi à cause des *menus corps qu'elles contiennent*. Un grain de pyrite ou de silice entraîné pendant la taille a tôt fait de couper ou de rayer une plaque mince; adieu alors le travail dépensé : la plaque rayée n'est plus lisible. Puis cette méthode demande une initiation spéciale en botanique. Il faut pouvoir reconnaître avec certitude la nature de débris végétaux infiniment variés, coupés dans toutes les directions, affaissés, à des états parfois très avancés de décomposition. La méthode que j'emploie est donc difficile, mais un peu comme toute méthode très précise quand elle en est encore à ses débuts. Si imparfaite qu'elle soit, il ne se passe pas d'année où je ne sois appelé à l'appliquer pour caractériser de nouveaux combustibles. Les Australiens m'ont envoyé leur boghead. M. David Levat m'a remis, pour les caractériser, les charbons du Turkestan. M. A. Renier m'a adressé des charbons récoltés dans quelques nouveaux sondages belges. En fait, il n'y a plus d'autre limite pour moi aux travaux de cette sorte, que le temps dont je puis disposer pour la préparation des échantillons et pour la lecture des coupes minces. Je sais qu'aux Etats-Unis, mes éminents collègues, M. David White et le professeur Stevenson, s'efforcent d'aller de l'avant dans cette voie féconde en découvertes. Vous connaissez tous le magnifique mémoire que notre regretté Bernard Renault a publié dans l'*Industrie minérale*, sur les combustibles [1]. Renault essaie d'y caractériser les charbons

[1] B. Renault. Sur quelques microorganismes des combustibles fossiles. — *Bulletin de la Société de l'Industrie minérale*, t. XIII, livraison 4, 1899; t. XIV, livraison 1, 1900. Atlas de 21 planches, St-Etienne.

les plus divers, depuis les tourbes jusqu'aux anthracites. L'effort déployé pour élever ce monument scientifique a été prodigieux. L'ensemble des faits nouveaux qu'il nous a révélés suffirait à immortaliser le nom de son auteur. C'est en analysant ainsi des types variés de charbons et de schistes que j'ai été amené à reconnaître *ce que disent les coupes minces quant aux modes de formation des charbons*. Je voudrais, dans cette réunion, vous donner une idée des résultats obtenus dans cet ordre de recherches.

§ 2. — Conditions générales nécessaires à la formation d'une couche charbonneuse. — Dominantes d'une classe de charbons. — Caractères spécifiques d'une couche.

Parmi les faits montrés par l'étude des coupes minces, certains ont une très grande généralité ; on les retrouve dans les combustibles les plus divers ; il semble qu'ils résultent des conditions nécessaires pour qu'une couche charbonneuse puisse se former et acquérir les caractères d'un charbon. De ce nombre sont, pour les charbons stratifiés :

la présence d'une gelée brune humique;

l'indication d'une imprégnation bitumineuse.

A ces premiers faits s'en ajoutent d'autres moins fréquents, mais encore très répandus. Ils permettent de différencier entre elles les diverses classes de combustibles. Ces caractères sont fournis par la présence d'une catégorie d'êtres, d'organites ou de débris qui dominent dans le charbon et qui y interviennent par les qualités particulières de la matière dont ils sont formés. *Boghead* a aujourd'hui comme synonymes : *charbons d'algues* et *charbons gélosiques*, parce que les algues et la matière gélosique dont ils sont formés sont les *éléments dominants* de ce charbon.

Viennent ensuite des faits si particuliers qu'ils ne sont plus connus que dans un système de couches ou même que dans une seule couche ; ils donnent les caractères spécifiques de cette couche. Les organismes d'une certaine époque, qui sont comme les pièces de monnaie que la Nature frappait pour dater la couche où ils sont enfouis, servent excellemment à définir ainsi un système de couches ou une seule couche. L'algue que j'ai nommée *Reinschia australis* se trouve dans le boghead de la Nouvelle-Galles-du-Sud, elle existe dans tous ses gisements depuis Doughboy-Hollow au

Nord jusqu'à American-Creek au Sud. *Reinschia australis* n'est pas connu ailleurs. Le *Cladiscothallus*, une autre algue, est tout aussi caractéristique du boghead russe. Ailleurs, ce sont des associations d'êtres qui donnent la caractéristique cherchée. *Reinschia australis* associé à *Pila australis* différencie le boghead de Doughboy-Hollow de celui de tous les autres gisements du *Kerosene shale* de la Nouvelle-Galles [1].

§ 3. — **La gelée brune humique, les eaux brunes.**

Un très grand nombre de charbons et de schistes montrent nettement un empilement d'objets divers dans une gelée brune plus ou moins foncée. Cette gelée a agi, par rapport aux corps qu'elle contient, à la manière d'un *coagulum qui les a soutenus dans leur chute lente vers le fond*, et, fait très remarquable, *qui les a souvent préservés de la putréfaction*. Les corps organisés ne sont pas complètement décomposés dans ce milieu, *certaines de leurs parties les plus délicates : le protoplasme, le noyau des cellules, sont conservés*, comme s'ils avaient été fixés par quelque réactif histologique (fig. 1, 2, 3, pl. I). L'humification suffit pour produire des faits de ce genre. Le *Papierkohle* quaternaire de Prisches m'a montré des cellules épidermiques où il était possible de souligner, par coloration élective, un parasite attaquant le protoplasme d'une cellule nourrice (fig. 7 et 8, pl. I) [2].

En faisant agir des solutions aqueuses de potasse, de soude ou d'ammoniaque sur les charbons les moins condensés et les moins fortement imprégnés de matières bitumineuses, on obtient des solutions brunes chargées d'humates alcalins. Or, les eaux brunes ou noires chargées d'humates solubles sont fréquentes dans la nature; l'eau des tourbières d'Irlande, l'eau de l'Amazone, celle du Congo en sont des exemples bien connus. Qu'une eau faiblement alcaline ou ammoniacale lave un sol tourbeux, un terreau forestier, elle se charge d'humates et se colore fortement en brun. Un ou deux millièmes de carbonate de potasse ou d'ammoniaque

(1) C.-Eg. Bertrand. Nouvelles remarques sur le Kerosene shale de la Nouvelle-Galles-du-Sud. Autun, 1896.

(2) C.-Eg. Bertrand. Description d'un échantillon de charbon papyracé ou *Papierkohle*, trouvé à Prisches en 1859. *Annales de la Société géologique du Nord*, t. XXVIII, pp. 171-247. Lille, 1899.

suffisent. Au contraire, l'eau distillée, l'eau calcaire, les eaux légèrement acidulées par les acides les plus divers sortent incolores d'un lavage semblable. J'ai donc été amené à conclure que la gelée brune fondamentale des charbons et des schistes organiques était une matière humique précipitée à l'état de coagulum.

Cette très faible basicité de l'eau qui lui permet d'entraîner la matière humique des sols n'est pas incompatible avec la vie animale et végétale. Au contraire, crustacés, plantes aquatiques, diatomées, bactéries, s'y développent à profusion. Voyez, en été, l'eau d'une mare souillée par les purins du voisinage, c'est-à-dire par des eaux brunes ammoniacales concentrées, elle se remplit d'une telle quantité de daphnies qu'elle prend souvent une teinte rouge sang.

D'autre part, les chimistes savent qu'une eau très légèrement alcaline ou ammoniacale retient indéfiniment en suspension l'argile. L'eau brune a, elle aussi, la propriété de retenir indéfiniment l'argile en suspension. Ajoutons que les corps qui précipitent l'argile, comme le sulfate d'alumine, le sulfate ferreux, coagulent en même temps la matière humique.

Les gelées aqueuses d'alumine, d'hydrate ferrique, de silice donnent une image parfaite du coagulum dont je vous parle. En perdant leur eau, ces gelées se contractent ; elle se coupent et se déchirent, même quand elles restent submergées. Dans notre cas particulier, les probabilités sont en faveur d'une gelée argilo-humique dont le coagulant a été l'alumine, comme il semble ressortir des fentes à bords silicifiés des schistes d'Autun (voir fig. 61, pl. VI ; fig. 62, 75, pl. VII et fig. 74, pl. VIII).

J'ai montré l'existence d'une pareille gelée fondamentale des schistes et des charbons par l'attitude des corps tombés et enfouis dans la masse. Ces corps ne s'écrasent pas. Ils ne se touchent même pas (fig. 1, 4, 6, pl. I). On voit les nervures isolées d'une feuille décomposée sur place, maintenues pour ainsi dire dans leurs positions relatives (fig. 5, pl. I). Ailleurs, des écailles de poissons sont piquées verticalement dans la masse (fig. 9, pl. II), sans qu'on puisse invoquer leur enrobement préalable dans une matière pâteuse comme celle d'un coprolithe (fig. 10, pl. II). La consistance du coagulum ressort encore de faits comme ceux-ci. Il ne pénètre pas entre les écailles serrées d'un jeune bourgeon floral. Il n'entre pas dans la cavité d'une graine close. Pourtant,

par filtration, celle-ci s'emplit d'une matière plus diluée. No
verrons plus loin que cette gelée s'est coupée, que ses parties o
glissé les unes sur les autres. Nous verrons aussi que ses décl
rures spontanées se sont remplies d'une gelée semblable, mais pl
diluée, formant ainsi des centres tout indiqués pour la minérali
tion ultérieure de la masse.

Quant au caractère exclusivement *amorphe* et *humique* de
masse fondamentale, je serais peut-être moins affirmatif aujo
d'hui sur ce point que je ne l'aurais été hier, après avoir vu
échantillons exposés par M. Potonié. Il ne m'était pas possible
conclure à l'origine exclusivement organique de la gelée fon
mentale comme *amas de plankton altéré*, puisque, sur les cou
minces, on ne voit pas les corps organisés s'effondrer sur place
perdre toute forme figurée pour se changer en gelée. D'autre pa
le fait que les charbons peu condensés abandonnent des matiè
humiques, indique bien que les corps humiques en font ordinai
ment partie.

§ 4. — La découverte de M. Potonié.

Tout récemment, mon éminent collègue de Berlin, M. le p
fesseur H. Potonié, nous a fait connaître une série de faits
sont, pour une part, l'éclatante confirmation des indications q
j'avais données d'après la lecture des coupes minces des charbo
et des schistes. Pour une autre part, ils nous donnent des co
préhensions toutes nouvelles.

M. Potonié a découvert qu'il se formait fréquemment des dép
organiques à consistance de coagulum, présentant par là tous
caractères que j'avais assignés à la gelée fondamentale des ch
bons. Ces dépôts sont chargés de matières humiques là où
tourbières sont proches ; mais ces dépôts peuvent exister au
sans humus, là où la nappe d'eau génératrice est isolée des to
bières. C'est ainsi que, dans certaines parties du Stettiner H
M. Potonié a reconnu qu'il se dépose une gelée foncée, cons
tante, élastique, *non putrescible*, *presque aseptique*. Ce dé
atteint jusqu'à 15 mètres d'épaisseur ; latéralement, il passe
calcaire d'eau douce avec crustacés. Naturellement, le dépôt gé
tineux se charge des dépouilles des crustacés et des algues
pullulent dans l'eau brune de la lagune. Il reçoit les restes

grains de pollen dont les vents printaniers viennent saupoudrer sa surface à chaque floraison des forêts voisines. L'eau de la lagune de Stettin est brune; la gelée déposée est chargée de corps humiques.

Les correspondants de M. Potonié lui ont signalé une foule de faits semblables se produisant dans les lagunes marginales des côtes maritimes de l'Europe, sur les bords des lacs salés des steppes de la Sibérie, dans les lacs salés à limon noir du nord et du nord-est de la Caspienne. Mon savant collègue vous entretiendra de cette gelée de la lagune de Stettin et de la magnifique exposition où il présente les faits dont il vous parlera.

Ce que je vous ai dit des propriétés des eaux brunes vous permet de comprendre comment ces dépôts gélatineux seront plus ou moins chargés d'argile. Leur sulfuration et leur désulfuration se font comme celles des autres vases.

§ 5. — Les charbons humiques.

La gelée humique ou argilo-humique suffit pour donner UNE ROCHE COMBUSTIBLE, *mais non pas une roche ayant les caractères de ce que vous appelez* UN CHARBON. Selon la charge en argile et en alumine libre, vous aurez toutes les transitions entre une couche combustible formée de gelée humique pure et une argile caractérisée, sans traces de matière organique. Ordinairement, l'eau brune chargée d'argile laisse déposer d'abord une vase très fine où l'argile domine; à mesure que l'eau s'épure, l'argile est moins abondante dans le dépôt, la gelée humique tend à prédominer; mais, habituellement, survient une crue ou une venue d'eau qui apporte une nouvelle charge d'argile; un lit plus argileux succède brusquement à un lit plus riche en gelée brune fondamentale. Quantité d'argiles organiques présentent des faits de ce genre. L'argile grise du gisement de Bernissart a enregistré de la sorte chaque crue, chaque pluie. Si, à ces conditions initiales, s'est ajoutée une imprégnation que j'appelle bitumineuse, voulant dire par là que la masse organique a subi l'action de carbures d'hydrogène plus ou moins condensés qu'elle a plus ou moins complètement retenus, il s'est produit des couches que l'industrie nomme des *schistes bitumineux*. Nous allons en étudier les caractères, en prenant comme exemples le *Brown Oilshale* de Broxburn's pit et le schiste de Ceara [1].

Le brown oilshale d'Ecosse.

Le schiste du puits de Broxburn en Ecosse est une gelée brune humique et amorphe, très chargée d'argile et d'alumine libre. Là où les lits s'épurent, il tend à se faire une bande organique jaune d'or (fig. 11, pl. II). En fait de corps figurés, on y observe quelques spores et, de loin en loin, une algue gélatineuse, *Epipolaia Bower* (fig. 12, pl. II), une écaille de poisson (fig. 14, pl. II). Toute la masse est chargée de corps bactériformes, soulignés par de l'air S'agit-il là de restes de bactéries, comme le pensait Bernard Renault ? S'agit-il simplement de bulles ou de formes minérales simples ? La démonstration qui en fait des bactéries ne me paraît pas complète ; je suis surpris, en particulier, de voir ces bacté rioïdes moins nombreux dans les bandes où le dépôt épuré d'argile tend vers une roche plus riche en matière organique, plus apte par cela même, à fournir un champ d'action favorable au développement des bactéries. Il n'a pas été possible de prouver que cette gelée résulte de la décomposition de corps figurés, tels que ceux qu'on trouve dans les planktons altérés. Tous les corps qu'on y observe sont, en effet, remarquablement bien conservés dans leurs moindres détails.

La section verticale d'ensemble de ce schiste le montre coupé disloqué par sa contraction ; ses parties ont glissé les unes sur les autres, s'étant parfois pliées et contournées ; ce caractère est même si frappant que les mineurs du pays l'appellent *contorted shale* (fig. 13, 14, pl. II).

Les vides laissés entre les lambeaux du schiste, les cavités des écailles ou des os, sont remplis par une matière brun clair, à structure fluidale ; c'est la matière bitumineuse en excès, demeuré libre dans les interstices de la masse (fig. 15, pl. II).

Le schiste de Ceara.

Que la gelée fondamentale soit beaucoup moins chargée en argile, 18 p. °/₀ au lieu de 67 °/₀, qu'en même temps l'imprégna

[1] C.-Eg. Bertrand. Les charbons humiques et les charbons de purins *Travaux et mémoires de l'Université de Lille*. Lille, 1898.

tion bitumineuse soit plus forte, on obtient une roche élastique, à cassure conchoïdale, noire, brillante, qu'on peut enflammer avec une allumette et que vous regarderez tous comme un charbon particulièrement riche en matières volatiles.

Dans un fond très finement stratifié (fig. 16, pl. II), on voit une foule de carapaces de crustacés analogues à nos cypris et à nos daphnies. Chaque coquille est complète, mais brisée ; ses parties rapprochées ne se touchent pas ; elles sont demeurées maintenues à une petite distance les unes des autres. Certains fragments relevés ont coupé la gelée (fig. 17, pl. II). Ailleurs, une coquille est à demi effondrée alors que le reste est encore intact. La gelée brune n'a pas rempli massivement la cupule ainsi largement ouverte (fig. 18, pl. II). Vous lisez de suite qu'il s'agit là, non pas d'un écrasement par pression extérieure générale et continue, comme celle qu'exerce la plus inlassable de nos forces naturelles, la pesanteur, mais une forte contraction d'un corps élastique, où chaque coquille devient un obstacle intérieur. La coquille a été brisée, mais ses parties, *solidement adhérentes au milieu élastique*, n'ont pu que glisser les unes sur les autres en coupant la gelée. Elles ont laissé entre leurs faces opposées un vide où se sont accumulés les produits fluides et les cristaux tardifs. De là, cette matière fluidale qui remplit les parties laissées libres entre les faces des carapaces brisées et les sphérolithes de calcite localisés dans les coquilles non brisées.

La gelée du schiste de Ceara présente, de loin en loin, des grains de pollen tétracellulaires comme celui de nos rhododendrons, quelques filaments mycéliens, et des spores de champignons.

La matière fluide, que je regarde comme un bitume, ayant filtré à travers la masse, est plus abondante, plus colorée, plus chargée en carbone, que celle du schiste contourné d'Ecosse.

Ainsi, un combustible moins fortement bituminisé se présente comme une roche blond clair, si sa sulfuration reste faible. Exemple : le schiste de Broxburn's pit. Une roche semblable, moins chargée d'argile et plus fortement bituminisée, prend la cassure noire et brillante d'un charbon. Exemple : le schiste de Ceara.

L'escaillage de Liévin, le schiste d'Espite, le schiste du Bois-d'Asson, le schiste de Menat.

Le schiste noir ou escaillage de Liévin (fig. 19, pl. III), le schiste organique d'Espite, qui date du Jurassique, montrent un coagulum déchiré qui a rempli ses fractures par une gelée semblable, mais plus diluée.

La gelée brune peut se charger de spicules d'éponge et de diatomées, comme dans le schiste du Bois-d'Asson et dans celui de Menat. Le schiste du Bois-d'Asson (fig. 20, 21, 22, pl. III) contient, en plus, de nombreuses algues gélatineuses, *Botryococcites Largæ*.

Toutes ces couches ont comme caractère commun que *leur matière dominante est une gelée humique*. Celle-ci est plus ou moins chargée d'argile. Quand il y a peu d'argile, on a un charbon ; quand il y a beaucoup d'argile, on a un schiste bitumineux, pourvu que la roche ait subi une imprégnation bitumineuse au temps de sa formation. Pour chacune de ces couches, les êtres enfouis donnent une caractéristique spécifique précise.

Ces schistes bitumineux ou charbons humiques sont les types les plus généraux des formations charbonneuses.

§ 6. — **Les charbons de purins.**

Dans quelques schistes organiques, la gelée humique fondamentale paraît diluée par la présence d'une grande quantité de restes animaux (fig. 23, pl. III). Ce sont des os et surtout des crottins. Si la charge en produits stercoraires est grande, on aura l'idée d'un schiste dont la dominante serait une matière animale. C'est une nouvelle classe de combustibles, un *charbon de coprolithes*, ou au moins un *charbon de purin*. La quantité de matière animale présente dans la gelée modifie, en l'élevant beaucoup, sa capacité rétentrice pour les matières bitumineuses. On peut prendre pour type des formations de ce genre, la couche dite des *Têtes-de-Chats* dans la concession de Buxière-les-Mines. Voici, à un grossissement faible, une section verticale du schiste de Buxière (fig. 24, pl. III). Les coprolithes y sont si nombreux, qu'on ne peut plus les considérer comme incident sans importance ; ils tendent à devenir l'élément dominant de la formation. Le terme extrême des couches de cette sorte serait un *guano*. Dans ce banc des *Têtes-de-Chats*, on trouve un être très spécial, *Zoogleites elaverensis*, qui disparait dès que l'eau génératrice surchargée de matières stercoraires et de dépouilles animales s'est quelque peu diluée. Les bancs qui précèdent et qui suivent les *Têtes-de-Chats*, moins riches en coprolithes ne contiennent plus de *Zoogleites*; par contre, ils sont remplis de carapaces de crustacés, indiquant toujours une eau brune, souillée de matières animales, mais dont le degré de concentration est fort affaibli (fig. 25, pl. III). Il n'y a pas eu putréfaction ni liquéfaction totale des crottins, comme dans une fosse close. Au contraire, beaucoup de coprolithes sont inaltérés et comme fixés. On y voit les bactéries intestinales soulignées en brun dans le mucus qui réunit les parcelles des bols alimentaires. Il y a, dans tous ces lits des schistes de Buxière, une grande quantité de pollen et de spores. Ces organites prédominent même dans certains filets.

Les coprolithes des schistes de Buxière sont des masses charbonneuses noires, à cassure brillante, contenant une grande quantité de charbon.

D'autre part, vous pourriez voir dans les collections du Musée de Bruxelles que des crottins de carnassiers, comme ceux de *Hyena crocuta*, soumis à la fossilisation sans imprégnation bitumineuse, donnent une masse blanche de phosphate et de carbonate de chaux. Les coprolithes trouvés dans le gisement des iguanodons et qu'on leur avait attribués ([1]) sont de même des masses de phosphate et de carbonate calcique, blonds, n'ayant presque plus trace de matière organique. Les coprolithes des schistes de Buxière sont, au contraire, noirs, à cassure brillante, riches en charbon. Ils donnent la notion de charbon d'origine animale. Il est évident ici que la matière stercoraire, en se fossilisant, n'a pu donner la quantité de carbone que contient le coprolithe. Il y a eu enrichissement de la masse stercoraire en charbon, pour l'amener à l'état où nous la voyons.

On arrive à cette même conclusion que la matière organique a été parfois soumise à des enrichissement en carbone, lorsqu'on trouve des écailles, des os, transformés en une masse charbonneuse, comme il arrive dans les schistes d'Autun. Fossilisés en l'absence des matières bitumineuses, le coprolithe, l'os produisent des masses de phosphate et de carbonate calcique. Ils donnent un

([1]) C.-Eg. Bertrand. Les coprolithes de Bernissart. Les coprolithes qui ont été attribués aux iguandons. *Mémoires du Musée royal d'histoire naturelle de Belgique*, t. I. Bruxelles, 1903.

charbon quand, soumis à une imprégnation bitumineuse, ils agissent comme corps rétenteurs des carbures d'hydrogène.

Les schistes à coprolithes ou charbons de purins sont fréquents. Je citerai ceux du Mansfeld, ceux de Lehbach. Le professeur Sollas a rencontré du charbon d'os dans le Dévonien (1). A Autun, on trouve souvent des *Actinodon* entiers, à l'état de charbon d'os (fig. 72, 73, pl. VII). Dans les cavités des coprolithes de Buxière, le bitume foncé se reconnaît libre et on le voit souvent formant un réticulum dans les espaces laissés libres (fig. 24, 25, pl. III).

§ 7. — Les charbons sporo-polliniques.

Dans d'autres combustibles, la gelée humique est surchargée de corps pulvérulents, comme des spores, des grains de pollen. Ces corps sont parfois si nombreux, qu'ils deviennent l'élément prédominant de la masse du charbon. J'appelle les combustibles qui présentent ce caractère, des *charbons sporo-polliniques*.

Les charbons sporo-polliniques sont extrêmement répandus. Il n'est presque pas de veine de houille, parmi celles que vous exploitez, où quelque mince lit présente cette constitution. Quand ce filet s'épaissit, en devenant moins pur généralement, le mineur le remarque ; il en fait un repère, sans savoir d'ailleurs à quoi tient le facies spécial que présente la couche.

Une coupe verticale d'un charbon de cette sorte montre une masse régulièrement stratifiée, où les spores sont empilées en nombre immense dans une gelée brune, humique (fig. 26, 27, pl. III). Les spores y sont tellement nombreuses qu'elles forment l'élément dominant du charbon. Les spores sont réduites à leurs parois et celles-ci sont à l'état de corps jaune d'or. Les spores que vous voyez sur cette projection (fig. 27, 28, pl. III) sont de deux sortes, les unes très petites, prodigieusement nombreuses, sont des spores mâles, les autres beaucoup plus grosses, bien moins nombreuses, mais très visibles, sont des spores femelles. Ce sont elles qui frappent et qu'on remarque tout d'abord. Leur surface présente de grandes épines amollies à pointe mousse. La masse peut contenir encore des lambeaux de bois, d'écorce, de liège, mais la dominante

(1) W.-J. Sollas. An account on the devonian Fish, *Paleosphondylus Gunni*. *Transac. of royal Society of London*, ser. B, vol. CXCVI. — Ce charbon contient 68.4 de carbone, 4.5 d'hydrogène et 15.8 de cendres.

apparente reste la masse des spores. Extérieurement, un charbon de cette sorte est pour vous tous une houille et, cependant, il se distingue dans la veine par son aspect compact, non craquelé, très finement stratifié. Les filets de cette sorte de charbon sont si intimement et si fréquemment mêlés dans nos houilles ordinaires, que force est d'admettre que les conditions qui ont présidé à la formation des charbons sporo-polliniques sont celles qui ont présidé à la formation des houilles ordinaires, à cela près que la matière dominante est ici la paroi des spores. Le *Better bed* de Bradford, le *Spore coal* de Micklefield, près Leeds, la veine *Marquise* d'Hardinghen, la veine *Jausquette* de Jemeppes, etc. sont des exemples bien frappants de cette sorte de charbons.

D'autre part, voici un combustible permien, gris terne ou roussâtre, la *Tasmanite* qui vient de la rivière Mersey en Tasmanie. Elle est formée par un empilement de macrospores dans une gelée brune (fig. 29, 30, pl. III; fig. 31, 32, pl. IV). Il s'y est ajouté des éléments clastiques fins. Parfois, comme vous pouvez le voir sur cette projection, il s'y est ajouté aussi de petits galets de quartz (fig. 33, pl. IV). Ce sont des conditions comparables à celles de la formation des charbons sporo-polliniques, sauf une cependant, l'imprégnation bitumineuse. Rien, sur les coupes minces de la Tasmanite, n'indique qu'il y ait eu pénétration de la masse par des carbures d'hydrogène. L'absence d'imprégnation bitumineuse laisse une roche terreuse, où la matière organique a la composition des cuticules végétales [1]; mais, bien que la Tasmanite puisse brûler, personne de vous n'en fait un charbon.

La *sporite de la Réunion* a la même composition que la matière organique de la Tasmanite. Elle résulte d'une accumulation de cyathéacées dans une grotte. Le résultat est une masse pulvérulente analogue à la poudre de lycopode, mais plus foncée, sans éléments clastiques et sans gelée humique interposés. Malgré ces variantes, la différence d'aspect entre la Tasmanite et la sporite est moins grande que la différence entre le facies de la Tasmanite et celui d'un morceau de charbon sporo-pollinique.

Dans cette classe encore, comme dans les charbons humiques, dans les charbons de purins et dans les charbons de coprolithes, nous arrivons à cette conclusion, que la masse organique, fossi-

[1] J.-E. CARNE. The Kerosene shale deposits of New-South-Wales. Sydney, 1903.

lisée sans intervention bitumineuse appréciable, donne un combustible terreux, gris clair ou roussâtre, ayant ici la composition élémentaire des parois cellulaires cutinisées, mais non pas un charbon rappelant les houilles. Là, au contraire, où on reconnait la pénétration et la rétention d'une matière bitumineuse, il y a formation d'une couche de charbon sporo-pollinique. Ce fait se rencontre très souvent dans les formations houillères.

Les grandes pluies de poussières polliniques des districts forestiers du Canada, de l'Ecosse, de la Scandinavie, que l'on appelle vulgairement *pluies de soufre*, couvrent chaque année la surface des lacs de ces pays d'une masse organique pulvérulente, semblable à celle que nous voyons enfouie dans la gelée humique des charbons sporo-polliniques.

§ 8. — Les charbons d'algues ou bogheads.

La notion qui a le plus surpris dans les études que je vous résume est celle des *charbons d'algues*. Les charbons d'algues correspondent très exactement aux bogheads de l'industrie. Ils sont dûs au phénomène des *fleurs d'eau* s'exerçant sur une nappe d'eau tranquille où la matière humique se coagule en gelée. A de certaines époques, la surface des eaux tranquilles se couvre de plantes microscopiques qui s'y développent en nombre immense. Que le ciel soit clair, très lumineux, la multiplication des fleurs d'eau s'opère avec une merveilleuse rapidité. En quelques heures ces petits végétaux ont envahi toute la région supérieure de la nappe liquide. Elles y restent flottantes, en allégeant leur densité par la sécrétion d'huile ou de bulles de gaz. On connait des fleurs d'eau pélagiques, vivant loin des côtes, sur le lac de Genève, dans la Baltique, dans la mer Rouge. Elles sont bien plus fréquentes sur les eaux moins profondes. Que le temps change, que le vent s'élève, les fleurs d'eau disparaissent.

Les trois bogheads types sont :

Le boghead de la Nouvelle-Galles-du-Sud ;
Le boghead d'Autun ;
Le boghead d'Ecosse ou Torbanite.

Le boghead d'Australie ou Kerosene shale.

Voici une coupe verticale de boghead d'Australie, présentée à des grossissements de plus en plus forts (fig. 34, 35, 36, pl. IV).

Des êtres en forme de sac creux sont empilés horizontalement dans une gelée brune. Ils ne se touchent pas. Les sacs sont affaisés, mais non pressés ni écrasés. La paroi du sac ne comprend qu'une assise de cellules lacrymorphes qui tournent toutes leur pointe vers l'extérieur du sac. J'ai donné à cette algue le nom de *Reinschia australis*, en l'honneur de M. P. Reinsch. Quand le *Reinschia* est jeune, il est formé de petites cellules très nombreuses (fig. 39, pl. V). En vieillissant, l'algue agrandit ses cellules, la surface de la plante se plisse et s'invagine, et surtout, elle secrète une grande quantité de gélose (fig. 37 et 38, pl. IV). Devenue très vieille, l'algue se disloque en lobes. L'être que l'on appelle *Volvox globator* dans la nature actuelle donne une idée de ces boules gélatineuses creuses du *Reinschia* et, comme lui, il se dissémine par des *cénobies*, c'est-à-dire par des masses cellulaires semblables au *Volvox* adulte, mais à cellules très petites (fig. 40, pl. V). La gélose du commerce, qui est faite avec des algues lavées et séchées, vous donne une idée de la matière qui forme ces algues. Six grammes de gélose dissous dans un litre d'eau suffisent pour donner la gelée remarquablement consistante que je vous présente. Dans les coupes du *Kerosene shale*, la gélose est à l'état de corps jaune d'or transparent.

La gelée brune humique interposée entre les *Reinschia* contient aussi des spores et des grains de pollen affaissés.

Le boghead commence très brusquement en moins de 0.1 millimètre (fig. 41, pl. V). *Reinschia* existe pourtant très abondant dans le schiste qui précède la couche charbonneuse. Une seule condition a changé. La proportion des *Reinschia* arrivant à maturité est plus grande, l'algue est devenue dominante par rapport à la masse, alors qu'antérieurement ce rôle était dévolu à la matière argilo-humique. *Reinschia* y était à l'état de jeunesse, c'est-à-dire avec très petites cellules et presque sans gélose. Là où le boghead présente la plus grande pureté, dans le gisement de Joadja-Creek, l'algue forme de 0.90 à 0.95 de la masse du charbon et les thalles adultes ou vieux sont tellement développés qu'on ne remarque pas immédiatement les petits thalles intercalés entre eux. Cette prédominance des corps riches en gélose change tellement le caractère du charbon, qu'elle suffit à donner, dans la couche, des lits très nettement reconnaissables par leur aspect corné.

La moindre altération subie par un *Reinschia* suffit à faire dispa-

raître sa structure; il est aussi plus coloré (Th. a. α, fig. 36, pl. IV).
Ces algues très légèrement altérées se voient tout de suite dans la masse. L'algue devient ainsi un merveilleux réactif qui nous renseigne sur les conditions de l'accumulation de la masse végétale qui a fourni le boghead.

L'indication d'une pénétration d'une matière bitumineuse dans la masse organique est établie par les faits suivants.

1° Des fractures montrent une matière brune, à structure fluidale, qui empâte les thalles brisés et qui les colore plus ou moins fortement. L'action de la matière fluide colorée se fait sentir dans la masse voisine plus ou moins loin de la fracture (fig. 46, pl. V).

2° Dans les parties du *Kerosene shale* de Doughboy-Hollow où l'infiltration bitumineuse a pu pénétrer, on constate la coloration par action tinctoriale élective des masses plasmiques plongées dans la gélose des thalles de *Reinschia*.

3° Les exploitants de New-Hartley-Mine ont recueilli des échantillons où on voit très nettement la pénétration de l'infiltration bitumineuse sous forme de filets rameux perforants d'où partent, en s'épuisant, d'autres filets très fins qui vont se perdre dans la masse voisine. Répondant à une remarque que M. l'ingénieur A. Renier a bien voulu m'adresser, j'ajoute : il n'y a d'ailleurs pas de racines dans ces trajets d'infiltration (fig. 42, 43, pl. IV; fig. 44, 45, pl. V).

Le phénomène cesse comme il a commencé, c'est-à-dire brusquement. *Reinschia* existe pourtant dans le schiste du toit, mais il est de nouveau représenté par des thalles jeunes, pauvres en gélose.

Le boghead d'Australie est formé de la même manière dans tous ses gisements et sur toute sa hauteur.

Si, par un procédé qu'il serait trop long de vous expliquer, on essaie d'apprécier la contraction de la masse organique qui a donné le boghead, on arrive à ce résultat que la contraction a réduit l'épaisseur de la couche au 1/5 ou au 1/7 de son épaisseur primitive. Mais si nous réfléchissons à la quantité d'eau que contient la gélose de la cellule vivante, 0.985 à 0.970, nous arrivons à douter que les 15 à 30 millièmes de matière sèche que contiennent ces corps, avec leurs 7.5 à 15 millièmes de carbone, aient produit la masse de charbon que nous leur voyons contenir. Là encore, s'impose l'obligation d'un enrichissement de la masse en matière carbonée, par un apport étranger et c'est pourquoi j'ai insisté sur les indices de pénétrations bitumineuses visibles dans la masse.

Le kerosene shale, dans ses parties les plus pures, est un charbon noir satiné, à cassure conchoïdale.

La turfa du Rio Marahu.

Voici une matière jaune clair, stratifiée, ressemblant à une argile, remarquable par son extrême légèreté et par ce fait qu'on l'allume à la flamme d'une bougie. Je la dois à l'extrême obligeance du professeur C. Branner, de San-Francisco. Elle est surtout formée d'algues. Bien que traitée par l'industrie comme un schiste bitumineux, je n'ai pu y reconnaître avec certitude, sur les coupes minces, des pénétrations bitumeuses. Je n'ai pas le temps de vous exposer aujourd'hui les caractères spéciaux de ce combustible; mais, très certainement, vous êtes très frappés de ces faits que, lorsque la matière bitumineuse manque complètement ou qu'elle n'est indiquée qu'en quantité insuffisante, le combustible produit n'a pas les caractères de ce que vous appelez un charbon (fig. 47, pl. V).

Le boghead d'Autun.

Le boghead d'Autun est aussi une accumulation de fleurs d'eau dans une gelée brune (fig. 48, 49, 50, pl. V; fig. 51, pl. VI). La masse a subi une imprégnation bitumineuse. L'algue formatrice est différente du *Reinschia australis*; c'est un autre genre; nous avons nommé cet être *Pila bibractensis*. *Pila* est une boule creuse dont les éléments cellulaires ont la forme de troncs de pyramide rayonnants. Ses masses plasmiques sont très difficiles à voir. Ce sont des ovoïdes dont le petit bout est tourné vers le centre. La structure rayonnée de la plante est indiquée par les traits qui limitent la paroi des cellules ; mais c'est précisément ce dispositif qui a fait croire jadis que les *Pila* étaient des sphéro-cristaux de carbures d'hydrogène cristallisés (fig. 52 et 53, pl. VI). En prenant les *Pila* dans les parties silicifiées du boghead, j'ai pu faire voir que chaque soi-disant cristal élémentaire contenait une masse plasmique oviforme, pourvue d'un gros noyau, c'est-à-dire qu'il s'agissait d'un élément cellulaire (fig. 54 et 55, pl. VI).

Pila se trouve en thalles isolés et aussi en petits amas ou lenticules qui forment par place des plaquettes de boghead pur. Un lit de 2 à 3 centimètres d'épaisseur se poursuit sur 6 kilomètres de longueur.

Un tel milieu très chargé de matières organiques contenai nécessairement des bactéries ; mais il ne s'agit pas là de pourri ture transformant la masse en matière humique par une lent altération, car dès qu'un *Pila* est altéré, même très légèrement, i l'indique par l'effacement de sa structure et par une coloratio plus forte. Voici une section verticale qui rencontre un coprolithe corps éminemment putrescible et putréfiant tombé au milieu de *Pila* (fig. 67 et 68, pl. VII). Lorsqu'il touche un *Pila*, celui-ci s montre profondément altéré au point de contact. Il est beaucou plus fortement teinté, mais l'altération ne traverse pas l'épais seur du *Pila* ou, si elle le traverse, elle n'atteint pas le *Pil* suivant (fig. 69, pl. VII). Ce n'est donc pas la notion d'altératio qui s'impose ici, mais bien plutôt celle de milieu singulièremen aseptique et même fixateur. Or, le caractère presque aseptique d la gelée brune du Stettiner Haff a bien frappé M. Potonié e M. Renier, lorsque ce dernier a eu occasion de visiter ce gisement

La couche de boghead d'Autun ne diffère des schistes qu l'accompagnent que par la prédominance des *Pila* dans le li charbonneux et chaque fois que les *Pila* prédominent de nouvea sur la gelée argilo-humique, il se fait une trace ou un lenticule d boghead. Un *Pila* isolé donne un point de boghead dans la mass du schiste (fig. 60, pl. VI).

Nous avons pu multiplier beaucoup les coupes dans le boghea d'Autun ; cette circonstance nous a permis de remarquer quelque faits intéressants.

Dans les schistes aussi bien que dans le boghead, selon so degré d'altération, un même tissu comme le bois d'une branche d *Cordaites*, donne simultanément du fusain, un charbon brillan craquelé comparable à la houille et une gelée silicifiable où vou voyez l'infiltration bitumineuse souligner la structure en suivan la trame des tissus de la plante (fig. 56, pl. V ; fig. 57, 58, 59 pl. VI).

Aussi bien dans le boghead que dans le schiste, il y a des frac tures verticales dont les bords sont silicifiés (fig. 61, pl. VI ; fig. 62 63, 75, pl. VII ; fig. 74, pl. VIII). Ces parties minéralisées par l silice, alors que la masse avait encore son volume primitif, on échappé à la contraction. Ces régions nous montrent la gelé humique avec les grains de pollen et les spores étalés. Les *Pila* : montrent leurs protoplastes et leur noyau. Ces mêmes régions sili cifiées font voir avec une netteté parfaite les trajets de l'infiltration bitumineuse (fig. 64, pl. VII).

La consistance de la gelée fondamentale du dépôt est montrée par des exemples comme celui-ci : un *galet de granite* est soutenu en équilibre instable dans le schiste qui surmonte le boghead (fig. 65, 66, pl. VII). Les cadavres d'animaux y sont très souvent entiers (fig. 70, 71, 72, 73, pl. VII). Les os sont noirs, chargés de carbone. Il en est de même des coprolithes. Ce ne sont pas les os, ce ne sont pas les coprolithes qui ont pu fournir par eux-mêmes tout le carbone qu'ils contiennent ; là encore, la notion d'enrichissement d'un substratum organique en carbone par apport venant du dehors s'impose. Cet enrichissement s'est fait par une imprégnation bitumineuse et en effet on voit une matière fluidale continue, ou réduite à un réticulum, qui emplit les cavités des os et des coprolithes. Il y a eu rétention des carbures d'hydrogène filtrant à travers la masse en suivant de préférence la trame des corps organisés.

Je n'ai pas eu occasion de voir d'où venait ce bitume. Je ne l'ai pas vu *se faire sur place.* Nous ne voyons pas les corps organisés s'effondrer ou se liquéfier. La matière du schiste ne paraît pas altérée ou modifiée par chauffage ou par pression. Que la matière initiale du dépôt se soit lentement modifiée pour arriver à son état présent, cela n'est pas douteux, mais que ce soit cette transformation même qui a produit la matière bitumineuse, cela n'est pas visible sur les coupes minces et alors, voyant intervenir le bitume, je suis obligé de le considérer comme un des éléments qui sont entrés tout faits dans la formation. Ne voyant pas son origine sur place, je ne présuppose rien de son origine possible, voulant éviter une hypothèse inutile. Il ne suffit pas que la distillation d'une gelée brune comme celle du Stettiner Haff produise des bitumes pour que les carbures d'hydrogène retenus dans les restes organiques des schistes d'Autun viennent de la transformation lente de la couche où nous les trouvons. Ce n'est là qu'une possibilité, mais non un fait montré par les coupes minces. Nous avons eu l'hypothèse de la genèse des carbures d'hydrogène par la distillation sèche des poissons, la décomposition des carbures métalliques sous l'action de l'eau peut produire aussi des carbures d'hydrogène ; ce sont là des possibilités que nous soupçonnons aujourd'hui, mais il en est encore probablement beaucoup d'autres.

J'estime qu'en l'absence d'indications certaines, permettan d'établir l'origine des carbures d'hydrogène qui ont imprégn la couche, il est préférable de laisser bien apparente cette fac de la question comme un point à compléter.

La Torbanite d'Ecosse est également formée de *Pila* empilé dans une gelée brune, puis soumis à la fossilisation en présence d matières bitumineuses.

§ 9. — La houille de la veine Marquise d'Hardinghen.

Je demanderai les premières indications sur les houilles à l veine Marquise d'Hardinghen, c'est-à-dire à une couche westpha lienne.

Le charbon de la veine Marquise d'Hardinghen.

Les coupes de cette houille m'ont montré des débris de végétau supérieurs stratifiés dans une gelée brune (fig. 76, 77, 78, 79 pl. VIII). Ce sont des lames de bois, d'écorce ou de liège, de lambeaux de feuilles. Ces corps végétaux, d'un caractère fragmen taire très accusé, dominent par rapport à la gelée. La plupar sont complètement effondrés, si altérés qu'il est souvent bien diffi cile de les délimiter exactement par rapport à la gelée brune con tractée. Dans les tissus ligneux, par exemple, les cellules affaissée ont leurs parois rapprochées au contact et ondulées. Les cavité des éléments ligneux, les déchirures du tissu sont parfois remplie par des corps jaune d'or, amorphes, comme il arrive dans la trans formation ligniteuse avancée des bois.

Les tissus parenchymateux des feuilles montrent des cavité cellulaires remplies d'une masse rouge brun, venant de la trans formation de leurs protoplastes et de leur tinction par de matières bitumineuses. Cet aspect est celui que nous connaisson bien sur les lambeaux isolés observés dans les coupes du schist du *banc ciré* d'Autun.

Certains de ces restes végétaux, encore plus profondémen altérés, sont à l'état de fusains non injectés par la gelée brune, parois non bituminisées et souvent brisées par le retrait. Il n'y pas d'éléments minéraux clastiques intercalés dans la masse. J laisse de côté la pyritisation qui est un phénomène tardif.

Cette houille de la veine Marquise contient de nombreux corps jaunes transparents ; il y a quelques cuticules, des enveloppes de spores et des grains pollen. Les macrospores s'y montrent remplies de gelée brune. Il y a aussi et c'est là un caractère spécifique de cette couche, des masses gommeuses emplissant des organes sécréteurs. Fait surprenant, même avec les notions de milieu fixateur que je vous ai fait pressentir, on voit avec une netteté parfaite à la surface des tubes gommeux, l'épithélium sécréteur conservé avec son protoplasme et ses noyaux teintés et soulignés par action élective (fig. 78, 79, pl. VIII). J'ai signalé plus haut les corps jaunes inorganiques qui se développent dans les bois lignitifiés.

L'imprégnation bitumineuse est faible.

Cette esquisse suffit pour vous faire comprendre l'attention qu'il faut apporter à l'examen des charbons. En récompense, les houilles ainsi analysées, rendent en documents précis l'effort qu'on a consacré à leur étude.

La veine Marquise contient des nodules les uns calcaires, les autres en sidérose. Cette circonstance m'amène à vous parler des concrétions trouvées dans certaines veines de houille. Je vous parlerai des nodules ordinaires des couches westphaliennes. Je reviendrai ensuite aux nodules de la veine Marquise qui sont extrêmement particuliers.

Les sphérosidérites de l'époque westphalienne.

La houille contient souvent des concrétions dues a une localisation de matière minérale, antérieure à la contraction de sa masse. Selon les pays on les appelle *nodules*, *boulets*, *coal balls*, *Torfsidérit* ; on y retrouve, dans un état exceptionnellement favorable pour l'étude, les corps qui formaient la masse végéto-humique, alors que tous ses éléments étaient déjà rassemblés, mais alors que la contraction de la masse et l'imprégnation bitumineuse n'étaient pas commencées.

Les sphérosidérites d'Angleterre (fig. 93, 94, pl. IX), celles de Westphalie, celles de Bohème sont des masses calcaires plus ou moins chargées de sidérose et de dolomie. Elles ont montré des fragments de végétaux supérieurs régulièrement stratifiés dans une gelée brune. Les fragments dominent nettement par rapport à la gelée. Ils ont subi une altération tourbeuse qui les a fortement

humifiés, c'est-à-dire une décomposition lente sous l'eau (fig. 9
pl. IX). L'altération est allée jusqu'à l'effondrement sur pla
(fig. 92, pl. IX). Le fait résulte de ces exemples que je vous fa
projeter, où des tiges amollies se sont coupées sous leur poids. C
trouve des faits analogues dans les bois d'une tourbière: mais l'o
gine de la masse végétale en modification n'est pas ici la mêm
Des fragments végétaux plus altérés y sont à l'état de fusains ser
blables à ceux de la houille entourante. Il y a aussi des corps pl
récemment tombés et fixés par le milieu avant que leurs prot
plastes soient altérés ou que leurs éléments cellulosiques soie
détruits comme vous le voyez sur cet admirable exemple de *Zygo
tera Lucattii* tiré de la collection du regretté Maurice Hovelacqu
où le liber est complètement conservé. Très souvent, les rest
végétaux des nodules montrent qu'ils ont subi une déshydratati
analogue à celle que produirait une émersion. On sait qu'
séchant, le bois d'une branche, humifié, se contracte beaucoup pl
fortement que l'étui cortical. Il s'en sépare, et ses rayons s'ouvre
radialement. Des champignons inférieurs envahisent ces bo
asséchés, comme ils se développent dans les bois de tourbièr
abandonnés sur le sol. On sait aussi qu'après dessication, u
masse humifiée immergée de nouveau ne reprend pas son ét
initial. Le bois reste séparé de l'écorce, ses rayons restent ouver
Les nodules westphaliens nous présentent de même des masses
bois séparées de leur étui cortical avec rayons ouverts envahis p
les racines d'une végétation aquatique. Les racines s'insinu
dans les fissures existantes, ne taraudent que rarement les res
de la masse humifiée. Elles indiquent un retour de l'eau et une vé
tation aquatique de plantes vasculaires ; c'est-à-dire que la prof
deur de la nappe liquide recouvrante est d'abord restée faible.

Ces nodules montrent des spores dont les parois épineus
encore à l'état de corps jaunes ont été plus ou moins fluidifiées
dont la structure réticulaire est le plus souvent effacée.

On dira donc, d'après ces nodules ou sphérosidérites : fragmen
végétaux flottés, empilés par une eau remarquablement tranquill
dans une gelée brune plus ou moins abondante, y subissant u
humification tourbeuse, recevant parfois l'apport de spores,
pollen, de menus fragments encore vivants, soumise à des assèch
ments, puis réenvahie par des végétaux vasculaires aquatiques, p
conséquent vivant en eau peu profonde dans ces points là. La fo

mation du nodule parait provoquée par la localisation élective du calcaire s'accumulant dans des masses de gelée comparables, comme image au moins, aux grosses zooglées bactériennes, la zooglée ayant entouré, aux hasards de son développement, les restes végétaux les plus divers. La partie de la couche enrobée par le calcaire a échappé ultérieurement à la contraction Les nodules et avec eux la couche ne présentent que de faibles traces d'infiltration bitumineuse. La saturation de la capacité absorbante de la masse organique n'a pas été atteinte.

Les concrétions de la veine Marquise.

Les concrétions de la veine Marquise sont bien différentes de celles-là. Les plus nombreuses sont des plaques de liège profondément pourries, des tronçons de *Stigmaria* si altérés que leur bois est tombé effondré sur la face inférieure du tuyau laissé par l'écorce (fig. 85, 86, 87, pl. VIII) ; c'est sur ces gelées, *très certainement surchargées de bactéries, très bactériennes celles-là*, que s'est exercée l'action élective de la matière minérale, la calcite se localisant dans les lièges, la sidérose se localisant dans les *Stigmaria.*

Les pointes de *Stigmaria* abondent dans la veine Marquise ; mais elles sont privées de leurs appendices latéraux et non envahies par les racines. Ces étuis corticaux pourris présentent parfois des faits d'injection. La gelée brune y a pénétré massivement, introduisant des macrospores entre l'étui cortical et la masse ligneuse.

Il est arrivé très souvent qu'entre deux plaques subéreuses de la veine Marquise, une partie de la couche s'est trouvée enfermée et protégée contre la contraction, nous permettant ainsi de saisir, plus près de son état initial, la matière de la couche (fig. 80, 81, 82, pl. VIII). Ces zones se présentent comme une lame brune entre les deux plaques subéreuses. On y revoit la gelée brune assez abondante, des débris végétaux très altérés, dont certains fusinifiés (fig. 83, 84, 85, pl. VIII), des spores gélifiées encore à l'état de corps jaunes et des filets indiquant une fine infiltration bitumineuse. C'est à la limite de la bordure de ces chambres de sûreté que l'infiltration est le plus visible. La contraction par déshydratation de la masse a épargné ces chambres de sûreté ; par contre, les pressions ultérieures des couches recouvrantes, les mouvements généraux de dislocation des couches ont provoqué les courbures que vous montre la section d'ensemble de ces plaques couplées que vous voyez incurvées, brisées et resoudées par la calcite tardive (fig. 88, 89, 90, pl. IX). Fait très remarquable, au voisinage immédiat de ces plaques tourmentées, qui dénotent l'intervention de pressions si énergiques, la houille est bien brisée, mais sa structure microscopique n'est pas sensiblement altérée, les tubes gommeux sont aussi bien conservés [1].

Les nodules du Lancashire ont parfois montré des stipes et des tiges injectées, entre le bois et l'écorce, par une boue chargée d'organismes marins, ou plongées dans une boue marine.

Le dépôt silicifié de Grand'Croix.

A Grand'Croix, dans la Loire, on trouve réduits à l'état de galets, les restes d'une couche houilligène qui a été silicifiée presque au moment de sa formation et démantelée ultérieurement. Vous avez entrevu, au début de cette conférence, quelques-unes des merveilles qui y sont contenues. En voici d'autres coupes. On y retrouve une gelée brune abondante, chargée de débris végétaux à des degrés d'altération très divers. La gelée coagulée ne pénètre pas entre les écailles d'un bourgeon (fig. 95, 96, 97, pl. IX). Elle entre en injections par les fissures d'une coque séminale trouée. Le travail d'altération bactérienne s'y poursuit, libérant les nervures d'une feuille, mais en laissant ces nervures en place. Puis, l'altération s'arrête et il y a des phénomènes de fixation allant jusqu'à montrer les noyaux dans les cellules plasmolysées. Fait singulier, c'est dans ce milieu si favorable où des actions bactériennes se sont exercées, si proches des actions fixatrices, qu'il m'est le plus difficile de montrer avec certitude les restes d'organismes bactériens ; de là, la très grande réserve que j'ai cru devoir garder quant à la genèse des houilles par l'action dominante de ces organismes. Les pénétrations de racines aquatiques sont bien moins fréquentes à Grand'Croix que dans les nodules westphaliens.

A Grand'Croix les traces d'infiltrations bitumineuses sont très faibles. J'en ai pourtant observé des exemples certains dans les silex à graines.

[1] Qu'il me soit permis de remercier encore M. Ludovic Breton de m'avoir facilité, comme il l'a fait, l'étude des matériaux d'Hardinghen.

Pour la couche de Grand'Croix nous dirons encore : Menus débris végétaux diversement altérés, se stratifiant dans une gelée brune humique, dominant souvent par rapport à cette gelée, continuant de s'y altérer, puis s'y fixant. Parfois silicifiés en cet état, et soumis à une infiltration bitumineuse très faible, insuffisante pour saturer la capacité retentrice de la masse. C'est sur cette notion que je m'arrêterai ; les coupes minces n'ont pas été plus loin dans l'étude des houilles.

EXPLICATION DES PLANCHES

PLANCHE I.

La gelée humique de Grand'Croix. — Epidermes du Papierkohle de Prisches

FIG. 1. — Section verticale d'un dépôt de gelée humique houilligène qui a été silicifié avant sa contraction. — La gelée humique est chargée d menus débris végétaux. On y reconnait une graine *Gr* coupée longitudinalement, un stipe de lycopdiacée, des *lambeaux* de feuilles de *Cordaites* e des fragments de divers tissus humifiés. — Les corps enfouis dans la gelée ne se touchent pas, malgré l'état de mollesse indiquée par leur attitude. Il ne s'écrasent pas. La gelée fondamentale n'a pas pénétré telle quelle dans la cavité de la graine. Celle-ci a comblé ses cavités avec un coagulum beaucoup plus dilué qui a pu filtrer à travers sa paroi. — On remarquera que la gelée fondamentale ne pénètre pas ordinairement en nature dans la masse des tissus fusinifiés. Grossissement 3.

f. Lambeau de feuille de *Cordaites*. pages 352, 35–

FIG. 2. — Un arc pris à la base de la graine pour montrer la région da– laquelle on trouve les cellules avec protoplasmes plasmolysés, enco– pourvus de leur noyau cellulaire. Grossissement 22. page 3–

FIG. 3. — Un groupe de cellules du parenchyme externe de la graine av– protoplasmes contractés par plasmolyse. Dans chaque protoplasme on v– le noyau cellulaire. Grossissement 45.

p. Masse plasmique cellulaire contractée par plasmolyse et isolée de paroi.

n. Noyau cellulaire. page 3–

FIG. 4. — Section verticale d'un autre point du même dépôt (Grand'Croix Loire). Grossissement 3.

La stratification de la gelée humique est soulignée par des lambeaux de feuilles de *Cordaites* couchés horizontalement. Certaines feuilles détruites sur place *par l'effet d'un travail microbien* sont réduites à leurs nervures libérées encore alignées, *non brouillées*.

Gr. Coupe transversale d'une grosse graine dépouillée de son enveloppe charnue ; *se*. son sac embryonnaire soutenu par le coagulum plus fluide qui pénétré par filtration dans la coque seminale.

Ga. Galle dans un lambeau de feuille. page 353.

FIG. 5. — Un groupe de nervures libérées dans la gelée fondamentale. Région supérieure gauche de la figure 4. Grossissement 9.

n. l. Les nervures libérées

f. d. Lambeau de feuille en décomposition, mais dont les nervures ne sont pas encore libérées. page 353.

FIG. 6. — Section verticale du même dépôt pris à 8 millimètres de la figure 4. On y voit des corps posés verticalement ou obliquement dans la gelée brune. Grossissement 3. page 353.

FIG. 7. — Un lambeau épidermique du Papierkohle quaternaire de Prisches (Nord). Grossissement 50. page 352.

FIG. 8. — Un point plus grossi du même lambeau. Grossissement 160 Chaque cellule épidermique montre sa masse plasmique et son noyau cellulaire conservés. La paroi, le protoplasme et le noyau sont encore colorables par le vert de méthyle. Un parasite *pa* est logé dans la cavité de quelques cellules. Il est posé sur le protoplasme de la cellule épidermique. Il se colore en rose en localisant la fuchsine dans la double coloration : vert de méthyle, fuchsine. — Le protoplasme des cellules épidermiques est ici collé à leur paroi. page 352.

PLANCHE II.

Ecailles en position instable. — Le schiste de Broxburn's pit. — Le schiste de Ceara.

FIG. 9.— Ecailles d'un poisson ganoïde dans la gelée brune fondamental Schiste d'Autun. Certaines d'entre elles y sont piquées verticalement, mai- tenues dans cette position instable par la consistance de la gelée. Grossi- sement 9. page 35-

FIG. 10. — Section verticale d'un coprolithe des schistes de Buxière-le Mines, Allier. Des écailles d'un poisson ganoïde y sont maintenues ver calement par la consistance pâteuse de la matière coprolithique où elles so enrobées. Grossissement 9. page 3

FIG. 11. — Section verticale du Brown oilshale du puits de Broxbu Ecosse, dans une région peu disloquée. Grossissement 22.

A ce grossissement, on ne voit qu'un petit groupe d'*Epipolaia Bowe* algue gélatineuse. page 3

FIG. 12. — Coupe verticale d'un thalle d'*Epipolaia Boweri*. Grossisseme

Bien que l'algue *Al* soit remarquablement conservée, le détail de sa str ture n'est que très difficilement perceptible, faute de coloration élective ses diverses parties.

sp. Spore à paroi brune. page 3

FIG. 13. — Section verticale du schiste de Broxburn's pit, dans une rég fissurée. Grossissement 22.

La pesanteur combinant ses effets avec ceux de la contraction, certa bancs sont coupés, d'autres sont redressés, refoulés et plissés, interca même entre les lambeaux d'un même banc. page 3

FIG. 14. — Autre section verticale du schiste de Broxburn's pit, dans u région fortement disloquée. Grossissement 22.

Ec. Ecaille de poisson.

Bi. Amas de bitume dans une fissure. page 356

FIG. 15. — La fissure précédente au grossissement 50.

fr'. Première fracture. *fr''*. Deuxième fracture. page 356.

FIG. 16. — Coupe verticale du schiste de Ceara, montrant les carapaces de crustacés régulièrement stratifiées dans la gelée fondamentale. Grossisse ment ?

c'e'. Carapace effondrée.

c''e''. Carapace à demi effondrée. page 357

FIG. 17. — Un point de la coupe précédente montrant des carapaces brisées. Les faces opposées de chaque carapace ne se touchent pas. L'espace laissé libre entre les fragments est occupé par une matière fluidale brun clair, bitumineuse et par des cristaux de calcite tardive. Les fragments des carapaces brisées coupent souvent la gelée voisine. Grossissement ? page 357.

FIG. 18. — Un autre point de la figure 16. — L'une des carapaces est à demi effondrée. Des cristaux de calcite et du bitume remplissent la concavité de la partie intacte de la carapace. Grossissement 100 ? page 357.

PLANCHE III.

Escaillage de Liévin. — Schiste du Bois-d'Asson. — Schiste de Buxièr
Charbon de spores. — Tasmanite.

FIG. 19.— Section verticale d'un escaillage ou schiste noir de Liévin. G
sissement 22.

Les déchirures *d* de la gelée contractée sont remplies par une gelé
même nature, moins condensée. page

FIG. 20. — Section verticale du schiste du Bois-d'Asson. Grossissement
d. Une déchirure de la gelée fondamentale remplie par une gelée de m
nature, à diatomées extrêmement petites.

B. Une algue. *Botryococcites Largæ*. page

FIG. 21. — Un point plus grossi d'une autre partie de la même sect
Grossissement 100.

E. Coupe transverse d'une spicule d'éponge.

B. Un thalle de *Botryococcites Largæ*. page

FIG. 22. — Section horizontale du schiste du Bois-d'Asson. Grossisse
22.

Ep. Les spicules d'éponge page

FIG. 23. — Section verticale transverse du schiste du puits de Marg
(Autun), sous le boghead. Il contient de nombreux coprolithes *Co*. Gro
sement 2. page

FIG. 24. — Section verticale du schiste de Buxière-les-Mines, couche
des Têtes-de-Chats. Grossissement 3.

Po. Poisson.

Co. Coprolithes.

Ces empilements de coprolithes et de corps de poissons dans une g
humique relativement très peu abondante donnent la notion de cha
animal, de charbon de coprolithes et, par dilution, de charbon de p
pages 358,

FIG. 25. — Section verticale du schiste de Buxière au-dessus d
couche des Têtes-de-Chats. La section coupe un coprolithe *Co*, charg
petites écailles de poissons *ec*, dont certaines se voient déjà libérées da
schiste. — Les coprolithes étant moins nombreux que dans le lit des T
de-Chats, on voit de nombreux crustacés *Cr* dont les carapaces sont r
lièrement stratifiées dans la gelée fondamentale. Grossissement 3.
pages 359,

FIG. 26. — Section verticale d'un charbon de spores. Grossissement 22. page 360.

FIG. 27. — Un point plus grossi de cette section verticale. Grossissement 50.

Msp. Grosses spores femelles (macrospores).
msp. Très petites spores mâles (microscopores). page 360.

FIG. 28. — Section horizontale d'un charbon de spores. — On ne voit que des macrospores et des microspores. Grossissement 50. page 360.

FIG. 29. — Section verticale de la Tasmanite, combustible permien non bituminisé, dont les spores sont l'élément dominant. Grossissement 9. page 361.

FIG. 30. — Un point grossi de la figure 29. Grossissement 22. page 361.

PLANCHE IV.

Tasmanite et Kerosene shale.

FIG. 31. — Un point encore plus grossi de la section verticale de la Tasmanite. On y voit très bien les macrospores *Msp* affaissées et empilé[es] par stratification dans la gelée brune. Grossissement 45. page 36[illegible]

FIG. 32. — Section horizontale de la Tasmanite. Grossissement 45. page 361

FIG. 33. — Section verticale de la Tasmanite passant par un galet de quartz. Grossissement 9. page 361.

FIG. 34. — Section verticale du Kerosene shale de Blackheath. Grossissement 9. page 362.

FIG. 35. — Un point de cette section verticale, au grossissement de 22. On voit déjà que la masse est formée par l'empilement de très petits thalles d'une algue gélatineuse, *Reinschia australis*, stratifiés dans une gelée brune. pages 362, 364.

FIG. 36. — Un point de la section verticale du Kerosene shale de Blackheath. Grossissement 150.

Th. a. Un thalle de *Reinschia australis*.

Th. j. Un jeune thalle.

Th. a. x. Un thalle adulte très légèrement altéré; sa structure est presque totalement effacée. page 362.

FIG. 37. — Un autre point de la même section verticale. Grossissement 150.

On y voit un vieux thalle *Th. v*, très chargé de gélose et se disloquant.

tjTh. Un très jeune thalle à cellules très petites et pauvre en gélose. page 363.

FIG. 38. — Section horizontale du Kerosene shale de Blackheath. Grossissement 150.

Th. a. Coupe équatoriale d'un thalle adulte.

Th. v. Coupe horizontale d'un vieux thalle riche en gélose.

Th. j. Jeunes thalles à cellules plus petites et pauvres en gélose. page 363.

FIG. 44. — Section horizontale d'un échantillon de Kerosene shale de New-Hartley-Mine, Genowlan, montrant une infiltration bitumineuse, rendue brillante par un éclairage intense. Grossissement 0.6.

In. La section horizontale de l'infiltration. page 364.

FIG. 45. — Section horizontale d'une partie de la même infiltration vue par transparence. Grossissement 3. page 364.

PLANCHE V.

Kerosene shale et Boghead d'Autun.

FIG. 39. — Section équatoriale d'un thalle âgé de *Reinschia australis*, à l'intérieur duquel on voit un jeune thalle libéré. Grossissement 150.

Th. ag. Le thalle âgé.

Th. j. Le jeune thalle. page 363.

FIG. 40. — Une culture de *Volvox globator*, algue gélatineuse actuelle en sphère creuse, se multipliant comme *Reinschia australis* par des *cénobies*, c'est-à-dire par de petits thalles à cellules petites et nombreuses. Ces cénobies forment les grosses taches noires visibles dans le gros thalle. — Cliché de M. Moynier de Villepoix. Grossissement ?

Th. Thalle. *Tha.* Thalle adulte. *Thj.* Jeune thalle. *ce.* Cénobie. page 363.

FIG. 41. — Section verticale montrant le début du Kerosene shale. Grossissement 22.

RI. Région inférieure pauvre en thalles adultes de *Reinschia australis*.

RS. Région supérieure avec thalles adultes. page 363.

FIG. 42. — Cassure verticale du Kerosene shale de New-Hartley-Mines, Genowlan, rencontrant une infiltration bitumineuse, *In*. Grossissement 0.4. page 364.

FIG. 43. — Section verticale d'un point de cette infiltration, vue par transparence, pour montrer la pénétration de la matière bitumineuse à l'intérieur de la masse. Grossissement 9.

In. Point de descente de l'infiltration, visible sur la surface de la cassure.

Ir. Ramification de l'infiltration pénétrant dans la masse. page 364.

Voir les figures 44 et 45, planche IV.

FIG. 46. — Section verticale d'un point du Kerosene shale de Joadja-Creek, où une fracture du boghead est envahie massivement par le bitume. Grossissement 22.

Les thalles fracturés de la cassure sont empâtés par le bitume. Celui-ci les teint plus ou moins massivement et par action élective. La cassure est en partie comblée par de la silice tardive. page 364.

FIG. 47. — Cassure verticale d'un morceau de Turfa du Rio Marahu. Combustible formé par une accumulation d'algues dans une gelée brune humique, mais où les coupes minces ne montrent pas la pénétration d'une matière bitumineuse. — Envoi de M. le professeur Branner. Grossissement 0.5. page 365.

FIG. 48. — Section verticale du Boghead d'Autun. Il résulte d'une accumulation de *Pila* stratifiés dans une gelée brune humique. Grossissement 16.5. page 365.

FIG. 49. — Une partie plus grossie de la même coupe, montrant un lit de *Pila*. On y voit leur structure rayonnée. Grossissement ? page 365.

FIG. 50. — Section verticale d'un lit de *Pila*, montrant les cavités cellulaires affaissées dans les thalles coupés. Grossissement ? page 365.

FIG. 56. — Section verticale d'une demi-branche de *Corduites* posée sur sa face de fracture. La portion droite de l'objet est silicifiée. La région gauche est à l'état de charbon brillant, craquelé. La partie extrême gauche et la surface supérieure sont fusinifiées. Voir la suite fig. 57. Grossissement 0.6. page 366.

PLANCHE VI.

Boghead d'Autun.

FIG. 51. — Section horizontale du boghead d'Autun. — Les *Pila* tendent à former des amas et des bancs. Grossissement 16.5. page 365.

FIG. 52. — Vue polaire d'un *Pila*. Grossissement 112.2. page 365.

FIG. 53. — Section horizontale de *Pila* montrant leur structure rayonnée. Grossissement 112.2.

C'est cette structure rayonnée qui avait fait penser que *Pila* représentait un sphéro-cristal de carbures d'hydrogène cristallisés. page 365.

FIG. 54. — Section horizontale de *Pila* pris sur le bord d'une concrétion siliceuse. On voit que chaque compartiment de la plante contient un corps axial brun. Grossissement 112. page 365.

FIG. 55. — Section verticale d'un thalle de *Pila* gonflé et éclaté. Ses masses plasmiques ont été libérées de leur enveloppe gélosique. Dans chaque masse, on voit un noyau. Grossissement 258.9.

cn. Une cellule avec noyau.

g. Gélose due aux parois cellulaires déchirées.

gh. Gelée humique stratifiée entourant le thalle. page 365.

FIG. 56. — Voir planche V.

FIG. 57. — Portion droite silicifiée de la demi-branche de *Cordaites* représentée fig. 56. Grossissement 9.

B. Bois de la branche. Ses files rayonnantes de fibres ligneuses sont isolées les unes des autres par la pourriture. A sa périphérie, le même bois secondaire affaissé est transformé en une masse de charbon brillant, craquelé.

M. Moelle de la branche.

Vers la limite périphérique de la partie silicifiée, on voit un réseau d'infiltration bitumineuse *ri*, qui tend à suivre les parois des éléments ligneux. Le filtrat bitumineux teint les parois des cellules médullaires et il vient s'accumuler contre le coagulum de gelée brune sur lequel reposait la demi-branche.

gh. La gelée brune humique minéralisée qui a donné le schiste. page 366.

FIG. 58. — Section radiale du même objet dans la région médullaire. On y reconnait la moelle cloisonnée en planchers transverses des *Cordaites*. Grossissement 29. page 366.

FIG. 59. Une portion de la figure 58 au grossissement 9.

p m. Plancher médullaire teinté par l'infiltration bitumineuse.

B. Les fibres du bois secondaire coupées en long.

ri. Le réseau d'infiltration bitumineuse.

bi. Amas de bitume au contact de la gelée brune.

g h. La gelée brune humique minéralisée. page 36

FIG. 60. — Section verticale du faux boghead. — Petite couche de boghea placée un peu plus haut que le banc de boghead. Il est aussi formé de *Pi* et on voit que ceux-ci se continuent dans le schiste. Grossissement 9.

page 36

FIG. 61. — Section verticale du boghead d'Autun qui coupe transversal ment deux fentes verticales à bords silicifiés. Grossissement 1.

Le nodule siliceux de droite affleure à la surface du boghead.

pages 333, 36

Planche VII.

Boghead d'Autun.

Fig. 62. — Section verticale d'une fente à bords silicifiés dans le boghead d'Autun, vue par transparence. Grossissement 3. pages 353, 366.

Fig. 63. — Section verticale transverse d'un nodule siliceux, vue par transparence. Grossissement 3. page 366.

Fig. 64. — Section verticale d'un nodule siliceux montrant le trajet suivi par l'infiltration bitumineuse. Grossissement 9. page 367.

Fig. 65. — Section verticale du schiste qui surmonte le boghead. Grossissement 0.6.

La consistance de la gelée argilo-humique qui a formé le schiste est montrée par un galet de granite soutenu en équilibre instable. page 367.

Fig. 66. — Section verticale de la face opposée du même échantillon. Grossissement 0.7. page 367.

Fig. 67. — Section verticale d'une partie du boghead d'Autun où des coprolithes de reptile sont déposés au milieu des *Pila*. Grossissement 9. page 366.

Fig. 68. — Une partie plus grossie de la même section. Grossissement 22. page 366.

Fig. 69. — Portion de la même section montrant le contact des *Pila* et du coprolithe. Grossissement 45.

On voit que tous les détails de la structure du coprolithe sont conservés. Les thalles de *Pila* touchés par le coprolithe sont altérés au moins partiellement et plus colorés. Ils localisent davantage le bitume. Certains thalles touchés ne sont que partiellement colorés. L'altération n'atteint pas les thalles voisins.

Le bitume est accumulé dans les parties libres du coprolithe.

Co. Coprolithe.

Pi a. *Pila* altéré. *Pi a'.* Un *Pila* partiellement altéré.

Bi. Amas de bitume libre dans le coprolithe. page 366.

Fig. 70. — Section horizontale du schiste qui précède le boghead d'Autun, entre le *banc ciré* et le boghead. Cette coupe rencontre une mâchoire de *Protriton*. Les petites dents soudées à la mâchoire ont leur cavité totalement ou partiellement remplie de bitume. Grossissement 22.

m. Maxillaire. *d.* Dent pleine de bitume. *d'.* Dent partiellement remplie. page 367.

late de *Protriton*. Grossissement 22. page 367.

rticale du schiste qui surmonte le boghead d'Autun.
rre blanche de remplissage tardif qui accompagne
section coupe transversalement un squelette d'*Acti-*
tat de charbon d'os, ont leurs cavités remplies par la
ment 0.5.
plissage ou barre. *Os*. Les os. pages 360, 367.

rticale d'une portion du squelette d'*Actinodon* vue
ossissement 3. *Os. m.* parties massives des os. *Os. r.*
s os. pages 360, 367.

che VIII.

rticale transverse d'une fracture verticale du schiste
ad d'Autun. Les bords de la fracture sont silicifiés.
vue par transparence. Grossissement 1.5.
ure.

gilo-humique contractée. pages 353, 366.

PLANCHE VIII.

La houille et les nodules de la veine Marquise d'Hardinghen.

FIG. 74. — Section verticale du schiste qui surmonte le boghead d'Autun. On y voit des fractures à bords silicifiés. Grossissement 0.5.

f. Les fissures.

b. Les régions silicifiées. Elles ont échappé en partie à la contraction, alors que la matière schisteuse voisine subissait cette action. pages 353, 366.

FIG. 75. — Voir planche VII.

FIG. 76. — Coupe verticale de la houille de la veine Marquise d'Hardinghen. Grossissement 22.

M. sp. Macrospore affaisée.

tg. Masses gommeuses.

B. Une lame de bois en charbon brillant. page 368.

FIG. 77. — Section horizontale de la houille de la veine Marquise d'Hardinghen. Grossissement 22.

Les lettres ont la même signification que dans la figure 76. page 368.

FIG. 78. — Masse gommeuse à la surface de laquelle sont des masses plasmiques pourvues de leur noyau cellulaire. — Portion I de la figure 77. Grossissement 100.

n. Noyaux vus de face. *n'*. Noyaux vus de profil.

pr. Masses protoplasmiques.

C. Une cellule pourvue de son noyau. pages 368, 369.

FIG. 79. — Portion S de la masse gommeuse I de la figure 77. Grossissement 100. pages 368, 369.

FIG. 80. — Section verticale d'un système de deux plaques subéreuses à fibres parallèles. Entre les deux plaques est une zone brune plus foncée, chargée de morceaux de tissus fusinifiés. Grossissement 100.

Pli. Plaque subéreuse inférieure.

Pls. Plaque subéreuse recouvrante.

Zbr. Zone brune.

f. Lambeaux de tissus fusinifiés. page 371.

FIG. 81. — Section verticale radiale d'un système de deux plaques subéreuses comprenant entre elles une zone brune avec débris fusinifiés. Grossissement 0.3. page 371.

FIG. 82. — Section verticale transverse d'un système de trois plaqu subéreuses. Grossissement o.3. page 37

FIG. 83. — Section verticale transverse d'une zone brune (gelée humique chargée de tissus fusinifiés reposant sur une plaque subéreuse. La prépar tion est vue par transparence. Grossissement 3.

pl. s. Plaque subéreuse

f. Lames fusinifiées, bois et lièges.

g. Gelée brune humique. page 37

FIG. 84. — Section radiale d'une zone brune entre deux plaques subéreus Grossissement 3.

Les lettres ont la même signification que dans la figure 83. page 37

FIG. 85. — Section transverse d'une plaque subéreuse dans une région o la structure du liège est encore reconnaissable par ses alignement Grossissement 5o. page 37

FIG. 86. — Section transversale d'un *Stigmaria* affaissé sur sa face inf rieure. La masse ligneuse du *Stigmaria B* est descendue sur sa face inférieu Grossissement o.6.

Ce *Stigmaria* est en sidérose compacte. Il a été trouvé dans la vei Marquise d'Hardinghen. page 37

FIG. 87. — Section transverse de la masse ligneuse du *Stigmaria*. Grossi sement 2.

La masse ligneuse pourrie s'effondre sur la face inférieure du *Stigmari* La pyrite de fer tend à se localiser dans le bois pourri. page 37

Planche IX.

Les nodules d'Hardinghen. — Les sphérosidérites d'Angleterre — Le dépôt silicifié de Grand'Croix.

Fig. 88. — Un système de plaques subéreuses à fibres parallèles, courbé parallèlement aux fibres. Grossissement 0.3. page 372.

Fig. 89. — La section verticale transverse du même échantillon montrant qu'il est formé de plusieurs plaques subéreuses. Grossissement 0.5. page 372.

Fig. 90. — Section verticale transverse d'un système de deux plaques subéreuses, courbé transversalement. Grossissement 0.5.

Pls. **Plaque supérieure.**

Pli. **Plaque inférieure**

f. **Zone brune mince avec fragments fusinifiés.** page 372.

Fig. 91. — Section verticale transverse d'un morceau de sphérosidérite (*coal ball*) anglais. Grossissement 2. Collection Maurice Hovelacque n° 369. Sur une plaque subéreuse dont le tissu est bien reconnaissable, on voit des sections d'organes divers. *Zg.* Une section transverse de *Zygopteris Lacattii Lg.* Une section transversale d'une graine de *Lagenostoma.* page 370.

Fig. 92. — Section verticale transverse d'un stipe de *Lepidodendron* du type *selaginoides* montrant l'effondrement de sa région médiane. Grossissement 2.

Br. **Bois primaire effondré.**

B2. **Bois secondaire.**

Es. **Enveloppe subéreuse effondrée.** page 370.

Fig. 93. — Section verticale transverse d'un sphérosidérite anglais. Collection Hovelacque n° 531. Grossissement 2.

Une tige de *Lyginodendron Ly* effondrée a été séchée après humification. Son bois *B* est effondré, ses rayons sont ouverts. De nombreuses racines stigmariennes se sont insinuées dans les espaces laissés libres.

B. **Bois du *Lyginodendron.***

Ec. **Son écorce.**

r. **Racines stigmariennes.** page 369.

Fig. 94. — Section verticale d'un sphérosidérite anglais où on voit une notable quantité de gelée brune taraudée par des racines. Collection Maurice Hovelacque n° 724. Grossissement 1. 5. page 369.

FIG. 95. — Section verticale de la masse silicifiée du dépot de Grand'Croix. On y voit une graine et deux bourgeons. Grossissement 2.5. page 372.

FIG. 96. — Section longitudinale de la graine, légèrement affaissée sur sa face inférieure Grossissement 9. page 372.

FIG. 97. — Section transverse d'un bourgeon mâle de *Cordaites*. La gelée humique n'a pas pénétré en injection entre les écailles du bourgeon. Grossissement 9. page 372.

Le nouveau bassin houiller de la Lorraine française

PAR

FRANCIS LAUR,

Ingénieur civil des mines,
Administrateur-délégué de la Société anonyme des publications scientifiques et industrielles et des imprimeries techniques Francis Laur réunies.

CHAPITRE Ier

Les études préliminaires.

Des travaux de recherches, guidés par quelques idées directrices, ont amené la découverte du prolongement en France du bassin de Sarrebrück.

C'est un évènement important dans l'histoire industrielle de l'Europe, au même titre que la découverte du bassin houiller de la Campine.

Nous sommes heureux de pouvoir apporter au Congrès de Liége le premier travail d'ensemble sur le nouveau bassin houiller français.

* * *

Il est certain que beaucoup d'ingénieurs et d'industriels avaient songé au prolongement possible du bassin de Sarrebrück vers la Moselle.

Cette idée était naturelle, mais les derniers affleurements du bassin houiller sur la Sarre sont encore à 70 kilomètres de la Moselle et on avouera que la direction suivant laquelle ce prolongement sous les morts-terrains pouvait se faire, était une chose capitale à déterminer et assez difficile à fixer *a priori*.

On avait du reste, comme presque toujours, à enregistrer un échec dans le passé.

Un sondage foncé à Menil-Flin, non loin de Lunéville, de 1886 à 1890, avait atteint 901 mètres de profondeur, sans parvenir à traverser le Permien sous lequel aurait pu se trouver le terrain houiller, plus ancien.

Ainsi, pour beaucoup de bons esprits, ce terrain houiller éta
inaccessible ou inexistant en France.

Il est vrai que, près des affleurements de la Sarre, des sondag
allemands avaient été entrepris et, vers la fin de 1900, le bilan c
ces travaux était intéressant. Un sondage à Longeville (Lubeln
près de St-Avold avait rencontré, à environ 600 mètres de pro
fondeur, une couche de charbon de 4 mètres de puissance ; à
Hargarten, un sondage de 250 mètres de profondeur, exécuté en
15 jours, avait également rencontré le charbon.

Mais ces découvertes étaient faites à quelques kilomètres de l
Sarre et n'indiquaient qu'un prolongement immédiat, connu depui
longtemps par les exploitations privées du côté ouest de la Sarr
(Petite-Rosselle, Grande-Rosselle).

Les idées directrices restaient encore à trouver, c'est-à-dir
celles qui détermineraient exactement l'axe théorique suivan
lequel il fallait chercher à 60 kilomètres au-delà, vers la frontièr
française, le passage de la bande houillère venant de Sarrebrück

Deux idées théoriques se sont fait jour à ce moment précis, ver
1900 : 1° l'idée du parallélisme des plis hercyniens du nord d
l'Europe ; 2° l'idée que le relief des terrains de recouvremen
pouvait indiquer le relief du terrain houiller sous-jacent.

Dans l'ordre chronologique, c'est l'idée du parallélisme des pl
hercyniens qui est la première en date, car elle a été émise à la fi
de 1900 et publiée par nous (*Le charbon sous la Lorraine français*
Recueil des articles publiés dans l'Echo des mines, 1900-1901

A la même époque à peu près, des maîtres de forges de l'Es
très avisés, représentant les Sociétés de Micheville, de Pont-à
Mousson et de Saintignon, avaient chargé successivement quatr
savants, et non des moindres, MM. Marcel Bertrand, Bergeron
Nicklès et Villain, d'étudier la question et, en 1902-1903, le
publications de MM. Villain et Nicklès indiquaient les concl
sions des savants français. Telle est la succession des faits a
point de vue théorique.

Le passage à l'exécution pratique a eu lieu immédiatemen
comme nous le verrons plus loin, et c'est une chose remarquabl
en France de voir l'Idée si vite matérialisée.

Ceci établi, commençons notre exposé par la théorie qui, quell
que soit sa valeur, est la première en date et a des conséquence
générales.

I.

La théorie du parallélisme des plis hercyniens.

Je demande la permission de reproduire ici, au frontispice de cette étude, le premier appel un peu dithyrambique, mais sincère, que je faisais à nos confrères ingénieurs et à la presse technique en général, en faveur de l'idée de la houille en Lorraine.

Le 1er novembre 1900, j'écrivais dans l'*Echo des mines* :

« Si quelque fée nous faisait voir sous le bassin de Meurthe-et-Moselle, » sous le jaune-brun des couches de fer qu'on y exploite, le noir brillant de » la houille, quel changement à vue pour ce bassin industriel.

» Les hauts-fourneaux n'iraient plus chercher leur combustible en Alle- » magne et dans le Nord. L'Est deviendrait le pays du monde où l'on » produirait le métal à meilleur marché.

» On aurait de la fonte à quinze francs la tonne au-dessous de tous les » cours connus. Cela rappellerait les beaux temps primitifs de l'industrie » anglaise où le *blackband* c'est-à-dire le minerai de fer carbonaté, alter- » nait avec les couches de la houille. C'est à cette circonstance purement » fortuite et naturelle que l'Angleterre a dû d'asseoir pendant près d'un » demi siècle sa suprématie industrielle sur le monde et de prendre cette » vitesse acquise formidable qui ne nous a permis de la rejoindre que dans » ces dernières années, au point de vue des progrès industriels.

» Hélas ! Le charbon sous Nancy, sous la Meurthe-et-Moselle ! c'est » un rêve.

» Est-ce bien certainement un rêve ?

» Je ne prétends pas abuser du fameux argument : Tout est possible. » En géologie heureusement, tout n'est pas vague et nous savons que sous » certains terrains, sous le granite par exemple, il est inutile de chercher la » houille. Donc, il y a des certitudes négatives tout au moins en géologie.

» Existent-elles en Meurthe-et-Moselle et en général dans l'est de la » France ?

» On peut dire hardiment : non.

» Les terrains sédimentaires constituent cette région et les terrains » relativement récents qui peuvent recouvrir de leurs assises et cacher à » tous les yeux les couches plus anciennes (les couches houillères notam- » ment), sont les plus répandues dans l'Est.

» Il est donc rationnel de dire qu'il n'y a pas de raison pour qu'il n'y ait » pas de terrain houiller dans cette partie de la France.

» A quelle profondeur se rencontrera-t-il ? Existe-t-il même réellement » sous le jurassique et le trias ? Mystère.

» Mais j'ajouterai : mystère non insondable.

» Que faut-il faire dans ce cas pour vérifier le fait ?

» Un effort commun évidemment, car cela ne peut être l'œuvre d'un seul.

» Eh bien ! je pose la question :

» J'affirme aujourd'hui qu'il n'est pas improbable de trouver la houille
» sous les départements métallurgiques de l'Est, voilà tout ; je donnerai mes
» raisons techniques dans un prochain article. Mais, pour le moment,
» je ne veux que demander aux maitres de forges, à l'opinion publique, aux
» confrères de l'Est, leur bienveillant concours pour étudier la question.

» Je suis prêt à approfondir l'étude, à aller faire des conférences sur ce
» sujet, je demande simplement qu'on me dise aujourd'hui si la question
» intéresse et s'il faut la pousser.

» La nécessité d'avoir plus de houille en France est démontrée tous les
» jours, hélas ! et la grève imminente n'est qu'un épisode de la famine
» houillère qu'il faut mettre désormais toute notre énergie à conjurer.

» Donc, en avant pour le progrès ! »

On le voit, notre appel a été entendu et la question, en quatre années, a fait un pas immense. Voici maintenant l'étude scientifique qui suivit cette entrée en matière.

M. Bergeron, l'éminent professeur de géologie à l'Ecole centrale, a, dans un travail intitulé : *De l'extension possible des différents bassins houillers de la France*, posé des bases que nous demanderons la permission de rappeler au lecteur.

» A la fin de la période primaire, il y eut un soulèvement, il commença
» à se faire sentir au début du Carbonifèrien, et ne prit fin qu'au Permien.
» Il aboutit à la formation d'un système désigné par M. Suess sous le nom
» de chaine varisque (de l'ancienne tribu des Varisques, habitants de la
» Saxe et de la Bavière) et qui a reçu de M. M. Bertrand le nom de chaine
» hercynienne (de *Hercynia sylvia* ou Hartz), parce qu'elle compte le Hartz
» parmi ses chainons. Comme c'est sous ce dernier nom qu'elle est le plus
» connue en France, nous la désignerons ainsi. Les chainons hercyniens,
» visibles actuellement en Europe, sont nombreux, ils sont cantonnés au sud
» de la chaine calédonienne et occupent surtout la chaine centrale. Il suffira
» de se reporter à la fig. 1 pour se rendre compte de leur répartition et des
» massifs géographiques auxquels ils correspondent. En France, ils forment
» les massifs de l'Ardenne, des Vosges, de la Bretagne et du Cotentin, du
» Plateau central, des Maures et de l'Estérel. On en retrouve quelques
» lambeaux dans les Pyrénées et les Alpes, mais leur importance est minime
» à côté de celle des accidents qui se sont produits postérieurement dans
» ces mêmes régions. D'autres chainons hercyniens sont connus en Amé-
» rique, dans les Alleghany notamment.

» Le système hercynien joue un rôle considérable au point de vue indus-
» triel puisque c'est dans ces chainons que se rencontrent les principaux
» bassins houillers : ceux de la Saxe et de la Bohème, de la Rhur. le bassin
» franco-Belge, les bassins anglais, ceux du plateau central de la France, etc.
» L'étude de ces plis hercyniens pourra donc nous donner quelques notions
» sur l'extension possible des bassins houillers. »

Et M. Bergeron étudie ensuite les différents plis hercyniens de Bretagne, du Plateau central, auxquels nous devons la plupart de nos bassins houillers.

Ce qu'il faut retenir de son travail, c'est qu'il classe les Vosges dans le grand mouvement hercynien.

Ceci posé, si nous examinons l'allure générale des parties affleurantes du massif hercynien du Nord, nous constatons que la partie qui comprend le pli dans lequel s'est déposé le bassin de Belgique (qui lui-même se prolonge jusqu'en Westphalie), s'enfonce en France sous les terrains sédimentaires plus récents du Crétacé et disparaît en apparence. Mais nos sondages, nos puits ont été trouver le pli hercynien et avec lui la houille sous les morts-terrains et le fameux *tourtia*.

Ainsi, le grand synclinal auquel l'Allemagne, la Belgique et la France doivent leur plus grande richesse houillère, affleure à son extrémité nord-est en Allemagne et en Belgique, puis plonge sous les terrains plus récents en France, pour reparaître à Douvres et à Cardiff.

C'est ce que nous appellerons le pli Essen-Douvres.

La direction générale de ce grand pli est sensiblement Nord 35° Est avec une déviation ou une courbe plus à l'Ouest, dans la partie du Pas-de-Calais et du Boulonnais où elle tourne et devient presque Est-Ouest dans la direction de l'Angleterre.

Un autre pli d'une grande importance au point de vue de la longueur est celui qui part des Vosges et de la Haute-Saône où il est signalé par le petit bassin de Villé-Saint-Hippolyte. Ce pli, continuant en ligne droite suivant une direction toujours sud-ouest vient s'enfoncer sous les terrains plus récents de la Bourgogne (où nous le rechercherons peut-être un jour) pour venir réapparaître et former, dans un grand épanouissement, les bassins d'Autun et de la Nièvre.

Chose curieuse, ce pli a, comme celui que nous venons de décrire, la même grande allure générale, quoique moins riche, ce qui, en géologie, est une chose secondaire. En effet, comme lui, il affleure au jour à son extrémité nord-est, où se trouvent les exploitations des Vosges. Comme lui, il plonge ensuite en France sous des terrains plus récents, comme dans le Nord et le Pas-de-Calais ; il fait une réapparition au jour dans le Morvan, de même que le pli hercynien westphalo-franco-belge passe sous le Pas-de-Calais et réapparaît à Douvres en Angleterre.

Ainsi, ce que l'on peut dès maintenant constater, c'est que le pli hercynien Essen-Douvres et le pli Villé-Autun ont la même allure, une direction à peu près semblable et qu'ils appartiennent à une même époque dynamique de l'écorce terrestre.

Il en est de même d'un autre pli parallèle au Sud, très peu distant du pli Villé-Autun (environ 50 kilomètres). Chose remarquable, il est strictement parallèle encore et, partant de Ronchamp, plonge souterrainement au voisinage de Dôle et reparaît pour former les bassins du Creuzot, de Blanzy, jusqu'à Bert, dans l'Allier, où il vient peut-être se souder au grand pli Noyant-Plaux.

Ainsi, résumons-nous, voilà trois plis en partant du Nord :

1° Pli Essen-Douvres ;

2° Pli Villé-Autun ;

3° Pli Ronchamp-Creusot-Bert.

Ces plis sont sensiblement parallèles, dans les parties du Nord-Est tout au moins, et, répétons-le, ont la même allure, c'est-à-dire qu'ils affleurent à leur extrémité nord, plongent au milieu et reparaissent à leur extrémité sud.

Toute notre hypothèse consiste donc à signaler un pli hercynien intermédiaire, dont la tête affleurante est à la Sarre et dont la continuation, recouverte par les terrains plus récents est peut-être sous Nancy, Pont-à-Mousson ou Briey ! Nous le verrons.

Et bien ! si nous faisons l'hypothèse d'un quatrième pli, appuyée par les trois exemples que nous venons de citer, si nous considérons le bassin de la Sarre comme l'affleurement nord de ce quatrième pli, il devra plonger, dans sa partie sud, sous les terrains plus récents. Le bassin de Sarrebrück disparaît en effet sous la vallée de la Sarre, reparaît en un petit pointement au nord de Forbach, puis plonge définitivement sous le grès bigarré et le grès des Vosges. Voilà un premier point très important.

Tâchons de déterminer la direction souterraine de ce pli. Cela n'est pas impossible.

D'abord constatons que le bassin de la Sarre comme affleurement est aussi le plus considérable comme largeur des synclinaux Villé-Autun, Ronchamp-Creusot, lesquels n'ont guère que de quinze cents à deux mille mètres.

La largeur du grand synclinal du Nord et du Pas-de-Calais-Essen ne dépasse pas en moyenne huit à dix kilomètres.

Or, la largeur du terrain houiller dans le bassin de la Sarre atteint plus de quinze kilomètres, au point où il plonge sous le grès vosgien, suivant la ligne déterminée par le cours de la Sarre.

On a donc affaire, à notre avis, à l'un des plus larges synclinaux de l'Europe. Son affleurement est court, soixante kilomètres environ. Mais qui sait si, souterrainement, il ne prend pas de grandes dimensions.

A notre avis, il s'épanouit beaucoup sous les terrains plus récents.

Si nous imaginons maintenant que l'axe du bassin passe aux environs de Neunkirchen, par exemple, et qu'on tire de ce point une parallèle aux plis Villé-Autun, Ronchamp-Creusot et Essen-Liége, l'on déterminera ainsi la direction probable de l'axe du bassin Neunkirchen-Sarrebrück-Pont-à-Mousson.

C'était-là le point important de notre étude, sans cela toute recherche faite au hasard et sans méthode, sur une surface aussi énorme que celle de la Lorraine, aurait risqué d'être stérile et très coûteuse.

Désormais, on peut dire, croyons-nous, que si l'on place des sondages sur la ligne Neunkirchen—Pont-à-Mousson, on aura des chances pour rencontrer le terrain houiller sous-jacent.

Fort de ces prémisses, nous avons demandé l'avis du géologue le plus au courant de ces problèmes, de celui que le gouvernement vient de décorer à la suite de l'Exposition et qui avait écrit l'ouvrage le plus récent sur l'extension des bassins houillers en France, j'ai nommé M. Bergeron. Dans une lettre du 17 novembre 1900, il nous dit :

« Je ne me suis pas occupé particulièrement du prolongement du bassin » de la Sarre en France, *mais il ne me semble pas qu'il y ait de raison pour* » *qu'il ne se prolonge pas vers le Sud-Ouest.* »

Dans la bouche d'un savant professeur comme M. Bergeron, cett simple indication avait pour nous la plus grande valeur, et c'es elle qui nous a déterminé à continuer et à préciser l'étude com mencée. Nous sommes en mesure maintenant de désigner toute les localités par où passe l'axe du bassin de la Sarre en Lorraine

Un peu plus tard, un géologue officiel, M. le Dr L. Van Wervek donna son opinion sur notre hypothèse dans la huitième assemblé générale de la Société philomatique, à Markirch, et s'exprim ainsi.

« Pendant que la présente conférence était sous presse, dit-il, il me par » vint un travail de Francis Laur, ingénieur des Mines, qui a paru sous l » titre « *La houille sous Nancy* » dans l'*Echo des mines et de la métal » lurgie* (Paris, 6 et 14 décembre 1900 et 24 janvier 1901, nos 1296 » 1297 et 1303), et qui a pour but de provoquer des recherches pou » retrouver dans la Lorraine française la prolongation du terrain houille » de Sarrebrück.

» Sur une esquisse cartographique est indiqué l'axe du pli houille » Pont-à-Mousson—Sarrebrück—Mayence, que l'auteur s'imagine être l » synclinal, donc la dépression allant de Sarrebrück à Pont-à-Mousson e » passant la Meuse entre Commercy et Toul. A la Seille l'axe du pl » près de Cheminot est dessiné absolument à la même place, où j'a » indiqué sur la carte tectonique de l'Allemagne du Sud-Ouest le termi » nus de l'axe du col de Buschborn. Pour le poursuivre plus loin ver » le Sud-Ouest, les cartes existantes ne suffisaient pas.

» La largeur du pli est indiquée sur le croquis cartographique ave » 20 kilomètres.

» Le terrain houiller de Sarrebrück s'est certainement déposé dans un » dépression : à l'heure actuelle il est, ainsi que nous l'avons démontré » relevé en selles ou cols en direction de Sud-Ouest au Nord-Est, et toutes le » probabilités parlent pour la continuation en anticlinal plutôt qu'en syn » clinal vers le Sud-Ouest. Si l'on fait abstraction de cette hypothèse, ain » que de toute une série d'autres prémisses de l'auteur, il faut conven » évidemment *que la direction indiquée pour les sondages à entreprendre est » seule juste*. Maintenant, que les expériences peuvent donner des surpris » agréables ou fâcheuses, qui viendrait le contester ? On ne peut toutef » que souhaiter plein succès à l'idée mise en marche. »

* * *

Telle est la première idée directrice mise en avant publiqu ment et indiquant nettement un point géographique : Pont-à Mousson.

Notre conviction était si grande que nous fîmes, le 4 décembre 1900, la déclaration d'invention à la préfecture de Meurthe-et-Moselle, en indiquant expressément Pont-à-Mousson.

Le préfet nous répondit le 7 décembre suivant.

Enfin M. Baudin, ministre des Travaux publics, nous accusa réception également de notre déclaration, en nous adressant ses félicitations.

Le premier jalon était posé. Nous allons voir combien d'autres jalons, tous plantés par des savants du plus haut mérite, ont donné au problème un grand caractère de précision et de probabilité.

Pour rendre hommage à la vérité, nous devons dire que, vers la même époque, dit M. Cavallier dans une note à l'Académie (séance du 27 mars 1905), la Société des Hauts-Fourneaux et Fonderies de Pont-à-Mousson, suivant peu à peu les sondages effectués près de St-Avold, un peu au sud-ouest de Sarrebrück, en Lorraine allemande « se demandait si le bassin ne se prolongeait pas jusqu'à » la Moselle et dans quelle direction probable.

» C'est ce qu'elle demanda à M. Nicklès au commencement de décembre » 1900 [1]. C'est ce que les Sociétés de Pont-à-Mousson, de Micheville et de » Saintignon et Cie demandèrent à MM. Marcel Bertrand et Bergeron, à la » même époque. »

Ces études silencieuses durèrent deux ans.

Le travail de M. Nicklès parut en 1902.

Le travail de M. Villain fut résumé dans une conférence à la Société industrielle de l'Est, le 4 mars 1903.

Quant au travail de MM. Marcel Bertrand et Bergeron, il n'a pas été publié, mais nous en donnerons le résumé.

II.

La notice de M. Nicklès en 1902.

Commençons donc, par ordre de date, par le travail si remarquable de M. René Nicklès, professeur adjoint de géologie à la Faculté des sciences de l'Université de Nancy : *De l'existence possible de la houille en Meurthe-et-Moselle et des points où il faut la chercher*. Nancy, Jacques, 1902.

[1] Notre déclaration d'invention était déjà faite le 4 décembre 1900.

travail de M. Nicklès porte l'épigraphe de Suess :

« La région a été plissée... à la fin de la période carbonifère ; elle a ensuite recouverte par de nouveaux sédiments.... Puis, il s'est produit à la même place un ridement de ces dépôts plus récents, conformément à la direction des anciens plis. C'est ce phénomène que nous appellerons un *plissement posthume.* »

(Suess, *Antlitz der Erde.*)

C'est l'idée directrice de ce travail.

L'auteur débute ensuite par quelques généralités sur la géologie de la contrée qui va nous occuper.

» Le sol du département de Meurthe-et-Moselle », dit-il, « est, on le sait, » presque uniformément recouvert par les terrains secondaires : les terrains » primaires, dont fait partie le carboniférien (et, par suite, le houiller, qui » comprend les deux subdivisions supérieures de ce système) n'affleurent » pour ainsi dire nulle part. Est-ce dire qu'ils n'existent pas ? Non, ils » existent certainement en profondeur, sous la couverture des terrains » secondaires, mais à une profondeur pouvant varier de 500 à 2,000 mètres » et peut-être plus.

» La succession normale des terrains primaires comprend, pour la rap- » peler sommairement, les termes suivants :

» Terrains primaires . . .	Permien	En haut.
	Carboniférien	
	Dévonien	
	Silurien et Cambrien	
	Précambrien	En bas.

» Ici, d'ailleurs, le carboniférien et le permien, seuls, nous intéressent.

» **Anticlinaux et synclinaux. Arasement.**

» La formation de la chaîne hercynienne à la fin du houiller et pendant l » permien a fortement disloqué les couches primaires en y provoquan » l'apparition de failles ou cassures, et de plis.

» C'est sur un sol ainsi *plissé*, ainsi *ridé* et *fracturé* que s'est produi » l'invasion marine du secondaire dès le trias inférieur, invasion violent on en juge par la dimension importante des éléments roulés, usé ... des poudingues du grès vosgien, éléments arrach ... les anticlinaux et tout ce q ... ont été

» contraire rapidement comblés ; il en est résulté comme dans toutes les
» transgressions un arasement des saillies préexistantes. Dès lors, au
» sommet des anticlinaux, les couches plus récentes ont été enlevées
» mettant à nu des couches de plus en plus anciennes, suivant que la saillie
» était plus ou moins élevée, suivant aussi que la transgression a été plus
» violente ou a duré plus longtemps.

» Ces faits généraux sont bien connus des géologues ; cependant, je tiens
» à reconnaitre que pour cette région, l'idée de l'arasement a été émise
» avant moi par MM. Marcel Bertrand et Bergeron.

» Ce sont donc, — fait paradoxal en apparence, — les sommets des anti-
» clinaux, en d'autres termes, les charnières anticlinales, qui présenteront
» après l'arasement les couches les plus profondes, les plus anciennes,
» *parce qu'elles ont été relevées;* et les fonds des synclinaux qui fourniront
» les couches les plus récentes de la série primaire. C'est donc au-dessus
» des anticlinaux qu'on sera à la plus courte distance des terrains primaires
» en profondeur.

» Malheureusement, après la transgression, les mers ont continué à
» enfouir les terrains primaires sous une épaisse couverture de terrains
» secondaires.

» Les anticlinaux et les synclinaux ont été ainsi ensevelis sous une
» épaisseur de sédiments se chiffrant par centaines ou milliers de mètres,
» et au premier abord, rien n'aurait fait penser qu'on pourrait en retrouver
» un jour la trace à la surface du sol.

» Plissements posthumes.

» Il n'en est pourtant pas ainsi. Plus on progresse dans l'étude des
» dislocations de l'écorce terrestre, plus on voit s'affirmer une loi curieuse,
» et d'une très grande importance au point de vue des conséquences qu'on
» en peut tirer, savoir : que les plis une fois formés continuent à jouer dans
» les périodes postérieures. Et ce mouvement continue que les plis soient
» enfouis ou non : s'ils sont restés saillants, on ne s'en aperçoit pas ; mais
» s'ils sont enfouis sous des sédiments postérieurs, comme le primaire sous
» le secondaire, on peut très bien le reconnaitre, car par ce jeu à nouveau ils
» déterminent dans les couches secondaires horizontales des plis ou des
» failles : ce sont *les plissements posthumes*, manifestation de l'activité des
» plis primaires après leur enfouissement.

» Ces plis et ces failles, postérieurs à l'enfouissement du pli sont loin
» d'etre nettement accusés : les plis présentent généralement de faibles
» courbures souvent très délicates à observer : quant aux failles, elles
» peuvent correspondre en profondeur aux parties étirées du plissement

» primaire. Les failles *parallèles à la direction ou aux directions généra*
» *du ridement primaire* seront donc une indication très précieuse ; el
» auront chance de se prolonger sur une grande longueur ; se sont cel
» auxquelles il faudra surtout s'attacher en les rapportant constammen
» l'ensemble du ridement.

» Variation du coefficient de sédimentation.

» Les plis posthumes ont d'ailleurs plutôt une tendance à s'atténuer à la
» surface lorsqu'ils sont recouverts par la mer : en effet, pour peu que la
» mer ait eu une faible profondeur, la crête des anticlinaux en voie de
» formation a pu être balayée par les courants de cette époque : les dépôts
» ont été rejetés dans les synclinaux ou les dépressions qui se trouvaient
» dans le voisinage ; l'épaisseur des dépôts sur les anticlinaux doit donc
» être très fréquemment diminuée, tandis que cette même épaisseur doit
» au contraire être renforcée le plus souvent dans les synclinaux : de cette
» variation d'épaisseur des sédiments et des causes de cette variation on
» peut donc déduire que le coefficient de sédimentation a toutes chances
» d'être plus grand au-dessus des synclinaux qu'au-dessus des anticlinaux.

» Conclusions ; choix des points favorables.

» Ainsi donc : à la crête des anticlinaux posthumes ou des dômes, comme
» on le verra plus loin, correspond la distance minimum du terrain primaire
» en profondeur, — distance qui peut être diminuée encore en ce qui
» concerne le terrain houiller :

» 1° Par l'arasement ;

» 2° Par le balayage possible des dépôts marins par les courants, pen-
» dant et après les ridements posthumes.

» *Le sommet des anticlinaux est donc le lieu géométrique des emplacements*
» *les plus favorables pour les sondages.* Raisonnant de même pour les
» synclinaux, on arrive à cette conclusion que leur fond correspond aux
» emplacements les plus défavorables.

» Le choix de l'emplacement consistera dans le point le plus favorable
» sur le sommet de l'anticlinal.

» Ce choix établi, il conviendra de reconnaitre très attentivement le
» failles qu'il faut soigneusement éviter :

» 1° Pour éviter de tomber, — en sondant, — dans les parties brouillé
» qui ne fourniraient aucun renseignement ;

» 2° Pour éviter si la faille est oblique, soit de rencontrer deux fois la
» meme couche (cas inverse de la règle de Schmidt), soit de ne pas la ren-
» contrer du tout en la dépassant (cas normal de la règle de Schmidt), etc...

» De toutes façons la reconnaissance géologique la plus précise de la
» superficie sera nécessaire ; elle pourra éviter bien des mécomptes. »

Cette théorie générale émise avec un grand talent et une grande lucidité, M. Nicklès aborde le problème en Meurthe-et-Moselle.

» **RÉGIONS DE MEURTHE-ET-MOSELLE FAVORABLES AUX RECHERCHES.**

» Si l'on embrasse d'un coup d'œil la carte géologique de l'est de la
» France, on voit les zones d'affleurement à peu près concentriques, mais
» présentant des sinuosités *d'ensemble* parfois très accusées, presque angu-
» laires. Ces sinuosités, déduction faite des variations possibles de l'altitude,
» sont l'indice des anticlinaux et des synclinaux. Les couches plongent vers
» le centre du bassin de Paris, c'est-à-dire vers la région même de Paris :
» on peut donc dire en gros que les *sinuosités à concavité tournée vers l'est*
» *représenteront le passage des anticlinaux ; que les concavités tournées vers*
» *l'ouest indiqueront celui des synclinaux*.

» Or, ces sinuosités, parallèles les unes aux autres dans leur ensemble, se
» trouvent prolonger d'une façon très nette sur la carte une des deux direc-
» tions de plis de la chaine hercynienne, savoir : E. N. E. — O. S. O. C'est
» la direction prédominante dans les plis de notre région : c'est la direction
» principale du bassin de Sarrebrück. L'autre direction hercynienne
» orientée à peu près N. O. — S. E., bien que se manifestant en certains
» points, est de beaucoup moins fréquente.

» Pour se rendre compte des points les plus pratiques pour rechercher la
» houille au moyen de sondages, il suffit donc de repérer la zone supérieure
» de chaque anticlinal secondaire (dominant la partie probablement arasée
» de chaque anticlinal primaire) et sur cette zone de choisir comme empla-
» cement les terrains les plus anciens du secondaire, c'est-à-dire ceux qui
» sont le plus rapprochés des anticlinaux primaires.

» Ceci me conduit à rappeler sommairement et dans leur ordre de suc-
» cession les principaux étages secondaires qui nous séparent en Meurthe
» et-Moselle des terrains primaires.

» Jurassique supérieur.	Oxfordien.	*haut.*
» (partie inférieure).	Callovien.	
» Jurassique moyen.	Bathonien.	
	Bajocien.	
» Jurassique inférieur.	Lias.	
	Infralias.	

» Système triasique.
- Marnes irisées (ou Keuper).
- Muschelkalk.
- Grès bigarré.
- Grès vosgien. *bus*

» Terrains primaires.

» C'est donc autant que possible dans le Trias ou à son défaut dans le
» Lias qu'il faudra se placer.

» Pourquoi la région de Briey n'est pas favorable.

» La partie française de la région de Briey est presque entièrement
» couverte par le bathonien et le bajocien : cette région est traversée (f^lle
» de Metz) par plusieurs plis de faible amplitude ; mais dans son ensemble
» correspond à un vaste synclinal (géosynclinal) où les sédiments présentent
» une épaisseur renforcée. Le terrain houiller et la houille, s'ils existent,
» sont enfouis à une profondeur rendant toute exploitation impossible dans
» l'état actuel des moyens d'extraction. Ce rêve de trouver le fer au-dessus
» et la houille au-dessous doit donc être abandonné pour le moment pour la
» région de Briey.

» ***Anticlinal d'Eply-Atton.*** — La région de Pont-à-Mousson est
» entièrement sur la feuille de Commercy au 80.000^e. Or, la carte géologi-
» que, à peu près juste dans l'ensemble de la feuille, est cependant inexacte
» dans la partie est avoisinant la frontière, c'est-à-dire dans la région la
» plus intéressante : *les affleurements du Rhétien* (infralias inférieur) *ont*
» *été oubliés aussi bien sur la carte française que sur la carte allemande.*

» Utilisant des souvenirs très exacts de mon préparateur, M. Authelin,
» nous avons repris, M. Authelin et moi les contours de la région comprise
» entre Pont-à-Mousson et Nomeny. Nous avons reconnu l'existence, entre
» Eply et Cheminot d'affleurements d'argile rouges, dites *argiles de*
» *Levallois*, comprises entre la partie supérieure du grès infraliasique et la
» base de l'Hettangien.

» Infralias . . .	Hettangien calcaires marneux.	
	Rhétien . .	Argile de Levallois.
		Grès infraliasique.
» Trias.	Marnes irisées.	

» Ces argiles de Levallois font donc partie du Rhétien supérieur. Elles
» affleurent à flanc de coteau sur une épaisseur *de plus de dix mètres* dans
» la vallée de la Seille et dans la vallée du ruisseau de Moince, près de la
» ferme de Preis, dessinant nettement un anticlinal qui s'élève très brus-
» quement à Eply et qui, après avoir été pendant quelques temps, 2 kilo-
» mètres environ, à peu près horizontal, retombe à 1.500 mètres environ au
» sud-est de Cheminot.

» Les argiles disparaissent dans la vallée du ruisseau de Moince, au sud
» du promontoire aigu que ce ruisseau contourne, pour venir ensuite se
» jeter dans la Seille.

» L'anticlinal, malgré sa faible courbure, se voit manifestement depuis
» la côte de Mousson.

» Si l'on se dirige à l'ouest-sud-ouest, on retrouve aux environs d'Atton
» une indication très intéressante, celle de l'existence à proximité de ce
» village du calcaire ocreux et des marnes à *Hippopodium* (marnes à nodules
» du sinémurien supérieur), alors que dans la région avoisinante les affleu-
» rements sont constitués par des couches plus élevées dans la série : ceci
» montre que l'anticlinal se prolonge à l'ouest-sud-ouest.

» Il se prolonge encore plus loin : dans la région de Gézoncourt, le fond
» de la vallée occupée par le bois de Greney est constitué par une bouton-
» nière de lias supérieur venant émerger au milieu du bajocien : ce fait,
» cité autrefois par Husson, a été confirmé par les sondages de M. Cavallier
» en 1890-1891. Il a été omis sur la carte géologique de France au 80.000ᵉ.

» Plus au sud-ouest, ce ridement doit continuer, si l'on en juge par la
» courbure de la ligne générale d'affleurements jusque et au delà de la
» région de Lérouville-Commercy.

» Il est évident que sur cet anticlinal, le point le plus favorable pour un
» sondage est situé entre Eply, la ferme de Preis et la retombée septen-
» trionale de l'anticlinal à 1.500 ou 1.800 mètres de Cheminot. J'ai, dès le
» mois de mars (26 mars) 1901, indiqué ces détails par lettre à M. Cavallier.

» A Eply, les argiles de Levallois disparaissent ; il semble qu'il y ait un
» affaissement brusque vers le sommet de l'anticlinal, une faille très proba-
» blement ; — plus on se dirige au sud-est, plus on voit les terrains récents
» apparaître ; les couches plongent donc au sud-est et dans cette région on
» se trouve sur le flanc sud-est de l'anticlinal.

» ÉPAISSEURS APPROXIMATIVES DANS LA RÉGION DE PONT-A-MOUSSON.

» Quelles sont les profondeurs évaluées, plutôt très largement, auxquelles
» on aurait chance d'atteindre les terrains primaires ?

	Rhétien . . .	20 mètres.
» Terrains » secondaires	Marnes irisées .	225
	Muschelkalk . .	200
	Grès bigarré . .	50
	Grès vosgien . .	300
	Total	795 mètres.
» Terrains » primaires	Grès rouge . .	100 mètres.
	Houiller . . .	300 à 400 m. (peut-être plus, peut-être moins.)
	» Total général de . .	1.195 à 1 295 mètres.

» Soit en chiffre ronds de 1.200 à 1.300 mètres de profondeur; dans des
» conditions exceptionnelles d'arasement entre 1.000 et 1.100 mètres, mais
» rien ne le prouve.

» TERRAINS PRIMAIRES DANS LA RÉGION DE PONT-A-MOUSSON.

» Mais ici se pose la question de savoir ce que sont ces terrains primaires.
» En voici la succession générale dans la région de Sarrebrück.

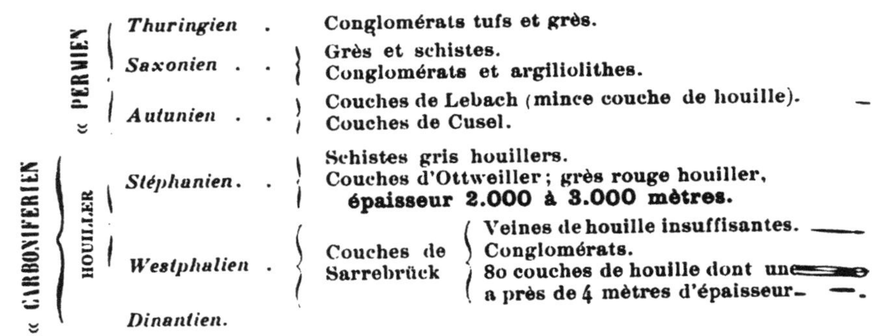

« CARBONIFÉRIEN	« PERMIEN	*Thuringien* .	Conglomérats tufs et grès.
		Saxonien . .	Grès et schistes. Conglomérats et argiliolithes.
		Autunien . .	Couches de Lebach (mince couche de houille). Couches de Cusel.
	HOUILLER	*Stéphanien*. .	Schistes gris houillers. Couches d'Ottweiller ; grès rouge houiller, **épaisseur 2.000 à 3.000 mètres.**
		Westphalien .	Couches de Sarrebrück : Veines de houille insuffisantes. Conglomérats. 80 couches de houille dont une a près de 4 mètres d'épaisseur.
		Dinantien.	

« L'ensemble du houiller et du permien dans la région de Sarrebrück
» atteint donc une épaisseur de près de 4.000 mètres ; il est peu probable
» qu'il ait diminué notablement dans la région de Pont-à-Mousson : si on
» ajoute l'épaisseur de la couverture de terrains secondaires, on arrive au
» chiffre effrayant de 4.800 mètres environ pour traverser complètement le
» terrain houiller. Heureusement il n'est pas nécessaire de le traverser
» entièrement ; heureusement surtout on peut dans une certaine mesure
» compter sur l'arasement. Si l'arasement n'existe pas ou s'il est faible, on
» sera conduit certainement à un insuccès.

» Plusieurs cas peuvent d'ailleurs se présenter :

» 1° Ou le permien n'a été que peu entamé, l'arête anticlinale étant restée
» complète, et il sera impossible de songer à atteindre la houille ;

» 2° Ou l'arête anticlinale a été arasée : c'est le cas le plus favorable,
» surtout si elle l'a été, — ce serait l'idéal, — au point que le permien et le
» houiller supérieur stérile aient été balayés par la transgression triasique
» et que le houiller renfermant de la houille soit resté seul. On peut espérer
» qu'il en est ainsi, on le doit, certainement, mais rien, dans nos connais-
» sances, ne nous permet de l'affirmer (¹).

» 3° Ou l'arasement poussé à outrance à été tel que houiller et houille ont
» été enlevés et qu'il ne reste plus que les terrains plus anciens : on peut
» aussi *esperer* que ce fait possible n'a pas eu lieu.

(¹) Cette hypothèse remarquable s'est vérifiée.

» Enfin, l'anticlinal primaire peut être et est certainement fréquemment
» recoupé par des failles.

» Une disposition de ce genre, par exemple, peut conduire à des
» différences de profondeur considérables, suivant que l'on se trouve en des
» points très rapprochés les uns des autres. De là encore une incertitude
» montrant qu'il faut non un, mais plusieurs sondages pour avoir l'idée de
» ce qui se passe au-dessous. De là aussi la raison pour laquelle en face des
» 300 ou 400 mètres de houiller à traverser, je crois devoir inscrire l'obser-
» vation « *peut-être plus, peut-être moins.* »

« Ces considérations montrent à combien d'*aléas* est subordonnée la
» réussite de ces recherches, malgré l'avantage incontestable du relèvement
» vertical du houiller par le fait de la présence de l'anticlinal.

» Ces remarques ne sont d'ailleurs nullement spéciales à ce gisement ;
» elles s'appliquent entièrement à d'autres points. »

Et M. Nicklès étudie d'autres points favorables en Meurthe-et-Moselle. Nous nous limiterons au problème précis qui vient de recevoir une solution à Pont-à-Mousson.

« Le Terrain houiller renfermera-t-il de la houille ? »

Et M. Nicklès, dont c'était le but, étudie cette question palpitante.

» Maintenant que nous connaissons les points où l'on a le plus de chances
» d'atteindre les terrains primaires le plus rapidement, c'est-à-dire les
» points où les terrains primaires sont le plus rapprochés de la surface du
» sol, il convient de se demander si, parmi ces terrains primaires, le carbo-
» nifèrien renfermera encore de la houille ou n'en renfermera plus.

» Ici on ne peut plus émettre que des probabilités, et encore très vagues.
» Il semble parfaitement possible, même probable, que la Belgique jusqu'au
» relèvement des couches qui forment le pied septentrional de la région
» exhaussée qui s'étend des Vosges aux Faucilles, région exhaussée dont
» l'axe a une orientation hercynienne, on puisse trouver la continuation
» des couches de houille qui se seraient déposées dans ce vaste bassin
» naturel ; rien ne le prouve, c'est vrai, mais rien ne parait s'y opposer,
» et c'est déja beaucoup. A ceux qui tenteront de s'en assurer par des
» sondages, on ne saurait trop répéter que c'est une loterie dont le profit
» peut être nul. Toutefois, la révolution économique que produirait la
» découverte de la houille en Meurthe-et-Moselle mérite que ceux qui
» peuvent le faire risquent cette tentative. Il serait à souhaiter qu'elle fût
» tentée par l'Etat ou par le Département. En cas de succès, ce serait un
» service inappréciable rendu à notre région et à notre pays.

» En ce qui concerne les plis hercyniens passant dans la région de Pont-à-
» Mousson, malgré quelques succès, les résultats laissent à désirer : la
» houille a été reconnue dans des sondages exécutés par un procédé rapide,
» mais un peu sommaire pour la reconnaissance des couches de houille ;
» dans la région de Pont-à-Mousson, on peut certainement en trouver
» autant, peut-être plus, mais peut être aussi moins, c'est-à-dire en
» quantité insuffisante, ou à une profondeur trop grande pour l'exploiter,
» l'allure des couches de houille dont l'origine est dans des phénomènes de
» flottage et d'alluvionnement étant essentiellement irrégulière...

» On saura certainement un jour, prochain peut-être, si la houille se
» prolonge vers Pont-à-Mousson. »

M. Nicklès termine ainsi :

» RÉSUMÉ.

» Le résultat de cette étude est loin d'être très encourageant : la houille, si
» on peut l'atteindre, sera à une grande profondeur : cependant il est
» *rationnellement possible* qu'on y réussisse.

» Si l'on veut faire des recherches en Meurthe-et-Moselle à défaut de
» points nettement favorables, les *régions les moins défavorables* sont :

» 1° Dans la région de Pont-à-Mousson, l'anticlinal d'Eply-Atton et son
» prolongement ;

» 2° Dans la région de Lunéville, le dôme de Mont-sur-Meurthe – Blainville ;

» 3° Dans la région de Nancy, avec 300 mètres de profondeur de plus qu'à
» Mont, le dôme de Cercueil-Voirincourt.

» Le premier semble plus attirant par suite des nombreuses recherches
» exécutées dans ces derniers temps en Lorraine annexée, et de quelques
» succès malheureusement trop peu précis ; — parce qu'il est aussi sur le
» prolongement du bassin de Sarrebrück. »

III.

La Conférence de M. Villain en 1903.

Le remarquable travail de M. Nicklès, si consciencieux et si original dans son application de la théorie des arasements et du moulage des terrains de recouvrement sur les terrains primaires, fit une grande impression.

Il ne fut certainement pas étranger à l'initiative de M. Lanternier, conseiller municipal de Nancy, qui commença les sondages d'Eply et de Lesmenils à cette époque, ainsi que nous le verrons plus loin.

Mais il fut donné à M. Villain, ingénieur des Mines de Nancy, de préciser encore davantage les données du problème en 1903, d'une façon tout à fait pratique, en fixant sur une carte spéciale ce qu'il a appelé « l'anticlinal-guide ».

Voici, après les explications élémentaires données au public de la conférence du 4 mars 1903, quelles sont les conclusions de M. Villain.

« **Conclusion relative au bassin de Sarrebrück, détermination » de l'ANTICLINAL-GUIDE**

» La question capitale que nous devons nous poser maintenant, est donc » celle-ci : A défaut de traces d'âge primaire du ridement hercynien en » Meurthe-et-Moselle, y-a-t-il des particularités dans l'allure des terrains » secondaires, que nous puissions considérer comme jalonnant le prolon- » gement de la cuvette houillère de Sarrebrück ?

» Tous les géologues qui ont étudié la région, vous répondent : Oui. » M. Nicklès a signalé, vous le savez, la région d'Eply-Atton, comme placée » sur *l'anticlinal-guide*. Je me permets de créer cette expression pour faire » bien comprendre ma pensée. Que cherchons-nous ? l'anticlinal qui limite » au Sud le bassin de Sarrebrück ; c'est lui qui doit nous *guider* dans le » choix des points où l'on devra faire des recherches. Désignons-le donc » sous le nom d'anticlinal-guide. MM. Nicklès et Authelin, en observant » l'allure des assises du lias inférieur dans la région de Pont-à-Mousson, » ont déterminé une forme anticlinale entre Eply et Atton, qui jalonne » certainement l'anticlinal-guide.

» Une recherche à Eply, est donc bien placée pour reconnaitre en pro- » fondeur le ridement primaire.

» Souhaitons que le sondage qui s'exécute en ce moment auprès de cette » localité, aboutisse dans de bonnes conditions, je veux dire qu'il ne soit pas » abandonné avant d'avoir pénétré dans le houiller.

» M. Nicklès a estimé comme suit la succession des terrains à prévoir » avant d'atteindre le permien.

» Rhétien (partie tout à fait inférieure du lias	20	mètres
» Keuper (marnes irisées)	225	—
» Muschelkalk	200	—
» Grès bigarré et grès vosgien	350	—
Total :	795	—

» Disons donc 800 mètres, en nombre rond.

» Je suis à peu près d'accord avec lui, comme vous le verrez plus loin. » sur cette évaluation.

» Si le permien ou le houiller stérile a encore une grande puissanc
» (5 ou 600 mètres par exemple), en dessous de cette tranche de 800 mètre
» de morts-terrains, il est certain que la recherche de la houille cesse d'êtr
» pratique ; mais il est fort possible que tout le permien et même un
» grande partie du houiller supérieur (le stéphanien) qui est presqu
» stérile, dans le bassin de Sarrebrück aient été arasés. Dans ce cas, o
» pénétrerait assez rapidement dans le houiller productif en sortant d
» Trias et on pourrait en faire encore une reconnaissance très sérieuse.

» On sait d'autre part qu'à la lisière méridionale du bassin de Sarrebrüc
» se trouve une grande faille qui a fait enfoncer le houiller à une trè
» grande profondeur et que ce n'est qu'au nord de cette faille qu'on peu
» exploiter le charbon.

» Or cette faille n'est pas autre chose que l'anticlinal-guide parvenu a
» paroxisme du plissement. Donc, il me semble qu'il y a intérêt à place
» le sondage un peu en avant vers le Nord de la direction de l'anticlinal
» comme l'avait recommandé Godwin Austen pour la recherche de Douvres

» Vérification sur une carte géologique de l'emplacement » de l'anticlinal-guide.

» Le passage de l'anticlinal-guide est signalé d'autre part par M. Va
» Wervecke, géologue de l'Alsace-Lorraine, dans les formations du Musche
» kalk aux environs de Buschborn, et M. Van Wervecke indique que so
» prolongement vers le Sud-Ouest, passe à proximité de Cheminot.

» Cette question de la direction de l'anticlinal-guide étant la clef de tou
» la discussion, je vais essayer de vous amener à la tracer vous-même.

» Regardez comment les cinq lignes d'affleurement des différents étag
» géologiques qui se succèdent de Sarrebrück à Pont-à-Mousson, s'incurve
» vers l'Ouest, à proximité des localités de :

» 1° *Ludweiler* (affleurements du grès bigarré) ;
» 2° *Lubeln* (affleurements du Muschelkald) ;
» 3° *Hemilly* (affleurements du Keuper) ;
» 4° *Remilly* (affleurements du Lias) ;
» 5° *Allon* (affleurements du bajocien).

» Les trois premiers affleurements, en particulier, sont bien nets s
» la carte géologique. Il est très intéressant d'observer comme ils
» resserrent à hauteur de Saint-Avold et Faulquemont (Falkenberg) ;
» comme ils se déploient avec ampleur au contraire, dans la direction d
» Sarreguemines, Pirmasens, etc. Là, vous remarquerez que les lignes
» d'affleurements dessinent des rentrants très profonds en forme de golfes.
» Si la mer triasique a pu étaler ainsi ses dépôts sur de grandes étendues
» dans cette direction, c'est à coup sûr parce que les terrains y étaient
» facilement envahissables pour ses flots.

» La région de Sarreguemines était donc plus plate et plus basse que
» celle de Faulquemont. Et puisque les dépôts sont si étranglés le long de
» la ligne Saint-Avold — Faulquemont c'est que cette ligne coïncidait avec
» une crête abrupte le long de laquelle les variations du niveau de la mer
» pouvaient s'accomplir sur de très faibles surfaces.

» De même, puisque l'émersion des terres se faisait par le côté Est (cela
» est évident d'après le sens du recul des affleurements et le pendage général
» des formations secondaires qui se fait vers l'Ouest), les terrains situés
» sur la ligne de crête, contemporains de ceux du golfe devaient, lors d'une
» émersion, se trouver les plus avancés vers l'Ouest.

» Dès lors vous comprenez pourquoi les saillies dessinées vers l'Ouest
» par la courbe des affleurements des différents terrains déposés sur le
» houiller marquent la crête primaire sous-jacente.

» Il n'y avait aucune difficulté à tracer sur la carte que je vous présente
» les affleurements des trois étages triasiques. Ils sont bien nets sur les
» cartes géologiques. Quant à ceux du lias et du bajocien, je les ai dessinés
» en y englobant les ilots de ces terrains, épargnés par les érosions, et
» faisant office aujourd'hui de témoins avancés vers l'Est. C'est ainsi que
» la courbe des affleurements du lias tourne autour des ilots de Enschweiler,
» Wahl-Ebersing et Durkastel et que celle du bajocien contourne l'ilot de
» St-Blaise près de Metz, et celui du « Pain de sucre » près Nancy.

» Il résulte de la carte des affleurements ainsi tracée que la ligne de
» *Sarrebrück* à *Pont-à-Mousson* marque la direction d'un anticlinal très net,
» et non celui d'un synclinal comme le relatait par suite d'un lapsus, l'étude
» publiée jadis par l'*Écho des mines et de la métallurgie* en 1900-1901 [1].

» Synclinal de Sarreguemines-Frouard.

» Le synclinal qui fait le pendant de l'anticlinal de Sarrebrück—Pont-à-
» Mousson existe à coup sûr. Vous pouvez constater qu'il est admirablement
» marqué par la ligne *Sarreguemines-Frouard*.

» Nancy est dans ce synclinal ; les terrains y ont donc une épaisseur
» plus considérable que sur l'anticlinal Sarrebrück—Pont-à-Mousson.

» Autant un sondage serait à recommander au voisinage de cette dernière
» localité, autant il serait donc contre indiqué près de Nancy.

» J'ai trouvé dans une note de M. Vivenot Lamy, datée du 3 août 1886,
» et publiée à l'occasion du Congrès pour l'avancement des sciences tenu à
» Nancy, à cette époque, cette phrase assez originale : « Quelques amateurs
» géologues nous donnent le conseil de porter nos recherches vers Nancy

(1) Nous n'avons jamais, en effet, admis complètement la théorie de l'*anticlinal-guide* que le sondage d'Abaucourt vient d'ébranler un peu.

» ou Pont-à-Mousson ; c'est-à-dire que pour nous conduire à la cave, ces
» messieurs nous montrent le chemin du grenier ».

» L'auteur voulait dire par là qu'il préférait attaquer un sondage à *Ménil-Flin* dans le Muschelkalk, plutôt que de commencer dans le lias aux
» environs de Nancy ou de Pont-à-Mousson. Il est bien vrai qu'il n'avait pas
» à se préoccuper de cette manière, de l'épaisseur de 200 ou 250 mètres de
» terrain que représentent les formations du keuper : mais il avait tort
» d'identifier les deux localités. L'escalier qui mène à la cave est certainement beaucoup plus long à franchir à Nancy qu'à Pont-à-Mousson.

» Terrain à recouper par un sondage placé au voisinage de » l'anticlinal-guide.

» Le sondage le plus profond que je connaisse aux environs de Nancy est
» celui que M. Hippert a fait pour rechercher le sel près de *Tomblaine* il y a
» quelques années. Il est allé jusqu'à 323 m. de profondeur sans atteindre
» le Muschelkalk.

» Sur la rive gauche de la Seille, entre Cheminot et Pont-à-Mousson, on
» rencontrerait probablement ce terrain avant 250 mètres, si, comme
» M. Nicklès nous le dit, le Keuper n'a en ce point que 225 mètres (1).

» Ce chiffre s'écarte peu de l'épaisseur trouvée au sondage de Mondorf
» pour la même formation, soit 206 mètres.

» Quand au Muschelkalk, M. Nicklès lui donne 200 mètres, c'est encore à
» peu près ce qu'il a à Mondorf, soit 190 mètres (2).

» Pour l'ensemble du grès bigarré et du grès vosgien, l'estimation de
» M. Nicklès est peut-être un peu exagérée, il indique 350 mètres tandis
» qu'à Mondorf on a constaté 260 mètres (3).

» A Ménil-Flin, même, le sondage Vivenot n'en a traversé que 296 mètres.

» Je crois donc qu'on peut considérer comme très probable que le permien
» serait atteint au voisinage de Cheminot avant 800 mètres (4).

» Au delà, je le répète, c'est l'inconnu.

» A Mondorf on serait entré dans le dévonien à la profondeur de 710
» mètres : il n'y aurait donc pas de permien ni de houiller.

» A Ménil-Flin, au contraire, on en a eu 450 mètres et on n'en est pas
» sorti bien que le sondage ait été poussé jusqu'à la profondeur de 901
» mètres.

» Le permien dans l'est de la France est de consistance extrêmement

(1) Exact à Eply et Pont-à-Mousson.

(2) Moins épais à Eply et Pont-à-Mousson, 170 m.

(3) 300 m. en moyenne.

(4) Exact.

» inégale. Au sud de Ronchamp, à Lomont, il a jusqu'à 800 mètres. Il n'a
» cependant pas empêché dernièrement les promoteurs du sondage de
» Lomont de retrouver la continuation du bassin de Ronchamp, à peu près
» à 5 kilomètres au sud de celui-ci.

» On n'a rencontré la houille à Lomont qu'à la profondeur de 1090 mètres.
» Le sondage est situé tout près du ridement dévonien qui sert de bordure
» au bassin houiller; il n'est donc pas étonnant qu'on y trouve beaucoup de
» permien. Cette formation est en général d'autant plus épaisse qu'elle est
» plus rapprochée du massif primaire qu'elle contrebutte.

» Généralité des phénomènes d'érosion post-permiens.

» Toutefois ce n'est pas parce que *Cheminot* serait tout près de l'anticlinal-
» guide qu'il risquerait d'avoir beaucoup de permien. J'ai déjà dit que cet
» anticlinal ne marquait nullement la bordure devonienne du bassin carbo-
» nifère. Ce n'est qu'un plissement *intérieur* qui s'est produit dans ce bassin.

« Vous savez qu'il a été fortement arasé dans la région qui avoisine
» Sarrebruck. Il y a des raisons de croire que l'érosion a été générale, bien
» que partielle, en nombre de points, tout le long de l'anticlinal-guide.

» Dans la Lorraine allemande, beaucoup de sondages ont été faits dans
» ces dernières années, entre la Nied et la Saar. Ils ont permis de recon-
» naitre que le permien forme des lentilles sans continuité et que le trias
» repose toujours en stratification discordante sur le primaire arasé.

» Dans la plaine de Kreutzwald, écrit M. Van Werveke, le soubassement
» du trias consiste principalement en terrain houiller, et quelquefois aussi
» en permien. Celui-ci remplit des dépressions peu profondes, allongées du
» Sud-Ouest au Nord-Est à la surface du houiller qu'il recouvre irrégulière-
» ment. Le grès bigarré recouvre le tout en stratification discordante.

» Ce caractère des dépôts permiens et triasiques est tout à fait de nature
» à faire admettre une érosion post-permienne, avec retour de la mer tria-
» sique sur le bassin carbonifère par voie de transgression.

» Les érosions ante-triasiques sont très fréquentes dans les bassins
» houillers; elles s'expliquent par les modifications de relief que les ride-
» ments hercyniens ont engendrées à la fin du permien. Dans le bassin de
» Blanzy-Creusot, M. l'Inspecteur général des Mines Delafond en mentionne
» de très importantes qui ont dû enlever à la fois le permien et le stephanien,
» de sorte que des sondages qu'on croyait devoir rencontrer le houiller
» n'ont trouvé que le granite.

» L'excès en tout est un défaut. Quand nous formons le souhait de voir
» que le permien n'existe plus à l'aplomb de Pont-à-Mousson, nous sous-
» entendons qu'il est non moins désirable que le houiller productif subsiste.

» Si l'on avait la chance en outre de tomber sur un dôme du terrain

» houiller (et les constatations faites par M. Nicklès entre Eply et Atton sont
» plutôt favorables à cette hypothèse) on trouverait réunies, dans le quadri
» latère compris entre Eply, Cheminot, Pont-à-Mousson, Atton, les meil-
» leures conditions possibles pour arriver à la découverte de la houille ([1]).

» Distribution du terrain houiller de Sarrebrück en dômes et cuvettes successives.

» Dans le terrain houiller de Sarrebrück, on a constaté que les couches
» sont loin de s'enfoncer d'une façon progressive, et régulière, du Nord-Est
» au Sud-Est. Des failles perpendiculaires à la grande faille du Midi, ont
» sectionné le bassin en compartiments qui ont joué les uns par rapport aux
» autres, sous l'effet des phénomènes de poussées complexes qu'ils ont
» supportés. Des compartiments sont remontés et forment des dômes qu'on
» atteint sans avoir à franchir une trop grande épaisseur de morts-terrains;
» d'autres, au contraire, sont enfoncés et ne peuvent être rejoints par les
» sondages qu'après avoir traversé un recouvrement très épais.

» Quelques renseignements que j'emprunte à la notice de M. Prietze (*die*
» *neueren Aufschlüsse im Saarrevier*, 1902) vont me permettre de vous
» démontrer :

» 1° L'enfoncement du terrain houiller au Sud de la ligne Saint-Avold —
» Neunkirchen;

» 2° L'existence de dômes et de cuvettes transversales dans le bassin
» houiller ;

» 3° L'inclinaison des couches de houille vers le Nord.

» *Premièrement.* — A Pfarrebersweiler et Buschbach, des sondages poussés
» jusqu'à 800 et 1,100 mètres de profondeur ne sont sortis du trias
» que pour entrer dans le permien ; à Blieskastel, un sondage de 1,000
» mètres n'a pas atteint le houiller. Tandis qu'à une faible distance au Nord,
» les couches de houille de Sarrebrück afflerent à la surface où elles sont
» amenées par la grande faille du Midi.

» A partir de cette faille, les couches houillères plongent vers le Nord,
» d'abord assez rapidement (30° à 40°) et ensuite plus faiblement, suivant un
» angle de 10° à 15°.

» Ce fait est démontré d'une façon bien nette par les travaux d'exploi-
» tation des mines en activité.

» *Deuxièmement.* — Une grande faille tranversale existe dans la conces-
» sion de Rossel : elle passe au Nord à Forweiler, puis à l'Ouest de Ludweiler
» et vient se terminer dans le muschelkalk au voisinage de Forbach. La

([1]) C'est ce qui ne se vérifie pas.

» vallée de Rosselthal suit sa direction sur un parcours d'au moins 4 kilo-
» mètres. Elle a dû jouer avant et après le dépôt du Trias, car elle est
» encore plus forte dans le houiller que dans ce dernier terrain.

» Dans sa partie Nord, à Neuforweiler, elle a fait enfoncer les dépôts
» houillers à tel point, qu'un sondage n'était pas sorti du permien à 900
» mètres de profondeur, tandis qu'un peu plus à l'Ouest à Berweiler, on a
» trouvé la houille (couche de 3 mètres) à 502 mètres.

» A Ottendorf, à 8 ou 10 kilomètres à l'Ouest de Berweiler, on trouve une
» nouvelle dépression, attendu que le houiller n'y a été rencontré qu'à 1000
» m. Peut-être est-ce à l'existence d'une cuvette du même genre, qu'il
» faudrait attribuer l'insuccès récent des sondages de Bannay et Raville, si
» comme le bruit en court, ils sont descendus jusqu'à 1000 m. sans trouver
» le charbon.

» *Troisièmement* — Alors que le houiller n'est pas encore trouvé à 1000
» mètres à hauteur de Bannay et Raville on a trouvé la houille à 770 m. de
» profondeur, un peu plus au Sud à Hémilly.

» De même, tandis que le charbon ne se trouve à Ottendorf qu'à 1,001 m.
» il existe dans les sondages de Lubeln, Baumbiedersdorf, Zimmingen à
» une profondeur variant de 400 à 600 mètres. Au sondage d'Ottendorf on a
» recoupé.

» 59 mètres Keuper
» 159 — Muschelkalk
» 283 — Grès bigarré et vosgien
» 500 — Permien et houiller stérile

» avant de rencontrer la 1re couche de houille.

» Enfin, tandis que dans la mine de la *Houve* qui est sur un dôme, on
» trouve le charbon à 135 mètres, il est à 502 mètres à Berweiler, à 520
» mètres à Busendorf (Bouzonville) et à 630 mètres à Schrecklingen, loca-
» lités placées au nord de la Houve.

» Actuellement, une Compagnie allemande exécute un sondage à Tritte-
» lingen à peu près à mi-distance entre Saint-Avold et Hemilly. Trittelingen
» est placé sur l'anticlinal-guide. Il est très probable que l'on y trouvera le
» charbon à une faible profondeur. Le sondage d'Hemilly est de tous ceux
» que nous avons passé en revue celui qui nous intéresse le plus, en raison
» de son rapprochement de la frontière française dont il n'est distant que
» de 30 kilomètres.

» Il est vraisemblable qu'il est tombé sur une cuvette et non sur un dôme,
» car on y a trouvé 140 mètres de permien alors qu'à Baumbiedersdorf il n'y
» en a que 65.

» **Conditions dans lesquelles il conviendrait d'effectuer une**
» **recherche en territoire français.**

» Il est grandement regrettable que les sondeurs allemands n'aient pas
» pris l'habitude de pousser leurs forages au delà de la première couche de
» charbon. Les géologues du pays déplorent avec raison cette insuffisance
» d'exploration que la législation minière de l'Allemagne explique sans la
» justifier.

» Il est bien certain que si le sondage d'Hemilly approfondi avait recoupé
» un beau faisceau de couches en dessous de la première, on aurait exécute
» depuis deux ou trois ans qu'il est fait, de nouvelles recherches vers le
» Sud-Ouest qui auraient éclairé la zone limitrophe de la frontière.

» Pour les recherches qui pourraient être décidées dans la région fran-
» çaise, il sera indispensable, en tous cas, de reconnaitre la plus grande
» épaisseur possible de terrain houiller. On devra, en effet, démontrer
» l'existence d'une épaisseur de combustible suffisante pour justifier les
» dépenses d'une exploitation à grande profondeur. J'estime que le minimum
» de formation houillère qu'on doit se proposer de reconnaitre ne devrait
» pas descendre en dessous de 300 mètres. En admettant un coefficient de
» richesse de 3 pour cent, si on a la chance de tomber sur une zone
» fertile, on reconnaitrait ainsi 9 mètres de charbon ce qui permettrait de
» faire de l'exploitation même à grande profondeur. »

Telles sont les idées qui ont été exprimées par un des promoteurs les plus autorisés de la recherche houillère, M. Villain.

En résumé, nous venons de voir à quel point de vue se sont placés ceux qui ont étudié théoriquement et scientifiquement la question, soit qu'ils se soient appuyés sur la théorie du parallélisme des plis hercyniens, ou sur la théorie des plissements posthumes, tous successivement et par ordre chronologique, Francis Laur, R. Nicklès, Villain, Marcel Bertrand, Bergeron, Van Werveke sont arrivés à la même conclusion :

La rencontre du terrain houiller est possible sous la région de Pont-à-Mousson.

Cette unanimité qui se rencontre si rarement dans une question scientifique, était une chose remarquable et de bon augure.

La profondeur seule à laquelle le terrain houiller pouvait se rencontrer était nécessairement assez vague.

Tout indiquait que cette profondeur serait grande, mais la théorie de l'arasement émise avec tant de bonheur par M. Nicklès pouvait ménager des surprises agréables, et c'est en réalité ce qui est arrivé.

Il ne restait donc plus qu'à passer à l'exécution pour la vérification de cette grande hypothèse.

Contrairement à ce qui a lieu ordinairement aussi, la mise en pratique de l'idée fut relativement prompte et depuis le jour où, le 1er novembre 1900, publiquement Francis Laur posait, dans l'*Echo des mines et de la métallurgie*, le premier point d'interrogation sur la question, trois années à peine s'étaient écoulées que déjà deux sondages admirablement placés étaient entrepris sur les emplacements mêmes indiqués par la théorie.

De sorte que l'on peut dire que c'est sans tâtonnements, sans perte de temps, sans hésitation, que le problème fut posé et résolu comme nous allons le voir.

Chapitre II.

Les recherches.

Ainsi, presque en même temps que toutes ces études théoriques sont mises au jour, on procède à la vérification expérimentale et l'on va voir, répétons-le, — chose des plus rares et des plus remarquables — toutes les données théoriques se vérifier de point en point.

1° Le prolongement du bassin houiller de Sarrebrück, dans le sens indiqué, devient une réalité.

2° L'existence de l'anticlinal Eply-Atton-Gezoncourt, jalonné par M. Nicklès ne fait plus de doute et les sondages l'affirment.

3° L'arasement post-houiller, ayant enlevé presque tout le Permien et même une partie du Houiller, reçoit une confirmation éclatante dont tout l'honneur revient à M. Nicklès.

4° L'anticlinal-guide de M. Villain a la plus grande utilité dans les recherches, mais l'extension du terrain houiller est constatée plus au Sud, suivant les conclusions répétées de M. Francis Laur.

5° Seule, la rencontre du terrain houiller à une profondeur moindre que celle prévue, surprend agréablement tout le monde.

On le voit, jamais une recherche aléatoire au plus haut chef, à 70 kilomètres de l'affleurement du Houiller, avec le Lias, le Trias et le Permien à traverser théoriquement, n'a été couronnée d'un succès aussi complet, aussi rapide et aussi précis.

Cela dit, pénétrons dans le détail et voyons quelle a été la succession des faits.

Le sondage d'Eply.

En 1903, une petite société d'études, dite « Société de la Seille » (du nom d'un affluent de la Moselle), à la tête de laquelle se trouve M. Lanternier, architecte à Nancy, homme d'initiative, avec MM. Hinzelin, Tillement de Ludres, député, de Langenhagen, Chapier et d'autres participants, entreprend le sondage d'Eply.

C'est après avoir consulté des spécialistes comme M. Breton et M. Rolland, que M. Lanternier établit, avec beaucoup d'intelligence, son premier forage à Eply.

Un maître sondeur, M. Planchin, venu avec un outillage assez rudimentaire, entreprend le forage simplement, au trépan, à la française, en commençant au diamètre de 0m75.

Dans notre communication à l'Académie des sciences, à la séance du 23 janvier 1905, nous faisons connaître la succession et la puissance des terrains traversés.

Le sondage est commencé à la cote d'altitude 179, en novembre 1902. Cette date est à retenir.

Les terrains recouvrant le Houiller sont les suivants :

Le *Keuper supérieur* qui n'a que quelques mètres seulement, le *Keuper moyen*, étage principal, 150 mètres environ, le *Keuper inférieur*, 25 à 30 mètres. L'étage entier atteint presque la puissance de 200 mètres.

Le *Muschelkalk* se trouve être puissant, l'étage supérieur, de 50 m. environ, le moyen, de 70 m. et l'inférieur, de 40 m. ; en tout 160 mètres environ.

Le *Grès bigarré* n'a qu'une faible importance, 65 à 70 m. de puissance totale.

Mais, dans cet étage, une venue d'eau considérable, de 15 m. cubes à la minute, fait son apparition. Température 30° environ.

Le *Grès des Vosges* est l'étage le plus important ; il dépasse 230 mètres et est particulièrement homogène.

Enfin, le Permien ou le Houiller rouge n'est presque pas signalé.

En résumé, la coupe est à peu près la suivante :

Keuper	200 m.
Muschelkalk	160 m.
Grès bigarré	65 m.
Grès des Vosges	230 m.
Pellicule de Permien	4 m.
Total	659 m.

C'est à la profondeur de 659 mètres que le Houiller apparaît.

A 691^{m}50, une couche de houille probablement exploitable, mais malheureusement mal signalée, est rencontrée. On acquiert la certitude de son existence, a dit M. Nicklès, en voyant remonter, lors d'un curage, un morceau de houille de 0^{m} 25 de long sur 0^{m}15 de large et 0^{m} 08 d'épaisseur normale à la stratification ; il porte sur sa surface une empreinte très nette de *Cordaites*.

L'analyse chimique donne :

Matières volatiles	39.40
Cendres	8.90

Une seconde couche estimée à $0^{m}25$ ou $0^{m}30$ est constatée à $716^{m}80$.

Un accident arrête alors les travaux pendant de longs mois à la profondeur de 756 mètres et il est difficile de savoir exactement ce qui a été traversé. Ce sondage est encore en accident.

Les travaux, à partir d'avril 1904, sont continués par les «Sociétés de charbonnages de Lorraine réunies» qui absorbent la Société de la Seille. Le terrain houiller est rencontré exactement le 23 juillet 1904. C'est une date mémorable, un premier résultat se dégage de cet important travail : le Houiller existe à une profondeur très accessible et il contient de bonne houille.

Sondage de Lesménils.

Presqu'en même temps, de l'autre côté de la ligne axiale Sarrebrück—Pont-à-Mousson, que nous avions signalée, la Société de la Seille entreprend un autre sondage à 5 kilomètres environ au nord-ouest d'Eply.

Ce sondage est à la cote 196 m. et commence dans le Lias moyen. Il traverse ensuite les mêmes terrains qu'à Eply, mais il présente cette différence, c'est que le Permien ou le Houiller rouge atteint une puissance inconnue à Eply (de cent mètres environ), de sorte que, commencé un peu plus haut dans le Lias moyen et ayant traversé du Permien, il n'atteint le Houiller qu'à 754 m. disent les uns, à 776 m. de profondeur, disent les autres, le 22 août 1904. Ce sondage est fait au système Raky.

Mais le terrain houiller, au lieu d'être horizontal, comme à Eply, se présente incliné fortement jusqu'à 70 degrés.

Il rencontre jusqu'à 1 507 mètres des schistes gréseux et des conglomérats avec des filets charbonneux inclinés, de sorte que l'épaisseur utile de houille traversée est nulle.

Le recouvrement de Permien, la nature et le pendage des couches semblent constituer, a dit M. Nicklès, un niveau plus récent qu'à Eply.

On se trouve donc comme sur la limite nord du bassin de Sarrebrück au nord d'Ottweiler, où le Houiller est incliné et recouvert de Permien ou de Houiller rouge.

Le sondage de Lesménils a cet avantage, c'est de déterminer la zone où doit se limiter vers le Nord l'exploration du nouveau bassin houiller.

Un sondage pratiqué par les Sociétés des charbonnages de Lorraine, à Vilcey-sur-Trey, à 10 kilomètres plus au Nord, élucidera encore plus complètement la question.

Le sondage de Pont-à-Mousson.

Le sondage de Pont-à-Mousson présente un grand intérêt pour l'étude du nouveau bassin, car il a été pratiqué avec un soin tout spécial par M. Cavallier, le directeur des Usines de Pont-à-Mousson.

Le terrain houiller, à couches de houille peut-être exploitables d'Eply, mais insuffisamment constatées à cause du matériel défectueux de sondage, est-il un cas isolé, un pointement, un dôme, comme certaine théorie des cuvettes et des dômes peut le faire craindre ?

Le terrain houiller se continue-t-il et l'anticlinal Eply—Pont-à-Mousson est-il une réalité ?

Voilà ce que doit dire le troisième sondage entrepris à Pont-à-Mousson. Ce sondage est commencé le 8 octobre 1904 et les terrains traversés depuis le Lias sont les mêmes qu'à Eply.

La cote d'orifice est de 181 m. au-dessus du niveau de la mer.

Dans la note sur la découverte de la houille en Meurthe-et-Moselle de M. C. Cavallier [1], ce dernier dit :

« Le 19 mars 1905, l'Administration des Mines a constaté officiellement
» la découverte de la première couche de houille dans le département de
» Meurthe-et-Moselle. C'est sur le territoire de la ville de Pont-à-Mousson,
» au sondage exécuté par la Société anonyme des hauts-fourneaux et
» fonderies de cette ville, dans l'usine même, que M. Bailly, Ingénieur au
» Corps des Mines, a constaté l'existence d'une couche de charbon de
» 70cm environ de puissance, à 819m de profondeur, et à 638m au-dessous du
» niveau de la mer ».

La coupe du sondage de Pont-à-Mousson est la suivante :

Epaisseur du Lias	113m00
Epaisseur du Keuper	234m50
Epaisseur de Muschelkalk	145m50
Epaisseur du Grès bigarré et vosgien .	296m00
Houiller rouge ou Permien	16m00
	805m00

(1) C. CAVALLIER. Sur la découverte de la houille en Meurthe-et-Moselle. *Comptes rendus Acad. des sc.*, t. CXL, n° 13, pp. 893-895, 27 mars 1905.

L'épaisseur de l'argile compacte rouge brique, que M. Van Werveke, célèbre géologue à Strasbourg, classe dans les couches moyennes d'Ottweiller, et des bancs de conglomérats alternant avec des bancs de grès, est de 16m00. La profondeur du toit du Houiller se trouve à 805m00.

C'est par suite de l'amincissement considérable des terrains compris entre le toit des Grès bigarrés et le toit du Houiller, que le terrain houiller se trouve, en Meurthe-et-Moselle, à une profondeur inespérée. En Lorraine annexée, à Faulquemont, les dits grès ont 676m45 de puissance et 558m40 à Mainvillers.

M. Cavallier arrive à une conclusion intéressante :

« Il faut remarquer », dit-il, « que le toit du houiller, par rapport au » niveau de la mer, est aux cotes suivantes », en France et en Allemagne :

» Mainvillers (Allemagne)	561m20
» Hémilly (Allemagne)	490 m.
» Eply (France)	505 m.
» Pont-à-Mousson (France)	624 m. »
Abaucourt, découvert depuis	641 m.
Laborde id. id.	666 m.

» Le toit du houiller est donc très sensiblement au même niveau à Eply » et à Hémilly. La distance de ces deux sondages, suivant la direction de » l'anticlinal, est cependant de 32 kilomètres. »

Cela tient à ce que, en même temps que les terrains supérieurs augmentent de puissance par suite de l'addition du Lias, les grès, et le grès vosgien notamment, diminuent d'épaisseur.

M. Nicklès, dans sa communication à l'Académie, du 27 mars 1905 a dit, relativement aux terrains secondaires (1) :

« En ce qui concerne les terrains secondaires qui recouvrent le terrain » houiller, je me bornerai, pour le moment, à attirer l'attention sur la res- » semblance des grès inférieurs avec le grès rouge permien, soit qu'il » s'agisse ici réellement du grès permien, et alors la transgression qui a » arasé la région serait arrivée à l'anticlinal vers la fin du thuringien, soit » plutôt parce que les grès triasiques inférieurs, renfermant une proportion » considérable d'éléments remaniés du permien, en auraient comme dans » d'autres régions (Aveyron, Hérault) pris la teinte et l'aspect.

(1) R. Nicklès. Sur les recherches de houille en Meurthe-et-Moselle. *Ibid.*, pp. 896-898.

« La surface arasée du houiller présente une particularité remarquable :
» sous l'influence sans doute de l'eau fortement minéralisée du grès qui les
» recouvre, les couches noires ou gris foncé du westphalien sont devenues
» roses ou violettes sur une épaisseur variant entre 16 m. et 25 m. environ
» à partir de la surface arasée, et quel que soit le pendage des couches. Or,
» à Eply, les empreintes végétales talqueuses de ces schistes violets n'appar-
» tiennent, d'après les déterminations faites si obligeamment par M. Zeiller,
» qu'à des formes westphaliennes et non au permien comme on aurait pu le
croire.

» Entre les grès et la surface arasée du westphalien existe donc une
» lacune considérable correspondant à l'arasement total du permien, du
» stéphanien et d'une partie, sans doute assez faible, du westphalien. Cet
» arasement, sans lequel on n'avait dans mon opinion aucun espoir
» d'aboutir, aurait enlevé une épaisseur de 3600^{m}, si toutefois ces étages
» ont eu en Meurthe-et-Moselle la même puissance qu'à Sarrebrück, et
» aurait arrêté son effet à très peu près au point souhaité par l'industrie
» de Meurthe-et-Moselle. »

Le sondage de Pont-à-Mousson, après la rencontre de cette première couche de houille exploitable, est poursuivi jusqu'à la profondeur actuelle de 1 350 mètres. Il recoupe de très nombreuses couchettes de houille et une zone de schistes noirs charbonneux très puissante, puis des conglomérats épais et enfin, vers 1 100 m. une nouvelle couche de houille de 20 centimètres d'épaisseur, après une traversée stérile de 80 mètres. Il est possible qu'à partir de cette profondeur on entre dans une zone plus riche en houille [1].

Dans tous les cas, ce sondage est le premier qui indique un prolongement considérable en France, jusqu'à la Moselle, du bassin houiller, prolongement qui sera encore constaté plus tard par les sondages de Martincourt-Greney, situés à dix kilomètres encore plus à l'ouest de la Moselle.

D'Eply à Pont-à-Mousson, il y a déjà près de 10 kilomètres et de la frontière à Pont-à-Mousson, près de 15 kilomètres.

On peut donc dire déjà que le bassin houiller pénètre en France sur une longueur de 15 kilomètres. Nous allons apprécier, par les sondages suivants, la largeur qu'il commence à prendre.

Mais il y a lieu de savoir, à partir de ce moment, si l'étage

[1] On vient, en effet, de découvrir, fin août, deux autres couches de 0^{m}40 environ.

houiller reconnu appartient bien au bassin de Sarrebrück, c'est-à-dire s'il en est bien le prolongement. M. Zeiller s'exprime ainsi à l'Académie sur ce sujet (1) :

« Les empreintes végétales contenues dans les carottes extraites des » sondages de Lorraine avaient permis, depuis plusieurs mois déjà, » d'affirmer qu'ils avaient atteint le terrain houiller et de rapporter les » couches traversées à l'étage westphalien.

» Dans la première quinzaine de juillet 1904, le sondage d'Eply avait » traversé, en effet, des schistes rougeâtres ou violacés qu'à leur facies on » eût pris pour des schistes permiens, mais dans lesquels on avait recueilli, » entre 681^{m} et 684^{m}50 de profondeur, de nombreuses empreintes que » MM. Nicklès et Villain voulurent bien soumettre immédiatement à mon » examen. J'y avais reconnu les espèces suivantes :

» *Sphenopteris* affine à *Sph. obtusiloba* Brongt., mais non déterminable » avec précision ; *Sphen. quadridactylites* Gutbier ; *Sphen. Cœmansi* Andrä ; » *Pecopteris pennæformis* Brongt. ; *Nevropteris gigantea* Sternberg ; *Nevr.* » *heterophylla* Brongt. ; *Nevr. rarinervis* Bunbury ; *Linopteris obliqua* » Bunbury (sp.) (*L. sub-Brongniarti* Gr. Eury). — *Sphenophyllum* sp., probablement assimilable aux formes les plus découpées du *Sphen. cuneifolium* » Sternb., var. *saxifragæfolium*. — *Cordaites principalis* Germar (sp.) ; » *Cordaicarpus Cordai* Geinitz (sp.).

» C'était là une flore westphalienne bien caractérisée, avec deux des » espèces typiques des régions élevées du westphalien, *Nevropteris rarinervis* » et *Linopteris obliqua*, qui apparaissent dans le bassin de Valenciennes vers » le haut de la zone moyenne et abondent dans la zone supérieure.

» Un peu plus bas, dans les schistes gris traversés entre 684^{m}50 et 690^{m}, » on avait rencontré :

» *Nevropteris heterophylla* ; *Nevr. rarinervis* ; *Nevr. tenuifolia* Schlot. (sp.) ; » *Linopteris obliqua*, accompagné d'autres feuilles du même type générique, » mais à nervation plus finement anastomosée, correspondant exactement » aux formes du bassin de la Sarre figurées par M. Potonié (2) comme » *Lin. neuropteroides* Gutbier (sp.) ; *Calamites* cf. *Cisti* Brongt. ; *Stigmaria* » *ficoides* Sternb. (sp.).

» Enfin, à 735^{m} et 738^{m}, on a observé, *Pecopteris plumosa* Artis (sp.) ; » *Lin. obliqua*, *Lin. neuropteroides* ; et *Sphenophyllum cuneifolium*, var. » *saxifragæfolium*.

(1) R. Zeiller. — Sur les plantes houillères des sondages d'Eply, Lesménils et Pont-à-Mousson (Meurthe-et-Moselle). *Comptes rendus Acad. des sc.*, t. CXL, 27 mars 1905.

(2) « H. Potonié. — Abbildungen und Beschreibungen fossiler Pflanzen-Reste, Lief. II, 28. »

» Les échantillons du sondage de Lesménils, recueillis à diverses pro-
» fondeurs comprises entre 805^{m} et 1134^{m} et qui m'avaient été communiqués
» par M. Villain au commencement du mois de février dernier, n'étaient
» pas moins probants ; j'y avais constaté les espèces ci-après :

» *Sphenopteris obtusiloba* Brongt. ; *Sphen.* cf. *Damesi* Stur ; *Pecopteris*
» *pennæformis* ; *Lonchopteris Defrancei* Brongt. (sp.) ; *Mariopteris muricata*
» Scholt. (sp.) ; *Mar. latifolia* Brongt. (sp.) ; *Alethopteris lonchitica*
» Schlot. (sp.) ; *Al. Davreuxi* Brongt. (sp.) ; *Neuropteris* cf. *Scheuchzeri*
» Hoffm. ; *Neur. gigantea* ; *Linopteris neuropteroides*. — *Sphenophyllum*
» *emarginatum* Brongt. ; *Sphen. cuneifolium*, var. *saxifragæfolium*. —
» *Cingularia typica* Weiss (épi). *Calamites Cisti* Brongt. — *Lepidophloios* ?
» (rameaux mal conservés) : *Lepidophyllum majus* Brongt. ; *Lepidostrobus*
» *variabilis* Lindl. et Hutt. ; *Cordaites borassifolius* Sternb. (sp.) : *Cord.*
» cf. *principalis* ; *Dorycordaites palmæformis* Gœpp. (sp.) ; *Cordaicarpus*
» *Cordai*.

» On remarque dans cette liste deux espèces, *Lonchopteris Defrancei* et
» *Cingularia typica*, qui n'ont été observées jusqu'ici que dans le seul
» bassin houiller de la Sarre, dans l'étage de Sarrebrück [1], et dont la
» présence est par conséquent intéressante, en ce qu'elle attesterait, s'il en
» était besoin, qu'on a bien affaire ici à un prolongement de ce bassin.

» Enfin, les échantillons du sondage de Pont-à-Mousson que M. Cavallier
» a bien voulu me communiquer, recueillis à des profondeurs comprises
» entre 810^{m} et 818^{m}, c'est-à dire à peu de distance du toit de la couche de
» houille, m'ont offert :

» *Mariopteris muricata* ; *Alethopteris* cf. *Serli* Brongt. (sp.); *Linopteris*
» *neuropteroides*. — *Sphenophyllum cuneifolium*, var *saxifragæfolium*. —
» *Sigillaria* sp. (Sigillaire à côtes étroites, décortiquée). — *Cordaites* cf.
» *principalis* ; *Cordaicarpus Cordai*.

» Si l'ensemble de ces espèces indique nettement le westphalien, c'est-à-
» dire l'étage de Sarrebrück (*Saarbrücker Schichten*), il ne permet pas
» cependant de préciser exactement à quelle zone de cet étage peuvent être
» identifiées les couches rencontrées dans ces sondages. Il y a, comme on
» le sait, dans le bassin de la Sarre deux zones productives, séparées par
» un intervalle stérile de 350^{m} à 500^{m} d'épaisseur, les *untere Saarbrücker*
» *Schichten*, la zone des charbons gras, correspondant à peu près à la zone
» moyenne du bassin de Valenciennes, et les *mittlere Saarbrücker Schichten*,
» la zone des charbons flambants, comprenant deux horizons, dont l'infé-
» rieur correspondrait à la zone supérieure du bassin de Valenciennes,

[1] » Le *Lonch. Defrancei* a été, il est vrai, d'après M. Potonié, retrouvé
» dans le bassin de la Ruhr, mais sur un seul point, à la mine de Gladbeck.»

» l'horizon supérieur renfermant déjà quelques espèces de la flore stépha-
» nienne qui ne se montrent pas dans le Pas-de-Calais, même dans les
» couches les plus élevées. Mais la flore de la zone inférieure de Sarrebrück
» et celle de l'horizon inférieur de la zone moyenne ne diffèrent guère l'une
» de l'autre que par le degré de fréquence de certaines espèces, ainsi qu'il
» ressort des listes communiquées par M. Potonié à M. Leppla (1), et ce sont
» là des différences qui ne sauraient être appréciées en connaissance de
» cause sur les quelques échantillons que peuvent fournir des carottes de
» sondage.

» Quelques espèces, comme *Mariopteris latifolia*, *Alethopteris Serli*,
» *Nevropteris rarinervis*, seraient, il est vrai, de nature à faire songer à un
» niveau relativement élevé ; mais outre, qu'elles apparaissent déjà dans le
» bassin de Valenciennes vers le haut de la zone moyenne, certaines autres,
» comme *Cingularia typica*, répandu surtout dans l'étage inférieur de
» Sarrebrück, donneraient plutôt l'impression inverse, et en fin de compte
» l'incertitude même où l'on est, pour l'attribution de la flore recueillie
» dans ces sondages, entre la zone inférieure et la zone moyenne, pourrait
» donner à penser qu'elle correspond à un niveau intermédiaire, les schistes
» traversés au sondage de Lesménils représentant en ce cas le niveau sté-
» rile intercalé entre les deux zones productives de Sarrebrück. Mais ce
» n'est là qu'une pure présomption, ou plutôt même qu'une simple possi-
» bilité, et il est impossible quant à présent, non seulement de rien affirmer,
» mais de conclure même à une probabilité dans l'un ou l'autre sens. Au
» surplus, au point de vue pratique, n'est-il pas certain qu'à la distance où
» l'on est des parties, meme les moins éloignées, actuellement explorées du
» bassin de Sarrebrück, on retrouvera aux mêmes niveaux géologiques la
» même constitution minéralogique, la même richesse en combustible
» minéral ; il suffit de rappeler, pour se mettre en garde contre les assimi-
» lations trop hâtives, quelles différences on observe, dans le bassin de
» Valenciennes, dans la constitution des dépôts d'un même âge suivant
» qu'on a affaire à la région du Nord ou bien à celle du Pas-de-Calais.

» Quoi qu'il en soit, et quelque réserve qu'il convienne de garder au point
» de vue industriel, les résultats actuellement acquis constituent dès main-
» tenant un remarquable succès au point de vue géologique : dans l'étude
» qu'il avait faite en 1902, M. Nicklès concluait qu'on pouvait, dans la
» région de Pont-à-Mousson, « compter dans une certaine mesure sur
» l'arasement » des terrains primaires, et que, sans pouvoir rien affirmer,
» il était permis « d'*espérer* que, l'arête anticlinale ayant été arasée, le per-
» mien et le houiller supérieur stériles auraient été balayés par la trans-
» gression triasique ». Or, c'est là précisément, ainsi que l'atteste la consti-

(1) » A. Leppla. Geologische Skizze des Saarbrücker Steinkohlengebirges
» 1904, p. 22 et 28. »

» tution de la flore, ce qui s'est trouvé réalisé : les sondages sont passés » directement du trias inférieur dans le westphalien, et l'on ne pouvait » demander une prévision scientifique plus exacte. »

On est donc, d'après M. Zeiller, incontestablement dans le Westphalien et dans le prolongement direct du bassin de Sarrebrück.

Voilà encore un point très important acquis :

1° Le houiller se trouve à une profondeur inespérée.

2° Il contient de la houille.

3° C'est l'étage westphalien.

Sondage d'Atton.

Le sondage d'Atton, situé un peu à l'est-sud-est de Pont-à-Mousson, est à peu près dans la même zone. Il rencontre le Primaire à 749 mètres au lieu de 805 à Pont-à-Mousson. Les couches de houille arrivent presque immédiatement et l'on rencontre :

Une couche de $0^{m}56$ d'épaisseur à 795^{m}.
Une couche de $0^{m}30$ id. à 130^{m}.
Une couche de $0^{m}55$ id. à $1\,001^{m}$.

Deux autres couches viennent ensuite, ayant des épaisseurs analogues.

Ce sondage indique donc nettement qu'en s'avançant légèrement au sud de la ligne Lesménils—Pont-à-Mousson, la richesse houillère augmente.

Pour nous, la faible épaisseur des couches indique que nous sommes dans l'étage moyen de Sarrebrück et que, plus au Sud, nous aurons l'étage inférieur des charbons gras, si l'anticlinal ne plonge pas au Sud brusquement, comme il plonge au Nord.

Si on avait pu continuer le sondage d'Eply, on aurait vu que plus au Sud encore par rapport à cette ligne, la richesse houillère allait en augmentant aussi.

Un sondage nouveau, situé à Raucourt, encore toujours au Sud, montrera si cette hypothèse, que nous avons soutenue dès le premier jour, n'est pas exacte ; ce sondage est fait par nous.

Sondage de Laborde.

Le sondage de Laborde, commencé le 24 novembre 1904, est

situé dans une région toute différente de celle que nous venons d'explorer. La cote d'orifice est à 193 m. au-dessus du niveau de la mer.

Il est près de Nomeny, bien au sud de la ligne Lesménils—Pont-à-Mousson et dans une région où, d'après les données des géologues promoteurs, MM. Nicklès, Bertrand, Bergeron, Villain, il y a moins de chance de trouver le terrain houiller comme étant notoirement au sud de la grande faille du Midi de Sarrebrück prolongée.

Mais nous avions toujours précédemment émis l'hypothèse d'un grand bassin houiller existant au nord de Nancy. La rencontre du terrain houiller à Nomeny doit donc être un commencement de vérification de notre théorie.

C'est dans ce but que, consulté, nous avons choisi l'emplacement de Nomeny pour le sondage de la Société Loire-et-Lorraine, avant que tout sondage fût commencé dans cette région.

Or, le cinquième sondage de Laborde rencontre le Primaire à 859 mètres (et à 666 m. au-dessous du niveau de la mer) sous la forme d'argiles gréseuses rougeâtres dont l'épaisseur est de 116 mètres. C'est un fait nouveau. A 975 mètres, le terrain houiller noir apparaît sous forme de grès et de schistes. Une couche de houille de 0m30 avec dégagement abondant de grisou, est rencontrée à 993 mètres et constatée par l'Administration des mines.

On prétend à Laborde être dans les couches supérieures du bassin de Sarrebrück, probablement dans le Stéphanien au lieu du Westphalien ? C'est un changement à vue, on le voit. Le sondage d'Abaucourt, encore bien plus encourageant et situé sur la même ligne, va-t-il confirmer ces vues ?

Sondage d'Abaucourt.

La découverte d'une couche de 2m65 d'épaisseur dans ce sondage attire immédiatement sur lui l'attention générale.

Voici ce qu'en dit M. Nicklès, dans sa communication à la séance du 3 juillet 1905 de l'Académie des Sciences [1] :

« Une couche de houille de 2m,65 a été officiellement constatée par l'Admi-
» nistration des Mines, le lundi 26 juin 1905, dans le sondage entrepris par

[1] R. Nicklès. Sur la découverte de la houille à Abaucourt (Meurthe-et-Moselle). *Comptes rendus Acad. d. sc.*, t. CXLI, nº 1, pp. 63-68, 3 juillet 1905.

les Sociétés lorraines de charbonnages réunies à Abaucourt, près Nomeny (Meurthe-et-Moselle). Le toit de la couche est à 896^{m} de profondeur au-dessous de l'orifice du sondage. Les premiers résultats de l'analyse chimique de la houille extraite ont donné 3.57 pour 100 de cendres et 41 pour 100 environ de matières volatiles, composition présentant beaucoup d'analogie avec celles des houilles à gaz (*Flammkohlengruppe*) de Saarbrück.

» Ce sondage, commencé le 8 décembre 1904, a son orifice à l'altitude de 189^{m} au-dessus du niveau de la mer ; il a pénétré dans le primaire à la profondeur de 830^{m}, soit 641^{m} au-dessous du niveau de la mer. Les terrains traversés entre le toit du primaire et la couche de houille sont : une quarantaine de mètres de schistes argileux rouge brun foncé et gris verdâtre, surmontant 3^{m} ou 4^{m} de grès fins micacés : au-dessous, une vingtaine de mètres de schistes gréseux gris foncé à empreintes végétales : à leur base, la houille et, au-dessous, des schistes argileux. L'emplacement de ce sondage avait été déterminé en principe dès le mois de juillet 1904 à peu près au sommet d'une saillie des terrains secondaires se traduisant sur le sol par une boutonnière de marnes de Levallois (Rhétien supérieur).

» Cette saillie est située au sud de la faille de Nomeny, qui paraît avoir joué un rôle important dans le prolongement du bassin de Saarbrück en Meurthe-et-Moselle. Au sud de cette faille, les morts-terrains (Trias et Rhétien) ont une épaisseur notablement plus grande qu'au nord ; et comme actuellement la lèvre sud est surélevée par rapport à la lèvre nord, on peut en conclure que cette faille a dû jouer deux fois dans des sens différents. La région au sud de cette faille a dû en effet subir, avant le commencement du Trias et au moins pendant tout le Trias, un mouvement d'affaissement qui explique l'épaisseur plus grande des sédiments : puis beaucoup plus tard, un mouvement en sens inverse a relevé la lèvre sud, qui est actuellement constituée aux affleurements par des terrains plus anciens que la lèvre nord.

» Cet épaississement notable a porté particulièrement sur le Keuper (1/4 en plus environ) ; sur le Muschelkalk (un peu moins de 1/4) ; sur le grès vosgien (environ 1/5). Il n'en a pas moins permis d'atteindre le Houiller productif à une profondeur de 896^{m}, ce qui est de nature à donner de l'espoir.

» Le sondage de Laborde, situé à vol d'oiseau à 3^{km} de celui d'Abaucourt, est sur la retombée ouest de cette saillie. Après avoir traversé d'abord des schistes argileux rouge brun foncé et gris verdâtre, puis une trentaine de mètres de conglomérats qu'on pourrait assimiler [1] au *Holzkonglomerat* des *obere Saarbrücker Schichten*, que M. Leppla rattache

[1] « Cette assimilation paraît rendue vraisemblable par l'identité presque complète des grès et des marnes recueillis à Laborde avec ceux des couches surmontant le *Holzkonglomerat* dans le bassin de Saarrebruck. »

» aux couches inférieures d'Ottweiler, il a rencontré, à 993ᵐ de profondeur,
» une petite couche de houille de 20 cm d'épaisseur, qui a été constatée le 3
» juin 1905.

» Si les indications fournies par les plissements posthumes ne sont pas
» faussées dans cette région par des accidents imprévus, on serait à Laborde
» dans un niveau un peu supérieur à celui d'Abaucourt, ce qui peut donner
» l'espoir d'atteindre en profondeur à Laborde la couche d'Abaucourt, si elle
» se prolonge jusque-là.

Voici, à ce propos, ce que dit M. Zeiller [1].

« La note de M. Nicklès, que je viens d'avoir l'honneur de présenter à
» l'Académie, me paraît appeler quelques indications complémentaires
» touchant la détermination du niveau des couches atteintes par les son-
» dages en question.

» Il a été recueilli au sondage d'Abaucourt, à 895ᵐ de profondeur, c'est-
» à-dire à 1ᵐ au-dessus de la couche de houille, des empreintes végétales
» bien conservées dans lesquelles j'ai reconnu :

» *Pecopteris oreopteridia* Schlot. (sp.) ; *Pec. unita* Brongt.; *Pec. Pluckeneti*
» Schlot. (sp.). — Un *Sphenophyllum* d'attribution un peu incertaine, qui
» me paraît cependant devoir être rapporté avec plus de probabilité au
» *Sphen. oblongifolium* Germ. et Kaulf. qu'au *Sphen. cuneifolium* Sternb.
» (sp.). — *Annularia sphenophylloides* Zenker (sp.)

» Sauf l'hésitation relative à ce *Sphenophyllum*, on n'a affaire là qu'à
» des espèces stéphaniennes, mais qui se montrent déjà, les unes et les
» autres, très abondantes dans le faisceau supérieur des *mittlere Saarbrücker*
» *Schichten*, c'est-à-dire dans les *obere Flammkohlen*. On ne peut donc
» hésiter qu'entre cet horizon supérieur des charbons à gaz, correspondant
» au Westphalien supérieur, et les *Ottweiler Schichten*, qui correspondent au
» Stéphanien ; mais étant donné que l'étage d'Ottweiler est excessivement
» pauvre en charbon, qu'il est formé de roches généralement rougeâtres et
» non pas grises comme c'est le cas ici ; que, d'autre part, le conglomérat
» traversé à Laborde paraît assimilable au *Holzkonglomerat* situé au-dessous
» ou tout au moins à l'extrême base de l'étage d'Ottweiler, on est fondé à
» penser que la belle couche découverte à Abaucourt appartient au faisceau
» des *obere Flammkohlen*.

» Il y a, comme on le voit, une différence très notable de niveau par
» rapport aux sondages d'Eply, de Pont-à-Mousson, de Lesménils et d'Atton,
» situés au nord de la faille, les couches traversées dans ces sondages ne
» renfermant que des espèces westphaliennes sans aucun mélange de formes

(1) R. ZEILLER. Observations relatives à la Note précédente de M. Nicklès
Ibid., pp. 68-69.

» **stéphaniennes et paraissant, ainsi que je l'avais dit précédemment, pou-**
» **voir être assimilées, avec assez de vraisemblance, à la zone intermédiaire**
» **entre le faisceau inférieur de charbons à gaz (*liegende Flammkohlen*) et le**
» **faisceau des charbons gras (*Fettkohlengruppe*) situé à la base de la for-**
» **mation houillère de Saarbrück.** »

La houille, analysée par M. Arth, directeur de l'Institut chimique, a la composition suivante :

Cendres	6.37 %
Coke brut	60.43 %
Matières volatiles . . .	39.57 %
Soufre	1.50 %
Pouvoir calorifique . .	7.666

Il n'est pas encore possible de dire à quel faisceau du bassin de Sarrebrück cette couche se rattache ; il semble toutefois qu'on doive la placer dans la partie tout à fait supérieure de la série, d'après MM. Zeiller et Nicklès.

Sondage de Four-à-Chaux.

Examinons maintenant les sondages n'ayant pas atteint encore le Houiller. Celui de Four-à-Chaux, tout près de Nomény, donnera vraisemblablement des indications analogues à ceux de Laborde et d'Abaucourt.

Il a été posé le premier par nous dans cette localité, à la demande de la Société Loire-et-Lorraine. Comme il est foré au trépan, la rapidité d'approfondissement est moindre et il est encore à 350^{m} dans le Muschelkalk.

Sondage de Blenod-lez-Pont-à-Mousson.

Ce sondage est voisin de ceux de Pont-à-Mousson et d'Atton et sur la même ligne à peu près que ces derniers.

Il est foré au trépan et est dans le Keuper à 350 mètres ; on dit qu'il va être abandonné.

Sondage de Jezainville.

Ce sondage situé très à l'Ouest, à cinq kilomètres de Pont-à-Mousson est très intéressant en ce sens qu'il recule fortement la limite ouest du bassin prolongé en France.

Il atteint le Houiller à 750 mètres, plus tôt qu'à Pont-à-Mousson et à la même cote qu'Atton. De sorte que l'on peut dire que le terrain houiller est horizontal suivant la ligne Atton-Blenod-Jezainville, sur près de cinq kilomètres, et comme, d'Atton à la frontière, il y a plus de douze kilomètres, on peut donc dire que le terrain houiller est reconnu en France déjà sur une longueur de dix-sept kilomètres.

Sondage de Greney.

Ce sondage, situé encore bien plus à l'Ouest, près de Jezoncourt, prolonge de sept kilomètres encore cette limite vers le Sud-Ouest en France, vers la vallée de la Meuse, et la porte à vingt-quatre kilomètres.

Ce sondage est à 420 m. dans le Keuper, ce qui indiquerait une certaine augmentation générale de l'épaisseur des terrains supérieurs et présagerait une profondeur plus grande pour le sondage, si la diminution de l'épaisseur des grès et du Permien ne venait compenser cela.

Sondage de Martincourt

Ce sondage est situé encore au nord-ouest de Greney, à l'extrémité des recherches vers l'Ouest, dans le prolongement de la ligne Lesménils—Pont-à-Mousson.

Il aura la même profondeur que Pont-à-Mousson, probablement avec l'augmentation d'épaisseur des terrains supérieurs en allant vers l'Ouest.

Ce sera le sondage qui rencontrera le Houiller à la profondeur la plus grande dans cette ligne. Il est, en effet, à 760 mètres environ dans les Grès bigarrés seulement, à l'heure actuelle, et il a à traverser tout le Grès vosgien et le Permien ou le Houiller rouge. Il n'arrivera guère qu'à 1 000 mètres au terrain houiller, mais il le rencontrera.

En dernière heure, on nous avise qu'il vient de rencontrer le terrain houiller à 946 mètres comme prévu ci-dessus. Le terrain houiller pénètre donc en France déjà sur vingt-cinq kilomètres en longueur et il est reconnu sur douze kilomètres de largeur. De sorte que la surface du houiller déjà reconnue serait de 30 000 hectares. Le bassin de la Loire tout entier en a 25 000.

Sondage de Vilcey.

Ce sondage, vraisemblablement en dehors de la limite du terrain houiller au Nord, ne rencontrera le Houiller qu'à une très grande profondeur. C'est un sondage d'expérience. Le Lias y a déjà une épaisseur considérable, dépassant 280 mètres. Il est probable qu'il ne rencontrera le terrain houiller que vers 1 200 mètres, s'il le rencontre.

Sondage de Belleau.

C'est un sondage également situé tout à fait en dehors de la zone que l'on attribuait primitivement au bassin houiller et sur la ligne Abaucourt-Nomény-Laborde, mais encore plus au sud de cette ligne.

Nous avons dit, au début des études, que si la grande faille du Midi du bassin de Sarrebrück, qui rejette en profondeur à 1 500 m. la plus grande partie du bassin houiller de Sarreguemines, allait en s'atténuant vers le Sud-Ouest, c'est-à-dire vers la France, on pourrait découvrir sous Nancy, la grande cuvette houillère complète et non dénivelée de Lesménils à Lunéville.

Notre hypothèse commence à se vérifier, s'il est vrai que le sondage d'Abaucourt soit dans un Houiller supérieur et situé de l'autre côté de la faille du Midi prolongée.

L'amplitude de cette faille irait donc en diminuant vers la France et le sondage de Brin, dont nous parlons ci-dessous, pourrait reconnaître le terrain houiller sous la grande cuvette synclinale Sarreguemines-Nancy.

Actuellement, le sondage est vers 400 mètres, à la fin du Muschelkalk, ce qui n'a rien de décourageant.

De la sorte, il atteindrait le Houiller au-delà de 1 000 mètres.

Ce serait une découverte encore plus importante que l'anticlinal relativement petit de Sarrebrück prolongé en France. Ce serait, en effet, un bassin houiller de soixante à quatre-vingts kilomètres de largeur, un des plus grands de l'Europe. Mais attendons les événements.

Sondage de Brin.

Ce sondage est situé tout à fait au Sud et explorera la grande cuvette Sarreguemines-Nancy. N'oublions pas de dire, comme résultat pratique, que ce sondage a rencontré 60 mètres de sel, c'est-à-dire le plus grand gisement de sel connu dans l'Est.

En résumé, pour le moment, le terrain houiller est reconnu en France sur une largeur d'environ 10 kilomètres de Pont-à-Mousson à Abaucourt et sur une longeur de 17 kilomètres de la frontière à Jezainville et de 20 kilomètres à Martincourt.

Comme ensemble des travaux, on peut dire :

Un seul sondage a été stérile, celui de Lesménils, le plus au Nord, mais il a reconnu le terrain houiller.

Tous les autres sondages ayant atteint le Primaire, ont rencontré le Houiller. Ils ont constaté déjà :

Eply.	deux couches
Pont-à-Mousson. . . .	quatre »
Atton	cinq »
Laborde	une »
Abaucourt.	deux »

soit en tout quatorze couches, variant de 0m35 à 2m65, formant une épaisseur totale de 9 mètres de houille.

Ce n'est évidemment que le commencement des découvertes, mais on peut dire que cinq sondages sur six ont réussi déjà. Huit sondages sont en cours d'exécution.

Deux autres à Raucourt et Dieulouard sont commencés dans l'entre-deux inexploré qui sépare la région de Pont-à-Mousson de celle de Nomény.

Tel est le bilan d'une recherche qui, très aléatoire au début, lorsque, le 4 décembre, M. Francis Laur faisait sa déclaration d'invention à la préfecture de Meurthe-et-Moselle, devenant plus plausible en 1902, par suite des beaux travaux de M. Nicklès et grâce aux efforts pratiques de MM. Lanternier, Hinzelin, Tillement, de Ludres, de Langenhagen, Chapier, les promoteurs de la Société de la Seille, est entrée dans le domaine des faits. Enfin en juillet 1904, grâce aux efforts des Sociétés des charbonnages de la Lorraine réunies, sous la présidence de M. de Lespinats, cette recherche s'est terminée par la découverte du terrain houiller et de la houille à Eply.

Les découvertes se sont succédé depuis et se succéderont tous les jours jusqu'à ce que les limites de ce vaste bassin aient été précisées.

Il n'est peut-être pas inutile, dès lors, dans cet ordre d'idées, de se demander en dernière analyse où va ce grand pli hercynien souterrain de Sarrebrück déjà jalonné jusqu'à Pont-à-Mousson et Martincourt et qui ne cesse pas là brusquement, il n'en faut pas douter. C'est par ce dernier examen que nous terminerons cette étude.

Chapitre III.

Le prolongement du pli hercynien Sarrebrück–Pont-à-Mousson sous le bassin de Paris jusqu'à Exeter en Angleterre.

Puisque la théorie du parallélisme des grands plis hercyniens houillers du nord de l'Europe nous a conduit à signaler en 1900 le prolongement du bassin de Sarrebrück vers Pont-à-Mousson (1), on doit se demander où va ensuite en France ce pli hercynien. Cela peut être intéressant à connaître.

Eh bien ! nous estimons qu'il est concentrique à l'énorme pli hercynien Essen — Liége — Mons — Pas-de-Calais — Boulogne — Douvres — Bristol — Cardiff, qui a près de 1 000 kilomètres de longueur et que le bassin de la Sarre est l'amorce d'un pli concentrique qui, de l'autre côté de la crête hercynienne des Ardennes et au Sud, suit parallèlement le pli du Nord, jusqu'en Angleterre également.

Les plis en question affectent une forme générale curviligne dont la courbure est tournée au Sud, ainsi que, du reste, doivent le faire théoriquement toutes les rides de retrait de notre hémisphère autour du pôle nord.

Ces deux plis sont distants en moyenne de 200 kilomètres et séparés par une crête hercynienne, très accentuée à l'Est et effondrée dans la partie ouest de la France, puis renaissante en Angleterre. Le bassin supposé de Dinant, déjà signalé comme se prolongeant en Angleterre par Fécamp, ne serait qu'une sorte de bifurcation peu importante du grand pli venant de Sarrebrück.

D'après nous, les localités où passe le pli hercynien houiller sous-jacent en Lorraine et en France seraient les suivantes :

Sarrebrück, Pont-à-Mousson, Commercy, nord de St-Dizier, Vitry-le-François, sud de Reims, Meaux, nord de Paris, nord de Pontoise, nord de Rouen, nord du Havre, la Manche, Exeter en Angleterre et bassin houiller de Barnstaple.

De la sorte, le bassin houiller nouveau passerait sous les départements de Meurthe-et-Moselle, Haute-Marne, Marne, Seine, Eure et Seine-inférieure.

(1) Le charbon sous la Lorraine française. Extrait de l'*Echo des mines et de la métallurgie* en 1900. Société des Publications scientifiques.

en France par Pont-à-Mousson et en sortirait entre
Havre.
use mais assez fréquente, une vallée, celle de la Basse-
rait marquer l'axe du dit bassin dans l'ouest de la
seule différence qui existerait entre les deux plis
sud et au nord de la crète hercynienne, c'est que
Sud est plus profond et recouvert en plus grande
mer tertiaire; mais il émerge aux deux extrémités, à
arrebrück comme un croissant enfoui en son milieu.
Essen-Douvres est lui-même enfoui sous les morts-
le Nord et le Pas-de-Calais. C'est donc absolument la
non seulement en plan, mais en verticale.
es environs de Rouen et du Havre, dans le relèvement
e (puisqu'il arrive à émerger en Angleterre) que l'on
le bassin à des profondeurs moindres. Dans l'Est, à
aint-Dizier, à Vitry-le-François, on aurait peut-être
l'arriver à rencontrer du terrain houiller exploitable,
ui vient d'être découvert.
xprime toute notre pensée et vaudra mieux qu'une
lus minutieuse.

Conclusion.

le voir, le prolongement du pli hercynien dont la
Sarrebrück vient d'être découvert en France aux
ont-à-Mousson, sur un anticlinal peu important; mais,
ce pli a une largeur énorme de 60 kilomètres; il s'étend
leterre en longueur, sur 600 kilomètres. Le bassin de
it autre chose que la dépression du grand pli hercy-
et élargie ultérieurement par le dépôt du tertiaire.
it concentrique à 150 à 200 kilomètres de distance,
Essen-Douvres et plongerait plus profondément en
que ce dernier, sous le bassin tertiaire de Paris.

5e Question.

Le gîte auro-platinifère de Ruwe (Katanga)

PAR

H. BUTTGENBACH

Directeur du Service des mines au Département des finances de l'Etat indépendant du Congo, à Bruxelles.

---

§ I.

Les rivières, qui prennent leurs sources dans la partie sud-orientale du bassin du Congo et qui réunissent ensuite leurs eaux pour former le grand fleuve africain, traversent une région connue sous le nom de *Katanga*, qui, soumise pendant ces dernières années à des explorations méthodiques, a été reconnue comme formant un district minier dont l'importance égale certainement celle des autres régions les plus minéralisées du globe.

Les diverses roches que l'on rencontre dans ce pays sont des quartzites, des grès, des psammites, des poudingues et des calcaires, le plus souvent fortement plissés, divisibles en plusieurs séries que l'on peut rapporter aux époques silurienne et dévonienne. Une bande de terrains, rattachés à l'Archéen, avec massifs granitiques, traverse également la contrée et est visible sur une largeur de 20 à 40 kilomètres, en se dirigeant du Sud-Ouest au Nord-Est, sur plus de 150 kilomètres de longueur.

En discordance sur ces terrains anciens, on rencontre aussi, par places, de puissantes couches de grès friables que M. Cornet [1] a décrites sous le nom de *couches de Lubilache* et qui doivent être rapportées aux formations permo-triasiques.

Les découvertes minières effectuées dans ce pays comportent actuellement et principalement :

1° Une série de gisements de **cuivre**, formés d'imprégnation par la malachite de couches de grès et de schistes, qui se succèdent, par groupes, sur plus de 300 kilomètres de longueur et que j'ai décrits antérieurement [2].

(1) J. CORNET. Les formations post-primaires du bassin du Congo. *Ann. Soc. géol. de Belg.*, t. XXI, 1893-1894. Voir aussi : J. CORNET. Observations sur les terrains anciens du Katanga. *Ibidem*, t. XXIV, 1896-1897.

(2) H. BUTTGENBACH. Les gisements de cuivre du Katanga. *Ann. Soc. géol. de Belg.*, t. XXXI, 1903-1904.

2° Une série de gisements de **fer**, constitués surtout par des massifs de magnétite et d'oligiste, et dont les principaux se trouvent au sud de la zone cuprifère.

3° Une série de gisements d'**étain**, formés de filons de quartz, mica et cassitérite, ayant aussi donné d'importantes alluvions qui suivent le flanc nord-ouest de la zone archéenne citée plus haut.

4° A côté des richesses précédentes, le **gîte aurifère et platinifère de Ruwe** forme un type encore unique au Katanga, mais dont on peut espérer trouver d'autres analogues, vu les nombreux indices signalés de côté et d'autre par les prospecteurs.

Je me propose de décrire, dans cette note, le gîte de Ruwe, tel qu'il est actuellement connu par les travaux que l'on y a effectués pour son étude et pour l'exploitation de ses parties superficielles. Déjà, dans une note publiée en 1904 (1), j'ai donné quelques indications sur ce dépôt et le présent mémoire a pour but de les compléter. Bien des points restent, sans doute, à élucider dans ce gisement du centre de l'Afrique, mais je crois que les quelques renseignements que je vais donner ne pourront qu'intéresser ceux qui suivent les progrès réalisés dans ces régions, inconnues il y a encore peu d'années.

Je ferai également observer que Ruwe est le seul gisement où le platine ait été, jusqu'ici, signalé en Afrique (2).

§ 2.

Le gisement de Ruwe est situé à 23°34' de longitude est de Greenwich et à 10°37' de latitude sud, près de la source du ruisseau *Kurumashiwa*, affluent du Lualaba. La figure 1 montre l'alignement des diverses collines qui entourent la source du ruisseau, ainsi que leurs altitudes. Toutes les roches qui forment ces collines sont des grès et des quartzites inclinant vers le Nord d'un angle variable. Quelques imprégnations de cuivre se remarquent dans les couches des monts Konkolo et Kitambala.

La première découverte du gisement a été faite à l'aide du *pan*, en expérimentant sur les divers débris qui s'étendent près de la source. En remontant de place en place vers la colline, on recon-

(1) H. BUTTGENBACH. Les dépôts aurifères du Katanga. *Bull. Soc. belge de geol.*, t. XVIII, 1904.

(2) L. DE LAUNAY. Les richesses minérales de l'Afrique. Paris. Ch. Béranger. 1903.

nut que les diverses roches affleurant sur le versant sud du mont Ruwe donnaient plus d'or que les débris de la vallée, et finalement,

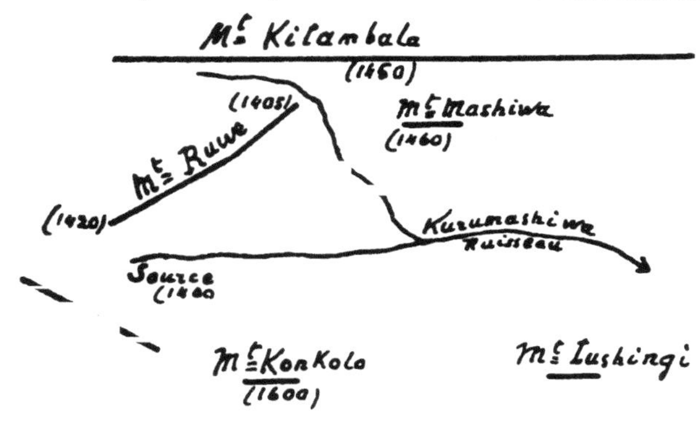

Fig. 1.

on fit des analyses chimiques de divers échantillons prélevés dans ces roches, analyses qui autorisèrent des travaux de recherches plus importants.

§ 3.

La figure 2 montre l'allure de la colline, dont la pente la plus forte est au Sud-Est. Les courbes de niveau, d'abord assez écartées, se rapprochent de plus en plus vers le Nord-Est et la colline, dans cette direction, devient de plus en plus abrupte. La partie supérieure a plutôt la forme d'un plateau, dont l'altitude va s'abaissant insensiblement vers le Nord-Ouest, sur une distance de 1 000 mètres, après laquelle un ravin vient le couper brusquement.

C'est sur le versant faisant face au ruisseau que l'on a étudié jusqu'ici les roches aurifères. Contrairement aux gisements de cuivre de la région, la colline de Ruwe est complètement boisée et rien n'attire l'attention du prospecteur.

Deux sortes d'affleurements caractérisent ce dépôt :

1° en ABC, sur une largeur moyenne de 20 mètres et une longueur totale de 320 mètres, on trouve de nombreux cailloux arrondis, lourds, semblables à de la limonite ;

2° en D, commence, pour se continuer vers le Nord-Est, tout le long de la colline, une agglomération de blocs de grès désagrégés et perforés de nombreuses cavités, sur une largeur variant de 40 à 50 mètres dans la partie qui nous intéresse.

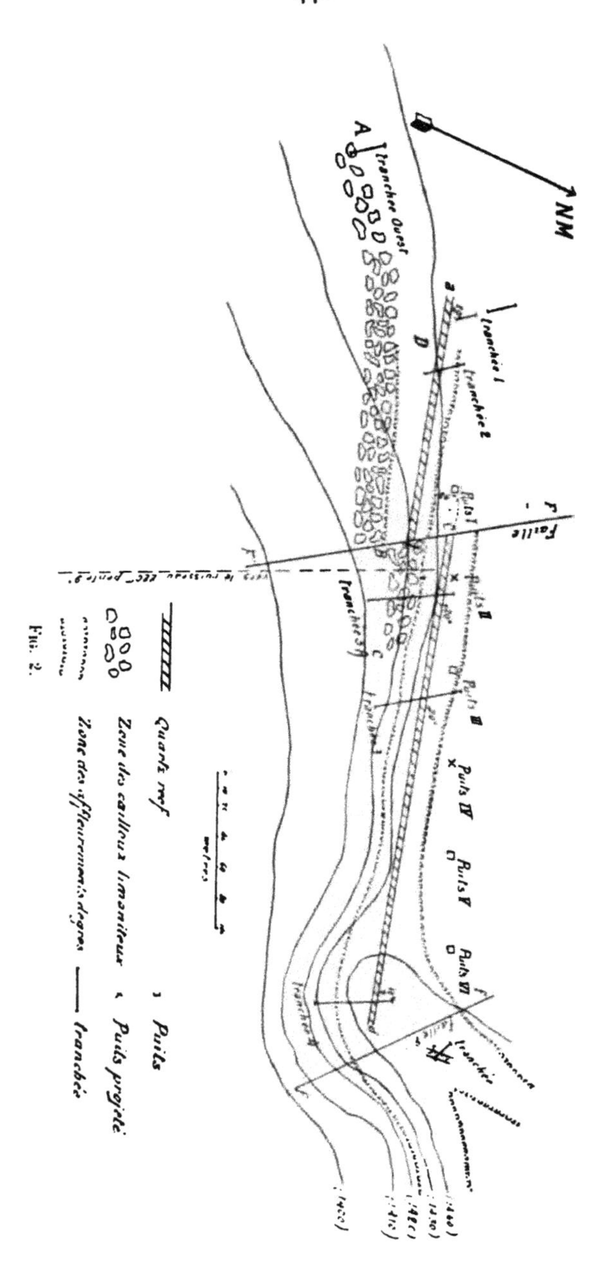

NM
A
tranchée Ouest
tranchée 1
tranchée 2
a
D
F
Faille
Puits I
Puits II
Puits III
Puits IV
Puits V
Puits VI
C
tranchée 3
tranchée 4
tranchée
(1440)
(1430)
(1420)
(1410)
(1400)
mètres
Quartz reef
Puits
Zone des cailloux limoniteux
Puits projeté
Zone des affleurements dégrés
tranchée

FIG. 2.

Ces deux affleurements, si différents d'aspect, font présager que, à côté de bancs de grès, on trouvera au Sud, et parallèlement, des bancs où le fer prédominera dans la composition de la roche.

Lorsqu'on suit ces affleurements suivant leur longueur, on est, au point B, brusquement arrêté et l'on voit les cailloux ferrugineux et les cailloux de grès rejetés vers le Nord : il y a là une faille FF', dirigée à peu près N.40°W. et le rejet occasionné est, en plan horizontal, d'environ 25 mètres.

Les diverses roches des affleurements ont donné de l'or, de même que les terrains qui les recouvrent et qui, jusqu'à des profondeurs variant de quelques centimètres à 10 mètres, ne constituent, d'ailleurs, que le résidu de l'altération et du lavage des roches formant le sous-sol de la colline. On y trouve des blocs de tous les bancs inférieurs, entremêlés dans une argile sableuse, le plus souvent jaunâtre. Ce terrain, que j'appelerai *terrain d'altération*, et que je désigne par la lettre a dans la coupe de la figure 3, fait l'objet de l'exploitation actuelle ; il renferme l'or en pépites pesant de 1 à 5 grammes, mais pouvant atteindre 100 et 150 grammes.

De très nombreuses tranchées, longues de 3 à 20 mètres, profondes de 1 à 10 mètres, ont constitué les premiers travaux de recherches; quelques-unes d'entre elles sont indiquées sur la figure 2. Elles ont mis au jour, sous les terrains d'altération, une série de roches dirigées NE.-SW. et inclinées de 20° vers le Nord.

Deux des bancs ainsi découverts sont plus reconnaissables que les autres : le premier est un grès cristallin, vitreux, carié ; l'autre est un conglomérat limoniteux ; les autres roches sont plus difficiles à identifier.

§ 4.

L'étude que j'ai faite, sur place, de ces affleurements, m'a conduit à établir la coupe représentée dans la figure 3 (p. 442) :

Toutes les couches 1 à 6, essayées près des affleurements, contiennent de l'or ; mais cet or se présente rarement en pépites ; le plus souvent, il ne laisse, au *pan*, que de minces paillettes mélangées à d'autres parcelles qui ont été reconnues être du platine. La moyenne de nombreuses analyses faites sur des échantillons prélevés dans ces couches a donné, en grammes à la tonne métrique :

Or : 12.287 Platine : 3.428 Argent : 8.266

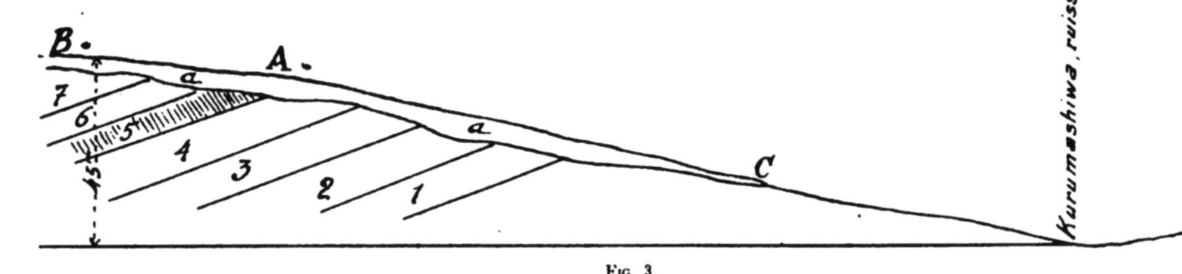

Fig. 3.

7 *b*.	Grès compacts, gris, durs.	4 *b*.	Grès zoné.
7 *a*.	Grès stratifiés, clivables, gris.	4 *a*.	Grès rougeâtre.
6.	Grès friable, à éclat gras.	3.	Sable blanc.
5.	Grès cristallin, vitreux, carié.	2.	Grès compact.
4 *c*.	Grès clivable, parsemé de taches noires,	1.	Conglomérat limoniteux.

§ 5.

Quelques couches méritent une description plus détaillée.

Roche 5.

La roche qui constitue ce banc est un grès présentant, avec
r-tains caractères constants, quelques caractères variables d'un
droit à l'autre; mais cette différence est due, à mon avis, au plus
moins grand degré d'altération que ce grès a subi. Il est formé
grains de quartz roulés et de grains de quartz cristallins;
rfois, mais rarement, de petites géodes sont tapissées de cris-
ux du même minéral. Il est parsemé de nombreuses cavités
uvent recouvertes d'un enduit jaunâtre. Examiné à la loupe,
présente, par places petites mais nombreuses, un éclat gras,
euâtre. Quoique ce grès comprenne, sous forme de cailloux, des
rties assez dures, il est, en général, très friable. Dans les
droits où il a subi le plus d'altération, il prend une teinte rou-
âtre que sa poussière a toujours.

Cette roche est très reconnaissable, quoique sa limite avec les
ches limitrophes ne soit pas toujours très précise et que l'on
sse insensiblement de l'une à l'autre. Nous verrons plus loin
6) que, en profondeur, son meilleur caractère est sa richesse en
étaux précieux.

En précisant les points où cette roche était visible, j'ai dessiné
g. 2) sa ligne d'affleurement *ab-cd*, interrompue en *b* par la
ille dont j'ai parlé plus haut. Cette ligne, longue de 470 mètres,
it l'axe des affleurements des blocs de grès qui, eux, provien-
nt des quartzites 7*a* et 7*b*; la couche 5 n'est pas visible à la
rface du terrain, ce qui est dû à sa friabilité.

Dans la tranchée n° 5 (fig. 2), la roche en question est encore
sible, mais sa direction est presque perpendiculaire à celle qu'elle
ait à l'Ouest. Malheureusement, aucune recherche n'a encore
é faite dans cette partie du gisement : toute l'activité a été diri-
e dans la partie occidentale de la colline, quoique, à l'Est, le
sement semble encore se continuer sur plus de 500 mètres de
ngueur.

Roche 4 b.

Ce grès est clivable sur de très minces épaisseurs. Il est assez
ır en certains endroits et souvent aussi très fragile, mais sa

structure est cependant toujours la même : une superposition d lits de quartz vitreux enchevêtrés dans des lits granuleux. Il es blanc. Au *pan*, il m'a donné de l'or en paillettes et, fait curieux quelques globules d'or, ***absolument sphériques***, de moins de u millimètre.

Roche 1.

Cette roche est des plus intéressantes et mérite une attentio particulière, d'autant plus que certains échantillons, prélevé d'ailleurs dans les parties altérées ont donné $50^{gr}.161$, $21^{gr}.02$ et $47^{gr}.390$ d'or à la tonne.

J'ai dit plus haut que, de A en C (fig. 2), se trouvaient, e contrebas, mais parallèlement aux affleurements de grès, sur 3 mètres de largeur, des cailloux limoniteux. Ces cailloux, qui peu vent atteindre 50 décimètres cubes, sont arrondis, bleu-foncé et à première vue, on les prend pour de la limonite compacte. Mais si l'on étudie leur cassure à la loupe, on voit que leur structur est bien plus complexe : c'est de la limonite, mais de la limonit incrustée, imprégnée de petits globules de quartz ; ces globule ont le plus souvent 1/4 de millimètre de diamètre ; rarement il atteignent un millimètre. Les plus petits sont sphériques, les plu gros, ellipsoïdaux ; ils sont sans éclat, presque opaques, un pe translucides ; ils se détachent facilement en laissant leur empreint sur la roche englobante. De nombreuses mesures faites sur de spécimens différents, sur diverses cassures et dans des direction quelconques, m'ont conduit à une moyenne de 20 globules pa centimètre, ce qui donnerait 8 000 globules par centimètre cube.

J'ai cru retrouver cette roche dans le conglomérat limoniteux I où elle a l'aspect d'un poudingue dont les éléments seraient forte ment reliés entre eux : on y retrouve ces cailloux limoniteux à globules de quartz avec des cailloux argileux, durs, présentan une sorte de clivage.

§ 6.

L'étude du gisement a été continuée à l'aide des puits n^{os} I, II V et VI (fig. 2), qui ont été respectivement descendus à de profondeurs de $18^{m}.00$ — $22^{m}.60$ — $26^{m}.00$ et $15^{m}.00$ (février 1905 Au fond de ces puits, on a creusé différentes galeries, soit e direction des couches, soit perpendiculairement.

Si les diverses couches formant la coupe décrite plus haut renferment toutes de l'or vers leurs affleurements, il n'en est plus de même dès que l'on se trouve à quelques mètres sous la surface du sol. Comme on a pu le préciser par ces travaux, ces couches voient leur teneur en métaux précieux diminuer très rapidement et ne plus même donner au *pan* que quelques *couleurs* sans importance. Seule, la couche de grès cristallin 5 reste riche et, je me hâte de l'ajouter, suffisamment riche pour pouvoir être exploitée.

§ 7.

Cette couche a été recoupée par le puits n° 1 (fig. 4) à la profon-

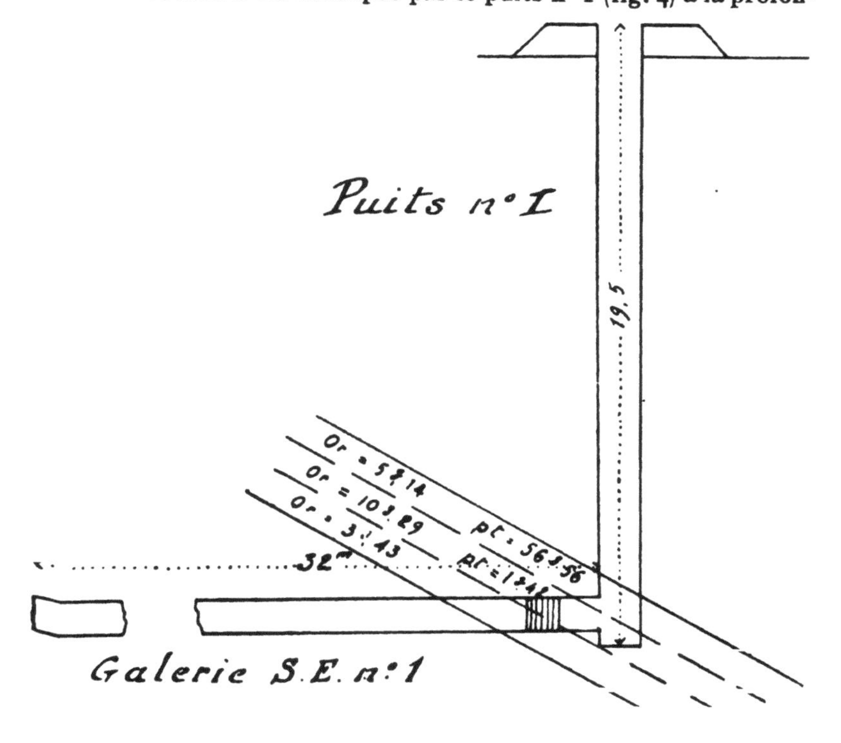

Fig 4.

deur de 18 mètres et son épaisseur y est de trois mètres. Une analyse faite sur un échantillon prélevé au toit y a décelé, par tonne, 5 gr. 14 d'or et 56 gr. 56 de platine ; un autre échantillon,

mur, a donné 3 gr.43 d'or, sans platine ; un troisième, centre, a donné 10 gr.29 d'or et 1 gr.48 de platine.
aux exécutés au fond de ce puits sont représentés re 5, où la courbe noire renseigne l'allure en direction e. J'ai, de plus, indiqué, en un diagramme, les diverses or et platine, déterminées sur des échantillons prélevés n mètre de distance (1).
inutile de décrire les travaux analogues effectués aux V et VI. Les résultats obtenus sont seuls intéressants qui nous occupe.
ur moyenne de la couche est de 2m.50 ; l'or et le platine à des teneurs très variables d'un point à un autre, montre déjà bien le diagramme de la figure 5 ; cepen- s deux métaux existent en un point quelconque de la sidérée suivant son épaisseur, on remarque que le pla- n plus forte proportion que l'or *vers le toit*, tandis que, r, l'or prédomine par rapport au platine.
nne générale déduite de toutes les analyses effectuées est :
10.815 grammes par tonne métrique.
e : 11.951 grammes par tonne métrique.
dium a aussi été reconnu, parfois à des teneurs très is à une moyenne de 2 grammes par tonne.
n existe en traces ; il n'y a pas d'*osmium*.

§ 8.

n lave ce minerai, soit au *pan*, soit au *sluice*, o n sable à grain très fin, de couleur brune, renferman uses parcelles à éclat métallique.
lyse générale de ce concentré a donné :

nb	29.55
re	9.00
	6.53
el	0.24
lt	1.02
nine	0.16
ux	traces
le vanadinique	10.56
le phosphorique	traces
e, matières insolubles	31.45
combinée, oxygène et perte	11.273

(1) e diagramme, et contrairement à ce qui est inscrit sur la figure e représente un gramme et demi d'or ou de platine.

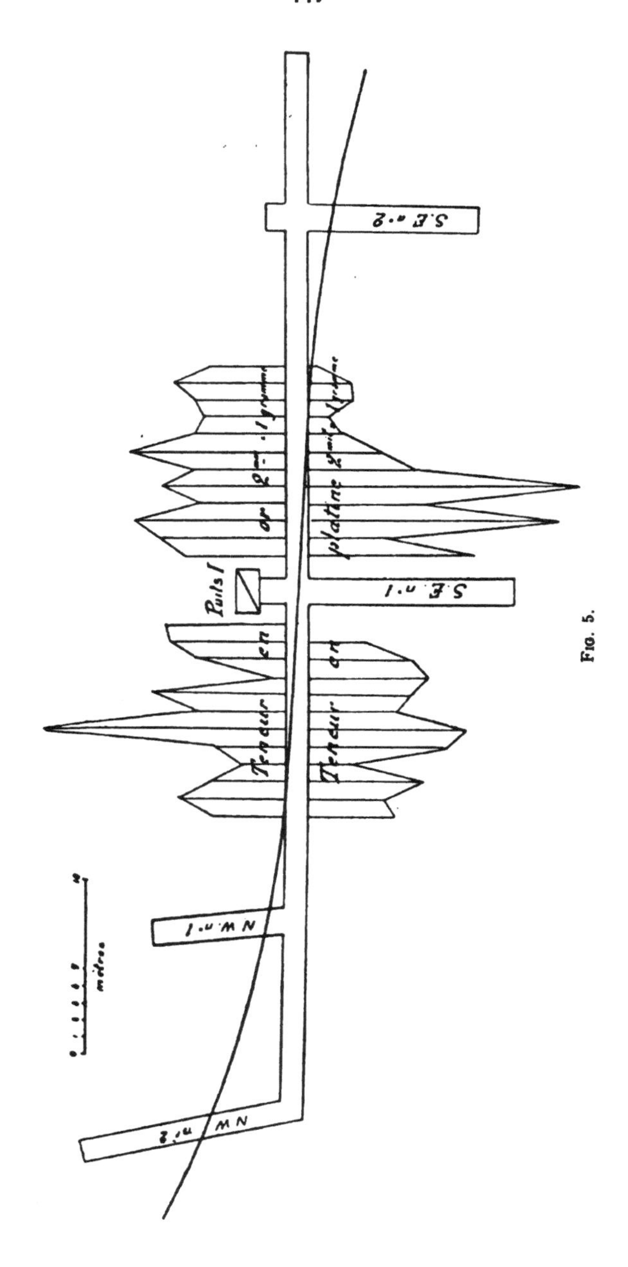
S.E. n°2
S.E. n°1
Puits I
Teneur en or
Teneur en platine
N.W. n°1
N.W. n°2
mètres

Fig. 5.

		par tonne
Palladium	0.121	1k.210
Platine	0.002	0k.020
Or.	0.032	0k.320
Argent	0.062	0k.620
	100.000	

Très probablement, le plomb, et peut-être le cuivre, sont alliés, dans ce sable, à l'acide vanadinique, formant un minéral qui se rapproche de la *Descloizite* ($Pb^4 V^2 O^9 + H^2 O$) ou de la *Psittacinite* [$(Pb, Cu)^4 V^2 O^9 + 2 H^2 O$] ; j'ai pu en effet isoler, à la loupe, quelques grains globuleux, à structure fibro-radiée, dont l'aspect physique se rapproche assez bien de l'aspect habituel de ces deux minéraux et qui ont été reconnus formés de vanadate de plomb [1].

Les métaux précieux existent dans ces concentrés à l'état natif, en grains le plus souvent microscopiques, mais parfois aussi en pépites : je possède une pépite d'or alliée à une pépite de platine, pesant ensemble 12 grammes et provenant de ces couches.

Dans un autre échantillon de ce sable, j'ai pu également déceler de très petites aiguilles formées de tourmaline.

§ 9.

Il serait prématuré de vouloir déterminer actuellement l'âge des couches de Ruwe, ainsi que l'origine des métaux précieux qu'elles renferment. Les considérations suivantes ne sont donc émises que tout-à-fait provisoirement ; je suis prêt à abandonner les conclusions qu'elles entraînent dès que des faits plus précis et plus nombreux me l'ordonneront.

Les couches de Ruwe sont nettement sédimentaires ; elles résultent donc de la destruction de roches plus anciennes.

Leur aspect, leur allure, leur composition ne permettent pas de les comparer aux diverses couches primaires qui constituent les terrains du sud du Katanga et qui appartiennent aux époques silurienne, dévonienne et, en partie, carboniférienne. Déjà, les divers monts qui entourent directement la colline de Ruwe (fig. 1) sont formés de couches de grès et de quartzites, presque vertica-

[1] M. Pisani a appelé *Cuprodescloisite* une variété cuprifère de Descloizite, en croûtes mamelonnées, à surface confusément cristalline, d'un noir verdâtre, à poussière jaune, provenant de Zacatecas (Mexique).

les, dont quelques-unes imprégnées de malachite, et qui, elles, doivent être rapportées à cette époque primaire.

Or, l'histoire géologique du Congo nous enseigne que les mouvements orogéniques survenus à la fin de cette époque primaire « aboutirent à la formation d'une vaste dépression entourée d'un » fort relief montagneux qui l'isolait des contrées voisines. Des » nappes lacustres vinrent bientôt occuper ce bassin primitif et » les produits de l'érosion de la ceinture ancienne s'y accumulè» rent en épaisses couches de schistes, de grès et de calcaire (¹) » formant les *systèmes des Kundelungu* et *de Lubilache*, d'âge permo-triasique.

Au sud-est de Ruwe, s'étendent les plaines de Kazembe qui occupent l'emplacement d'une de ces anciennes nappes lacustres, dont les eaux, pour s'échapper, durent attendre que la gorge des Monts Zilo se fût ouverte, gorge qu'approfondissent encore de nos jours les cataractes Delcommune.

Je ne suis pas éloigné de croire que les couches de Ruwe soient des vestiges des dépôts qui s'effectuèrent dans le *lac de Kazembe*, dépôts qui subirent ultérieurement quelques mouvements les dérangeant de leur position initiale, comme d'ailleurs le fait s'est produit en de nombreux endroits pour les couches du même âge.

Dans ce cas, les couches de Ruwe devraient donc être rattachées au système des Kundelungu.

§ 10.

L'origine des métaux précieux dans la couche de Ruwe serait due alors à la présence de filons métallifères dans les roches qui, soumises aux érosions, virent leurs éléments entraînés au lac de Kazembe. Le fait que, vers le mur de la couche, l'or est en plus grande quantité que le platine, tandis que, vers le toit, le platine prédomine, s'expliquerait alors facilement par la prépondérance de ce dernier métal dans les parties des filons aurifères qui furent lavées vers la fin du phénomène. La teneur en cuivre de la couche de Ruwe serait due aussi au lavage des gisements cuprifères.

Dans un autre travail (²), j'ai attiré l'attention sur la présence de l'or dans les gisements de cuivre du pays et j'ai même déjà

(¹) J. CORNET.

(²) H. BUTTGENBACH. Les dépôts aurifères du Katanga. *Bull. Soc. belge de géol.*, t. XVIII, pp. 175 et 178, 1904.

attribué à l'érosion des parties superficielles d'un de ces gisements, la formation de dépôts aurifères dans les ravins de Kambôve. J'ai alors aussi attribué à des concentrations modernes et très rapides, la présence de l'or en pépites souvent volumineuses, dans les dépôts provenant du lavage des roches où ce métal n'existe qu'en éléments microscopiques.

§ 11.

J'ai dit (§ 6) que les diverses couches de la colline renferment de l'or vers leurs affleurements, tandis que, en profondeur, une seule d'entre elles contient les métaux précieux. Je ne puis expliquer ce fait qu'en considérant ces affleurements comme déjà soumis aux altérations superficielles et comme participant aux phénomènes qui ont concentré l'or dans les terrains dits d'altération et désignés par la lettre *a* sur la figure 3. Il est à remarquer, en effet, que la limite entre les couches de la colline et les terrains superficiels est très peu précise.

§ 12.

Ces terrains superficiels ne résultent, d'ailleurs, que de l'altération des roches du sous-sol. Je ferai observer, à ce sujet, qu'ils renferment de l'or *en amont* des affleurements A (fig. 3) de la couche auro-platinifère. On peut donc supposer que cet or est dû au remaniement de cette couche, ainsi que d'une autre couche qui doit affleurer vers le point B ou qui, peut-être, a complètement disparu. Des travaux de recherche effectués sur le plateau même permettront de résoudre cette question.

7e Question.

La distribution de la déclinaison magnétique

dans le bassin de Liége

PAR

M. DEHALU

Répétiteur à l'Université de Liége.

Il y a deux ans, je signalais l'existence d'une anomalie magnétique dans le bassin de Liége [1].

Depuis, grâce au concours généreux de la Société belge d'Astronomie et de quelques Sociétés minières du pays, j'ai pu entreprendre une étude assez détaillée du régime magnétique des bassins miniers belges [2].

Le nombre des stations visitées s'est élevé à 111, dans lesquelles on a effectué 195 mesures de la déclinaison, 84 de la composante horizontale et 108 de l'inclinaison. Dans ces nombres, ne sont pas comprises les mesures très nombreuses faites à la station de base, l'Observatoire de Cointe.

Les points les plus éloignés de notre exploration sont, en longitude Quiévrain (frontière française) et la Baraque-Michel (frontière allemande), en latitude Beaumont (frontière française) et Tongres.

Voici les résultats généraux en ce qui concerne la déclinaison.

Le bassin du Hainaut renferme de très légères irrégularités, mais le bassin de Liége est plus troublé.

Ainsi, tandis que la différence de déclinaison magnétique entre Namur, qui se trouve à peu près au centre de toute la région connue, et Quiévrain, n'est que de 10 minutes, elle atteint déjà 30 minutes entre Namur et Liége.

(1) Anomalies dans la déclinaison magnétique aux environs de Liége. *Mém. Soc. roy. des Sciences* de Liége, 3e série, tome V, 1903 et *Bull. Soc. belge d'Astronomie*, nos 9 et 10, 1903.

(2) Rapport sur les travaux de la Carte magnétique des bassins miniers de Liége et du Hainaut. *Bull. Soc. belge d'Astronomie*, no 2, 1905.

Le but de cette note est surtout d'attirer l'attention sur la distribution singulière de la déclinaison magnétique dans le bassin de Liége.

On sait que, dans une distribution régulière des éléments magnétiques, la déclinaison décroît de l'Ouest vers l'Est d'une quantité qui peut atteindre, dans nos régions, 30 minutes par degré de longitude, soit environ 5 minutes par 20 kilomètres.

Ce nombre, qui ressort des observations françaises, se trouve aussi vérifié par celles que j'ai effectuées dans le Hainaut et par la différence de déclinaison magnétique entre Bruxelles et Cointe. La valeur de cette dernière est d'environ 40' et la différence de longitude entre ces deux points est de 1°12'.

Il résulte de là que les différences de déclinaison entre les points de longitude extrême de notre carte en devraient pas dépasser 10 minutes. En réalité, des différences de cet ordre se rencontrent déjà pour des points séparés seulement de quelques kilomètres.

Nous avons représenté par une teinte uniforme les régions qui paraissent posséder la même déclinaison magnétique. Ces régions, comme on le voit, s'enchevêtrent les unes dans les autres, présentant un aspect analogue aux surfaces de niveau.

La partie en blanc représente le régime magnétique de Waremme, qui n'est pas figuré sur notre carte ; il affecte Visé, Herve et Verviers.

La partie en rouge figure le régime magnétique de Cointe, de tous le mieux établi. Il s'étend au Nord, vers Glons et Tongres, est limité en partie, au Sud, par le cours de la Meuse et se prolonge au NE. jusqu'à Aubel et au SE. jusqu'à Jalhay.

La teinte jaune représente le régime normal de la frontière allemande ; il affecte, comme on le voit, un grand nombre de points situés sur la rive gauche de la Meuse et une partie des cours de l'Ourthe et de la Vesdre.

Enfin, la teinte grise caractériserait davantage le régime magnétique d'Aix-la-Chapelle ; on le rencontre dans le voisinage de Bleyberg, Trooz, Plainevaux, Rivage et, plus près de nous, à Renory et Kinkempois.

Cette carte met, en outre, en évidence, un fait caractéristique : de Renory à Herve, les déclinaisons magnétiques vont en augmentant ; il en est de même de Renory à Visé.

Dans l'état actuel de nos connaissances du régime magnétique de la Belgique, il est assez difficile de fixer, d'une façon certaine, la position des lignes et des points d'attraction. La Belgique, en effet, n'a pas encore entrepris, à l'exemple des nations voisines, une étude assez complète de la distribution du magnétisme dans l'étendue de son territoire.

En ce qui concerne l'anomalie du bassin de Liége, il se pourrait que celle-ci ne fut que la continuation de l'anomalie constatée en Hollande par M. van Ryckevorsel et qui affecte l'ancienne vallée de la Meuse.

Je crois inutile d'insister auprès de vous sur le concours que peut apporter le magnétisme terrestre à la géologie. Les anomalies magnétiques qui affectent certaines régions, sans raison apparente *a priori*, et leur relation probable avec les faits géologiques, attestent l'intérêt que leur étude présente pour le géologue.

C'est à ce titre, Messieurs, que ma communication trouvera grâce devant vous.

De l'emploi de la paléontologie en géologie appliquée

PAR

A. RENIER

Ingénieur au Corps des mines, à Charleroi.

Il n'est pas sans intérêt de parler de paléontologie dans une réunion consacrée, comme celle-ci, à l'étude de problèmes captivants de géologie appliquée. Ne voyons-nous pas, en effet, s'accroître constamment le nombre des cas, souvent d'une importance industrielle considérable, où le mineur réclame de la paléontologie une intervention décisive. De telle sorte que cette science, considérée par d'aucuns comme purement spéculative, tend à acquérir une portée pratique chaque jour plus considérable.

Je voudrais rappeler ici l'importance et la nature de ses applications. L'occasion me paraît d'autant plus favorable qu'une part importante se trouve réservée, dans nos travaux, à l'étude des bassins houillers, le champ d'action par excellence de la paléontologie appliquée.

Je me suis attaché, en rédigeant cette note, à ne donner qu'un exposé sommaire et critique de l'ensemble du sujet. C'est d'ailleurs chose conforme au caractère de ma tâche que de m'en tenir à des généralités.

***

Le cas le mieux connu, le plus courant, où la paléontologie peut venir en aide au géologue et au mineur, est celui des études stratigraphiques.

Dois-je, après l'exposé qui en a été fait si souvent, revenir sur ce sujet? Si je penche vers l'affirmative, c'est que j'estime qu'il faut toujours tenter, surtout en une occasion comme celle-ci, de mettre nettement en lumière les principes de la méthode.

En thèse générale, l'emploi de la paléontologie rend les études stratigraphiques plus complètes, plus serrées, parfois encore plus

L'économie de cet emploi découle de ce que les études strati-graphiques sont à la base de tout travail de levé et de ce que, d'autre part, c'est sur un levé plus ou moins détaillé que s'appuie toute recherche géologique, qu'il s'agisse de géologie pure ou de géologie appliquée. Faciliter le travail du levé, le rendre plus précis ou plus rapide est, on en conviendra, chose éminemment utile. Or, tel est bien le rôle de la paléontologie.

Il suffira d'en donner comme preuve la première carte géologique digne de ce nom. Ce fut, comme on le sait, en utilisant surtout les caractères paléontologiques que William Smith, le père de la géologie britannique, parvint à dresser, il y a un siècle, la carte des terrains secondaires de l'Angleterre.

Dès ce jour, la paléontologie avait pris rang parmi les sciences d'application.

D'autres géologues arrivèrent, certes, à des résultats tout aussi remarquables, en utilisant de préférence les caractères minéralogiques des terrains. Il n'en est pas moins vrai que les indications fournies par la paléontologie complètent les données pétrographiques, permettent de les contrôler et, au besoin, de les rectifier.

Telle est bien la conclusion qui se dégage de nombreux travaux et, notamment, des recherches de M. Grand'Eury sur les bassins houillers du Gard et de St-Eloy, pour ne citer que deux applications nettement industrielles [1].

Tous les problèmes de la paléontologie stratigraphique peuvent se ramener à la détermination de l'âge relatif d'une couche ou d'une série de couches.

On peut, en fait, distinguer deux méthodes bien différentes.

Nous les examinerons en détail, pour en arriver à définir leur importance pratique respective.

La première de ces méthodes utilise ce qu'on est convenu d'appeler les fossiles caractéristiques. Elle procède d'un certain nombre de lois, dont la première peut s'énoncer ainsi :

[1] Ces faits ont été rappelés par M. Zeiller dans la *Notice du Musée géologique des bassins houillers belges*, pour l'Exposition de Bruxelles de 1897. Namur, A. Godenne, broch. de 72 p.

L'existence de toute espèce vivante, animale ou végétale, est limitée dans le temps.

C'est là un fait d'expérience que les explorations exécutées dans toutes les parties du monde ont nettement mis en lumière.

L'espèce apparaît à un moment déterminé, se développe de façon plus ou moins rapide jusqu'à atteindre un maximum de vitalité, au delà duquel son importance décroît plus ou moins rapidement, jusqu'à ce qu'enfin elle disparaisse définitivement.

La même loi existe pour les genres, les familles, les ordres, etc., tant dans le règne animal que dans le règne végétal.

De telle sorte que, si nous imaginions que l'on ait tracé, sur la bande d'un chronographe enregistreur, un trait de hauteur proportionnelle à l'importance relative d'une espèce, d'un genre, d'une famille déterminés, à chaque instant des temps géologiques, le diagramme ainsi défini serait limité et affecterait la forme d'un fuseau plus ou moins allongé, plus ou moins régulier.

La définition de ces limites d'existence ou de l'extension verticale d'une espèce fossile, constitue la base de toute application.

Déterminer l'extension verticale d'une espèce, représente toutefois un travail bien laborieux. Tout d'abord, la définition de l'espèce est, en paléontologie plus encore qu'en zoologie ou en botanique, chose particulièrement délicate. Les types mixtes, les formes de transition déconcertent tous les travailleurs. L'ingéniosité humaine a, cependant, de telles ressources, qu'il ne faut jamais désespérer de la solution de difficultés de ce genre. Le passé est là pour en témoigner.

Mais nous rencontrons bientôt des difficultés d'un autre ordre. Les individus d'une même espèce se présentent, en effet, sous des apparences bien différentes suivant le degré de développement qu'ils avaient atteint au moment de leur mort, les altérations qu'ils ont subies avant leur enfouissement, les conditions et le mode de leur fossilisation et enfin les déformations de toute nature qu'ils ont éprouvées dans la suite. On a été ainsi souvent conduit à multiplier le nombre des espèces, à surcharger les listes et encore à restreindre inconsciemment l'extension verticale d'une même espèce. Ce sont là des tâtonnements inévitables, qui disparaissent au fur et à mesure du progrès des explorations.

Mais ce n'est pas tout. S'il arrive qu'une même espèce soit de la sorte multipliée par subdivision, il se peut aussi que des espèces différentes soient confondues, par suite de l'état de conservation insuffisant des échantillons. Cette remarque s'applique surtout à la paléobotanique, où on en est venu à caractériser de noms spéciaux *Knorria*, *Aspidaria*, etc., certains états de conservation. M. Potonié [1] voudrait les voir disparaître des listes, ou mieux, remplacer par l'indication de la forme nette. Cette pratique offrirait un certain danger, en ce sens qu'elle ferait une part trop large à l'appréciation personnelle. Mieux vaudrait préciser à la fois la forme nette probable et l'état de conservation.

Quoi qu'il en soit, les faits prouvent qu'il est pratiquement possible de définir de façon satisfaisante l'extension d'une espèce fossile dans une région limitée. C'est notamment le cas pour les végétaux du terrain houiller, ainsi qu'en témoignent les études nombreuses exécutées jusqu'à ce jour. Si j'ai rappelé les difficultés que présentent ces recherches, c'est pour en conclure que ces études doivent être confiées avant tout à des spécialistes. M. Potonié [2] a même insisté sur ce fait d'expérience que ce sont non seulement les travaux de détermination, mais même ceux de recherche des échantillons qu'il faut confier aux paléontologistes. Dans le cas de sondages, le paléontologiste est seul qualifié pour fractionner les témoins et y rechercher les débris de plantes ou d'animaux.

Est-il besoin de dire l'emploi qui peut être fait des tableaux ou diagrammes d'extension verticale? La rencontre, dans des roches d'âge imprécis, d'une espèce déterminée, permet de fixer avec une certaine probabilité l'âge de ces roches, pour autant que les limites d'extension verticale de cette espèce soient connues. L'âge de la roche est évidemment compris entre ces limites d'extension.

Il reste certes encore beaucoup à faire sous ce rapport. Néanmoins, dans l'état actuel de nos connaissances, on peut distinguer nettement et aisément des roches minéralogiquement identiques ou similaires, mais d'âges assez différents, même en n'utilisant le principe que par rapport à une seule espèce fossile.

[1] Die Art der Untersuchung von Carbon-Bohrkernen auf Pflanzenreste. *Wissenschaftliche Wochenschrift*, neue Folge, I. Band, Nr 23. Jena, Gustav Fischer, pp. 3-4. 1902.

[2] *Loc. cit.*, p. 2.

C'est ainsi que, dans la région minière de Liévin, M. Ch. Barrois a pu établir l'âge siluro-cambrien de roches considérées comme carbonifères. Il en est résulté une interprétation nouvelle de la tectonique de cette région, interprétation dont les conséquences pouvaient être considérables pour l'industrie charbonnière.

C'est ainsi, et ce cas est peut-être même plus typique encore que le précédent, qu'en définissant l'âge dinantien de calcaires rencontrés dans un sondage exécuté à Kessel (Lierre), en vue de recouper le terrain houiller, à l'aide des rares fossiles que contenaient ces calcaires, il eut été possible d'éviter des dépenses importantes. Ces calcaires, qui renfermaient *Productus cora*, furent considérés par les techniciens comme crétacés, et on poursuivit, en conséquence, le forage sur plus de cent mètres. Cette erreur dans la détermination de l'âge était certes possible, si on ne recourait qu'aux caractères pétrographiques. Paléontologiquement, elle ne l'était pas.

Dans ces deux cas, la position stratigraphique admise pour les roches en question se trouvait nettement en dehors des limites d'extension connues des espèces fossiles rencontrées. Il ne pouvait y avoir de doute que l'opinion reçue jusque-là sur l'âge de ces roches fût erronée.

Mais il eut été évidemment difficile de préciser, à l'aide d'une seule espèce, la position exacte du niveau recoupé, entre les limites d'extension de cette espèce.

Certains paléontologistes prétendent cependant que la notion d'abondance peut permettre, dans ce cas, de résoudre cette question de façon satisfaisante, c'est-à-dire de pousser plus loin l'approximation.

Le principe sur lequel s'appuie leur opinion, est comme le complément ou mieux l'extension de celui que nous avons énoncé plus haut, à savoir que l'existence de toute espèce vivante est limitée dans le temps.

On peut, en effet, employer une formule plus générale et dire que le développement, ou ce qui revient au même, l'importance ou l'abondance relative, de toute espèce, de tout genre, de toute famille vivants est une fonction du temps.

Les diagrammes chronographiques construits de la façon que

j'ai signalée tout à l'heure, ou d'après tout autre système, montrent [1] que cette fonction est, à échelle réduite, c'est-à-dire dans ses grandes lignes, relativement simple.

Le diagramme affecte l'allure d'un fuseau unilobé, de telle sorte que l'ère de grande abondance est unique ; en-deçà et au-delà l'abondance décroît progressivement et plus ou moins rapidement.

Il faut, toutefois, se garder d'attacher une trop grande importance à cette notion. Il ne faut, en effet, pas perdre de vue que les études monographiques sont, à cet égard, encore trop peu avancées aujourd'hui sous bien des rapports [2].

C'est d'ailleurs un fait bien connu que, dans une même région la répartition des fossiles est assez inégale dans une même assise surtout en ce qui concerne les végétaux.

La loi n'est vraie que dans l'ensemble. Elle peut, localement se trouver en défaut.

Ceci m'amène à aborder un point de vue que j'ai négligé jusqu'ici.

La question se complique, en effet, encore ; et c'est du fait que les limites d'extension verticale d'une même espèce fossile varient suivant la région considérée. Il est vraisemblable que toute espèce a possédé des stations hâtives, tout comme elle a eu des stations tardives ; que suivant ses aptitudes spéciales, elle s'est propagée plus ou moins rapidement, et s'est développée, dans chaque région, suivant une loi en rapport avec les circonstances locales. C'est dire que si, en thèse générale, les limites d'extension verticale ne coïncident pas, *a fortiori* la zone d'abondance d'une même espèce dans des régions assez distantes n'est pas généralement simultanée.

Nous pouvons en conclure immédiatement que, dans le cas de recherches dans une région inconnue, il y a toujours lieu de ne considérer les conclusions auxquelles nous conduit la paléontologie, que comme une première approximation, surtout si l'on fait usage de la notion d'abondance.

Il y a toutefois lieu de distinguer, je pense, les cas d'extrapolation, telles les recherches de houille en Lorraine, de ceux

[1] Voyez par exemple : K. VON ZITTEL. Grundzüge der Paleontologie. München, pp. 34 et suiv., 1895.

POTONIÉ. Lehrbuch der Pflanzenpaleontologie. Berlin, pp. 349 et suiv., 1899.

[2] Dans les Grundzüge der Paleontologie de K. VON ZITTEL, la plus grande partie des diagrammes indiquent l'extension verticale, sans différencier la zone d'abondance.

d'intrapolation, comme celui du bassin houiller du nord de la Belgique.

Ce fait de la non-concordance des limites d'extension verticale et de la zone d'abondance d'une espèce fossile dans les diverses régions n'est, du reste, qu'un corollaire d'une règle générale : une loi de répartition des êtres vivants, analogue à celle que nous constatons dans la nature actuelle, existe depuis l'origine des temps géologiques.

Peut-être les circonstances générales qui exercent quelque influence sur l'organisation des êtres et sur leur distribution, ont elles agi précédemment d'une manière moins prononcée qu'elles ne le font aujourd'hui? En tout cas, il existe une relation évidente entre les facies des terrains et leurs caractères fossilifères. Les exemples sont si nombreux qu'il est, je crois, inutile d'en citer.

Il n'en résulte pas cependant « que les formes organiques soient » bien moins en rapport avec les temps qu'avec les conditions » d'existence, variables à chaque époque d'un point du globe à » l'autre » (1). Car l'observation nous enseigne que les vicissitudes de la population organique des continents et des océans, si elles ont été nombreuses, ont été aussi parfaitement ordonnées (2). C'est dire le rôle prépondérant du temps.

Nous n'en touchons pas moins, il est vrai, à l'une des questions les plus épineuses de la paléontologie stratigraphique.

Après ce que nous venons de voir, il est évident que les terrains contemporains ou formés à la même époque ne renferment pas nécessairement des fossiles identiques et que, réciproquement, les terrains qui contiennent des fossiles identiques, ne sont pas nécessairement contemporains. André Dumont (*loc. cit.*) avait déjà signalé, en 1847, la portée de cette constatation pour l'emploi de la paléontologie en géologie.

Que faut-il en conclure? Faut-il proclamer la faillite, l'inapplicabilité de la paléontologie, comme André Dumont croyait pouvoir le faire (3). Je ne le pense pas, car l'expérience est là pour témoigner

(1) A. DUMONT. Sur la valeur du caractère paléontologique en géologie. *Bull. Acad. roy. des Sciences de Belgique*, tome XIV, 1re partie, pp. 292-312, 1847 : 2e partie, pp. 112-116 et 382.

(2) DE LAPPARENT. Traité de géologie, quatrième édition. Paris, p. 723, 1900.

(3) *Loc. cit.*, p. 309.

de l'utilité, même industrielle, de cette science. Mais l'utilité pratique de chaque espèce fossile est variable, et de là naît toute la confusion.

On a coutume de parler de fossiles caractéristiques. Mais on néglige de se metttre d'accord sur la portée de ce terme.

Après les développements précédents, nous pourrions dire que le fossile caractéristique est celui qui, de caractères spécifiques suffisamment nets et constants, possède à la fois une extension géographique considérable, une extension verticale limitée, peu variable dans ses limites aux différents points de sa zone d'extension géographique, et enfin une fréquence pratiquement suffisante.

Je crois inutile d'insister sur l'importance pratique de cette dernière qualité.

Il faut, pour que le fossile soit utilisable, qu'on ait chance de le rencontrer dans une recherche industrielle.

Si telles sont bien les qualités que doit réunir le fossile caractéristique, rares sont les espèces que nous pouvons considérer comme telles.

Nous pouvons même dire qu'elles n'existent pas si, par extension géographique considérable, il faut entendre une extension mondiale.

Mais en fait, la pratique n'est pas aussi exigeante ; chaque application comporte des conditions spéciales qui simplifient le problème dans un sens ou dans l'autre.

Dans toutes, il est vrai, l'idée de temps domine. On veut pouvoir faire, à l'aide de l'inégale répartition des fossiles dans le temps, un certain nombre de coupures dans la série continue des terrains sédimentaires.

S'agit-il d'études d'ensemble, de recherches portant sur des territoires considérables, il faudra sacrifier quelque peu la limitation de l'extension verticale et s'attacher davantage à utiliser des espèces à large répartition géographique simultanée.

Toutes les classes d'êtres organisés sont loin d'être cosmopolites. M. de Grossouvre a recherché quels pouvaient être, pour les terrains crétacés (1), les fossiles caractéristiques dans le sens

(1) DE GROSSOUVRE. Recherches sur la craie supérieure. Première partie, introduction et chap. I : Des méthodes en stratigraphie. *Mémoires pour servir à l'explication de la Carte géologique de la France.* Paris, 1901.

limité que nous donnons ici à ce mot. D'après lui, les échinides ont une extension verticale totale considérable, mais fort variable localement, et ne peuvent, en tous cas, pas servir aux raccords à grande distance. Les gastropodes et les lamellibranches sont d'un emploi difficile, étant donné leur état de conservation défectueux et les lacunes dans nos connaissances qui résultent du manque de bons matériaux ; quant aux brachiopodes, ils ont, jusqu'ici, été déterminés plutôt par la connaissance du gisement que d'après leurs caractères propres. Les céphalopodes et les ammonitidés remplissent, au contraire, la plupart des conditions que nous cherchons. Ils ont une extension géographique considérable ; leurs débris se retrouvent dans des contrées de facies différents. Quant à l'importance de leur variation dans le temps, c'est-à-dire de leur extension verticale limitée, elle est établie par les données d'observation.

On sait que cette manière de voir est partagée par beaucoup de géologues : les ammonoïdes qui avaient servi à la classification des terrains jurassiques et triasiques, sont employés aujourd'hui pour la division des terrains paléozoïques.

En ce qui concerne le terrain houiller, les zones d'ammonoïdes sont, soit dit incidemment, remarquables par leur constance.

On s'accorde, en général, à utiliser de préférence les animaux nageurs et de haute mer pour établir le caractère synchronique ou homologue de formations très distantes. « Nous ne voulons pas » contester pour cela », déclare M. de Lapparent [1], « qu'il n'y » ait de grandes lumières à tirer de l'étude des flores continen- » tales, ni que les mammifères n'aient souvent été employés avec » grand succès pour l'identification des assises lacustres tertiaires. » Mais encore une fois le criterium que fournissent les êtres » terrestres est d'une application moins générale et en même » temps moins sûre, à cause de ce qu'on peut appeler leur » *impressionnabilité* qui les rend aptes à traduire des phéno- » mènes dont la signification peut être exclusivement locale. »

En ce qui concerne l'emploi de la flore, si intéressante dans l'étude du terrain houiller, Westphalien et Stéphanien, je me bornerai à faire remarquer que M. Grand'Eury a établi, par son mémoire sur la *Flore carbonifère du département de la Loire* [2], que

(1) *Loc. cit.*, p. 724.

(2) Deuxième partie. Botanique stratigraphique. *Mémoires présentés par divers savants à l'Académie des sciences*. Paris. 1877. Voyez aussi Lester-

les végétaux ont une valeur incontestable pour l'étude stratigraphique d'ensemble de ces formations.

On peut donc conclure que, dans le cas examiné, il existe des fossiles caractéristiques. Tous ceux auxquels on s'est plu à donner ce nom dans les traités, n'en sont pas toujours dignes. Mais il existe des types possédant une vaste répartition géographique indépendante du facies. Au point de vue de l'application, c'est ce fait qu'il importait de constater.

Voilà pour les études d'ensemble.

S'agit-il, au contraire, de recherches détaillées sur des espaces peu étendus. On pourra, je pense, utiliser avec profit, outre les espèces cosmopolites, des séries locales. Leurs représentants ont souvent, sur les espèces cosmopolites, l'avantage de ne pas être confinés à des niveaux peu nombreux et encore celui d'être remarquablement plus abondants. Pour y être moins sensibles que d'autres, les espèces cosmopolites n'échappent, en effet, pas, malgré tout, à l'influence du facies qui se traduit par une réelle rareté ou une absence totale de leurs débris.

Ce défaut de sensibilité peut, d'ailleurs, se traduire par une extension verticale considérable, si on la compare à celle des séries locales.

Dans son mémoire : *On the various divisions of british carboniferous rocks as determined by their fossil flora* (1), M. Kidston a rappelé les avantages que présente, à cet égard, pour la division paléontologique du terrain houiller, l'emploi de la flore préférablement à celui de la faune et surtout de la faune marine littorale.

Dans un exemple cité par M. Kidston, celui du charbonnage de Hamstead (Birmingham), la flore rencontrée appartenait sans conteste au Houiller supérieur, tandis que la faune rappelait complètement celle de certaines assises du Dinantien. Or, c'est aujourd'hui chose avérée que ce gisement appartient sans conteste au Houiller supérieur (*upper coal measures*).

Il peut être intéressant de rappeller, à cette occasion, une remarque de M. de Grossouvre, qui a signalé la ressemblance

F. Ward. Principes et méthodes d'étude et de corrélation géologique au moyen des plantes fossiles. *Cinquième session du Congrès géol. internat.* Washington, 1891.

(1) *Proceed. of the Royal physical society of Edinburgh*, vol. XII, 1893-1894.

extrême, parfois jusque dans les plus petits détails, de faunes d'assises possédant un facies identique, bien que d'âges différents [1].

En ce qui concerne les espèces locales, il ne faudra pas perdre de vue qu'on a souvent confondu la zone d'abondance avec l'extension verticale. L'erreur est certes excusable ; il s'agit d'une première approximation. Il n'en est pas moins regrettable que certains traités de paléontologie continuent à ne renseigner que la zone d'abondance. Ils y sont, il est vrai, conduits par des désignations locales, telles que, dans le Calcaire carbonifère belge : la dolomie à *Chonetes papilionacea (V1b)* et le calcaire à *Productus cora*. Mais, ainsi que l'écrivait Briart [2], « il est utile de s'entendre » sur ce point.

» Ni le *Chonetes*, ni le *Productus* ne sont caractéristiques dans » le sens propre du mot, des deux assises auxquelles nous propo- » sons de les rattacher. Ils débordent parfaitement dans les deux » sens, le *Productus cora* surtout, qui commence à se montrer » dans les calcaires à chaux hydraulique de Tournai. C'est une » question d'abondance, car si l'on cherchait, dans le calcaire » carbonifère, des fossiles qui réunissent cette condition à celle » d'appartenir exclusivement aux assises, on aurait de la peine à » en trouver. ».

Cette remarque, on pourrait la faire à propos des terrains de tous les âges. L'extension verticale d'une espèce suffisamment abondante pour constituer un fossile caractéristique, est généralement assez grande.

Doit-on, une fois encore, en conclure que la paléontologie n'offre que des ressources très relatives pour les applications pratiques ?

Non, car l'expérience nous apprend qu'il est possible d'établir des subdivisions dans la période d'existence d'une même espèce, et ce, sans devoir attribuer une importance exagérée à la notion d'abondance.

Cette loi peut être formulée en ces termes :

Dans une série continue de terrains, les limites d'existence ou d'extension verticale d'espèces différentes ne coïncident pas,

(1) *Op. cit.*, p. 3.

(2) Géologie des environs de Fontaine-l'Evêque et de Landelies. *Ann. Soc. géol. de Belg.*, t. XXI, p. 85, note.

c'est-à-dire que la faune et la flore subissent une évolution lente par disparition progressive de certaines espèces et par apparition d'espèces nouvelles.

En combinant donc les renseignements fournis par la présence ou l'absence d'un certain nombre de fossiles caractéristiques, on peut en arriver à distinguer les diverses assises d'un même terrain.

C'est ainsi qu'ont été établies les subdivisions du terrain houiller du nord de la France, de l'Angleterre, de l'Allemagne, etc. Chose remarquable, les modifications de la flore dans ces divers bassins sont, comme l'a établi M. Zeiller [1], sensiblement parallèles.

M. de Grossouvre, traitant spécialement de la question des études d'ensemble de vastes territoires, a émis l'opinion qu'il faut, dans le choix des fossiles caractéristiques, se borner à un groupe.

« Je pense », écrit-il [2], « que pour déterminer exactement les
» rapports dans le temps de diverses assises, on doit abandonner
» complètement la méthode des fossiles caractéristiques ; bien
» des dissertations ont été écrites sur ce sujet, souvent basées
» sur des faits mal observés ou mal interprétés et aboutissant
» presque toutes à cette conclusion que l'âge relatif d'une couche
» doit être déterminé par l'ensemble de sa faune, principe d'une
» application tellement difficile et délicate qu'il a conduit à de
» grossières erreurs.

» Je suis persuadé au contraire que dans l'état actuel de nos
» connaissances, il faut prendre comme point de départ les
» données fournies par l'évolution d'un groupe de formes aussi
» restreint que possible.

» C'est une règle à laquelle on doit strictement se conformer,
» et le stratigraphe qui cherchera à s'appuyer tantôt sur un
» groupe de fossiles, tantôt sur un autre arrivera bien vite à
» s'égarer et à embrouiller le fil conducteur qui doit le guider.

» D'ailleurs, il est évident que le degré de précision et de
» sensibilité d'une échelle chronologique basée sur cette méthode
» dépend avant tout du groupe choisi, de la variation plus ou
» moins rapide des types qui en font partie, de la facilité avec

[1] *Bull. Soc. géol. de France*, 3e série, t. XXII, p. 483, 1894.

[2] *Op. cit.*, avant propos.

» laquelle ces variations pourront être constatées par l'obser-
» vateur, en un mot, de toute une série de circonstances objec-
» tives ou subjectives. »

Cette citation contient la réponse à une objection importante que déjà André Dumont a longuement développée dans sa leçon : *Sur la valeur du caractère paléontologique en géologie.*

Son argumentation peut se résumer en ceci : un grand nombre de formes fossiles ont vécu à des époques bien différentes dans les diverses parties du globe. Conséquemment, lorsque l'on compare l'ensemble des faunes de deux régions, on ne peut conclure de leurs caractères similaires à la contemporanéïté des dépôts qui les renferment.

L'objection tombe évidemment, si l'on n'utilise, pour ces comparaisons, que les animaux qui, en raison de leur mode d'existence, jouissent d'une répartition géographique simultanée considérable. Parmi les animaux marins, tous les nageurs peuvent être considérés comme tels. Parmi les animaux terrestres, les vertébrés principalement possèdent également cette qualité. A l'aide de ces espèces hautement caractéristiques, on en arrive enfin à déterminer les différences de limite d'extension verticale absolue des autres espèces.

L'opinion émise par M. de Grossouvre ne doit cependant pas, à mon avis, être prise dans un sens trop absolu. Les exigences de la pratique sont variées. Il faut formellement tenir compte de l'importance du territoire exploré et du degré de détail des recherches, qui en est, jusqu'à un certain point, corrélatif. Le choix du groupe doit être approprié au facies des terrains explorés. Préconiser l'emploi exclusif des ammonoïdes serait, dans bien des cas, chose illusoire.

***

Tels sont les principes généraux qui dominent l'emploi de la méthode, dite des fossiles caractéristiques.

Il me reste, pour terminer cet exposé de l'emploi de la paléontologie en stratigraphie, à dire quelques mots d'une seconde méthode, qu'il importe de bien distinguer de la précédente.

Tout comme elle, elle utilise la localisation dans le temps des fossiles. Mais elle procède d'un fait d'expérience nettement diff[illegible]

Lorsque l'on examine une série continue de terrains dans une région relativement peu étendue, on ne tarde pas à reconnaître que certaines formes sont particulièrement abondantes dans certains bancs.

C'est là un fait excessivement remarquable et très important, car il s'agit ici d'horizons dans le sens le plus strict de ce terme. Aussi, certains services géologiques n'ont-ils pas hésité à cartographier spécialement ces bancs, souvent malgré leur extrême minceur ([1]).

Le terrain houiller renferme, d'ailleurs, quelques bancs de ce genre, parmi lesquels il faut citer tout spécialement la couche à *Gastrioceras Listeri*.

Le fait n'est d'ailleurs pas seulement connu des géologues; il l'est également des mineurs. Il suffit d'ouvrir les publications de la Section des mines de ce Congrès pour s'en convaincre ([2]).

Or, ce qui, dans ce cas, est surtout digne de remarque, c'est que l'ingénieur, le mineur même, en arrivent très rapidement à reconnaître les formes spéciales à chaque banc, sans qu'ils possèdent nécessairement d'amples notions de paléontologie. Une connaissance très sommaire de formes leur permettra d'employer, pour les désigner, un langage plus correct ; elle leur facilitera encore l'observation. Cependant, c'est surtout la pratique qui développe le talent d'observation ; si ce sont les termes qui manquent au mineur, il a tôt fait d'en forger.

Je pourrais citer ici des cas où cette seconde méthode de paléontologie vulgarisée a rendu de réels services. Mais ces cas sont si fréquents, que je crois inutile d'insister.

Est-il besoin de dire que cette méthode s'applique surtout aux études locales, aux levés de détail, comme ceux que nécessite l'exploitation des mines. La notion d'étendue est néanmoins toute relative, et l'on connaît de ces lits très minces qu'on a pu suivre sur quinze à vingt kilomètres de longueur ([3]).

Pratiquement, il est évidemment avantageux d'employer simultanément les deux méthodes.

([1]) Voir, notamment, les cartes détaillées au 1 : 25 000 des grands-duchés de Hesse et de Bade.

([2]) Tome I, pp. 529-530.

([3]) *Ann. Soc. géol. de Belgique*, t. XXXI, p. B 72.

C'est ce à quoi il y aurait lieu, je pense, de s'appliquer davantage dans l'étude du terrain houiller.

*
* *

Le terrain houiller est, en effet, le champ d'application par excellence de la paléontologie stratigraphique.

Ce fait résulte du concours de deux circonstances : d'une part, l'abondance relativement grande des fossiles dans cet étage et, d'autre part, l'uniformité de ses caractères pétrographiques.

Il y aurait, certes, de grands avantages à retirer d'une étude plus attentive des roches ; car, ainsi que nous avons pu l'établir, M. Fourmarier et moi, pour le bassin du nord de la Belgique [1], les caractères minéralogiques du terrain houiller sont loin d'être identiques sur toute la hauteur de cette formation ; la variation de la teinte des roches est surtout remarquable.

La connaissance encore bien imparfaite de la loi de variation de la teneur en matières volatiles, peut aussi rendre certains services.

Mais il n'en est pas moins vrai que l'étude des débris organiques permet d'arriver de façon plus simple, plus rapide et, je crois, plus sûre, à l'établissement de l'échelle stratigraphique et, conséquemment, au débrouillement des problèmes tectoniques qui intéressent si vivement l'exploitant.

Au point de vue pratique, le fossile joue ici le rôle d'un élément coloré, d'un pigment dont la couleur va se modifiant progressivement avec l'âge; ainsi que nous l'avons vu, cette couleur est donnée à la roche par l'ensemble des fossiles caractéristiques ; chacun d'eux joue le rôle d'un ton, et l'ensemble donne la nuance.

Ce sont principalement les végétaux qui, jusqu'ici, ont été considérés comme fossiles caractéristiques du Houiller. De nombreux travaux et, notamment, ceux de M. Stainier [2] sur les bassins belges, ont certes établi la richesse et la variété de la faune. Je pense, néanmoins, que le rôle de la flore doit être considéré comme prépondérant dans les études de détail que réclame la pratique minière.

Les débris végétaux sont, en effet, de loin les plus abondants. On

(1) *Annales des mines de Belgique*, t. VIII, 1903.

(2) Stratigraphie du bassin houiller de Charleroi. *Bull. soc. belge de géol.*, t. XV, 1901. Stratigraphie du bassin houiller de Liége. *Ibid.*, t. XIX, 1905.

en trouve dans toutes les roches argileuses et particulièrement dans les schistes. Ils sont, en général, aisément visibles, tandis que certains débris animaux, les poissons notamment, ne peuvent être souvent découverts que grâce à une grande habitude. Enfin, ainsi que je l'ai rappelé tout à l'heure, l'expérience a permis de reconnaître que la flore a évolué plus rapidement que la faune, c'est-à-dire que l'extension verticale des espèces végétales est moins considérable que celle des espèces animales du Houiller.

On peut, cependant, tirer grand profit des débris animaux dans ces études stratigraphiques. Ces débris sont, en effet, généralement localisés dans des bancs minces de nature spéciale. Les schistes bruns organiques sont, dans le Westphalien, la roche à poissons par excellence, tout comme les schistes noirs, compacts, argileux, renferment souvent des débris d'*Anthracosia*.

Il est regrettable qu'on ne se soit pas, jusqu'ici, attaché davantage à rechercher ces bancs. Combien plus complètes et plus utiles seraient les coupes de galeries et de puits si, au lieu des indications sommaires : schiste, toit, roc, etc., on y avait inscrit : schiste noir à *Anthracosia*, schiste avec *Goniatites*, schiste micacé avec végétaux.

Le mineur peut, d'ailleurs, accomplir lui-même cette besogne et se contenter d'inscrire « moules » au lieu de *Anthracosia* : le but est néanmoins atteint.

Je pourrais citer des cas où ces observations si simples ont rendu de réels services. Point n'est besoin que les fossiles soient remarquables ou spéciaux ; les bancs contenant des formes banales sont de vrais horizons, plus ou moins locaux, je le veux bien, qui constituent d'excellents repères. Dans l'épaisseur de la série houillère à laquelle la flore imprime une couleur variant, disons, du rouge au violet, en passant par toutes les teintes de la gamme chromatique du Dinantien au Permien, ces lits constituent comme des raies brillantes. Ayant défini approximativement l'âge des roches à l'aide de la flore, on pourra, dans une recherche, s'orienter plus exactement, en déterminant ensuite l'un ou l'autre de ces bancs minces, de ces horizons à fossiles animaux.

Telle doit être, je pense, la méthode à suivre dans les études paléontologiques du terrain houiller. Il reste, certes, encore beaucoup à faire pour la connaissance de la flore et surtout pour celle de la faune, dont la localisation rend les recherches particulièrement pénibles ; mais les faits acquis sont déjà nombreux.

Il va sans dire que le second principe ne peut pas, en général, être utilisé dans le cas de sondages ; car il serait délicat d'y retrouver, surtout dans des régions neuves, le passage de chacun de ces bancs minces.

L'étude paléontologique d'un bassin houiller exploré uniquement par sondages, telle que nous avons eu l'occasion de la faire, M. Fourmarier et moi, pour le bassin du nord de la Belgique (1), doit se baser surtout sur les caractères d'ensemble de la flore. M. Potonié en a rappelé les principes dans un mémoire que j'ai déjà eu l'occasion de citer plus haut (2). J'ajouterai seulement qu'il ne faut pas perdre de vue que la notion d'abondance est ici d'une application délicate, étant donnée la faible surface explorée, et que, d'autre part, la notion de richesse de la flore est, avant tout, subordonnée aux conditions d'exécution du sondage, c'est-à-dire à la proportion de témoins qui, comme on le sait, dépend surtout de leur diamètre (3).

***

En déterminant l'âge des roches de la façon que je viens de rappeler, la paléontologie fournit à la géologie appliquée de précieuses données. Son rôle ne se borne cependant pas là ; elle peut encore intervenir de façon décisive pour préciser les conditions de gisement des roches et des minerais d'origine organique.

Cette question a, depuis longtemps, attiré l'attention des paléontologistes. Il semble, cependant, qu'on ait jusqu'ici négligé de vulgariser leurs conclusions qui, tout imparfaites, tout incomplètes qu'elles peuvent paraître, n'en méritent pas moins d'être prises en sérieuse considération. Alors que, dans toutes les Écoles des mines, les gîtes métallifères font l'objet d'un cours spécial, tellement important que la métallogénie constitue aujourd'hui une branche distincte, l'étude des minerais organiques et, en particulier, celle des combustibles fossiles est considérée comme accessoire et rattachée à la minéralogie, à la pétrographie ou à la géologie descriptive. Et cependant, l'importance pratique des gisements houillers n'est-elle pas comparable à celle des gîtes

(1) *Loc. cit.*

(2) Die Art der Untersuchung, u. s. w.

(3) De la reconnaissance des terrains par les procédés modernes de sondage. *Annales des mines de Belgique*, t. VIII, p. 35, 1903.

métallifères ? Le fait a été formellement reconnu en Prusse, où l'École des mines de Berlin a, depuis plusieurs années, modifié dans ce sens son programme d'études.

J'ai dit que la paléontologie peut préciser les conditions de gisement.

Je rappellerai d'abord, comme preuve de cette proposition, un cas typique, quoique assez spécial : celui du mur des couches de houille d'âge westphalien. Les roches situées immédiatement au-dessous des couches, ce que le mineur appelle *mur*, *sole*, *Liegende*, *underclay*, se distinguent, comme on le sait, par la présence de fossiles éminemment caractéristiques, les *Stigmaria*. Ces *Stigmaria* lardent la roche de leurs appendices grêles ; dirigés en tous sens, ces cordons noirâtres se recroisent souvent, au point de former un véritable feutrage. Le fait est constant, quelle que soit la nature des sédiments : schistes argileux, psammitiques ou gréseux.

Dans le toit, au contraire, les végétaux sont plus ou moins désintégrés et jetés pêle-mêle, le plus souvent à plat, quand il s'agit de roches argileuses, ou encore inclinés, voire même redressés, dans le cas de grès. Le contraste est frappant et résulte uniquement de la présence de *Stigmaria* dans le mur.

Cette distinction nette du toit et du mur a une importance pratique considérable. Elle permet, dans des gisements aussi bouleversés que le sont ceux du grand bassin houiller franco-belge, de définir exactement l'allure des terrains. Or, c'est de la connaissance exacte de cette allure que dépend la bonne direction de tous les travaux miniers. La présence de *Stigmaria* permettra de décider rapidement si la couche rencontrée est en position normale ou se trouve renversée.

On m'objectera, certes, que l'œil exercé du mineur en arrive à distinguer comme d'instinct le toit du mur. Ce serait nier l'évidence que de ne pas reconnaître le bien fondé de cette observation ; mais ce serait aussi un manque de logique que d'en conclure que la paléontologie n'a rien à faire dans ce cas pour la géologie appliquée. Tout d'abord, elle permettra au débutant de saisir nettement le principe de la distinction entre ces deux roches ; elle facilitera son initiation. Grâce à une expérience, d'ailleurs rapidement acquise, le géologue en viendra ainsi à pouvoir trancher des cas où le mineur risquerait fort de se tromper. C'est ce qui se produit à propos des témoins de sondages dont la section est souvent très réduite.

La cassure n'a plus souvent alors des allures aussi typiques. Le paléontologiste reconnaîtra aisément les rubans noirs, mous, irrégulièrement répartis, comme étant des appendices ou radicelles de *Stigmaria*; il ne les confondra pas avec des débris de feuilles de *Lepidodendron* ou de *Sigillaria*.

Les *Stigmaria* peuvent, d'ailleurs, d'après certains paléobotanistes, fournir des indications d'une importance plus grande encore.

Il y a longtemps que l'on s'est préoccupé de savoir si la présence de certains fossiles constitue un indice sérieux, une présomption grave en faveur de l'existence de couches de charbon. Dans son mémoire sur la *Flore carbonifère du département de la Loire*, M. Grand'Eury a exposé, dans un chapitre sur les « Rapports » entre le nombre et la puissance des couches de houille et les » caractères changeants de la flore », tant ses observations personnelles que celles de ses prédécesseurs.

Le nombre et la puissance des couches de houille, conclut M. Grand'Eury, dépendent de la nature des végétaux qui les ont formés... Partout la prédominance des *Sigillaria* avec des *Stigmaria* principalement, des *Lepidodendron* et des *Calamites* est une condition de grande richesse en houille... Plus les fougères dominent, moins il y a de couches et de couches moins puissantes (pp. 458-460).

M. Grand'Eury ne pouvait cependant s'empêcher de remarquer que cette loi ne s'applique pas aux bassins du centre de la France. Il attribuait cette exception à la vigueur extraordinaire de la flore stéphanienne dans ces régions.

L'observation peut, d'ailleurs, être étendue aux charbons secondaires et tertiaires, sans que, toutefois, la même justification soit possible.

La question comprend d'ailleurs deux parties : existence de couches de houille ; caractères d'exploitabilité de ces couches. Il semble bien que, pour le premier point, ce qui importe davantage, c'est moins la nature des éléments qui peuvent avoir contribué à la formation de la houille, que les conditions de gisement.

Cette proposition a été formulée à différentes reprises (1) par M.

(1) Die Art der Untersuchung der Bohrkerne auf Pflanzenreste. *Wissenschaftliche Wochenschrift*, 1902.

H. Potonié. Tout comme Goeppert et M. Grand'Eury, M. Potonié attribue une importance considérable aux *Stigmaria* ; mais il introduit la distinction entre les *Stigmaria* autochtones et les *Stigmaria* allochtones.

M. Potonié désigne, par *Stigmaria* autochtones, celles que l'on rencontre communément au mur des couches de houille ; ce sont les *Stigmaria* dont les appendices lardent la roche en tous sens : la fragilité de ces appendices, jointe à leur attitude, plaide nettement en faveur de la végétation *in situ* de ces *Stigmaria*. Par *Stigmaria* allochtones, il faut entendre, d'après M. Potonié, celles qui se trouvent en débris déchiquetés, témoignant nettement d'un transport.

La rencontre de *Stigmaria* autochtones, de roches de murs suivant l'expression du mineur, indique la possibilité de rencontrer des couches de houille, parce qu'elle témoigne de l'existence du facies marécageux, nécessaire à la formation de ces couches.

L'existence de ce facies n'implique pas nécessairement la formation de houille, qui réclame des circonstances spéciales. La présence de *Stigmaria* autochtones est seulement l'indice, mais un indice sûr de la tendance à la formation de la houille. Il y a lieu, quand on les découvre dans les témoins d'un sondage, de considérer comme probable l'existence de couches.

Ne rencontre-t-on, au contraire, que des *Stigmaria* allochtones, comme dans le Houiller inférieur du Harz (1) et de la Belgique, on a peu de chances de trouver du charbon ; les conditions géographiques ne s'y prêtaient pas.

Il faut rapprocher de ce fait une autre constatation non moins intéressante. Les dimensions des débris végétaux qu'on rencontre dans les roches du toit sont en relation avec l'existence et même avec la puissance des lits de houille. Lorsque ces débris sont menus, très disséqués, au point de rappeler de la paille hachée, et de plus, orientés plus ou moins dans le même sens, il y a peu de chances de rencontrer de la houille. M. Potonié a cité, à l'appui de ce fait, l'exemple de l'assise de Rybnik-Loslau dans le bassin houiller de la Silésie supérieure. M. Boulay était arrivé, en 1879, à des conclusions similaires, peut-être plus complètes, par l'étude de la concession de Bully-Grenay (2). « Il faut admettre », dit M.

(1) POTONIÉ. Silur-und Culm-Flora des Harzes, u. s. w.

(2) Recherches de paléontologie végétale dans le terrain houiller du nord de la France. *Ann. Soc. scientif.*, 4e année. Bruxelles, p. 58, 1879.

Boulay, « dans le bassin houiller du nord de la France et de la » Belgique, deux sortes de couches, les unes de formation marine, » les autres déposées au sein d'eaux douces et tranquilles.

» Les premières sont caractérisées par des coquilles dont les congénères ou les analogues ne vivent que dans les eaux de la mer ; les végétaux ne se rencontrent dans ces couches qu'à l'état de petits fragments d'ailleurs rares et habituellement informes qui montrent bien les effets du transport qu'ils ont subi. Ces couches dans notre bassin sont minces et peu nombreuses... ».

Il y a, toutefois, lieu de remarquer que M. Boulay a considéré comme marines des couches à lingules.

Quoi qu'il en soit, le fait signalé semble être bien réel, si l'on considère non une couche, mais l'ensemble du terrain houiller.

Dans la partie inférieure du Westphalien, qui renferme des restes d'animaux marins, la fréquence et la puissance des couches de houille sont moindres que dans les parties supérieures de facies lagunaire.

Toutefois, ainsi qu'il semble bien résulter de divers travaux, notamment de M. Stainier [1], les couches de cette assise, si elles sont minces, sont remarquablement régulières.

Ces simples remarques suffisent pour faire apprécier tout l'intérêt qu'il y a à développer les recherches dans cette direction.

La paléontologie a, cependant, déjà fait et fera, selon toute vraisemblance, plus encore pour la géologie appliquée, en abordant le fond même de cette question et en définissant la nature intime des combustibles fossiles.

L'étude microscopique des roches sédimentaires et surtout des roches organiques a, durant ces dernières années, fait des progrès remarquables.

M. C.-Eg. Bertrand vous a exposé l'état de la question, en ce qui concerne les combustibles fossiles, en s'appuyant principalement sur les résultats de ses recherches personnelles.

Ainsi que vous avez pu en juger, la somme de ces résultats est déjà importante. L'étude microscopique des charbons a permis d'y reconnaître, à côté de caractères généraux et communs, des caractères particuliers ou différentiels qui déterminent les qua-

[1] Voyez ci-dessus : Stratigraphie des bassins houillers de Liége et de Charleroi.

lités spécifiques de chaque type. L'analyse chimique a certes établi des distinctions importantes entre les différentes sortes de combustibles. Mais elle ne peut donner la raison dernière de ces distinctions ; elle est encore plus impuissante à établir, comme le fait l'analyse microscopique, les relations qui existent entre la qualité du charbon et les conditions de gisement.

Sous ce rapport, les géologues ont longtemps admis, faute de mieux, que la nature d'une roche combustible doit être considérée comme une fonction de son âge. C'est ainsi qu'on distingue encore aujourd'hui les tourbes, les lignites, les houilles et les anthracites. L'influence de l'âge sur les qualités du combustible est un fait indéniable : mais il y a longtemps que le mineur sait que semblable principe de classification est insuffisant. Ainsi, le Westphalien belge renferme, à côté de vraies houilles, des charbons compacts nettement différents. Dans les horizons supérieurs, ce sont des lits d'un charbon brun, noirâtre, sonore (sporo-pollinique) dont la teneur en matières volatiles est supérieure de plusieurs unités à celle des couches de charbon voisines. Dans les horizons moyen et inférieur, ce sont des charbons d'un noir intense, à éclat métalloïdique, qui contiennent une quantité de matières volatiles inférieure à celle des couches sous-jacentes et surincombantes, et qui sont tellement maigres qu'on les a dénommés « anthracites ». Il suffit, d'ailleurs, de parcourir les descriptions de charbons, surtout de charbons tertiaires, pour se rendre compte des difficultés de terminologie rencontrées par les auteurs.

La classification des combustibles, basée sur leur âge, est simpliste : elle ne tient compte que d'un seul élément dont le rôle est secondaire. Une classification rationnelle doit être basée, en tout premier lieu, sur la structure intime des combustibles, quitte à faire intervenir ensuite l'influence du métamorphisme qui a contribué à donner aux combustibles les qualités industrielles que nous leur connaissons.

La nature intime des charbons est, d'ailleurs, en relation directe avec les conditions de leur formation. M. Bertrand vous l'a démontré clairement. M. Potonié vous en apportera la preuve complète. Or, comme les conditions de formation se confondent avec les conditions primordiales du gisement, il en résulte que la paléontologie se trouve en état de nous renseigner, non seulement sur la nature et les qualités intimes des charbons, mais qu'elle fournit encore de précieux renseignements sur l'allure probable des couches.

Mais c'est plutôt l'œuvre du géologue de préciser ces relations ; car, à côté des faits qui relèvent de la paléontologie pétrographique, cette étude en comprend d'autres qui sont du domaine de la mécanique sédimentaire, de la tectonique, etc., en un mot, de la géologie proprement dite, ainsi que M. Fayol l'a démontré pour le bassin de Commentry. Aussi, bien que ce sujet soit l'un de ceux qui passionnent le plus les chercheurs, me semble-t-il hors de propos d'insister ici.

L'étude microscopique des roches sédimentaires n'a pas seulement éclairci l'origine des combustibles fossiles et permis une étude plus systématique de leurs conditions de gisement, elle nous a fait connaître également des faits très intéressants, touchant le mode de formation des calcaires bitumineux, des *Kieselguhr* et encore des phosphates de chaux.

M. Potonié vous montrera comment les calcaires bitumineux et les *Kieselguhr* se rattachent aux charbons.

J'aurais voulu pouvoir aborder ici, avec quelque détail, la question des phosphates de chaux ; le temps m'a malheureusement fait défaut pour l'étudier de façon suffisamment approfondie et avec tout le soin qu'elle mérite.

Il me fallait cependant signaler cet effort des paléontologistes, tout en me bornant à renvoyer, pour les détails, aux travaux des spécialistes et, notamment, à ceux de MM, J. Cornet [1] et Cayeux [2].

*
* *

Tel est, à grands traits, l'emploi qui peut être fait de la paléontologie en géologie appliquée. Comme on le voit, cette science, en apparence toute spéculative, est hautement utilitaire, qu'il s'agisse de ses rapports avec la stratigraphie ou de ceux qu'elle a avec la pétrographie.

Il est certes bien des questions de détail, d'une réelle portée pratique, qu'il eût été intéressant d'aborder ; mais, ainsi que je l'ai dit en débutant, l'ampleur et la complexité du sujet m'ont contraint à me limiter.

---

(1) Entre autres : *Bull. Ac. roy. de Belgique*, 3e sér., t. XXI, n° 2, 1891.

(2) *Mémoires Soc. géol. du Nord.*

1re Question

—

a limite méridionale du bassin houiller de Liége

PAR

P. FOURMARIER,

Ingénieur-géologue, Ingénieur au Corps des mines.

Assistant de géologie à l'Université de Liége.

Si l'on examine une carte géologique du bassin houiller de iége, on remarque qu'au lieu d'être bordé au Sud par une bande e Calcaire carbonifère, il est mis en contact avec du Dévonien ıférieur, dans la partie située le long de la Meuse, à l'ouest de otre ville.

Il existe donc là une faille importante qui a reçu le nom de *ille eifélienne*. Les travaux d'exploitation houillère ont prouvé u'elle incline au Midi, mais la valeur de sa pente n'a pas été éterminée jusqu'à présent d'une manière certaine ; elle paraît tre inférieure à 45°. On peut donc dire que les terrains plus nciens que le Houiller, situés primitivement au Sud, ont été efoulés sur le bassin houiller par la production d'une grande ssure, lors du plissement de l'Ardenne.

Le Houiller se prolonge donc au sud du passage superficiel de la ille eifélienne ; la limite extrême de son étendue sous les terins refoulés a déjà provoqué plusieurs travaux.

Il y a plusieurs années, M. le professeur Max. Lohest (1), raccorant schématiquement le Calcaire carbonifère d'Engihoul à celui e La-Rochette près de Chaudfontaine, émit l'idée que le Houiller prolonge sous le Dévonien inférieur formant les hauteurs comises entre les vallées de la Meuse et de l'Ourthe, jusqu'à une gne joignant les deux localités précitées.

(1) Max. LOHEST. Relations entre les bassins houillers belges et allemands. nn. *Soc. géol. de Belgique*, t. XXVI, p. 125. Liége, 1898-1899.

Il y a quelque temps, je publiai à mon tour un travail sur le prolongement de la faille eifélienne à l'est de Liége (¹) et je montrai que la question est beaucoup plus complexe que ne semblait l'indiquer l'hypothèse de mon savant maître ; mais j'étais toutefois porté à admettre que la limite du Houiller sous la faille eifélienne peut être reportée encore davantage vers le Sud.

A la suite de ces travaux, M. le professeur Lohest et moi, nous publiâmes une note indiquant nos nouvelles idées à ce sujet (²).

La question préoccupa également les industriels et, en 1903, la *Société anonyme d'Ougrée-Marihaye* entreprit dans la vallée de l'Ourthe, à Streupas, au sud d'Angleur, un sondage qui rencontra le Houiller, sous la dolomie carbonifère, à 143m80 de profondeur et qui fut arrêté à 671 mètres, sans avoir recoupé de couche de houille exploitable (³).

Depuis lors, j'ai poursuivi mes recherches ; j'ai fait de nouvelles observations et recueilli de nouveaux documents, et le but du présent travail est d'exposer l'état actuel de mes idées sur ce point si intéressant, tant pour l'ingénieur que pour le géologue.

Pour entreprendre cette étude, je partirai du point où l'allure géologique est la moins compliquée.

La coupe CC' (pl. I) montre l'allure du terrain houiller dans la concession du charbonnage de Bois-d'Avroy. On voit qu'au sud du grand synclinal principal que forme notre bassin houiller (*synclinal de Liége*), les couches se replient pour dessiner un grand anticlinal (*anticlinal de Cointe*) dont le flanc nord est formé de dressants interrompus par des plateures inclinant généralement au Sud et dont le flanc sud est formé de plateures assez régulières et peu inclinées, les couches étant toutefois chiffonnées et disloquées au voisinage du passage de la faille eifélienne, où elles semblent amorcer un nouveau synclinal.

On remarquera, dans cette coupe, que le flanc nord de l'anticlinal

(¹) P. Fourmarier. Le prolongement de la faille eifélienne à l'est de Liége. *Ann. Soc. géol. de Belgique*, t. XXXI, *Mém.* Liége, 1904.

(²) M. Lohest et P. Fourmarier. Allure du Houiller et du Calcaire carbonifère sous la faille eifélienne. *Ann. Soc. géol. de Belgique*, t. XXXI, *Mém.* Liége, 1904.

(³) E. Fineuse. Société d'Ougrée-Marihaye : Sondage de Streupas *Ann des mines de Belgique*, t. IX, 3e livr. Bruxelles, 1904.

est coupé par une grande cassure à fort pendage sud, bien connue des mineurs sous le nom de *faille de Seraing*, caractérisée par le fait que les couches sont descendues au S. de la faille.

En avançant vers l'Ouest, l'allure devient moins claire; la la coupe BB' (pl. I) est à peu près parallèle à la précédente et traverse les charbonnages de Marihaye et des Artistes-Xhorré. Au Nord, se trouve le synclinal de Liége dont le bord sud comprend les grands dressants presque verticaux, bien connus dans la concession du Xhorré et qui sont séparés des couches exploitées au charbonnage de Marihaye, par une faille importante dont le tracé n'est pas exactement déterminé, pour la branche principale tout au moins, mais qui paraît bien être le prolongement de la faille de Seraing indiqué dans la coupe CC' (pl. I); le rejet est toutefois beaucoup plus considérable ici : il va en augmentant de l'Est à l'Ouest.

Au sud de la faille de Seraing, on remarque que les couches forment une succession de plateures et de dressants, coupée par un autre accident géologique important, la *faille des Six-Bonniers* inclinant au Sud, faille qui, d'après les coupes qu'ont bien voulu me communiquer les charbonnages de Marihaye et des Six-Bonniers, produit un abaissement des couches au Sud et qui est, par conséquent, du même type que la faille de Seraing.

Si l'on se porte davantage à l'Ouest et si l'on étudie la structure géologique des environs d'Engis (coupe AA', pl. I), on voit qu'au nord de cette localité, le Dévonien supérieur et le Carboniférien forment de grands dressants renversés, correspondant à ceux du charbonnage du Xhorré; sous la grande plaine alluviale de la Meuse, se trouve le Silurien dont un affleurement est visible à l'entrée du ravin d'Engihoul. Cet affleurement est formé de schistes fortement broyés, dans lesquels on n'a jamais rencontré de fossiles, mais qui paraissent devoir être rapportés au Silurien, d'après leur aspect pétrographique. Ils sont en contact, par faille, avec le Calcaire carbonifère supérieur, exploité dans de grandes carrières où il forme un synclinal à bord nord très plat et à flanc sud vertical.

En continuant la coupe vers le Sud, on voit affleurer la dolomie du Carbonifère inférieur, puis le Famennien supérieur et enfin réapparaît la dolomie suivie par le calcaire compact.

A cause du manque de bons affleurements, il est difficile de voir si la dolomie repose normalement sur le Dévonien supérieur, c'est-à-dire si celui-ci forme une voûte régulière. Je crois qu'il n'en est pas ainsi, car tout près de l'affleurement de dolomie, on trouve des psammites du Famennien supérieur, ayant une inclinaison sud de 65° et formant, je crois, un dressant renversé. Il y a donc probablement ici une faille produisant le même effet que la faille des Six-Bonniers et qui pourrait être le prolongement de cette dernière.

Les bancs de calcaire compact qui reposent sur la dolomie, se replient au contact de la faille eifélienne dont le passage est marqué par une zone de terrains broyés avec paquets de schistes rouges et de calcaire ; la lèvre sud de la faille est formée par les grès et schistes du Dévonien inférieur (Coblencien moyen).

En comparant ces trois coupes, on constate qu'elles présentent une certaine analogie : aux plis en plateures et dressants du flanc nord de l'anticlinal de Cointe, correspondent les allures faillées de la vallée de la Meuse, au charbonnage de Marihaye et à Engis ; l'anticlinal de Cointe se prolonge par la voûte faillée visible dans le ravin d'Engihoul ; les plateures du Sud, au charbonnage du Bois-d'Avroy, peuvent être représentées, dans la coupe AA' (pl. I), par la plateure que forme le Calcaire carbonifère supérieur au voisinage de la faille eifélienne.

Les arêtes synclinales et anticlinales des plis du terrain houiller s'enfonçant vers l'Est, à Engis, de façon à donner un synclinal transversal à Liége, les trois coupes précédentes montrent que la faille eifélienne ne suit pas le même mouvement et qu'elle est indépendante des plis transversaux.

Le passage de la *faille eifélienne* à la surface du sol est assez facile à tracer et on constate qu'elle se poursuit à peu près en ligne droite de Clermont à Angleur.

A partir de ce point, la limite méridionale du Houiller s'infléchit brusquement vers le Sud et si l'on prolonge en ligne droite la direction première de la faille eifélienne, on pénètre en plein terrain houiller et cet accident si considérable paraît ainsi perdre brusquement toute son importance.

Au-delà d'Angleur, des failles mettent encore en contact le terrain houiller avec le terrain dévonien.

Le prolongement de la faille eifélienne à l'est d'Angleur a donné lieu à de nombreuses discussions et à des interprétations variées.

Autrefois, on se contentait de prolonger cette cassure à travers le Houiller et elle séparait ainsi le bassin de Liége de celui de Herve.

C'est à l'éminent géologue français, M. J. Gosselet (1), que revient le mérite d'avoir, le premier, établi une relation entre la faille eifélienne et les autres accidents qui, aux environs d'Angleur, constituent la limite méridionale du bassin de Herve et désignés par lui sous le nom de *faille de l'Ourthe* et *faille de la Vesdre*.

Ces idées ont été un peu modifiées par M. H. Forir (2) et reprises ensuite par moi, lorsque j'ai entrepris l'étude tectonique de la vallée de la Vesdre (3).

J'ai montré qu'en allant de l'Ouest à l'Est, on voit apparaître toute une série de failles, ayant probablement une très faible inclinaison vers le Sud et produisant une succession de lambeaux de poussée chevauchant les uns sur les autres et je rendais compte théoriquement de cette allure en disant que si, à l'ouest d'Angleur, on considère la faille eifélienne comme l'accentuation de l'anticlinal principal séparant les grands synclinaux de Namur et de Dinant, vers l'Est, ce n'est plus un seul pli qui s'est accentué, mais toute une série de plis, de telle façon que le mouvement s'est partagé entre plusieurs cassures et c'est grâce à l'érosion que les différents lambeaux de poussée apparaissent aujourd'hui à nos regards.

Complétons l'étude de cette région, par l'examen des travaux du charbonnage d'Angleur (coupe DD', pl. I) ; on voit qu'au sud de l'anticlinal de Cointe, les couches de houille, dessinant plusieurs plis, sont coupées par une faille d'inclinaison faible vers le Sud (25 à 30° environ), au-delà de laquelle les travaux de reconnaissance effectués n'ont rencontré que du Houiller stérile, dont les bancs inclinent assez régulièrement vers le Sud.

Cette faille, reconnue encore dans des recherches situées à l'est des précédentes, a une direction très voisine de celle de la faille

(1) J. Gosselet. L'Ardenne. Paris, 1888, p. 751.

(2) H. Forir. La faille eifélienne à Angleur. *Ann. Soc. géol. de Belgique*, t. XXVI, 1898-1899, p. 117.

(3) P. Fourmarier. *Op. cit.*

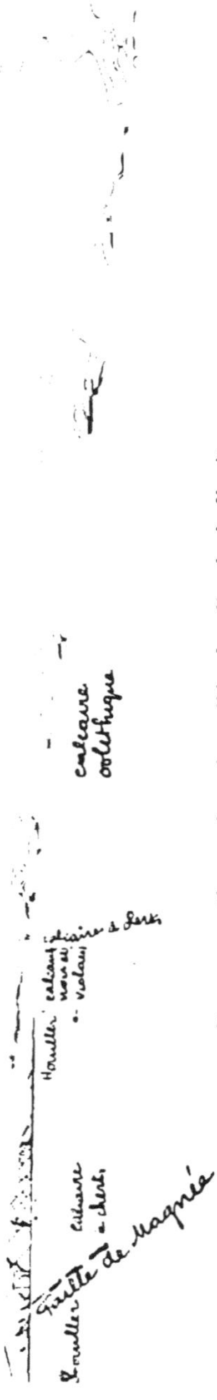

eifélienne, et je crois qu'on ne peut faire autrement que de la raccorder à cette dernière, dont elle serait, à l'est d'Angleur, la branche septentrionale, c'est-à-dire la véritable surface sur laquelle la masse des terrains refoulés venant du Sud aurait été charriée.

On remarquera que c'est cette faille qui limite au Nord le bassin houiller de Herve et le sépare du bassin de Liége et l'on peut croire que le bassin de Herve a été lui-même refoulé sur le bassin de Liége et que ce dernier se prolonge en dessous, au même titre qu'au sud d'Ougrée, il se prolonge sous le Dévonien inférieur.

Mais, comme le montre la carte (pl. IV), le bassin houiller de Herve est bordé au Sud par une succession de failles et il s'enfonce lui-même sous les lambeaux de poussée de la vallée de la Vesdre. Le bord sud du bassin n'est guère connu par les travaux d'exploitation et il est assez difficile d'établir sa relation avec le bassin de Liége et avec les terrains plus méridionaux.

Il est important, cependant, au point de vue de la recherche de la limite méridionale du bassin de Liége, de déterminer aussi exactement que possible les relations des deux bassins avec les lambeaux de refoulement du Sud. C'est ce que je vais essayer d'établir.

La vallée des Fonds-de-Forêt, entre Prayon et Fléron, permet (

FIG. 1. — Coupe dans la vallée des Fonds-de-Forêt.

calcaire oolithique

Houiller calcaire noir et violacé à cherts

Houiller calcaire à cherts

Faille de Magnée

relever une assez belle coupe (fig. 1) qui montre que le Calcaire carbonifère supérieur est mis en contact par faille avec le Houiller. Cette faille, dont le tracé se détermine facilement à l'Ouest, se prolonge vraisemblablement vers l'Est dans le terrain houiller ; seulement, les travaux d'exploitation ne sont pas assez avancés pour déterminer son passage.

Dans la vallée des Fonds-de-Forêt, le Calcaire carbonifère, au sud de la *faille de Magnée*, forme plusieurs plis réguliers qui, à l'Est, sont remplis par le Houiller, par suite de l'abaissement des arêtes anticlinales et synclinales dans cette direction. L'un des anticlinaux s'accentue à partir de Saint-Hadelin, pour donner naissance à la faille de ce nom. Dans cette localité, on voit, en effet, que le Calcaire carbonifère en plateure inclinant au Sud, repose sur le terrain houiller.

A Nessonvaux, apparaît une faille plate très intéressante qui, vers l'Ouest, se termine, je pense, dans le flanc nord aminci d'un anticlinal ; elle se prolonge très loin vers l'Est ; aux environs de Soiron, elle laisse apparaître, dans une longue « fenêtre », les terrains qu'elle recouvre et qui, à mon avis, se raccordent souterrainement à ceux situés à l'ouest de la partie de la *faille de Soiron*, dirigée suivant la méridienne. On suit facilement le passage de la faille de Soiron, tant en Belgique qu'en Allemagne, jusqu'au-delà d'Aix-la-Chapelle, car partout où elle est visible, au-delà de Dison, elle met en contact le Houiller avec le Dévonien supérieur (voir les coupes des planches II et III).

Si nous prenons cette faille comme base et si nous établissons une coupe entre Walhorn et Bleyberg (coupe suivant JJ', pl. III), nous trouvons au Nord toute une série de plis réguliers, correspondant très probablement à ceux qui sont visibles dans la vallée des Fonds-de-Forêt et les failles qui existent en ce point ne se retrouvent plus ici.

Il existe, toutefois, une petite faille très nettement visible dans un chemin creux au SE. de Moresnet (fig. 2) ; elle refoule le

FIG. 2. — Coupe dans un chemin creux au SE. de Moresnet.

Famennien supérieur en plateure sur les premiers bancs de la dolomie carbonifère, également en plateure et qui correspond probablement à l'une des failles connues dans le bassin houiller de Herve, telles que celles existant au charbonnage du Hasard.

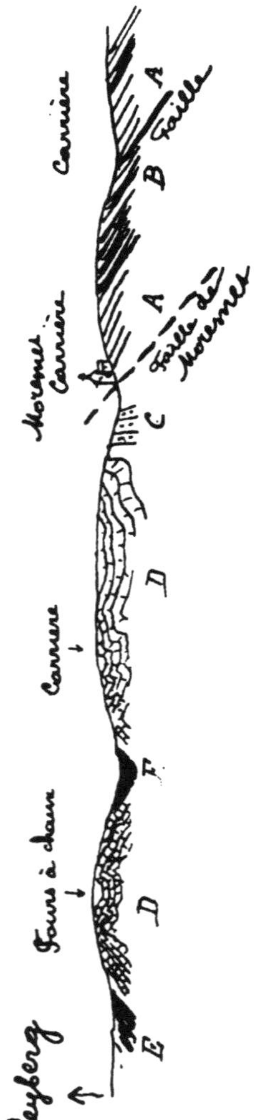

FIG. 3. — Coupe de la vallée de la Gueule à Moresnet.

E. Houiller.
D. Calcaire carbonifère compact.
C. Dolomie carbonifère.
B. Schistes, psammites et macignos, *Fa2c*.
A. Psammites à pavés, *Fa2b*.

D'après cela, nous pouvons dire que les terrains situés au nord de la faille de Soiron, forment un ensemble, un bloc qui, vers l'Ouest, est découpé par des cassures. Comme, dans cette direction, la faille de Soiron se perd et que les terrains situés au sud de cette faille se relient directement à ceux qui forment la lèvre sud de la faille eifélienne proprement dite, il me paraît de toute évidence que le bassin de Herve fait partie de la grande nappe de terrains refoulés qui affleurent dans la vallée de la Vesdre.

Aux environs d'Angleur, il est vrai, ce bassin est bordé au Sud par de grandes failles ; mais elles diminuent vers l'Est, tandis que d'autres fractures importantes font leur apparition et se poursuivent très loin à l'Est ; telles sont les *failles de Soiron* et de *Walhorn* ; cette dernière, bien visible aux environs du village de ce nom, se termine vraisemblablement à l'ouest de Limbourg, dans un des plis du calcaire dévonien. De cette façon, l'importance totale des rejets reste à peu près constante.

Achevons la coupe de Walhorn à Moresnet (fig. 3).

Près de la gare de cette dernière localité, le Famennien supérieur forme une grande plateure avec inclinaison très faible a

Sud; au Nord, apparaît le Calcaire carbonifère débutant par la dolomie en dressant renversé.

On ne trouve nulle part la trace d'un dressant du Famennien pour former le bord nord d'un anticlinal, et l'on doit supposer qu'une faille sépare le Dévonien du Carboniférien.

Les plis formés par ce dernier terrain entre Moresnet et Bleyberg sont des plus remarquables ; ils rappellent absolument ceux qui existent au bord nord de l'anticlinal de Cointe et je pense qu'ils sont dans le prolongement de ce dernier. *La faille de Moresnet* serait ainsi dans le prolongement de celle reconnue au charbonnage d'Angleur et qui prolonge directement la faille eifélienne.

A l'est d'Aix-la-Chapelle, à Haaren, on voit le Carboniférien, prolongement de celui de Bleyberg et formant le bassin houiller de la Wurm, recouvert par le Famennien supérieur ; la *faille de Moresnet* se prolongerait donc jusqu'en ce point, en passant sous le territoire d'Aix-la-Chapelle.

De toutes ces considérations, il résulte que le synclinal houiller de Liége, prolongé vers Aix-la-Chapelle par le bassin de la Wurm, est limité au Sud par un grand anticlinal, l'anticlinal de Cointe, dont le flanc méridional est recouvert par une grande nappe de charriage, unique à l'ouest de la ville de Liége, mais qui, vers l'Est, se subdivise en plusieurs lambeaux de poussée.

Avant d'aller plus loin, je ferai remarquer que cette nappe de charriage est découpée par plusieurs failles indépendantes des précédentes, comme direction et comme formation ; au lieu d'être parallèlement au plissement, elles sont dirigées approximativement suivant le méridien.

L'une, la *faille de Retinne* est bien connue au charbonnage du Hasard où elle a une forte inclinaison vers l'Est; je pense qu'elle se prolonge, dans la vallée des Fonds-de-Forêt, dans la partie située au nord de Prayon, parce que les assises de part et d'autre ne sont pas exactement en prolongement; son importance, toutefois, est très faible.

Une autre faille du même genre est celle que j'ai appelée *faille de Dison* ; on peut se rendre compte de son existence en comparant la coupe de la voie ferrée au nord de Dison et celle de la vallée qui joint cette localité à Petit-Rechain. Je vais examiner d'abord cette dernière (fig. 4). Au nord de la faille de Soiron, qui met en contact le Famennien supérieur (psammites du Condroz) avec le Calcaire carbonifère supérieur, le flanc de la montagne laisse voir une assez bonne coupe dans le Calcaire carbonifère supérieur : ce terrain forme une grande voûte dont le centre est occupé par une brèche à ciment de calcaire oolithique; au delà des couches for-

Fig. 4. — Coupe de Dison à Petit-Rechain.

C. Houiller.

B'. Brèche.

B. Calcaire carbonifère supérieur.

A. Psammites du Condroz. *Fa2*.

mant le bord nord renversé de cet anticlinal, apparaît du calcaire avec inclinaison de 30° au Sud, on peut supposer qu'il se forme un bassin succédant à la voûte, ce pli étant mis en contact par la *faille du Corbeau* avec le Houiller qui affleure au Nord.

Dans la tranchée du chemin de fer (fig. 5), au sud des affleure-

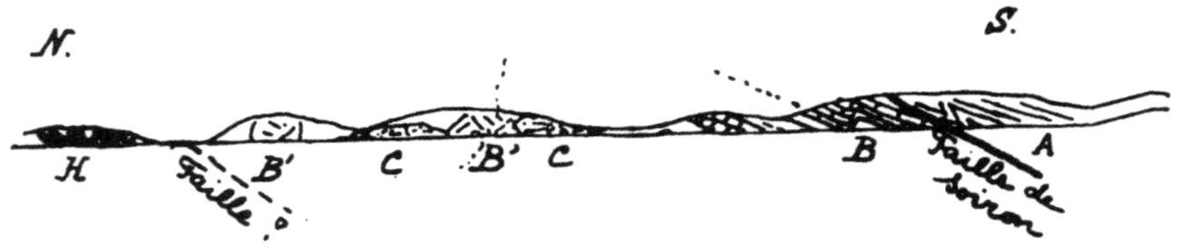

Fig. 5. — Coupe de la tranchée du chemin de fer au nord du tunnel de Dison.

H. Schistes houillers.

C. Dolomie.

B'. Calcaire compact très cassé.

B. Calcaire compact à *Chonetes*, bien stratifié.

A. Psammites du Condroz.

ments de terrain houiller, on rencontre d'abord du calcaire compact à *Chonetes*, puis de la dolomie avec intercalation de calcaire très fracturé et disloqué, où il est presque impossible de reconnaître la stratification.

Ensuite, la tranchée laisse voir un bel affleurement de calcaire
ompact, correspondant à celui exploité dans les carrières de la
oupe précédente; il incline faiblement au Sud et est coupé brus-
uement par une faille dont on voit le passage dans la tranchée;
lle incline d'environ 35° vers le SE. La lèvre sud de la cassure est
ormée de Dévonien supérieur (psammites du Condroz); il s'agit
i du passage de la *faille de Soiron*, mais elle est reportée vers le
ord; ce déplacement du tracé superficiel de la cassure, la dislo-
ation des roches du Calcaire carbonifère dans la tranchée du
hemin de fer et la différence que cette dernière coupe présente
vec celle de la vallée vers Petit-Rechain, différence due surtout à
dislocation et à la dolomitisation de certaines parties, s'ex-
liquent facilement par le passage d'une faille dans la ligne de
oupe elle-même.

L'étude de la coupe peu continue, il est vrai, le long de la route
e Dison à Thimister, parallèle à la voie ferrée, à l'est de celle-ci,
onfirme cette idée, en ce sens que l'allure plus régulière corres-
ond sensiblement à la coupe de Dison à Petit-Rechain.

Le passage de la *faille de Dison*, au sud de cette localité est
ncore marqué par le déplacement relatif des roches correspon-
antes, de part et d'autre de la cassure.

Enfin, sur le territoire belge, il existe encore un accident
éologique du même genre: je l'appellerai *faille de Welkenraedt*.
n se rend assez facilement compte de son passage parce que, à
ouest du village de Welkenraedt, on voit que les psammites du
ondroz à l'est de la cassure sont dans le prolongement des couches
u Houiller situées à l'ouest.

On remarquera que ces failles, de direction presque normale au
lissement, déplacent les failles longitudinales et sont, par consé-
uent, plus récentes qu'elles.

Sur le territoire allemand, le Houiller de la Wurm est traversé
ar plusieurs cassures du même type et dirigées NW.-SE. Parmi
es cassures, deux sont plus particulièrement connues et portent
s noms de *Münstergewand* et de *Sandgewand*; Je les ai indiquées
ules sur ma carte.

Quelle peut être la limite extrême du terrain houiller sous cet
nsemble de couches refoulées ?

Pour trouver la réponse à cette question, il faut se reporter aux
nvirons de Theux.

Lorsqu'on suit la vallée de la Hoegne, en partant de Pepinster, on recoupe toute la série des terrains dévoniens, depuis le calcaire de Givet jusqu'aux schistes bigarrés gedinniens de la base de ce système. Ces terrains, appartenant à la nappe de refoulement de la vallée de la Vesdre, forment des plis caractérisés par des dressants verticaux ou renversés et des plateures peu inclinées.

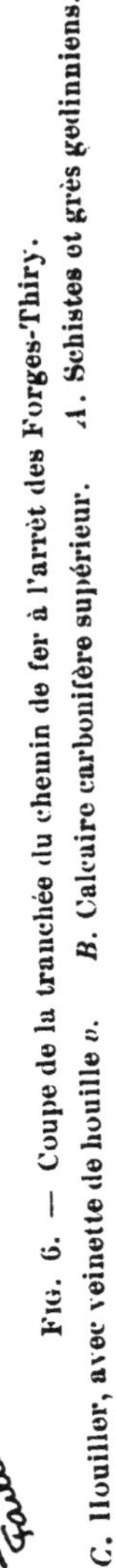

FIG. 6. — Coupe de la tranchée du chemin de fer à l'arrêt des Forges-Thiry.
C. Houiller, avec veinette de houille *v*. B. Calcaire carbonifère supérieur. A. Schistes et grès gedinniens.

En arrivant aux Forges-Thiry, la tranchée du chemin de fer permet de relever une coupe très intéressante (fig. 6), qui montre que les schistes bigarrés sont mis en contact avec du terrain houiller par une grande faille, avec intercalation de Calcaire carbonifère qui, lui-même, repose sur le Houiller par l'intermédiaire d'une autre faille moins importante, désignée sous le nom de *faille des Forges-Thiry*. La coupe montre que la faille de Theux incline au N., mais on ne peut évaluer son pendage. Si l'on se reporte sur la rive gauche de la Hoegne, on voit le passage de la *faille de Theux* (fig. 7) et on peu évaluer approximativement son in- clinaison qui est de 10° à 15° vers l Nord. Ici encore, le Calcaire carbo nifère repose sur le Houiller par un faille plate ; une petite grotte, d'o sort une source assez abondant s'est creusée au contact des deu terrains.

L'allure du Houiller de Theux es nettement visible dans la tranchée du chemin de fer au sud de Forges-Thiry ; ce terrain est fortement chiffonné, formant de

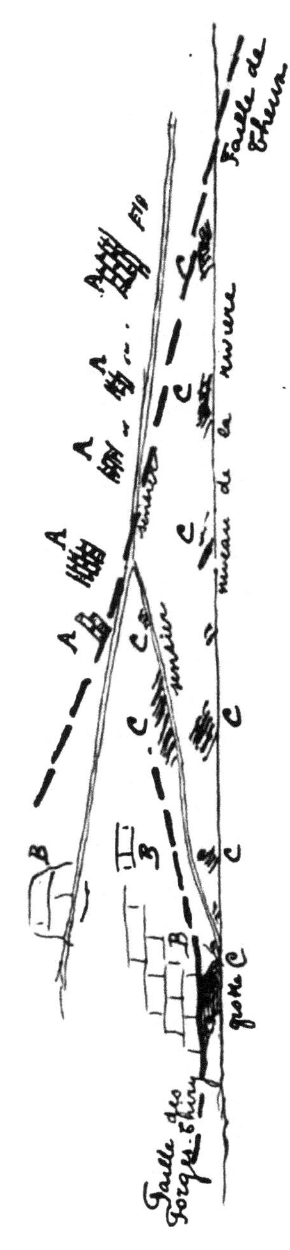

FIG. 7. — Rive gauche de la Hoegne en face des Forges-Thiry.
C. Schistes houillers. B. Calcaire en bancs épais, viséen. A. Schistes bigarrés et grès, gedinniens.

plissements caractéristiques analogues à ceux que l'on connaît au bord sud du synclinal de Liége.

Au-delà du Houiller, apparaît le Calcaire carbonifère supérieur, dont les bancs inclinent faiblement au Sud et si l'on continue dans cette direction, on trouve des assises de plus en plus anciennes ; le Calcaire carbonifère est donc complètement renversé et repose sur le Houiller par une faille, car les bancs en contact avec ce terrain ne sont pas les bancs tout à fait supérieurs du Viséen.

On trouve, en effet, reposant sur le terrain houiller, des calcaires à cherts, tandis que l'assise tout à fait supérieure du Calcaire carbonifère est formée de calcaires gris, violacés ou noirs avec intercalations schisteuses [1].

[1] Le Calcaire carbonifère de Theux est fortement disloqué, à cause des nombreux accidents tectoniques qui traversent la région. Aussi, est-il difficile d'y établir nettement la succession des couches, surtout en ce qui concerne la partie supérieure. Toutefois, en prenant pour point de comparaison la composition de cet étage dans la vallée de la Vesdre et en me basant sur l'étude de la coupe, assez continue, de la route de Juslenville à Ronde-Haye et sur quelques coupes partielles aux environs de Theux,

On peut donc dire que le Houiller de Theux apparaît au jo
dans une fenêtre ouverte dans le flanc nord, entièrement renver
d'un anticlinal de Calcaire carbonifère (voir coupe suivant G(
pl. II).

Cette manière de voir est confirmée par le fait que le Houil
n'est visible que dans la partie de la région où l'érosion a été
plus intense, c'est-à-dire dans la vallée de la Hoegne. Les h
teurs avoisinantes sont formées par le Calcaire carbonifère p
incliné.

En approchant de Theux, on rencontre la dolomie du Carbo
fère inférieur, formant plusieurs ondulations et dans laque
s'ouvre une nouvelle fenêtre remplie, cette fois, par du calca
compact à *Productus*, constituant la partie supérieure du Calca
carbonifère.

L'existence de la faille que j'ai appelée *faille d'Oneux*
indiscutable, parce que, en certains points, on voit le calca
compact mis en contact avec les bancs supérieurs du Famenni
ou avec la base du Calcaire carbonifère (calcaire à crinoïdes).

La coupe GG' de la pl. II rend compte, sans qu'il soit nécessa
de donner plus de détails, de ma manière de concevoir la structu
de la région.

Au sud de Theux, apparaissent successivement les divers étag
du Dévonien ; ils forment des plissements analogues à ce
observés au sud de Pepinster, dans les mêmes terrains.

En ce qui concerne la composition pétrographique des étag
du massif de Theux, on remarque une très grande analogie av

je pense que la succession normale des couches est la suivante :

Viséen (*V*)	*i*. Calcaire gris et noir, à intercalations schisteuses et *Productus*.
	h. Calcaire à cherts noirs.
	g. Calcaire massif, en bancs très épais, mal stratifié.
	f. Brèche à ciment détritique.
	e. Dolomie foncée, à grain fin.
Tournaisien (*T*)	*d*. Dolomie à crinoïdes, sans *cherts*.
	c. Dolomie à *cherts* et à crinoïdes.
	b. Schistes.
	a. Calcaire à crinoïdes.

Je pense que le marbre noir de Theux, qui fut si recherché autrefois
dont l'exploitation est abandonnée depuis longtemps, appartient à l'assi
tout-à-fait supérieure.

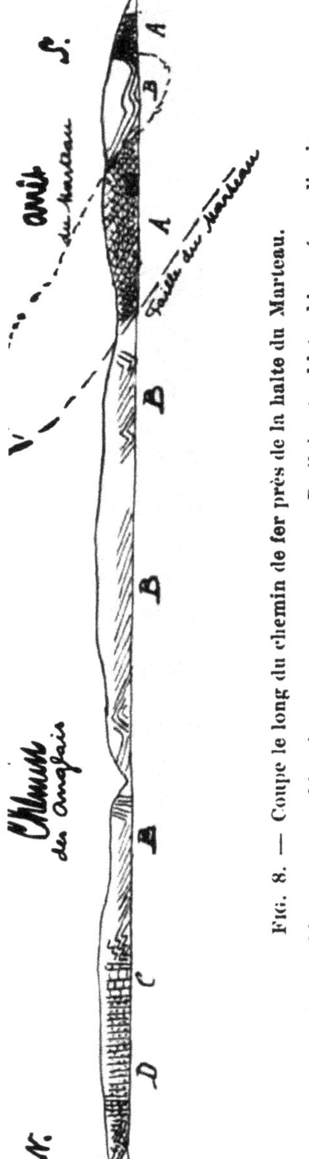

FIG. 8. — Coupe le long du chemin de fer près de la halte du Marteau.

D. Grès et schistes verts, coblenciens.
C. Grès coblenciens.
B. Grès et schistes bigarrés, gedinniens.
A. Quartzophyllades salmiens.

la vallée de la Vesdre et, principalement, avec la partie située le plus au Nord, c'est-à-dire la plus voisine du parallèle de Liége.

Avant d'aller plus loin, il convient d'examiner l'allure de la *faille de Theux*. A partir des Forges-Thiry, on la voit s'infléchir vers le Sud d'un côté et vers le Sud-Est de l'autre ; les divers terrains qui forment le massif de Theux viennent successivement buter contre une bordure de Gedinnien ou de Cambrien. Vers le Sud, le passage de la faille est très difficile à tracer, parce que les affleurements sont rares et mauvais.

Mais en poursuivant la coupe de Pepinster à Spa, lorsqu'on arrive près du Marteau, au-delà d'une grande plateure ondulée et probablement faillée de schistes bigarrés gedinniens, on voit, en contact avec eux, les quartzophyllades zonaires cambriens (étage salmien inférieur) formant une plateure inclinant au Sud (fig. 8).

Cette allure ne suffirait pas pour indiquer la présence d'une faille, car on sait qu'en Belgique, le Dévonien inférieur repose en discordance de stratification sur le Cambrien ; mais, aux environs de Spa, cette discordance est très faible, ainsi qu'on peut s'en rendre compte en plusieurs points et, notamment, au Marteau, le long de la voie du chemin de fer ; les plissements du Dévonien épousent absolument ceux du Salmien, ainsi que l'avait constaté depuis longtemps M. le professeur G. Dewalque [1].

On peut voir, en effet, un synclinal de schistes bigarrés compris dans un synclinal de Salmien.

En outre, la plateure de Salmien repose sur le flanc sud d'un grand anticlinal de Gedinnien.

Le prolongement vers l'Est et vers l'Ouest de cette cassure appelée, par M. le professeur Gosselet, la *faille du Marteau* est difficile à déterminer, pour les raisons indiquées précédemment ; mais je pense qu'elle se raccorde à la faille de Theux et, de cette façon, le massif de Theux serait une grande fenêtre de Dévonien et de Carboniférien, apparaissant au jour par suite de l'érosion et entourée par une bordure de Gedinnien et de Cambrien ; les terrains dévoniens et carbonifériens de la vallée de la Vesdre auraient donc été, d'après moi, refoulés au-dessus des mêmes terrains visibles dans la *fenêtre de Theux*.

La *faille de Theux*, aux Forges-Thiry, a une importance absolument comparable à celle de la *faille eifélienne*, aux environs de Liége ; elle incline au Nord, tandis que la faille eifélienne incline au Sud. Il serait bien difficile, dans ce cas, de ne pas les considérer comme un seul et même accident tectonique : surface de refoulement du grand synclinal de Dinant sur le synclinal de Namur.

Cette surface de refoulement forme des ondulations et l'érosion ayant atteint l'une de ces ondulations, a fait apparaître les terrains sous-jacents, d'où résulte la formation de la fenêtre de Theux. Je conclus de là que le Houiller de Theux, faisant partie de ces terrains sous-jacents, appartient au même système tectonique que celui de Liége.

Comme on peut le voir aux Forges-Thiry, le Houiller de Theux a l'allure caractéristique du bord sud d'un bassin ; on peut donc dire qu'un synclinal de Houiller existe sous la vallée de la Vesdre.

[1] M. le professeur Max. Lohest écrit, à ce sujet : « D'autre part, l'accentuation » tuation de plissement du Cambrien, postérieurement aux dépôts rhénans » est incontestable pour d'autres régions : M. G. Dewalque nous en a montré » au nord de Spa, des preuves indiscutables. » Max. LOHEST. Les grandes lignes de la géologie des terrains primaires de la Belgique. *Ann. Soc. géol. de Belgique*. t. XXXI. Liége, 1904, p. M 227.

Mais le Houiller de Liége, aux environs de la faille eifélienne, forme une grande voûte, l'anticlinal de Cointe, au sud de laquelle les couches s'enfoncent sous la faille eifélienne.

On peut donc supposer qu'il existe, sous la vallée de la Vesdre, soit un grand bassin houiller, soit plusieurs synclinaux moins importants. L'épaisseur de terrain à traverser pour atteindre le Carboniférien sous les terrains refoulés, dépend évidemment de la courbure de la faille, point que l'on ne peut pas élucider au moyen des documents fournis par l'étude directe du terrain.

Tout ceci n'est évidemment qu'une hypothèse, hardie peut-être ; mais toutes les coupes jointes à ce travail ont été tracées d'après des observations aussi complètes que possible sur le terrain. En raccordant toutes ces observations, l'hypothèse que j'émets me paraît la plus satisfaisante, pour rendre compte des faits observés.

Essai de comparaison

ENTRE

les pluies et les niveaux de certaines nappes aquifères

du nord de la France,

PAR

J. GOSSELET

Professeur honoraire de Géologie à la Faculté des sciences de Lille.

Il peut être intéressant de comparer les mesures quotidiennes de quelques niveaux de sources ou de forages, aux quantités de pluie tombées dans leur région d'alimentation.

Les présentes recherches portent sur trois points : 1° la nappe superficielle des sources d'Emmerin, captées pour la ville de Lille ; 2° la napppe profonde et captive (selon l'expression très juste de M. d'Andrimont), où puisent, à Anchin, les villes de Roubaix et de Tourcoing ; 3° la nappe très profonde et aussi ascendante, que vont chercher les forages industriels de la région de Roubaix-Tourcoing.

1° Les sources d'Emmerin proviennent de la craie ; toutefois au moment des grandes pluies, elles reçoivent les eaux sauvages superficielles. Elles sont alimentées par un plateau situé au S. de Lille et contre la ville. Elles sont donc soumises au régime de la pluie qui tombe à Lille. On a mesuré tous les jours le niveau du ruisseau collecteur des sources, depuis l'époque du captage, c'est-à-dire depuis 1870. C'est donc une série de trente-cinq ans d'observations.

On constate que les sources, bien que superficielles, suivent la loi de Dausse, si bien mise en lumière, pour le bassin de la Seine, par MM. Belgrand et Lemaitre. Les pluies d'été n'ont qu'une faible influence sur le niveau des sources, qui ne sont guère alimentées que par les pluies d'hiver. L'étiage commence à se manifester en juillet. Le niveau moyen de l'étiage dépend de la quantité de pluie tombée pendant l'hiver précédent, en entendant par hiver la période où la terre est dépourvue de végétation (novembre, décembre, janvier, février, mars). La durée de l'étiage dépend des pluies d'automne. Celles-ci peuvent déterminer un relèvement du niveau dès le mois d'octobre, même fin septembre.

2° Les forages d'Anchin, commune de Pecquencourt, près Douai, vont chercher l'eau à une profondeur de 30 mètres dans la partie supérieure de la craie (craie fragmentaire). Cette eau y est emprisonnée par une couche argileuse, appartenant aux terrains tertiaires. A Anchin, comme dans tous les environs de Marchiennes, elle est jaillissante. Le bassin d'alimentation de la nappe n'est pas exactement connu. On sait cependant qu'il s'étend au S. et au SE. de Douai. On peut donc comparer le niveau de la nappe à la quantité de pluie qui tombe à Douai.

Ce niveau a été relevé quotidiennement, depuis 1896, au forage de l'écluse de Marchiennes. Le mauvais état du forage fait que les variations y sont peu manifestes. Elles n'ont guère dépassé un mètre depuis le commencement des mesures.

L'étiage se fait sentir à Anchin dès le mois de juillet, quelquefois même plus tôt. Son niveau moyen n'y est plus aussi nettement qu'à Emmerin, sous l'influence directe des pluies de l'hiver précédent. Il existe dans le sol une réserve importante qui peut parer, pendant une ou deux années, à une disette d'alimentation.

Quand la sécheresse se prolonge pendant plusieurs années, le niveau moyen d'étiage s'abaisse et ne reprend que lentement sa hauteur.

3° Presque tous les forages industriels de la région de Roubaix-Tourcoing vont puiser de l'eau dans le Calcaire carbonifère, et particulièrement dans la dolomie, à 100 m. environ de profondeur. Cette eau coule dans les fentes du calcaire et dans les cavités géodiques dont la dolomie est criblée ; elle filtre aussi à travers la dolomie pulvérulente. Elle est ascendante, sans être jaillissante.

Elle est séparée de la surface par trois assises argileuses imperméables : les dièves, l'argile de Louvil et l'argile des Flandres. Les pluies locales ne peuvent donc avoir aucune influence sur la nappe.

Il faut aller chercher au loin son bassin d'alimentation. On le trouve en Belgique, dans les environs d'Ath, de Maffles, de Brugelette, où le Calcaire carbonifère se trouve, soit en affleurement, soit recouvert par les couches perméables du limon et du sable landénien.

Je n'ai pas encore fait la comparaison des variations des forages avec la pluie tombée dans la région précitée ; mais on peut déjà reconnaitre quelques faits généraux.

On peut constater que la baisse de l'étiage se manifeste généralement dès le mois de juin. L'amplitude des variations, depuis 1899, y est de près de 2 mètres, plus considérable, par conséquent, qu'à Anchin. L'influence des années de sécheresse n'apparaît pas nettement. Elle est peut-être cachée par des accidents dûs à la nature de la nappe aquifère.

Quelles que soient les conditions très différentes des trois nappes aquifères considérées, elles ont leur étiage à peu près à la même époque. L'influence vernale de la végétation s'y fait sentir dès le mois de juin et l'eau des pluies d'automne y parvient vers le mois de novembre ou de décembre.

Dans le cours de ce travail, j'ai fait une observation météorologique intéressante. En comparant le total de la pluie tombée chaque année à Lille, pendant la saison d'hiver (novembre, décembre, janvier, février, mars), depuis 1870, j'ai constaté que, dans les années qui s'étendent de 1870 à 1885, les pluies hivernales sont très variables ; une année, elles sont abondantes ; l'année suivante, elles le sont peu. A partir de 1885, la ligne diagrammatique des pluies hivernales ne décrit plus que de faibles oscillations ; tous les hivers sont à peu près également humides.

De plus, la moyenne des pluies hivernales tombées pendant la première période est notablement supérieure à la moyenne des pluies hivernales de la seconde période. Ainsi, la moyenne des pluies hivernales de 1870 à 1885 est de 330 m/m. par an, tandis que, pour la période de 1886 à 1904, elle n'est que de 260 m/m.

Si ce fait se vérifie pour d'autres stations météorologiques, on y trouvera une explication très simple de la diminution du niveau des sources depuis vingt ans.

1re Question.

Observations sur le bassin houiller du nord de la France.

PAR

CHARLES BARROIS,

Membre de l'Institut de France, Professeur de Géologie à la Faculté des sciences de Lille.

Les travaux de Briart et de M. Gosselet ont fixé, dans leurs grands traits, nos notions sur la stratigraphie du bassin houiller du Nord. Toutes les études qui ont été poursuivies depuis, celles de MM. Olry, de Soubeyran, Marcel Bertrand, ont successivement apporté leur confirmation à ces deux faits fondamentaux, dévoilés par leurs précurseurs, de la continuité du synclinal franco-belge (bassin de Namur de M. Gosselet) considéré comme un ancien et vaste bassin de dépôt, et de son ridement dû à une poussée méridionale renversant le flanc sud sur le flanc nord, avec production de la grande faille eifélienne, et d'une faille-limite, comprenant entre elles un lambeau de poussée.

Une autre modification, d'ordre général, bien établie par les exploitants, dans le bassin du Nord français est la diminution progressive de la teneur en matières volatiles (MV) du S. au N. ; elle permet de grouper les veines en trois faisceaux (MV = 42 à 32 ; MV = 35 à 17 ; MV = 14 à 9 %), en relation à la fois avec leur position topographique et aussi, croit-on, avec leur âge, de telle sorte que les houilles grasses sont limitées au Midi et considérées comme les plus récentes, les houilles maigres limitées au Nord sont considérées comme les plus anciennes et il a été longtemps admis qu'on retrouverait ces dernières, renversées, au Sud, sur les houilles grasses.

L'essai de coordination générale de M. Zeiller, basé à la fois sur tous les faits connus et sur une détermination savante des empreintes végétales, vint préciser ces notions. Au NE. du bassin, se trouvaient ses zones inférieures A^1, A^2, à *Nevropteris Schlehani*, ıtrait vers le Sud ses niveaux B¹, B², B³, à *Lonchop.* fin au SW. étaient limités les niveaux supérieurs C, *subbrongniarti.*

ı sud du bassin, des niveaux maigres, due, d'après l'action de la grande faille, fut attribuée d'autre r à une transgression des dépôts supérieurs vers ession contemporaine de leur formation.

es données actuellement acquises.

conditions, sur une carte géologique du bassin où se gués les divers faisceaux, définis par leurs teneurs atiles, ou par leurs associations végétales, on vient ur les niveaux caractérisés par les coquilles ma le a été jusqu'ici négligée, on arrive à des résulta sont d'autant moins négligeables, pourtant, q zontale de tout facies marin est plus grande que ce iques, et que les dépôts de cette nature présent de généralité relative évidente. Le détail de vant paraître dans les *Annales de la Société géo* , je me bornerai aujourd'hui devant le Congrès, à re et provisoire.

des niveaux calcaires : Un premier groupe de l ne au N. du bassin, suivant Carvin, Lens, Annezi s ampélites *H1* et le terrain houiller productif *H* sition de la zone A de M. Zeiller, ou de l'assi géologues belges. Leur place et leur continuité s ptentrional du bassin est implicitement reconnu nstituent le *groupe de Carvin.*

roupe aligné au SW. du bassin, d'Auchy-au-Bois été rapporté à un lambeau de poussée : nous ne pas ici.

groupe, localisé dans le SE. du bassin, de Dou , est réparti entre les zones B² et B³ de M. Zeille *groupe de Dorignies* de M. Ste-Claire-Deville.

portant pour la connaissance de la tectonique d d, de fixer les relations d'âge ou de synchronism Carvin et de Dorignies, des bancs calcaires d , puisque, selon la façon dont on les interprête, o de tout le bassin.

On admet actuellement que les lits calcaires du groupe de Dorignies sont plus récents que ceux de Carvin, parce qu'ils sont associés aux houilles grasses du Midi, considérées jusqu'ici comme plus récentes que les houilles maigres du Nord, et qu'ils sont associés à la flore B³ plus récente que la flore A ; et cependant, de sérieuses raisons me paraissent plaider en faveur du synchronisme de ces deux groupes de calcaires et, par suite, en faveur de la continuité des houilles maigres et grasses.

La première raison est tirée de la faune, de l'unité de faune. Le tableau ci-dessous montrera que toutes les espèces du Nord se retrouvent au Midi.

	Groupe de Carvin	Groupe de Dorignies	
		l'Escarpelle	Aniche
Glyphioceras reticulatum, Phill.	.	+	.
— *tenuistriatum*, Haug.	.	.	+
Nautilus sp.	.	+	.
Orthoceras sulcatum, Mc Coy	.	+	.
Naticopsis consimilis, De Kon.	.	+	.
Macrochilina sp.	.	+	+
Loxonema sp.	.	.	+
Euphemus Urii, Flem.	.	.	+
Martinia glabra, Mart.	+	.	.
Spirifer trigonalis, Mart.	+	+	.
— *bisulcatus*, Sow.	+	+	+
— *octoplicatus*, Sow.	+	+	.
Productus semireticulatus, Mart.	+	+	+
— *carbonarius*, De Kon.	+	+	+
— *longispinus*, Sow.	+	+	+
— *scabriculus*, Mart.	.	.	+
— *cora*, d'Orb.	.	.	+
Schizophoria resupinata, Mart.	+	+	+
— *Michelini*, Lév.	+	+	+
Orthothetes arachnoidea, Phill.	.	.	+
— *crenistria*, Phill	+	+	+
Leptæna sp.	.	.	+
Athyris Roissyi, Lév.	+	+	+
Dielasma sacculus, Mart.	+	.	+
Discina nitida, Dav.	.	+	.
Lingula mytiloides, Sow.	.	+	+
Aviculopecten gentilis, Sow.		+	+
Pterinopecten carbonarius, Hind.	.	+	+
Edmondia sp.	.	+	+
Pseudamusium sp.	.	+	.
Solenomya costellata, Mc Coy.	.	+	.
— *primæva*, Phill.	.	.	+
Modiola transversa, Hind.	.	.	+
Parallelodon semicostatus, Mc Coy	.	.	+
— *sp.*	.	+	.

	Groupe de Carvin	Groupe de Dorignies	
		l'Escarpelle	Aniche
Protoschizodus orbicularis, Mc Coy	.	.	+
Sedgwickia attenuata, Mc Coy	.	+	.
Nuculana acuta, Sow.	.	+	+
Ctenodonta lævirostrum, Port.	.	.	+
Poteriocrinus sp.	+	+	+
Fenestella sp.	+	+	.
Eponge hexactinellide	.	.	+
Archæocalamites	+	.	+

Il y a eu persistance des mêmes caractères de facies et de faune, pour les groupes de Carvin et de Dorignies, pendant la succession des flores réparties dans les zones A^1 à B^3.

L'absence, dans le groupe de Dorignies comme dans celui de Carvin, de toutes les formes moscoviennes du Donetz, des Pyrénées (brachiopodes, fusulines), montre que le groupe de Dorignies ne saurait être d'âge moscovien, ni beaucoup plus jeune que celui de Carvin.

Au point de vue stratigraphique, il importe de noter l'invraisemblance du très grand nombre d'invasions marines qu'impliquerait la succession dans le temps des épisodes marins des groupes de Carvin et de Dorignies. Leur nombre est au moins de trois à Carvin et de cinq à Dorignies, où elles sont séparées par des phases continentales.

Dans le même ordre d'idées, on ne saurait concevoir dans le groupe de Dorignies la succession de cinq invasions marines (il y a neuf lits marins dans la bowette de Notre-Dame d'Aniche, qu'on peut rapporter à cinq invasions successives, séparées par des émersions), dans le faisceau de la zone B^2, invasions qui soient limitées à cette partie du bassin sans affecter les voisines.

Les invasions marines dans un bassin limnique sont des faits notables ; le nombre en est nécessairement limité et le progrès des connaissances acquises arrivera, croyons-nous, à établir leur généralité dans le bassin franco-belge, dont l'ensemble, d'ailleurs, ne constituerait encore qu'une mer bien peu étendue.

Inversement, l'assimilation des groupes de Carvin et de Dorignies me paraît indiquée par l'uniformité de leurs faunes et par la communauté de facies des bancs calcaires marins. Les principaux facies distingués sont les suivants, de haut en bas :

1° Calcaire à encrines et à *Spirifer bisulcatus*.
2° Calcaire dolomitique à *Productus*.
3° Schiste ampéliteux à lamellibranches marins.
4° Calcaire noduleux, siliceux et sidérifère à *Glyphioceras*.
5° Lumachelle calcaire à *Orthis*.

Ces niveaux ne contiennent que des formes du Houiller inférieur et du Dinantien, à l'exclusion des formes propres au Moscovien; les niveaux supérieurs (1 et 2) sont identiques, dans les deux groupes, par leur facies et leur faune, les niveaux inférieurs (4 et 5) à céphalopodes et à *Orthis* qui ne sont encore connus que dans le groupe de Dorignies (aucune bowette n'a été jusqu'à eux, au Nord, dans le groupe de Carvin), sont ceux qui fournissent les formes les plus anciennes, loin de présenter des types plus récents à Dorignies qu'à Carvin.

Tous ces niveaux présentent le caractère commun de s'être formés dans des eaux troubles, comme l'atteste l'absence des Polypiers, habitants des eaux claires ; — dans des eaux marines (céphalopodes, brachiopodes) où arrivaient des débris de végétaux terrestres ; — dans des eaux non saumâtres (absence des *Carbonicola*, *Anthracomya*, poissons).

Ces conditions ont présidé au dépôt des trois cents mètres inférieurs du terrain houiller du Nord (groupes de Carvin et de Dorignies) avec des alternances (cinq à neuf) de formations clastiques et de murs et passées charbonneuses.

La comparaison de ces niveaux marins du Nord avec ceux qui ont été si habilement distingués par M. Stainier dans la partie belge du bassin, de Charleroi à Liége, vient encore confirmer leur localisation dans le Houiller inférieur ; on trouverait encore des arguments de même ordre dans les bassins voisins de la Westphalie et de l'Angleterre.

Dans les bassins belges, M. Stainier distingue les assises suivantes, comprenant le nombre d'intercalations marines indiqué ci-dessous :

Assise de Charleroi	0	niveaux marins.
— de Châtelet	2	—
— d'Andenne	4 à 8	—
— de Chokier	marine.	

Dans le bassin du Nord, les lits marins font défaut dans la zone supérieure C de M. Zeiller, où abondent au contraire, comme en

ıumâtres à *Carbonia, Estheria, Carbonicola*
rbis, fossiles rares dans les étages inférieurs
Goniatites connus dans l'assise belge d
nent suivis du bassin de Charleroi dans cel
harleroi = 98 de Liége, et 65*bis* = 106) pr
es propres, différents de ceux des niveaux d
encore inconnus dans le Nord.
ise d'Andenne, avec ses quatre à huit niveau
caractères des groupes de Carvin, Dorignies
même plus grande avec Charleroi qu'ave
ésente une épaisseur voisine de 390 m., u
le, des passées de charbon, et huit lits minc
les ou de schistes avec nodules de calcai
ites et *Productus*.
les calcaires marins du groupe de Dorigni
in d'une part, et avec ceux de l'assise bel
part, nous donne des arguments paléontol
phiques en faveur de leur assimilation. E
l'état actuel de nos connaissances, plus
dérer le groupe de Carvin comme équivala
et ramené par un plissement du sol, que po
on de ce dernier à une récurrence, à une aut
le conditions analogues.
groupes calcaires de Dorignies et de Carvi
uement, est représentée par la coupe schém
1) qui diffère principalement des interpr
parce qu'elle a pour conséquence de considér
du Midi comme synchroniques des charbon
au lieu de leur être supérieurs, et les zon
du bassin, comme synchroniques des zone
l.
que ces conclusions semblent indiquer entr
par la paléontologie animale et végétale n
provisoires ; elles disparaîtront avec une étud
s approfondie et avec une connaissance strat
ëise du bassin. Ainsi, M. l'abbé Boulay
bassin, des formes végétales des zones infé
si, le progrès des exploitations a montré qu
distinguées sur la carte du Nord, loin d

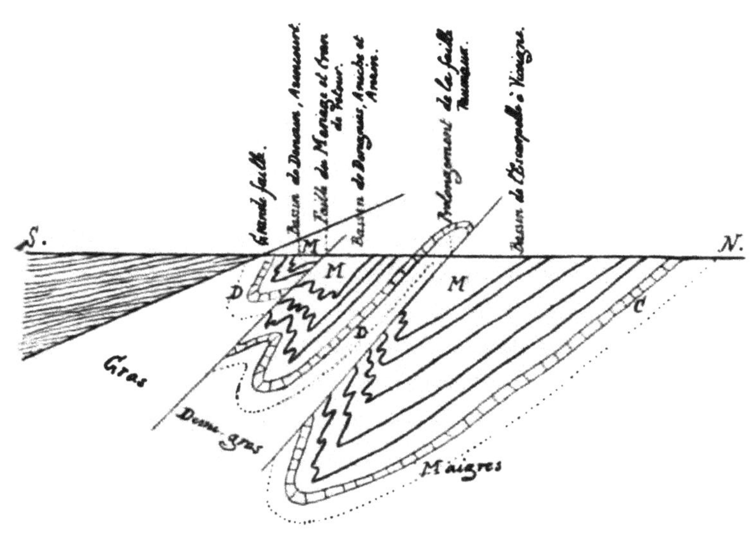

Fig. 1. Schéma du bassin houiller du Nord

C. Groupe des calcaires houillers de Carvin. =
= D. Groupe des calcaires houillers de Dorignies.
M. Schistes, cuérelles et charbon du Houiller moyen.

caractériser dans le temps des zones différentes, successives, se trouvent dans la continuation des mêmes veines, qui se poursuivent, dans la nouvelle voie de fond ouverte en vue de cette recherche, des fosses St-René à Vuillemin, du faisceau gras de Douai au faisceau demi-gras d'Aniche.

L'assimilation géologique des charbons maigres du nord aux charbons gras du midi du bassin de Valenciennes, basée sur le synchronisme des groupes calcaires, montre que le sud de ce bassin, actuellement moins profond que le nord, correspond à un ou plusieurs synclinaux subordonnés, où la zone supérieure C du Pas-de-Calais fait défaut. La structure d'ensemble du bassin de Valenciennes nous paraît ainsi trouver ses plus grandes analogies dans celle du bassin de Charleroi, illustrée par M. Smeysters, à séries synclinales décroissantes en profondeur, vers le Sud.

3e Question.

Formation de la houille et des roches analogues y compris les pétroles (1),

PAR

H. POTONIÉ

Dr phil., Géologue en chef du Service géologique royal de Prusse,
Professeur à l'Ecole supérieure des Mines,
Privat-Docent à l'Université de Berlin

§ I. — Introduction.

Diverses opinions sur l'origine des combustibles fossiles se sont propagées depuis longtemps; elles sont aujourd'hui encore l'objet de discussions continuelles. Nombreux sont, toutefois, les auteurs qui, frappés spécialement par quelques faits isolés, échafaudent une théorie, sans examiner la question à un point de vue critique et plus général. Et cependant, c'est une impossibilité, tant en cette matière que dans tous les problèmes de sciences naturelles, d'arriver, par quelques recherches superficielles, à une conception conforme à la réalité des choses. Seule, une étude des plus serrées peut nous permettre d'y parvenir.

Nombreuses et grandes sont, d'ailleurs, les difficultés de cette étude. Il suffit de s'occuper de la question, non en amateur, mais de façon approfondie et scientifique, pour les reconnaître bientôt. Elles résultent surtout du rôle capital que jouent ici trois des plus importantes sciences naturelles : la géologie, la chimie et la biologie, botanique et zoologie.

Rappeler l'ampleur et la complexité de notre sujet, c'est dire du

(1) Voir H. POTONIÉ. Die Entstehung der Steinkohle und verwandter Bildungen einschliesslich des Petroleums. Formation de la houille et des minéraux analogues y compris le pétrole. Traduction française, par G. SCHMITZ. 3 éditions. Berlin. Borntraeger. 1905.

même coup l'impossibilité d'en donner, en une conférence, autre chose qu'un court aperçu (1).

§ 2. — Coup d'œil rétrospectif.

Quelques observations sur la constitution des houilles.

On considérait anciennement le charbon comme un minéral simple, au même titre que le quartz, le feldspath ou le mica; et l'on admettait encore qu'il s'est formé par un processus analogue. La houille n'aurait donc été, ainsi que d'aucuns se le figuraient, que le résultat d'une réduction, d'une condensation de l'anhydride carbonique contenu dans l'atmosphère.

Bientôt, cependant, apparaissent des théories se rapprochant de celles en honneur aujourd'hui; elles nous représentent les couches de houille comme les vestiges de la végétation aux âges géologiques. En 1838, le botaniste Heinrich-Friedrich LINK fournissait une irréfutable démonstration scientifique de cette opinion ; il établissait, par ses recherches microscopiques, que la composition du charbon est essentiellement analogue à celle de la tourbe, en ce sens, que l'une et l'autre roche sont constituées par une matière fondamentale plus ou moins homogène, dans laquelle gisent, enrobés, de menus débris à structure conservée, d'origine végétale indiscutable.

Ne découvre-t-on pas, d'ailleurs, dans le charbon même, des traces de plantes à l'état d'empreintes, etc. ? Les empreintes qu'on rencontre dans les roches du toit et du mur des couches sont particulièrement nettes ; celles du toit rappellent à un tel point les plantes étalées d'un herbier, qu'on en vient à exclure sans plus l'idée d'un transport important et qu'on a, par dessus tout, l'impression d'un enfouissement sur place.

A ces observations, vient encore s'ajouter le fait qu'on rencontre très souvent dans la houille du fusain ou charbon de bois. Il est assez étonnant que ce détail ait si peu attiré l'attention ; car, porté sous le microscope, le fusain de la houille ou de toute autre roche charbonneuse, montre immédiatement, et sans qu'il soit besoin de préparation spéciale, des cellules végétales semblables, sous

(1) Voir, pour plus amples renseignements, notre traité *Ueber die Entstehung der Steinkohle* (De l'origine de la houille), qui paraîtra prochainement.

tous rapports (fig. 1), à celles qu'on peut observer dans un bois

FIG. 1.

Débris de bois dans la houille de la Haute-Silésie, vus au microscope, d'après LINK.

d'allumette carbonisé. Il s'agit, dans le fusain de la houille, de bois de végétaux supérieurs, de gymnospermes.

Le résultat de ces constatations microscopiques et autres serait donc que les houilles sont des matières humiques fossiles. Nous pouvons les définir plus exactement : « des matières humiques fossiles solidifiées, provenant spécialement de plantes supérieures », en comprenant, de façon générale, sous le nom d'humus tous les composés carbonés et combustibles, solides, ou encore liquides ou dissous, formant le résidu de la décomposition de plantes marécageuses ou terrestres.

J'insiste sur la prédominance presque exclusive de débris de végétaux supérieurs dans les houilles types ; car on fait aujourd'hui encore assez de bruit autour de la « théorie des varechs », soutenue notamment par Friedrich MOHR en 1866, et ce, en dépit de la preuve, toujours si aisée à refaire pour un botaniste, que les constituants de la houille, dont la structure est encore conservée, appartiennent à des végétaux supérieurs.

Mais comment se sont formées les accumulations de végétaux qui ont donné naissance aux couches de houille ?

LINK rapporte que, de son temps déjà, deux théories étaient fort répandues.

1. L'une, qui admettait la formation par apport de débris de plantes par les eaux courantes ; c'est la théorie sédimentaire ou de formation par transport que GUEMBEL, de Munich, qualifia, plus tard, en 1883, d'*Allochtonie* ou formation allochtone ;

2. L'autre, qui admettait une genèse analogue à celle de la tourbe, par la matière des plantes qui ont végété à la place même où nous trouvons aujourd'hui leurs vestiges à l'état de houille. C'est la théorie des tourbières que GUEMBEL a dénommé l'*Autochtonie*.

Il suffit de parcourir les traités modernes de géologie, pour constater le manque d'unité de leurs doctrines : les uns penchent vers la théorie de la formation allochtone, les autres vers la formation autochtone ; d'autres, enfin, restent hésitants et n'osent se prononcer.

§ 3. — Les différents modes de décomposition des matières organiques.

Pour aborder notre sujet de façon décisive, il importe de nous remémorer préalablement certaines notions sur les phénomènes naturels de décomposition des matières organiques.

Nous le ferons en définissant les quatre modes de décomposition sous les termes de : *Verwesung*, *Vermoderung*, *Vertorfung* et *Fäulnis*, empruntés à la terminologie allemande.

Le premier mode de décomposition, *Verwesung* ou destruction totale, correspond assez bien à la pourriture nommée sèche. Dans la pourriture sèche, il ne reste, de la matière organique, aucun résidu solide, il ne se forme aucune combinaison carbonée fixe, aucun corps capable de donner, d'une façon quelconque, naissance à une couche de houille.

Tout se transforme, non en produits carbonés, définitivement liquides ou solides, mais en produits gazeux, notamment en anhydride carbonique, en vapeur d'eau, etc. La destruction totale nécessite la présence d'oxygène en excès.

Dans le second mode de putréfaction, *Vermoderung*, dont le type est la formation du terreau, la décomposition se fait, au contraire, dans un milieu où l'oxygène est en défaut, de telle sorte que la transformation totale en eau, anhydride carbonique, etc., ne peut se produire et, qu'en fin de compte, il subsiste un résidu solide. riche en carbone.

Nous distinguerons donc, sous le nom de terreau, les matières humiques solides, formant le résidu d'une décomposition où l'apport d'oxygène a été insuffisant. Le terreau se rencontre sur le sol dans les forêts humides ; c'est lui qui donne à la terre des parcs sa couleur noire caractéristique.

Il peut, dans certaines conditions, se former des couches de terreau.

Vient, en troisième lieu, la tourbification, *Vertorfung*. Il faut entendre par là une décomposition de matières organiques analogue à celle de la formation du terreau, c'est-à-dire qui s'accomplit dans un milieu oxygéné, mais où, ici encore, l'oxygène se trouve en défaut. Le produit de la tourbification est une matière qui tend vers le terreau.

Si la décomposition s'arrête à un stade intermédiaire, c'est que, dans les marécages où se rencontrent précisément ces phenomènes de tourbification, la croissance des plantes progresse de telle sorte, qu'il se produit une accumulation d'humus, dénommé ici tourbe. De nouvelles végétations s'établissent continuellement par dessus les restes, entrés en décomposition, des végétations antérieures, et provoquent un relèvement graduel du niveau de la nappe aquifère superficielle. Il en résulte que les matières partiellement décomposées se trouvent soustraites, de façon progressive et finalement définitive, au contact de l'air.

Cette soustraction à tout contact avec l'air est précisément la caractéristique du quatrième mode de décomposition que nous avons à distinguer ici, et que nous dénommerons la putréfaction, *Fäulnis*. Nous nous contenterons de la définir à la façon de Liebig, sans nous inquiéter si, à d'autres points de vue, il ne serait pas nécessaire de préciser davantage cette notion de « putréfaction », et nous dirons qu'elle est la décomposition de matières organiques à l'abri parfait de l'air, en l'absence complète d'oxygène.

Tels sont les quatre types naturels de décomposition qu'il importe de bien distinguer. Nous ajouterons immédiatement qu'en fait, ils peuvent se combiner, s'arrêter, se mêler.

Nous pouvons donc, en résumé, établir le tableau ci-dessous :

Types de décomposition	Rôle de l'oxygène	Rôle de l'eau	Roche résultante
Destruction totale, *Verwesung.*	en présence d'oxygène en excès	et en présence d'humidité	le résidu ne renferme aucun composé carboné.
Formation de terreau, *Vermoderung.*	en présence d'oxygène en défaut.	et en présence d'humidité	terreau.
Tourbification, *Vertorfung.*	en présence d'oxygène en défaut, puis à l'abri de l'oxygène	d'abord en présence d'humidité, puis en eau stagnante	tourbe.
Putréfaction, *Fäulnis.*	à l'abri de l'oxygène	en eau stagnante	sapropel, principalement.

Remarquons encore que si, dans la formation du terreau ou dans celle de la tourbe, il se produit un enrichissement en carbone, nous obtenons finalement des matières dont la transformation progressive pourrait parfaitement être qualifiée de houillification.

Nous vous ferons observer à présent que les matières végétales qui tendent ainsi vers la houillification, sont principalement des hydrates de carbone.

Et ce sera pour faire immédiatement cette remarque que nous devons, dans nos recherches, tenir formellement compte de la nature chimique originelle des matières organiques qui subissent cette décomposition.

Dans le cas de putréfaction d'animaux et de plantes franchement aquatiques, telles les algues oléagineuses qui, au point de vue chimique, se rapprochent des animaux par leur forte teneur en matières grasses, la putréfaction produira, non pas une houillification, mais, au contraire, une bituminification. C'est par ce mot que je désignerai, dans la suite, l'obtention de matières qui sont plus hydrogénées que les vrais charbons, les roches bitumineuses.

§ 4. — Origine et propriétés du sapropel.

C'est principalement dans les eaux stagnantes ou à demi stagnantes, que se déposent les matières aptes à une abondante production de bitumes. La raison en est qu'on y rencontre les conditions favorables à la putréfaction, et encore qu'il s'agit ici de restes d'organismes aquatiques qui, additionnés de leurs excréments, forment une vase ou boue de putréfaction. Nous désignerons dans la suite cette boue sous le nom de *sapropel.*

Une propriété très remarquable du sapropel est l'admirable état de conservation de certains de ses éléments constitutifs (fig. 2). On

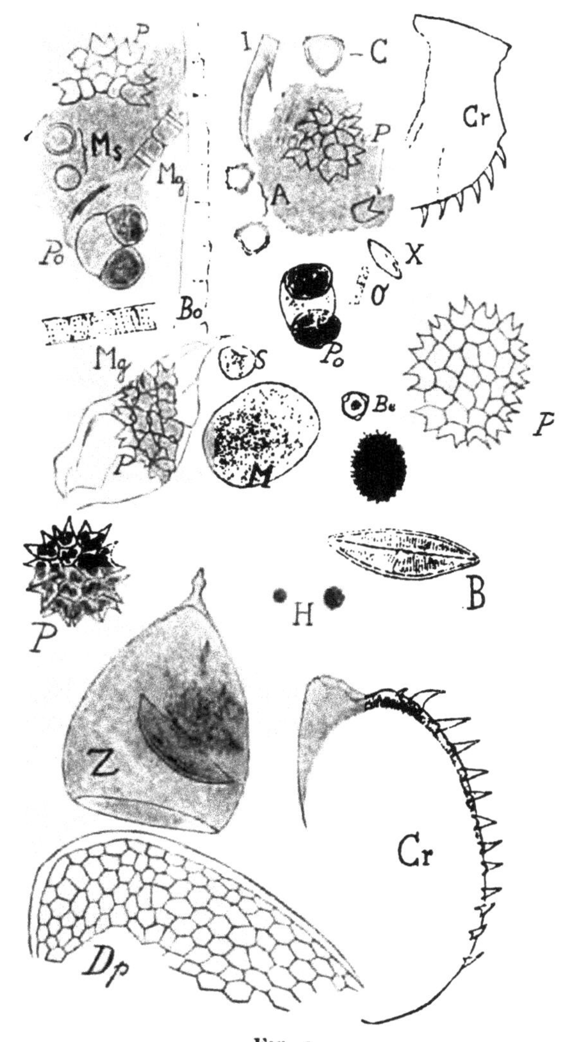

FIG. 2.

Sapropel de Poméranie. (Marais d'Ahlbeck près de Ludwigshof). **Grossissement: 220. Algues**: *B*, *Ms*, *Mg*, bacillariacées; *P*, *Pediastrum*; *O*, *Oscillaria?* — **Matériaux** de transport : *X*, *M*, *Po*, pollen de pin sylvestre; *Be*, pollen de bouleau ; *C*, pollen de coudrier; *A*, pollen d'aulne. — **Crustacés**: *Bo*, antenne de *Bosmina*; *Dp*, tête de *Daphnia*; *Cr* et *I*, restes de crustacés. — *Z*, œuf de *Corixa*. Dessin de M. le Dr W. Gothan.

ne pourrait mieux fixer les idées, qu'en comparant cet état à celui de conserves en boîtes. C'est à un point tel, que si l'on porte sous le microscope du sapropel ancien, on peut, parmi ses éléments figurés, en retrouver qu'on croirait encore vivants, en dépit des siècles nombreux qui se sont écoulés depuis la formation de la roche.

C'est cette particularité du sapropel qui porta EHRENBERG, célèbre biologiste berlinois, à croire que les bacillariacées, algues microscopiques à carapace siliceuse, qu'il avait rencontrées dans certains sols de Berlin, vivaient encore. EHRENBERG déclare que c'est, certes, une opinion qui s'écarte beaucoup des idées reçues que d'admettre que Berlin soit en partie bâti sur des êtres vivants. Et cependant, ajoute-t-il, aucun biologiste ne pourrait admettre la possibilité d'une autre explication.

Remarquez enfin qu'on observe, dans les sapropels anciens, de la chlorophylle conservée; on peut souvent reconnaître au microscope les grains de chlorophylle, corpuscules colorés qui donnent aux plantes leur teinte verte. Et cependant, notez le bien, la chlorophylle est, d'après les chimistes, une combinaison des plus aisément dissociable.

L'état de conservation des organismes englobés dans cette vase est donc des plus parfaits.

La formation du sapropel doit être qualifiée d'autochtone. C'est une sédimentation autochtone, par opposition aux dépôts de sables, d'argiles et d'autres matières qui sont abandonnées après charriage par des eaux courantes. C'est un sédiment autochtone au même titre que la tourbe et le terreau, si l'on excepte, pour ces derniers, quelques cas accidentels.

§ 5. — Origine des pétroles, dérivés des sapropels [1]. Leur association au sel.

Les roches sapropéleuses sont particulièrement intéressantes, du fait qu'elles sont les roches mères des pétroles.

Nous avons déjà attiré l'attention sur ce point, à savoir que les

[1] Voyez H. POTONIÉ. Zur Frage nach den Urmaterialen der Petrolea. *Jahrb. d. K. preuss. geol. Landesanstalt und Bergakademie* für 1904, Bd. XXV. Ht. 2, pp. 342-368. 1905.

produits obtenus, d'une part par tourbification, et par simple putréfaction sous l'eau d'autre part, diffèrent dans leurs propriétés chimiques, non seulement en raison des modalités différentes du phénomène de décomposition, mais encore et surtout en raison des différences originelles dans la nature chimique des organismes qui concourent à leur formation.

Alors que la tourbe est formée principalement de plantes marécageuses qui, abstraction faite de leurs racines et de leurs organes souterrains, ont une vie aérienne, le sapropel est essentiellement constitué par des organismes franchement aquatiques. La base du sapropel est le plankton.

Le concours de circonstances qui favorisent la formation de cette roche, est journalier et permanent. C'est ce qui explique l'existence de sapropel en quantités suffisantes pour rendre admissible l'idée que les quantités énormes de pétrole que nous connaissons, peuvent en dériver par une distillation dont, soit dit en passant, les conditions sont aisément réalisées dans les profondeurs de l'écorce terrestre.

Il importe de remarquer que les plantes peuvent, tout aussi bien que les animaux, contenir les matières premières du pétrole. Parmi ces plantes, il faut mentionner tout spécialement les algues oléagineuses qui jouent un rôle important dans les sapropels. Aussi, a-t-on pu préparer artificiellement des pétroles par les mêmes procédés, en partant soit des graisses animales, soit des huiles fournies par les algues oléagineuses (1).

Il est d'ailleurs aisé d'expliquer la présence simultanée de pétrole et de sel dans les mêmes formations géologiques. Quelles sont, en effet, les régions où se forment, de préférence et en abondance, les roches mères des pétroles, les sapropels? Ce sont les côtes plates de la mer, et encore ces bassins hydrographiques fermés, tel actuellement celui de la Caspienne, où l'arrivée de l'eau est réglée de telle façon, qu'il y a formation de mares plus ou moins permanentes.

(1) Un échantillon de pétrole artificiel, préparé au moyen de fleurs d'eau *Microcystis flos-aquae*, par M. le professeur C. Engler, de Carlsruhe, à la demande de l'auteur, figurait à son exhibition, au pavillon de l'Internationale Bohrgesellschaf d'Erkelenz, à l'Exposition universelle de Liége de 1905.

que de loin en loin les effets d'une inondation,
plus ou moins stagnantes.

Elles satisfont, dans ce cas, aux conditions de formation du sapropel ; mais ces conditions sont aussi celles qui entraînent la création de salines naturelles.

Et voilà comment se forment simultanément, dans le même endroit ou dans des endroits peu distants, des dépôts de sel et des roches dont, par la suite, dériveront les pétroles.

§ 6. — Signification à attribuer à la grandeur des fragments végétaux.

Ainsi que je l'ai dit en débutant, lorsque nous rencontrons une élégante fronde de fougère étalée dans le schiste où elle est emprisonnée, à la façon des plantes d'un herbier, nous sommes en droit de conclure qu'il s'agit d'un fossile enseveli sur place ou à faible distance du lieu de sa croissance.

Car il se produit, dans le cas d'un transport par les eaux, une trituration ou tout au moins une déformation des végétaux par suite des actions mécaniques, du choc contre les berges et les côtes, du ballottement par les vagues, etc.

Il importe donc que nous distinguions et que nous dénommions spécialement ces débris hachés de taille sensiblement égale dont l'allochtonie est évidente. Nous pouvons les qualifier de plantes hachées, *Häcksel*. Ils sont menus, quand les actions mécaniques ont été prolongées et intenses; ils sont de taille parfois considérable dans le cas contraire.

Il faut considérer comme tels, au sens paléobotanique du mot, ces nombreux troncs d'arbres qui, dépouillés, durant le transport, de leurs branches et de leurs racines viennent, ainsi qu'on le sait, échouer sur les rivages. C'est le cas pour ceux que le Gulf-Stream charrie des régions de l'Amérique centrale sur les côtes de l'Europe septentrionale (fig. 3).

Il importe cependant de remarquer que les trois roches précitées: le terreau, la tourbe et le sapropel peuvent, tout en étant autochtones, être formés de menus débris de plantes, de taille sensiblement uniforme. La raison de ce fait est variable; tantôt, comme c'est

FIG. 3. — Bois flottés de l'île d'Amsterdam. Photographie de M. A.-G. NATHORST.

le cas pour le sapropel, c'est que les constituants de la roche sont primordialement des végétaux de taille moyennement petite tantôt, c'est que la décomposition à entraîné une certaine homogénéïsation, comme cela se rencontre dans les tourbes anciennes ou c'est encore, ainsi qu'il arrive dans le terreau, que des animaux, notamment les vers de terre, ont accompli une trituration de la masse.

§ 7. — Impossibilité de la formation de roches carbonées dans l'océan. La théorie des varechs.

Dans le cas d'un transport par la mer, tel celui que nous venons de signaler, on ne constate pas la formation d'un dépôt de matières organiques sur les fonds marins.

La théorie des varechs, émise par MOHR, se base, entre autres, sur cette hypothèse que les volumineuses masses d'algues, qui flottent à la dérive sur la mer, par exemple celles de la mer des Sargasses dans l'Atlantique, finissent par sombrer et que, s'amoncelant durant des milliers et des milliers d'années, elles en arrivent à former des amas qui deviendront finalement des couches de houille.

Mais c'est là une pure hypothèse que l'expérience n'a point confirmée ; car on n'a pas observé, dans les dragages maritimes, l'existence de boues humiques ou sapropéleuses sur les fonds marins.

La chose est aisée à comprendre. Il règne en mer un incessant mouvement des eaux ; les couches superficielles sont constamment aérées; d'autre part, il existe des courants marins qui provoquent l'apport d'oxygène aux plus grandes profondeurs, si lente que soit leur circulation.

Il est donc impossible qu'il se produise une houillification ou une bituminification en masse; seule une destruction totale est ici possible, c'est-à-dire une décomposition tendant à la formation d'eau, d'anhydride carbonique, etc., et ne laissant aucun residu carboné solide.

Ce n'est que lorsque des débris de plantes viennent à s'immerger à temps en dessous d'une couche d'eau tranquille et à se mettre ainsi à l'abri de l'air, qu'un dépôt humique peut se former. C'est la un cas relativement rare en mer.

Enfin, les phénomènes de décomposition sont, en mer, particulièrement rapides, en raison de la grande tranche d'eau que les matières doivent traverser avant de se déposer sur le fond.

§ 8. — Les acides humiques.

Parmi les corps qui résultent de la formation d'un humus, il en est certains qui sont solubles dans l'eau. On les appelle acides humiques, en raison de leurs réactions chimiques. Il sont facilement emportés par les eaux courantes. C'est encore un cas de transport de matières organiques.

On a admis que ces eaux humiques, les « eaux noires », pouvaient aller former du charbon par précipitation des acides humiques qu'elles tiennent en dissolution.

On connaît de nombreux cas d'eaux noires. Elles sont fréquentes au Brésil, où le Rio Negro doit son nom à la couleur brune de ses eaux. En Ecosse, on les observe dans nombre de lacs et de ruisseaux. Les eaux du Congo appartiennent à cette classe.

Mais ce qu'on observe toujours, c'est que les matières organiques se décomposent dès que le cours d'eau atteint la mer, ou même déjà en cours de route, par suite de l'agitation de l'eau. Ces matières humiques se décomposent si bien, qu'à la fin il n'en reste plus « rien » !

On n'a, d'ailleurs, observé nulle part l'existence de dépôts quelque peu importants d'acides humiques ou de leurs combinaisons. On ne les rencontre qu'accidentellement, telle, dans la tourbe, la dopplérite qui est un précipité d'acides humiques, ou encore les concrétions d'alios humique (fig. 4).

§ 9. — Evolution des marais tourbeux. Autochtonies aquatique et terrestre.

Revenons aux formations humiques autochtones, pour les étudier de plus près.

Nous distinguerons entre autochtonie aquatique et autochtonie terrestre.

J'ai déjà caractérisé la première, en traitant de la sédimentation autochtone.

Je répète donc que la sédimentation autochtone ne se produit que dans les eaux plus ou moins stagnantes, et qu'il ne se forme

Fig. 5.

Lac partiellement comblé de sapropel pur. Liebemühl (Prusse orientale).

a, eau ; *b*, sapropel ; *c*, roselière.

jamais de dépôt humique ou sapropéleux dans une eau dont toutes les parties sont soumises à une agitation, à moins que la matière ne se trouve isolée à temps du contact de l'air, par une couverture de sédiments et, plus spécialement d'argile, apportés par les courants. Au contraire, une eau stagnante dont les couches profondes ne renferment pas d'oxygène ou n'en reçoivent seulement qu'en quantités négligeables, réunit toutes les conditions réclamées pour la production d'une putréfaction proprement dite, *Fäulnis*, puisque les matières organiques s'y décomposent à l'abri de l'air.

Le sapropel ainsi formé s'accumule progressivement au fond des eaux. Il existe, dans l'Allemagne du Nord, des lacs qui sont comblés de roches sapropéleuses, à un point tel que la navigation y est impossible (fig. 5).

Je dis roches sapropéleuses, afin d'englober, dans mon expression, les roches resultant d'un mélange de sapropel avec des argiles ou des sables d'alluvion.

Lorsque le comblement est suffisamment avancé pour que les plantes de marécages puissent utiliser les dépôts sapropéleux comme sols de végétation et y prospérer, on voit ces plantes s'avancer progressivement et déterminer, petit à petit, l'exondation complète du lac. Les plantes qui jouent, dans cette seconde phase, un rôle prépondérant sont celles de l'habitus du roseau : le roseau même, la prêle, etc. (fig. 5 et 6).

Le sol s'est ainsi graduellement affermi. Il est tant soit peu résistant. C'est à présent une prairie élastique sur laquelle l'homme pourrait se hasarder. Bientôt, les arbres s'y implanteront.

Ainsi se formera un marécage, une tourbière [1] boisée.

Quand ces marécages boisés comptent assez d'années, l'accumulation de la tourbe y est devenue suffisamment importante pour ne plus permettre l'afflux des eaux terrestres. Les conditions de végétation se modifient alors profondément.

Il y a, en effet, manque de substances nutritives, de telle sorte que ces plantes peuvent seules subsister, qui ne réclament pour leur croissance qu'une somme minime d'aliments.

Aussi, voit-on le marécage boisé, telles, par exemple, nos tour-

[1] Nous entendons ici par *tourbière* tout endroit où il y a de la tourbe.

Fig. 6. — Roselière, broussailles de roseaux et autres plantes aquatiques, préparant l'exondation par formation d'une prairie élastique.

res allemandes d'aulnes et de bouleaux, disparaitre progres-
ement, pour faire place à une végétation nouvelle.

?ar opposition aux marais et aux marécages boisés qui, en
son de l'horizontalité de leur surface, sont dénommés des « tour-

FIG. 7. — Tourbière boisée d'aulnes du Grunewald.

bières plates », les tourbières du nouveau régime s'appellent des « tourbières bombées » (fig. 8). En effet, dès qu'elles ont acquis un développement suffisant, leur centre se relève par rapport à leurs bords, de telle façon que leur bombement rappelle celui d'un verre de montre.

FIG. 8. — Tourbière bombée en Suède.

Coupe en travers d'un petit bassin lacustre; le fond est couvert
Découvert lors du creusement du

de la tourbe ; le tout est recouvert d'une couche de sable.
[illegible]s de Steglitz, près de Berlin.

Cette évolution des marais tourbeux s'observe à toutes les échelles, dans les régions morainiques de l'Allemagne du Nord. Quand une fouille vient à mettre à découvert l'un de ces anciens marais, on peut observer, ainsi que le montre la fig. 9, la succession type de ces dépôts.

Ces phénomènes peuvent se succéder dans l'ordre que je viens de décrire. Mais il peut se faire que, par exemple, une tourbière bombée s'établisse directement sur un sol sableux; il suffit, pour cela, que, d'une part, la stérilité du sol, due au délavage, et, d'autre part, l'humidité climatérique soient suffisantes. La condition essentielle pour le développement d'une tourbière bombée est l'existence d'une couche isolante entre la tourbe et le sous-sol qui contient des principes nutritifs. La nature de cette couche isolante importe peu. Ce peut être une tourbe de tourbière plate, un sable délavé, etc.

§ 10. — Les sapropels fossiles.

Nous passons, à présent, aux roches fossiles, en commençant par les sapropels.

Le dysodile des terrains tertiaires, ainsi nommé du grec [illegible] en raison de l'odeur nauséabonde qu'il répand à la combustion, appartient à cette catégorie. C'est une roche plaquettée, tout comme le sont les plus anciens des sapropels récents, déjà consistants ceux-là, et que nous avons dénommés *saprocolls*. Certaines « tourbes élastiques », *Lebertorfe*, sont des saprocolls. Chauffés à la flamme d'une allumette, dysodile et saprocoll brûlent avec une flamme éclairante. On prépare, à l'aide du dysodile, des huiles qui rappellent les pétroles.

Les représentants des sapropels sont, dans le terrain houiller, les *sapanthrakons*, tels les *cannel-coals* types (de l'anglais *candle*, chandelle). Leur aspect est semblable à celui du dysodile, du sapropel séché ou du *saprocoll*; leur compacité est très grande.

L'étude et surtout l'étude microscopique des cannel-coals, du dysodile et des roches sapropéleuses, permet d'y reconnaître des éléments figurés essentiellement identiques; de petites algues, de petits animaux aquatiques, des débris de poissons, etc.; avec cette seule différence qu'il s'agit, suivant l'âge et le gisement de la roche, d'espèces différentes.

M. C.-Eg. Bertrand, nous a, par ses recherches si fouillées et si consciencieuses, complètement édifiés sur la constitution des sapropels fossiles (fig. 10).

§ II. — Les roches sapropéleuses.

Parmi les roches sapropéleuses, il en est trois qui sont particulièrement intéressantes : ce sont les calcaires sapropéleux, les terres de bacillariacées (*Kieselguhr*), et certaines vases argileuses.

On sait qu'un grand nombre de plantes utilisent les sels calcaires en solution dans l'eau, pour s'en faire un squelette de résistance ; elles s'incorporent ainsi une quantité importante de calcaire. C'est le cas pour certaines algues marines. D'autres algues, les *Chara* des eaux douces et saumâtres, et encore des plantes supérieures, comme les potamots, ont la propriété de fixer à la surface de leurs tissus le calcaire dissous dans l'eau.

Il s'ensuit que l'action de certaines plantes enrichit en calcaire la vase résultante, sapropéleuse. Les débris de coquilles, notamment de carapaces de mollusques, viennent, d'ailleurs, s'y ajouter.

Ces sapropels calcaires, ou ces calcaires sapropéleux, s'il y a prédominance de calcaire, sont originellement aussi fangeux que les sapropels frais ; ce n'est qu'en se desséchant à l'air ou en gagnant de l'âge, qu'ils deviennent consistants.

Les calcaires bitumineux, si fréquents dans les terrains de toutes époques, doivent être considérés comme les représentants fossiles des sapropels calcareux. A la percussion, ils répandent souvent une odeur bitumineuse qui les a fait appeler calcaires fétides. Il est à noter que le bitume se trouve généralement dans ces roches depuis leur formation, *ab ovo*, et n'y a pas été incorporé après coup. Ce n'est, en effet, que rarement le cas pour le sapropel des calcaires sapropéleux récents.

J'en viens aux terres de bacillariacées ; elles constituent une catégorie spéciale de roches sapropéleuses qui se forment dans des eaux riches en principes siliciques, pauvres ou absolument dépourvues de sels calcaires. Au lieu de plantes précipitant le calcaire, ce sont des algues siliceuses qui se développent abondamment dans ces eaux. Leurs frustules se déposant sur le fond, s'y mêlent aux débris d'autres plantes et aux cadavres d'animaux,

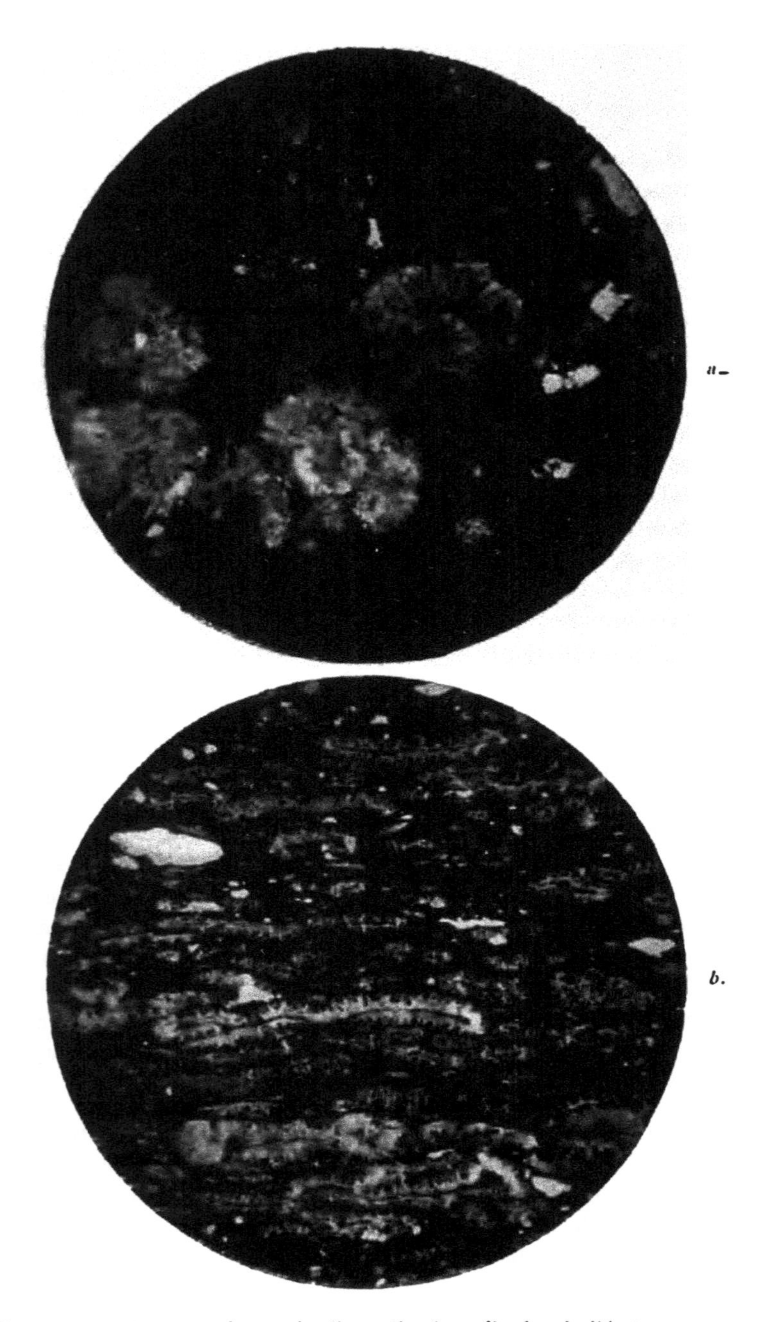

FIG 10. — Coupes minces de *Sapanthrakon*, Boghead d'Autun, vue microscope au grossissement de 75. Elles montrent des algues : *a*, sui la stratification ; *b*, normalement a celles-ci. Photographies comm quées par M. le professeur C.-Eg. BERTRAND.

rustacés, etc. Le tout, où prédominent les carapaces de bacillariacées, constitue, de ce chef, une roche particulièrement riche en silice hydratée, c'est-à-dire en opale.

Les terres de bacillariacées ne sont donc pas composées exclusivement de frustules; il y avait encore, dans les eaux où elles se sont formées, des êtres vivants autres que les algues siliceuses.

C'est précisément la présence de composés carbonés et combustibles qui rend nécessaire une préparation des terres de bacillariacées, en vue de les rendre propres aux applications techniques. On les brûle en meule, tout comme on le fait pour le charbon de bois. Le produit de ce grillage est le *Kieselguhr* utilisé dans le commerce.

Les *Kieselguhr* naturels sont relativement rares. Ils résultent d'une altération postérieure par oxydation et délavage des terres de bacillariacées (fig. 11).

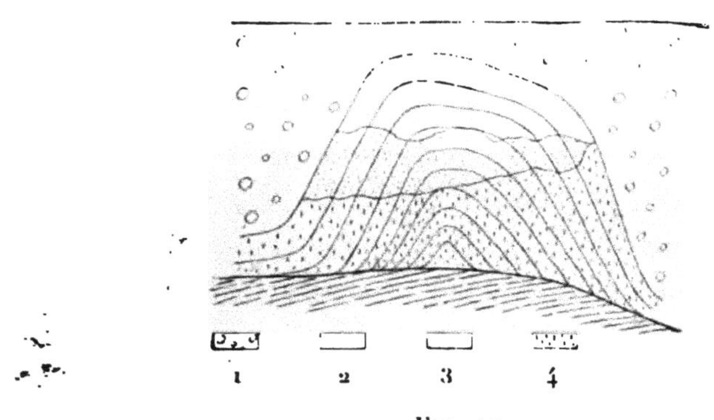

FIG. 11.

Coupe au travers de couches de terres de bacillariacées, affectant une allure en « dôme ». Bruyères du Lunebourg.

1. Sable à blocaux.
2. Terre de bacillariacées altérée par délavage.
3. Id. à demi délavée.
4. Id. non délavée.

La formation d'argiles sapropéleuses ou de sapropels argileux se produit là où se déposent en même temps que le sapropel, des sédiments allochtones, de l'argile, que les eaux courantes abandonnent dès qu'elles atteignent une nappe tranquille.

§ 12. — La houille.

Voyons, à présent, quelle peut être l'origine de la houille proprement dite.

La houille qui, d'ailleurs, ne se rencontre pas seulement dans le terrain houiller, mais encore dans des formations d'autres âges, est ordinairement une houille brillante. Les *sapanthrakons* et le sapropel séché sont, au contraire, des roches mates.

Une couche de houille composée d'un sillon (laie) de charbon mat, surmonté d'un sillon de charbon brillant, correspond au cas de la formation, sous l'eau, d'un sapropel qui a été recouvert, par la suite, par un marais tourbeux.

D'après cela, si la houille présente, dans sa cassure, des bandes minces alternantes de charbon brillant et de charbon mat, qui lui ont valu le nom de houille rubannée, on pourra admettre qu'elle s'est formée dans un marécage qui, périodiquement submergé, se prêtait à la formation répétée de sapropel.

Les papiers d'algues, sortes de tapis de sapropel, qu'on rencontre sur nos tourbières et sur les prairies voisines, après le retrait d'une crue, nous donnent une idée de ce phénomène (fig. 12).

FIG. 12. — Papier d'algues sur une tourbière plate de Rügen.

Mais il se peut aussi que certaines houilles rubannées ne soient ne des *sapanthrakons* qui, durant leur formation, ont continuel- ment englobé de nombreux débris de plantes terrestres.

§ 13. — Preuves de la formation tourbeuse de la houille.

Comparons d'abord l'habitus des plantes de marais et de celles les temps houillers.

Nous remarquerons, en premier lieu, que, chez les plantes maré- ageuses, l'appareil radical se développe horizontalement. Les aisons de ce fait sont multiples. C'est d'abord que ces végétaux l'ont pas besoin d'aller chercher l'eau dans la profondeur ; c'est nsuite que, sous une certaine épaisseur d'un terrain aussi imper- néable que la tourbe, la respiration leur serait impossible. Cette lisposition a, d'ailleurs, pour leur équilibre, un avantage marqué. En étendant ainsi leur base, les plantes de grande taille et de grand poids s'appuient naturellement avec plus de sûreté et d'ai- sance sur un sol peu résistant. C'est dans le même but que l'homme, pour assurer ses pas sur la neige, chausse des skys.

Les arbres carbonifériens possédaient, eux aussi, des organes souterrains largement étalés (fig. 13).

Signalons ensuite, comme détail si caractéristique, la croissance gée.

n remarque souvent, sur les tiges de roseaux, l'existence de nes à des nœuds superposés, à des étages successifs (fig. 14). Il clair qu'une plante qui dépérit aussitôt que sa base se trouve ée, ne peut vivre longtemps dans un marais tourbeux. Lorsque recouvre de terre le pied d'un tilleul, d'un chêne, voire d'un l'arbre meurt parce que son pied étouffe. C'est pour cela que, qu'on surélève le niveau d'une rue, on entoure d'un puits illé le pied des arbres, afin de leur conserver l'accès de l'air. y a donc que les plantes aptes à pousser de nouvelles nes à une hauteur convenable, lorsqu'elles se trouvent partiel- nt ensevelies par enlisement, qui soient capables de se déve- per largement dans un marais tourbeux.

Or, on a également observé, dans les plantes houillères, des exemples de croissance étagée. M. Grand' Eury a signalé des trones de fougères et de calamariacées, plantes de l'habitus du

...e d'arbre carboniférienne, avec rhizomes étalés horizontalemen... ...snabrück. (Musée du Service géologique de Prusse et de l'Éco... ...es de Berlin).

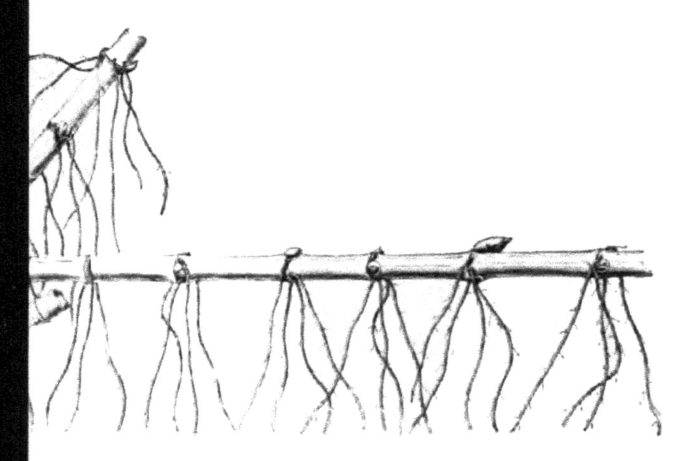

...ome de roseau montrant, à gauche, la croissance étagée, à droi... ...ntal avec racines verticales.
...ève dans la coupe représentée dans la figure 24.

roseau, qui montraient des racines à de nombreux niveaux (**fig. 15**). C'est là preuve que les plantes houillères savaient s'accomoder à un exhaussement progressif du sol. Sous ce rapport **encore,** elles sont donc comparables aux plantes qui, aujourd'hui, **peuplent** les marais tourbeux.

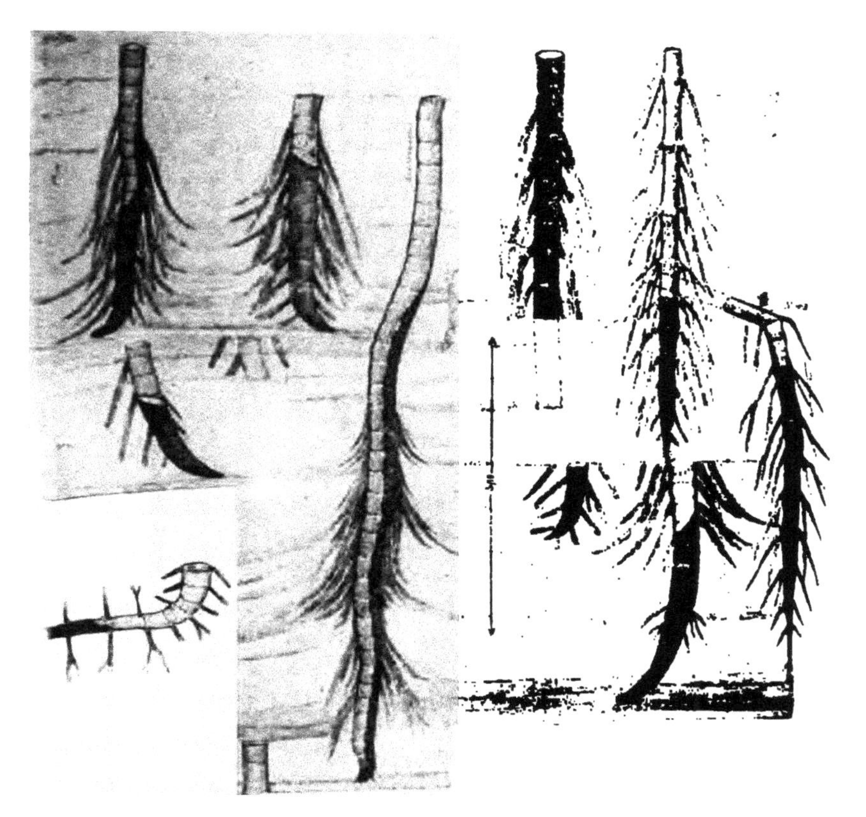

Fig. 15.
Souches de calamariacées à croissance étagée. Bassin houiller de St-Etienne
Environ 1/60 de la grandeur naturelle, d'après M. C. Grand' Eury.

Enfin, il est encore une analogie qu'il importe de signaler.

Nombre de plantes houillères étaient cauliflores, c'est-à-dire que leur appareil floral était porté directement par le tronc. C'est là, de nos jours, une particularité de la flore des forêts tropicales, sujettes à de grandes pluies. Elle est en relation directe avec le caractère torrentiel de ces pluies, particulièrement abondantes dans les districts marécageux. Exposées à ces intempéries, les fleurs seraient bientôt endommagées ; c'est pourquoi, par une disposition naturelle de défense, elles se trouvent placées dans une région où la couronne de l'arbre les protège à la façon d'un parapluie.

Une deuxième preuve résulte de ce que l'on peut, fort souvent, démontrer que les organes souterrains des plantes fossiles se trouvent pétrifiés dans le sol même où ils ont vécu autrefois.

On rencontre généralement en dessous, au mur des couches de houille, une roche qui contient les racines et les rhizomes des végétaux qui, en s'implantant à sa surface, ont introduit le régime du marécage tourbeux. Si l'on brise cette roche dans le sens de la stratification, on y découvre, développés horizontalement, les rhizomes qu'on appelle *Stigmaria* en paléobotanique. De ces axes, partent, rayonnant dans tous les sens, de délicats et très longs organes cylindriques.

L'existence de ces organes-appendices, constitue la preuve que les *Stigmaria* se sont développées dans la roche même où nous les découvrons, avant que cette roche se fut solidifiée. Leur attitude est, en effet, incompatible avec l'idée d'un transport. On pourrait, certes, objecter que ces appendices ont été des sortes d'épines rigides. Mais leur état de conservation est précisément l'opposé de celui que nous avons défini comme propre aux plantes hachées : ces épines auraient été désarticulées dans le transport. D'ailleurs, nous connaissons parfaitement aujourd'hui la structure anatomique de ces appendices ; elle est telle qu'ils ne pourraient larder ainsi la roche, en rayonnant en tous sens autour de l'axe, si la *Stigmaria* avait été flottée. Ces appendices ne possèdent, en effet, aucun tissu résistant qui puisse assurer leur soutien. De sorte que, si nous cherchions à nous représenter ces *Stigmaria* encore vivantes et extraites de leur sol de végétation, les appendices y pendraient comme des tresses de filasse mouillée.

Ce fait constitue donc la preuve irréfutable que les *Stigmaria* des sols si fréquents à *Stigmaria* ont végété dans les argiles devenues aujourd'hui les roches dans lesquelles nous les découvrons.

s sols de végétation, ces murs, qui se trouvent en-dessous des
nes de houille, démontrent que nous avons affaire à des tour-
s qui se sont formées sur place, aux dépens de forêts, phéno-
que nous voyons se reproduire aujourd'hui encore.

a, d'ailleurs, observé à diverses reprises des sols de forêts
e garnis de souches d'arbres, et ce, tant dans les gisements
uille que dans ceux de houille brune [1].
Whiteinch, près de Glasgow, on conserve comme curiosité
oire naturelle, l'affleurement d'un sol d'une de ces forêts
nifériennes (fig. 16).

Fig. 16.
rones fossiles d'une carrière abandonnée à Victoria Park, près de
Whiteinch. Dessin de Chris. Meadows.
n Young et D.-Corse Glen. *Trans. Geol. Soc. Glasgow*, vol. VIII)

s le bassin de Seftenberg (Basse-Lusace), les travaux d'exploi-
découvrent constamment d'importantes surfaces de mur
e toutes couvertes de souches en place (fig. 17).

'est à bon escient que nous disons *houille brune* et non *lignite*. Ce
lignite a été, en effet, appliqué à des combustibles qui ne renferment
débris de bois. D'aucuns voudraient en réserver l'emploi aux charbons
aires et tertiaires; mais, en fait, on rencontre des charbons de bois,
, dans les houilles de tous les âges géologiques.

FIG. 17. — Exploitation à ciel ouvert d'une couche de houille brune du bassin de Senftenberg.

Aux avant-plans, le mur (*b*) mis à nu par l'exploitation de la couche qu'on voit se dresser en coupe sur le front en (*k*). Elle est recouverte de bancs de sable et d'argile (*d*).

Le même fait s'observe, d'ailleurs, dans les tourbières récentes (fig. 18).

§ 14. — Les tourbes allochtones.

Il arrive que les cours d'eau en viennent, de nos jours, à éroder des parties de tourbières, pour aller déposer à l'aval les produits de cette érosion. Il arrive encore qu'ils transportent des débris de plantes fraîches qui, déposés, peuvent former des couches d'humus.

On rencontre également, mais occasionnellement, dans les houilles brunes, des dépôts de houille remaniée. Il en existe certainement aussi dans le terrain houiller (fig. 19).

Sous le pic du mineur, ce charbon se désagrège instantanément en ses éléments constitutifs, et ruisselle le long du talus. C'est la *Rieselkohl* des mineurs rhénans, qu'on pourrait appeler le charbon boulant.

§ 15. — Les marécages houillers étaient des tourbières plates.

Reste à savoir si les marécages où se sont for-

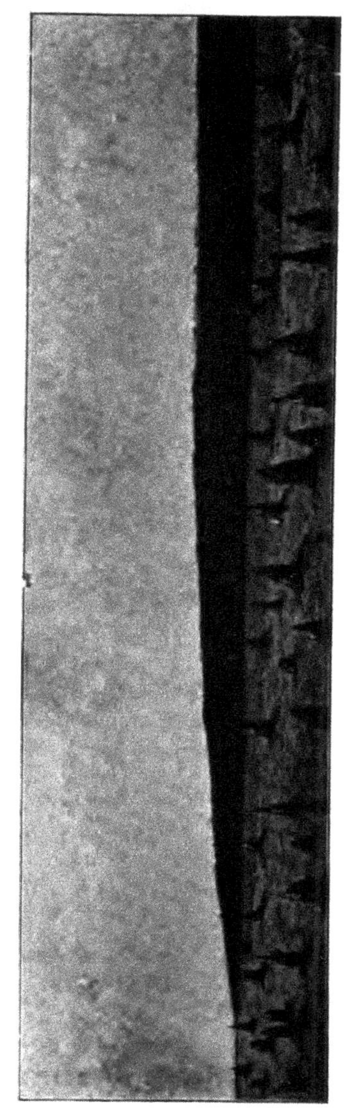

FIG. 18. Découverte dans la tourbe sur le bord oriental de la grande tourbière près de Widdernhausen, dans les bruyères du Lunebourg. *a*) Coupe dans la tourbe, dont la surface est déclive vers le bord de la tourbière. *b*) Sol de la partie exploitée, avec souches d'arbres.

FIG. 20.
ière (marais tourbeux de *Taxodium*) du sud de l'Amérique du Nord.
Photographie de M. le Dr E. DECKERT.

ɔmment ces cailloux peuvent-ils se trouver dans la houille?
ɔtons d'abord qu'on connaît des cas similaires dans les tour-
es plates, mais non dans les tourbières bombées. Là, leur
ence s'explique aisément. Prenons comme exemple la forêt
lnes de la Sprée, *Spreewald*, qui appartient à la catégorie des
bières plates, et reconstituons, par la pensée, ses conditions
istence à l'état vierge. Nous devons admettre que, sur les
rs bras de la rivière, flottaient des troncs d'arbres tenant
ɔre, empêtrés dans leurs racines, de la terre et des cailloux.
phénomène s'observe, d'ailleurs, couramment dans les régions
forêts vierges. Ainsi s'explique la présence de galets dans un
ôt humique. Dans nos pays, au contraire, où la civilisation
e tous les phénomènes naturels, il est souvent fort malaisé
se faire une idée exacte de leur importance et de leur allure
nitives.

Dans une tourbière située au bord de la mer, l'introduction de galets peut, d'ailleurs, se faire d'une autre façon encore, nous voulons dire par l'intermédiaire des plantes marines. Si nous supposons que la tourbière côtière peut être inondée par la mer, nous admettrons aisément que, dans certaines circonstances, des cailloux pourront y être apportés, principalemement par les varechs. Les varechs ne croissent pas sur les sols meubles, mais sur le roc. Lorsque ce sont des galets qui couvrent le fond marin, les varechs s'y attachent, puis, tendant à s'élever en raison de leur faible poids spécifique, ils en arrivent, au fur et à mesure de leur croissance, à pouvoir soulever des charges de plus en plus considérables, jusqu'à ce qu'enfin cette capacité atteigne le poids du caillou sur lequel ils sont fixés. Ils l'enlèvent donc et sont ainsi la cause de ce que ces pierres, charriées avec eux par les vagues et les courants, sont finalement rejetées sur l'estran (fig. 21). Ce phénomène du transport de cailloux des fonds marins par les varechs est particulièrement remarquable à Héligoland, où l'on voit, sur la côte, nombre de galets auxquels les algues adhèrent encore (fig. 22). Si une tourbière se trouvait sur cette côte, les galets pourraient y être aisément rejetés.

La présence de galets exclut, ainsi que nous venons de le voir, l'hypothèse d'une tourbière bombée.

L'existence de concrétions de sidérose ou de dolomie dans la houille est encore un argument en faveur d'un régime de tourbières plates boisées. Il est, en effet, évident que des formations ferrugineuses ou minérales quelque peu riches n'ont pu se former que là où il a pu y avoir apport de matières minérales. Or, cet apport n'est possible que dans une tourbière plate ; car d'une tourbière bombée, il s'écoule de l'eau ; mais il n'y en entre pas, à l'exclusion des eaux météoriques qui ne sont pas minéralisées. Les tourbières bombées sont donc soumises à un délavage continuel. Aussi n'observe-t-on jamais de minerais de fer, etc., dans les tourbières bombées, tandis qu'ils sont fréquents dans les tourbières plates.

Ce sont enfin les dimensions géantes des plantes caractéristiques de la flore houillère qui plaident en faveur de l'hypothèse de tourbières plates. Il n'y a jamais de grands arbres dans les tourbières bombées ; le manque de principes nutritifs fait qu'on n'y rencontre que des formes naines. Le contraste des tourbières bombées et des tourbières plates, où croissent de grands arbres :

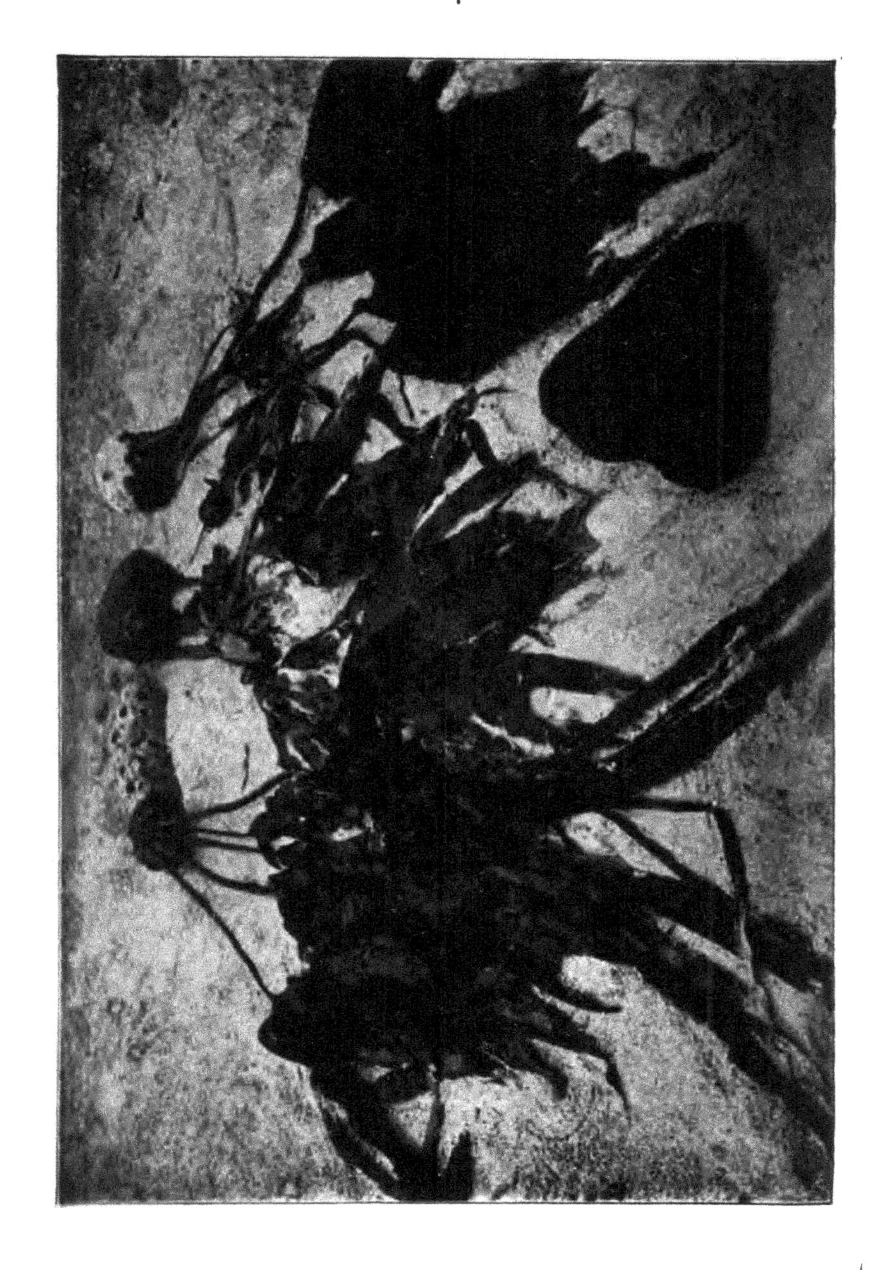

les cyprès, les *Taxodium* et, sous nos climats, les aulnes, est, à ce point de vue, absolument tranché.

FIG. 23

a. Couche avec racines (mur) traversant les lits normalement à la stratification. *b*. Houille brune. Exploitation à ciel ouvert près de Teuchern (Tertiaire)

On rencontre, d'ailleurs, dans la formation houillère, des plantes de l'habitus du roseau : ce sont les calamariacées dont les troncs sont particulièrement abondants dans les grès ; elles correspondent à nos prêles.

On observe encore assez fréquemment des sols de végétation de roseaux à l'état fossile, principalement dans les formations tertiaires de houille brune (fig. 23). Ils y forment le mur de la couche de charbon, exactement de la même façon que les sols modernes de roseaux forment le mur des lits de tourbe de roselières (fig. 24 et 25).

Enfin, l'on découvre, dans ces sols, des organes souterrains horizontaux, des rhizomes, qui poussent vers le bas leurs racines parallèles (fig. 14, 24 et 25).

Ce fait est caractéristique et fournit la preuve que la formation tourbeuse a débuté par une végétation de l'habitus du roseau. Or,

FIG. 24.

tation de roseaux au mur (en-dessous) d'une couche de Carrière de Liblar.

remarquer que, dans ces cas, la couche surincom- le produit d'une tourbière plate ; car les roselières nt, de préférence, en tourbières boisées.

mentionner qu'on rencontre de-ci de-là, dans les parent les couches de houille, des restes d'animaux, aux marins. Le fait a été observé, par exemple, en

FIG. 25.

Sapropel calcareux, devenu sol de roselière (grandeur naturelle); mur d'une couche de tourbe. Gr.-Lichterfelde (Berlin).

Angleterre, en Belgique, en Westphalie et dans la Haute-Silésie. Il répond entièrement à ce que nous connaissons des tourbières littorales (fig. 26), qui peuvent subir des incursions de la mer. La mer y apporte ainsi, du même coup, les débris d'animaux et les sédiments dont elle recouvre la tourbe.

§ 16. — Conclusion.

En résumé, nous pouvons dire :

De même que, de nos jours, les gisements d'humus sont presque exclusivement autochtones, de même c'était la règle, aux

FIG. 26.
Couche de tourbe sous-marine, sur les côtes de l'île de Sylt (mer du Nord). d'après M. le prof. J. REINKE.

temps géologiques, que les dépôts de ce genre se formassent à l'endroit même où croissaient les végétaux qui les constituent (fig. 27).

§ 17. — Raisons de l'abondance des formations tourbeuses dans le Carboniférien et le Tertiaire.

L'abondance remarquable de formations tourbeuses aux temps carboniériens et tertiaires, s'explique par l'intensité des phénomènes orogéniques à ces époques. C'est à l'activité orogénique qu'il faut attribuer la formation, principalement au bord de la mer, de dépressions et de zones d'affaissement, si favorables à

Fig. 27. — Reconstitution d'une tourbière boisée de la période westphalienne.
Diorama de l'*Internationale Bohrgesellschaft*, d'Erkelenz, à l'Exposition universelle de Liége de 1905.

d'un régime marécageux. C'est la perdurance de orogénique, provoquant un affaissement lent et égions continentales, qui explique celle des grands ouverts, à diverses reprises, des sédiments alloch- constitué, par la suite, les stampes stériles des illers.

1

1ʳ Question.

NOTICE

SUR LA

CONSTITUTION DU BASSIN HOUILLER DE LIÉGE

PAR

OCTAVE LEDOUBLE,

Ingénieur en chef directeur des mines, à Charleroi.

La partie de la formation houillère belge qui fait l'objet de cette notice est située à l'est du méridien passant par le bure de la Pincelle du charbonnage de la Nouvelle-Montagne ; elle comprend donc la majeure partie du bassin oriental ou de Liége.

Ce bassin repose sur le Calcaire carbonifère ; il est limité au Sud, sur la plus grande partie de son développement, par des formations plus anciennes, mises en contact avec le Houiller par la grande faille sud dite faille eifélienne ; mais, vers l'Ouest, ses strates complètement redressées et même renversées sont en concordance avec les bancs du Calcaire carbonifère qui affleurent. Sa limite nord n'est pas connue, le terrain houiller étant recouvert, de ce côté, par des formations plus récentes.

Le bassin de Liége se divise en deux groupes séparés par un dérangement paraissant une branche de la faille eifélienne : le groupe du Nord et de l'Ouest dit de Liége-Seraing et le groupe de Herve.

Les études stratigraphiques et pétrographiques n'ont pu, jusqu'à présent, permettre l'identification des couches de ces deux groupes et la question se pose de savoir s'ils ont fait, à l'origine, partie d'une unique formation, disjointe dans la suite par d'importantes fractures. S'appuyant, notamment, sur les caractères paléontologiques, certains géologues croient que le groupe de Herve n'a nul rapport avec le groupe de Liége-Seraing et a été charrié, venant du Sud, dans sa position actuelle ; à l'appui de cette manière de voir, la stratigraphie des couches de Herve montre des différences intéressantes d'allure ; mais, jusqu'à présent, la question de savoir s'il s'agit d'une unique formation est loin d'être résolue.

ertains indices dans la composition, la puissance, la
ccidentelle des divers lits, de même que certains
trographiques des stampes, tendraient à rendre assez
option de l'identification de la couche Stenaye du
ge-Seraing et de la Grande-Veine-de-Nooz du groupe
cette sérieuse hypothèse se réalisait, il résulterait
de Herve qui possède, sous la Grande-Veine-de-Nooz,
sez considérable de couches exploitables et en partie
Petite-Delsemme, Grande-Delsemme, Beaujardin,
Veine-du-Puits ou Maldaccord, Homvent et 5-Poi-
sensiblement plus riche, en profondeur, que le groupe
ing dont les travaux tant anciens que modernes,
Stenaye, n'ont fait rencontrer que peu de couches,
ible puissance (Grand-Joli-Chêne, Grand-Briha ou
rée de la Chartreuse, Bienvenue et Veine-au-grès),
abilité est reconnue par endroit, mais n'existe pas
léveloppement.

-banes des concessions d'Angleur et du Trou-Souris—
omvent ont recoupé les strates des deux groupes et ont
sur l'accident qui les sépare. Ils ont fait reconnaître,
lans Angleur, à cinq niveaux différents dont les
vertiealement à 235 mètres de distance, l'existence
renfermant des matières argileuses ; son pendage
est d'environ 25° en profondeur et diminue sensible-
surface : sa direction fait avec la ligne Ouest-Est un
Nord d'environ 40°. Au sud de cette fracture, le
brisé et fortement plissé a été percé sous une épais-
qu'on peut estimer à 100 mètres et ne présente aucune
les stampes des couches exploitées par le même
dans le groupe de Liége-Seraing ; quelques veinettes
seuls été rencontrés (voir coupe KL, planche III).

t, les travaux de Trou-Souris—Houlleux—Homvent
par le canal de Trou-Souris, à environ 1 500 mètres
ille d'Angleur, une cassure analogue pendant à 45°
t à 1 300 mètres plus à l'Est, une fracture de même
nnue par deux bacnures du bure Homvent, distantes
de 100 mètres (voir coupe MN, planche IV).

es exploitations effectuées au nord de ces fractures
de Liége-Seraing, montre que les recoupes dont il

vient d'être question, sont le passage d'une unique faille séparant les deux groupes, faille dont l'importance du rejet ne peut être déterminée en l'absence d'identification certaine des veines gisant au Nord et au Sud. Cette faille n'est pas connue à l'est de sa recoupe de Homvent ; vers l'Ouest, où elle diminue très fortement de pendage, elle paraît se rattacher à la faille eifélienne qu'elle atteindrait dans la concession de Selessin—Val-Benoît, après avoir formé un coude important reconnu par les travaux du siége du Val-Benoît. En adoptant l'identification Stenaye—Grande-Veine-de-Nooz, il est aisé de voir (coupe MN de la planche IV) que la partie sud de la faille serait très fortement relevée, mouvement de même sens que celui que produit la faille eifélienne.

Avant de décrire séparément chacun des groupes qui composent le bassin de Liége, il convient de remarquer que l'examen des 332 coupes verticales nord-sud, distantes de 100 mètres, qui ont servi à établir les coupes horizontales de la Carte des mines du bassin de Liége dont une réduction à l'échelle de 1 à 40 000 forme la planche I ci-annexée, démontre que, si le parallélisme absolu des couches n'existe pas, ce qui est depuis longtemps connu de tous ceux qui se sont occupés de stratigraphie minière, les variations dans l'épaisseur des stampes entre deux couches, dans la composition de ces stampes et même dans la composition et la nature des veines, sont *généralement* lentes et progressives. Les deux tableaux (planches V et VI) des stampes moyennes des couches exploitées justifient, d'une manière générale, le principe admis dans les tracés hypothétiques de la Carte des mines, d'un parallélisme relatif des couches.

Les coupes montrent aussi que souvent l'absence de parallélisme est due uniquement à la présence de nombreux crains peu inclinés sur le plan des couches et que l'exploitation ne rencontre pas toujours.

De notables différences dans les puissances des stampes s'observent aussi en examinant les veines des deux côtés d'un grand dérangement, tel la faille St-Gilles ; ce fait provient de ce que des transports latéraux, parfois considérables, ont mis en regard des paquets de terrains très distants lors de la formation.

J'ai dit plus haut que les variations des stampes étaient *généralement* lentes et progressives. Il importe toutefois de signaler que parfois, entre deux couches régulières et rigoureusement parallèles,

caissées sont loin de conserver la même nature, la
rité d'allure et le même parallélisme et présentent de
cassures dont aucune trace ne se montre dans le
t ; ce fait est le résultat de l'examen de nombreux
errains recoupés par les travers-bancs ; je le signale
e l'expliquer. Il se peut aussi qu'il existe, entre cer-
s de couches et non entre plusieurs couches prises
s discordances de stratification explicables par de
ments de plissement produits pendant la période de
houillère. Ce fait se montre surtout dans le gisement
ing ; là, un point remarquable de l'allure est la régu-
iches supérieures bien emboîtées les unes dans les
ne se remarque aucun plissement notable, tandis que,
de cette zone réglée, les allures sont sinueuses et
ne des mouvements de grande ampleur apparaissent,
t pas dans les couches supérieures. Ne s'agit-il pas ici
le compression venant du Sud, produit à certaines
la formation houillère, effort relativement faible
donné lieu aux grands plissements du sud du bassin.
t pour expliquer les crains de la première catégorie
question plus loin, crains qui laissent indemnes les
rieures, et les différences qui s'observent dans l'allure
roupes de veines superposés. Ainsi, aux charbonnages
eur et de Gosson-Lagasse (voir coupe CD, planche II),
Gosmin, Mauvais-Deye et Béguine sont assez forte-
es, tandis que la couche supérieure Dure-Veine ne
d'ondulations ; au charbonnage de La Haye, la couche
se présente en allure bien régulière, tandis que la
eure Grande-Moisa présente (voir coupe GH, pl. III)
nts importants dont l'accentuation a même donné lieu
s ; même situation (voir coupe EF, planche II) pour
couches dans la concession du Horloz. Ce mouvement
querait les différences de stampes constatées entre
égulière et la couche inférieure ondulée ; notamment
ches Dure-Veine et Gosmin dont il vient d'être ques-
pe normale varie, dans les parties connues, de 35 à
t-Berleur, de 35 à 59 m. à Gosson-Lagasse et de 26
orloz.

GROUPE DE LIÉGE-SERAING.

C'est l'exploitation des veines de ce groupe qui a surtout tenté les anciens mineurs liégeois dont les travaux, peu ou point connus, sont descendus à des profondeurs notables et ont donné lieu à de nombreux coups d'eau.

L'allure générale du groupe est celle d'un bassin dont le versant nord est formé de plateuses de faible inclinaison vers le Sud et dont le versant sud est fortement plissé et la plupart du temps d'autant plus redressé qu'il se rapproche de la limite sud. L'ennoyage de ce bassin a sa plus grande profondeur dans le nord de la concession du Horloz. Il se relève généralement lentement, vers l'Est et vers l'Ouest.

Largeur du groupe.

La largeur du groupe à l'affleurement est très variable et elle ne peut être fixée que d'une façon approximative, car si la limite sud est bien connue à la surface, il n'en est pas de même de la limite nord qui disparaît sous des formations plus récentes et, d'autre part, il n'est pas bien certain qu'au delà des dernières plateures connues du nord du bassin, il n'existe pas un certain nombre d'ondulations cachées sous les formations crétacées de la Hesbaye, comme tendraient à le faire croire les mouvements constatés au nord des grandes plateures d'Abhooz. Toutefois, cette largeur, en tenant compte de l'épaisseur de la stampe entre la dernière couche reconnue dans le versant nord et le Calcaire carbonifère reconnu dans la région sud-ouest du versant sud et en supposant que les derniers mouvements connus vers le Nord viennent mourir aux terrains secondaires en conservant la pente des plateures nord, est au plus de 900 mètres au méridien de la Tincelle; elle augmente considérablement et régulièrement vers l'Est et au méridien de Liége mesure 11 000 mètres environ; au delà, un large épanchement vers le Nord se produit dans les concessions de Bicquet-Gorée et d'Heure-le-Romain ; à l'est de cet épanchement, s'accuse un relèvement constant de l'ennoyage du bassin qui se ferme à l'est de la concession d'Argenteau-Trembleur.

Profondeur du groupe.

La profondeur du groupe de Liége-Seraing ne peut être déterminée exactement par suite de la présence de dérangements peu inclinés sur le plan des couches dont ils provoquent le redoublement sur de grandes distances; ces dérangements paraissent augmenter en nombre et en importance en profondeur; c'est la raison pour laquelle les coupes annexées à la présente notice ont été arrêtées à 700 mètres sous le niveau de la mer, au lieu d'être complétées jusqu'au calcaire. Il ne peut être donné avec assez d'exactitude que la puissance du Houiller prise normalement aux strates à l'endroit où l'étude du gisement a fait reconnaître l'existence des couches les plus supérieures, c'est-à-dire dans les concessions de La Haye et du Horloz; cette puissance est très approximativement de 1 690 mètres.

A noter, en ce qui concerne la profondeur de pénétration du [illegible] Houiller dans l'écorce terrestre, que vers l'Ouest, où les plateures [illegible] prennent des inclinaisons très considérables, jusque 70°, il se[...] pourrait que le bassin très resserré fut le plus profond, bien que[...] renfermant uniquement les couches moyennes et inférieures.

Richesse du gisement.

La richesse du gisement est donnée par le tableau (planche [illegible]) de la synonymie des couches, indiquant, par concession, les ouvertures moyennes des veines exploitées et leurs distances moyennes respectives; dans le centre du groupe, l'*ouverture* totale des couches exploitées atteint 33m.30, soit 1 mètre environ pour 50 mètres de stampe, tandis que, sur les bords, cette puissance est très fortement réduite. En comptant sur une puissance moyenne des 4/5 de l'ouverture, la puissance totale en charbon des couches exploitables serait donc de 26m.64 au maximum, soit donc 1m.56 de charbon par 100 mètres de stampe.

Le nombre total de couches exploitées dans le groupe de Liég Seraing est de 59, mais elles sont loin d'être exploitables toute leur étendue; il n'en est pas plus de 20 qui se trouvent d ce cas.

Au point de vue de la qualité des produits, j'admettrai la cl des statistiques officielles :

Charbon gras, teneur en matières volatiles de 16 à 25 %.
Id. demi-gras, id. id. id. de 11 à 16 %.
Id. maigre, id. id. id. de moins de 11 %.

On constate en général qu'au nord de la faille de St-Gilles, la série des couches supérieures donne des produits gras jusqu'aux environ de la couche Béguine de Gosson-Lagasse = Blanche-Veine du Horloz, mais seulement vers l'ouest du groupe (Gosson-Lagasse, Horloz, La Haye) et que la teneur en matières volatiles d'une même couche diminue assez fortement vers l'Est; ainsi le niveau inférieur des couches grasses remonte à Rosier de Ste-Marguerite ou Pestay de Plomterie et Aumonier de la concession de Bonne-Fin et Baneux. La série des dernières couches exploitées dans les concessions de Gosson-Lagasse et du Horloz sous Béguine = Blanche-Veine, donne des produits demi-gras; ces mêmes produits sont obtenus jusqu'à la couche Malgarnie inclus de la concession de l'Arbre-St-Michel, mais le niveau inférieur des couches demi-grasses remonte très fortement vers l'Est et atteint Quatre-Pieds de la concession de Tassin, Petite-Veine du bure Baneux de la concession de Bonne-Fin et Baneux et le Grand-Maret de la concession de Batterie. Sous les niveaux qui viennent d'être indiqués, les couches sont de qualité maigre; elles perdent en général leurs matières volatiles en descendant l'ordre de stratification et à mesure qu'elles se dirigent vers l'Est.

Dans la partie du groupe entre la faille St-Gilles et la faille de Seraing, les couches grasses existent au-dessus de la couche Grand-Maret du bure St-Gilles, de la couche Jean-Michel du bure Piron du charbonnage de La Haye et de la couche Frédéric du Horloz, tandis que les veines inférieures connues sont demi-grasses; dans Cockerill et Marihaye, toutes les couches exploitées sont grasses; il en est de même pour la partie est de la concession des Kessales-Artistes; mais vers l'Ouest, dans cette concession, les veines perdent progressivement leurs matières volatiles et deviennent en général demi-grasses; cette situation persiste dans les concessions de Sart-d'Avette; mais à la Nouvelle-Montagne, les couches supérieures au grès de Flémalle ou du toit de Touteko sont demi-grasses, tandis que les veines inférieures sont grasses tout au moins jusque Grande-Pucelle dans les dressants sud et sont demi-grasses mais bien près des maigres dans la plateure du

noter que, dans certains charbonnages, la teneur en volatiles diminue très sensiblement dans une mêm ce la profondeur.
de la faille de Seraing, toutes les couches exploitée concessions de Marihaye, Cockerill, Six-Bonniers Angleur sont grasses, sauf peut-être en profondeu ouches inférieures à Castagnette ; il en est de même de éhouillées dans la concession de Sclessin—Val-Benoi e du Grand-Bac au-dessus de Malgarnie et par le bur Avroy au-dessus de Moulin et dans la concession d is—Houlleux—Homvent au-dessus et y compris Poignée autres exploitations des concessions de Sclessin—Val Trou-Souris et de l'Espérance (siége de la Violette) s dans des couches demi-grasses ; mais vers le Nord-Est perdent, comme d'habitude, une partie de leurs matière passent progressivement aux charbons maigres extrait andre, à Cheratte et à Argenteau-Trembleur.

Terrains de recouvrement.

in houiller affleure dans la plus grande partie du group n'est recouvert que d'une faible épaisseur de terr , dans la vallée de la Meuse, d'alluvions moderne dans la partie nord-ouest en Hesbaye, le Houiller e les formations crétacées généralement recouvertes d nême de cailloux oligocènes. L'épaisseur des formation es recouvrant le Houiller est variable ; elle a atteint l s suivantes, auxquelles j'ajoute, entre parenthèses, l tête du Houiller par rapport au niveau de la mer.

ierre de l'Arbre-St-Michel . . .	27m.80	(162.70).
ery du Bonier	48m.45	(146.55).
du Bonier	64m.40	(119.60).
onne-Fortune de l'Espérance et Bonne-Fortune	55m.95	(141.48).
spérance de l'Espérance et Bonne-Fortune.	25m.83.	
anny de Patience-Beaujone . .	51m.40	(139.25).
Levant de Tassin	54m.00	(125.72).
Rocour id.	53m.20	(127.70).

Siège Bon-Espoir d'Abhooz et Bonne-Foi-Hareng	25m.70	(111.43).
Sondage n° 1 d'Abhooz et Bonne-Foi-Hareng	27m.60	(110).
Sondage n° 2 id.	22m.20	(113).
Siège Pieter de Bicquet-Gorée	18m.60	(108).

En suivant la ligne des puits Pierre, Péry, Bonne-Fortune, Fanny, Levant et Bicquet-Gorée, sensiblement parallèle à la direction des plateures du Nord, la base du Crétacé est en légère pente continue vers l'Est; la différence de niveau entre la base du Crétacé reconnue au bure Pierre et celle constatée au bure Pieter est de 54m.70 pour une distance de près de 17 000 mètres soit environ 0m.32 par 100 mètres.

Accidents.

Le groupe de Liége-Seraing est découpé par de très nombreuses fractures qui peuvent être divisées en trois catégories. Pour ce qui va suivre, il est à noter que, lorsqu'il est parlé d'affaissement, il ne s'agit nullement de dire que les failles constituent des accidents dûs à un affaissement.

Première catégorie.

La première catégorie comprend les crains sensiblement parallèles à la direction des stratifications et dont l'inclinaison se fait dans le même sens que celle des veines; ces crains ont souvent une inclinaison peu différente de celle des couches: ils sont à peu près tous inverses; ils amènent des redoublements de terrains souvent très considérables et s'étendent sur de très longs parcours; par suite, ils augmentent dans de notables proportions la richesse du gisement. Ils ne sont guère connus que dans la partie du bassin située au nord de la faille de Seraing; mais ils sillonnent en nombre certaines concessions telles que Concorde, Sart-Berleur, Patience et Beaujonc, Espérance et Bonne-Fortune, Horloz, Gosson-Lagasse, La Haye, etc. Les coupes AB, CD et EF de la planche II, GH, IJ et KL de la planche III présentent de nombreux exemples de ces cassures dont je citerai les principales.

L'une située au sud du passage présumé de la faille St-Gilles prend naissance dans la concession de la Nouvelle-Montagne, bien

ure de la Tincelle et s'étend au delà sur un parcours
o mètres; elle est inverse, sensiblement parallèle à
es plateures et presque parallèle à leurs strates; elle
lage vers le Sud qui, presque toujours supérieur à 45°,
rs la surface et s'aplatit quelque peu en profondeur
divise, sur une certaine étendue, en deux branches
elles des lambeaux de couches inclinant à moins de
on. Ce dérangement produit un chevauchement consi-
plateures dont les travaux d'exploitation ne per-
ctuellement de mesurer l'importance.

s *Awirs* est une fracture de même nature; elle prend
s la concession du Sart-d'Avette, où elle se montre
tout son développement; sa pente paraît être d'envi-
rejet, tout au moins apparent, constitue un affaisse-
ud dépassant 250 mètres un peu à l'est du bure du
; son passage est certain dans cette région, mais sa
e n'est connue que dans la concession des Kessales-
rtir de 200 mètres à l'ouest du bure Beco; là, le rejet
tion sur la verticale atteint 125 mètres, consiste en
nt de la partie nord, qui se poursuit vers l'Est; puis
mence à onduler pour prendre l'allure en selle et
ure dans la coupe AB de la planche II et est connue,
ur plus de 2 200 mètres; il en sera question plus loin.

autre crain connu entre la faille St-Gilles et la faille
les travaux de la couche Houlleux du Horloz et de
uine de Gosson-Lagasse démontrent l'existence dans
u puits n° 2 de Gosson-Lagasse (coupe CD, planche
suit dans la concession du Horloz où, dans la coupe
che II, il atteint, en ondulant, Houlleux et Grand-
sement vers le Nord de Grand-Maret atteint 80 mètres
verticale; il s'introduit ensuite dans la concession
i il atteint (voir coupe GH, planche III) les couches
et Grande-Moisa, en provoquant des relèvements au
projection verticale atteint 67 mètres, puis dans la
Belle-Vue, à St-Laurent, où le relèvement au Sud,
seule veine Grand-Maret est de 100 mètres environ
Ce crain est ainsi suivi, avec une faible pente vers le

Sud, sur un développement de plus de 4 000 mètres au bout desquels il passe dans le territoire non concédé de la ville de Liége.

Au nord de la faille St-Gilles, se trouve le dérangement de cette catégorie le plus important de la région, dérangement qui paraît être le rejet, par la faille St-Gilles, du précédent, dont il conserve la grande importance; il apparaît contre la faille St-Gilles à 500 mètres à l'ouest du méridien du bure n° 2 de la concession de Gosson-Lagasse et, rejeté par les diverses failles nord-sud qu'il rencontre sur son parcours, se poursuit jusqu'un peu à l'est du bure de l'Espérance de la concession de ce nom; cette fracture qui est visible dans les coupes CD et EF de la planche II, GH, IJ et KL de la planche III et MN de la planche IV, s'étend sur un développement de près de 10 000 mètres.

Dans la partie nord-est de la concession d'Abhooz et de Bonne-Foi-Hareng, un autre de ces dérangements, connu par deux sondages, avec pente vers le Sud de 22° (voir coupe MN de la planche IV), détermine un glissement sur 700 mètres du mur de la faille sur le toit et occasionne ainsi un redoublement de veine considérable, la projection verticale de l'affaissement au nord de Grande-Veine-d'Oupeye étant de 260 mètres; cette fracture se continue vraisemblablement vers l'Est et vers l'Ouest et détermine ainsi un accroissement notable de la profondeur du Houiller; c'est sa connaissance qui a permis d'établir rationnellement l'identification longtemps controversée de Grande-Veine-d'Oupeye et de Belle-et-Bonne, que les traces d'affaissement au sud de la faille des Hollandais, tendaient à rendre improbable.

D'autres crains importants de cette espèce se montrent encore dans les concessions du Horloz, de la Concorde et du Sart-Berleur.

Il est prouvé que ces crains sont les dérangements les plus anciens qui se sont produits dans le gisement houiller à la suite des premières pressions venues du Sud; ils ont déterminé un chevauchement du Sud sur le Nord, en même temps que se produisait parfois, semble-t-il, un déplacement latéral plus ou moins accentué. Leur ancienneté que les études de la Carte des mines faisaient prévoir, il y a plus de vingt ans, est actuellement démontrée par l'avancement des travaux d'exploitation; en effet, la faille St-Gilles

question plus loin et à laquelle il a été naguère
orité de formation, coupe ces crains en les rejetan
AB, CD et EF de la planche II et GH de la planch

s paraissent également rejetées par les failles de
l-sud.
es sont, tout au moins en partie, antérieures aux
s couches; ce fait est démontré par l'allure connue
ssion des Kessales-Artistes, où un de ces dérange-
ats crains » (voir coupe AB de la planche II) suivi
es de développement, affecte une allure en selle et
ain a ses ondulations correspondant à celles des
lissées qu'il a disloquées et fortement redoublées;
visible sur la planche I, est mieux caractérisée par
000", au niveau de 300 mètres sous la mer, dont la
fournit une copie. Si les ondulations de cette région
ppées et ramenées à l'allure des plateures du Nord,
rendrait, dans le développement, la forme des crains
es plateures. Cet exemple typique qui se produit
ouest du bassin est le seul de l'espèce *bien constaté*;
itres travaux, dans la même région, en dessous de ce
rain, ont récemment donné des indices de mouve-
; ce fait démontre que le Houiller de Liége-Seraing
é à l'époque où se sont produits les grands plisse-
et que ces failles anciennes ont subi les mêmes
que les couches.
xemple d'un mouvement de ce genre paraît exister
ssion du Bois-d'Avroy: le croquis (fig. 1) donne
ouche Stenaye connue par l'exploitation; la faille
deux branches de Stenaye me paraît un des crains
le parler et dont je donne le tracé probable.
peu inclinés qui, souvent, paraissent provenir de
d'un pli, atteignent très rarement les couches supé-
nt beaucoup plus nombreux dans la partie moyenne
a dernière exploitée actuellement et y sont beaucoup
ts, surtout en profondeur; ce fait tendrait à prouver
se sont produits pendant la période de la formation
même, avant le dépôt des couches supérieures, dont
l'allure est remarquable.

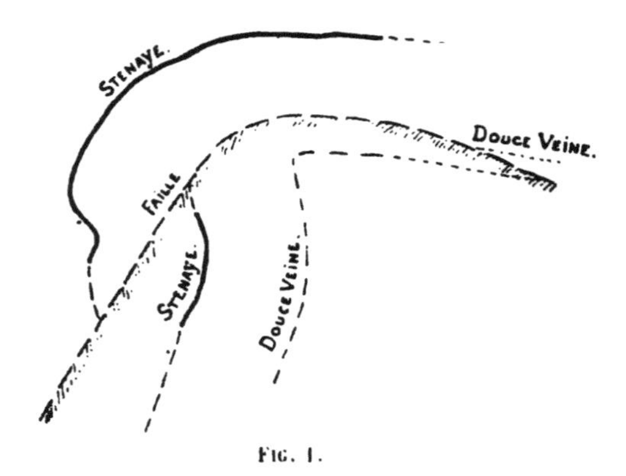

Fig. 1.

Deuxième catégorie.

La deuxième catégorie de dérangements comprend les failles connues sous les noms de failles de St-Gilles, de Seraing, Marie, des Six-Bonniers, d'Yvoz et d'autres cassures similaires, se rattachant la plupart du temps à celles-ci. Ces failles possèdent des pendages beaucoup plus forts que les crains de la première catégorie; leur rejet est généralement important et l'examen des coupes de la Carte des mines prouve que ces failles, indépendamment des chutes ou des relèvements de terrains qu'elles produisent, ont amené des transports latéraux considérables; il est aisé de s'apercevoir, en effet, qu'il n'est pas possible de reconstituer l'allure en faisant glisser les terrains d'un côté de la faille suivant la ligne de plus grande pente de cette dernière.

Faille St-Gilles. — La faille St-Gilles a une direction générale qui fait avec la ligne ouest-est un angle vers le Nord, de 21° vers l'Ouest, atteignant 35° vers l'Est; elle pend vers le Nord, sauf peut-être à l'Est; sa pente est assez irrégulière et, en certains endroits (Baneux), elle affecte la forme d'une chaise très accentuée.

Le point le plus occidental du bassin où cette faille est bien connue, parce qu'elle y a été traversée, est situé un peu à l'ouest du méridien du bure Beco; là deux travers-bancs ont recoupé la faille aux profondeurs respectives de 269 m. et de 329 m. sous l'orifice du bure Beco; la zone failleuse présente des épaisseurs respectives de 8 et de 14 mètres; sa pente pied nord est de 84° et au delà de ce dérangement, des terrains en selle et bassin avec passage de couches ont été recoupés sur 200 mètres de longueur; en cet endroit, la faille affaisse les terrains au Sud d'environ 125 mètres.

La faille St-Gilles se prolonge très vraisemblablement vers l'Ouest, comme tendrait à le prouver la différence de pendage des veines; il se pourrait toutefois que son prolongement n'atteigne pas le méridien du puits n° 3 d'Oulhaye; un simple mouvement analogue à ceux constatés dans Lurtay à la Nouvelle-Montagne suffirait pour amener le raccord entre les exploitations de Lurtay, du bure du Hena et du bure n° 3 d'Oulhaye.

La faille dont la direction est sensiblement parallèle à la limite commune des concessions des Kessales et de la Concorde, n'est pas connue sur 3 400 m. de longueur à partir du bure Beco; il faut entrer dans la concession du Sart-Berleur pour en retrouver la trace à peu près dans le méridien du bure du Corbeau, où on la trouve reconnue par bacnure; à cet endroit, la pente de la faille vers le Nord est fortement réduite, mais le rejet ne peut être précisé par suite du doute qui subsiste pour l'identification de la veine recoupée au sud de la faille.

Les coupes AB, CD EF, GH, IJ, KL et MN donnent le tracé de la faille; je complète les indications fournies par ces coupes générales en joignant (planche VII) neuf coupes nord-sud à l'échelle de 1 à 5 000 des positions les mieux connues du dérangement.

Au delà du méridien du bure de Petite-Foxhalle, la faille St-Gilles n'est guère connue; toutefois, elle paraît se raccorder avec un dérangement de la couche Grande-Bovy exploitée dans la concession de l'Espérance, dérangement qui n'a pas été traversé. Au-delà, son prolongement vers l'Est n'est connu, semble-t-il, que par un seul point de passage dans la concession d'Argenteau-Trembleur, où on relève une pente de 76° vers le Sud; il se pourrait toutefois que ce pendage fut anormal et qu'en cet endroit, la faille dont l'allure générale donnerait la pente pied nord, fût tortueuse comme en maints endroits la faille de Seraing dont il sera question plus loin.

... faille St-Gilles a amené un déplacement latéral considérable
...éralement une épaisseur, mais très variable

et qui me paraît plutôt formée par des arrachements des parois de la fracture que par un remplissage venu de la surface. Je donne les épaisseurs attribuées à la faille ou plutôt à la zone failleuse qui l'environne, dans les concessions du Horloz et de Belle-Vue à St-Laurent.

Horloz (bure Braconier).		
Bacnure à	219 m.	4m.20.
Id.	287	9m.00.
Id.	401	14m.00.
Id.	436	15m.00.
Id.	491	7m.00.
Puits		4m.50.
Bacnure à	555	6m.00.
Belle-Vue à St-Laurent.		
Bacnure à	158 m.	11 m.
Id.	265	9 m.
Id.	318	30 m.

La faille parait relever en général les couches au Sud; mais l'importance de ce relèvement ne peut guère être mesuré que dans les coupes où les couches sont à même pendage des deux côtés; autrement, la différence de pendage peut amener tantôt un affaissement, tantôt un relèvement d'un même côté de la faille, suivant la couche considérée. Je donne, page 568, l'importance du rejet de la faille (projection verticale des deux points de contact de la couche et de la faille) pour les concessions de Belle-Vue à St-Laurent, La Haye et Horloz, où le rejet constitue un relèvement vers le Sud.

Faille de Seraing.—La faille de Seraing apparaît, à l'Ouest, dans les travaux de la concession de Marihaye, à 700 m. à l'ouest du méridien du bure d'Yvoz; sa direction, en ce point, fait un angle vers le Nord de 19° avec la ligne ouest-est et le pendage est de 80° vers le Sud; vers l'Ouest, la direction se rapproche de la ligne est-ouest, comme le démontrent les travaux d'exploitation de Stenaye et de Grand-Joli-Chêne qui ne l'on pas rencontrée; elle disjoint, au delà, les terrains inférieurs, en mettant en contact, en stratification discordante, le terrain houiller et le pendage sud de la selle de Calcaire carbonifère reconnue dans le tunnel de Baldaz-Lalore.

A partir de sa première recoupe ouest par les travaux, le passage de la faille est constamment signalé par les exploitations

Horloz, à partir de la coupe EF.

	400m W.	300m W.	200m W.	100m W.	coupe EF.	100m E.	200m E.	300m E.	400m E.
Couche Cinq-Pieds	55m.	62m.	62m.	63m.	65m.	88m.			135m.
Couche Maret					28m.	40m.	65m.	70m.	

La Haye, à partir de la coupe GH.

	1 100m W.	1 000m W.	700m W.	600m W.	500m W.	200m W.	100m W.	100m E.	200m E.	300m E.	400m E.
Couche Maret	150m.	160m.					88m.	60m.	69m.	83m.	88m.
Couche Grande-Veine			140m.	120m.	105m.						
Couche Grignette						60m.					
Couche Crochet									35m.		

Belle-Vue, à St-Laurent, à partir de la coupe GH.

800m E.	900m E.
	106m.

jusqu'à l'extrémité est de la concession de La Haye; mais l'angle que sa direction fait avec la ligne ouest-est augmente progressivement jusqu'à dépasser 45°. Il résulte de la direction et du pendage de cette faille qui n'a pas été recoupée par les travaux de Bonne-Fin et Baneux, au sud de la faille St-Gilles, que la faille de Seraing atteint, dans le territoire non concédé, la faille St-Gilles contre laquelle elle vient mourir. L'examen des travaux des deux côtés de la faille fournit la preuve qu'avec la fracture, il s'est également produit un déplacement latéral considérable.

Les douze coupes de la faille à l'échelle de 1 à 5 000 (planche VII), qui viennent s'intercaler entre les coupes AB, CD, EF, GH, IJ et KL, indiquent à suffisance les formes sinueuses de cet accident dans les parties connues; elles indiquent le pendage général vers le Sud et le sens et l'importance du rejet de la faille qui produit, dans toutes les couches, un affaissement apparent vers le Sud, très variable, mais toujours très important.

Faille Marie. — La faille Marie apparaît dans les travaux de Marihaye a 400 m. environ à l'ouest de la méridienne du puits n° 1, où elle est recoupée par deux bacnures en-deçà et au-delà desquelles la même couche Chaîneux a été recoupée; elle n'est pas connue à l'Ouest par les travaux; mais elle paraît cependant se réunir à la faille de Seraing en plein terrain houiller. De Marihaye, la faille Marie passe dans la région très tourmentée du sud-est des Kessales, où les couches prennent la direction nord-sud et sa pente se rapproche beaucoup de la verticale, tout en restant assez ondulée; elle prend, à peu de distance de la limite de la concession Cockerill, la pente générale pied nord qu'elle ne quittera plus, tout en continuant cependant à onduler sur la plus grande partie de son parcours; elle traverse successivement Cockerill, Sclessin—Val-Benoît et La Haye, où elle est connue jusque 300 mètres de la limite est; au delà, elle parait buter à la faille de Seraing, où elle vient mourir; cette faille paraît, tout au moins dans sa partie ouest, avoir amené des déplacements latéraux importants.

J'annexe (planche VII) six coupes de la faille Marie, à l'échelle de 1 à 5 000 qui, s'intercalant entre les coupes générales CD, EF et GH, achèveront de donner une idée de l'allure de l'accident et indiqueront son rejet qui consiste en un affaissement de la partie sud, d'importance très variable, dont il n'est pas possible de juge dans les allures très tourmentées des Kessales-Artistes et mèm de Cockerill; dans la concession de La Haye, cependant, où le pendages des deux côtés de la faille sont dans le même sens, o relève un affaissement de la partie sud à partir de la coupe GH affaissement projeté verticalement.

	à 1 100m W.	à 1 000m W.	à 900m W.	à 800m W.	à 700m W.	à 600m W
Couche Grand-Maret .	170m	150m	140m	130m	110m	95m
Couche Blanche-Veine.	»	»	»	»	»	»

	à 500m W	à 400m W.	à 300m W.	à 200m W.	à 100m W.	Coupe GH
Couche Grand-Maret .	35m	59m	0	0	35m	0
Couche Blanche-Veine.	95m	56m	37m			

	à 100m E.	à 200m E.	à 300m E	à 400m E.	à 500m E
Couche Grand-Maret .	15m	25m	30m	47m	10m
Couche Grande-Moisa.	»	0	»	30m	»

Les épaisseurs de la zone failleuse de la faille Marie so données ci-dessous pour le charbonnage de La Haye :

Au siège de St-Gilles :

Bacnure à	411m	25m	Bacnure à	670m	23m
Id.	518m	14m	Id.	725m	28m
Id.	618m	15m			

Au siège du Piron :

Bacnure à	110m	22m	Bacnure à	500m	22m
Id.	196m	27m	Id.	550m	21m
Id.	300m	28m	Id.	600m	1
Id.	408m	24m			

Les coupes montrent, toutefois, que ces épaisseurs dev en certains points absolument nulles (voir coupe GH planche III).

Failles d'Yvoz et des Six-Bonniers. — Ces failles affect quement les parties sud et sud-ouest du groupe au su faille de Seraing ; elles s'éteignent toutes deux vers l'Est. terrain houiller.

...ille d'Yvoz, de direction assez ondulée sud-ouest–
... les travaux à l'ouest du bure

passe en produisant un affaissement vers le Sud d'environ 330 mètres verticalement; elle s'étend jusqu'à 200 mètres à l'est de la méridienne du puits n° 1 de Marihaye où elle s'arrête. L'affaissement vers le Sud se montre sur tout le parcours connu, mais diminue très rapidement vers l'Est. La faille est bien connue sur ses 700 derniers mètres est; son pendage se fait toujours vers le Sud et varie de 32° à 40°.

La faille des Six-Bonniers qui figure dans les coupes AB, CD, EF et GH a une direction qui fait avec la ligne ouest-est un angle vers le Nord variant de 17° à 33°; elle est inconnue à l'ouest des recoupes des bacnures de Marihaye à 300 m. à l'est du méridien du Many; cette faille, dont le pendage vers le Sud varie de 45° à 60°, paraît déterminer vers l'Ouest un fort affaissement au Sud, des grands dressants renversés, tandis que, dans sa partie est, elle détermine un affaissement vers le Nord qui atteint jusque 150 mètres en projection verticale; son passage est marqué dans une bacnure sud de Cockerill et en de très nombreux points dans la concession des Six-Bonniers; elle se termine dans la concession de Sclessin—Val-Benoît, où elle agit sur la couche Désirée; son développement dépasse 5 000 mètres.

Faille des Hollandais. — Elle a été suivie sur 600 mètres de développement, avec une direction assez ondulée, sensiblement ouest-est; sa pente varie de 65° à 75° vers le Sud et son rejet (voir coupe MN de la planche III), à l'endroit où il est suffisamment reconnu, est un affaissement vers le Sud dépassant verticalement 30 mètres; le toit de la faille a glissé sur le mur; c'est l'inverse qui s'est produit à la *Faille dite de 40 mètres*, qui se trouve à plus de 600 mètres au Nord et affecte la même direction est-ouest assez ondulée; le parcours de cette dernière faille dépasse plus de 1 000 mètres à l'ouest du bure Pieter; son inclinaison est de plus de 60° vers le Sud; l'affaissement se fait vers le Nord et va en augmentant d'importance vers l'Est; sa projection verticale varie assez régulièrement, sur un parcours de 800 mètres, de 35 mètres à l'Ouest à 150 mètres à l'Est.

Au nord de la faille de 40 mètres, se montre un autre accident relevant fortement la couche vers le Nord et de direction parallèle aux deux précédents.

Troisième catégorie.

catégorie comprend une série de failles de directio
ord-sud et se développant surtout vers les confin
dérangements, nombreux dans les concession
re, Grande-Bacnure, Abhooz et Bonne-Foi-Hareng
e au nord de la faille St-Gilles, existent égale
le cette faille, dans les concessions de Wandre
genteau-Trembleur. Beaucoup de ces accident
léveloppement (celui de Gaillard-Cheval a 4 40
rejet important, caractérisé généralement par u
terrain houiller vers l'Est; mais ce fait n'es
ai. Quelques-uns, connus depuis plusieurs siècles
le dans la délimitation des concessions. Certain
faille St-Gilles portent des noms particuliers
rd-Cheval, faille de Bouck, faille Gilles-et-Pirotte
faille de l'Ouest.

s coupent et rejettent les crains peu inclinés de l
rie. Aucun de ceux qui se trouvent au nord de l
n'a été reconnu se prolonger d'une façon certaine a
nière; quelques uns des plus importants s'arrêten
ngement pied nord, parallèle à la faille St-Gille
de cette dernière et vraisemblablement de mêm
donc prouvé que ces failles nord-sud sont posté
roduction des crains de la première catégorie
llement certain actuellement qu'elles datent d'un
nte de celle de la faille St-Gilles; il se pourrait
les dérangements nord-sud constatés au sud d
les correspondent à ceux qu'on connaît au nord
placement latéral considérable produit lors de l
la faille St-Gilles qui, dans cette hypothèse, serai
récente.

Faille eifélienne.

erse qui a reçu le nom de faille eifélienne et qu
Ouest le groupe de Liége-Seraing, est connue sur
ueur par son affleurement et, en de très nombreux
arcours, en profondeur par les exploitations sou-

terraines des charbonnages des Six-Bonniers, d'Ougrée et de Sclessin—Val-Benoît.

Au charbonnage des Six-Bonniers, elle est connue en quatre points : par les bacnures de recherche à 23 mètres au-dessus et à 66 mètres en-dessous du niveau de la mer et vers l'Ouest, par les exploitations supérieures de Dure-Veine et de Grande-Veine.

Au charbonnage d'Ougrée, sa présence a été constatée en six points bien différents; vers l'Ouest, à 114 m. et à 138 m.; vers le puits, à 177 m. et à 180 m. et vers l'Est, à 138 m. et à 175 m. sous le niveau de la mer.

Au charbonnage de Sclessin—Val-Benoît, elle est reconnue par le petit puits Thiernesse, près de la limite de la concession d'Ougrée.

Il résulte de ces diverses recoupes, que la pente générale de la faille eifélienne varie de 25° à 30° vers le Sud et que cette pente diminue vers l'Est en profondeur. Sur la planche I, son tracé à l'ouest de la dernière recoupe souterraine a été obtenu en suivant l'affleurement tracé sur la Carte géologique au 40 000° et en lui donnant une pente de 30° vers le Sud.

Allure du gisement.

Après avoir fait connaître l'allure générale des failles, il convient de décrire rapidement l'allure des couches, qui est représentée sur le tracé horizontal à l'échelle de 1 à 40 000 (planche I) et de dire tout d'abord que l'étude de la synomymie des couches du groupe de Liége-Seraing a mis hors de doute le fait qu'il s'agit bien d'un bassin unique dont les veines sont identifiées de façon satisfaisante sur l'un et l'autre versant.

Au nord de la faille St-Gilles. — Partant du méridien de la Tincelle et nous limitant au Sud à la faille St-Gilles, nous trouvons une série de plateures faiblement inclinées vers le Sud, 15° à 20°, dans la région nord, mais s'inclinant davantage vers le Sud, 24° à 40°, pour subir quelques plissements peu accentués aux approches de la faille St-Gilles, à l'Est et à partir du méridien du bure n° 3 d'Oulhaye; ces plateures nord se poursuivent vers l'Est, régulières comme allure, mais avec certains changements de pente relativement peu importants, avec une direction moyenne vers le Nord de 40° sur la ligne

nd des dressants du Nord, dont la directio
le Nord sur la ligne ouest-est, les plateure
sez ondulée se rapprochant beaucoup plu
La pente de la plateure de la concessio
allure du Nord, atteint 18° vers l
la concession de Bois-d'Othet au sud-es
ents s'accentuent aux approches de la faill
en importance et en nombre; les syncl
Est: les dressants se redressent et dépassen
hauteur et les plateures prennent des pen
et dépassent même 25°.
nord se continue dans la concession d
sa pente varie de 12° à 15° et 18°, pui
n de la Concorde avec une pente moyenn
Sud, vers la faille, les plissements appa
s nombreux qu'il s'avancent vers l'Est
s dérangés par des accidents, la plupar
és sur le plan des couches; les dressant
s plateures, très diversement inclinées, d
oure Beco et de 20° au méridien du bur
tuation se montre au nord de la concessior
et dans la concession de la Concorde. Au Sart-
agasse, les plissements tendent à disparaître
ures se présentent avec une grande régularité
n toutefois se rapproche de la ligne nord-sud
içon certaine, dans la concession de Gosson-
noyage du grand bassin dont le versant sud
le St-Gilles qui, par suite de son pendage,
noyage que dans les couches supérieures et
férieures dans leur versant nord.
ession de Gosson-Lagasse, le gisement se
de plateures faillées, à pente généralement
ud, d'autant plus régulières en général et
lles s'avancent vers l'Est. Les plateures ont
variant de 15° à 20° d'ordinaire dans les
et de l'Espérance-et-Bonne-Fortune; toute-
s de certaines couches (Grande-Veine et Six-
ux concessions ont indiqué des ondulations
nclinaison assez accentuées près de la base

des morts-terrains. Dans ces plateures, un sondage à grande profondeur a été entrepris dans la partie nord-est de la concession du Bonier; il a recoupé verticalement, sous des inclinaisons assez variables, de 9° à 16° et parfois davantage, une épaisseur de 463m62 de Houiller sous les morts-terrains et n'a reconnu que trois besys charbonneux, l'un de 1m00 à 107m10, le second de 0m35 à 190m35 et le troisième de 0m35 à 272m80; en dessous, soit donc sur 255m22, il n'a été vu aucune trace de veine. L'insuccès de cette unique recherche peut n'avoir d'autre cause que la présence d'un des nombreux brouillages dont l'exploitation de la couche Lurtay de la Nouvelle-Montagne a donné des exemples de grande étendue. J'ai assimilé le premier besy de 0m35 à Lurtay ou Grande-Veine-d'Oupeye et le tableau de synonymie montre que, sous Veine-Mathieu de la Nouvelle-Montagne = Veinette des Kessales-Artistes = Petite-Veine-d'Oupeye d'Abhooz, il se trouve des zones stériles d'importance comparable à celle du sondage. Des pendages analogues se montrent dans les concessions de Tassin et d'Abhooz et dans le nord des concessions de Patience-Beaujonc, Bonne-Fin et Baneux, Petite-Bacnure et Espérance; mais la direction des plateures tend à se rapprocher de la ligne ouest-est.

Dans la concession d'Abhooz, la pente de la plateure ne varie guère sur toute son étendue que de 12° à 17°; mais la direction qui fait, en entrant à l'Ouest dans Abhooz, un angle de 19° vers le Nord avec la ligne ouest-est, se modifie assez fortement vers l'Est; elle s'infléchit progressivement pour prendre la direction franchement sud-ouest puis ouest-est avec laquelle elle pénètre dans la concession d'Argenteau-Trembleur, avec une pente de 18° à 22° pour atteindre la faille St-Gilles ou tout au moins le dérangement qui parait être le prolongement de cette faille. La grande plateure présente de légères ondulations et même, bien que les plateures du Nord ne paraissent pas avoir eu à souffrir, dans leur allure, de la pression venue du Sud, il convient de noter qu'il existe, dans la plateure d'Abhooz, un plissement presque vertical de plus de 30 mètres de hauteur, exploité dans la Grande-Veine-d'Oupeye. Dans le nord de la concession d'Abhooz, formant l'ancienne concession de Bon-Espoir et Bons-Amis, les plateures ondulent fortement,

ction soit peu changée et les lignes de se le
sensiblement parallèles à l'axe du bassi n;
il se forme un bassin, dont la ligne d'ennoya e
nt au Nord, prend une direction se raprocha nt
ud et atteignant la faille des Hollandai s.
fracture, se trouve le charbonnage de Bicque t-
tion a fait reconnaitre un gisement très fail le
illées dans Abhooz, gisement formé d'un e
leux bassins dont les lignes anticlinales t
t tant en direction qu'en profondeur, ma s
le direction nord-sud et montent vers le Nor d
eptentrionales connues.

Bicquet-Gorée, les directions des stratif i-
ement nord-sud; elles sont accusées par r
modernes et par quelques reconnaissance s
n siècle.

l'Heure-le-Romain n'a pas suffisamment é
puisse être tracé une allure des veines qui
es recherches effectuées dans des couches in
indiquer une allure de la région en selle
elle de Bicquet-Gorée.

e la faille St-Gilles, les pendages vers le Su
res diminuent très-fortement; on peut s'e
en des coupes EF, planche II et GH, IJ
Toutefois, dans la concession de l'Espérance
res qui est, au Nord, de 16° à 17° vers le Sud
de la faille St-Gilles, de 12° à 16°; dans cette
sez fortement ondulée, il se forme, à proxi-
le notables plissements dont celui du Sud est
pe MN, planche IV); ces mouvements vien-
est, dans la concession de Petite-Bacnure.

ue je viens d'examiner, située au nord de la
dernière couche reconnue est la Petite-Veine-
uelle on a exploré inutilement une stampe
200 mètres. La relation Petite-Veine-d'Oupeye
ne-Mathieu de la Nouvelle-Montagne = Mau-
ibaye — Veinette ? des Kessales-Artistes étant
te (voir le tableau des stampes, planche V)

qu'il reste à explorer environ 300 mètres de terrain houiller inconnu, avant d'atteindre le Calcaire carbonifère au nord du groupe de Liége-Seraing.

Entre les failles St-Gilles et de Seraing. — Partant du méridien de la Tincelle et nous limitant au Nord à la faille St-Gilles et au Sud au Calcaire carbonifère vers l'Ouest et à la faille de Seraing vers l'Est, nous trouvons d'abord, dans la concession de la Nouvelle-Montagne, un bassin très-aigu où les plateures du Nord ont des pentes très fortes qui dépassent très souvent 45° et atteignent même 70° près de la surface, tout en se réduisant fréquemment en profondeur, où la pente est en moyenne de 30°; là, les dressants du Sud, reconnus par travers-bancs, sont en concordance avec le calcaire et sont renversés; le renversement s'accentue fortement vers l'Ouest, où les dressants pendent à 55° vers le Sud et même à 45° en certains endroits. Il résulte, des différences de pendage des plateures et des dressants, que les deux versants forment, près de la surface, un bassin assez fortement étranglé; l'ennoyage de ce bassin fortement plissé et faillé, s'enfonce assez régulièrement vers l'Est.

Dans la concession de Sart-d'Avette et Bois-des-Moines, l'allure est sensiblement la même; la pente des plateures n'a guère qu'une légère tendance à diminuer, mais elles se plissent par deux fois vers l'Est, à partir du Nouveau-Bure du Sart-d'Avette; la pente des dressants, bien que toujours pied sud, se redresse et l'étranglement signalé plus haut disparaît; les dressants commencent à onduler vers l'Est, le fond de bassin reste plissé et faillé.

En pénétrant dans la concession des Kessales-Artistes, nous trouvons une allure semblable à la précédente; au Nord, des plateures deux fois plissées qui, inclinées à 45°, prennent, en s'avançant vers l'Est, des inclinaisons de moins en moins considérables et au Sud, des dressants de pente tantôt nord tantôt sud, dont le pendage général est bien près de la verticale; ces dressants, exploités en partie jusqu'à la couche Grande-Pucelle, ont été reconnus dans le train des couches inférieures par le tunnel aboutissant au bure Beco, tunnel qui a rencontré une selle du calcaire, dont la plateure vient mourir à la faille de Seraing; à mesure que les dressants se poursuivent vers l'Est, leur direction ondulée se rapproche de la ligne ouest-est jusqu'au moment où ils atteignent la faille Marie.

Les plateures cessent de conserver leur pente régulière en s'avançant vers l'Est; elles ondulent très-fortement tant en direction qu'en inclinaison (voir tracé horizontal, planche I et coupe AB, planche II), pour les couches supérieures surtout; mais ces ondulations, très-marquées dans la concession des Kessales-Artistes, diminuent considérablement d'importance dans les concessions de Gosson-Lagasse et du Horloz (voir coupes CD et EF, planche II). Au Horloz, l'allure est très-simple; dans les couches supérieures, il ne se montre qu'une plateure à pente faible vers le Nord se redressant souvent pied sud pour atteindre la faille St-Gilles et, dans les couches moyennes, la plateure très plate est sillonnée de crains renfonçant au Nord et de dressants assez forts faisant le même office. La même situation se présente à La Haye et à Belle-Vue; mais là, dans les couches inférieures, le versant nord est plus accentué et son pendage vers le Sud est bien connu par les exploitations de ces deux charbonnages. Telle est la situation des plateures au nord de la faille Marie.

De la faille Marie à la faille de Seraing, nous trouvons, vers l'Ouest, une allure anormale dans la concession des Kessales-Artistes, série de selles et de bassins d'axe nord-sud, visibles dans le tracé horizontal de la planche I et surtout dans la coupe horizontale à 300^{m} sous le niveau de la mer, à l'échelle de 1 à 20 000, jointe à la présente notice comme planche VIII; cette série est séparée, par une faille qui entre à peine dans la concession Cockerill, d'une allure en dressants presque verticaux de direction sensiblement ouest-est, qui avoisine la faille de Seraing dans la concession de Marihaye. Vers l'Est, dans les concessions Cockerill, du Horloz et de La Haye (voir coupes CD, EF, planche II et GH, planche III), l'allure se résout en une plateure peu inclinée et assez ondulée à l'Ouest, région où le bord sud est fortement relevé contre la faille de Seraing; cette plateure est coupée par un dressant renversé d'assez grande hauteur; elle se redresse progressivement vers l'Est, pour atteindre un pendage de plus de 45° vers le Nord et, relativement régulière, se poursuit jusqu'à l'intersection des failles Marie et de Seraing.

Au sud de la faille de Seraing. — La dernière partie du groupe de Liége-Seraing se trouve au sud de la faille de Seraing; dans les concessions de Marihaye, de Cockerill, des Six-Bonniers et d'Ougrée, le terrain houiller de cette zone est fortement plissé; les plis sont en général aigus, surtout vers le Sud, et les queuvées ne sont pas rares; les ennoyages, de même que les crêtes de selles, s'élèvent en général à mesure qu'on s'approche de la faille eifélienne, jusqu'à peu de distance à l'est de la limite est des Six-Bonniers. Les lignes d'ennoyage ont, d'habitude, une faible pente, mais elles ondulent souvent, notamment dans la concession d'Ougrée.

La reconnaissance la plus à l'Ouest a été effectuée par la galerie de Ramet-Ramioule entre les failles d'Yvoz et des Six-Bonniers; elle a révélé l'existence, depuis la Meuse jusqu'au Calcaire carbonifère, d'une série de douze veinettes en dressant, inexploitables en cet endroit et formant le fond du bassin; ces veinettes sont toutes renseignées au tableau formant la planche V.

Le tracé horizontal de la planche I et les coupes AB, CD et EF de la planche II permettent de suivre sans description l'allure du gisement, formé d'une succession de selles et de bassins. A l'entrée du train de couches dans la concession de Selessin—Val-Benoît, se développe une grande selle assez fortement plissée, qui sépare les exploitations du siège du Bois-d'Avroy de celles du Val-Benoît et monte vers l'Est.

Au nord de cette selle, les couches en dressant prennent une direction générale sud-ouest—nord-est, assez ondulée, avec un pendage vers le Nord de 45°, se prolongent en conservant un pendage dans le même sens, augmentant d'importance vers l'Est (53° à la limite de Selessin—Val-Benoît), et traversent ainsi la concession d'Avroy-Boverie et le territoire non concédé; ces mêmes dressants passent, en s'infléchissant en direction vers la ligne ouest-est, dans Bonne-Fin et Baneux et dans Chartreuse, où ils prennent un pendage moyen de 55° suivant la ligne de plus grande pente, puis traversent, en ondulant en direction et en se redressant presque verticalement, les concessions de Grande-Bacnure, Belle-Vue et Bien-Venue, Espérance, Wandre, Cheratte et Argenteau-Trembleur.

Les plateures de pied de ces dressants ne sont bien connues

la concession de Bonne-Fin et Baneux, où elle
ondulées et faillées au sud du bure du Baneux
oppent dans les concessions de Grande-Bacnure
t Bien-Venue et de l'Espérance, pénètrent, fo
es, dans la concession de Wandre où, vers l'Est
nt très régulières et affectent un pendage de 1
Sud et une direction sensiblement est-ouest. Ce
léveloppent dans la concession de Cheratte, ave
iéralement régulière, qui varie de 28° à 34° vers l
irection sensiblement ouest-est, au nord de l
ais se relient aux plateures de Wandre, en s'incli
plus faiblement (voir coupe OP de la planche IV)
s plateures se continue régulièrement jusqu'a
ant à 300 mètres à l'ouest du bure Bonne-Fin
de ce méridien, il s'engendre des plissements dan
dont la direction se relève vers le Nord; ces pli
ccentués sont connus par les exploitations d
urs lignes d'ennoyage, d'abord assez ondulées, s
te régulièrement vers l'Est. Le fond de bassi
plateures ondulées plissées vers l'Est et le gran
ied, touché par les exploitations de Trembleur e
t, pend à 83° vers le Nord, monte régulièremen
ns les concessions de Wandre, de Cheratte e
Trembleur.

la grande selle, la direction des plateures se
ressivement vers le Nord, en s'avançant vers l'Est,
ession d'Ougrée et de Selessin-Val-Benoît et elle
rection sensiblement sud-ouest—nord-est dans les
Angleur, de Chartreuse, de l'Espérance (Violette)
ouris—Houlleux—Homvent, sauf aux environs du
, où la direction se rapproche de la ligne ouest-est.
des dressants tend à se confondre de plus en
le des plateures et les bassins se présentent très
tion.

cession d'Angleur, l'exploitation se fait vers la
s quatre bassins.

du Nord ou de la Chartreuse ou de la Violette,
r au sud du bure Val-Benoît, dans la coupe IJ,
passe un peu au sud du bure Ste-Famille, dans

la coupe KL, planche III et fait l'objet actuel du déhouillement du bure de la Violette; la ligne d'ennoyage est ondulée; elle pend vers le Nord-Est dans la concession d'Angleur, mais, à peine entrée dans la concession de la Chartreuse, elle prend un pendage inverse assez irrégulier, mais en moyenne d'environ 20° sur l'horizontale et fait affleurer les couches connues sous les terrains de recouvrement à peu de distance au sud-est du bure de la Violette; la plateure nord, assez ondulée, a une pente variant de 45° dans la Chartreuse à 12° à 14° et même moins dans la Violette; le dressant se rapproche généralement assez bien de la verticale mais se renverse vers l'Ouest. Au Nord, la grande selle montre des replis que renseigne la coupe KL, planche III. Un trou de sonde de 313 mètres de profondeur, situé à l'est du bure de la Violette, près de la limite de concession, a été arrêté dans le Houiller et a atteint

à 18^m une veinette de		0^m47
$132^m 71$	id	0^m15
157^m	id	0^m22

et les 156 mètres inférieurs se sont montrés absolumemt stériles. La veine de 0^m15 parait devoir être assimilée à la veinette de 0^m10 du fond du puits de la Violette et la stampe stérile de 156^m serait très-rapprochée du fond du bassin.

Les deux bassins du milieu, dont la réunion forme le bassin exploité par le bure du Général de l'ancienne concession de Houlleux, affectent une direction et une inclinaison générales sensiblement les mêmes que celles du bassin précédent, mais sont moins profonds; la plateure a une inclinaison qui varie de 22° à 27° dans Trou-Souris; le bassin n'est pas exploité dans la concession de la Chartreuse, où toutes les couches ont été reconnues inexploitables par les travaux de reconnaissance; mais il est déhouillé à Angleur; il se ferme à peu de distance à l'est de la limite de Trou-Souris.

Le bassin du Sud ou de Trou-Souris passe au sud de la Chartreuse; il s'enfonce beaucoup plus fortement que les précédents vers l'Ouest, contre la faille sud, près de la limite d'Angleur et son affleurement se fait dans la concession de Trou-Souris; la pente de la plateure varie de 30° à 45° à mesure qu'on s'avance vers l'Ouest.

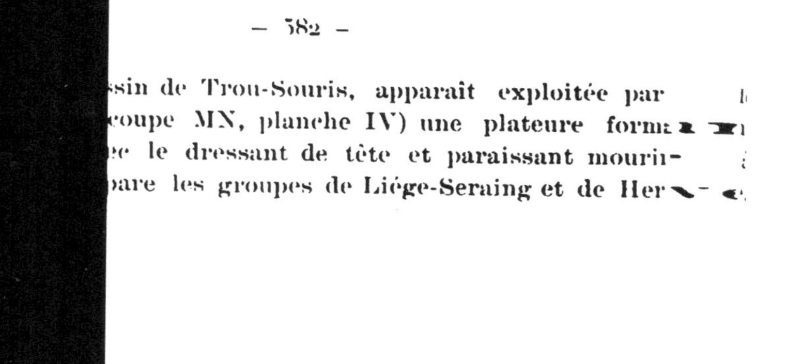

ssin de Trou-Souris, apparaît exploitée par
coupe MN, planche IV) une plateure form
ec le dressant de tête et paraissant mouri
pare les groupes de Liége-Seraing et de Her

GROUPE DE HERVE.

Largeur du groupe.

Ce groupe prend naissance au sud de la concession d'Angleur t prend une notable extension vers l'Est; sa largeur est assez ifficile à déterminer exactement, parce que sa limite nord n'est as connue; la limite sud est formée de terrains inférieurs, dont l est vraisemblablement séparé par le prolongement de la faille ifélienne pour laquelle j'ai adopté le tracé de la Vesdre. La argeur maximum du groupe est de 8 000 mètres pour le faisceau le couches connues par les exploitations.

Le groupe a été étudié jusqu'au méridien passant par la imite est de la concession de Baelen; au sud-est de la concession e la Minerie, les travaux de recherche de mines de houille nt été peu développés et n'ont donné aucun résultat au point e vue de l'exploitabilité, bien que, par endroit, le terrain houiller e présente, de ce côté, avec une remarquable régularité d'allure.

Profondeur du groupe.

La profondeur connue du groupe n'est pas bien considérable: a stampe normale entre la couche supérieure, Claudine, exploitée nciennement au Hasard et la couche inférieure connue, Cinq-Poignées, exploitée à Trou-Souris—Houlleux—Homvent, est très pproximativement de 1 100 mètres.

Richesse du gisement.

Quant à sa richesse, il existe vingt-trois couches qui ont été l'objet d'exploitations plus ou moins étendues et, de ces vingt-trois couches, peu sont exploitables sur toute leur étendue, au plus treize. L'ouverture totale des différentes couches atteint environ 14 mètres, ce qui correspond à une puissance en charbon d'environ 10 mètres. Les stampes entre les différentes couches sont souvent considérables, comme on peut s'en assurer en examinant le tableau des stampes normales moyennes du groupe (pl. VI).

ons demi-gras dominent dans le groupe de Herve
guère que quelques-unes des couches supérieures
ons, qui par place, notamment dans les parties des
de Cowette-Rufin, Hasard, Bois-de-Micheroux et
teignent la teneur de 16 % de matières volatiles qui
ger dans la catégorie des charbons gras. La quantité
volatiles diminue, en général, en descendant
uperposition des couches; vers l'Est, les mêmes
iennent de plus en plus maigres; ainsi, dans la con
Herve-Wergifosse, les couches inférieures, dans
ouest de la concession, Deuxième-Veine-des-Champs
atre-Jean, donnent des produits maigres qui, dans l
oitation de la Minerie, perdent encore de leur teneur
volatiles.

Terrains de recouvrement.

houiller affleure en beaucoup d'endroits, notamment
ou plutôt est recouvert d'une faible couche de
ut ailleurs, il est couvert par les assises du Crétacé
rmontées elles-mêmes de formations quaternaires.
puits de charbonnage ont traversé ces terrains
et en ont fait connaître la puissance que je donne
n même temps que la cote de la tête du Houiller par
iveau de la mer, entre parenthèses :

re de Wérister . . .	25m (230m)
re St-Léonard . . .	34m50 (233m20)
re Lonette . . .	31m30 (219m20)
re Mairie . . .	29m (203m)
re du Hasard . . .	32m40 (232m80)
re Théodore . . .	41m (234m97)
re Guillaume . . .	46m15 (233m40)
re de Battice . . .	72m50 (253m79)

u Crétacé n'accuse donc qu'une pente insignifiante
re du groupe, mais elle s'enfonce quelque peu vers

Accidents. Première catégorie.

Le groupe de Herve est affecté par des fractures importantes,
nombre desquelles figurent des crains analogues à ceux de la
emière catégorie, dont j'ai parlé dans la description sommaire
s accidents du groupe de Liége-Seraing; ces crains ne sont
ère connus que dans la concession de Hasard-Fléron, des deux
tés d'une faille sensiblement nord-sud qui séparait naguère les
ncessions des Prés-de-Fléron à l'Ouest et du Hasard à l'Est,
lle qui rejette les crains.
Le crain qui s'étend le plus à l'Est, prend naissance à 200
ètres à l'est du bure Théodore, dans la concession du Bois-
-Micheroux, où il n'est formé que de l'accentuation très no-
ble d'un plissement qui, vers l'Est, forme un dressant exploité
ns la couche Apolline; ce crain a un pendage assez irrégulier
30° à 40° vers le Sud, augmentant assez fortement vers la sur-
:e; il fait donc un angle très aigu avec les couches et c'est
ntre lui que viennent buter les deux lambeaux des dressants,
rachés par la continuation de la pression qui a déterminé le
ssement.
Il n'affecte pas toutes les couches du Bois-de-Micheroux; il
montre, vers l'Est, uniquement dans les couches supérieures
s'enfonce, vers l'Ouest, dans le faisceau des couches, de façon
ne pas encore avoir atteint la couche Jeanne-Apolline au
oment où il atteint la limite de concession de Hasard-Fléron;
l'endroit du prolongement de la faille, la couche Jeanne du
asard accuse un plissement à pied nord, d'une vingtaine de
ètres de hauteur; un peu plus loin, la plateure sud s'est
pliée sur le dressant refoulé et renversé et forme avec ce
rnier une importante queuvée qui se poursuit sur une lon-
eur de 200 mètres environ; au delà vers l'Est, la séparation
s deux plateures est complète et la faille se présente sur toute
hauteur de tranche connue. La fracture se poursuit vers
Ouest à peu près parallèlement à la direction des couches et
: accompagnée de trois dérangements analogues qui s'en déta-
ent (celui du Nord est même ramifié) et produisent tous aussi
chevauchement très remarquable et très accentué des divers
nbeaux d'une même couche (voir coupe QR, pl. IV).
Ces fractures à pied sud formant un angle très aigu avec l'in-
naison des couches, parfois même parallèles à cette inclinaison,

e continuent vers l'Ouest et atteignent, vers la limite ancienne le la concession du Hasard, la faille sensiblement nord-sud. Au Nord, se trouve un accident analogue, parallèle et de moindre importance.

A l'ouest de la faille nord-sud, se montre, mais beaucoup plus au Nord, donc dans le sens du rejet des couches par la faille nord-sud, une série de trois crains analogues, c'est-à-dire déterminant le chevauchement des lambeaux de veines.

Ces trois fractures, dont la pente moyenne est de 36° vers le Sud-Est, sont sensiblement parallèles et s'infléchissent vers le Sud à mesure qu'elles s'avancent vers l'Ouest; celle du Nord et celle du Sud se perdent dans l'ancienne concession des Prés-de-Fléron, respectivement à 1 450 et à 1 100 mètres en direction de la faille nord-sud; celle du milieu se continue dans la direction nord-est—sud-ouest et atteint une autre fracture, également inverse, de même pendage sud variant de 31° à 35°, qui prend naissance à 500 mètres à l'est de la limite des Prés-de-Fléron, dans la couche Angélie, où elle est très bien connue, pour s'arrêter après s'être redressée à 45° dans la concession des Steppes, à moins de 100 mètres de la limite nord.

Je donne l'importance, dans les parties bien connues, du chevauchement produit par les crains dont je viens de parler; ce chevauchement étant mesuré suivant la pente des fractures.

A l'est de la faille nord-sud, à partir de la coupe QR :

		200 m à l'E	100 m. à l'E.	Coupe QR	100 m. à l'W.	200 m à l'W.
Branche nord	couche Sidonie		70 m.	150 m.	105 m.	185 m.
	» Malgarnie	140 m	185 m.	180 m.	215 m.	
	» Jeanne			90 m.	52 m	

	300 m. à l'W.	400 m à l'W.	500 m. à l'W.	600 m. à l'W.	700 m à l'W.	800 m. à l'W	900 m. à l'W.
Branche nord couche Sidonie.	110 m	192 m.	178 m.	205 m.	190 m.	208 m.	218 m

		200 m à l'E	100 m à l'E.	Coupe QR	100 m. à l'W.	200 m à l'W.	300 m. à l'W.	400 m. à l'W.	500 m. à l'W.	700 m à l'W.	800 m à l'W
Crain	couche Sidonie		275 m.	270 m.	266 m	198 m.	211 m.	223 m.	315 m	218 m.	201 m.
	» Malgarnie	335 m.									

	Coupe QR	100 m. à l'W.	200 m. à l'W.
Branche sud couche Sidonie.	87 m.	103 m.	110 m

A l'ouest de la faille nord-sud à partir, de la coupe QR :

	1800 m. à l'W	1900 m à l'W
Branche nord couche Angèlie	114 m.	44 m.

	1 400 m à l'W	1 500 m. à l'W	1 600 m à l'W	1 700 m à l'W
Branche sud : couche Sotte-Veine.	37 m.	60 m.	154 m.	122 m

A ce genre de crains, paraissent également se rattacher deux autres fractures, l'une connue par les exploitations de Quatre-Jean et l'autre soupçonnée par les reconnaissances de Herve-Wergifosse et les travaux de St-Hadelin; toutes deux paraissent dues à des accentuations de plissements.

La première a la direction sud-ouest—nord-est et une inclinaison de 60° à 70° vers le Sud-Est; elle se perd à l'Ouest, un peu avant d'atteindre la limite de concession de Quatre-Jean et s'étend vers l'Est où sa limite n'est pas connue.

La seconde est connue par la bacnure sud à 243^{m} du bure des Xhawirs de Herve-Wergifosse; c'est une faille inverse pendant au Sud d'environ 34° et dont la dénivellation projetée sur la verticale atteint 87 mètres; elle paraît se rattacher au dérangement reconnu en 1879 avec une pente de 70° vers le Sud par la bacnure nord à 340^{m} du puits n° 2 de St-Hadelin et à la fracture peu connue qui limite, vers le Sud-Est, les travaux faits à niveau de schorre dans la partie sud-ouest de l'ancienne concession de St-Hadelin.

Deuxième catégorie.

Le groupe de Herve ne paraît pas renfermer des failles d'ouverture assez considérable, de forte inclinaison, sensiblement parallèles aux lignes synclinales et analogues aux failles de St-Gilles et de Seraing.

Troisième catégorie.

Par contre, il s'y rencontre bon nombre de failles de direction sensiblement nord-sud, à rejet important; elles existent notamment vers l'extrémité est du groupe, dans la concession de la Minerie, où elles paraissent avoir déterminé un simple affaissement du bassin vers l'Est, sans déplacement latéral bien appréciable. A la Minerie, ces failles sont très sensiblement nord-sud et inclinent toutes à l'Est; elles sont dénommées, en partant de l'Est, *faille d'Ostende, faille Mouhy, faille Monty*; de cette dernière se détache, vers l'Est, une autre cassure qui, bientôt, se développe parallèlement, à 50 mètres de distance, et qui est reliée à la faille Mouhy par une fracture à pied sud-est, de direction sud-ouest—nord-est. Le rejet des voies de niveau des couches par ces différents accidents est important; il varie de 50m à 60m pour la faille Mouhy et atteint 100 mètres pour les failles Monty et d'Ostende.

Un autre dérangement de l'espèce est la faille dont il a été question ci-dessus et qui sépare les anciennes concessions des Prés-de-Fléron et du Hasard; elle pend à 70° vers l'Est; elle s'arrête, au Nord, à 350 mètres au sud de la limite nord du Hasard et, vers le Sud, paraît se relier à une faille rejetant dans le même sens, notée par le service de la Carte géologique. Elle coupe, en les rejetant, les crains de la concession de Hasard-Fléron et est donc de formation plus récente.

A signaler également comme fractures analogues, deux failles parallèles vers la limite est de la concession de Quatre-Jean, affaissant vers l'Est; ces failles de direction nord-nord-ouest, distantes de 70 mètres environ, pendent vers l'Est à 45°; elles paraissent se perdre au Sud, à peu de distance de la limite nord de Hasard-Fléron et leur prolongement vers le Nord n'est pas connu au delà de la couche Quatre-Jean.

Dans la concession de Lonette, se montrent trois lignes de fracture, de direction se rapprochant de la ligne nord-sud; les deux extrêmes, sensiblement de même inclinaison, 55° à 60° vers l'Est, divergent en direction vers le Nord; celle du milieu, pendant de 65° à 70° vers l'Ouest, se réunit au Nord et au Sud à la fracture ouest. La faille de l'Ouest affaisse verticalement de 45 mètres au plus vers l'Est les couches de Quatre-Jean et de Lonette; celle du milieu produit un relèvement vertical maximum de 10 mètres vers l'Est et celle de l'Est affaisse dans le même sens que la première mais de 35 mètres au plus. Ces failles se perdent au Sud, près de la limite de Lonette; vers le Nord, celle de l'Ouest atteint la faille sud-ouest—nord-est de la concession de Quatre-Jean et celle de l'Est se perd en plein terrain houiller au delà de la Première-Miermont.

Les autres fractures du groupe de Herve, connues actuellement par les travaux d'exploitation, ne paraissent avoir aucune importance.

Allure du gisement.

Voici un aperçu succinct de l'allure des couches du groupe. Le centre du gisement se trouve dans la concession de Cowette-Rufin, où les couches affectent la forme d'un bassin très allongé (voir la coupe horizontale, pl. I et la coupe verticale OP, pl. IV), fermé de toutes parts et dont le fond se trouve à 300 mètres à l'est du bure de Gueldre.

Le versant nord du bassin de Cowette est une plateure a pied sud-est, dont la pente varie de 30° à 40° en profondeur, mais se redresse généralement assez fortement vers la surface.

Le versant sud est un dressant plus ou moins plissé, renversé, à l'Est, mais à pente vers le Nord très voisine de la verticale, à l'Ouest. A l'Est, il subit un plissement dont l'importance s'accentue d'abord vers l'Est, pour disparaître toutefois graduellement à peu de distance de la limite est de concession. A l'Ouest, un mouvement analogue, de moindre importance, prend naissance dans la plateure et se supprime rapidement.

L'ennoyage du bassin de Cowette, dont la direction est ENE.—WSW., continue à s'élever assez régulièrement vers l'Ouest, mais change graduellement de direction en pénétrant dans les concessions de Wérister, où la plateure s'incline progressivement de 45° à 30° en se dirigeant vers l'Ouest, et de Trou-Souris, où il est exploité sur ses deux versants, pour se rapprocher de la direction est-ouest : il se forme à Trou-Souris, dans la plateure, un petit dressant accessoire, augmentant d'importance vers l'Ouest.

Le bassin de Cowette se poursuit également vers l'Est, en se relevant constamment, mais d'une façon irrégulière, à travers la concession de Lonette et le sud-est de la concession de Quatre-Jean, où le pendage de la plateure très régulière varie de 17° à 25° et se termine dans la partie nord-ouest de l'ancienne concession de Melin, incorporée dans Hasard-Fléron; en se dirigeant vers l'Est, le bassin se relève progressivement en direction vers le Nord.

Au nord du bassin de Cowette, se trouve un dressant presque vertical, traversant toute la concession de Cowette-Rufin, diminuant d'importance vers l'Ouest et s'annihilant à 400 mètres a l'ouest du méridien du bure Homvent, dans la concession de Trou-Souris; ce dressant se poursuit vers l'Est dans la partie nord ouest de la concession de Quatre-Jean, où il est fortement plissé et faillé et paraît atteindre la couche inférieure du groupe de Herve.

Au delà, se montre une grande plateure nord, assez ondulée en direction et surtout en inclinaison, parfois plissée, qui a été déhouillée au Nord, dans les concessions de Trou-Souris—Houlleux—Homvent et de Herman-Pixherotte, avec des inclinaisons assez capricieusement variables de 30° à 45° vers le Sud-Est et dont la directio fait avec la ligne ouest-est un angle nord d'environ 20°, à l'oue: de la concession de Trou-Souris pour se redresser vers le Nor après formation d'un petit bassin secondaire et prendre une dire tion sud-ouest—nord-est se poursuivant dans Herman-Pixherott jusque près de la limite sud, où la plateure reprend sa directic première.

Dans Herman-Pixherotte, le canal d'écoulement de la fourcl de Rys, située au nord-ouest de la concession, a recoupé quelqu veinettes au nord de la dernière couche exploitée dans le grou de Herve; ces veinettes n'accusent qu'un léger plissement pendent vers le Sud; le canal très ancien n'a donné aucune tra du passage du dérangement séparant les deux groupes de Liég Seraing et de Herve.

Au sud du bassin de Cowette, se montre, dans le nord de la co cession de Wérister, un bassin parallèle, exploité par le bu Grand-Fontaine, surtout dans la plateure, où la pente est ass variable et passe de 25° à 50° vers l'Ouest, bassin qui se supprim assez rapidement en se relevant vers l'Ouest et se prolonge e ondulant vers l'Est à travers la partie sud-est de Lonette, pour disparaître en se relevant dans la concession du Hasard.

Dans la partie ouest des concessions de Wérister et des Steppes, le gisement se compose de la succession de selles et de bassins qu'indique la coupe MN de la planche IV et dont le tracé horizontal de la planche I donne l'allure; la direction des lignés synclinales et anticlinales est sensiblement ouest-est et l'inclinaison de ces lignes qui ondulent assez fortement accuse, vers l'Est et vers l'Ouest, un renfoncement du bassin. La pente des plateures est très variable et diminue en général considérablement vers l'Est. Ces mouvements, dans leur ensemble, relèvent les couches vers le Sud.

Vers l'Ouest, dans la concession de Basse-Ransy, les plissements se simplifient et il paraît se produire un relèvement des bassins (voir la coupe KL de la pl. III). A environ 200 mètres au sud de l'angle sud-est de la concession de Selessin Val-Benoit, à l'endroit dit Streupas, un sondage a été entrepris en 1903, dans les terrains inférieurs, par la Société d'Ougrée-Marihaye; ce sondage a atteint 663 mètres; il a recoupé le Houiller à 143 mètres de profondeur, après avoir traversé des bancs de calcaire, de quartz et de dolomie; le Houiller traversé parait former, en cet endroit, un bassin très aigu dont les plateures sont à forte pente et le dressant couché sur la plateure et il n'y a été recoupé que des traces de charbon.

Près des puits de Wérister, l'allure est très déjetée ; les plateures tendent, surtout aux approches des crêtes de selle, à prendre la direction nord-sud et les selles et bassins ondulent très fortement, tant en direction qu'en inclinaison; cette allure toutefois se réduit, vers l'Est, en une plateure très faillée qui se poursuit dans la concession de Hasard-Fléron.

Dans la zone de déhouillement du bure St-Léonard n° 3 de Wérister, le gisement se compose de deux bassins; celui du Nord excessivement aigu, dont la pente de la plateure varie de 33° à 38°, tandis que le dressant, atteignant vers l'Ouest une importance considérable, jusque 350 mètres, est couché sur la plateure; ce bassin très allongé, fermé dans le tracé de la Grande-Onhons au niveau de la mer, se relève très fortement vers l'Ouest, où il disparaît dans la concession des Steppes; il diminue progressivement vers l'Est, où il s'avance en ondulant jusqu'à atteindre la faille nord-sud du Hasard, au delà de laquelle il n'est pas connu. Le bassin du Sud, beaucoup moins déhouillé, est aussi très aigu; il est assez fortement plissé vers l'Est et se limite au même accident que le précédent; la plateure est de pente plus raide; vers l'Ouest, les mouvements de ce bassin sont bien connus, mais atténués dans la concession des Steppes par les exploitations très plissées de la veine Donné et se suppriment vers l'Ouest.

Au sud du dressant renversé qui limite le bassin ci-dessus, se trouve un nouveau bassin qui renfonce fortement les couches vers le Sud, à mesure qu'il se dirige vers l'Est. La plateure plissée, prenant vers l'Est une direction nord-sud, pend de 33° à 38°. Le dressant, connu par une série de travaux faits à peu de profondeur dans la concession de La Rochette, est renversé sur la plateure et assez ondulé en direction; il est suivi, au Sud, d'une plateure de direction nord-ouest—sud-est, tendant à prendre, près de la crête de selle, la direction nord—sud et dont l'inclinatson est d'environ 20°, formant un bassin au Sud, dont le retour pend vers le Nord (voir la coupe OP de la pl. IV). C'est le dernier mouvement connu à l'approche des terrains inférieurs limitant le Houiller au Sud.

Le centre de la concession de Hasard-Fléron est formé d'une

oir la coupe QR de la pl. IV), très faillée
plus haut, suivant la direction et disjoint
mportante sensiblement nord-sud ; sa pent
vers le Sud-Est dans l'ancienne concession de
la direction, d'abord sud-ouest—nord-est, se
Est, de la ligne ouest-est. Dans cette région
es supérieures accuse une grande variation d'é
avec le train des couches inférieures ; il se
nomalie ne fût qu'apparente et due à ce que, entre
e et Louise, passerait un crain inconnu par les
ublant les couches comme les nombreux déran
que montre la coupe QR. Vers l'Est, la plateure
te moyenne de 25° environ; elle se poursuit dans
is-de-Micheroux, où la pente diminue encore et
tte concession de Bois-de-Micheroux, le crain
direction du Hasard, se tranforme en un dres
nu et exploité, au sud duquel se montre une
déhouillée dans la concession de Crahay, avec
ns de 20° vers le Sud et une direction ondulée
-est. Le bassin formé dans le Bois-de-Miche-
ns les couches inférieures avec une direction
uest—nord-est et se relève régulièrement
. Entre ce bassin et le prolongement du bassin
la partie nord-ouest de Hasard-Fléron, se
es mouvements analogues, de direction sensi-
qui n'affectent que les couches inférieures et
a grande plateure du Hasard ; ces deux bassins
l'ancienne concession de Melin, où ils ont été
des plateures est en moyenne de 30°.
a concession du Hasard, l'allure des couches
te n'est pas exactement connue ; elles n'ont été
es tunnels du Laid-Broly et du Bay-Bonnet ;
, est exploitable par endroit et a été exploitée
des terrains recoupés par ces tunnels parait
d'une allure en plateure quelque peu plissée
e Calcaire carbonifère incliné à 60° vers le Sud
uiller, avec lequel il se trouve en stratification
allure est complètement différente de celle que
du gisement des Steppes.

A l'est des concessions du Hasard et de Bois-de-Micheroux, se développe la plateure sud du Bois-de-Micheroux, qui présente de très nombreuses ondulations en direction et même en inclinaison; son pendage va en diminuant très fortement vers l'Est jusque 11° à 13°, pour s'accentuer à nouveau dans la concession de la Minerie, où il atteint 27° vers le Sud-Est (voir coupe ST, pl. IV); cette plateure affecte d'abord une direction sensiblement ouest-est dans la concession de Herve-Wergifosse; mais cette direction se modifie assez rapidement pour se rapprocher de la direction sud-ouest—nord-est dans la concession de la Minerie. Dans les couches inférieures, il s'engendre, dans cette même plateure, des mouvements dont les lignes d'ennoyage finissent après ondulations par se relever vers l'Est.

Au sud de cette plateure, se montre, dans Crahay, un dressant renversé bien reconnu dans la concession, mais disparaissant rapidement vers l'Est dans les ondulations de la plateure, et une plateure qui lui fait suite.

La grande plateure des concessions de Crahay, Herve-Wergifosse et Minerie paraît faire, vers le Sud, un important retour en dressant; cette allure est reconnue dans la concession de Minerie; elle se montre au bure de Herve dans les exploitations de la Deuxième-Veine-des-Champs et a été suivie dans le canal d'écoulement des bancs de Soiron de Herve-Wergifosse, par un chassage de plus de 500 mètres de longueur, creusé dans une veinette. Vers l'Ouest, ce plissement paraît s'accentuer et se résoudre en la faille de St-Hadelin. Au delà vers le Sud, les reconnaissances faites récemment ont montré l'existence d'une plateure peu inclinée, que les exploitations n'ont pas encore explorée.

L'allure reste inconnue au sud de la dernière plateure. Les recherches faites par le puits n° 2 de St-Hadelin, de 1873 à 1879, combinées à quelques travaux entrepris très près de la surface, démontrent l'existence d'un pli aigu (voir coupe ST, pl. IV), formé dans une série de besys et de couches argileuses qu'il n'est pas possible d'assimiler aux couches connues dans le nord du groupe de Herve et ce, malgré la faible distance, 600 mètres environ, qui sépare les travaux de St-Hadelin de la limite sud des travaux de Crahay, où se montrent toujours des plateures à pied sud, peu inclinées. Même impossibilité de raccorder les couches reconnues par les travaux effectués à l'ouest de la concession

ır l'arène de St-Hadelin et qui paraissen
ord de la faille de St-Hadelin.

ion de la Minerie, se trouve la concession
ıitation sous le niveau de l'arène a ét
t s'est faite près de la surface, dans un
sulfureuse, dite de Trois-Pieds, en cha
rrégulière, variant de 0^m40 à 1^m50, forman
et fortement plissé vers le Nord, dont on
d avec pendage de 38° vers le Nord. Cette
ée à nulle autre du groupe.

roupe de Herve, apparaît la concession de
limite sud-est, il a été reconnu, par de
écutés au niveau d'un canal d'écoulement,
vraisemblablement très inférieure dans
ble, paraissant se replier trois fois sur
direction est parallèle à la limite.
onnaissance exécutés entre les concessions
len ont montré, près de la limite est de
égularité d'allure des roches houillères,
nord-est, d'inclinaison de 30° à 45° vers le
ondre au pli nord connu à Houlteau et ont
couches inexploitables, layettes maigres,

erie, dans la concession de Neufcour, il a
l d'écoulement, la présence d'une plateure,
ıord-est, de deux couches très rapprochées,
es, dont l'inférieure, puissante de 0^m30 à
que peu exploitable ; elle forme un retour
l-est de la concession.

Conditions de gisement de la houille en Campine,

dans le Limbourg néerlandais et dans la région allemande avoisinante,

PAR

HENRI FORIR

Ingénieur, répétiteur du cours de Géologie à l'Université de Liége.

CHAPITRE PREMIER

Historique.

La probabilité de l'existence du terrain houiller dans le nord de la Belgique est loin d'être une idée nouvelle. Contrairement à certaine allégation produite assez légèrement et sans aucune preuve à l'appui, on peut dire que, depuis longtemps, tous les géologues s'intéressant à notre pays [1] admettaient que, au nord du dôme cambro-silurien, connu sous le nom de massif du Brabant, devait réapparaître, sous une grande épaisseur de terrains quaternaires, tertiaires et secondaires, une cuvette de formations dévoniennes et carbonifères, dans laquelle le Houiller occuperait la plus large place.

Mais cette opinion ne pouvait qu'être toute spéculative aussi longtemps que la houille était extraite à faible profondeur dans l'ancien bassin s'étendant, presque sans interruption, depuis le pays de Herve jusque Valenciennes, en très grande partie dans les vallées de la Meuse et de la Sambre.

Aussi, jusque dans ces derniers temps, les publications sur ce sujet furent-elles peu nombreuses.

La première affirmation catégorique, basée sur des arguments

[1] Il faut cependant en excepter M. le baron O. VAN ERTBORN, qui pensait que « si la formation houillère a existé autrefois au Nord de la Belgique, elle a dû être enlevée postérieurement par les immenses dénudations qui se sont produites, depuis la fin de la période carboniférienne, jusqu'au dépôt des premiers sédiments crétacés de la région. » *Ann. Soc. géol. de Belg.*, t. XXVI, p. CV, 19 février 1899.

scientifiques, remonte à 1806. Elle est due aux frères CASTIAU [1], deux liégeois, directeurs de mines à Vieux-Condé et à Arras, qui, s'appuyant sur le parallélisme approximatif, dans une région déterminée, des plis de l'écorce terrestre, affirmaient qu'« il doit se » trouver, sur un tracé de distance égale à celle de Juliers à » Crefeld, à travers notre pays, une seconde ligne de mines de » houille qui doit passer par Ruremonde sur Brée, Diest...., pour » rejoindre la seconde ligne de mines de houille de l'Angleterre. »

D'après une publication récente de M. le directeur général honoraire des mines E. Harzé [2], André DUMONT, l'illustre géologue liégeois, devait avoir une conception de même ordre, car « dans » une réunion amicale chez M. Adolphe Lesoinne, au Val-Benoit, » à Liége, il y a de cela plus d'un demi-siècle, ces deux hommes » éminents (Dumont et Lesoinne) s'entretinrent des sondages » qui pourraient être exécutés, selon eux, dans la région d'Ams- » terdam pour y découvrir le prolongement du bassin houiller de » Newcastle (?) »

Dès l'année 1840 [3], une société liégeoise pratiqua des recherches sur le territoire des communes de Mouland, de Fouron-le-Comte (Belgique), de Mesch et de Ste-Geertruid (Pays-Bas) ; mais ses investigations semblent n'avoir donné aucun résultat pratique, car aucune concession ne fut demandée par elle.

En 1857 [4], une société hollandaise se constitua pour faire des sondages dans le sud-est du Limbourg néerlandais, à faible distance de l'affleurement de la formation houillère, exploitée depuis 1113 par la mine domaniale de Kerkrade. Elle obtint, en 1860-1861, les deux concessions de *Willem* et de *Sophia*, dans lesquelles les puits d'extraction viennent seulement d'être achevés par le procédé de la congélation.

Des recherches furent continuées, sans grande activité, en s'avançant de plus en plus vers le Nord-Ouest, où l'épaisseur des morts-terrains s'accroît progressivement, jusque vers l'année 187[illegible] :

[1] *Ann. des mines de Belg.*, t. V, *Rapports administratifs*, pp. 246 et suiv., 1900.

[2] E. HARZÉ. Le bassin houiller du nord de la Belgique en 1905. Bruxelles, Ve Monnom, 1905, p. 9.

[3] *Ann. Soc. geol. de Belg.*, t. XXVI, pp. CXXXIV-CXL, 14 mai 1899.

[4] *Rev. univ. des mines*, 3e sér., t. LVI, p. 140, 3 novembre 1901.

à partir de cette époque, elles se multiplièrent en se rapprochant de la Meuse, au voisinage de laquelle des sondages furent pratiqués pendant les années 1900 à 1903.

Pendant cette période, plusieurs communications scientifiques mentionnent encore l'existence probable du terrain houiller dans le nord de notre pays. Renier MALHERBE (1), en 1875, dans un mémoire couronné par l'Académie de Belgique, en parle en des termes assez vagues ; mais la carte accompagnant ce travail est plus explicite, car MM. J. del Marmol et A. Habets (2) publient ce qui suit à son sujet : « La carte dont il s'agit laisse en outre entre-
» voir la probabilité du prolongement des couches du bassin de
» Liége au nord de la région actuellement exploitée où elles forme-
» raient un nouveau bassin. »

La même année, un autre ingénieur liégeois, M. Julien DE MACAR (3), dans un travail couronné aussi par l'Académie, émet une opinion analogue, dans des termes assez vagues également :
» Il est bien évident pour moi que le terrain houiller se poursuit
» sous les morts-terrains crétacés et tertiaires ; il s'y enfonce à
» grande profondeur dans les mêmes conditions où il se trouverait
» vers le nord de la Hesbaye et du Brabant.

» Il formerait dans ce cas un ou plusieurs nouveaux bassins
» complètement inconnus jusqu'à ce jour et que des spéculations
» théoriques permettent de supposer » (4).

Un autre élève de l'Ecole des mines de Liége, le vénérable M. Guillaume LAMBERT (5), ingénieur honoraire au Corps des

(1) R. MALHERBE. Mémoire sur la description du système houiller du bassin de Liége (couronné par l'Académie royale des sciences de Belgique, en 1875). Inédit.

(2) Exposition universelle de Paris, 1878. Industrie minérale belge. Exposition collective. Catalogue spécial. Liége, Vaillant-Carmanne, 1878, pp. 86-87.

(3) J. DE MACAR. Mémoire sur la description du système houiller du bassin de Liége (couronné par l'Académie royale des sciences de Belgique, en 1875). Inédit.

(4) E. HARZÉ. Les mines de houille de la Campine. Observations au sujet d'un article de la *Revue sociale catholique*. Bruxelles, Ve Monnom, mars 1903, p. 24.

(5) G. LAMBERT. Nouveau bassin houiller découvert dans le Limbourg hollandais. Rapport. Bruxelles, autographie in 4°, mars 1876. *Ann. Soc. géol. de Belg.*, t. IV, pp. 116-130, 18 mars 1877.

mines, alors professeur d'exploitation des mines à l'Université de Louvain, appelé, en 1876, à donner son avis sur plusieurs sondages de recherche, effectués dans le Limbourg hollandais, s'exprima de façon plus catégorique : « Le Limbourg hollandais » et probablement aussi la partie Nord de la Belgique sont favora- » blement situés pour espérer d'y retrouver le prolongement du » terrain houiller. »

L'année suivante, son élève, M. André DUMONT (1), fils de l'illustre géologue liégeois et actuellement professeur d'exploitation des mines à l'Université de Louvain, adoptait les vues de son savant maître et demandait « que le Gouvernement belge » encourageât ou fit exécuter quelques sondages dans les provinces » du nord de la Belgique, jusqu'aux terrains primaires », dans un but purement scientifique.

En 1882, le Dr Ad. GURLT (2), de Bonn, est plus précis encore : « Es ist sehr wahrscheinlich dass sie (die *Emscher Mulde*) nach » Westen hin auch noch jenseits des Worringer Devonrückens an » der Maas unterhalb Maastricht in der Campine ihre Fortsetzung » finden wird. »

Jusqu'en 1898, la question de l'existence du terrain houiller dans le nord de la Belgique était, ainsi qu'on vient de le voir, restée dans la phase spéculative. C'est à feu l'ingénieur Jules URBAN, associé à son regretté collègue V. PUTSAGE et à M. le sondeur E. FLASSE, que revient l'honneur d'avoir, les premiers, osé la faire entrer dans la phase pratique, en faisant exécuter, à Lanaeken, un sondage **P1**, terminé vers le 15 juillet de la même année, après avoir traversé cinq mètres de Houiller inférieur et un mètre de Calcaire carbonifère. Du premier coup, le bassin houiller de la Campine était découvert, et l'on doit saluer avec respect les noms des ingénieurs auxquels est dû cet admirable résultat, et à qui la mort ne permit pas d'en retirer le profit auquel ils avaient légitimement droit.

(1) A. DUMONT, fils. Notice sur le nouveau bassin houiller du Limbourg hollandais. Rapports de M. Guillaume Lambert et de M. von Dechen. Bruxelles, Decq et Duhent, 1877.

(2) Dr Ad. GURLT. Ueber den genetischen Zusammenhang der Steinkohlenbecken Nordfrankreichs, Belgiens und Norddeutschlands. *Verhandl. d. naturhistor. Ver. d. preuss. Rheinl. u. Westf.*, XXXIX. Jahrg., 2e Hälfte, *Correspondenzblatt*, pp. 61-69, 30 mai 1882.

Ils avaient cependant compris la haute portée de leur découverte, car ils avaient sollicité, de la commune de Mechelen-sur-Meuse, l'autorisation d'entreprendre un deuxième forage plus septentrional, autorisation qui leur était accordée le 28 septembre 1899. Ce forage ne fut jamais commencé.

La connaissance des résultats du sondage de Lanaeken fut bientôt l'origine d'importantes discussions scientifiques et de nouvelles recherches.

Le 18 décembre 1898, la Société géologique de Belgique décida de porter à l'ordre du jour de ses séances, la probabilité de la présence du terrain houiller au nord du bassin de Liége. La discussion sur ce sujet fut ouverte le 19 février 1899 et continuée pendant plusieurs réunions.

MM. M. LOHEST, A. HABETS et H. FORIR y exposèrent les résultats d'études entreprises en commun. Ils concluaient à la présence du Houiller dans le Limbourg belge, indiquaient un ordre de recherches rationnel et faisaient connaître, avec une grande approximation, l'épaisseur et la nature des terrains que l'on semblait devoir rencontrer au-dessus de la formation recherchée, d'après l'examen des puits artésiens de tout le pays. Leurs prévisions se sont complètement réalisées par la suite.

M. G. VELGE, puis M. X. STAINIER confirmèrent l'opinion de leurs collègues et MM. E. HARZÉ et H. FORIR fournirent des renseignements sur les travaux entrepris, en 1840, à Mouland et à Mesch et dont il a été question précédemment.

Le 12 octobre 1898, une *Société anonyme de recherches et d'exploitation* était fondée à Bruxelles par M. A. DUMONT, le professeur d'exploitation des mines de l'Université de Louvain, mentionné déjà antérieurement ; elle commença, le 22 février 1899, un premier sondage à Eelen ; il dut être abandonné à la profondeur de 60 mètres ; un deuxième forage **d4**, voisin du premier, entrepris le 20 juin 1899, dut également être arrêté à 878^{m}55, dans les roches rouges ; ces deux échecs ne découragèrent pas le persévérant professeur ; avec le concours d'une *Nouvelle société de recherches et d'exploitation*, dans la fondation de laquelle intervint largement M. le sondeur RAKY, il entreprit un troisième sondage à Asch **Z3**, qui atteignit, le 2 août 1901, la première couche de houille découverte en Campine.

èvre s'empara alors du public ; les recherche
vec une effrayante rapidité, au point que, e
ndages avaient fait connaître, dans ses grande
nouveau bassin, la répartition du charbon su
ue, enfin, l'épaisseur et, dans une certain
des morts-terrains en tous les points.
s écrits provoqués par ces travaux, sur lesquel
'ensemble n'a cependant encore été publié.
A. Habets et moi-même, nous avons continué
is l'origine, l'étude des résultats acquis, non
nord de la Belgique, mais aussi dans le Lim-
et dans la partie avoisinante du territoire
st le résultat de cette étude que je vais exposer,
s pages suivantes.

é de l'existence d'un nouveau bassin houiller au nord
uestions connexes. *Ann. Soc. géol. de Belg.*, t. XXVI,
CXL, 117-155, pl. I à IV, 1899.
u Limbourg hollandais. *Rev. univ. des mines*, 3e série,
l. VI et VII. 1901.
pine. *Ann. Soc. géol. de Belg.*, t. XXIX, pp. M81-111.

reconnaissance du terrain houiller du nord de la Bel-
-Carmanne. 1904, 59 pages.
es sondages exécutés en Campine et dans les régions
c. géol. de Belg., t. XXX. pp. M101 et suivantes, pl. I,
906.

CHAPITRE II

Bordure méridionale du bassin houiller du nord de la Belgique

Trois sondages seulement, dont les deux extrêmes sont distants l'un de l'autre de près de 76 kilomètres, ont atteint les formations inférieures au terrain houiller et fourni ainsi des renseignements précis sur la limite méridionale du bassin de la Campine.

Ce sont, de l'Ouest à l'Est, le forage de Kessel (Lierre) **d1**, celui de Hoesselt **M2** et celui de Lanaeken **P1**.

Le premier et le dernier d'entre eux ont rencontré le Calcaire carbonifère, le deuxième a pénétré directement, sous les morts-terrains, dans le Cambro-silurien. Aussi, si l'on ne possédait que les seuls renseignements fournis par ces trois recherches, serait-on astreint à laisser fort imprécise la bordure sud de la formation houillère.

A l'origine, se posait un problème qui n'a pas encore reçu une solution complète. Le nouveau bassin du Nord forme-t-il un synclinal entièrement isolé de la bande houillère de Herve et de Liége, ou existe-t-il d'autres cuvettes carbonifères entre ces deux zones principales? Certains arguments militaient en faveur de cette dernière hypothèse, notamment les ondulations multiples du Houiller westphalien et le pendage vers le NW. reconnu à Haccourt, à Berneau et à Mesch, à l'extrémité NE. du bassin charbonnier de Liége.

On pouvait se demander également si les strates atteintes à Genck **W1**, **X2** et à Westerloo **c1**, au lieu d'être situées au bord sud d'un synclinal, ne sont pas dans le voisinage d'un anticlinal, indiquant une nouvelle ondulation, vers le S., de la formation houillère.

C'est la poursuite de la solution d'une partie de cet important problème, qui nous engagea à faire exécuter, par une Société de recherches, un sondage à Hœsselt **M2**. La rencontre, en ce point, de Cambro-silurien, résolut négativement le second postulatum, et fit renoncer à rencontrer, entre Visé et Lanaeken, du terrain houiller *utilement exploitable*, sans cependant démontrer que l'ex-

·identale du bassin charbonnier du Limbourg néerlan-
ıètre pas d'une certaine quantité sur le territoire belge,
·ux localités, ce qui est vraisemblable.
de la bande de Calcaire carbonifère entre les sondages
·t de Lanaeken reste encore à établir, et l'on ne peut que
ypothèses en ce qui le concerne. La réunion, par une
es deux points, fournit déjà une trajectoire assez appro-
ndant ce tracé peut, théoriquement, être précisé davan-
vraisemblable, en effet, *a priori*, que l'axe du bassin de
·, entre ces points extrêmes, doit s'incurver légèrement
, pour épouser l'inflexion bien connue des plis du bassin
; cette deuxième solution paraît déjà plus approchée
nière ; mais la détermination des zones houillères de la
ournit un troisième tracé qui paraît plus précis encore
vident, en effet, que la limite supérieure de la zone
Houiller doit être sensiblement parallèle au contact de
et du calcaire sur lequel elle repose ; il suffit donc de
ligne présentant les inflexions de cette limite, et pas
s deux points extrêmes de Kessel et de Lanaeken, pour
ers le Sud, avec une grande approximation, le bassin
nord de notre pays. Nous avons cependant négligé, à
faire ce raccordement, voulant nous borner à l'étude de
ır laquelle nous possédons des renseignements directs

***

s maintenant l'examen des formations inférieures au
e sondage de Kessel, dont l'étude nous a été confiée
point, nous fournir de précieuses indications. Le Pri-
atteint, par ce sondage, à une profondeur comprise entre
nètres (cote -565 à -568). Les premières roches rencon-
les calcaires cristallins, crinoïdiques par place, d'une
se très claire, presque blanche ; ils contiennent, à plu-
aux, *Productus cora*, d'Orb., *P. sp.*, *Spirifer glaber* ?
reptorhynchus crenistria, Phill., ce qui nous a permis
orter au Viséen supérieur, V2a ; leur épaisseur est de
n ce point. Les calcaires sur lesquels ils reposent, leur
mblables ; mais leur faune est un peu différente et rap-
du Viséen inférieur : *Chonetes papilionacea*, Phill. et

Productus cora, d'Orb. Ils n'ont malheureusement fourni de carottes que sur 3 mètres ; les 18 mètres suivants, traversés au trépan, n'ont donné que des boues calcaires, contenant des débris de cherts noirs. En dessous, viennent 2 mètres de dolomie noire, grenue, ressemblant à celle du Tournaisien du bassin de Namur. Cela nous conduit à la profondeur de 622 mètres (cote -614).

Les roches que l'on peut assimiler au Famennien supérieur diffèrent de celles que l'on observe dans les bassins de Namur et de Dinant ; ce sont surtout des macignos grenus, de diverses couleurs : gris, noir, gris verdâtre, contenant, à plusieurs niveaux, des empreintes végétales et de la pyrite ; aux endroits où ils sont altérés, ils montrent certaine analogie avec les produits de décomposition des macignos de l'assise d'Evieux, désignés vulgairement sous le nom de *pierre d'avoine*.

Au sommet et à la base, on observe quelques bancs de psammite micacé, dont les supérieurs sont altérés en jaune, tandis que les inférieurs sont rouge amarante, passant au jaune par décomposition. Cet ensemble n'a qu'une puissance de 10 mètres et ne descend pas en dessous de 632 mètres (cote - 624).

Le complexe sous-jacent échappe, par sa variabilité même, à une description quelque peu précise ; il est dépourvu de fossiles et composé d'une alternance de schistes, de macignos et de calcaires de toute couleur, depuis tous les tons de gris jusqu'au rouge foncé, en passant par le vert et le jaune, sans compter les roches bigarrées, qui abondent.

Vers le sommet, dominent les schistes, encore interstratifiés de macigno ; on y remarque un schiste vert, compact, que l'on ne peut mieux comparer qu'à la cornéenne. Nous avons rapporté, avec doute, au Famennien inférieur cet ensemble, puissant de 9 mètres et dont le pied atteint la profondeur de 641 mètres (cote-633).

En dessous, viennent des schistes gris, dominants, parfois noduleux, alternant avec des schistes bigarrés de vert et de rouge et avec des calcaires stratifiés, gris, des calcaires bréchiformes, gris vert et gris jaunâtre et des calcaires massifs, rappelant le marbre rouge, frasnien ; ce complexe, épais de 11 mètres, et

ppelle vaguement
auquel nous l'avo

ıt surtout composés de
.ns lesquels sont inter-
'e de la même roche et
's. A cause de la prédo-
ıs déterminé ce curieux
dre, le moins du monde,

eux particularités remar-
.. A la profondeur de 700
deux roches bréchiformes :
t, est formée de fragments
ris plus ou moins roulés de
aire, rouge, contient surtout
les arrondis. Au voisinage
:t 702 mètres de profondeur
iste pyritifère, fort différent
ien moyen et supérieur, mais
analogie avec certains schistes

y avait eu interversion dans
illons de la fin du forage et que
ıeu dans le Cambro-silurien ;
est pas impossible que la mer
ıissement de la Campine, en ait
aissance, tantôt à de nouvelles
conglomérats formés, en partie,
caires dévoniens qui s'y étaient

ııt très probable que, si le Cambro-
ırofondeur de 703m60 (cote -695.60),
té, ce terrain ne doit pas se trouver

·es du sondage de Kessel se sont
...ales, sans déplacement des

parois, fissures larges de un à deux centimètres et remplies de calcite cristallisée, contenant des cristaux de pyrite ; ce fait dénote une région assez fracturée.

***

Si l'on compare les formations que nous venons de décrire sommairement, à celles que l'on connaît, par leurs affleurements, dans les synclinaux de Dévonien et de Carbonifère anciennement connus, on est frappé, tout d'abord, de l'analogie qu'elles présentent. dans leur ensemble, avec celles des vallées de l'Orneau et de la Mehaigne ; mêmes caractères, de part et d'autre, pour le Calcaire carbonifère et même prédominance des roches rouges dans le Dévonien ; en revanche, elles se distinguent totalement des affleurements plus orientaux de Horion-Hozémont et de Visé ; il semble donc que les variations dans la nature des dépôts se sont produites plutôt dans le sens W.-E., que dans la direction S.-N.

Si l'on examine, d'autre part, la puissance relative des différentes subdivisions géologiques, on constate une décroissance constante de cette puissance du Sud au Nord, depuis le bassin de Dinant jusqu'à celui de la Campine, sauf en ce qui concerne le Viséen supérieur, au sujet duquel il serait, du reste, difficile de se prononcer, attendu que le sondage de Kessel n'en a recoupé que la partie inférieure. Il semble donc, ainsi que le faisait prévoir la comparaison des grands synclinaux de Dinant et de Namur, que l'envahissement du nord de la Belgique, par la mer dévonienne, s'est produit du Sud au Nord et de l'Ouest à l'Est. Pendant l'époque famennienne, la profondeur devait être plus grande dans la région septentrionale, en Campine, où l'élément calcaire est très abondant, sous forme de macigno, que dans la région méridionale, au sud de la Hesbaye et en Condroz, où l'on remarque une grande prédominance des éléments terrigènes et des formations de rivage.

Au point de vue de la comparaison avec les dépôts de même âge de l'Angleterre, il n'est peut-être pas inutile de faire remarquer que le Calcaire carbonifère de Kessel présente certaines analogies avec celui du Yorkshire, tant par l'amincissement de ses assises inférieures et, pour autant que l'on peut en juger, par le dévelop-

de ses assises supérieures, à *Productus cora*, qu
blance pétrographique des calcaires contenant c
rt et d'autre ; cette constatation vient à l'appu
thèse du raccordement des bassins de la Campine e

***

ncore que les schistes ou phyllades noirs rencontré
ien de Nieuwerkerken **N2**, sont fort semblables
té atteints au sondage de Hœsselt **M2**, et que ce
été attribués au Revinien par M. C. Malaise. Le
yllades gris vert, recoupés au forage de Xhendre
déterminés comme appartenant au Devillien, par l
et les schistes du forage de Kessel **d1** semblent, pa
erte et leur teneur en pyrite, se rapprocher égalemen
verts du même étage ; ces quelques indications pour
er à la connaissance de la répartition géographiqu
dans la moyenne Belgique.

***

la Campine au Limbourg néerlandais, nous n
inutile d'attirer l'attention sur une particularit
de cette dernière région.

phtanite houiller, *H1a*, repose sur le Calcaire carbo-
comme à Bleyberg, et qu'une superposition identique
ée à 90m environ de profondeur, dans un puits de
usé à Slenaeken, le même phtanite a comme substra-
stes grossiers, fossilifères, du Dévonien supérieur,
amenniens, à Berneau, un peu au nord de la première
tés. Or, C. Ubaghs [1], parlant des sondages effectués
s'exprime comme suit : « Près de Bommerig (Epen),
t, à la profondeur de 14m70, un schiste caractérisé
nomia Becheri, fossile caractéristique pour la partie
de la formation houillère, et *couvrant les couches
de la formation dévonienne*. Ce sont des schistes....
ant à l'ampélite alunifère de Chokier. »

ous ne connaissions pas l'emplacement du sondage

[1] ...hs. Description géologique et paléontologique du sol du
...emonde. Romen. 1879, p. 180.

auquel fait allusion C. Ubaghs, il est intéressant de faire remarquer l'identité de superposition à Berneau et à Bommerig.

Or, si l'on remarque que la direction de la limite méridionale du phtanite houiller, entre Argenteau et Warsage, au sud de Visé et de Berneau, est de 70° environ, c'est-à-dire sensiblement la même que celle de la ligne réunissant Berneau à Bommerig, on est conduit à admettre qu'entre ces deux localités, doit exister un anticlinal très surbaissé de la formation houillère, correspondant à un anticlinal dévonien supérieur ; ce dernier paraît donc avoir été émergé pendant la période du Calcaire carbonifère, puis avoir été recouvert de nouveau par la mer, à l'époque du dépôt des phtanites houillers inférieurs, *H1a*. Cet anticlinal serait à peu près parallèle à ceux dont la présence est connue depuis longtemps plus au Sud, au voisinage de Bleyberg.

Mais ce que cette disposition a de particulièrement intéressant, c'est son analogie, sur une plus petite échelle, avec celle que l'on observe en Angleterre.

Alors que, dans ce dernier pays, les bassins du Yorkshire et du Lancastershire au Nord et ceux du Somersetshire et du Pays-de-Galles au Sud reposent sur le Calcaire carbonifère, les petits bassins du Shropshire et du Staffordshire, situés dans la région intermédiaire, sont directement superposés, tantôt sur le Cambro-silurien, tantôt sur le Dévonien, sans interposition de calcaire.

La même disposition s'observe donc dans la région que nous envisageons, où le bassin de la Campine au Nord et celui de Liége au Sud recouvrent également le Calcaire carbonifère, alors que, dans l'intervalle de ces deux synclinaux principaux, le Houiller surmonte directement la formation dévonienne, entre Berneau et Bommerig, et cette constatation vient encore à l'appui de notre hypothèse, déjà rappelée précédemment, d'après laquelle le premier de ces bassins se raccorderait avec celui du Yorkshire.

CHAPITRE III.

Le relief du sous-sol primaire et des roches rouges.

Il ne paraît pas inutile de faire connaître, tout d'abord, les raisons qui nous ont amenés à utiliser, pour les sondages, un mode de notation différent du numérotage officiel, et d'indiquer le principe même de ce mode de notation.

Les numéros officiels correspondent à peu près à l'ordre dans lequel ont été effectués les travaux de recherche dans chaque pays ils peuvent donc avoir une certaine utilité au point de vue industriel, mais, au point de vue scientifique, ils présentent des inconvénients, en ce sens qu'ils se répètent dans les trois pays examinés et qu'ils sont difficiles à retrouver sur la carte. Comme le terrain houiller est l'objectif principal de ce travail ; comme, d'autre part la détermination du relief de la surface de ce terrain présente un très grand intérêt, nous avons pensé qu'un numérotage tenant compte de ce relief, permettrait de retrouver sans effort l'emplacement de chacune des recherches. Mais nous ne tardâmes pas à constater que l'érosion ante-crétacée qui avait nivelé la formation houillère avait également influencé la surface des roches rouges de la région septentrionale ; nous avons donc admis comme règle de désigner par la même lettre tous les sondages compris entre deux courbes de niveau de la surface des terrains primaires et des roches rouges, courbes équidistantes de vingt-cinq mètres.

La lettre **A** majuscule fut attribuée aux forages ayant rencontré les terrains primaires à une altitude comprise entre 175 et 150 mètres au dessus du niveau de la mer ; la lettre **B**, aux sondages ayant atteint ces terrains entre + 150 et + 125 mètres, et ainsi de suite ; après avoir épuisé les majuscules, nous utilisâmes les minuscules ; la notation **a** fut réservée aux recherches dans lesquelles la surface des terrains primaires se trouve comprise entre les cotes — 475 et — 500, et la lettre **p**, à ceux où cette surface se trouve entre les niveaux de — 850 et — 875 mètres. En outre, à ces lettres sont ajoutés des numéros d'ordre allant de l'Ouest à l'Est.

Quand les forages n'ont atteint ni les formations primaires ni les roches rouges, ils ont conservé le numérotage officiel.

Tableaux renseignant la concordance des notations des sondages.

PREMIER TABLEAU.

[illegible]	Numéros officiels (*)	Nos notations	Numéros officiels	Nos notations	Numéros officiels	Nos notations	Numéros officiels
	A	**F10**	A	**M6**	H, nº 47	**U9**	A
	H	**G1**	H, nº 35	**M7**	A	**U10**	A
	A	**G2**	H, nº 34	**M8**	A	**V1**	B, nº 32
	A	**G3**	H, nº 36	**N1**	B	**V2**	B, nº 53
	A	**G4**	H, nº 12	**N2**	B	**V3**	H, nº 81
	H, nº 6	**G5**	A	**N3**	H, nº 61	**V4**	H, nº 84
	H, nº 2	**H1**	H, nº 41	**N4**	H, nº 46	**V5**	A, nº 437
	A	**H2**	H, nº 1	**N5**	H	**W1**	B, nº 12
	H, nº 7	**H3**	H, nº 25	**N6**	H, nº 33	**W2**	B, nº 11
	H, nº 5	**H4**	H, nº 32	**N7**	H, nº 82	**W3**	B, nº 50
	H, nº 39	**H5**	A	**N8**	H, nº 79	**W4**	H, nº 80
	H, nº 8	**H6**	A	**O1**	H, nº 52	**X1**	B, nº 18
	H, nº 9	**H7**	A	**O2**	H	**X2**	B, nº 15
	H, nº 4	**I1**	H, nº 31	**O3**	H	**X3**	B, nº 4
	H, nº 3	**I2**	H, nº 42	**P1**	B, nº 43	**X4**	B, nº 21
	H, nº 10	**I3**	H, nº 38	**P2**	H, nº 72	**X5**	B, nº 63
	A	**J1**	H, nº 24	**P3**	H, nº 71	**X6**	B, nº 45
0	A	**J2**	H, nº 26	**P4**	H, nº 49	**Y1**	B, nº 16
1	A	**J3**	H, nº 30	**Q1**	H, nº 76	**Y2**	B, nº 13
2	A	**J4**	H, nº 29	**Q2**	H, nº 66	**Y3**	B, nº 8
3	A	**J5**	A, nº 162	**Q3**	H, nº 57	**Y4**	B, nº 2
4	A	**J6**	A	**R1**	H, nº 74	**Z1**	B, nº 22
5	A	**J7**	A, nº 172	**R2**	H, nº 73	**Z2**	B, nº 26
	H, nº 16	**J8**	A, nº 194	**R3**	A	**Z3**	B, nº 1
	H, nº 13	**K1**	H, nº 50	**S1**	H, nº 54	**Z4**	B, nº 24
	H, nº 18	**K2**	H	**S2**	H, nº 64	**Z5**	B, nº 46
	H, nº 11	**L1**	H, nº 48	**S3**	H, nº 63	**Z6**	H, nº 75
	H	**L2**	H, nº 28	**S4**	A	**a1**	B, nº 27
	H, nº 15	**L3**	H, nº 20	**T1**	H, nº 83	**a2**	B, nº 9
	A	**L4**	H, nº 40	**T2**	A	**a3**	B, nº 3
	A	**L5**	H, nº 59	**T3**	A	**a4**	B, nº 20
	A	**L6**	H, nº 56	**T4**	A	**a5**	B, nº 64
	H	**L7**	H	**U1**	B, nº 61	**b1**	B, nº 17
	H, nº 23	**L8**	H, nº 53	**U2**	B, nº 49	**b2**	B, nº 7
	H, nº 45	**L9**	H, nº 37	**U3**	B, nº 51	**b3**	B, nº 47
	H, nº 17	**L10**	A	**U4**	B, nº 42	**b4**	B, nº 14
	H, nº 19	**M1**	B	**U5**	H, nº 77	**b5**	B, nº 5
	H, nº 22	**M2**	B, nº 44	**U6**	H, nº 78	**c1**	B, nº 33
	H, nº 21	**M3**	H, nº 67	**U7**	B, nº 52	**c2**	B, nº 28
	A	**M4**	H, nº 55	**U8**	A	**c3**	B, nº 65
	A	**M5**	H, nº 43	**U8bis**	A	**d1**	B, nº 38

A = Allemagne ; B = Belgique ; H = Pays-Bas.

Nos notations	Numéros officiels	Nos notations	Numéros officiels	Nos notations	Numéros officiels	Nos notations	Numéros officiels
d2	B, n° 48	**i1**	B, n° 34	**68**	H, n° 68	**29B**	A
d3	B, n° 23	**j1**	B, n° 39	**69**	H, n° 69	**31B**	A
d4	B, n° 31	**j2**	B, n° 59	**70**	H, n° 70	**34B**	A
e1	B, n° 29	**l1**	B, n° 35	**10B**	A	**51C**	A
e2	B, n° 54	**l2**	B, n° 56	**11B**	A, n° 240	**54D**	A
e3	B, n° 55	**n1**	B, n° 58	**15B**	A	**56D**	A, n° 36 -
e4	B, n° 19	**p1**	B, n° 57	**16B**	A	**57D**	A, n° 19 -
e5	B, n° 30	**12B**	H	**17B**	A	**58D**	A
e6	B, n° 10	**13B**	H	**19B**	A	**59D**	A
f1	B, n° 37	**14**	H, n° 14	**20B**	A	**60D**	A
f2	B, n° 36	**27**	H, n° 27	**21B**	A	**62D**	A
f3	B, n° 25	**44**	H, n° 44	**22B**	A	**64D**	A
f4	B, n° 6	**51**	H, n° 51	**23B**	A	**65D**	A
f5	B, n° 41	**58**	H, n° 58	**24B**	A	**66D**	A
g1	B, n° 60	**60**	H, n° 60	**25B**[1]	A	**67D**	A
g2	B, n° 40	**62**	H, n° 62	**26B**	A	**68D**	A
h1	B, n° 62	**65**	H, n° 65	**27B**	A		

DEUXIÈME TABLEAU.

Numéros officiels	Nos notations	Numéros officiels	Nos notations	Numéros officiels	Nos notations	Numéros officiels	Nos
Belgique		**Belgique**		**Belgique**		**Belgique**	
1	**Z3**	19	**e4**	37	**f1**	55	**e3**
2	**Y4**	20	**a4**	38	**d1**	56	**l2**
3	**a3**	21	**X4**	39	**j1**	57	**p1**
4	**X3**	22	**Z1**	40	**g2**	58	**n1**
5	**b5**	23	**d3**	41	**f5**	59	**j2**
6	**f4**	24	**Z4**	42	**U4**	60	**g1**
7	**b2**	25	**f3**	43	**P1**	61	**U1**
8	**Y3**	26	**Z2**	44	**M2**	62	**h1**
9	**a2**	27	**a1**	45	**X6**	63	**X5**
10	**e6**	28	**c2**	46	**Z5**	64	**a5**
11	**W2**	29	**e1**	47	**b3**	65	**c3**
12	**W1**	30	**e5**	48	**d2**	**Pays-Bas**	
13	**Y2**	31	**d4**	49	**U2**		
14	**b4**	32	**V1**	50	**W3**	1	**H2**
15	**X2**	33	**c1**	51	**U3**	2	**C2**
16	**Y1**	34	**i1**	52	**U7**	3	**D7**
17	**b1**	35	**l1**	53	**V2**	4	**D6**
18	**X1**	36	**f2**	54	**e2**	5	**D2**

(1) Renseigné par erreur sur la carte (pl. I), sous la notation **26B**, entre les sondages **G5** et **D11**.

Numéros officiels	Nos notations	Numéros officiels	Nos notations	Numéros officiels	Nos notations	Numéros officiels	Nos notations
Pays-Bas		**Pays-Bas**		**Pays-Bas**		**Pays-Bas**	
6	**C1**	29	**J4**	52	**O1**	75	**Z6**
7	**D1**	30	**J3**	53	**L8**	76	**Q1**
8	**D4**	31	**I1**	54	**S1**	77	**U5**
9	**D5**	32	**H4**	55	**M4**	78	**U6**
10	**D8**	33	**N6**	56	**L6**	79	**N8**
11	**E4**	34	**G2**	57	**Q3**	80	**W4**
12	**G4**	35	**G1**	58	**58**	81	**V3**
13	**E2**	36	**G3**	59	**L5**	82	**N7**
14	**14**	37	**L9**	60	**60**	83	**T1**
15	**E6**	38	**I3**	61	**N3**	84	**V4**
16	**E1**	39	**D3**	62	**62**		
17	**F4**	40	**L4**	63	**S3**	**Allemagne**	
18	**E3**	41	**H1**	64	**S2**		
19	**F5**	42	**I2**	65	**65**	162	**J5**
20	**L3**	43	**M5**	66	**Q2**	172	**J7**
21	**F7**	44	**44**	67	**M3**	194	**J8**
22	**F6**	45	**F3**	68	**68**	197	**57D**
23	**F2**	46	**N4**	69	**69**	240	**11B**
24	**J1**	47	**M6**	70	**70**	367	**56D**
25	**H3**	48	**L1**	71	**P3**	437	**V5**
26	**J2**	49	**P4**	72	**P2**		
27	**27**	50	**K1**	73	**R2**		
28	**L2**	51	**51**	74	**R1**		

Deux méthodes pouvaient être employées pour la détermination du relief de la surface des terrains primaires et des roches rouges. Dans l'une, on n'aurait tenu aucun compte, pour le tracé des courbes de niveau, équidistantes de vingt-cinq mètres, des failles qui peuvent avoir affecté les différentes formations géologiques pendant ou après le dépôt des couches crétacées ; dans l'autre, au contraire, ces failles pouvaient être prises en considération.

Nous avons commencé par utiliser le premier procédé, dans un travail antérieur [1] ; mais nous avons cru devoir lui substituer le second dans la carte accompagnant cette communication (planche I).

***

Abordons maintenant l'examen de l'orographie souterraine du Primaire et des roches rouges de la région envisagée.

[1] Voir *Ann. Soc. géol. de Belg.*, t. XXX, pl. I et II, 1903.

en juger immédiatement par l'examen de
ntraste frappant existe entre le relief de
r et du Trias (?) de la Campine, abstractio
imité par la Meuse et les sondages **U3**, **V1**,
t celui de ce triangle, du Limbourg hollandai
mand avoisinant, d'autre part.

mière de ces régions constitue une pénéplain
linée vers le NNE. ou le N., la seconde, a
aordinairement accidentée, découpée par d
ux parois abruptes, séparant des crêtes mo
rpées.

'abord de la partie occidentale.

trêmes effectués vers l'Ouest sont ceux d
en **j1** et Vlimmeren **p1** ; ils dénotent un pen
maire vers le NNE. de 1 mètre sur 64m4 ; ver
e tarde pas à augmenter légèrement ; il devien
entre les forages de Westerloo **c1** et de l'éclus
puis il s'infléchit lentement vers le Nord, e
oître jusqu'aux recherches de Zonhoven **Y1**
ntre lesquelles il atteint 1 mètre sur 51m5 ; su
nous n'avons constaté aucun accident secon
nportance ; il n'en est plus de même dans l
le, où la pente du sol, tout en continuant à s
d'une façon générale, n'est plus aussi uniform
tre et montre de petites inflexions locales de
on y constate que le pendage augmente pro-
le Nord, ce qui s'explique par la résistance
n, des roches rouges et des strates houillères
les sondages de Sutendael **U1**, d'Op-Glabbee
l'inclinaison vers le Nord est de 1 mètre su
tre ces deux derniers forages et celui de Gruit-
1 mètre sur 43m2.

avons dit plus haut, à la remarquable régula-
cidental, succède brusquement, au NE. de l
sondages du pont de Mechelen **U3**, de Mechelen-
Lanklaer **Z4** et de Gruitrode **g2**, une régio
ntée, dans laquelle on ne constate, à premièr
dans la disposition des dépressions et de

crêtes. Mais un examen plus attentif ne tarde pas à faire reconnaître un certain parallélisme entre ces accidents, qui semblent orientés du SE. au NW., et ce parallélisme s'accentue encore sur le territoire allemand, ainsi que le montrent les courbes de niveau tracées par M. Wachholder au NE. de Geilenkirchen, Heinsberg et Ruremonde.

Deux hypothèses se présentent immédiatement à l'esprit, pour expliquer l'origine de cette disposition. Ou bien celle-ci serait due à des phénomènes d'érosion très intenses, provoqués par des cours d'eau importants et très rapides, ou encore elle pourrait être due à des phénomènes tectoniques. Une sérieuse objection peut être présentée à la première de ces manières de voir, c'est que, à la plaine occidentale, succède tout d'abord une zone surélevée, une sorte de terrasse, dont font partie les sondages d'Eysden **X4** et de Louwel **f4**, puis un plateau étroit, plus élevé encore, auquel appartiennent les forages de Parteij (Wittem) **E1**, de Tol (Klimmen) **I1**, de Heek (Hulsberg) **J1**, d'Aalbeek (Hulsberg) **M3**, de Veldschuur (Stein) **T1**, en Hollande et ceux de Rœteweide (Leuth) **U4** et d'Eysdenbosch (Eysden) **X5**, en Belgique. Cette chaîne d'élévations ne peut guère s'expliquer par des phénomènes d'érosion, qui auraient dû, au contraire, donner naissance à une vallée avoisinant le plateau occidental. D'autre part, si l'on fait, à travers la région considérée, une coupe perpendiculaire à l'orientation générale des dépressions et des crêtes, c'est-à-dire orientée du SW. au NE., cette coupe révèle des pentes tellement escarpées des versants, qu'il n'est guère possible de les attribuer au jeu naturel des eaux de ruissellement. La première hypothèse nous a donc semblé devoir être abandonnée et nous avons été conduits à admettre que tout ce pays est découpé par une série de failles normales, sensiblement parallèles les unes aux autres dans leur ensemble et orientées du SE. au NW., c'est-à-dire comme les vallées de la Roer, de l'Erft, du Rhin entre Bonn et Düsseldorf, etc.

Nous verrons, par la suite, que cette supposition est confirmée, tant par l'étude de la formation houillère, que par celle des morts-terrains qui la surmontent.

CHAPITRE IV.

.a formation houillère.

ude stratigraphique de la formation houillère ... ère
ıbourg néerlandais et du territoire alleman... d
spensable de faire connaître les renseigne... e-
ıs pu nous procurer sur les couches et le... s
encontrées dans les sondages de ces troi... is
ıs avons fait dans le tableau suivant, don... t
enseigne l'altitude des couches et veinette... s
u de la mer ; cette donnée, établie d'aprè... s
son uniforme, nous a paru plus utile que...
ondeur à laquelle ces couches et veinette...
s le niveau du sol. La deuxième colonne se...
r de houille constatée ; dans l'une comme...
ıs considéré comme *couches* et renseigné par...
ɔits, les strates dont la puissance en houille...
um, et comme *veinettes*, désignées par des...
es dans lesquelles cette puissance est infé—...

ne est réservée à la teneur du charbon en...
aque fois que cela a été possible, nous avons...
elatifs au charbon dépourvu de cendres, des...
r les soins de M. Meurice, pour l'Adminis-...
e Belgique, ces résultats étant compara-...
res. Toutes ces données sont indiquées en...
ordinaires, quand elles ont été obtenues par...
vérulent, en chiffres gras, droits, quand elles...
se de morceaux de houille ; enfin, elles sont...
èses, quand l'essai chimique a dénoté une...
cendres dans le charbon. Lorsque les pour-...
erminés par les soins des sondeurs, ils sont...
s italiques, ordinaires, gras ou entre paren-...
s conditions.

ɔlonne renseigne la zone inférieure, moyenne
rmation houillère, à laquelle appartiennent,
hes de houille considérées, ces zones étant
s l'indiquerons par la suite.
sondages sont disposés de l'Ouest à l'Est.

Tableau des couches exploitables et des veinettes de houille reconnues par les sondages.

Sondage j1 (n° 39), à Santhoven (Belgique).

Niveau du sol + 10.30.

Niveau	Puissance en mètres	Teneur en matières volatiles sur charbon pur	Zone
- 700.30		Toit du Houiller	
- 704.80 à - 705.90	1.10	19.4 et 19.2	inférieure
- 762.10 à - 763.30	0.95	19.8 et (20.3)	»
- 840.25		Fin du sondage.	

Sondage p1 (n° 57), à Vlimmeren (Belgique).

Niveau du sol + 21.50.

Niveau	Puissance en mètres	Teneur en matières volatiles sur charbon pur	Zone
- 874.20		Toit du Houiller	
- *897.80 à - 897.90*	*0.10*		inférieure
- *913.30 à - 913.40*	*0.10*		»
- *940.90 à - 940.98*	*0.08*		»
- *958.10 à - 958.45*	*0.35*	(13.2) et (12.7)	
- 1006.40		Fin du sondage.	

Sondage f1 (n° 37), à Norderwyck (Belgique).

Niveau du sol + 17.00.

Niveau	Puissance en mètres	Teneur en matières volatiles sur charbon pur	Zone
- 618.50		Toit du Houiller	
- 633.20 à - 634.35	0.80	(25.4), (24.2), (24.3) et (26.0)	inférieure
- 699.65 à - 700.75	0.97	20.8	»
- 842.50 à - 843.60	1.10	17.2 et 16.6	»
- 978.25		Fin du sondage.	

Sondage f2 (n° 36), à Tongerloo (Belgique).

Niveau du sol + 17.00.

Niveau	Puissance en mètres	Teneur en matières volatiles sur charbon pur	Zone
- 605.50		Toit du Houiller	
- *605.50 à - 605.55*	*0.05*		moyenne
- 651.75 à - 653.05	1.30	25.1	inférieure
- *733.00 à - 733.25*	*0.25*		»
- 789.40		Fin du sondage.	

Sondage c1 (n° 33), à Westerloo (Belgique).

Niveau du sol + 12.50.

Niveau	Puissance en mètres	Teneur en matières volatiles sur charbon pur	Zone
- 533.70		Toit du Houiller	
- 538.15 à - 538.60	0.45	23.6	inférieure
- 608.55 à - 609.05	0.50	22.8	»
- *715.03 à - 715.85*	*0.37*	*Schiste bitumineux ?*	»
- 795.40		Fin du sondage.	

Toit du Houiller

	1.20	21.9 et 22.2	inférie
	0.65	22.3 et 22.1	»
	0.15		»
	0.50	22.3	

Fin du sondage.

ondage 11 (nº 35), à Gheel (Belgique).

Niveau du sol + 24.00.

Toit du Houiller

	1.20	25.5	inférieur
	0.70	23.8	»
	0.20		»
	0.75	24.8	
	0.12		
	0.08		
8	*0.38*		
0	0.50		
0	1.10	20.7	
4	*0.14*		
0	*0.20*		

Fin du sondage.

1 (nº 58), à l'écluse nº 7, à Gheel (Belgique).

Niveau du sol + 22.00.

Toit du Houiller

0.70	Houille ?	inférie
0.20	Houille ?	»

Fin du sondage.

i1 (nº 34), à Zittaert (Meerhout) (Belgique).

Niveau du sol + 22.50.

Toit du Houiller

0.10	(33.5)	supérieure
0.20	28.5	»
0.30	30.5	»
0.10	Fin du sondage.	inférieure

Sondage f8 (n° 45), à Genendyck (Tessenderloo) (Belgique).

Niveau du sol + 24.00.

Niveau	Puissance en mètres	Teneur en matières volatiles sur charbon pur	Zone
- 620.50		Toit du Houiller	
- 736.00 à - 736.05	*0.05*		inférieure
- 745.00 à - 746.14	1.14	23.8	»
- 802.25 à - 803.00	0.75	23.5 et 22.8	»
- 871.29 à - 872.09	0.80	21.9	
- 876.94 à - 877.84	0.90	21.3	
- 881.50 à - 881.75	*0.25*		
- 927.00		Fin du sondage.	

Sondage 12 (n° 56), à Hoelst (Baelen) (Belgique).

Niveau du sol + 30.00.

Niveau	Puissance en mètres	Teneur en matières volatiles sur charbon pur	Zone
- 757.75		Toit du Houiller	
- 801.20 à - 801.45	*0.25*	35.6	supérieure
- 812.90 à - 813.02	*0.12*		»
- 825.70 à - 826.75	0.80	33.5	»
- 838.70 à - 838.90	*0.20*	32.6	
- 839.25 à - 839.45	*0.20*	33.3	
- 846.25 à - 846.70	0.45	32.5	
- 937.40 à - 937.45	*0.05*		
- 947.25 à - 947.93	0.68	31.9 et 31.7	
- 964.75 à - 964.90	*0.15*	(34.0)	
- 1036.60 à - 1036.75	*0.15*		
- 1040.15 à - 1040.30	*0.15*		
- 1049.30 à - 1049.42	*0.12*		
- 1085.62		Fin du sondage.	

Sondage e1 (n° 29), à Pael (Belgique).

Niveau du sol + 29.50.

Niveau	Puissance en mètres	Teneur en matières volatiles sur charbon pur	Zone
- 575.50		Toit du Houiller	
- 594.75 à - 595.88	1.13	27.6	supérieure
- 663.70 à - 664.50	0.80	28.4 et 28.5	»
- 667.80 à - 668.40	0.60	27.3 et 28.2	»
- 668.85 à - 669.05	*0.20*		»
- 858.85 à - 859.75	0.90	*23.2*	inférieure
- 870.75 à - 872.00	1.25	*19.2*	»
- 892.80		Fin du sondage.	

Sondage c2 (n° 28), à Beeringen (Belgique).

Niveau du sol + 29.00.

Niveau	Puissance en mètres	Teneur en matières volatiles sur charbon pur	Zone
- 527.50		Toit du Houiller	
- 531.34 à - 531.54	*0.20*	*2.28*	supérieure
- 552.40 à - 552.52	*0.12*	*3.15*	»

(Belgique). —

Niveau du sol + 39.50.

	Toit du Houiller	
1.54	37.8 et 37.6	supérieure
0.35	(36.7)	»
0.85	(25.4) et 30.2	»
0.25		
0.45	36.3 et 35.8	
1.30	35.2 et 35.4	
0.20		
1.13	33.8 et 33.0	
1.10	32.7	
	Fin du sondage.	

dage **h1** (n° 62), à Heppen (Belgique).

Niveau du sol + 41.50.

	Toit du Houiller	
0.40	36.0	supérieure
0.20		»
0.75	38.5	»
0.80	20.1	
0.78	**20.5** et 35.8	
0.72	34.3 et **36.3**	
0.83	34.4	
0.46	34.3	
0.25		
1.09	34.9 et **37.0**	
1.10	36.4, 33.0 et 33.7	
0.83	34.8, **36.2**, 33.0 et **36.5**	
0.71	34.5, **32.7**	
0.86	33.7	
0.22		
0.60	32.0	
1.09	31.5, 34.0	
0.50	31.0	»
0.34	30.9	»
0.25	34.4	»
	Fin du sondage.	

Sondage a1 (n° 27), à Ubbersel (Heusden) (Belgique).

Niveau du sol + 32.50

Niveau	Puissance en mètres	Teneur en matières volatiles sur charbon pur	Zone
- 494.20		Toit du Houiller	
- 550.50 à - 551.25	0.75	26.4 et 26.8	supérieure
- 738.75 à - 739.40	0.65	24.5	inférieure
- 744.90 à - 745.40	0.50	23.0	»
- 750.70 à - 751.20	0.50	23.8	»
- 793.70 à - 794.00	*0.30*	*19.4*	
- 849.60 à - 850.00	0.40	24.6	
- 864.60 à - 865.00	0.40	18.8	
- 885.20 à - 885.50	*0.30*		
- 969.36		Fin du sondage.	

Sondage d2 (n° 48), à Coursel (Belgique).

Niveau du sol + 38.50

Niveau	Puissance en mètres	Teneur en matières volatiles sur charbon pur	Zone
- 570.50		Toit du Houiller	
- 580.70 à - 580.85	*0.15*	*43.3* et *42.6*	supérieure
- 581.80 à - 581.83	*0.03*		»
- 586.00 à - 586.75	0.75	36.3 et **37.5**	»
- 598.66 à - 599.61	0.87	37.3	
- 632.06 à - 632.91	0.85	40.6	
- 637.86 à - 638.11	*0.25*	*Bitume ?*	
- 638.31 à - 639.31	1.00	38.5	
- 644.01 à - 644.83	0.62	33.2	
- 659.26 à - 659.84	0.58	**35.8** et **37.1**	
- 678.71 à - 678.89	*0.18*	**37.4** et **32.5**	
- 679.04 à - 679.24	*0.20*	**44.2** et **40.5**	
- 702.91 à - 704.51	1.11	34.6	
- 710.96 à - 711.99	0.93	34.8	
- 715.46 à - 715.84	*0.38*	*37.4* et *31.2*	
- 728.56 à - 730.21	1.65	(34.7), 32.4 et 31.4	
- 731.26 à - 731.76	0.50	*34.2* et *31.5*	
- 748.34 à - 749.73	1.40	31.6 et **32.1**	
- 754.64 à - 754.84	*0.20*		
- 768.84 à - 770.54	1.00	33.9 et 33.1	
- 773.69 à - 774.14	0.45	*34.2* et *30.8*	
- 774.94 à - 775.54	0.60	33.7	
- 808.56 à - 808.64	*0.08*		
- 820.77 à - 821.36	0.52	*32.4* et *30.0*	
- 844.59 à - 846.39	1.33	31.1	
- 856.39 à - 856.71	*0.32*		
- 867.09		Fin du sondage	

Sondage Z1 (n° 22), à Zolder (Belgique).

Niveau du sol + 32.00

Niveau	Puissance en mètres	Teneur en matières volatiles sur charbon pur	Zone
- 473.00		Toit du Houiller	
- 544.50 à - 544.95	0.45	22.3	inférieure
- 549.30 à - 549.60	*0.30*		»

Niveau	Puissance en mètres	Teneur en matières volatiles sur charbon pur	Zone
- 593.85 à - 594.57	0.73	20.2	inférieure
- 607.90 à - 608.10	0.20		»
- 661.50 à - 662.10	0.60	23.0	»
- 719.18		Fin du sondage.	

Sondage e3 (n° 55) à Schans (Coursel) (Belgique).

Niveau du sol + 43.00.

Niveau	Puissance en mètres	Teneur en matières volatiles sur charbon pur	Zone
- 599.00		Toit du Houiller.	
- 610.40 à - 611.75	0.88	36.6	supérieure
- 621.15 à - 621.25	0.10	36.5	»
- 628.20 à - 628.40	0.20		»
- 679.30 à - 679.50	0.20		
- 708.10 à - 708.30	0.20		
- 710.90 à - 711.90	1.00	35.9	
- 741.60 à - 742.65	1.05	34.6	
- 743.80		Fin du sondage.	

Sondage Z2 (n° 26), à Bolderberg (Belgique).

Niveau du sol + 33.50.

Niveau	Puissance en mètres	Teneur en matières volatiles sur charbon pur	Zone
- 462.50		Toit du Houiller	
- 495.50 à - 495.60	0.10	20.0	inférieur
- 498.50 à - 498.65	0.15	18.8	»
- 551.50 à - 552.75	0.80	19.5	»
- 557.50 à - 557.90	0.40	18.0	
- 602.50 à - 603.22	0.72	18.6	
- 607.50 à - 608.10	0.60	17.2	
- 641.15 à - 641.85	0.70	16.8 Fin du sondage.	

Sondage b1 (n° 17), à Zolder (Belgique).

Niveau du sol + 40.00.

Niveau	Puissance en mètres	Teneur en matières volatiles sur charbon pur	Zone
- 508.10		Toit du Houiller	
- 509.30 à - 510.30	1.00	37.2 et **35.6**	supérieur
- 539.75 à - 540.15	0.40	31.4	»
- 543.38 à - 543.88	0.50	32.6	»
- 546.20 à - 546.85	0.65	35.0	
- 547.95 à - 548.10	0.15		
- 565.70 à - 565.90	0.20	**34.9**	
- 566.80 à - 566.90	0.10		
- 567.10 à - 567.20	0.10		
- 567.25 à - 567.35	0.10		
- 581.80 à - 582.60	0.80	**35.9**	
- 585.95 à - 586.30	0.35	30.0	
- 613.00 à - 614.10	0.90	35.2 et **32.8**	
- 620.50 à - 621.20	0.70	29.6	
- 621.60 à - 621.80	0.20		
- 643.80 à - 644.40	0.60	31.9	
- 655.20 à - 655.70	0.50	27.4	
- 666.20 à - 666.40	0.20	27.8	
- 669.90 à - 670.15	0.25	26.8 Fin du sondage	

;ondage **d8** (n° 23), à Voorter-Heide (Zolder) (Belgique).

Niveau du sol + 52.50.

Niveau	Puissance en mètres	Teneur en matières volatiles sur charbon pur	Zone
- 558.00		Toit du Houiller	
o à - 565.45	0.75	35.7	supérieure
o à - 576.15	1.10	36.8, 37,1 et 36.3	»
o à - 581.40	0.82	*35.0*	»
o à - 590.80	*0.30*	*35.0*	
o à - 601.70	0.40	*35.0*	
o à - 613.50	*0.20*		
o à - 633.50	0.60	35.1 et **46.5**	
o à - 638.30	*0.30*	*35.0*	
o à - 641.10	1.30	34.1 et **38.1**	
o à - 669.55	1.45	32.8	
o à - 684.20	*0.20*	*33.0*	
o à - 685.40	*0.20*	*33.0*	
o à - 686.80	*0.30*	*34.0*	
o à - 697.20	*0.30*	*34.4*	
o à - 721.35	1.45	33.6	
o à - 740.15	1.75	33.9	
o à - 750.50	0.50	*29.5*	
o à - 754.00	*0.30*		
o à - 785.30	1.40	*27.0* Fin du sondage	

Sondage **Y1** (n° 16), à Zonhoven (Belgique).

Niveau du sol + 40.50.

Niveau	Puissance en mètres	Teneur en matières volatiles sur charbon pur	Zone
- 433.50		Toit du Houiller	
o à - 444.58	*0.08*		inférieure
8 à - 446.18	*0.10*		»
o à - 451.90	0.40	*16.7*	»
o à - 471.45	0.65	17.8	
5 à - 516.49	0.64	17.5 et **16.0**	
o à - 572.00	0.80	16.9	
o à - 586.50	0.80	14.4	
o à - 676.75	*0.25*	*15.0* Fin du sondage	

Sondage **b2** (n° 7), à Houthaelen (Belgique).

Niveau du sol + 50.00

Niveau	Puissance en mètres	Teneur en matières volatiles sur charbon pur	Zone
- 505.30		Toit du Houiller	
o à - 512.70	*0.20*		supérieure
o à - 540.60	0.90	28.1	»
o à - 585.80	0.60	18.4 ?	»
o à - 603.80	1.80	26.0 et (28.7)	
o à - 626.50	0.70	25.3	
- 628.50		Fin du sondage.	

Sondage e4 (n° 19), à Helchteren (Belgique).

Niveau du sol + 65.00.

Niveau	Puissance en mètres	Teneur en matières volatiles sur charbon pur	Zone
- 575.50		Toit du Houiller	
- 576.50 à - 577.15	0.65	35.6	supérieure
- 582.15 à - 582.50	*0.35*	37.1	»
- 583.50 à - 583.70	*0.20*	38.2	»
- 602.60 à - 603.40	0.80	*40.0*	
- 678.90 à - 679.90	1.00	*46.5*	
- 698.85 à - 699.85	1.00	*43.0*	
- 778.75 à - 779.30	0.55	35.3 Fin du sondage	

Sondage X1 (n° 18), à Daalheide (Zonhoven) (Belgique).

Niveau du sol + 51.00.

Niveau	Puissance en mètres	Teneur en matières volatiles sur charbon pur	Zone
- 420.50		Toit du Houiller	
- 464.10 à - 464.45	*0.25*		moyenne
- 519.30 à - 519.70	0.40	22.3	inférieure
- 528.80 à - 529.50	0.70	Schiste, d'après l'Administration des mines	
- 542.30 à - 543.25	0.95	15.6	
- 705.25 à - 706.10	0.85	12.5	
- 706.40 à - 706.50	*0.10*		
- 722.10 à - 722.70	0.60	13.4	
- 724.44		Fin du sondage	

Sondage g1 (n° 60), à Kruys-Ven (Helchteren) (Belgique).

Niveau du sol + 74.00

Niveau	Puissance en mètres	Teneur en matières volatiles sur charbon pur	Zone
- 813.50		Toit du Houiller	
- 836.30 à - 837.20	0.90	**42.7**	supérieure
- 846.45 à - 847.80	1.35	(38.1)	»
- 860.25 à - 861.35	1.10	38.4 et 36.6	»
- 901.25 à - 902.68	1.43	38.2	
- 936.81		Fin du sondage.	

Sondage b3 (n° 47), à Kelgterhof (Houthaelen) (Belgique).

Niveau du sol + 75.00.

Niveau	Puissance en mètres	Teneur en matières volatiles sur charbon pur	Zone
- 512.05		Toit du Houiller	
- 514.04 à - 514.76	0.68	34.4 et 34.6	supérieure
- 529.43 à - 530.95	1.23	32.6 et 35.7	»
- 536.42 à - 536.57	*0.15*	*41.1* et *40.1*	»
- 568.56 à - 568.62	*0.06*	35.4	»
- 572.60 à - 572.93	*0.33*	33.2	
- 598.00 à - 599.65	1.46	35.8	

veau	Puissance en mètres	Teneur en matières volatiles sur charbon pur	Zone
- 604.78	0.13		supérieure
- 616.12	1.20	33.0 et 33.4	»
- 642.73	0.34	38.2	»
- 657.36	0.63	31.8	
- 657.98	0.10		
- 666.30	1.02	36.5, 35.0 et **37.0**	
- 705.61	1.63	34.8, **36.9**	
- 712.11	0.30	(33.4)	
- 724.73	0.18	35.7	
- 724.93	0.09		
- 744.78	0.39	34.6	
- 765.07	0.68	33.5	
- 775.37	0.50	34.5	
- 776.72	0.12		
- 795.90	0.75	32.1 et 31.6	
- 798.54	0.14		
12.05		Fin du sondage	

Sondage **e5** (n° 30), à Meeuwen (Belgique).

Niveau du sol + 79.00.

91.00		Toit du Houiller	
- 608.90	1.40	39.1	supérieure
- 679.95	0.55	32.0	»
- 683.85	0.30	37.6	»
- 774.75	0.40	39.9	
- 851.30	0.20		
- 917.54	0.54	Fin du sondage.	

ndage **b4** (n° 14), à Eikenberg (Meeuwen) (Belgique).

Niveau du sol + 82.00.

22.83		Toit du Houiller	
- 528.09	0.48	38.7	supérieure
- 554.35	0.96	41.8	»
- 583.70	0.51	36.8	»
- 598.39	0.51	38.2	
- 627.28	0.55	34.0	
- 654.21	0.25		
- 656.56	0.35		
- 681.91	0.30		
- 691.95	0.80	31.8	
- 695.78	0.53	36.2	
- 700.03	0.25		
- 705.38	0.18		
- 706.84	0.24		
- 716.04	0.24		
- 747.42	0.22		
- 748.40	0.20		»

Niveau	Puissance en mètres	Teneur en matières volatiles sur charbon pur
- 772.93 à - 774.00	1.07	35.1
- 784.96 à - 785.70	0.74	34.2
- 794.16 à - 794.64	0.48	*30.3*
- 817.97 à - 818.57	0.60	33.5
- 820.00		Fin du sondage.

Sondage X2 (n° 15), à Winterslag (Genck) (Belgique

Niveau du sol + 64.00.

- 402.00		Toit du Houiller
- 404.55 à - 405.28	0.55	
- 414.90 à - 415.45	0.55	30.1
- 445.60 à - 445.80	*0.20*	
- 457.80 à - 459.05	1.05	26.8
- 464.00 à - 465.00	1.00	25.5 et 26.6
- 474.30 à - 475.40	1.10	26.0
- 481.30 à - 481.90	0.60	25.4
- 490.00 à - 490.75	0.75	27.1
- 500.00 à - 501.05	0.80	*29.0*
- 510.80 à - 511.30	0.50	*27.1*
- 521.00 à - 521.45	0.45	*26.1*
- 536.00		Fin du sondage.

Sondage Y2 (n 13), à Genck (Belgique).

Niveau du sol + 81.50.

- 448.70		Toit du Houiller
- 483.45 à - 483.80	*0.35*	
- 487.65 à - 487.85	*0.20*	
- 496.30 à - 496.70	0.40	(38.0)
- 499.05 à - 499.50	0.45	35.7
- 505.20 à - 505.65	0.45	(35.0)
- 525.10 à - 526.18	1.08	35.3
- 527.20 à - 527.80	0.60	(38.3) Fin du sondage.

Sondage W1 (n° 12), à Gelieren (Genck) (Belgique)

Niveau du sol + 74.00.

- 382.00		Toit du Houiller
- 387.40 à - 388.75	0.90	(22.0)
- 438.60 à - 439.55	0.95	21.9
- 444.90 à - 445.90	1.00	22.5
- 477.80 à - 478.45	0.65	(23.0)
- 507.60 à - 508.10	0.50	20.0
- 526.00		Fin du sondage.

ge X3 (n° 4), à Waterscheid (Genck) (Belgique).

Niveau du sol + 78.00.

	Puissance en mètres	Teneur en matières volatiles sur charbon pur		Zone
		Toit du Houiller		
1.20	1.20	33.2 et 33.1		supérieure
7.95	1.05	(34.2)		»
7.30	0.70	33.4		»
9.20	0.70			
4.10	0.60	31.3		
3.40	0.60	31.5	Fin du sondage.	

e6 (n° 10), à Donderslag (Wyshagen) (Belgique).

Niveau du sol + 81.50.

		Toit du Houiller	
1.54	*0.26*	37.7	supérieure
3.80	*0.13*	35.1	»
5.53	1.27	39.2, 38.5 et 36.5	»
7.21	0.65	35.8	
5.11	0.46	39.4 et 35.0	
7.29	*0.27*	36.8	
3.78	1.78	36.3	
2.61	1.15	35.0 et 36.4	
5.87	*0.32*	34.6	
3.67	*0.20*	35.2	
5.48	*0.36*	35.4	
		Fin du sondage.	

Sondage Y3 (n° 8), à Asch (Belgique).

Niveau du sol + 76.00.

		Toit du Houiller	
6.00	*0.30*	34.3	supérieure
8.33	*0.10*		»
1.40	*0.32*	*38.0*	»
5.81	*0.15*		
7.74	0.54	37.4	
5.87	*0.32*	38.2	
3.60	*0.35*	36.2	
0.00	0.60	33.4	
		Fin du sondage.	

Sondage a2 (n° 9), à Op-Glabbeek (Belgique).

Niveau du sol + 79.00.

		Toit du Houiller	
2.55	*0.10*		supérieure
8.77	0.90	37.3	»
7.84	*0.07*		»

Niveau	Puissance en mètres	Teneur en matières volatiles sur charbon pu	Zone
- 529.08 à - 529.50	0.42	36.6	supérie-
- 540.75 à - 542.08	1.05	36.2	»
- 548.13 à - 548.25	*0.12*		»
- 556.44 à - 556.78	*0.34*	*38.0*	
- 567.37 à - 567.79	0.42	36.3	
- 585.38 à - 585.50	*0.12*		
- 586.20 à - 587.72	0.99	38.2	
- 590.25 à - 590.49	*0.24*		
- 641.00 à - 641.23	*0.23*	*40.0* Fin du sondage.	

Sondage Y4 (n° 2), à Asch (Belgique).

Niveau du sol + 77.00.

Niveau	Puissance en mètres	Teneur en matières volatiles sur charbon pu	Zone
- 444.00		Toit du Houiller	
- 462.80 à - 463.85	1.05	33.6	supér—
- 477.85 à - 478.10	*0.25*		
- 482.90 à - 483.40	0.50	*38.4*	
- 523.50 à - 525.70	2.20	34.0	
- 535.80 à - 536.50	0.44	*34.0* Fin du sondage.	

Sondage U1 (n° 61), à Sutendael (Belgique).

Niveau du sol + 92.50.

Niveau	Puissance en mètres	Teneur en matières volatiles sur charbon pu	Zone
- 329.60		Toit du Houiller	
- 334.95 à - 335.85	0.90	(**16.2**) et (17.4)	infé- ri
- 410.50 à - 410.85	*0.35*		»
- 518.10 à - 518.65	0.55	9.4	
- 618.90 à - 619.40	0.50		
- 792.75		Fin du sondage.	

Sondage Z3 (n° 1), à Asch (Belgique).

Niveau du sol + 74.00.

Niveau	Puissance en mètres	Teneur en matières volatiles sur charbon pu	Zone
- 458.20		Toit du Houiller	
- 467.00 à - 468.20	1.20	35.5	supérieure
- 477.40 à - 477.60	*0.20*		»
- 493.70 à - 493.80	*0.10*		»
- 500.05 à - 500.30	*0.25*		
- 501.55 à - 502.25	0.70	38.1	
- 511.10 à - 512.15	0.75	*34.2*	
- 518.80 à - 519.70	0.90	36.4	
- 557.00 à - 557.10	*0.10*		
- 574.50 à - 575.50	1.00	37.7	
- 576.30 à - 576.80	0.50	36.2	
- 577.60 à - 578.00	0.40	40.0 Fin du sondage.	

Sondage a3 (n° 3), à Niel (Belgique).

Niveau du sol + 66.00.

	Puissance en mètres	Teneur en matières volatiles sur charbon pur	Zone
5o		Toit du Houiller	
84.80	1.30	37.0	supérieure
90.10	0.80	35.1	»
35.35	1.70	35.7	»
55.10	0.70	35.0 Fin du sondage.	

ge b5 (n° 5), à Kattenberg (Op-Glabbeek) (Belgique).

Niveau du sol + 62.50.

5o		Toit du Houiller	
11.02	*0.32*	*45.3*	supérieure
20.94	0.96	*43.0*	»
24.99	0.69		»
36.65	0.60	*34.9*	
58.30	1.00	35.9 et 35.7	
90.62	1.15	(36.2)	
58		Fin du sondage	

Sondage W2 (n° 11), à Mechelen (Belgique).

Niveau du sol + 91.00.

5o		Toit du Houiller	
00.30	*0.20*		supérieure
20.73	0.53	25.3	»
36.33	*0.20*		»
63.00	1.57	*25.6*	
82.45	1.65	*24.6*	
91.96	0.56		
98.91	*0.16*		
00.71	0.56	Fin du sondage.	

Sondage Z4 (n° 24), à Lanklaer (Belgique).

Niveau du sol + 90.50.

10		Toit du Houiller	
64.98	0.49	35.6	supérieure
82.65	0.49	**33.0**	»
86.22	*0.32*		»
97.65	0.60	**38.3**	
00.75	1.20	33.2 et 39.3	
01.65	*0.30*		
19.40	*0.20*		
56.10	0.73	*33.6*	
68.25	*0.15*		
91.58	0.73		
52		Fin du sondage.	

Sondage U2 (n° 49), à Op-Grimby (Belgique).

Niveau du sol + 47.60.

Niveau	Puissance en mètres	Teneur en matières volatiles sur charbon pur	Zone
- 330.70		Toit du Houiller	
- 405.30 à - 405.55	0.25	6.0	inférieur
- 486.20 à - 486.25	0.05		»
- 487.25		Fin du sondage.	

Sondage V1 (n° 32), à Mechelen-sur-Meuse (Belgique).

Niveau du sol + 45.00.

Niveau	Puissance en mètres	Teneur en matières volatiles sur charbon pur	Zone
- 367.40		Toit du Houiller	
- 370.80 à - 371.00	0.20	17.7	inférieur
- 371.20 à - 371.30	0.10	17.0	»
- 415.20 à - 415.52	0.32	16.5	»
- 473.05 à - 473.25	0.20		»
- 477.75 à - 477.90	0.15		»
- 491.40 à - 491.80	0.40	14.8	»
- 597.10 à - 597.12	0.02		»
- 597.37 à - 597.40	0.03		»
- 597.80 à - 598.30	0.50	14.8	»
- 611.90 à - 611.94	0.04		
- 616.10 à - 616.16	0.06		
- 617.00 à - 617.04	0.04		
- 620.05 à - 620.65	0.56	13.8	
- 672.68 à - 673.32	0.64	9.9	
- 733.40 à - 733.51	0.11		»
- 751.20 à - 751.38	0.18		»
- 755.00		Fin du sondage.	

Sondage U3 (n° 51), au pont de Mechelen (Belgique).

Niveau du sol + 41.00.

Niveau	Puissance en mètres	Teneur en matières volatiles sur charbon pur	Zone
- 328.80		Toit du Houiller	
- 336.30 à - 336.70	0.40	(**16.1**)	inférieur
- 403.00 à - 403.15	0.15		»
- 420.45 à - 420.93	0.48	12.3 et 10.3	»
- 530.00		Fin du sondage.	

Faille de la Gulpe.

Sondage X4 (n° 21), à Eysden (Belgique).

Niveau du sol + 45.00.

Niveau	Puissance en mètres	Teneur en matières volatiles sur charbon pur	Zone
- 405.00		Toit du Houiller	
- 422.90 à - 424.35	1.33	24.8	supérieur
- 438.60 à - 439.05	0.45	25.4	»
- 443.95 à - 444.40	0.45	27.7	»
- 446.05 à - 446.72	0.54	24.2	

Niveau	Puissance en mètres	Teneur en matières volatiles sur charbon pur	Zone
o à - 449.28	*0.28*	*25.4*	supérieure
o à - 454.00	0.40	29.2	»
o à - 469.87	0.42	*28.0*	»
4 à - 471.56	0.48		
1 à - 473.16	*0.35*		
o à - 497.75	1.75	23.7 et **25.3**	
5 à - 521.48	*0.33*	(24.7)	
o à - 540.35	*0.35*	*21.3*	
5 à - 546.40	0.65	21.9	»
o à - 577.50	0.65	(21.6)	»
5 à - 646.05	0.40	*19.3*	inférieure
o à - 705.36	0.56	*19.3*	»
o à - 714.10	*0.20*		»
o à - 880.64	*0.34*		
8 à - 881 75	*0.17*		
5 à - 923.90	1.03	13.5	
- 955.00		Fin du sondage.	

Faille de la Geule.

Sondage **X5** (n° 63), à Eysdenbosch (Eysden) (Belgique).

Niveau du sol + 45.00.

Niveau	Puissance en mètres	Teneur en matières volatiles sur charbon pur	Zone
- 401.60		Toit du Houiller	
2 à - 422.32	*0.10*		supérieure
5 à - 440.25	1.10	32.6, 33.0, **32.5**	»
o à - 456.90	*0.10*		»
8 à - 465.28	*0.10*		»
2 à - 481.22	0.50	31.1	»
2 à - 488.52	*0.10*		»
o à - 518.82	0.72	29.3	
o à - 527.05	*0.15*		
5 à - 534.35	1.27	29.7	
o à - 548.30	1.00	29.4	
5 à - 560.70	*0.25*		
o à - 588.00	0.98	28.9 et 29.0	
5 à - 598.07	1.42	28.6	
o à - 599.45	*0.35*		
5 à - 600.25	*0.10*		
5 à - 637.03	1.48	26.7	
o à - 645.50	*0.10*		
o à - 659.40	*0.20*		
o à - 694.72	0.52	27.6 et 27.0	
- 703.00		Fin du sondage.	

Sondage **U4** (n° 42), à Rœteweide (Leuth) (Belgique).

Niveau du sol + 40.00.

Niveau	Puissance en mètres	Teneur en matières volatiles sur charbon pur	Zone
- 333.20		Toit du Houiller	
7 à - 376.52	0.65	27.4	supérieure
7 à - 394.09	2.02	26.5	»

0.05		
0.25		
0.08		
0.54	24.0	
1.17	24.3 et 24.0	
0.10		
0.15		
1.00	23.8	
0.10		
0.83	20.4	
0.85	23.3	
0.18		
1.37	22.0	
0.67	22.0	
0.15		
0.10		
0.08		
1.17	20.2	
0.30	Fin du sondage.	

8 (nº 67), à **Aalbeek (Hulsberg) (Pays-Bas)**.

Niveau du sol + 120.00.

	Toit du Houiller	
0.12	*6.0*	inférie
0.08		»
0.39	*6.0*	»
0.47	5.5	
	Fin du sondage.	

...au	Puissance en mètres	Teneur en matières volatiles sur charbon pur	Zone
- 519.73	0.53	36.6, **39.1**	supérieure
- 533.80	0.45	40.1, **41.9**	»
- 542.20	*0.20*	*36.2*	»
- 545.40	*0.20*	*34.4*	
- 548.75	0.45	38.5	
- 564.65	. 0.60	36.5	
- 569.10	*0.20*		
- 634.80	1.05	37.4 et 36.3	
- 636.10	*0.10*		
- 636.85	*0.35*		
- 653.15	0.75	35.6	
- 664.48	*0.18*		
- 685.65	*0.15*		
- 689.35	0.45		
- 702.25	*0.25*		
- 711.30	*0.25*		
- 734.65	*0.15*		
- 735.85	*0.15*		
- 744.68	0.43	*29.9*	
- 749.60	0.60	32.9	
...4.50		Fin du sondage.	

...dage **M4** (n° 55), à Welde (Wijnandsrade) (Pays-Bas).

Niveau du sol + 83.50.

...25.50		Toit du Houiller	
- 129.56	*0.20*		inférieure
- 136.90	0.40		»
- 154.07	1.10	*9.5*	»
- 157.95	*0.20*	*7.0*	
- 159.25	*0.35*	*7.0*	
- 331.61	*0.31*		
...3.42		Fin du sondage.	

...ge **H1** (n° 41), à Bosschenhuisen (Simpelveld) (Pays-Bas).

Niveau du sol + 125.00.

...43		Toit du Houiller	
17.95	0.45	*5.1*	inférieure
...4.00		Fin du sondage.	

Faille de Bocholtz.

...ondage **c3** (n° 65), à Vossenberg (Dilsen) (Belgique).

Niveau du sol + 55.00.

...43.15		Toit du Houiller	
- 553.15	*0.25*		supérieure
- 609.40	1.25	39.1	»

Niveau	Puissance en mètres	Teneur en matières volatiles sur charbon pur	Zone
- 632.82 à - 633.85	1.03	38.7	supérieure
- 641.38 à - 642.90	1.52	39.1	»
- 648.46 à - 652.24	3.58	28.8. 35.6 et 31.6	»
- 658.40 à - 660.10	1.70	36.6. Fin du sondage.	

Sondage **Z5** (n° 46), à Lanklaer (Belgique).

Niveau du sol + 36.50.

- 455.50		Toit du Houiller	
- 467.44 à - 469.10	0.77	40.3 et 38.8	supérieure
- 479.56 à - 479.88	*0.32*	40.5 et **47.1**	»
- 479.91 à - 479.96	*0.05*		»
- 484.13 à - 485.43	1.07	37.3 et **42.6**	
- 495.12 à - 495.37	*0.25*	40.4	
- 503.97 à - 504.77	0.80	40.2 et **41.5**	
- 509.42 à - 509.67	*0.25*	38.2	
- 510.17 à - 510.27	*0.10*		
- 511.35 à - 511.82	0.47	40.2	
- 533.36 à - 533.97	0.50	**40.2** et **42.8**	
- 535.84 à - 536.52	0.50	38.9 et 38.1	
- 567.53 à - 568.10	0.53		
- 571.30 à - 571.74	0.44	*37.3* et *43.1*	
- 665.19		Fin du sondage.	

Sondage **X6** (n° 45), à Meeswyck (Belgique).

Niveau du sol + 38.00.

- 402.00		Toit du Houiller	
- 403.00 à - 403.85	0.85	38.2	supérieure
- 422.50 à - 424.20	1.40	35.9	»
- 463.70 à - 464.08	*0.38*	**39.1**	»
- 466.40 à - 467.51	1.11		
- 471.30 à - 472.13	0.83	35.8	
- 473.35 à - 474.00	0.65	37.4	
- 475.15 à - 475.55	0.40	Fin du sondage.	

Sondage **V2** (n° 33), à Maaselhoven (Leuth) (Belgique).

Niveau du sol + 40.00.

- 352.00		Toit du Houiller	
- 382.45 à - 382.60	*0.15*	31.4	supérieure
- 408.03 à - 409.30	1.27	29.6, **28.6**	»
- 414.55 à - 415.95	1.05	28.7	»
- 426.00 à - 426.25	*0.25*		
- 427.90 à - 429.00	1.00		
- 431.60 à - 432.10	0.50		
- 458.95 à - 460.21	1.16	27.2	
- 470.15 à - 471.38	1.23	27.2	

Niveau	Puissance en mètres	Teneur en matières volatiles sur charbon pur	Zone
5 à - 473.95	0.30		supérieure
5 à - 487.90	0.65		»
5 à - 505.65	0.20		»
5 à - 508.21	1.06	25.8	
5 à - 513.85	0.40	24.4 Fin du sondage.	

Sondage U6 (n° 78), à Urmond (Pays-Bas).

Niveau du sol + 45.00.

Niveau	Puissance en mètres	Teneur en matières volatiles sur charbon pur	Zone
- 343.50		Toit du Houiller	
0 à - 360.00	0.40	29.8	supérieure
4 à - 362.24	0.50		»
0 à - 380.45	1.35		»
5 à - 396.68	0.43		
0 à - 404.26	0.26		
0 à - 433.35	0.35		
0 à - 445.60	0.60		
0 à - 459.35	0.85	34.0 et 34.8	
0 à - 471.26	0.76		
0 à - 479.90	0.20		
- 487.40		Fin du sondage.	

Sondage U5 (n° 77), à Stein (Pays-Bas).

Niveau du sol + 35.00.

Niveau	Puissance en mètres	Teneur en matières volatiles sur charbon pur	Zone
- 329.00		Toit du Houiller	
0 à - 339.10	0.80	30.9	supérieure
0 à - 343.98	0.28		»
0 à - 361.58	0.08		»
0 à - 377.17	0.07		
0 à - 415.14	0.54		
0 à - 468.73	0.93		
6 à - 486.80	1.54		
- 487.20		Fin du sondage.	

Sondage R1 (n° 74), à Krawinkel (Geleen) (Pays-Bas).

Niveau du sol + 70.00.

Niveau	Puissance en mètres	Teneur en matières volatiles sur charbon pur	Zone
- 252.00		Toit du Houiller	
6 à - 270.00	0.44	23.0	supérieure
0 à - 361.70	5.50		inférieure
- 369.00		Fin du sondage.	

Sondage Q1 (n° 76), à Roodhuis (Elsloo) (Pays-Bas).

Niveau du sol + 76.00.

Niveau	Puissance en mètres	Teneur en matières volatiles sur charbon pur	Zone
- 246.50		Toit du Houiller	
- 261.54 à - 261.90	*0.36*		supérieure
280.27 à - 280.80	0.53	Fin du sondage.	»

Sondage O1 (n° 52), à Hœve (Spaubeek) (Pays-Bas).

Niveau du sol + 67.00.

Niveau	Puissance en mètres	Teneur en matières volatiles sur charbon pur	Zone
- 193.60		Toit du Houiller	
- 253.16 à - 253.36	*0.20*		inférieure
- 269.89 à - 269.96	*0.07*		»
- 348.99 à - 349.61	0.62		»
- 363.44 à - 363.80	*0.36*	*8.7*	
- 366.79 à - 367.11	*0.32*		
- 373.29		Fin du sondage.	

Sondage M5 (n° 43), à Kamp (Nuth) (Pays-Bas).

Niveau du sol + 68.40.

Niveau	Puissance en mètres	Teneur en matières volatiles sur charbon pur	Zone
- 143.10		Toit du Houiller	
- 160.75 à - 160.81	*0.06*		inférieure
- 244.17 à - 245.74	1.17	*9.7*	»
- 384.15 à - 385.15	1.00		»
- 404.61		Fin du sondage.	

Sondage L1 (n° 48), à Kasteel (Wijnandsrade) (Pays-Bas).

Niveau du sol + 72.80.

Niveau	Puissance en mètres	Teneur en matières volatiles sur charbon pur	Zone
- 117.70		Toit du Houiller	
- 159.30 à - 160.35	0.95	*8.0*	inférieure
- 168.90 à - 169.10	*0.20*		»
- 195.45 à - 195.63	*0.18*		»
- 213.35 à - 213.73	*0.38*		
- 258.69 à - 259.26	0.57		
- 272.75 à - 273.82	0.95	*5.0*	
- 281.96 à - 282.91	0.95	*4.8*	
- 345.64 à - 345.97	*0.33*		
- 346.02		Fin du sondage.	

Sondage L2 (n° 28), à Hœve-Oude-Bongart (Wijnandsrade) (Pays-Bas).

Niveau du sol + 89.00.

Niveau	Puissance en mètres	Teneur en matières volatiles sur charbon pur	Zone
- 110.76		Toit du Houiller	
- 118.62 à - 119.29	0.67		inférieure
- 125.00		Fin du sondage.	

Sondage L3 (n° 20), à Weustenrade (Klimmen) (Pays-Bas).

Niveau du sol + 85.00.

Niveau	Puissance en mètres	Teneur en matières volatiles sur charbon pur	Zone
- 118.37		Toit du Houiller	
- 133.32 à - 134.56	1.24	Fin du sondage.	inférieure

Sondage J2 (n° 26), à Hœve-Lindelauf (Vœrendaal) (Pays-Bas).

Niveau du sol + 93.00.

Niveau	Puissance en mètres	Teneur en matières volatiles sur charbon pur	Zone
- 52.31		Toit du Houiller	
— 143.72 à - 145.93	2.21		inférieure
- 146.24		Fin du sondage.	

Sondage F3 (n° 45), à Weg-Bocholtz (Simpelveld) (Pays-Bas).

Niveau du sol + 157.00.

Niveau	Puissance en mètres	Teneur en matières volatiles sur charbon pur	Zone
+ 27.80		Toit du Houiller	
— 7.61 à - 8.01	0.40	4.9	inférieure
- 153.80		Fin du sondage.	

Sondage D1 (n° 7), à Dorp (Bocholtz) (Pays-Bas).

Niveau du sol + 177.00.

Niveau	Puissance en mètres	Teneur en matières volatiles sur charbon pur	Zone
+ 89.25		Toit du Houiller	
+ 82.55 à + 80.65	1.90	Fin du sondage.	inférieure

Faille de Richterich.

Sondage W3 (n° 50), à Dilsen (Belgique).

Niveau du sol + 36.00.

Niveau	Puissance en mètres	Teneur en matières volatiles sur charbon pur	Zone
- 382.30		Toit du Houiller	
- 407.70 à - 408.05	*0.35*	(38.4)	supérieure
- 464.45 à - 464.65	*0.20*		»
- 472.45 à - 473.00	0.55	36.5	»
- 531.75 à - 532.40	0.55		
- 539.85 à - 541.25	1.40	38.1 et 38.2	
- 547.60 à - 548.20	0.55	35.4	
- 556.75 à - 558.40	1.40	37.5	
- 614.00		Fin du sondage.	

ndage U7 (n° 52), à Stockheim (Belgique).

Niveau du sol + 36.oo.

	Puissance en mètres	Teneur en matières volatiles sur charbon pur	Zone
		Toit du Houiller	
62	0.07	35.7	supérieu
79	0.09	34.8	»
95	0.68	37.5 et (**41.7**)	»
45	0.05	37.1 et 36.1	
28	0.08	38.8	
90	0.17	38.2 et 37.9	
32	0.12		
68	0.40	39.2	
40	0.10	35.9	
16	0.28		
50	1.00	36.4 et **38.2**	
38	0.28	39.5	
67	0.17	39.1	
26	0.19		
29	0.14	38.5	
41	0.81	36.5	
84	0.24	38.5	
68	0.18	37.2	
52	0.12		
36	0.20	35.4	
42	0.62	36.5 et 37.8	
93	0.06		
30	0.05		
16	0.06		
66	0.20	39.6	
10	0.10		
04	0.19	34.9	
90	0.20	36.4	
75	0.15	35.1	
38	0.78	34.6 et 33.4	
99	0.16	37.4	
91	0.19	35.4	
88	0.20	33.5	
69	0.19	33.8	
77	0.17	34.1	
15	0.85	33.3	
55	0.65	34.0	
25	0.10	34.6	
57	0.67	32.1	
57	0 77	31.6	
		Fin du sondage.	

2 (n° 73), à Wetschenheuvel (Urmond) (Pays-Bas).

Niveau du sol + 55.oo.

		Toit du Houiller	
14	0.24	29.6	supérieure

Niveau	Puissance en mètres	Teneur en matières volatiles sur charbon pur	Zone
- 311.20 à - 311.87	0.67	31.8	supérieure
- 359.84 à - 360.79	0.74	37.2	»
- 365.60		Fin du sondage.	

Sondage P2 (n° 72), à Lutterade (Geleen) (Pays-Bas).

Niveau du sol + 58.00.

- 218.35		Toit du Houiller	
- 242.25 à - 242.98	0.73	31.4	supérieure
- 247.15 à - 248.37	1.22		»
- 265.70 à - 266.02	0.32		»
- 391.00 à - 391.96	0.71		
- 396.52		Fin du sondage.	

Sondage P3 (n° 71), à Daniken (Geleen) (Pays-Bas).

Niveau du sol + 57.00.

- 224.00		Toit du Houiller	
- 232.00 à - 232.45	0.45	26.9	supérieure
- 249.00 à - 249.55	0.55	34.4	»
- 259.40 à - 259.60	0.20	34.4	»
- 263.00		Fin du sondage.	

Sondage N3 (n° 61), à Huis-Schinnen (Schinnen) (Pays-Bas).

Niveau du sol + 65.00.

- 161.50		Toit du Houiller	
- 164.34 à - 166.12	1.27	11.0	inférieure
- 186.42 à - 187.35	0.83		»
- 284.30 à - 284.76	0.46	9.0	»
- 374.50		Fin du sondage.	

Sondage N4 (n° 46), à Breijnder (Schinnen) (Pays-Bas).

Niveau du sol + 70.00.

- 159.90		Toit du Houiller	
- 175.60 à - 177.31	1.31	18.4	inférieure
- 217.15 à - 219.45	1.85		»
- 260.20 à - 260.56	0.36		»
- 290.25 à - 290.30	0.05		
- 315.18 à - 315.96	0.78		
- 332.70		Fin du sondage.	

Sondage L4 (n° 40), à Hœve-Laarhof (Wijnandsrade) (Pays-Bas).

Niveau du sol + 72.12.

- 117.21		Toit du Houiller	
- 117.36 à - 117.60	0.24		inférieure
- 122.28 à - 122.34	0.06		»

Niveau	Puissance en mètres	Teneur en matières volatiles sur charbon pur	Zone
- 122.48 à - 123.63	0.71	*13.8* et *15.0*	inférieure
- *160.27 à - 160.28*	*0.01*		»
- 173.28 à - 174.85	1.57	*10.8*, *13.0* et *13.1*	»
- *208.09 à - 208.24*	*0.15*		
- 296.36 à - 297.34	0.98	*8.8* et *13.2*	
- 298.67 à - 299.34	0.67	*7.9*	
- 309.22		Fin du sondage.	

Sondage F4 (n° 17), à Wettershuisje (Heerlen) (Pays-Bas).

Niveau du sol + 103.00.

+ 26.60		Toit du Houiller	
+ *16.19 à + 15.87*	*0.32*		inférieur
- 0.35 à - 0.95	0.60		»
- 1.32		Fin du sondage.	

Sondage E2 (n° 13), à Onderste-Locht (Heerlen) (Pays-Bas).

Niveau du sol + 167.00.

+ 70.24		Toit du Houiller	
+ 68.85 à + 65.89	0.96	Fin du sondage.	inférieur

Sondage D2 (n° 5), à Gracht (Kerkrade) (Pays-Bas).

Niveau du sol + 156.00.

+ 96.30		Toit du Houiller	
+ 87.95 à + 86.15	1.80		inférieur
+ 83.50		Fin du sondage.	

Faille de Rukker.

Sondage M6 (n° 47), à Wolfshagen (Schinnen) (Pays-Bas).

Niveau du sol + 73.50.

- 141.50		Toit du Houiller	
- *149.75 à - 150.00*	*0.25*		supérieure
- 150.82 à - 151.62	0.80	25.5 et *24.6*	»
- 187.40 à - 188.28	0.67		»
- 188.78 à - 189.26	0.48	*17.2*	
- 196.80		Fin du sondage.	

Sondage L5 (n° 59), à Vaesrade (Nuth) (Pays-Bas).

Niveau du sol + 85.00.

- 117.00	Toit du Houiller		
- 204.70 à - 205.33	0.63		supérieure
- 235.00 à - 235.45	0.45		»
- 246.70 à - 247.29	0.59		»
- 274.50	Fin du sondage.		

Sondage L6 (n° 56), à Kasteel (Amstenrade) (Pays-Bas).

Niveau du sol + 101.80.

Niveau	Puissance en mètres	Teneur en matières volatiles sur charbon pur	Zone
- 123.20		Toit du Houiller	
63.24 à - 165.16	1.92	*24.2*, *26.0* et *22.5*	supérieure
68.60 à - 168.65	*0.05*		»
97.28 à - 199.01	1.73	*24.3* et *24.2*	»
15.49 à - 216.59	1.10	*24.8* et *26.1*	
25.42 à - 226.72	1.30	*23.7*, *24.0* et *21.8*	
- 227.51		Fin du sondage.	

Sondage K2, à Hœnsbrœk (Heerlen) (Pays-Bas).

Niveau du sol + 109.00.

Niveau	Puissance en mètres	Teneur en matières volatiles sur charbon pur	Zone
- 88.00		Toit du Houiller	
-86 à - 97.05	*0.15*		supérieure
1.94 à - 102.46	0.52		»
1.40 à - 111.83	0.43		»
23.30 à - 124.12	0.82		»
9.45 à - 130.81	1.36		»
0.00 à - 190.05	*0.05*		moyenne
1.30 à - 252.20	0.90		inférieure
92.68 à - 293.08	0.40		»
95.45 à - 297.20	0.75		»
97.93 à - 298.83	0.45		
- 303.50		Fin du sondage.	

Sondage K1 (n° 50), à Overbrœk (Hœnsbrœk) (Pays-Bas).

Niveau du sol + 76.30.

Niveau	Puissance en mètres	Teneur en matières volatiles sur charbon pur	Zone
- 98.70		Toit du Houiller	
01.70 à - 101.90	*0.20*		inférieure
15.20 à - 115.60	0.40		»
17.70 à - 117.90	*0.20*		»
29.65 a - 130.00	*0.30*		
48.65 à - 149.86	1.21	*16.4* et *15.6*	
50.70 à - 151.40	0.70	*16.4*	
61.94 à - 162.39	0.45		
65-94 à - 166.42	0.48	*17.5*	
69.24 à - 169.54	*0.30*		
74.70 à - 175.30	0.60	*18.2*	
85.14 à - 186.76	1.11	*16.9*	
12.34 à - 213.54	1.20		
16.52 à - 216.82	*0.30*		
17.84 à - 218.61	0.77	*11.9*	
- 226.35		Fin du sondage.	

: J3 (n° 30), à Kopjesmolen (Heerlen) (Pays-Bas).

Niveau du sol + 81.00.

Puissance en mètres	Teneur en matières volatiles sur charbon pur	Zone
	Toit du Houiller	
0.10		inférieure
0.60	*15.0*	»
	Fin du sondage.	

4 (n° 29), à Koningsbeeind (Heerlen) (Pays-Bas).

Niveau du sol + 81.00.

Puissance en mètres	Teneur en matières volatiles sur charbon pur	Zone
	Toit du Houiller	
0.39		inférieure
	Fin du sondage.	

H3 (n° 25), à Huskenweide (Heerlen) (Pays-Bas).

Niveau du sol + 88.00.

Puissance en mètres	Teneur en matières volatiles sur charbon pur	Zone
	Toit du Houiller	
1.40		inférieure
	Fin du sondage.	

c **G1** (n° 35), à Zeswegen (Heerlen) (Pays-Bas).

Niveau du sol + 109.00.

	Puissance en mètres	Teneur en matières volatiles sur charbon pur	Zone
		Toit du Houiller	
i2	*0.15*		inférieure
o	*0.25*		»
)	0.40	*14.0*	»
	0.03		
	0.95	*12.0*	
	0.52		
	1.08	*11.0*	
		Fin du sondage.	

2 (n° 34), à Kempkensweg (Heerlen) (Pays-Bas).

Niveau du sol + 110.00.

Puissance en mètres	Teneur en matières volatiles sur charbon pur	Zone
	Toit du Houiller	
0.30		inférieure
0.20		»
1.29	*15.0*	»
0.44		
0.40		
0.35		
	Fin du sondage.	

Sondage **F6** (n° 22), à Hœve-Carisborg (Heerlen) (Pays-Bas).

Niveau du sol + 132.00.

Niveau	Puissance en mètres	Teneur en matières volatiles sur charbon pur	Zone
+ 30.90		Toit du Houiller	
.50 à - 15.90	1.40		inférieure
- 16.62		Fin du sondage.	

Sondage **E3** (n° 18), à Aan-de-Kook (Heerlen, (Pays-Bas).

Niveau du sol + 154.00.

Niveau	Puissance en mètres	Teneur en matières volatiles sur charbon pur	Zone
+ 64.75		Toit du Houiller	
8.05 à + 57.53	0.52		inférieure
5.56 à + 54.62	0.94	Fin du sondage.	»

ondage **E4** (n° 11), à Onder-Speckholz (Kerkrade) (Pays-Bas).

Niveau du sol + 157.00.

Niveau	Puissance en mètres	Teneur en matières volatiles sur charbon pur	Zone
+ 61.83		Toit du Houiller	
1.10 à + 60.34	0.76		inférieure
58.66 à + 57.46	1.20		»
+ 55.58		Fin du sondage.	

Sondage **C1** (n° 6), à Speckholzerheide (Kerkrade) (Pays-Bas).

Niveau du sol + 150.00.

Niveau	Puissance en mètres	Teneur en matières volatiles sur charbon pur	Zone
+ 101.03		Toit du Houiller	
94.76 à + 94.66	*0.10*		inférieure
75.58 à + 73.01	2.57		»
+ 72.81		Fin du sondage.	

Faille d'Uersfeld.

Sondage **a5** (n° 64), à Rothem (Belgique).

Niveau du sol + 36.00.

Niveau	Puissance en mètres	Teneur en matières volatiles sur charbon pur	Zone
- 1135.00		Toit du Houiller	
146.65 à - 1147.25	0.60	37.1	supérieure
153.40 à - 1154.20	0.80	36.9	»
166.30 à - 1167.15	0.85	34.3	»
- 1175.30		Fin du sondage.	

Sondage **V3** (n° 85), à Limbricht (Pays-Bas).

Niveau du sol + 50.00.

Niveau	Puissance en mètres	Teneur en matières volatiles sur charbon pur	Zone
- 620.30		Toit du Houiller	
47.90 à - 648.63	0.73	*26.6* et *32.2*	supérieure
55.45 à - 655.95	0.50	*22.7* et *36.2*	»
81.45 à - 682.07	0.62	*24.3* et *31.3*	»
- 685.60		Fin du sondage.	

Sondage S2 (n° 64), à Windraek (Muenstergeleen) (Pays-Bas).

Niveau du sol + 110.00.

Niveau	Puissance en mètres	Teneur en matières volatiles sur charbon pur	Zone
- 283.55		Toit du Houiller	
- 293.16 à - 293.86	0.70	*30.5*	supérieu
- 305.30 à - 306.10	0.73		»
- 335.06 à - 335.36	*0.30*		»
- 336.21 à - 336.39	*0.18*		
- 338.43		Fin du sondage.	

Sondage S1 (n° 44), à Puth (Schinnen) (Pays-Bas).

Niveau du sol + 98.00.

Niveau	Puissance en mètres	Teneur en matières volatiles sur charbon pur	Zone
- 296.00		Toit du Houiller	
- 321.60 à - 321.80	*0.20*		supérieu
- 323.01 à - 323.93	0.63	22.2	»
- 324.90 à - 325.00	*0.10*		»
- 326.35 à - 326.77	0.42		
- 336.50 à - 337.55	0.94		
- 347.00		Fin du sondage.	

Sondage Q2 (n° 66), à Huis-Dœnraede (Oirsbeek) (Pays-Bas).

Niveau du sol + 111.00.

Niveau	Puissance en mètres	Teneur en matières volatiles sur charbon pur	Zone
- 245.50		Toit du Houiller	
- 256.67 à - 257.32	0.52		supérieu
- 267.42 à - 267.67	*0.25*		»
- 282.90 à - 283.18	*0.28*	*34.0*, *37.4* et *40.0*	»
- 283.48 à - 283.53	*0.05*		
- 296.99 à - 297.30	*0.31*		
- 303.73 à - 303.93	*0.20*		
- 318.33 à - 318.48	*0.15*		
- 318.58 à - 318.80	*0.22*		
- 320.96 à - 321.21	*0.25*		
- 333.00		Fin du sondage.	

Sondage P4 (n° 49), à Gracht (Oirsbeek) (Pays-Bas).

Niveau du sol + 76.70.

Niveau	Puissance en mètres	Teneur en matières volatiles sur charbon pur	Zone
- 213.40		Toit du Houiller	
- 217.40 à - 217.50	*0.10*		supérieure
- 233.88 à - 234.08	*0.20*	*35.8*	»
- 250.04 à - 251.19	0.91	*36.0* et *34.4*	»
- 260.02 à - 260.43	0.41		
- 264.69 à - 265.33	0.64		
- 271.23 à - 271.60	*0.37*		
- 278.30 à - 278.96	0.56	*34.3* et *32.9*	
- 290.08		Fin du sondage.	

Sondage N6 (n° 33), à Heerlerheide (Heerlen) (Pays-Bas).

Niveau du sol + 92.00.

Niveau	Puissance en mètres	Teneur en matières volatiles sur charbon pur	Zone
- 151.96		Toit du Houiller	
.82 à - 175.07	1.25	*21.0*	supérieure
- 175.55		Fin du sondage.	

dage G8 (n° 36), à Aan-de-Spoorlijn (Nieuwenhagen) (Pays-Bas).

Niveau du sol + 125.42.

Niveau	Puissance en mètres	Teneur en matières volatiles sur charbon pur	Zone
+ 16.05		Toit du Houiller	
ɔ à - 10.32	0.62	*12.0*	inférieure
54 à - 47.23	1.59	*9.3*	»
- 82.83		Fin du sondage.	

Sondage D4 (n° 8), à Winselaar (Kerkrade) (Pays-Bas).

Niveau du sol + 156.00.

Niveau	Puissance en mètres	Teneur en matières volatiles sur charbon pur	Zone
+ 75.57		Toit du Houiller	
.30 à + 68.08	1.22		inférieure.
+ 66.08		Fin du sondage.	

Sondag D8 (n° 10), à Chèvremont (Kerkrade) Pays-Bas).

Niveau du sol + 154.63.

Niveau	Puissance en mètres	Teneur en matières volatiles sur charbon pur	Zone
+ 84.43		Toit du Houiller	
.28 à + 78.72	0.56		inférieure
.78 à + 72.43	*0.35*		»
+ 47.63		Fin du sondage.	

Sondage D5 (n° 9), à Kaalheide (Kerkrade) (Pays-Bas).

Niveau du sol + 141.00.

Niveau	Puissance en mètres	Teneur en matières volatiles sur charbon pur	Zone
+ 87.63		Toit du Houiller	
2.62 à + 80.85	1.77		inférieure
1.20 à + 70.26	0.59		»
3.25 à + 62.63	0.52		»
4.20 à + 53.40	0.80		
+ 51.88		Fin du sondage.	

Sondage D6 (n° 4), à Wiebach (Kerkrade) (Pays-Bas).

Niveau du sol + 130.64.

Niveau	Puissance en mètres	Teneur en matières volatiles sur charbon pur	Zone
+ 94.19		Toit du Houiller	
9.18 à + 88.86	*0.32*		inférieure
7.41 à + 67.29	*0.12*		»
0.64 à — 58.34	2.30	Fin du sondage.	»

2.00		» [illegible]

Fin du sondage.

Faille de Dœnraede.

84), à l'E. de Watersleijhof (Sittard) (Pays-B[illegible]

Niveau du sol + 95.00.

Toit du Houiller

0.50	*30.7* et *32.2*	supéri[illegible]
0.64	*31.3* et *33.6*	» [illegible]
0.60	*36.6*	» [illegible]
0.61	*35.3*	[illegible]
0.50	*35.0*	[illegible]

Fin du sondage.

Sondage **U8**, à Hillensberg (Allemagne).

Niveau du sol + 98.00.

Niveau	Puissance en mètres	Teneur en matières volatiles sur charbon pur	Zone
- 327.30		Toit du Houiller	
- 330.30 à - 330.70	0.40		supérieure
- 366.79 à - 368.25	0.86		»
- 376.33 à - 378.03	0.90		»
- 388.80 à - 389.42	0.62		
- 407.70 à - 409.00	1.30		
- 412.70 à - 413.70	1.00		
- 424.07 à - 425.67	1.10		
- 431.15 à - 432.58	0.73		
- 475.37		Fin du sondage.	

Sondage **U8 bis**, à Hillensberg (Allemagne).

Niveau du sol + 80.00.

Niveau	Puissance en mètres	Teneur en matières volatiles sur charbon pur	Zone
- 327.00		Toit du Houiller	
- 329.00 à - 329.60	0.60		supérieure
- 344.00		Fin du sondage.	

Sondage **S3** (n° 63), à Groot-Dœnraede (Oirsbeek) (Pays-Bas).

Niveau du sol + 115.00.

Niveau	Puissance en mètres	Teneur en matières volatiles sur charbon pur	Zone
- 281.00		Toit du Houiller	
- 284.00 à - 285.10	1.05 ?		supérieure
- 308.00 à - 308.25	*0.25*		»
- 321.88 à - 322.28	0.40	*36.5*	»
- 334.38 à - 334.98	0.48	*35.2*	
- 339.68 à - 340.08	0.40		
- 346.82		Fin du sondage.	

Sondage **Q3** (n° 57), à Bovenste-Hof (Merkelbeek) (Pays-Bas).

Niveau du sol + 75.00.

Niveau	Puissance en mètres	Teneur en matières volatiles sur charbon pur	Zone
- 228.57		Toit du Houiller	
- 228.57 à - 228.87	*0.30*		supérieure
- 247.73 à - 248.83	0.98	*35.1*	»
- 256.90 à - 257.10	*0.20*		»
- 280.00 à - 280.25	*0.25*		
- 290.52 à - 290.92	0.40		
- 303.98 à - 305.01	0.65		
- 306.10 à - 306.20	*0.10*		
- 309.80 à - 309.90	*0.10*		
- 310.72 à - 310.87	*0.15*		
- 313.80 à - 314.00	*0.20*		
- 332.00 à - 332.88	0.73	*32.9*	
- 377.60 à - 377.80	*0.20*		
- 378.00 à - 378.12	*0.12*		
- 380.62 à - 381.39	0.69		
- 391.88 à - 392.16	*0.28*		
- 395.50		Fin du sondage.	

Niveau du sol + 152.77.

Toit du Houiller

9	1.20	*12.1*	inférieure

Fin du sondage.

G4 (nº 12), à Dorp (Eygelshoven) (Pays-Bas).

Niveau du sol + 112.33.

Toit du Houiller

0.66	inférieure
0.69	»

Fin du sondage.

(nº 15), à Beerenbusch (Kerkrade) (Pays-Bas).

Niveau du sol + 136.34.

Toit du Houiller

1.04	inférieure

Fin du sondage.

Faille Feldbiss.

1º 37), à Grœnstraat (Ubach-over-Worm) (Pays-Bas).

Niveau du sol + 136.83.

Toit du Houiller

7	0.97	*21.7* et *18.8*	inférieure
9	0.95	*12.5* et *16.2*	»

Fin du sondage.

Faille Sandgewand.

Au début de nos études, alors que nous ne possédions de renseignements que sur un petit nombre de sondages et que les résultats des analyses de houille entreprises sous les auspices de l'Administration des mines, n'étaient pas encore connus, nous avions considéré comme possible le classement des couches de charbon de la Campine d'après leur teneur en matières volatiles et nous avions tenté de continuer, vers l'Ouest, le tracé superficiel des limites des zones établies par l'un de nous dans le Limbourg hollandais [1]. Mais la multiplication du nombre des recherches, la précision et la comparabilité des résultats d'analyses obtenus par M. Meurice, ne tardèrent pas à nous montrer les difficultés d'une semblable entreprise ; en même temps, nous acquérions la conviction que les résultats d'un travail de l'espèce sont fort aléatoires, à cause de la variabilité même de la teneur en gaz de chaque faisceau de couches d'un point à un autre.

Devions-nous donc rejeter *a priori* ces résultats d'analyses et nous appuyer uniquement, pour la détermination des zones, sur la richesse en charbon des différents niveaux de la formation houillère? La même difficulté se serait présentée alors ; car, d'une façon générale, cette richesse elle-même est loin d'être constante, ainsi que l'on peut en juger par la comparaison des coupes de sondages publiées précédemment.

Heureusement, si cette variabilité est manifeste pour la région supérieure de la formation houillère, elle est loin d'être aussi évidente pour sa région inférieure, et il existe même, vers la partie moyenne, une zone caractérisée, dans l'ensemble du bassin, par l'absence complète de couche de houille exploitable et la très grande rareté des veinettes, zone que l'on retrouve dans le Limbourg néerlandais, et que nous avons renseignée, dans les coupes, sous la notation *IIb*.

Il faut cependant se garder de considérer la puissance de

[1] A. HABETS. Le bassin houiller du Limbourg hollandais. *Rev. univ. des mines*. 3e série, t. LVI. pl. VII, 1901.

M. LOHEST, A. HABETS et H. FORIR. Etude géologique des sondages exécutés en Campine et dans les régions avoisinantes. *Ann. Soc. géol. de Belg.*, t. XXX, pl. I, 1903.

nous désignerons sous le nom de *zone stérile* [1]
nstante en tous les points, et de vouloir synchro
le territoire étudié, les couches qui la limitent
ne en dessous.
son épaisseur atteint 152m70 au sondage d'Oolen
lui de Gheel **l1**, 146m40 à celui de l'écluse n° 7 à
m50 à celui de Genendyck **f3**, sondages où son
été rencontré.
Zittaert **i1**, où elle semble avoir été entièrement
que dans les suivants, sa puissance est de 103m02 ;
189m80 à celui de Pael **e1**, de 95m01 à celui de
de 187m50 à celui d'Ubberseel **a1**, de 68m15 à la
den **X4**, de 85m90 à celle de Krawinkel (Pays-Bas)
elle de Hœnsbrœk (Pays-Bas) **K2** et de 100m93 au
rijversheide (Pays-Bas) **L8**. Le pourcentage en
es des rares veinettes qu'elle renferme n'a été
ce dernier sondage où il a été trouvé de 23.6 %,
effectuée par les soins du sondeur.
voit par ce qui précède, cette zone stérile
, sans grande difficulté, depuis l'ouest de la
dans le Limbourg hollandais, et elle constitue un
n que l'on retrouve encore dans des recherches
s que nous avons citées. C'est cette zone que nous
nt sur la carte (pl. I) que sur les coupes qui accom-
il (pl. II à XII).

* * *

llère, inférieure à cette stampe stérile, est carac-
pauvreté en couches de houille, rarement inter-
s schisteux et par leur faible teneur en matières
e ne dépasse nulle part 26.0 %. Les couches sont
re assez nombreuses au voisinage de la stampe
les s'espacent de plus en plus à mesure que l'on
même temps que leur teneur en gaz diminue forte-
ance moyenne des soixante-huit traversées de

s avoir été les premiers à faire connaître l'existence de
e 21 décembre 1902, et avoir attiré l'attention sur son
la détermination de la stratigraphie de la formation
de la Campine.

couches exploitables rencontrées en Belgique est de 0^m69, tandis que celle des quatre-vingt-cinq recoupes de strates du Limbourg hollandais est de 1^m00. Il résulte de cette constatation, que l'épaisseur des couches-de combustible augmente de l'Ouest à l'Est.

Il en est de même de la richesse en charbon ; en effet, sur les 4 364^m89 de terrain houiller, appartenant à cette zone inférieure, traversés par les sondages de la Campine, on n'a rencontré que 55^m05 de combustible, dont 46^m96 exploitables, ce qui donne, par 100 mètres de terrain houiller, 1^m26 de charbon total et 1^m08 de houille exploitable seulement.

Dans le Limbourg hollandais, 4 210^m15 de formation houillère inférieure à la zone stérile ont été reconnus par les forages ; ils ont donné 95^m30 de charbon, dont 85^m10 exploitables, ce qui dénote une teneur en houille de 2^m26 par 100 mètres de terrain, teneur qui se réduit à 2^m02, si l'on n'envisage que les couches d'une épaisseur supérieure à 0^m40.

Une particularité de cette partie du terrain houiller mérite d'attirer l'attention. Dans deux forages exécutés dans le Limbourg hollandais, à Welde (Wijnandsrade) **M4** et à Kasteel (Wijnandsrade) **L1**, nous avons cru reconnaître, dans la description des roches donnée par le sondeur, le passage de l'arkose [1] que l'on a prise pour sommet de la formation houillère inférieure, dans la *Légende de la Carte géologique de la Belgique à l'échelle du 40 000ᵉ*, arkose à laquelle on a donné la notation *H1c*. Cette roche, à Welde, serait comprise entre les niveaux de -258.10 et de -266.16 ; elle est décrite sous les noms de « Grès quartziteux extraordinairement » dur » et de « Psammite quartziteux très dur » et se trouve à 102 mètres en dessous d'une veinette de charbon contenant 7.0 % de matières volatiles.

A Kasteel, le « Grès avec poudingue » que nous assimilons à cette arkose *H1c*, est compris entre les niveaux de -285.34 et de -294.75 ; il se trouve 2^m44 plus bas qu'une couche de houille contenant 4.8 % de matières volatiles.

La partie de la formation houillère supérieure à la zone stérile est de beaucoup la plus importante de la Campine au point de vue

(1) Cette arkose est généralement désignée sous le nom de poudingue, expression qui nous paraît impropre, étant donnée la composition même de la roche.

industriel, et c'est celle qui a été le mieux explorée. La teneur du charbon en matières volatiles n'y descend pas en dessous de 20.2 % au forage de Rœteweide **U4** et atteint 47.1 % au sondage de Lanklaer **Z5**. D'une façon générale, on peut dire que, dans chaque recherche, cette teneur diminue avec la profondeur, si l'on écarte les premières couches rencontrées sous les morts terrains, couches dans lesquelles le pourcentage d'hydrocarbures est inférieur à celui des strates plus profondes ; mais la décroissance de cette teneur est faible, de sorte que le raccordement des faisceaux rencontrés dans des recherches même voisines devient impossible, étant donné que la teneur de chaque couche varie également d'un point à un autre. Cependant, l'on peut admettre que la richesse en charbon est plus considérable vers la partie moyenne de cette zone et vers son sommet, que dans sa région inférieure.

Dans la partie moyenne et dans la partie supérieure également, les veinettes sont extrêmement nombreuses et la plupart des couches de houille sont interstratifiées de lits schisteux. On y constate fréquemment aussi que, au milieu d'une série de lits charbonneux dont la teneur en matières volatiles décroît normalement de haut en bas, apparaissent brusquement des couches à pourcentage de gaz notablement supérieur à celui des lits avoisinants. MM. P. Fourmarier et A. Renier ont attribué ces variations à l'existence, à certains niveaux, de *cannel-coal* et de lits schisteux extrêmement riches en matières volatiles.

Dans les 7 178^{m}21 de terrain appartenant à cette zone, explorés en Campine, on a recoupé, outre de nombreuses veinettes, 262 fois des couches de houille de plus de 0^{m}40 de puissance ; l'épaisseur totale de charbon rencontrée est de 262^{m}38, dont 233^{m}33 sont exploitables : il en résulte que la puissance moyenne des couches dont le déhouillement peut être économiquement effectué est de 0^{m}89 et que l'épaisseur moyenne de charbon, par cent mètres de terrain houiller, est de 3^{m}66, chiffre qui se réduit à 3^{m}11, lorsque l'on ne considère que les couches ayant plus de 0^{m}40 de puissance.

Les chiffres sont un peu moins élevés pour le Limbourg hollandais, où l'on ne paraît avoir reconnu, jusqu'à présent, que les parties inférieure et moyenne de cette zone houillère supérieure. On n'y a exploré que 1 896^{m}68 d'épaisseur de terrain, ayant fourni 73 rencontres de couches exploitables. L'épaisseur totale de charbon reconnue est de 62^m72; celle de houille exploitable, de 54^m60 et la teneur en matières volatiles y a varié de 17.2 % à Wolfshagen **M6**, à 40.0 % à Huis-Dœnraede **Q2**. On peut en déduire que l'épaisseur moyenne des couches n'y dépasse pas 0^m75 et que cette formation houillère supérieure contient, par cent mètres d'épaisseur, 3^m30 de charbon dont 2^m88 exploitables.

Nous ne croyons pas utile d'indiquer en chiffres les présomptions relatives à l'épaisseur de la zone inférieure et de la zone supérieure de la formation houillère, ces présomptions étant trop hypothétiques ; nous nous bornerons à renvoyer, sous ce rapport, aux coupes figurées dans les planches II à XII.

Nous avons résumé, dans le tableau suivant, les renseignements fournis par tous les forages dont les résultats nous sont connus, en les classant de l'Ouest à l'Est, tout en tenant compte des failles reconnues dans la formation houillère.

Notation des sondages	ZONE INFÉRIEURE						ZONE STÉRILE				ZONE SUPÉRIEURE					
	Houiller traversé	Charbon total	Charbon exploitable	Matières volatiles %	Charbon total sur 100m de terrain	Charbon exploitable sur 100m de terrain	Houiller traversé	Charbon	Matières volatiles %	Charbon total sur 100m de terrain	Houiller traversé	Charbon total	Charbon exploitable	Matières volatiles %	Charbon total sur 100m de terrain	Charbon exploitable sur 100m de terrain
j1	139.97	2.05	2.05	19.2-(20.3)	1.46	1.46										
p1	132.20	0.63	0	(13.2)-(12.7)	0.48	0										
f1	345.05	2.87	2.87	16.6-(26.0)	0.83	0.83	14.70	0		0						
f2	137.65	1.55	1.30	25.1	1.13	0.94	46.25	0.05		0.11						
c1	257.25	1.32	0.95	22.8-23.6	0.51	0.37	4.45	0		0						
j2	51.25	2.50	2.35	21.9-22.3	4.88	4.59	152.70	0		0						
l1	350.70	5.57	4.45	20.7-25.5	1.59	1.27	118.10	0		0						
n1	13.80	0.90?	0.70?	?	6.52?	5.07?	146.40	0		0						
i1	0.10	0.10	?	?	?	?	103.02	0		0	79.28	0.60	0	28.5-(33.5)	0.76	0
f3	191.00	3.89	3.59	21.3-23.8	2.04	1.88	115.50	0		0						
l2											327.87	3.57	2.18	31.5-35.6	1.09	0.67
e1	40.95	2.15	2.15	19.2-23.2	5.25	5.25	189.80	0		0	93.55	2.73	2.53	27.3-28.5	2.92	2.71
c2	47.89	1.53	1.40	18.1-23.0	3.19	2.92	95.01	0		0	323.02	2.83	2.16	22.1-31.5	0.88	0.67
e2											100.00	7.17	6.37	32.7-37.8	7.17	6.37
h1											195.00	12.88	11.52	30.9-38.5 (1)	6.61	5.91
a1	230.61	3.05	2.45	18.8-24.6	1.32	1.06	187.50	0		0	57.05	0.75	0.75	26.4-26.8	1.31	1.31
d2											296.59	13.95	12.16	30.0 à 44.2	4.70	4.10
Z1	175.28	2.27	1.77	20.2-22.3	1.30	1.01	71.50	0		0						
e3											144.80	3.63	2.93	34.6 à 36.6	2.51	2.02
Z2	146.35	3.47	3.22	16.8-20.0	2.30	2.20	33.00	0		0						
b1											162.05	7.70	6.05	26.8-37.2	4.75	3.73
d3											227.30	13.62	11.52	27.0-37.1 (2)	5.99	5.07
Y1	243.25	3.72	3.29	14.4-17.8	1.53	1.35										
b2											123.20	4.20	4.00	25.3-28.7 (3)	3.41	3.25
e4																
X1	205.14	3.60	3.50	12.5-22.3	1.75	1.71					203.80	4.55	4.00	35.3-38.2 (4)	2.23	1.96
g1							98.80	0.25		0.25						
b3											[illegible]	[illegible]	[illegible]	[illegible]	[illegible]	[illegible]

W1	[illegible]						0.40	0		0			0			
X9											130.40	4.85	4.85	31.3-34.2	3.72	3.72
e6											289.90	7.21	5.67	34.6-39.4	2.49	1.96
Y3											183.70	2.68	1.14	33.4-38.2	1.46	0.62
a2											152.53	5.00	3.78	36.2-40.0	3.28	2.48
Y4											92.50	4.44	4.19	33.6-38.4	4.80	4.53
U1	463.15	2.30	1.95	9.4-(17.4)	0.50	0.42										
Z3											119.80	6.10	5.45	34.2-40.0	5.09	4.55
a3											71.60	4.50	4.50	35.0-37.0	6.28	6.28
b5											84.98	4.72	4.40	34.9-45.3	5.55	5.18
W2											111.21	5.43	4.87	24.6-25.3	4.88	4.38
Z4											134.52	5.21	4.24	33.0-39.3	3.87	3.15
U2	156.55	0.30	0	6.0	0.19	0										
V1	387.60	3.55	2.10	9.9-17.7	0.92	0.54										
U3	201.20	1.03	0.88	10.3-16.1	0.51	0.44										

Faille de la Gulpe.

X4	309.35	2.70	1.99	13.5-19.3	0.87	0.64	68.15			0	172.50	8.43	7.12	21.3-29.2	4.89	4.13

Faille de la Geule.

X5											301.40	10.54	8.99	26.7-33.0	3.50	2.98
U4											228.20	14.57	12.98	20.2-27.4	6.38	5.69
M3	485.60	1.06	0.47	5.5-6.0	0.22	0.10										
J1	106.13	0	0		0	0										
I1	112.84	1.10	1.10	?	0.97	0.97										
E1	23.66	0	0		0	0										

(1) Une couche a une teneur accidentelle de 20.1.

(2) Une analyse révèle une teneur de 46.1 et une autre, une teneur de 38.1 °/o en matières volatiles.

(3) Une analyse révèle une teneur de 18.4 °/o en matières volatiles.

(4) Des analyses privées renseignent des teneurs de 40.0, 43.0 et 46.5 °/o en matières volatiles.

(5) Une analyse renseigne 25.3 °/o de matières volatiles sur charbon brut.

Notation des sondages	ZONE INFÉRIEURE						ZONE STÉRILE				ZONE SUPÉRIEURE					
	Houiller traversé	Charbon total	Charbon exploitable	Matières volatiles °/°	Charbon total sur 100m de terrain	Charbon exploitable sur 100m de terrain	Houiller traversé	Charbon	Matières volatiles °/°	Charbon total sur 100m de terrain	Houiller traversé	Charbon total	Charbon exploitable	Matières volatiles °/°	Charbon total sur 100m de terrain	Charbon exploitable sur 100m de terrain
Faille de Bosschenhuisen.																
a4											280.80	9.72	7.54	29.9-41.9	3.46	2.68
M4	227.92	2.56	1.50	7.0-9.5	1.12	0.66										
H1	53.57	0.45	0.45	5.1	0.84	0.84										
Faille de Bocholtz.																
c3											116.95	10.01	9.76	28.8-39.1	8.56	8.35
Z5											209.69	6.05	5.08	37.3-47.1	2.89	2.42
X6											73.55	5.62	5.24	37.4-39.1	7.64	7.12
V2											161.85	9.22	8.32	24.4-31.4	5.70	5.14
U6											143.90	5.70	4.89	29.8-34.8	3.96	3.40
U5											158.20	4.24	3.81	30.9	2.68	2.41
R1	15.10	5.50	5.50	?	36.42	36.42	85.90	0		0	18.00	0.44	0.44	23.0	2.44	2.44
Q1											34.30	0.89	0.53	?	2.59	1.55
O1	179.69	1.57	0.62	8.7	0.87	0.35										
M5	261.51	2.23	2.17	9.7	0.85	0.83										
L1	228.32	4.51	3.42	4.8-8.0	1.98	1.50										
L2	14.24	0.67	0.67	?	4.71	4.71										
L3	16.19	1.24	1.24	?	7.65	7.65										
J2	93.93	2.21	2.21	?	2.35	2.35										
I2	43.00	0	0		0	0										
H2	12.00	0	0		0	0										
F2	21.06	0	0		0	0										
F8	181.60	0.40	0.40	4.9	0.27	0.27										
D1	8.60	1.90	1.90	?	22.09	22.09										

P8											39.00	1.20	1.00	26.9-34.4	3.08	2.56
N3	213.00	2.56	2.56	9.0-11.0	1.20	1.20										
N4	172.80	4.35	3.94	18.4	2.52	2.28										
L4	192.01	4.39	3.93	7.9-15.0	2.29	2.05										
F4	27.92	0.92	0.60	?	3.30	2.15										
F5	45.02	0	0		0	0										
E2	4.35	0.96	0.96	?	19.77	19.77										
D2	12.80	1.80	1.80	?	14.06	14.06										

Faille de Rukker.

M6											57.30	2.20	1.95	17.2-25.5	3.84	3.40
L5											157.50	1.67	1.67	?	1.06	1.06
L6											104.31	6.10	6.05	21.8-26.1	5.85	5.80
K2	52.20	2.50	2.50	?	4.79	4.79	100.49	0.05	?	0.05	62.81	3.28	3.13	?	5.22	4.98
K1	127.65	8.22	6.92	11.9-18.2	6.44	5.42										
J3	13.04	0.70	0.60	15.0	5.37	4.60										
J4	20.39	0.39	0	?	1.91	0										
H3	42.04	1.40	1.40	?	3.33	3.33										
G1	88.52	3.38	2.95	11.0-14.0	3.82	3.33										
G2	112.09	2.98	2.13	15.0	2.57	1.90										
F6	47.52	1.40	1.40	?	2.95	2.95										
E3	10.13	1.46	1.46	?	14.41	14.41										
E4	6.25	1.96	1.96	?	31.36	31.36										
C1	28.22	2.67	2.57	?	9.46	9.11										

Faille d'Uersfeld.

a5											40.30	2.25	2.25	34.3-37.1	5.58	5.58
V3											65.30	1.85	1.85	31.3-36.2	2.83	2.83
S2											54.88	1.91	1.43	30.5	3.48	2.61
S1											51.00	2.29	1.99	22.2	4.49	3.90
Q2											87.50	2.23	0.52	34.0-40.0	2.55	0.59
P4											76.68	3.19	2.52	32.9-36.0	4.16	3.29
N6											23.59	1.25	1.25	21.0	5.30	5.30
G3	98.88	2.21	2.21	9.3-12.0	2.24	2.24										
F7	12.46	0	0		0	0										
D4	9.49	1.22	1.22		12.86	12.86										

Notation des sondages	ZONE INFÉRIEURE						ZONE STÉRILE				ZONE SUPÉRIEURE					
	Houiller traversé	Charbon total	Charbon exploitable	Matières volatiles %	Charbon total sur 100m de terrain	Charbon exploitable sur 100m de terrain	Houiller traversé	Charbon	Matières volatiles %	Charbon total sur 100m de terrain	Houiller traversé	Charbon total	Charbon exploitable	Matières volatiles %	Charbon total sur 100m de terrain	Charbon exploitable sur 100m de terrain
D8	36.80	0.91	0.56	?	2.47	1.52										
D5	35.75	3.68	3.68	?	10.29	10.29										
D6	35.85	2.74	2.30	?	7.64	6.42										
D7	5.90	1.40	1.40	?	23.73	23.73										
D3	289.91	4.48	3.93	6.6	1.55	1.36										
C2	80.55	3.86	3.86	?	4.79	4.79										
Faille de Dœnraede.																
V4											57.80	2.85	2.85	30.7-36.6	4.93	4.93
U8											148.07	6.91	6.91	?	4.67	4.67
U8bis											17.00	0.60	0.60	?	3.53	3.53
S3											65.82	2.53	2.28	35.2-36.5	3.84	3.46
Q3											166.93	5.35	3.45	32.9-35.1	3.20	2.07
L8	47.15	1.85	1.10	21.9-25.4	3.92	2.33	100.93	0.83	23.6	0.83	16.82	1.41	1.41	22.7-26.7	8.38	8.38
I3	79.60	1.20	1.20	12.1	1.51	1.51										
G4	27.00	1.35	1.35	?	5.00	5.00										
E6	112.57	1.04	1.04	?	0.92	0.92										
Faille Feldbiss.																
L9	37.33	1.92	1.92	12.5-21.7	5.14	5.14										
Faille Sandgewand.																

***

Occupons-nous maintenant de la tectonique de la formation houillère. Celle-ci forme-t-elle un synclinal unique, dont le pendage se fait uniformément vers le Nord, ou bien ce synclinal est-il compliqué d'ondulations secondaires, comparables à celles du grand bassin westphalien ? La comparaison de la carte (pl. I) et des coupes SE.-NW. (pl. II à VI) va nous permettre de faire connaître les présomptions que l'on peut déduire des recherches effectuées dans le nord de notre pays.

Vers la partie occidentale, on constate nettement, dans les coupes XIV (pl. VI), XIII, XII et XI (pl. V), l'existence de deux synclinaux peu profonds, séparés par un anticlinal très surbaissé et cette disposition est mieux caractérisée encore sur la carte (pl. I). Le synclinal septentrional et l'anticlinal ne peuvent être suivis vers l'Est, où ils passeraient au nord de toutes les recherches effectuées dans cette partie de la Campine.

Cependant, dans le lambeau de Houiller compris entre les failles de Bocholtz et de Richterich, lambeau qui *paraît* avoir subi un refoulement vers le Sud, une indication du passage de l'anticlinal est fournie par la comparaison des sondages de Vossenberg c8, de Lanklaer **Z5** et de Meeswijck **X6**. Les teneurs en matières volatiles des houilles rencontrées dans la première et la dernière de ces recherches sont, en effet, fort semblables, tandis que celles des charbons de Lanklaer leur sont notablement supérieures. Cette indication est vague, évidemment, et insuffisante pour permettre des conclusions formelles, mais il ne nous a pas paru inutile de la signaler.

Dans le Limbourg néerlandais, un synclinal plus méridional encore que celui du sud de la Campine semble indiqué, en plusieurs points, par la comparaison des teneurs en matières volatiles des couches reconnues dans les sondages effectués entre le passage présumé de deux failles voisines [1] ; malheureusement, les analyses de charbon y sont peu nombreuses et ont été effectuées par des personnes différentes, peut-être même à l'aide de méthodes différentes, de sorte que l'on ne peut les comparer les unes aux autres qu'avec une extrême réserve.

[1] Il en est ainsi entre les failles de Bocholtz et de Richterich, entre cette dernière et celle de Rukker, puis entre celle-ci et celle d'Uersfeld.

Quoi qu'il en soit, il semble que les couches de houille reconnues tant en Campine que dans le Limbourg néerlandais appartiennent à trois synclinaux distincts, dont le plus septentrional ne serait connu que vers l'extrémité ouest du Limbourg et dans la province d'Anvers, région où la zone stérile a un très grand développement superficiel et est bordée au Nord et au Sud par la zone pauvre inférieure.

Le synclinal situé au midi du premier comprendrait la plus grande partie des recherches de la Campine et les sondages effectués au nord du Limbourg hollandais ; c'est surtout la partie médiane de ce bassin qui aurait été explorée.

Enfin, le synclinal le plus méridional occuperait la région sud du Limbourg néerlandais et n'aurait fait reconnaître, jusqu'à présent, que la partie de la formation houillère, inférieure à la zone stérile.

Le retour des couches vers le Nord, indiqué par les forages de Gheel **11** et de l'écluse n° 7 de cette localité **n1**, fait prévoir cependant l'existence, vers Anvers, d'un quatrième bassin, plus septentrional encore, et qui n'a, jusqu'à présent, donné lieu à aucune recherche.

Il est presque banal de répéter ce qui a été proclamé partout, à savoir que, dans toute la Campine, comme dans tout le territoire hollandais exploré, le pendage du terrain houiller est très faible ; cependant, et cela ne paraît pas avoir été signalé jusqu'à présent, il semble augmenter vers le Sud, à partir du voisinage de l'affleurement de la zone stérile, et l'inclinaison des couches paraît s'accroître encore à proximité du Calcaire carbonifère. Il ne faudrait cependant pas considérer comme exactes les pentes indiquées sur nos coupes et cela pour plusieurs raisons. Ces coupes sont, tout d'abord, obliques par rapport à la direction du bassin, ce qui a pour effet de diminuer la pente ; ensuite, l'échelle des hauteurs est quatre fois plus grande que celle des longueurs, ce qui produit l'effet contraire ; enfin, les limites des trois zones que nous avons distinguées ont été obtenues en réunissant par des droites les points d'observation, alors que les limites réelles sont vraisemblablement courbes et ondulées entre ces points. Nos tracés ne peuvent donc être considérés que comme un schéma donnant une idée approximative de l'allure des couches.

***

Ainsi que l'on peut le constater clairement par l'examen des oupes et de la carte, l'hypothèse de l'existence de failles dans le Iouiller n'est nullement nécessaire à l'ouest de la ligne brisée éunissant les sondages du pont de Mechelen **U3**, de Mechelen-sur-Meuse **V1**, de Lanklaer **Z4**, de Kattenberg **b5** et de Gruitrode **g2**. Il faut cependant faire une exception en ce qui concerne les deux forages d'Asch **Y3, Y4**, dont le premier paraît avoir exploré une partie de la formation houillère supérieure à celle rencontrée dans le second (voir coupe L, pl. IX). Le pendage des couches renseigné dans la plus occidentale de ces recherches étant de 0° à 1° et celui indiqué dans la plus orientale étant de 4°, il paraît impossible de concilier les résultats obtenus dans chacune, sans admettre, entre les deux, soit un pli brusque qui ne se manifeste ni d'un côté ni de l'autre, soit, plus probablement, une faille normale dont on ne constate cependant aucune trace à la surface du terrain houiller, laquelle se trouve à la même cote de niveau de part et l'autre. Cette fracture se serait donc produite entre la période houillère et le dépôt des couches crétacées et la dénivellation superficielle à laquelle elle aurait donné lieu, aurait été nivelée par l'érosion dans le même intervalle de temps.

Mais il en est tout différemment au delà de la ligne brisée indiquée précédemment ou, plus exactement, au delà de la première cassure dont l'existence a été révélée par l'examen du relief souterrain du Primaire, cassure à laquelle nous avons donné le nom de *faille de la Gulpe*. La formation houillère *semble* avoir été rejetée fortement vers le Sud entre cette *faille* et celle *de Bosschenhuisen* ; des déplacements dans le même sens peuvent encore être constatés entre cette dernière fracture et la *faille de Richterich*, entre celle-ci et la *faille de Rukker*, entre cette dernière et la *faille d'Uersfeld* (1) et enfin entre celle-ci et la *faille*

(1) Nous devons signaler quelques erreurs de dessin qui se sont produites ns la carte (pl. I) et dans les coupes. Le sondage **X1** a été placé erroné-ent tout entier dans la zone inférieure, alors que son sommet nous parait partenir à la zone moyenne, stérile. Les limites de ces deux zones doivent nc être reculées quelque peu vers le Sud entre les sondages **Y1** et **X2**, r la carte et sur les coupes XI (pl. V) et M (pl. VIII). De même, la zone périeure et la zone moyenne, stérile, ont été omises entre les failles de ukker et d'Uersfeld ; cette dernière zone est comprise entre les sondages 7 et **K2** au Nord et **K1** au Sud ; enfin, le Calcaire carbonifère a été olongé indûment à l'est de la faille Sandgewand.

de Dœnraede. Au delà de la fracture citée en dernier lieu et jusque la *faille Feldbiss*, le terrain houiller *semble*, au contraire, avoir été déplacé légèrement vers le Nord.

La formation houillère ne nous est pas connue plus vers l'Est, où elle n'a guère été explorée que sur le territoire allemand. Cependant, le sondage de Grœnstraat **L9**, compris entre la Feldbiss et la *Sandgewand* paraît encore appartenir à la zone inférieure, la teneur en matières volatiles des deux couches qui y ont été rencontrées étant comprise entre 12.5 et 21.7 °/o.

CHAPITRE V.

Pétrographie et paléontologie de la formation houillère.

Deux spécialistes liégeois, fonctionnaires du Corps des mines, MM. P. Fourmarier et A. Renier, ont fait une étude détaillée des roches et des fossiles houillers retirés des sondages de la Campine. Nous résumerons ici leur manière de voir, publiée, avec plus de développements, dans les *Annales des mines de Belgique*, t. VIII, 4e livraison et dans les *Annales de la Société géologique de Belgique*, t. XXX, pp. M 499 et suivantes.

PÉTROGRAPHIE.

Comme dans toutes les régions avoisinantes, la formation houillère est presque exclusivement constituée par des schistes, des psammites, des grès et des couches de houille.

Les *schistes* prédominent de beaucoup ; ils sont soit très purs, soit siliceux, soit charbonneux ou bitumineux, et alors, partiellement combustibles ; leur teinte varie du noir au gris très clair ; ils sont presque toujours micacés.

Les *psammites* sont aussi très bien représentés, surtout la variété zonaire, constituée par une alternance de bandes minces de psammite et de schiste plus ou moins siliceux ; fréquemment, ils présentent une stratification entrecroisée, qui rend suspectes les inclinaisons mesurées sur ces roches, comme aussi sur les grès.

Les *grès* sont presque toujours feldspathiques et passent à l'arkose ; ils sont ordinairement de couleur claire, grise ou blanchâtre ; cependant, on en trouve de gris foncé. Leur dureté est variable ; tantôt, ils sont très compacts, tantôt, ils paraissent à peine cimentés. Les uns sont à éléments grossiers, comme au sondage de Kattenberg **b5**, les autres sont à grain fin et passent au quartzite, comme aux forages d'Op-Glabbeek **a2**, de Vlimmeren **p1** et de Lanklaer **Z5**, où la surface des carottes est polie par le rodage.

Les *houilles* sont mal connues, car ce n'est qu'exceptionnellement qu'elles ont donné des carottes ; presque toujours, elles ont été recueillies à l'état de boues, ne permettant guère qu'un essai chimique. Il résulte de celui-ci, que le bassin de la Campine renferme toute la série connue des charbons, depuis les houilles à longue flamme, contenant au maximum 47.1 % de matières volatiles, jusqu'aux houilles maigres, à 6 % de gaz, au minimum.

Quatre échantillons, cependant, ont fait l'objet de recherches microscopiques de M. C.-Eg. Bertrand, de Lille. Le premier provient d'une veinette rencontrée entre les niveaux de -510.70 et de -511.02, au sondage de Kattenberg **b5**; le deuxième et le troisième échantillon ont été recueillis, l'un à Lanklaer **Z5**, entre les niveaux de -503.97 et de -504.77, l'autre à Meeswyck **X6**, de -422.50 à -424.20. Tous trois sont des charbons humiques, rappelant les houilles sporo-polliniques, ou *cannel-coals*, du bassin méridional, franco-belge.

Le quatrième spécimen étudié, recueilli à Eikenberg **b4**, au niveau de -578.00, est un schiste bitumineux, très différent du schiste à ostracodes de Liévin (Pas-de-Calais).

Le fait que les trois seuls échantillons de houille dont il a été possible de tirer des préparations sont des *cannel-coals* (*gayet* des mineurs borains) n'a rien de surprenant, ce *gayet*, plus résistant que la houille proprement dite, donnant seul des témoins au rodage. Ainsi s'explique la teneur en matières volatiles, moindre pour les boues, que pour les morceaux provenant d'une même couche.

Le passage de la houille au schiste bitumineux n'est pas rare, d'après MM. Fourmarier et Renier. Un échantillon de cette dernière roche, récolté à Kattenberg **b5**, a révélé à l'analyse 21 % de matières volatiles et 71 % de matières fixes.

Enfin, et c'est là une circonstance dont il n'y a pas lieu de se réjouir, le grisou existerait dans le nord de notre pays ; un dégagement de ce gaz, d'une durée d'une demie-heure se serait, en effet, produit, au sondage de Hœlst (Baelen) **12**, vers 1 096 mètres de profondeur.

Comme minéraux accessoires, on peut mentionner la *sphérosidérite*, contenant, d'après M. G. Lambert, de 24.29 à 38.58 % de fer, 0.55 à 6.92 % de manganèse et 2.18 à 3.85 % de calcium [1], la

[1] G. LAMBERT. Découverte d'un puissant gisement de minerai de fer dans le grand bassin houiller du nord de la Belgique. Bruxelles, 1904.

calcite, la *pyrite*, la *pholérite*, généralement rare, sauf au voisinage de la Meuse et à Hœlst 12, la *dolomie* et le *quartz*.

La partie supérieure du Houiller est généralement altérée, souvent sur une faible épaisseur, parfois sur plusieurs mètres.

PALÉONTOLOGIE.

MM. Fourmarier et Renier se sont attachés à déterminer la zone du Houiller à laquelle appartient le bassin de la Campine. D'une façon générale, on divise le Houiller en deux parties dont la supérieure a reçu le nom de Stéphanien et l'inférieure, celui de Westphalien. Au point de vue paléontologique, le Stéphanien est caractérisé par l'abondance des *Pecopteris* : *P. arborescens*, *P. Pluckeneti*, *P. unita*, *P. feminæformis*, des *Odontopteris* : *O. minor*, *O. Brardi*, des *Callipteris*, des *Dicranophyllum*, des *Annularia stellata*, etc., par la rareté ou l'absence des *Lepidodendron*, des *Lepidophloios*, des *Eusigillaria*, des *Mariopteris* : *M. muricata*, des *Alethopteris* : *A. decurrens*, *A. Davreuxi*, etc.

M. Zeiller subdivise le Westphalien, principalement celui du nord de la France, de la façon suivante, applicable également à l'Angleterre et à la Westphalie.

C. Zone supérieure, à *Linopteris obliqua*, Bunbury. — Flore caractérisée par *Sphenopteris obtusiloba*, *Alethopteris Serli*, *A. Grandini*, *Neuropteris tenuifolia*, *N. rarinervis*, *Linopteris Muensteri*, *Annularia sphenophylloides*, *Sphenophyllum emarginatum*, *Sigillaria tessellata et S. camptotænia*, abondants.

B. Zone moyenne, à *Lonchopteris Bricei*, *Sphenopteris furcata*, *Alethopteris Davreuxi*, *Sigillaria scutellata*, *S. elongata*, communs. Elle se subdivise en :

B3. *Linopteris obliqua et Alethopteris Serli*, rares.

B2. *Alethopteris lonchitica*, *Bothrodendron punctatum*, abondants ; *Sphenopteris Hœninghausi*, rares.

B1. *Sigillaria rugosa*, *Sphenopteris trifoliata*, abondants; *Asterophyllites equisetiformis et Cordaites borassifolius*, rares.

A. Zone inférieure, à *Neuropteris Schlehani*. — *Sphenopteris Hœninghausi*, *Sigillaria elegans*, abondants.

Les sondages de la Campine n'ont fourni aucune espèce nette-

aux qui y ont été découvert
u Wesphalien. En outre, l'abon
Linopteris obliqua, de *Neurop*
nophyllum myriophyllum et à
met d'affirmer que la zone supé
ıtée.

opteris Schlehani et la rareté de
ont des échantillons douteux ont
thoven j1 et de Bolderberg Z2, ne
itude que la zone inférieure soit
isagée. Ce caractère négatif peut
auvreté et à l'uniformité de la flore

ıassin belge, aussi bien que dans le
fossiles rencontrés en Campine. Le
ıassin avec celui de la Ruhr, contem
e pas douteux ; vers l'Ouest, c'est au
du Derbyshire qu'il faut le relier, et non
lu Staffordshire, ainsi que le montrent
rations, notamment celles de la nature et
ıts encaissants.

enier ont établi les divisions suivante
u Nord :

IEURE, RICHE EN FOSSILES VÉGÉTAUX.

très abondantes.

is rares. *Neuropteris* très abondantes : *N*

INFÉRIEURE, PAUVRE EN VÉGÉTAUX.

animaux, *Carbonicola*, assez abondants, ave
ones riches en débris végétaux peu variés
tea, *N. heterophylla*, *Lonchopteris*, *Calamite*

s végétaux et animaux rares.

très rares; quelques fossiles animaux

La zone 5 peut être considérée comme correspondant à la zo
C du Westphalien du nord de la France ; la zone 4 équivaudra
aux termes B3 et B2 : les zones 3, 2 et 1 seraient, dans leur ensembl
l'équivalent des divisions B1 et A de M. Zeiller.

Les subdivisions 5 et 4 sont faciles à distinguer ; au contrair
les niveaux 3, 2 et 1 sont difficilement discernables, à cause de
rareté des fossiles et de l'absence de types bien caractéristique
surtout dans les deux derniers.

La nature des roches varie également dans chacun de c
niveaux. La zone 1 est formée, en majeure partie, de schist
noirs, avec de minces intercalations de psammite ou de grès ; l
couches de houille y sont assez espacées.

La zone 2 comprend des schistes gris foncé, beaucoup de schist
psammitiques, des psammites et des grès ; c'est dans cette zone q
se trouve la grande stampe stérile *Hb*.

La zone 3 est formée, en majeure partie, de schistes noirs et
psammites zonés ; le grès y est rare, les couches de houille, p
santes et très rapprochées,

Les zones 4 et 5 sont caractérisées par la présence de schiste gr
très clair, avec intercalations de schiste psammitique clair,
psammite et de grès blanchâtres. Les roches blanchâtres so
presque toutes imprégnées de sidérose et prennent, par altératio
une patine brunâtre, caractéristique. Les couches de houille
l'assise supérieure sont puissantes et rapprochées, sauf tout
sommet, où semble exister une importante stampe stérile.

En résumé, l'assise supérieure est formée de roches de coule
claire, tandis que l'assise inférieure comprend surtout des roch
de couleur foncée.

STRATIGRAPHIE.

Le nombre des sondages dont l'étude a été confiée à MM. Fou
marier et Renier est malheureusement trop faible, pour permettr
à l'aide des seuls renseignements pétrographiques et paléont
logiques qu'ils leur ont fournis, de tracer les zones distinguées p
eux. Nous devrons donc nous borner à indiquer, d'après leu
renseignements, la répartition de ces sondages dans les zones,
l'Est à l'Ouest.

Les recherches de Meeuwen e5, de Donderslag (Wyshagen) e

g (Op-Glabbeek) **b5**, de Lanklaer **a4**, **Z5** et de
nt les seules qui appartiennent à la zone supérieure,

: n° 4, doivent être rangés les forages d'Eikenberg
, d'Asch **Y3**, d'Op-Glabbeek **a2**, d'Asch **Y4**, **Z3** et
4.

comprend les sondages de Hœlst (Baelen) **12**, de
Schans (Coursel) **e3**, de Zolder **b1**, de Voorter-
d3, de Kelgterhof (Houthaelen) **b3**, d'Eysden **X4**, de
euth) **U4**, de Meeswyck **X6**, de Maaselhoven (Leuth)
kheim **U7**.

echerches de Vlimmeren **p1**, de Zittaert (Meerhout)
gen **c2** doivent être placées dans la zone n° 2.

rages de Santhoven **j1**, de Westerloo **c1**, de Zolder
erg **Z2**, de Zonhoven **Y1**, de Mechelen-sur-Meuse **V1**
Mechelen **U3** prennent place dans la zone n° 1.

on peut s'en rendre compte aisément, en reportant
pl. I) les indications ci-dessus, les renseignements
MM. Fourmarier et Renier concordent entièrement
cé, uniquement basé sur le passage de la zone stérile,
i concerne le sondage de Vlimmeren **p1**. A notre
doit plutôt être rangé dans la zone n° 1 que dans la
il a montré des veinettes depuis le sommet jusqu'au
ur en matières volatiles de la seule couche de houille
t a été analysé est de 12.7 à 13.2 %, alors que, au
eringen, rangé dans la zone n° 2, cette teneur varie
% et que, au sondage de Zittaert, placé également
e, elle est comprise entre 28.5 et 33.5 %. Les auteurs
u reste, fait connaître les difficultés que présente la
s zones n° 1 et 2.

***

uivant, dressé par MM. Fourmarier et Renier, indi-
ion des fossiles dans les sondages qu'ils ont étudiés ;
assés dans l'ordre de superposition qu'ils leur attri-
ier ayant rencontré des formations plus récentes
ne et ainsi de suite.

oins des forages renseignés dans le tableau n'ont pas
nt examinés ; seuls, les sondages dont l'indice est

suivi d'un astérisque peuvent être considérés comme complètement terminés.

Pour trois recherches, la récolte et la détermination des échantillons a été faite par M. Deltenre, ingénieur aux charbonnages de Mariemont ; ce sont ceux de Zolder **b1**, de Voorter-Heide (Zolder) **d3**, et de Schans (Coursel) **e3**.

Nous remercions vivement nos aimables collègues d'avoir bien voulu nous autoriser à utiliser leur remarquable travail.

Tableau synoptique de la répartition des espèces fossiles.

Situation	Dondersiag Wyshagen	Dilsen	Lanklaer	Lanklaer	Katten-eik Opoeteren	Meeuwen	Lanklaer	Eikenberg Meeuwen	Opoeteren	Asch	Asch	Asch	Meeuwijck	Stockheim	Schaas (Coursel)	Coursel	Voorter-Heide Zolder	Kelgterhof-Houthaelen	Zolder*	Eysden	Maaselhoven (Leuth)	Rœtewelde (Leuth)	Hœlst (Baelen)	Vlimmeren	Zittaert (Meerhout)	Beeringen	Bolderberg	Zonhoven	Santhoven	Westerloo	Zolder	Mechelen-sur-Meuse	pont de Mechelen
Notation d'ordre	e6 *	W3	Z5 *	a4	b5 *	e5 *	Z4 *	b4 *	a2 *	Z3	Y3 *	Y4	X6	U7	e3 *	d2	d3 *	b3	b1 *	X4	V2	U4 *	l2	p1	i1 *	c3	Z2 *	Y1 *	j1 *	c1	Z1	V1	U8
I. **Fossiles animaux**.																																	
Poissons.																																	
Paléoniscide, Traquair	.	.	.	.	.	.	.	.	.	.	.	.	.	.	.	.	.	.	.	.	.	.	.	.	+	.	.	.	.	.	.	.	.
Non déterminé	+	.	.	.	.	+	.	.	.	.	.	.	.	.	.	.	.	.	.	.	.	.	.	+	.	.	.	+	.	.	.	.	.
Crustacés.																																	
Cypridina sp., M. Edw.	.	.	.	.	.	+	.	+	.	.	.	.	.	.	.	.	.	.	.	.	.	.	.	.	.	.	.	.	.	.	.	.	.
Entomis sp., Jones	.	.	.	.	.	.	.	.	.	.	.	.	.	.	.	.	.	.	.	.	.	.	.	.	.	.	+	+	.	.	.	.	.
Lamellibranches.																																	
Anthracosia sp. King	+	.	+	.	.	.	.	.	.	+	.	+	.	.	+	.	+	.	+	.	+	.	.	.	.	.	.	+	+	.	.	.	.
Anthracomya sp., Salter	+	.	+	.	+	.	.	+	+	.	.	.	.	.	.	.	.	+	.	.	.	+	.	+	+	+	.	.	.	.	.	.	.
A. lævis, var. scotica, Dawson	.	.	.	.	+	.	.	+	.	.	.	.	.	.	.	.	.	.	.	.	.	.	.	.	+	.	+	.	.	.	.	.	.
A. lanceolata, Hind	.	.	.	.	.	.	.	.	.	.	.	.	.	.	.	.	.	.	.	.	.	.	.	.	.	.	.	+	.	.	.	.	.
A. minima Ludwig	.	.	.	.	.	.	.	.	.	.	.	.	.	.	.	.	.	.	.	.	.	.	+	.	.	+	.	?	+	.	+	+	+
A. Phillipsi, Huxley et Etheridge	.	.	.	.	.	.	.	+	.	.	.	.	.	.	.	+	.	.	.	.	.	.	.	.	.	.	+	.	.	.	.	+	.
A. Williamsoni, Brown	.	.	.	.	.	.	.	.	.	.	.	.	.	.	.	.	.	.	.	.	.	.	.	.	.	.	+	+	.	.	.	.	.
Carbonicola sp., M. Coy	.	.	.	.	.	.	.	+	.	.	+	.	.	.	.	+	.	+	.	.	.	+	.	.	+	+	+	+	.	.	.	.	.
C. acuta, Sowerby	.	.	.	.	.	.	.	.	.	.	.	.	.	.	.	?	.	.	.	.	.	.	.	.	?	.	.	+	.	.	.	.	.
C. aquilina, Sowerby	.	.	.	.	.	.	.	+	.	.	.	.	.	.	.	+	.	+	.	.	.	.	.	.	.	.	.	+	+	.	+	+	+
C. nucularis, Hind	.	.	.	.	.	.	.	.	.	.	.	.	.	.	.	?	.	.	+	.	.	+	.	.	?	.	.	?	.	.	.	.	.
C. ovalis, Martin																																	

ANNÉLIDES.

Spirorbis pusillus, Martin *sp.*	+	+	+	.	.	.	.	.	.	.	.	.	.	.	.	.	+	+	+	.	.	+	.	+	.	.	.	+
II. Fossiles végétaux.																												
FOUGÈRES.																												
Alethopteris sp., Sternb.	+	+	?	.	.	.	.	+	.	+	+	.	.	.	.	.	.	+	.	.	.	.	.	.	.	.	+	.
A. Davreuxi, Brongn. *sp.*	.	?	.	.	.	.	.	.	.	.	.	.	.	+	.	.	.	?	.	.	.	.	.	.	.	.	.	.
A. decurrens, Artis *sp.*	.	.	.	.	.	.	.	.	.	.	.	.	+	.	.	.	+	.	.	.	.	.	.	.	.	.	+	.
A. Grandini, Brongn. *sp.*	.	.	+	.	.	.	.	.	.	.	.	.	.	.	.	.	.	.	.	.	.	.	.	.	.	.	.	.
A. lonchitica, Schloth. *sp.*	?	.	+	.	.	+	.	.	.	.	+	.	.	.	.	.	+	.	.	.	.	.	.	.	?	.	.	.
A. Serli, Brongn. *sp.*	+	?	.	.	.	?	.	.	.	.	.	.	.	.	.	.	.	.	.	.	.	.	.	.	.	.	.	.
A. valida, Boulay	.	.	.	+	.	.	?	.	.	.	.	.	.	.	.	.	.	.	.	.	.	.	.	.	.	.	.	.
Cyclopteris orbicularis, Brongn.	+	.	+	+	.	.	.	+	.	.	+	.	.	.	.	.	.	+	.	.	.	.	.	.	.	.	.	.
Linopteris sp., Presl.	+	+	+	+	.	.	.	.	.	.	.	.	.	.	.	.	.	.	.	.	.	.	.	.	.	.	.	.
L. Muensteri, Eichwald *sp.*	?	.	+	?	.	.	.	.	.	.	.	.	.	.	.	.	.	.	.	.	.	.	.	.	.	.	.	.
L. neuropteroides, Gutbier *sp.*	+	+	+	.	.	.	.	.	.	.	.	.	.	.	.	.	.	.	.	.	.	.	.	.	.	.	.	.
L. obliqua, Bunbury *sp.*	+	+	+	.	.	.	.	.	.	.	.	.	.	.	.	.	.	.	.	.	.	.	.	.	.	.	.	.
Lonchopteris sp., Brongn.	.	.	.	.	.	.	.	.	.	.	.	.	.	.	.	.	.	.	.	.	.	.	.	.	+	.	.	.
L. rugosa Brongn	.	.	.	.	.	.	.	.	.	.	.	.	.	.	.	?	+	.	.	.	.	.	.	.	.	.	.	.
Mariopteris sp. Zeiller.	.	.	.	.	+	.	.	.	.	.	.	.	.	.	.	.	.	.	.	.	.	.	.	.	.	.	.	.
M. acuta, Brongn. *sp.*	.	.	.	.	.	.	.	.	.	.	.	.	.	.	.	.	.	.	.	.	.	.	.	+	.	.	.	.
M. latifolia, Brongn. *sp.*	+	.	.	.	.	.	.	?	.	.	.	.	.	.	.	.	.	.	.	.	.	.	.	.	.	.	.	.
M. muricata, Schloth. *sp.*	+	+	+	.	+	+	.	+	.	.	.	+	+	.	.	.	+	+	+	.	+	+	.	+	.	+	+	.
M. Soubeirani, Zeiller	.	+	.	.	.	.	.	.	.	.	.	.	.	.	.	.	.	.	.	.	.	.	.	.	.	.	.	.
M. sphenopteroides, Lesquereux *sp.*	.	+	.	.	.	.	.	.	.	.	.	.	.	.	.	.	.	.	.	.	.	.	.	.	.	.	.	.
Neuropteris sp., Brongn.	+	.	.	.	+	.	.	.	+	+	.	.	.	.	.	.	+	+	+	.	.	.	+	+	.	.	.	.
N. flexuosa, Sternb.	+	.	+	+	.	?	?	+	.	.	+	.	+	.	.	.	+	.	.	.	.	?	.	.	.	.	.	.
N. gigantea, Sternb.	+	+	+	+	.	+	+	+	+	+	+	+	+	+	+	.	+	+	+	.	+	+	.	?	+	+	+	.
N. heterophylla Brongn.	+	+	+	+	?	+	.	+	.	+	?	.	+	.	+	.	+	+	+	.	+	+	+	+	.	.	+	+
N. obliqua. Brongn *sp.*	.	+	.	?	.	+	.	.	.	.	.	.	.	.	.	.	.	.	?	.	?	+	.	.	+	.	.	.
N. rarinervis, Bunbury	+	+	+	.	.	.	.	.	.	.	.	.	.	.	.	.	.	.	.	.	.	.	.	.	.	.	.	.
N. Scheuchzeri, Hoffmann	.	.	.	.	.	.	.	+	.	.	.	.	.	.	.	.	.	.	+	.	.	.	.	.	.	.	.	.
N. tenuifolia, Schloth. *sp.*	+	+	+	+	.	+	.	+	.	.	.	.	.	.	.	.	.	.	+	.	.	.	.	.	.	.	.	.
Pecopteris sp., Brongn.	+	.	.	+	?	+	.	.	.	.	.	.	.	.	.	.	.	.	.	.	.	.	.	.	.	.	.	.
P. abbreviata, Brongn.	+	+	.	.	.	.	.	+	.	.	.	.	+	.	+	.	.	.	.	.	.	.	.	.	.	.	.	.
P. crenulata, Brongn.	.	.	.	.	.	.	.	.	.	.	.	.	.	.	.	+	.	.	.	.	.	.	.	.	.	.	.	.
P. dentata, Brongn.	.	?	.	.	.	.	.	.	.	.	.	.	.	.	.	+	.	.	.	.	.	+	.	.	.	.	.	.

A. sp. nova	+	+	.	.	.	.	.	.	.	.	.	.	.	.	.	.	.	.	.	.	.	.	.	.	.	.	.	.
***Palæostachya sp.*, Weiss**	+	.	+	.	.	.	.	+	.	.	.	.	.	.	.	.	.	.	.	.	.	.	.	.	+	.	+	.
P. pedunculata, Williamson	.	+	.	.	.	.	.	.	.	.	.	.	.	.	.	.	.	.	+	.	.	.	.	.	.	.	.	.
***Calamostachys equisetiformis*, Weiss**	.	.	.	.	.	.	.	.	.	.	.	.	.	.	+	.	.	.	.	.	.	.	.	.	.	.	.	.
Annularia sp., **Sternb.**	.	.	.	.	.	.	.	.	.	.	.	.	.	.	.	.	+	.	.	.	.	.	.	.	.	.	.	?
***A. microphylla*, Sauveur**	.	+	.	.	.	+	.	.	.	.	.	.	.	.	.	.	.	.	.	.	.	.	.	.	.	.	.	.
A. radiata*, Brongn. *sp.	.	+	+	.	.	.	.	.	.	.	.	.	.	.	.	.	+	.	.	.	.	.	.	.	.	.	.	.
A. sphenophylloides*, Zenker *sp.	.	+	.	.	.	.	.	.	.	.	.	.	.	.	+	.	.	.	.	.	.	.	.	.	.	.	.	.
Radicites columnaris*, Artis *sp.	+	+	+	+	.	+	.	+	.	.	.	.	+	.	.	+	+	.	+	.	+	.	+	.	.	.	.	.
LYCOPODINÉES.																												
***Lepidodendron sp.*, Sternb.**	+	.	.	.	.	+	.	.	.	.	.	.	.	+	.	.	.	.	+	.	.	.	+	+	+	+	+	+
***L. aculeatum*, Sternb.**	+	.	+	+	.	.	.	+	+	.	.	.	+	.	.	.	.	+	.	.	.	.	.	.	.	.	.	.
***L. dichotomum* Sternb.**	.	.	+	.	.	.	.	.	.	.	.	.	+	.	.	?	.	.	.	.	.	.	.	.	.	.	.	.
***L. lycopodioides*, Sternb.**	+	.	.	.	.	.	.	.	.	.	.	.	.	.	.	.	.	+	.	.	.	.	.	.	.	.	.	.
***L. obovatum*, Sternb.**	.	.	+	+	.	.	.	+	.	.	.	.	.	.	.	.	+	+	+	.	.	.	?	.	.	.	?	.
L. ophiurus*, Brongn. *sp.	+	?	.	.	.	.	.	.	.	.	.	.	.	.	.	.	+	.	.	.	.	.	.	.	.	.	.	.
***L. rimosum*, Sternb.**	.	.	.	.	.	.	.	.	.	.	.	.	.	.	.	.	.	.	.	+	.	.	.	.	.	.	.	.
***L. Wortheni*, Lesquereux**	.	.	.	.	.	.	.	.	.	.	.	.	.	.	.	.	.	.	+	.	.	.	.	.	.	.	.	.
***Lepidophloios sp.*, Sternb.**	.	.	.	.	.	.	.	.	.	.	.	.	?	.	.	.	?	.	.	.	.	.	.	.	.	.	.	.
***L. laricinus*, Sternb.**	.	.	+	+	.	.	.	.	.	.	.	.	.	.	+	.	.	.	.	.	.	.	.	.	.	.	.	.
***Bothrodendron sp.*, Lindley et Hutton**	+	.	.	.	.	.	.	.	.	.	.	.	.	.	.	+	.	.	.	.	.	?	.	.	.	.	?	.
B. minutifolium*, Boulay *sp.	.	+	+	+	.	.	.	+	.	.	.	.	.	.	.	.	+	.	+	.	+	.	.	.	.	.	.	.
***Lycopodites carbonaceus*, Feistmant.**	.	.	+	+	.	.	.	.	.	.	.	.	+	.	.	+	.	.	.	.	.	.	.	.	.	.	.	.
***Lepidostrobus sp.*, Brongn.**	+	+	+	.	.	?	.	.	.	.	.	.	.	?	.	+	?	+	.	.	.	.	.	.	.	+	.	.
***L. ornatus* Brongn.**	+	.	?	.	.	.	.	.	.	.	.	.	.	.	.	.	.	.	.	.	.	.	.	.	+	.	.	.
***L. variabilis* Lindley et Hutton**	+	.	.	.	.	.	.	.	.	.	.	.	+	.	.	.	.	.	.	.	.	.	+	.	.	.	.	.
***Lepidophyllum sp.*, Brongn.**	.	.	.	.	.	.	.	.	.	.	.	.	.	.	.	.	.	.	.	.	.	.	.	.	.	.	.	.
***L. lanceolatum* Lindley et Hutton**	+	+	.	+	.	+	.	+	.	.	.	.	.	.	.	.	.	+	.	.	.	.	.	.	.	.	+	.
***L. majus*, Brongn.**	.	.	.	.	.	.	.	.	.	.	.	.	.	.	+	.	.	.	.	.	.	.	.	.	.	.	.	.
***L. triangulare*, Zeiller**	+	.	+	.	.	?	.	.	.	.	.	+	+	+	.	.	.	.	.	.	+	.	+	.	.	.	+	.

Notation d'ordre	e6 *	W3	Z5 *	a4	b5 *	e5 *	Z4 *	b4 *	a2 *	Z	Y3 *	Y4	X6	U7	e3 *	d2	d3 *	b3	b1 *	X4	V2	U4	l2	p1	i1 *	c2	Z2 *	Y1	j1 *	c1	Z1	V1	U8
Sigillaria (*Eusigillaria*), Weiss	.	+	+	+	.	.	.	.	.	.	.	.	.	.	.	?	.	+	+	.	.	.	.	?	.	.	+	+	.	.	.	.	.
S. Daoreuxi, Brongn.	.	.	.	?	.	.	.	.	.	.	.	.	.	.	.	.	.	.	.	.	.	.	.	.	.	.	.	.	.	.	.	.	.
S. elongata, Brongn.	.	?	.	.	.	.	.	.	.	.	.	.	.	.	.	.	.	.	.	.	.	.	.	.	.	.	.	.	.	.	.	.	.
S. lævigata, Brongn.	.	.	+	.	.	.	?	.	.	.	.	.	.	.	.	.	.	.	.	.	.	.	.	.	.	.	.	.	.	.	.	.	.
S. ovata, Sauveur	.	.	.	.	.	.	.	.	.	.	.	.	.	.	.	.	+	.	+	.	.	.	.	.	.	.	.	.	.	.	.	.	.
S. reniformis, Brongn.	.	.	+	.	.	.	.	.	.	.	.	.	.	.	.	.	.	.	.	.	.	.	.	.	.	.	.	.	.	.	.	.	.
S. scutellata, Brongn.	.	.	.	+	.	.	.	.	.	.	.	.	.	.	.	.	.	.	.	.	.	.	.	.	.	.	.	.	.	.	.	.	.
S. tessellata, Brongn.	.	.	.	+	.	.	.	.	.	.	.	.	.	.	.	.	.	.	.	.	.	.	.	.	.	.	.	.	.	.	.	.	.
Sigillaria (*Subsigillaria*), Weiss																																	
S. camptotænia, Wood *sp.*	+	.	.	.	.	.	.	.	.	.	.	.	.	.	.	.	.	.	.	.	.	.	.	.	.	.	.	.	.	.	.	.	.
Sigillariostrobus sp., Schimper	?	.	.	.	.	.	.	.	.	.	.	.	.	.	.	.	?	.	.	.	.	.	.	.	.	.	.	.	.	.	.	.	.
Spores et macrospores.	+	.	.	.	.	.	.	.	+	.	.	.	+	.	.	.	.	.	.	.	.	+	+	+	.	.	.	+	.	.	.	.	.
Stigmaria ficoides, Sternb.	+	+	+	+	+	+	+	+	+	+	+	+	+	+	+	+	+	+	+	+	+	+	+	+	+	+	+	+	+	+	+	+	.
CORDAÏTÉES.																																	
Cordaites sp., Unger	+	.	.	.	+	.	.	+	+	.	.	.	.	.	.	.	.	.	.	.	.	+	.	.	+	.	+	+	.	.	+	.	.
C. borassifolius, Sternb.	+	+	+	+	.	+	+	+	.	.	.	.	+	.	+	.	+	+	.	.	.	+	.	.	.	.	?	.	.	+	.	.	.
C. principalis, Germar *sp.*	+	+	+	.	.	+	+	+	.	.	.	.	.	.	.	.	.	+	+	.	.	.	.	.	.	.	.	.	.	.	.	.	.
Dorycordaites palmæformis, Gœppert *sp.*	+	?	?	.	.	.	.	.	.	.	+	.	+	+	.	+	.	+	.	.	.	.	?	.	.	.	.	.	+	+	.	.	.
Artisia approximata, Brongn.	.	.	.	?	.	.	.	.	.	.	.	.	.	.	.	.	.	.	.	.	.	.	.	.	.	?	.	?	.	.	.	.	.
Cordaianthus Pitcairniæ, Lindley et Hutton	+	.	+	.	.	.	.	.	.	.	.	.	.	+	.	.	.	?	.	.	.	.	.	?	.	.	.	.	.	.	.	.	.
GRAINES DE GYMNOSPERMES																																	
Cardiocarpus sp., Geinitz	.	.	.	.	.	.	.	.	.	.	.	.	+	+	.	.	.	.	.	.	.	.	.	.	.	+	+	.	.	.	.	.	.
C. Boulayi, Zeiller	.	.	—	.	.	.	.	.	.	.	.	.	.	.	.	.	.	.	.	.	.	.	.	.	.	.	.	.	.	.	.	.	.
Cordaicarpus Cordai, Geinitz *sp.*	.	.	.	.	.	.	.	.	.	.	.	.	.	.	+	.	.	+	.	.	.	.	.	.	.	.	.	.	.	.	.	.	.
Samaropsis sp., Gœppert	.	.	.	+	.	.	.	+	.	.	.	.	.	.	.	?	.	.	+	.	.	.	.	.	.	.	.	.	.	.	.	.	.

CHAPITRE VI.

Les morts-terrains.

Des critiques exagérées, ayant plutôt l'allure de réclames commerciales que de travaux scientifiques, se sont produites, à diverses reprises, dans la presse scientifique, tant contre les procédés de sondage employés, que contre le défaut d'échantillonnage des morts-terrains traversés en Campine. Il est manifeste que les auteurs de ces critiques n'ont pas *vu* les témoins récoltés, tout au moins dans certains forages et que, par conséquent, leur appréciation manque de base sérieuse. Dans un très long travail, où il donne un libre cours à sa rancune contre plusieurs personnes, M. le baron van Ertborn a même été jusqu'à dédaigner complètement les renseignements fournis, tant par les sondeurs eux-mêmes, que par les géologues chargés de l'examen des témoins récoltés. Ce travail débute par le passage suivant, qui indique bien sa tendance générale : « Arago, le savant et spirituel astronome, » parlant de l'action prétendue de la lune, ajoute : « J'ai trouvé » que beaucoup de savants éminents, que des savants très sages » et très réservés dans leurs conceptions se laissèrent aller à une » grande exaltation, à d'incroyables singularités toutes les fois » que la lune les occupait. » On pourrait paraphraser cette boutade » au sujet des géologues qui se sont occupés des formations » tertiaires et quaternaires de la Campine.

« En effet ne voyons nous pas sur la première carte géologique » de la Belgique, la Campine tout entière recouverte d'un vaste » linceul de sable boldérien ?

« Nous ne voulons diminuer en rien les mérites d'A. Dumont, » l'illustre auteur de cette carte,... »

L'auteur fait connaître au public [1] la coupe probable, selon lui, des terrains de recouvrement de toutes les recherches de la Campine, en s'appuyant uniquement sur les données fournies par les affleurements et les puits artésiens de la région située au Sud ;

[1] O. VAN ERTBORN. Les sondages houillers de la Campine. Etude critique et rectificative au sujet des interprétations données jusqu'ici aux coupes des morts-terrains tertiaires et quaternaires. *Bull. Soc. belge de géol.*, t. XIX, *Mémoires*. pp. 133-246. pl. IV-VII, 1905.

pour cela, il suppose que le pendage des couches tertiaires augmente régulièrement, de façon progressive, vers le Nord et, pour déterminer ce pendage kilométrique progressif, il indique la méthode suivante :

« Il faut donc bien connaître les collines de la Belgique centrale » et en avoir de bonnes coupes ; elles ne manquent pas, du Mont » de la Trinité, près de Tournai, à la colline de Waltwilder, près » de Maestricht ; puis une bonne série de forages artésiens bien » déterminés, comme avant-postes. Une deuxième série de ceux-ci » rend l'organisation complète, car on connaît ainsi le *multiplica-* » *teur du pendage*, ce dernier augmentant vers le Nord d'une » manière progressive » (p. 140).

Il ajoute, plus loin : « Il n'est donc pas difficile de prophétiser, » et de telles prophéties ont au moins un but utilitaire » (p. 141).

Il est vrai que, à la page suivante, se trouve un petit correctif : « Nous savons maintenant, par le sondage de Heppen, que le » Primaire est plus profond que nous ne l'avions prévu ; nous » n'avions pas soupçonné la présence du Hervien en sous-sol, non » révélée par les *pendages* méridionaux toujours plus faibles [1] » (p. 141).

Le diagramme IV de la planche VI de son mémoire, figurant une « Coupe Ouest-Est suivant le parallèle de 51°5' s'étendant de » Westerloo à Eelen », en fournit un second, car on y aperçoit deux failles, dont la plus occidentale traverse le Houiller et le Crétacique, tandis que la plus orientale affecte le Houiller et le Trias, mais non le Crétacique. L'auteur admet donc la possibilité de l'existence d'accidents de l'espèce, dont sa méthode ne tient aucun compte.

En se plaçant au point de vue strictement théorique, on doit reconnaître que, si l'on doit chercher à se rendre compte, d'avance, par des procédés *scientifiques*, de la nature et de l'épaisseur les plus probables des terrains que l'on pourra rencontrer dans un sondage, il est tout au moins singulier d'opposer, après coup, de semblables présomptions aux faits révélés par l'examen des témoins recueillis lors de l'exécution de celui-ci.

[1] Le sondage de Heppen **h1** est cependant sur le même méridien que le puits artésien du château de Nieuwenhoven, à Nieuwerkerken **N2**, dont la coupe comporte des roches appartenant à l'assise de Herve. *Ann. Soc. géol. de Belg.*, t. XVI, *Mém.*, p. 42. 1888-1889 et t. XXX. pp. M 45-49, 16 nov. 1902.

M. van Ertborn, dans ses critiques des coupes publiées dans les *Annales des mines*, semble avoir perdu de vue deux faits essentiels : le premier est que les sondages de la Campine ont été effectués, non dans un objectif scientifique, mais dans un but industriel, la recherche de la houille ; le second est que les coupes de sondages publiées ont été étudiées, non par un seul géologue, mais par plusieurs, que, pour certains forages, ceux-ci n'avaient, pour se guider, pas d'échantillons, mais de simples descriptions des roches traversées, descriptions faites, le plus souvent, par des sondeurs sans compétence géologique, et que toutes les coupes ont dû être publiées d'urgence, aussitôt après l'exécution des sondages, c'est-à-dire d'après un examen sommaire des échantillons, et avant qu'une étude comparative d'ensemble eût pu permettre d'en coordonner les résultats.

Nous avons tenu à faire connaître cette appréciation, avant d'aborder l'examen des coupes de morts-terrains de la Campine et des régions avoisinantes, pour n'avoir pas à y revenir par la suite.

***

La connaissance des morts-terrains surmontant le bassin septentrional belge a une importance considérable au point de vue de la détermination des procédés de creusement des puits de mines. Aussi, est-ce à l'étude de ces morts-terrains que nous nous sommes le plus spécialement attachés.

Faut-il conclure, de ce que nous avons dit précédemment, que tous les sondages de la Campine ont donné, chacun, les renseignements que l'on était en droit d'en attendre au point de vue de la connaissance de ces morts-terrains ? Évidemment non ; ce serait là une exagération tout aussi critiquable que celle que nous avons signalée d'abord ; mais tous ont contribué, à des degrés divers, à cette connaissance et nous allons indiquer de quelle façon nous avons cru pouvoir les utiliser, chacun dans une certaine mesure.

Il importe de faire remarquer, tout d'abord, que certains d'entre eux ont été faits avec un soin d'échantillonnage remarquable.

Le meilleur de tous, à ce point de vue, est certainement celui de Louwel (Op-Glabbeek) **f4**, l'un des premiers dont l'étude nous fut confiée et qui ne put, malheureusement, être poussé jusqu'au Houiller.

é dit à la « cuiller », jusque la profon-
s les sables et cailloux du Quaternaire
il fut continué à la « couronne » dans
nt, c'est-à-dire jusque 378m00 (-315.00);
it repris ensuite, jusque 391m61 (-328.61),
ıbleuse et graveleuse, pour être terminé,
7 (-650.27), dans des roches cohérentes.
la « couronne » dans les terrains pouvant
la « cuiller » dans les formations meubles,
ıage presque parfait, donnant des fossiles
tout où il s'en trouvait. Aussi, ce sondage
rme de comparaison excellent pour l'étude

erche, presque aussi heureuse que la pre-
e de l'emploi de l'outil, plus soignée encore
récolte des témoins de terrains meubles, est
Ionthaelen) **b8**, faite au trépan jusqu'au toit
à 237m20 (-162.20), puis à la couronne jusqu'à
05).
ırages ont été exécutés au trépan jusqu'à une
dans le Crétacique, puis à la couronne au
e Zittaert (Meerhout) **i1**, fait au trépan jusque
Beeringen **c2**, au trépan jusque 400m00 (-371.00),
trépan jusque 493m50 (-455.00), d'Eikenberg
trépan jusque 402m00 (-320.00), de Donderslag
trépan jusque 401m00 (-319.50), d'Asch **Y8**, au
35 (-392.35), d'Op-Glabbeek **a2**, au trépan jusque
de Kattenberg (Op-Glabbeek) **b5**, au trépan
0.00), de Lanklaer **Z5**, au trépan jusque 442m00
tockheim **U7**, au trépan jusque 278m00 (-242.00).
tain nombre de sondages n'ont donné que des
es, mais la récolte des échantillons y a été très
général, très soignée. Nous citerons d'abord le
elt **M2**, exécuté au trépan à chute libre, et où des
pris tous les mètres; le puits artésien de Lanaeken,
ge **P1** de cette localité; les recherches de Kleine-
el **e2** et de Heppen **h1**, effectuées au trépan
rsé, puis les sondages de Kessel (Lierre) **d1**, de

Santhoven j1, de **Vlimmeren p1**, du pont de **Mechelen U3**, d'Eysden **X4**, d'Eysdenbosch (Eysden) **X5**, de **Lanklaer a4**, de **Meeswyck X6**, de **Maaselhoven** (Leuth) **V2** et de Dilsen **W3**, faits au trépan guidé; des échantillons, dans toutes ces dernières recherches, ont été pris, en moyenne, tout les dix mètres.

Nous n'avons pu faire que peu d'observations sur des échantillons récoltés dans le Limbourg hollandais et en Allemagne. Les boues de deux forages, ceux de Limbricht **V3** et de l'est de Watersleijhof (Sittard) **V4** et des débris de roches rouges du premier nous ont été communiqués : enfin, nous avons pu sauver quelques échantillons de sable rencontrés entre 11^{m}50 et 51^{m}40 (+ 97.50 à + 57.60) et des fossilles recueillis entre 59^{m}60 et 93^{m}00 (+ 49.40 à + 16.00) au sondage de Hœnsbrœk (Heerlen) **K2**, ainsi qu'une carotte de craie provenant de la recherche de Hillensberg **U8**, entre 389^{m}00 et 397^{m}80 (-291.00 à -299.80).

***

L'étude des carottes, pour longue qu'elle fut, ne présentait pas de difficultés spéciales. Des échantillons en ont été soigneusement prélevés, chaque fois que des changements se manifestaient dans la nature des terrains, puis le restant des témoins fut concassé pour la recherche des fossiles.

L'examen des boues était plus délicat ; cependant, lorsque les prises d'essai étaient assez rapprochées les unes des autres, on pouvait encore arriver à des résultats satisfaisants. La principale difficulté résidait en ce que, dans la plupart des cas, le tubage du forage ne suivait pas immédiatement la descente du trépan, de sorte que les échantillons recueillis sont un mélange de débris des couches supérieures avec ceux provenant de la couche atteinte par l'outil. En outre, les argiles se délitant en une boue très ténue, fournissent des prises d'essai plus riches en sable que la couche elle-même.

Dans tous les cas où nous avions affaire à des sables ou à des sables argileux, nous avons fait dessécher, puis broyé les témoins, de façon à leur rendre la mobilité qu'ils possèdent quand ils sont imprégnés d'eau ; puis, nous avons procédé de la façon suivante : étudiant d'abord à la loupe les échantillons provenant du voisinage du sol, nous avons trié les suivants à l'aide de tamis en minces tôles perforées, dont les ouvertures, de huit grandeurs différentes, sont mathématiquement exactes. De la sorte, nous sommes arrivés, dans la grande majorité des cas, à séparer nettement les parties appartenant à la couche elle-même, de celles provenant des couches supérieures, antérieurement étudiées, et qui pouvaient être aisément reconnues par une comparaison soigneuse avec les échantillons types provenant de ces dernières couches.

Les boues d'argile et de craie étaient faciles à étudier à la loupe, après avoir été broyées, dans certains cas.

Le travail que nous venons de décrire en quelques mots est long et fastidieux, mais nous estimons qu'il donne des résultats sérieux.

Ces opérations ne sont pas les seules auxquelles nous nous sommes livrés ; nous avons comparé les échantillons de chaque forage à ceux des recherches voisines, puis, à l'aide de coupes, à l'échelle du 10 000e pour les hauteurs comme pour les longueurs, tracées du Sud-Est au Nord-Ouest, c'est-à-dire à peu près dans la direction des failles dont nous avions reconnu l'existence dans la région orientale, et d'autres perpendiculaires aux premières, nous avons cherché à établir les relations de tous les sondages les uns avec les autres.

Les coupes ainsi tracées ont été exposées à la section de géologie de la classe des sciences, à l'Exposition de Liége de 1905, de même, du reste, que tous les échantillons étudiés. Elles sont reproduites dans les planches II à XII accompagnant ce travail ; malheureusement, nous avons été contraints d'y réduire au 40 000e l'échelle des longueurs, de sorte qu'elle n'est plus la même que celle des hauteurs.

Il restait alors à utiliser les sondages étudiés par d'autres géologues et ceux dont la description des roches est donnée par les sondeurs eux-mêmes. Pour les premiers, la comparaison était relativement aisée, les déterminations pétrographiques pouvant être considérées comme exactes. Pour les seconds, l'identification devenait plus délicate ; cependant, les sondeurs savent bien distinguer les roches meubles : sables, sables argileux et cailloux, des roches plus cohérentes : argiles, argiles sableuses, argilites et craies ; mais c'est dans la différenciation de ces dernières, qu'ils commettent le plus d'erreurs; le mot « marne » est employé indifféremment par eux, tantôt pour désigner de vraies craies, tantôt pour indiquer des roches de nature argileuse ou argilo-sableuse ;

aussi, l'utilisation de leurs renseignements présente-t-elle, sous ce rapport, de sérieuses difficultés. Enfin, pour certaines recherches, les descriptions des sondeurs sont par trop sommaires et ne se prêtent guère à des identifications.

Toutefois, à l'aide des coupes jalonnées par les autres sondages, nous sommes arrivés, dans bien des cas, à une synchronisation assez probable. Dans le Limbourg hollandais, nous avons pu, en outre, prendre les affleurements comme point de départ.

*
* *

Dans le tableau suivant, où les sondages sont disposés de l'Ouest à l'Est, en tenant compte des failles reconnues, nous avons résumé les données que nous avons pu recueillir de la façon indiquée ci-dessus. Les sondages dont nous avons étudié les échantillons ont leur indice suivi d'un astérisque.

Il est évident qu'il ne faut pas attribuer une valeur absolue aux épaisseurs de terrains renseignées dans ce tableau ; les procédés de forage au trépan employés ne se prêtent pas à une semblable exactitude ; ces épaisseurs ne doivent être considérées que comme plus ou moins approximatives.

*
* *

Passons rapidement en revue les différents termes distingués aux points de vue de leur composition pétrographique, de leur teneur en fossiles et de leur répartition stratigraphique.

L'âge des *roches rouges* a fait l'objet de nombreuses controverses. La plupart des auteurs les attribuent à la période permotriasique, tandis que quelques-uns, M. de Lapparent notamment, les rattachent au Houiller supérieur ou Stéphanien, à cause de leur analogie de coloration avec les couches du sommet de la formation carbonifère de l'Angleterre. Cette manière de voir du savant géologue français semble due à un renseignement erroné, à savoir que, dans les roches rouges du nord de notre pays, on aurait rencontré des veinettes de charbon, renseignement que ne confirment ni les coupes de sondages publiées, ni les dires des personnes bien au courant des recherches de cette région.

S	V	Fl	Ca	V	Po Bo	Re su	Re inf To	La (D	Br Pn	Yl	La Ho	Ma ti As Sp	As No	As I	R r
d1*	8.00	5.00	»	»	40.00	113.00		3.00	79.00	110.00	30.00	90.00	103.00	»	»
j1*	10.30	»	»	»	70.00	180.00		170.00		80.00	11.40	48.60	150.60	»	»
p1*	21.50	2.50	»	42.20	100.30	90.00	50.00	160.00		120.00	64.00	50.00	224.50	2.20	»
f1	17.00	»	»	»	60.00	80.00	175.00			87.00	20.00	53.00	157.50	3.00	»
f2	17.00	»	»	»	60.00	124.00	16.00	60.00		107.50	22.50	90.00	142.50		»
c1	12.50	5.00	»	»	35.00	70.00	40.00		50.00	120.00	50.00	35.00	115.00	26.00	»
j2	16.00	4.00	»	»	96.00	120.00	234.00				72.00	45.00	137.00	24.50	»
l1	24.00	4.00	»	»	121.00	106.00	249.00				88.50	189.50		17.20	»
n1	22.00	0.50	»	19.50	145.00	90.00	115.00			165.00	35.00	283.80			»
i1*	22.50	4.00	»	»	96.00	123.90	72.20			100.75	26.50	123.85	156.35	6.90	»
f3	24.00	»	»	»	203.60		132.40				68.00	78.00	143.00	19.50	»
l2	30.00	»	»	»	130.00	320.00					70.00	110.00	118.60	39.15	»
e1	29.50	»	»	»	100.00	40.00	230.00					80.00	140.00	15.00	»
c2*	29.00	»	»	»	81.00	137.00					114.00	68.00	145.50	11.50	»
e2*	39.50	»	»	»	98.00	59.00	58.00	19.00	29.00	48.00	52.00	73.00	117.00	46.00	»
h1*	41.50	»	»	»	154.00	111.00	60.00	1.00	19.00	25.00	61.00	37.00	204.00	21.00	»
a1	32.50	»	»	»	300.00							158.00		68.70	»
d2*	38.50	»	»	»	125.00	115.00	40.00			44.20	35.80	86.45	101.95	60.60	»
Z1	32.00	»	»	»	50.00	130.00					60.00	100.00	110.00	55.00	»
e3	43.00	»	»	»	140.00	100.00	130.00				55.00	217.00			»
Z2	33.50	»	»	»	40.00	170.00						130.00	120.00	36.00	»
b1	40.00	»	»	»	105.00	65.00	150.00					82.00	84.00	62.10	»
d3	52.50	13.00	»	»	127.00	110.00	20.00	20.00		110.00		150.00		61.00	»
Y1	40.50	2.00	»	»	63.00	105.00	98.00				21.00	126.00		59.00	»
[illegible]	50.00	»	»	»	209.00		160.50					128.00		57.80	»
[illegible]	[illegible]	[illegible]	[illegible]	[illegible]	[illegible]	[illegible]	[illegible]	[illegible]	[illegible]	[illegible]	50.00	167.00		123.50	»

W3*	36.00	14.00	»	11.00	210.00	»	70.00	»	»	»	80.00	33.30	»
U7*	36.00	7.80	»	»	147.95	»	36.25	»	77.00	9.00	95.00	»	»
R2	55.00	»	10.50	9.90	17.60	47.60	82.90	»	»	84.50	55.80	»	»
P2	58.00	27.55	»	»	30.45		111.75		»	47.35	59.25	»	»
P3	57.00	21.00	»	»	55.00		»	40.60	»	66.90	97.50	»	»
N3	65.00	»	*8.20*	»	17.60	46.20	»	57.00	»	65.76	31.74	»	»
N4	70.00	»	*10.60*	»	6.00	59.40	»	55.00	»	61.50	49.40	»	»
L4	72.12	»	*5.40*	»	»	27.40	»	32.60	»	58.60	65.33	»	»
F4	103.00	»	*12.54*	»	»	»	16.75	35.75	»	»	11.36	»	»
E2	167.00	»	»	»	»	»	87.36		»	»	9.40	»	»
D2	156.00	»	»	»	»	»	59.70	»	»	»	»	»	»

Faille de Rukker.

M6	73.50	»	*8.30*	»	19.70	39.50	»	50.50	»	62.00	35.00	»	»
L6	101.80	»	*6.70*	»	»	42.05	»	43.05	»	47.35	85.85	»	»
K1	76.30	»	»	»	»	17.00	»	50.00	»	45.00	63.00	»	»
K2*	109.00	»	»	15.00	36.40	2.10	»	39.50	»	38.00	66.00	»	»
J3	81.00	»	*3.80*	»	»	15.50	3.15	41.16	»	34.80	37.55	»	»
J4	81.00	»	*7.00*	»	»	14.00	42.32		»	35.18	42.40	»	»
H3	88.00	»	»	»	»	»	»	43.57	»	37.11	23.19	»	»
G1	109.00	»	*12.48*	»	»	»	15.40	39.80	»	14.54	13.47	»	»
G2	110.00	»	*9.15*	»	»	»	»	46.15	»	0.20	42.59	»	»
E3	154.00	»	»	»	»	»	78.75		»	»	10.50	»	»
C1	150.00	»	»	»	»	»	48.97	»	»	»	»	»	»

Faille d'Uersfeld.

d4	35.00	21.00	»	179.45				202.55	155.00		»	»	292.55
a5	36.00	11.00	»	29.00	60.00	»	105.00	140.00	117.00	73.00	»	»	636.00
V3*	50.00	17.00	»	»	6.00	»	87.00	125.50	150.04		16.52	»	268.24
51	59.00	19.42	»	»	46.82	»	96.76						
S1	98.00	»	*14.00*	47.50	21.00	»	127.50	104.50		79.50	»	»	»
S2	110.00	»	*3.00*	69.20	34.80	»	91.00	119.00	»	66.50	10.05	»	»

(1) Les sondages dont l'indice est suivi d'un astérisque sont ceux dont nous avons étudié les échantillons.
(2) Les cailloux d'origine glaciaire sont désignés par des chiffres italiques.
(3) Le Conglomérat à silex est désigné par des chiffres italiques.

X5'	45.00	19.85	»	7.45	112.10	64.60	»	9.70	52.30	70.00	110.60	»	»
U4	40.00	15.00	»	»	65.30	104.70	»	»	45.30	58.70	85.20	»	»
M3	120.00	»	»	»	»	»	18.00	55.60	130.40		45.00	»	»
I1	100.00	»	»	»	»	»	27.65	»	7.20	42.80	71.70	»	»

Faille de Bosschenhuisen.

a4'	45.50	14.00	»	53.00	120.00	»	40.00	10.00	73.00	60.00	159.20	»	»
M4	83.50	»	»	»	»	»	19.00	43.00	»	78.00	69.00	»	»

Faille de Bocholtz.

f5	49.50	»	»	152.40 ?									
c3	55.00	»	6.80	98.20	216.50	54.00	»	»	48.10	174.55		»	»
Z5'	36.50	11.00	»	47.70	171.30	42.25	»	3.57	53.30	55.45	107.43	»	»
X6'	38.00	10.00	»	9.00	126.00	105.00	»	»	30.00	50.00	110.00	»	»
V2'	40.00	15.00	»	»	75.00	60.00	»	»	50.00	30.00	162.00	»	»
U5	35.00	7.00	»	»	16.50	137.76			25.57	82.17	96.00	»	»
U6	45.00	17.00	»	»	28.00	50.00	68.40	31.60	25.00	50.00	118.50	»	»
Q1	76.00	»	*19.20*	»	1.80	71.00	»	23.00	85.00		122.50	»	»
R1	70.00	»	*18.90*	12.70	8.10	79.90	»	5.40	20.20	85.80	81.00	»	»
O1	67.00	»	*10.00*	4.00	»	23.00	17.00	49.20	»	41.80	114.32	1.28	»
M5	68.40	»	*7.30*	26.52	»	19.03	»	55.65	»	32.00	71.00	»	»
L1	72.80	»	*12.00*	»	»	20.60	»	48.40	»	109.50		»	»
L2	89.00	»	»	»	»	17.00	4.00	32.00	26.00	52.00	68.76	»	»
[illegible]	85.00	»					»	39.74	29.30	43.93	85.69	4.71	»

						»	17.00				
13B	103.06	»	»	»	»	»	15.25				
J5	99.76	»	»	»	»	»	74.50	87.39			
10B	134.00	»	»	»	»	»	30.86				
15B	148.80	»	»	»	»	»	48.20				
16B	137.90	»	»	»	»	»	25.30				
17B	145.50	»	*5.90*	»	»	»	17.50				
J6	151.40	»	»	»	»	»	144.00	60.97			
19B	146.40	»	*4.50*	»	»	»	15.10				
22B	145.90	»	»	»	»	»	20.60				
20B	148.90	»	»	»	»	»	29.50				
23B	145.00	»	»	»	»	»	13.40				
24B	145.80	»	»	»	»	»	7.50				
26B	149.50	»	»	»	»	»	17.10				
H6	139.70	»	»	»	»	»	101.90	56.00	»	»	»
29B	159.00	»	»	»	»	»	26.97				
G5	147.95	»	»	»	»	»	126.50	12.70	»	»	»
27B	155.00	»	»	»	»	»	4.60				
31B	157.00	»	»	»	»	»	52.50				
H5	162.80	»	»	»	»	»	123.10	56.00	»	»	»
F8	165.00	»	»	»	»	»	118.80	20.90	»	»	»
D10	175.55	»	»	»	»	»	64.25	28.39	»	»	»
34B	178.30	»	»	»	»	»	105.10	6.00			
D9	181.70	»	»	»	»	»	97.30	»	»	»	»

Faille.

D12	170.10	»	»	»	»	»	49.60	25.40	»	»	»
C3	174.00	»	»	»	»	»	42.20	9.30	»	»	»
51C	177.00	»	»	»	»	»	23.20	23.90			
B2	176.00	»	»	»	»	»	17.00	15.60	»	»	»
A1	180.00	»	»	»	»	»	16.90	12.80	»	»	»

(1) Les sondages dont l'indice est suivi d'un astérisque sont ceux dont nous avons étudié les échantillons.
(2) Les cailloux d'origine glaciaire sont désignés par des chiffres italiques.

Sondages	Niveau du sol	Hesbayen (cailloux)	Campinien (cailloux) (1)	Moséen	Lignites supérieurs du Rhin	Tongrien, Lignites inférieurs du Rhin
			Faille principale occidentale.			
14	160.75	»	»	»	80.50	
L9	136.83	»	»	»	76.50	163.89
J7	109.79	»	»	»	81.87	91.22
J8	139.30	»	»	»	137.43	56.64
H7	125.45	»	»	»	55.55	94.17
F9	153.75	»	»	»	82.90	31.95
E9	166.50	»	»	»	73.20	37.60
E8	148.46	»	»	»	44.31	31.00
D13	165.00	»	»	»	41.60	32.50
D14	168.12	»	»	»	23.60	48.60
B3	173.20	»	»	»	13.70	24.30
B4	172.80	»	»	»	20.40	22.70
			Faille Sandgewand.			
64D	44.00	8.00	»	45.00	211.00	239.50
69	100.00	»	*10.50*	»	349.08	299.08
V5	87.50	»	*16.50*	»	298.82	122.72
54D	90.50	»	*11.00*	»	325.30	55.84
56D	111.50	»	»	»	339.49	34.20
57D	135.00	»	»	»	229.20	
58D	145.84	»	»	»	51.90	
59D	149.60	»	»	»	80.90	
60D	165.00	»	»	»	83.40	
F10	147.60	»	»	»	99.60	14.30
62D	166.00	»	»	»	90.40	9.60
D15	172.50	»	»	»	83.00	»

Dès la rencontre de ces roches rouges à Eelen **d4** (2), nous nous sommes prononcés en faveur de la première de ces opinions, en nous appuyant sur l'analogie du mode de dépôt de ces roches avec celui des formations analogues découvertes à peu près à mi-distance des confluents de la Lippe et de la Ruhr avec le Rhin, aux environs de Wesel. Cette opinion s'est confirmée, plus tard, par la trouvaille de roches semblables dans les sondages de Kruys-Ven **g1**, de Gruitrode **g2**, de Louwel **f4**, de Rothem **a5**, en Belgique, du

(1) Les cailloux d'origine glaciaire sont désignés par des chiffres italiques.
(2) Voir *Ann. Soc. géol. de Belg.*, t. XXIX, pp. M 98-100, 16 mars 1902.

nord de Nattenhoven **W4**, de Limbricht **V8** et d'Ophoven **Z6**, en Hollande (1).

Nous faisions remarquer alors que, en Campine comme sur le Rhin, les roches rouges semblent occuper « des golfes étroits et » profonds, à parois abruptes, séparés par des promontoires » allongés et escarpés ». Cette analogie est frappante, si l'on compare la figure de la page M 99 du tome XXIX des *Annales de la Société géologique de Belgique* (2) à la carte (pl. I) accompagnant ce travail. Ainsi que nous l'avons déjà fait remarquer, la disposition actuelle de ces roches en Campine nous paraît due à l'existence de failles, et l'on peut en conclure, par analogie, qu'il doit en être de même aux environs de Wesel, ainsi que nous le verrons dans le chapitre suivant.

Or, au puits n° IV de Gladbeck sur le Rhin, on a trouvé, dans ces roches rouges, d'après M. Hunt (3) : *Fenestella antiqua*, Gdf., *F. retiformis*, Schloth., *Stenopora polymorpha*, et *Ullmannia Bronni*, Gœpp., ensemble faunique et floral caractéristique du *Zechstein* inférieur et moyen.

En Campine, l'existence de gypse dans des joints de ces couches, plaide dans le même sens.

MM. Fourmarier et Renier ont fait remarquer aussi, à bon droit, que l'on n'a jamais signalé, dans ces roches, la présence de végétaux houillers, assez fréquents dans le Stéphanien anglais. Enfin, ils ont opposé le peu de consistance des grès de cette série, à la compacité de ceux du sommet du Houiller indiscutable, différence qui ne s'expliquerait pas, s'il s'agissait de roches appartenant à une série continue.

Disons encore que M. Tendall, le savant géologue anglais bien

(1) Le sondage récent de Vossenberg **c3** démontre que la limite méridionale de ces roches rouges doit être reportée au nord de la ligne de coupe K, entre les failles de la Geule et de Richterich, contrairement à ce qu'indique la carte pl. I, imprimée avant la publication de la coupe de ce sondage dans les *Annales des mines*.

(2) Relief du sous-sol primaire sous le Permo-Triasique, entre les confluents de la Lippe et de la Ruhr avec le Rhin, d'après N. Hunt. Die Steinkohlenablagerung des Ruhrkohlenbeckens. *Mitth. über den niederrheinisch-westfälischen Steinkohlen-Bergbau. Festschrift zum VIII. allgemeinen deutschen Bergmannstag in Dortmund den 11-14 Sept. 1901.* Berlin, Julius Springer, 1901, p. 21, fig. 5.

(3) *Ibid.*, p. 23.

lons de grès à grain fin, rouge et de ·aire lithographique et à cailloux de a profondeur de $667^{m}30$ (-617.30), ainsi bigarré, trouvé à $670^{m}30$ (-620.30), au . nous a déclaré que ces spécimens le Dyas anglais, alors que les roches ·rieur sont analogues à celles du Trias

ı bien voulu nous communiquer la note 'ai examiné la coupe du sondage de ·appé de cette indication « schiste bleu » à en dessous des roches rouges, et je me 'estphalie, à la mine fiscale de Gladbeck où roches rouges, permo-triasiques, il existe, rrains, un peu de schiste rappelant, à s'y ler, bien qu'il appartienne au *Kupferschiefer* dans le fonçage du puits Moltke, il contenait, ler, *Palæoniscus Freislebeni*, Ag., fossile *Zechstein* inférieur du Mansfeld. L'épaisseur ıi manque dans quelques sondages exécutés ouest du bassin de la Ruhr, varie de $1^{m}50$ à $0^{m}50$. semblable au Houiller que, dans l'exploitation ius, à l'étage de 425 mètres (?), on aurait pris ıte le ravinement de la couche par le Permien; ·st calcareuse, et c'est ainsi que l'on s'est aperçu banc bleu de Rothem est-il calcareux et, partant, t ce que j'ignore. »

ɔn des éléments dont l'ensemble constitue les » est assez délicate, étant donné que nous n'avons ıe des échantillons provenant du sondage de Lim-as) **V3**, quelques spécimens du forage d'Eelen **d4** et ıcillies à la recherche de Louwel **f4**.

ominante paraît être un grès tendre, à grain de able, en général rouge, souvent bigarré, parfois gris; t des psammites fréquemment micacés, présentant :olorations; les schistes sont aussi assez abondants; ·ralement tendres, onctueux et contiennent, par place, ·roulés de composition analogue; outre les teintes ıes grès et des psammites, ils ont parfois une coloration verdâtre ou même bleue. Dans les joints de stratification et dans les cassures de ces schistes, on rencontre souvent de minces lits de gypse. Enfin, et de préférence vers la base, on trouve des poudingues rouges et bigarrés, à cailloux siliceux ordinairement, mais où l'on voit parfois des nodules calcaires, ayant l'aspect du calcaire lithographique. La grosseur des cailloux est variable et s'atténue, dans certains cas, jusqu'à permettre de donner à la roche le nom d'arkose, d'autant plus qu'elle est cimentée alors par un élément argileux, blanc, rappelant le kaolin. La teneur en calcaire semble augmenter vers la base de l'étage, ainsi qu'on l'a constaté également en Westphalie.

On ne possède guère qu'un renseignement direct sur le pendage des roches rouges; au sondage de Gruitrode **g2**, on y a noté une inclinaison de 3°. Mais l'on a un moyen de déterminer la pente générale de ces couches vers le Nord, en comparant les résultats des recherches de Rothem **a5**, du nord de Nattenhoven **W4** et de Limbricht **V3**, situées entre les failles d'Uersfeld et de Dœnraede. Entre les deux derniers forages, l'inclinaison calculée serait de 6° 38′ 20″ ou de 1 mètre sur 8^m59; entre les deux premiers, elle serait de 4° 33′ 50″ ou de 1 mètre sur 12^m53; enfin, le pendage moyen entre les sondages extrêmes serait de 5° 0′ 10″ ou de 1 mètre sur 11^m42.

Nous avons fait connaître jadis la raison pour laquelle nous ne pouvons admettre que, à l'ouest de la faille de la Gulpe, les roches rouges soient limitées au Midi par une faille sensiblement est-ouest, comme le suppose M. X. Stainier [1]; cette raison est l'analogie du mode de gisement de ces roches avec celles de la Westphalie, analogie qui, comme nous venons de le faire remarquer, s'est confirmée par les sondages exécutés depuis que notre collègue a émis cette opinion. Nous n'insisterons donc pas sur ce point. Nous nous bornerons à constater que, s'il est vraisemblable que les roches rouges reposent en discordance sur la formation houillère, cette discordance est cependant faiblement accusée et ne peut ressortir que d'une étude d'ensemble et non de l'examen, en un point, du contact des deux terrains, étant donné que la pente du Houiller est faible, dans la région où il est recouvert par ces roches dont l'inclinaison est faible également et dans le même sens.

[1] X. Stainier. Etudes sur le bassin houiller du nord de la Belgique. *Bull. Soc. belge de géol.*, t. XVI, *Mém.*, pp. 77-120, pl. V, 22 avril 1902.

* * *

Si l'on fait abstraction d'érosions peu probables, on peut dire que la Campine, comme les régions avoisinantes, paraît avoir été émergée pendant les périodes jurassique et crétacée inférieure; on n'y observe, en effet, aucun sédiment de ces âges. C'est pendant cette émersion que semblent s'être produites les failles normales qui découpent le sol; l'érosion a dû être très intense également alors, pour niveler le sous-sol primaire ainsi qu'on le constate actuellement sous les morts-terrains.

Les premiers sédiments que l'on observe, tantôt au-dessus du Houiller, tantôt sur le Permo-Triasique, appartiennent à la période sénonienne. Ce sont les mieux connus de tous les morts-terrains traversés par les sondages, car, en de nombreux points, ils ont été percés à la couronne et ont fourni plusieurs kilomètres de carottes fossilifères.

La première subdivision établie par A. Dumont dans l'étage sénonien est appelée actuellement *Assise d'Aix-la-Chapelle* (ancien *Aachénien*). C'est une formation tantôt continentale, tantôt de rivage. Dumont la caractérisait par l'absence de glauconie, opposée à l'abondance de ce minéral dans l'assise de Herve (ancien Hervien) qui la surmonte et, longtemps, on a cru qu'elle ne contenait que des végétaux terrestres, qui furent décrits par De Bey et von Ettingshausen. I. Beissel fut le premier qui y signala la présence d'animaux marins, associés à des débris de plantes continentales, dans des grès blancs affleurant dans le bois d'Aix-la-Chapelle [1] et près de cette ville [2] et dans des sables jaunâtres, exploités à Wolfscheid (territoire neutre).

Nous avons montré, dans une publication antérieure [3], que l'envahissement du pays de Herve et de la Campine par la mer sénonienne s'est effectué de l'Est à l'Ouest. Or, dans beaucoup de sondages exécutés tant dans le Limbourg hollandais que dans le nord de notre pays, on trouve, à la base des sédiments crétacés, des dépôts de rivage renfermant un mélange de végétaux terrestres

(1) *Ann. Soc. géol. de Belg.*, t. XIII, p. CLXX, 19 sept. 1881.

(2) *Ibid.*, t. X, p. LXX, 17 déc. 1882.

(3) *Ibid.*, t. XXVI, pp. 149-153, 18 juin 1899.

ou de lignite et d'animaux côtiers, parmi lesquels abonde un crustacé décapode. Peut-on en conclure que toutes ces couches sont synchroniques? Nous ne le pensons pas; nous estimons plutôt qu'elles constituent une forme particulière du Sénonien, indiquant le moment variable de l'envahissement du continent par la mer. A notre avis donc, l'assise d'Aix-la-Chapelle devrait disparaître de la légende du Sénonien et être considérée comme un simple facies de l'assise de Herve. Ce facies serait tantôt sans glauconie, comme aux affeurements connus dans le pays de Herve et sur les territoires neutre, allemand et hollandais, tantôt peu glauconifère, comme dans certains sondages du Limbourg néerlandais et de la Campine; dans ces derniers, nous n'avons pas cru devoir le séparer de l'assise de Herve.

Résumons ci-dessous les renseignements fournis par ces forages, en procédant de l'Ouest à l'Est.

Beeringen **c2,** de -520.00 à -527.50. Sable argileux, glauconifère, vert, passant au psammite vers le bas. Ecailles de poissons, *Ostrea semiplana*, Sow., empreinte végétale.

Kelgterhof **b3,** de -487.10 à -512.05. Sable moyen, un peu argileux, glauconifère, jaune, avec bancs de grès ponctué de glauconie et grès argileux, très glauconifère à la base. *Calianassa Faujasi*, Desm. *sp.*, *Belemnitella mucronata*, Schl. *sp.*, *Turritella nodosa*, Rœm., *Eriphyla lenticularis*, Gdf. *sp.* et *Ficus sp.*

Eikenberg **b4,** de -509.90 à -522.83. Grès peu glauconifère, à *Calianassa Faujasi*, Desm. *sp.*, *Ostrea semiplana*, Sow., *O.* (*Gryphæa*) *vesicularis*, Lmk., *Pecten lævis*, Nills., *Liopistha æquivalvis*, Gdf. *sp.*, fragments de lignite.

Donderslag **e6,** de -560.05 à -576.08. Sable et grès peu glauconifères, à *Calianassa Faujasi*, Desm. *sp.*

Op-Glabbeek **a2,** de -486.40 à -488.70. Sable sans glauconie, blanc grisâtre.

Louwel **f4,** de -601.91 à -608.27. Grès grossier, blanc, très dur.

Eysden **X4,** de -400.00 à -405.00. Lignite terreux, avec pyrite, puis sable moyen, argileux, glauconifère, gris verdâtre pâle.

Lanklaer **a4,** de -464.50 à -483.70. Sable fin, glauconifère, gris vert plus ou moins foncé, avec débris de lignite (?).

Lanklaer **Z5,** de -448.32 à -455.50. Grès argileux, glauconifère, vert, à *Calianassa Faujasi*, Desm. *sp* et *Belemnitella mucronata*, Schl. *sp.*

Maaselhoven **V2**, de -330.00 à -352.00. Sable très peu glauconifère.

Hœve **O1**, de -192.32 à -193.60. Sable grossier, compact, avec traces de lignite.

Weustenrade **L3**, de -113.66 à -118.37. Argile avec pyrite et sable gris.

Vrussohebueske **H2**, de + 70.90 à -12.00. Sable d'Aix-la-Chapelle, d'après W.-C.-H. Staring.

Dorp **D1**, de + 122.15 à + 89.25. Sable gris et noir, avec lignite, argile grise, grès.

Dilsen **W3**, de -349.00 à -382.30. Sable moyen, violacé, avec lignite; peu de glauconie.

Stockheim **U7**, de -330.00 à -337.00. Sable gris et gris verdâtre, avec débris de lignite (?).

***

L'*assise de Herve* proprement dite (ancien *Hervien*) présente, dans toute la Campine, une régularité de composition d'autant plus remarquable, qu'elle contraste vivement avec la dissemblance du caractère pétrographique des roches y traversées par sondage et de celles que l'on peut observer en affleurement dans le pays de Herve et le Limbourg néerlandais.

Alors que, dans ces dernières régions, on remarque, vers le sommet de l'assise, une puissante alternance d'argilite glauconifère et de smectique, d'un facies tout spécial et facilement reconnaissable, on ne rencontre nulle part de smectique dans le nord de notre pays et l'argilite y est tellement différente de celle que l'on peut voir à la surface du sol, que l'on ne songerait pas à une synchronisation des deux sortes de dépôts, si le caractère paléontologique, identique de part et d'autre, ne l'imposait. Cependant, une exception doit être faite, sous ce rapport, en faveur du sondage de Hœsselt **M2**, qui se trouve bien au sud de toutes les autres recherches.

D'une façon générale, on peut dire que, en Campine, le sommet de l'assise de Herve est formé d'argile sableuse, glauconifère, passant à l'argilite en certains endroits et, notamment, aux forages de Vlimmeren **p1**, de Kleine-Heide **e2**, d'Asch **Y3**, de Kattenberg **b5** et de Louwel **f4**. Cette argile sableuse, comme l'argilite qui en dérive, est plutôt grise que verdâtre et est relativement plastique.

Vers le bas, elle passe insensiblement au sable argileux, glauconifère, parfois très cohérent, généralement d'une consistance moins marquée, quoique encore assez grande. Quelquefois, on y rencontre des couches dans lesquelles l'argile entre en moins forte proportion et qui, par conséquent, sont plus friables; mais ces couches sont relativement peu abondantes et elles ont, presque partout, fourni des carottes, là où l'assise était traversée à la couronne et non au trépan. La couleur de ces sables argileux est assez semblable à celle des argiles sableuses.

Ces deux sortes de roches sont calcarifères et contiennent, à divers niveaux, des cailloux miliaires à avellanaires de quartz limpide et de phtanite ou de chert noir, notamment aux sondages de Vlimmeren **p1**, de Zittaert **i1**, de Coursel **d2**, de Donderslag **e6**, d'Op-Glabbeek **a2**, de Kattenberg **b5**, d'Eysden **X4** et de Stockheim **U7**; en outre, on y remarque, à Dilsen **W3**, un caillou de quartzite gris et, à Stockheim **U7**, des fragments roulés, miliaires à avellanaires, de schiste vert et de grès de même couleur, paraissant cambro-siluriens; à Zittaert **i1**, à Kleine-Heide **e2** et à Stockheim **U7**, le sable contient des nodules d'argile ou d'argilite grise; on peut citer aussi l'existence de lignite à Coursel **d2**, à Op-Glabbeek **a2** et à Lanklaer **a4** et, chose plus curieuse, celle de grains de houille à Maaselhoven **V2** et à Stockheim **U7**. Mentionnons encore l'existence de coquilles et de noyaux roulés de phosphate de chaux noir à Op-Glabbeek **a2** et celle de coquilles roulées d'*Ostrea* à Stockheim **U7**. La pyrite ou la marcassite est très fréquente dans cette assise, surtout dans la région occidentale ; on en a reconnu la présence à Vlimmeren **p1**, à Zittaert **i1**, à Keine-Heide **e2**, à Coursel **d2**, à Kelgterhof **b3**, à Eikenberg **b4** et à Donderslag **e6**.

Vers la base, les couches herviennes se durcissent ordinairement et passent au psammite glauconifère, comme à Beeringen **c2**, à Kleine-Heide **e2**, à Louwel **f4** et à Lanklaer **Z5**, ou au grès, comme à Coursel **d2**, à Kelgterhof **b3** et à Eikenberg **b4**, ou bien encore à un gompholite glauconifère, comparable à celui que l'on trouve au même niveau à Visé, comme à Vlimmeren **p1** et à Hœsselt **M2**. Enfin, au sondage de Coursel **d2**, la base de l'assise est formée par de la glauconie argilo-sableuse, verte, comparable à celle de Lonzée.

La présence de débris roulés de roches cambro-siluriennes, de chert, de phtanite et de houille carbonifères dans les sédiments herviens nous avait fait supposer d'abord que les terrains primaires devaient se relever vers le Nord, sous forme de continent, à l'époque où la mer de cet âge occupait le bassin de la Campine. Plus tard, nous nous aperçûmes que toute la région située à l'est de la faille de Dœnraede a dû être émergée pendant la période hervienne, puisqu'il n'y existe pas de sédiment de cette période; la désagrégation de ce continent oriental permet donc d'expliquer l'existence de cailloux de houille et de phtanite dans les dépôts de l'assise de Herve, sans faire intervenir de relèvement septentrional.

La répartition des dépôts de l'assise de Herve est très simple: leur puissance décroît régulièrement du Nord au Sud et de l'Est à l'Ouest, ce qui ressort immédiatement de l'examen du tableau précédent et des coupes accompagnant ce mémoire.

Le caractère paléontologique des couches, dans les sondages que nous avons étudiés, est, comme nous l'avons déjà dit, identique à celui des affleurements de ce terrain dans le pays de Herve, le Limbourg hollandais, le territoire neutre et les environs d'Aix-la-Chapelle. Nous l'avons résumé dans le tableau suivant.

Assise de Hervo ($Cp2$).	Stockheim -245.50 à -3	Lanklaer -405.50 à -4	Kattenber -457.5c	Op-Glabbe -376.00 à -4	Dondersla -449.50 à -5	Eikenberg -434.00 à -5	Kelgterho -432.10 à -5	Coursel -509.90 à -5	Heppen -633.50 à -6	Kleine-Hei -580.50 à -5	Beeringe -516.50 à -5	Zittaert -681.05 à -6	Westerlo -507.50 à -5	Vlimmere -872.00 à -8
Débris de poissons	×	.	×	×	×	×	×	×	.	.	×	×	×	×
Cladocyclus strehlensis, Gein.	.	.	.	×	×	.	.	×	.	.	.	.	.	.
Enchodus sp.	.	.	.	.	×	.	.	.	.	.	.	.	.	.
Pseudocorax affinis*, Ag. *sp.	.	.	.	×	.	.	×	.	.	.	.	.	.	.
***Oxyrhina angustidens*, Reuss**	.	.	.	×	.	.	.	.	.	.	.	.	.	.
Calianassa Faujasi, **Desm. *sp.***	×	×	.	.	×	×	×	.	.	.	.	.	.	.
Hoploparia sp.	.	.	.	×	.	.	.	.	.	.	.	.	.	.
Enoploclytia Leachi, **Mant. *sp.***		.	.	.	.	.	×	.	.	.	.	.	.	.
Pollicipes glaber, A. Rœm. (***carina, rostrum,*** *tergum*)	.	.	.	.	.	.	×	.	.	.	.	.	.	.
Scalpellum angustatum, Gein. (***carina***)	.	.	×	.	×	.	.	.	.	.	.	.	.	.
— — — (***scutum***)	.	.	.	.	.	×	.	.	.	.	.	.	.	.
Belemnitella mucronata*, Schl. *sp.	×	×	×	×	×	.	×	×	.	.	×	×	×	×
— ***sp.***	.	.	.	.	.	.	.	.	.	.	×	.	.	.
Actinocamax quadratus*, Blainv. *sp.	.	.	.	×	×	×	×	.	.	×	.	.	×	.
— ***verus*, Mill. *sp.***	.	.	.	.	.	.	.	×	.	.	.	.	.	.
***Ammonites* (*Schlœnbachia*) *cœsfeldiensis*,** Schlüt.	.	.	.	.	×	.	.	.	.	.	.	.	.	.
***Scaphites gibbus*, Schlüt.**	.	.	.	.	×	.	.	.	.	.	.	.	.	.
— ***sp.***	.	.	.	.	.	.	×	.	.	.	.	.	.	.
***Baculites vertebralis*, Lmk.**	.	.	×	×	×	×	.	.	.	.	.	.	.	.
***Nautilus ahltenensis*, Schlüt.**	.	.	.	×	.	.	.	.	.	.	.	.	.	.
— ***neubergicus*, Redt.**	.	.	.	.	.	.	×	.	.	.	.	.	.	.
Bullinula Strombecki* Müll. *sp.	×	.	.	.	.	.	.	.	.	.	.	.	.	.
***Volutilithes orbignyana* Müll.**	.	.	.	.	×	.	.	.	.	.	.	.	.	.
Chrysodomus Buchi*, Müll. *sp.	×	.	×	.	.	.	×	.	.	.	.	.	.	.
Pisania fenestrata*, Müll. *sp.	.	.	.	.	×	×	.	.	.	.	.	.	.	.
Ficulomorpha piruliformis*, Müll. *sp.	.	.	.	×	.	.	.	.	.	.	.	.	.	.
***Chenopus Beisseli*, Holz.**	×	.	.	.	.	.	×	.	.	.	.	.	.	.

— *subtruncata*, d'Orb.	.	.	.	×	.	×	.	.	.	.	.	.	.	.
— *sp.*	.	.	.	.	.	.	.	.	.	.	.	×	.	.
Placunopsis ? undulata, Müll. *sp.*	.	.	.	.	.	.	.	.	.	.	.	.	.	.
Spondylus spinosus, Sow. *sp.*	.	.	.	.	.	×	.	.	.	.	.	.	.	.
Lima decussata, Gdf.	.	.	.	×	.	.	.	.	.	.	.	.	.	.
— *Hoperi*, Mant.	.	.	.	×	.	.	.	.	.	.	.	.	.	.
— *oviformis*, Müll.	.	.	×	.	.	×	×	×	.	.	.	.	.	.
— *Sowerbyi*, Gein.	×	.	×	×	×	×	×	.	.	.	.	.	.	.
— *sp.*	.	.	.	.	×	.	.	×	.	.	.	.	.	.
Pecten cretosus, Defr.	.	.	.	.	.	.	.	×	.	.	.	.	.	.
— *laevis*, Nilss.	×	.	×	×	×	×	×	×	.	.	.	.	.	.
— *Nilssoni*, Gdf.	×	.	.	×	.	.	.	/	.	.	.	.	.	.
— *spatulatus*, Roem.	×	.	×	×	×	×	×	.	.	.	.	.	.	.
— *virgatus*, Nilss.	×	.	.	.	.	.	.	.	.	.	.	.	.	.
— *sp.*	.	.	.	.	.	.	.	.	.	.	.	.	.	.
Vola quadricostata, Sow. *sp.*	×	×	×	.	×	.	.	.	×	×	.	.	.	.
— *quinquecostata*, Sow. *sp.*	.	.	.	.	.	×	×	.	.	.	.	.	.	.
— *striatocostata*, Gdf. *sp.*	.	.	×	.	.	.	.	.	.	.	.	.	.	.
Gervilleia solenoides, Defr.	.	.	×	.	×	.	.	.	.	.	.	.	.	.
Inoceramus Cripsi, Mant.	.	.	.	×	×	×	×	.	.	.	.	.	.	.
— *sp.*	.	.	.	×	.	.	.	.	.	.	.	.	.	.
Arca (Cucullaea) brevifrons, Conr.	.	.	.	.	×	.	.	.	.	.	.	.	.	.
— *subglabra*, d'Orb.	×	×	×	×	×	/	/	/	.	.	/	/	.	.
— *sp.*	×	.	/	.	.	.	.	.	.	.	.	.	.	.
Pectunculus Geinitzi, d'Orb.	.	.	/	.	/	/	.	.	.	.	.	.	.	.
Nucula pulvillus, Müll.	.	.	.	/	.	.	.	.	.	.	.	.	.	.
— *tenera*, Müll.	/	.	.	/	.	.	.	.	.	.	.	.	.	.
Leda Försteri, Müll.	.	.	.	.	?	.	.	.	.	.	.	.	.	.
Trigonia limbata, d'Orb.	.	/	.	.	.	.	.	.	.	.	.	.	.	.
— *vaalsiensis*, Bohm	/	.	/	.	.	.	.	/	.	.	.	.	.	.
Cardinia n. sp., aff. C. copides, de Ryckh.	.	.	.	/	.	.	.	.	.	.	.	.	.	.
Venericardia Benedeni, Müll. *sp.*	.	/	.	/	/	/	/	.	.	.	.	.	.	.
Astarte similis, Muenst.	/	.	.	/	.	/	.	.	.	.	.	.	.	.
Eriphyla lenticularis, Gdf. *sp.*	/	.	.	/	/	/	/	.	.	.	.	.	.	.
Crassatella aequalis, Holz.	.	.	.	.	/	.	.	.	.	.	.	.	.	.
arcacea, Roem.	/	.	/	/	/	/	.	/	.	.	/	/	.	.
Cardium sp. n.	.	.	.	.	/	.	.	.	.	.	.	.	.	.
Meretrix ovalis, Gdf. *sp.*	.	/	/	/	/	/	/	/	.	.	?	.	.	.
porrecta, Müll. *sp.*	?	/	.	/	.	/	.	.	.	.	.	.	.	.

— *sp.*	.	.	.	.	×	.	.	.	.	.	.	.	.	.
Leptosolen truncatulus, Reuss *sp.*	.	.	.	×	.	×	.	.	.	.	.	.	.	.
Mactra debeyana, Müll. *sp.*	.	.	×	×	.	.	.	.	.	.	.	.	.	.
Corbula angustata, Sow.	×	.	.	.	.	.	.	.	.	.	.	.	.	.
Glycimeris Goldfussi, d'Orb. *sp.*	×	.	.	.	×	.	.	.	.	.	.	.	.	.
Lucina aquensis, Holz.	.	.	.	.	×	.	.	.	.	.	.	.	.	.
— *subnummismalis*, Sow.	×	.	.	?	.	.	.	.	.	.	.	.	.	.
Tellina Renauxi, Math.	.	.	.	×	.	.	.	.	.	.	.	.	.	.
— *strigata*, Gdf.	.	.	.	×	.	.	.	.	.	.	.	.	.	.
Pleuromya? modiolus, Nilss. *sp.*	.	.	.	×	.	.	.	.	.	.	.	.	.	.
Liopistha æquivalvis, Gdf. *sp.*	×	.	×	.	.	×	×	.	.	.	.	.	.	.
Pholadomya Esmarcki, Nilss. *sp.*	.	.	×	.	.	.	.	.	.	.	.	.	.	.
Rhynchonella spectabilis, Hag.	.	.	.	×	.	.	.	.	.	.	.	.	.	.
Defrancia ***disciformis***, Reuss	.	.	.	×	.	.	.	.	.	.	.	.	.	.
Serpula sp.	×	.	.	.	.	.	.	.	.	.	.	.	.	.
Bourgueticrinus ellipticus, Mill.	.	.	.	×	.	.	.	.	.	.	.	.	.	.
— *sp.*	.	.	.	×	.	.	.	.	.	.	.	.	.	.
Nodosaria annulata, Reuss	.	.	.	×	.	.	.	.	.	.	.	.	.	.
— *sulcata*, Nilss.	.	.	.	.	.	×	.	.	.	.	.	.	.	.
Orbitolites sp.	×	.	.	.	.	.	.	.	.	.	.	.	.	.
Haplostiche clavulina, Reuss	.	.	×	.	.	.	.	.	.	.	.	.	.	.
Ficus (feuille)	.	.	.	.	.	.	×	.	.	.	.	.	.	.
Fruit	.	.	.	.	.	×	.	.	.	.	.	.	.	.

***

L'*assise de Nouvelles* (ancien *Sénonien*) est, dans toute la région étudiée, composée de craie et de silex, comme partout aux affleurements; cependant, le facies de cette craie est bien différent de celui que l'on peut observer dans la plus grande partie du pays de Herve et en Hesbaye. Dans ces régions, la craie est glauconifère sur une faible hauteur, à la base de l'assise; blanche, traçante, dépourvue de glauconie et de silex dans sa partie moyenne; semblable encore, mais riche en nodules de silex noir, translucide, à sa partie supérieure. Cependant, vers le nord du pays de Herve, surtout aux environs de Fouron-le-Comte, s'accuse une modification de composition ; la craie y devient grossière, tout en restant blanche, et elle se remplit, de la base au sommet, de nodules siliceux, grisâtres, encore imparfaitement transformés en silex, nodules auxquels nous avons donné le nom de silex rudimentaires ; ceux-ci co-existent, vers le sommet, avec les silex translucides, noirs. Dans le Limbourg hollandais, cette transformation s'accentue encore et la craie sénonienne y devient difficile à distinguer, à première vue, de l'argilite hervienne, aux environs de Wijlre notamment.

Il n'est donc pas surprenant que la même modification se manifeste avec plus d'intensité encore en Campine, où elle est accompagnée d'autres particularités que nous n'avons pas eu l'occasion d'observer aux affleurements. D'une façon générale, on peut dire que la base de l'assise est constituée de craie grossière, argileuse ou très argileuse, grisâtre, se distinguant difficilement, quand elle est séchée, de l'argile sableuse du sommet de l'assise de Herve. Dès que ces deux roches sont mouillées, elles se différencient nettement par la couleur, beaucoup plus foncée dans l'argile que dans la craie.

Plus haut, la proportion d'argile diminue et, en même temps, des silex rudimentaires s'y développent en grand nombre, accompagnant, vers le sommet, des silex translucides, noirs, brun noir et blonds, d'ordinaire. Au sondage de Santhoven **j1**, on a recueilli, en outre, une variété rose de silex, contenant, par place, un peu de glauconie. En certains points, la silice ne s'est pas condensée en nodules; elle imprègne alors toute la roche et lui donne une dureté parfois considérable. La glauconie n'est pas exclusivement limitée à la base de l'assise; on la rencontre à tous les niveaux,

la région occidentale et elle est tellement abondante
ints, à Kelgterhof **b3**, de -394.00 à -399.50, notam-
devient dominante et que la roche mérite d'être
nie calcarifère. Une autre particularité, très impor-
de vue du fonçage des puits de mines, est la très
des fentes dans la craie; partout, celle-ci forme une
te, que nous avons tout lieu de croire peu perméable.
us y avons constaté l'existence de cassures presque
ondage de Donderslag **e6**, de -388.10 à -398.50 et à
ringen **c2**, une fente oblique s'est montrée à -501.00
acture était visible dans les carottes de Vlimmeren
Partout, ces accidents étaient recimentés par de la
isée.

te en nodules, la pyrite sous la même forme et en
pas rares dans la craie, surtout dans la région
ur précence a été signalée à Louwel **f4**, à Donderslag
hof **b3**, à Coursel **d2**, à Kleine-Heide **e2**, à Beerin-
aert **i1**, à Vlimmeren **p1** et à Kessel **d1**.

de diverse nature ont été rencontrés dans plusieurs
out vers l'Est : des grains pisaires à miliaires de
et des galets de houille, à Louwel **f4** et à Donder-
ernier forage, à Kelgterhof **b3** et à Beeringen **c2**,
t des fossiles roulés en phosphate de calcium noir;
liaires à pisaires de quartz limpide et de silex noir
4 et à Kelgterhof **b3**; enfin, des cailloux miliaires à
, verdis superficiellement, à Coursel **d2**.

de galets de houille dans la craie peut s'expliquer,
lle des mêmes galets dans l'assise de Herve, par la
d'un continent situé à l'est de la faille de Dœnraede.
ncore, comme particularités remarquables, l'inter-
ie blanche, traçante, au milieu de la craie grossière,
recherches; celle de craie bréchiforme, glauconifère,
2 et enfin celle d'une craie d'un facies très spécial,
olument le Cénomanien de Rouen, tant par ses
rographiques que par le facies de sa faune, quoique
spèce fossile ne soit commune aux deux formations,
Donderslag **e6**.

on des dépôts de l'assise de Nouvelles est un peu
elle des sédiments de l'assise de Herve. Leur puis-

sance augmente graduellement du Sud au Nord et de l'Est à l'Ouest; ils semblent donc communiquer librement, vers Anvers, avec les formations contemporaines du bassin du Hainaut.

Le caractère paléontologique de l'assise de Nouvelles en Campine rappelle plutôt celui de la craie sénonienne de Haldem en Westphalie, que celui de la craie blanche du pays de Herve et de la Hesbaye. Nous l'avons résumé dans le tableau des pages suivantes.

***

L'*assise de Spiennes* et l'*étage maestrichtien* (dont la réunion constitue l'ancien *Maestrichtien*) forment un ensemble très homogène, dans lequel il est impossible de tracer une limite, dans la région de leurs affleurements, lorsque la mince couche à coprolithes, qui a été prise comme base du second, n'est pas visible. En outre, la première assise y passe insensiblement, vers le bas, à l'assise de Nouvelles, par l'atténuation du grain de la craie, de telle sorte que la séparation de ces deux subdivisions ne peut y être considérée que comme très approximative.

A plus forte raison doit-il en être ainsi dans la Campine et dans le Limbourg hollandais, où ces terrains ont été traversés au trépan dans tous les sondages, à l'exception de ceux de Vlimmeren **p1** en partie, de Kelgterhof **b3**, d'Eikenberg **b4** en partie, de Donderslag **e6**, de Kattenberg **b5**, de Louwel **f4**, de l'est de Watersleijhof **V4** en partie et de Hillensberg **U8** en partie, sondages où ils ont fourni des carottes. Partout, dans cette région, où la craie de l'assise de Nouvelles, grossière comme celle de Spiennes, ne s'en distingue plus par le caractère de la roche, on est obligé, pour tracer une limite très vague, de se servir uniquement des bancs de silex opaque, gris, quand ceux-ci sont renseignés dans la coupe du forage. Ce sont les considérations que nous venons d'exposer qui nous ont engagés à réunir l'assise de Spiennes et le Maestrichtien, aussi bien dans le tableau de la répartition des roches des pages 680-686, que dans la présente description.

Ici, les roches rencontrées ne diffèrent guère de celles observées aux affleurements, que par le fait que, en certains points irrégulièrement répartis du reste, le tufeau ou la craie grossière se durcissent au point de donner un calcaire grenu, généralement cristallin, d'une très grande dureté.

Assise de Nouvelles (*Cp3*).	Louwel **f4** -383.50 à -433.05	Donderslag **e6** -388.10 à -449.50	Eikenberg **b4** -371.00 à -434.00	Kelgterhof **b3** -381.00 à -432.10	Coursel **d2** -455.00 à -509.50	Heppen **h1** -578.50 à -582.50	Kleine-Heide **e2** -450.50 à -478.50	Beeringen **c2** -451.00 à -516.50	Zittaert **i1** -575.85 à -681.05	Westerloo **c1** -442.50 à -507.50	Vlimmeren **p1** -848.50 à -870.50	Santhoven **j1** -689.70 à -700.30
Débris de poissons.	×	×	×	×	×	.	.	×	×	×	.	.
Cladocyclus strehlensis, Gein.	.	×	.	×	.	.	.	×	.	.	.	.
Osmeroides lewesiensis, Ag.	.	.	.	.	×	.	.	.	.	.	.	.
Scalpellum angustatum, Gein. (*scutum*)	.	.	.	.	.	.	.	×	×	.	.	.
— *sp. n.* (*tergum*)	.	.	.	×	.	.	.	.	.	.	.	.
Belemnitella mucronata, Schl. *sp.*	.	×	×	×	×	×	×	×	×	×	×	×
Ammonites (Schlœnbachia) *cf. tridorsatus*, Schlut.	.	×	.	.	.	.	.	.	.	.	.	.
Scaphites monasterianus, Schlüt.	.	.	.	.	×	.	.	.	.	.	.	.
Hamites cylindraceus, **Defr.**	.	.	.	.	×	.	.	.	.	.	.	.
Ancyloceras retrorsum, Schlüt.	.	.	.	.	.	.	.	.	×	.	.	.
Turrilites scheuchzerianus, Boss.	.	×	.	.	.	.	.	.	.	.	.	.
Baculites knorrianus, Desm.	.	.	.	.	×	.	.	.	.	.	.	.
[illegible]*alis*, Lmk.	.	×	×	×	×	.	.	.	.	.	.	.
— [illegible] *polyplocum*, A. Rœm.	.	×	.	.	.	.	.	.	.	.	.	.
Heteroceras [illegible] *planissima*, Binkh. *sp.*	.	×	.	.	.	.	.	.	.	.	.	.
[illegible]*ulosus*, Müll.	.	×	.	.	.	.	.	.	.	.	.	.
Turritella cf. [illegible] *C. carbonarium*, Gdf.	.	.	.	×	.	.	.	×	.	.	.	.

. . . .

. . . . ×·× . . . × . . . × . . . . . . × . .

Assise de Nouvelles (*Cp3*).	f4	e6	b4	b3	d2	h1	e2	c2	i1	c1	p1	j1
Trigonia vaalsiensis, Böhm	.	.	×	.	.	.	.	.	.	.	.	.
Astarte similis Muenst.	×	.	.	.	.	.	.	.	.	.	.	.
Cyprina bosquetiana 'Orb.	.	.	×	.	.	.	.	.	.	.	.	.
Crassatella arcacea, Rœm.	×	.	.	.	.	.	.	.	.	.	.	.
Meretrix ovalis, Gdf. *sp.*	.	×	.	.	.	.	.	.	.	.	.	.
Crania antiqua, Defr.	.	.	.	.	×	.	.	.	.	.	.	.
Rhynchonella dutempleana, d'Orb.	.	.	.	.	×	.	.	.	.	.	.	.
plicatilis Sow. *sp.*	.	.	×	×	×	.	.	.	.	.	×	.
Terebratulina gracilis Schl. *sp.*	.	.	.	.	×	.	.	.	.	.	.	.
Terebratula carnea, Sow.	.	×	.	×	×	.	.	.	×	.	.	.
Kingena lima, Defr. *sp.*	.	.	.	.	.	.	.	×	×	.	.	.
Magas pumilus, Sow.	.	.	.	×	×	.	.	.	.	.	.	.
Berenicea confluens, Rœm. *sp.*	.	.	.	.	.	.	.	×	.	.	.	.
Escharifora? filograna, Gdf. *sp.*	×	.	.	.	.	.	.	.	.	.	.	.
Serpula sp.	.	.	.	.	×	.	.	.	.	.	.	.
Cardiaster ananchytis, Leske *sp.*	.	.	.	.	.	.	.	.	×	.	.	.
Echinocorys vulgaris, Breyn	.	.	.	.	.	×	.	.	.	.	.	.
Catopygus fenestratus, Ag.	.	.	.	×	.	.	.	.	.	.	.	.
Cidaris sp.	.	.	.	.	.	×	.	.	×	.	.	.
Bourgueticrinus ellipticus, Mill.	.	×	.	.	.	.	.	[illegible]	.	.	.	.

Ainsi que nous l'avons fait remarquer dans les lignes qui précèdent, la caractéristique de la base de cet ensemble est la présence, au milieu de craie grossière, blanchâtre ou grisâtre, de bancs subcontinus de silex opaque, gris, en nombre plus ou moins considérable. Un peu plus haut, les silex deviennent noduleux, translucides et ont une couleur blonde, brune ou brun noir. Plus haut encore, la craie devient jaunâtre et moins cohérente; la grosseur du grain augmente un peu et la roche reçoit le nom de tufeau, désignation vague et peu recommandable, car elle est employée également dans une tout autre acception (tufeau de Lincent, par exemple). Enfin, vers le sommet de cet ensemble, on observe des couches dont les éléments, plus gros encore, sont des débris d'organismes, de bryozoaires principalement; on les a désignées sous le nom de couches à bryozoaires.

Peu de particularités méritent d'être signalées dans les témoins recueillis lors des forages. De la marcassite a été rencontrée à Santhoven **j1** et l'existence de couches de craie grossière, glauconifère, verdâtre, rose verdâtre, gris jaunâtre, grisâtre et blanchâtre a été reconnue à Kleine-Heide **e2** et à Kelgterhof **b3**; dans cette dernière recherche, cette craie passe, par durcissement, à un calcaire saccharoïde, peu glauconifère, gris. Enfin, le sondage de Hœsselt **M2** a traversé, vers le sommet du Maestrichtien, soit une faille, soit un orgue géologique, rempli de cailloux, de sable et de fossiles, provenant des formations tertiaires et quaternaires surmontant le Crétacé. Les parois de cet accident sont fortement durcies, ainsi qu'on l'observe également dans les orgues géologiques des environs de Maestricht.

La puissance de ce complexe est très variable d'un point à un autre, même pour des sondages rapprochés et cette variation semble due à deux causes, tout d'abord à l'incertitude qui règne sur la position réelle de la limite des assises de Spiennes et de Nouvelles dans chaque recherche, ensuite à la variation de l'intensité du ravinement par les eaux superficielles, au début de la période tertiaire, alors que le Maestrichtien était émergé et formait un continent, partout où il nous a été donné de l'étudier. Cependant, on peut dire que l'épaisseur de ces formations est plus grande en trois endroits que partout ailleurs, à savoir dans la région des sondages de Zittaert **i1** et de Hœlst **12**, dans celle des recherches de Zolder **Z1** et de Bolderberg **Z2** et enfin, dans celle où ont été effectués les forages de Kruys-Ven **g1**, de Kelgterhof **b3**, de Meeuwen **e5** et d'Eikenberg **b4**.

Nous possédons peu de renseignements sur le caractère paléontologique des formations envisagées.

Dans l'assise de Spiennes, nous avons trouvé :

Ostrea (*Gryphæa*) *vesicularis*, Lmk., à Louwel **f4**,
Pecten lævis, Nilss., à Louwel **f4**,
— *membranaceus*, Nilss., à Louwel **f4**,
Trigonosemus sp., à Meeswyck **X6**,
Ditrupa Mosæ, Montf. *sp.*, à Eikenberg **b4** et à Louwel **f4**,
— *sp.*, à Coursel **d2** et des
Bryozoaires, à Louwel **f4**.

Enfin, l'étage maestrichtien nous a procuré :

Ostrea conirostris, Muenst., à Donderslag **e6**,
— *decussata*, Gdf., à Kelgterhof **b3**,
— (*Gryphæa*) *vesicularis*, Lmk., à Kelgterhof **b3** et à Donderslag **e6**,
— *sp.*, à Kelgterhof **b3**,
Pinna sp., à Kelgterhof **b3**,
Tapes Goldfussi, Gein., à Kelgterhof **b3**,
Crania ignabergensis, Retz., à Kessel **d1**,
Trigonosemus pectiniformis, Schl. *sp.*, à Kessel **d1**,
Thecidea papillata, Schl. *sp.*, à Kessel **d1**,
Ditrupa Mosæ, Montf. *sp.*, à Kelgterhof **b3**, à Eikenberg **b4** et à Donderslag **e6**,
— *sp.*, à Kessel **d1** et à Coursel **d2**,
Bourgueticrinus ellipticus, d'Orb., à Vlimmeren **p1**,
Calcarina calcitrapoides, Reuss, à Stockheim **U7** et une Algue, à Kelgterhof **b3**.

***

Pour ce qui concerne les formations tertiaires et quaternaires, nous sommes obligés d'envisager isolément la **région occidentale** et la région orientale, fort différentes l'une de l'autre, ainsi que l'on va en juger.

La première peut être considérée comme limitée vers l'Est par la faille de la Geule. Elle débute par une assise de sables argileux, glauconifères et calcarifères, surmontée d'une masse énorme d'argiles grises, lesquelles sont recouvertes de sables glauconifères.

Au-dessus de ces derniers, on rencontre, en beaucoup de points, des sables blancs, lignitifères, sur lesquels repose enfin, dans le voisinage de la Meuse, une certaine épaisseur de cailloux quaternaires, tandis que, dans la partie occidentale de la région, ce sont des sables glauconifères, rapportés au Flandrien, qui affleurent au sol.

Examinons successivement chacune de ces subdivisions.

Les *étages heersien et landénien*, qui nous paraissent être deux facies d'une même formation, sont très difficiles à étudier à l'aide des échantillons provenant des sondages. Ils correspondent, en effet, avec le sommet du Crétacé, à une zone extrêmement aquifère, presque partout jaillissante et ils sont généralement très friables, de sorte qu'ils ont dû, ordinairement, être traversés au trépan, le plus rapidement possible, sans que l'on prit le temps de tuber. Il en résulte que les témoins y recueillis sont, d'habitude, souillés par des débris entraînés de plus haut, surtout par des lamelles d'argile grise. Deux forages seulement, ceux de Kelgterhof **b3** et de Louwel **f4**, nous ont fourni des carottes de ce niveau et peuvent donner des indications précises sur la composition de ces étages.

A Louwel **f4**, le Tertiaire débute par un gravier miliaire, anguleux, de quartz blanc, surmonté de sable fin, glauconifère, auquel succède une *argile violette, bariolée de rouge sang*. Cet ensemble peut être considéré comme heersien. Au-dessus, se trouve du psammite glauconifère, vert clair à la base, vert foncé au sommet, lequel constitue le Landénien.

A Kelgterhof **b3**, la succession est un peu différente. Le Heersien y est formé, à la base, de sable très glauconifère, vert foncé, très argileux d'abord, avec intercalations d'argile gris clair, à débris végétaux; ce sable est surmonté d'argile contenant aussi des débris végétaux, très glauconifère et vert foncé vers le bas, devenant moins glauconifère et blanchâtre plus haut. Le Landénien est composé d'argile plastique, blanchâtre, renfermant des empreintes d'algues d'un blanc plus clair, vers la base; cette argile devient rapidement grisâtre vers le sommet.

Pour autant que l'on puisse en juger, les sondages avoisinant celui de Louwel présentent une composition fort semblable. A Eysden **X4**, on ne signale que du sable fin, plus ou moins argileux et glauconifère, vert clair et micacé à la base, vert foncé au sommet ; au pont de Mechelen **U3**, on n'a recueilli que des

argile plastique, rouge ; à Mechelen **V1**, le sondeur
jue de la marne grise et un peu de lignite, rappelant
upérieur ; à Lanaeken **P1**, M. Vrancken indique un
z hétérogène de sables argileux et calcareux et de
u blanche à la base, surmonté d'*argile plastique*
penser à l'argile bariolée, heersienne, de Louwel ;
endrait du sable argileux, gris, et le Landénien se
r de l'*argile plastique*, blanchâtre et *rougeâtre* et
eux, vert (1). A Op-Grimby **U2**, le sondeur renseigne
, de l'*argile grasse, rougeâtre*, vraisemblablement
ecouverte de sable noir et de marne sableuse ;
, MM. de Brouwer et Lejeune de Schiervel ont
giles grises à points et taches rouges, dans lesquelles
de la marne blanche, du sable glauconifère, gris
argile plastique, grise ; ce complexe serait heersien
en comprendrait du sable glauconifère, gris foncé.
Mechelen **W2** n'aurait donné, d'après le sondeur,
ert, dans lequel serait intercalé un banc très dur.
b5, nous avons encore observé de l'*argile plastique*,
a base ; au-dessus vient un cailloutis miliaire à
quartz blanc et de silex noir, vraisemblablement
énien, puis de l'argilite glauconifère. A Niel **a3**, le
enseigne que de l'*argile bleue*. A Gruitrode **g2**,
gnale de la marne grise à la base, du sable gris
Asch **Z3**, on n'aurait rencontré que du sable gris,
deur. MM. de Brouwer et Lejeune de Schiervel
la découverte, à Sutendael **U1**, d'*argile plastique*,
arrée de gris, interstratifiée et recouverte de sable
; au sommet, se trouveraient des sables fins, glau-
sch **Y4**, argile grise, d'après le sondeur. Le sondage
a2, nous a fourni de l'argile grise en dessous, du
x, très glauconifère au-dessus. A Asch **Y3**, nous
une succession analogue, mais où l'argile grise est
r du sable blanc, très fin, avec marne blanche.
e6, existerait, d'après les échantillons qui nous ont

as impossible, cependant, que le Heersien ne commence
l'argile plastique, brune, qui serait crétacée, de même que les
s. Dans ce cas, le Landénien ne comprendrait que le sable

été fournis, du sable argileux, glauconifère, au milieu duquel se présenterait un assez important dépôt d'*argile violette*. A Waterscheid **X3**, à Gelieren **W2** et à Genck **Y2**, les sondeurs ne renseignent que de la marne grise, à laquelle serait superposé, à Winterslag **X2**, du sable glauconifère. L'*argile bariolée de vert foncé et de rouge sang* réapparaît à Eikenberg **b4**, d'après nos observations et elle y est surmontée de sable fin, très argileux et très glauconifère, gris vert. Enfin, le sondeur ne renseigne encore que de la marne grise à Meeuwen **e5**.

De ce qui précède, il semble résulter que, dans le territoire compris entre les forages **e5**, **b4**, **Y2** et **X2** à l'Ouest et la faille de la Geule à l'Est, le Heersien et le Landénien ont une composition très uniforme, comparable à celle qu'ils possèdent à Louwel **f4** et les différences que l'on constate, surtout dans les descriptions données par les sondeurs, paraissent dues à un échantillonnage insuffisant.

Nous entrerons dans moins de détails pour la partie occidentale, où nous n'avons pas eu l'occasion de faire autant d'observations. M. Rutot ne signale que du sable calcareux à Zonhoven **Y1** ; il serait gris à la base et vert au sommet ; à Zolder **b1**, par contre, le même géologue ne renseigne que de l'argile gris verdâtre, puis vert foncé, enfin vert clair. MM. de Brouwer et Lejeune de Schiervel annoncent la présence, à Zolder **Z1**, d'argile schistoïde, surmontée de sable fin, argileux, pailleté, gris, lequel serait recouvert d'argile assez sableuse, gris vert. Nous-mêmes, nous avons observé, à Coursel **d2**, de la craie blanche, puis de l'argile un peu sableuse, gris vert, avec des lits de sable de même couleur ; à Heppen **h1**, nous avons signalé l'existence de marne blanche, interstratifiée d'argile finement sableuse, gris verdâtre foncé ; au-dessus, se trouve une argile sableuse, gris foncé, avec globules blancs, organiques (?), enfin, de l'argile grise, schistoïde, avec quelques grains miliaires de quartz limpide. A Kleine-Heide **e2**, le Heersien comprendrait, d'après nos observations, du sable argileux, gris vert foncé, sur lequel repose une marne calcaire, blanche ; le Landénien débuterait par du sable très argileux, très glauconifère, vert foncé, auquel succéderait d'abord de l'argile sableuse, glauconifère (?), grise, puis de l'argile schistoïde, grise, avec nodules d'argile chamois et septarias, de l'argile sableuse, grise, avec globules sphériques, blancs, analogues à ceux de Heppen,

stoïde, gris verdâtre, de l'argile plastique, grise et
rgile, peu sableuse, glauconifère, gris verdâtre.
c2, nous n'avons reconnu que trois termes : de la
e, gris clair, du sable argileux, très glauconifère et
sier, blanc grisâtre, lignitifère, rappelant le Landé-
r. A Zittaert i1, nous n'avons vu que de l'argile
foncé. MM. de Brouwer et Lejeune de Schiervel
plus, à leur disposition, que de l'argile schistoïde,
ant de l'écluse n° 7, à Gheel n1. M. Rutot signale
xistence d'argile sableuse, glauconifère, avec lits de
ée de sable vert. MM. de Brouwer et Lejeune de
seignent, à Westerloo c1, la succession suivante :
; mélange d'argile schistoïde, de coquilles et de
nge de marne blanche ; sable fin, argileux, gris et,
2 : mélange d'argile schistoïde, grise et de marne
argileux ; argile sableuse, gris clair. Enfin, les trois
plus occidentaux nous ont permis de constater les
s suivantes : à Vlimmeren p1 : argile gris clair,
es végétales, pyritisées, vers le bas, un peu sableuse
argile peu sableuse, peu glauconifère, vert foncé
eu glauconifère, gris verdâtre, avec argile de même
nthoven j1 : sable grossier, argileux, gris, glauco-
rgile sableuse, grise ; enfin, à Kessel d1, argile
se, surmontée d'argile peu sableuse, gris vert foncé.
le voit, la composition générale des étages heersien
st assez constante et ne diffère guère de celle connue
ents. En dehors de quelques particularités propres
ndages, on peut dire cependant que les argiles heer-
lées de gris ou de gris verdâtre et de rouge sang de
ntale, tendent à devenir plus claires vers l'Ouest ;
e direction, au-dessus des sables argileux, glauco-
éniens, apparaissent des argiles sableuses et des
ïdes, généralement grises, parfois teintées en vert
onie. Enfin, des dépôts de sable et d'argile ligniti-
nt le Landénien supérieur, semblent exister en deux
tants l'un de l'autre, à Mechelen V1 et à Beeringen c2.
ait difficile d'émettre une opinion suffisamment
la variation de puissance de l'ensemble de terrains
sageons, par la raison que, à cause des difficultés

rencontrées partout par les sondeurs à la traversée de ces étages, le commencement et la fin de ceux-ci ont généralement été indiqués avec peu de précision. Il ne semble cependant pas que l'épaisseur de ces dépôts se modifie beaucoup dans toute la Campine.

Nous manquons entièrement de renseignements sur la faune et la flore de ces formations, dans lesquelles on n'a rencontré que des débris indéterminables de végétaux.

La grande masse d'*argile généralement grise, yprésienne à rupélienne*, qui surmonte ces formations, forme, avec elles, un contraste absolu, par son homogénéité d'abord, ensuite par les différences capitales qu'elle présente avec les formations de même âge, dans la région des affleurements.

Nous allons tenter de la décrire, sans nous dissimuler, toutefois, que cette description est forcément très incomplète, attendu que cette argile n'a fourni de carottes qu'aux recherches de Kelgterhof **b3** et de Louwel **f4**, situées toutes deux dans la région orientale du territoire considéré.

Nous partirons de l'Ouest, où la formation paraît un peu plus complexe et peut se décomposer en plusieurs termes d'âge différent.

Au sondage de Kessel **d1**, le Landénien est surmonté d'une argile sableuse, vert très foncé, que l'on peut, sans hésitation, rapporter à l'Yprésien. Est-ce encore à cet étage qu'appartient l'argile plastique, gris noir et noire, avec marcassite, qui la surmonte ? Nous sommes assez disposés à le croire, sans pourtant vouloir l'affirmer. A cette argile, sont superposés du sable fin, très glauconifère, à *Nummulites* roulées, puis de l'argile plastique, noire, à *Lucina squamula*, qui nous paraissent bien bruxelliens. Au-dessus, se trouvent trois mètres de sable moyen, blanc, lignitifère, à nombreuses *Nummulites*, que nous avons rapportés au Laekénien, en attribuant à ce terme l'extension que lui accordait Dumont, c'est-à-dire en y comprenant le Lédien, le Wemmélien et l'Asschien. Enfin, au-dessus, se trouvent 113 mètres d'argile plastique, noire, légèrement sableuse vers le haut, qui nous paraissent représenter à la fois le Tongrien et le Rupélien. Le forage de Santhoven **j1** montre une succession analogue : Sable très fin, argileux et glauconifère, gris, puis argile sableuse, gris vert foncé, devenant gris foncé à la base ; ce serait l'Yprésien ; au-dessus, des sables argileux et glauconifères, à grosseur de grain variable, contenant de très petites *Nummulites* et correspondant, vraisemblablement, au Bruxellien et au Laekénien ; enfin, de l'argile plastique, grise, noire, gris vert foncé et vert foncé, avec nodules de pyrite et cailloux miliaires de quartz blanc dans sa partie supérieure ; cette argile comprendrait tout l'Oligocène. A Vlimmeren **p1**, nous avons encore observé une série comparable, avec cette particularité cependant, que le sommet de l'Yprésien et les parties moyenne et supérieure des sables bruxello-laekéniens contiennent des cailloux miliaires à pisaires de quartz blanc, que l'on retrouve également, avec des cailloux miliaires de silex, vers le milieu de l'Oligocène. M. Rutot a trouvé des sables verts, à *Nummulites wemmelensis*, surmontés d'argile, au sondage de Norderwyck **f1**, au-dessus d'un ensemble de roches que le sondeur définit comme marnes et argiles avec silex. MM. de Brouwer et Lejeune de Schiervel mentionnent encore une composition de terrain comparable à celle de Vlimmeren, dans les recherches de Tongerloo **f2** et de Westerloo **c1**, avec, en sus, des *Nummulites* à la base de l'Yprésien et vers le sommet du Rupélien. M. Rutot signale des sables et des argiles, de couleur grise, des sables calcareux avec grès et des argiles sableuses à *Nummulites*, à Oolen **j2** et MM. de Brouwer et Lejeune de Schiervel annoncent que, au sondage de l'écluse n° 7, à Gheel **n1**, on aurait rencontré, d'abord des argiles et des sables argileux, gris, yprésiens, puis des sables graveleux et des argiles contenant de petits grains de quartz blanc, à *Nummulites* et enfin de l'argile plastique, gris foncé, à nodules pyriteux.

Comme on le voit, il ne paraît pas douteux que, tout au moins jusque ce dernier sondage, le dépôt de la grande masse d'argile grise se soit effectué depuis l'Yprésien jusque la fin de l'Oligocène, ainsi que le démontre la présence de *Nummulites*, constante partout vers la partie moyenne de l'ensemble.

A Zittaert **i1**, nous avons encore constaté une composition comparable aux précédentes, mais sans *Nummulites* : argiles grises, plus ou moins sableuses à la base ; sable argileux, vert, à la partie moyenne ; argile sableuse, glauconifère, avec gravier miliaire de quartz blanc, au sommet. Nous ne parlerons pas du forage de Pael **e1**, où les indications du sondeur sont en contradiction flagrante avec les déterminations d'échantillons de M. Rutot. A Kleine-Heide **e2**, nous avons observé une succession comparable à celle de Zittaert, avec du lignite dans le Laekénien et des fossiles dans le Rupélien inférieur, et nous avons encore fait des constatations analogues à Heppen **h1**. Le sondage de Coursel **d2** ne nous a plus montré que de l'argile plastique, grise, contenant du lignite vers la partie moyenne, que, par analogie, nous avons encore rattachée au Laekénien. M. Rutot renseigne aussi uniquement de l'argile gris verdâtre à Zolder **b1** et de l'argile, simple à la base, plastique et à septaria au sommet, à Zonhoven **Y1**.

Nous arrivons ainsi au forage de Kelgterhof **b3**, qui nous a fourni près de quatre-vingts mètres de carottes de ce niveau, que nous avons pu étudier à loisir. Ici, les dix-sept mètres inférieurs sont formés d'argile grise, contenant, tout-à-fait au sommet, *Nucula Duchasteli*, Nyst, espèce caractéristique du Rupélien supérieur ; le restant du dépôt est formé de psammite gris verdâtre, passant, vers le sommet, à de l'argile plastique, un peu sableuse, gris verdâtre foncé également. On peut conclure ici, sans contestation, que seuls les dix-sept mètres inférieurs à la nucule *peuvent* être rapportés aux formations comprises entre l'Yprésien et le Rupélien inférieur. C'est donc entre ce sondage et celui de Coursel **d2**, que ces formations ont vu leur puissance se réduire dans d'aussi fortes proportions.

Cependant, plus au Nord-Est, nous avons encore observé une intercalation sableuse au milieu de l'argile plastique, au sondage de Donderslag **e6**, et plus vers l'Est, à celui d'Op-Glabbeek **a2**, tandis que le forage plus méridional d'Asch **Y3** ne donne plus que de l'argile, de même que les recherches de Gruitrode **g2**, de Kattenberg **b5**, de Lanklaer **Z4** et de Louwel **f4**. Cette dernière, très septentrionale, nous a livré près de cent-cinquante mètres de carottes de faible diamètre, fossilifères. Les septante-trois mètres supérieurs sont incontestablement rupéliens supérieurs. Les fossiles rencontrés plus bas, ne permettent pas de préciser l'âge des roches; celui-ci *peut* correspondre à la période comprise entre l'Yprésien et le Rupélien inférieur.

Les sondages effectués dans la région méridionale n'ont plus fourni que des données vagues. Celui de Sutendael **U1** renseigne des argiles à la base, des sables fins au sommet [1]; celui du pont de Mechelen **U3**, de l'argile plastique; enfin, plus au Sud encore, les recherches de Hœsselt **M2** et de Lanaeken **P1**, situées en dehors de la région exploitable, n'ont rencontré que des sables, avec petites intercalations argileuses, dépôts de rivage, semblables à ceux des affleurements, appartenant au Tongrien et peut-être au Rupélien inférieur.

De tout ce qui précède, on peut déduire certaines probabilités, à défaut de conclusions absolues, appuyées sur des arguments paléontologiques.

Remarquons d'abord que la puissance de l'ensemble que nous envisageons et qui ne comprend que des formations ayant pris naissance à une certaine distance des côtes, augmente progressivement du Sud au Nord et de l'Est à l'Ouest, sans que l'argile supérieure, que l'on peut considérer presque sûrement comme l'équivalent de l'argile de Boom (Rupélien supérieur) varie d'une façon notable. Nous avons vu que les formations d'âge yprésien à rupélien inférieur peuvent être suivies presque incontestablement depuis l'Ouest jusqu'au sondage de Coursel **d2** et qu'elles diminuent graduellement de puissance dans cette direction. Il nous paraît vraisemblable qu'elles se poursuivent vers le Nord-Est, toujours avec un facies argileux de mer assez profonde, alors que, dans la direction du Sud-Est, ils s'atténuent pour disparaître finalement. La mer yprésienne et toutes celles qui ont suivi, jusqu'au Rupélien inférieur, se seraient donc étendues très loin vers l'Est, dans la région septentrionale, alors que, vers le Midi, existait un continent pendant ces périodes.

Un fait, qui a paru jadis inexplicable, semble apporter une certaine confirmation à cette manière de voir. C. Ubaghs [2] a publié, en 1879, ce qui suit : « Lorsque, du plateau de Keverberghof » et Benzenraadhof, on descend dans la direction de Benzenraad-» hof, on peut constater la superposition suivante : ...3. Sable » quartzeux, grossier, colorié par de l'hydrate de fer. C'est dans » ce sable grossier que j'ai trouvé près de Benzenraadhof les » fossiles suivants :

[1] Ces sables fins pourraient bien être boldériens.

[2] C. Ubaghs. Description géologique et paléontologique du sol du Limbourg. Ruremonde. Romen, 1879, pp. 56-57.

» *Nummulites scabra*, Lmk. *Pecten plebeius*, Lmk. (fragments).
» *Asterias poritoides*, Desm. *Miliobates sp.*
» *Terebratula Kickxii*, Gal. *Lamna sp.* »

Or, les fossiles mentionnés par ce savant au voisinage des forages **F5** et **I2** du Limbourg néerlandais, sont incontestablement laekéniens. Comment expliquer leur présence, si l'on n'admet que la mer laekénienne s'étendait jusque ce point, vraisèmblablement voisin du rivage ?

Dans notre manière de voir, l'Eocène aurait donc eu une extension beaucoup plus considérable vers l'Est que ne le faisaient prévoir les affleurements côtiers, qui ne dépassent guère le méridien de Louvain.

Ainsi que nous l'avons fait remarquer, les renseignements paléontologiques sont rares dans toute la région envisagée. En dehors des *Nummulites*, indéterminées, sauf *N. wemmelensis*, renseignée par M. Rutot dans l'Asschien de Norderwyck **f1**, on ne peut mentionner, comme fossile éocène, que *Lucina squamula*, Desh., du Bruxellien du sondage de Kessel **d1**.

Les formations d'âge indéterminé, inférieures au Rupélien supérieur, ont fourni, à Louwel **f4**, de -148.00 à -240.50:

Ecailles de poissons (également à Kelgterhof **b8**, à -237.30).
Otolithes.
Actæon (Tornatella) sp.
Cancellaria sp.
Aporrhais speciosa ? Schl.
Natica sp.
Dentalium Kickxi ? Nyst.
— *sp.* (également à Kelgterhof **b8**, de -218.10 à -228.30).
Limatula Nysti ? Speyer.
Limopsis sp. (également à Kelgterhof **b8**, de -215.50 à -218.10).
Cyprina sp.
Nucula sp.
Teredo sp.
Cristellaria (Robulina) sp.
Cornuspira involvens, Reuss.

Les fossiles suivants, du Tongrien supérieur, ont été rencontrés à Hœsselt **M2**, de + 22.40 à + 21.50, dans un orgue géologique ou une faille :

Sphærodus parvus, Ag.
Balanus unguiformis, J. Sow.
Succinea Ubaghsi, Bosq.
Limnæa acutilabris, Sndbg.
Planorbis schulzianus, Dunk.
Buccinum Thierensi, Bosq.
Bittium variculosum, Nyst
Potamides Lamarcki, Brngn.
— *plicatus*, Brug., *var. Galeotti*, Sndbg.
— *Vivarii*, Opp.
Sandbergeria cancellata, Nyst
Melania costata, J. Sow.
— — — , *var lævis*, Morr.
Rissoia turbinata, Lmk.
Hydrobia Dubuissoni, Bouill.
Stenothyra pupa, Nyst
Tomichia Duchasteli, Nyst
Natica Nysti, d'Orb.
Dentalium acutum, Héb.
Ostrea ventilabrum, Gdf.
Pecten Hœninghausi, Defr.
Meretrix incrassata, J. Sow.
Cyrena semistriata, Desh.
Corbula subpisum, d'Orb.
Corbulomya donaciformis, Nyst
— *triangula*, Nyst
— *sp.*
Lucina striatula, Nyst
— *Thierensi*, Héb.
Baguettes d'oursins
Bryozoaires.

Le Rupélien inférieur nous a fourni les espèces suivantes :
Dentalium sp., à Kleine-Heide **e2**, de -144.50 à -165.50.
Pectunculus obovatus, Lmk., à Kleine-Heide **e2**, de -144.50 à -165.50 et roulé, à Hœsselt **M2**, de +22.40 à +21.50.
Astarte Henckeliusi, Nyst, à Hœsselt **M2**, de +22.40 à +21.50.
Cyprina Nysti, Desh., à Kleine-Heide **e2**, de -144.50 à -165.50.

Enfin, nous avons recueilli, dans le Rupélien supérieur :

Dentalium sp., à Kelgterhof **b3**, de -202.45 à -215.50.

Limatula Nysti? Speyer, à Louwel **f4**, de -124.95 à -198.00.

Nucula Duchasteli, Nyst, à Kelgterhof **b3**, de -202.45 à -215.50 et à Louwel **f4**, de -124.95 à -198.00.

Leda Deshayesi, Du Chastel, à Louwel **f4**, de -124.95 à -198.00.

Hemipneustes Hofmanni, Gdf., à Kelgterhof **b3**, de -202.45 à -215.50.

Toutes ces espèces ont été déterminées par M. Emile VINCENT, le savant spécialiste bruxellois, auquel je tiens à exprimer ma vive gratitude pour son extrême obligeance.

***

Le dépôt immédiatement supérieur à la grande masse d'argile, consiste presque exclusivement en *sable glauconifère*, plus ou moins argileux et à grosseur de grain variable. Il appartient tout entier au Miocène et au Pliocène, c'est-à-dire aux étages *boldérien, diestien et pœderlien* de la Carte géologique au 40 000e.

Le sable, très fin et peu argileux, d'ordinaire, dans le Boldérien, devient grossier et très argileux dans le Diestien, où la glauconie, par son altération, cimente la roche en un grès ferrugineux ; le Pœderlien ne possède pas de caractères spéciaux. Chacun de ces étages présente un cailloutis de base; malheureusement, aucun sondage n'en fait mention. Dans ces conditions, il serait prétentieux de vouloir établir des divisions dans cet ensemble ; aussi, ne l'avons-nous pas essayé, sauf au sondage de Louwel **f4**, où la présence de fossiles le permettait.

On peut dire, d'une façon générale, que la puissance de ces dépôts augmente de l'Ouest à l'Est et du Sud au Nord.

Les seuls renseignements paléontologiques que nous possédons, concernent le sondage de Louwel **f4**. Il nous a fourni, dans le Boldérien, de -71.00 à -112.00 :

Balanus sp.
Ancilla sp.
Dentalium sp.
Pecten sp.
Pectunculus sp.
Leda sp.
Cardita sp.
Astarte sp.
Cardium cingulatum, Gdf.
— *sp.*
Cyprina sp.
Isocardia sp.
Mactra ? sp.
Corbula sp.

Enfin, dans le Diestien, de -70.65 à -71.00, nous y avons recueilli :

Ostrea sp. — *Cyprina sp.*
Pecten pusio, L. — *Meretrix sp.*
Pectunculus sp. — *Cliona sp.*
Cardium sp.

C'est encore à M. Emile VINCENT que je suis redevable de la détermination de ces fossiles qui, malheureusement, étaient broyés par le trépan, ce qui rendait impossibles les assimilations spécifiques.

***

La dernière formation tertiaire, reconnue par les sondages, est celle des *sables blancs, lignitifères, moséens*. On m'a reproché de l'avoir rangée dans le Quaternaire, dans les coupes de sondages publiées dans les *Annales des mines*. L'auteur de ces critiques semble avoir perdu de vue que les indications publiées dans cette revue officielle, devaient être en harmonie avec la *Légende de la Carte géologique de la Belgique au 40 000e*, dont des extraits ont même été publiés dans le tome VIII, pp. 313 à 321.

Ayant tenu à nous conformer aussi, dans la mesure du possible, à cette même légende, nous avons continué les mêmes errements dans les coupes publiées dans le présent travail, sans, pour cela, admettre que ce terme soit quaternaire.

Je ne m'attarderai pas à la description de ces sables blancs, qui contiennent des couches de lignite et d'argile et des lits de cailloux de quartz blanc à plusieurs niveaux et qui, par place, sont très légèrement glauconifères.

Mais je dois m'étendre un peu sur leur répartition géographique qui, ainsi qu'on le verra dans le chapitre suivant, n'est pas dénuée d'intérêt. La limite méridionale de cette formation passe entre les sondages de Vlimmeren **p1** et de Santhoven **j1**, entre ceux de l'écluse n° 7, à Gheel **n1** et de Gheel **l1**, au NE. des forages de Hœlst **l2**, de Heppen **h1** et de Schans **e3**, entre les recherches de Helchteren **e4** et de Voorter-Heide **d3**, entre celles de Kelgterhof **b3** et de Houthaelen **b2**, entre celles de Winterslag **X2** et de Daalheide **X1**, au SW. de celles de Gelieren **W1** et de Sutendael **U1**, entre celles de Mechelen **W2** et d'Op-Grimby **U2**, entre celles de Lanklaer **Z4** et de Mechelen **V1** et enfin, entre celles de Louwel **f4** et d'Eysden **X4**. En résumé, on peut dire que cette limite, d'abord orientée de l'WNW. à l'ESE., devient ensuite NW.-SE., c'est-à-dire parallèle aux failles reconnues dans la région orientale ; elle se continue ensuite du SW. au NE., jusque la faille de la Gulpe, au-delà de laquelle nous ne la suivrons pas pour le moment.

***

Le *cailloutis campinien* se trouve dans toutes les recherches contenant du Moséen, à l'exclusion des sondages de Vlimmeren **p1**, de Gheel **n1**, de Helchteren **e4**, de Gelieren **W1** et de Louwel **f4**. Il est bien la continuation du dépôt des terrasses de la vallée de la Meuse ; sa base s'abaisse légèrement et de façon progressive vers le Nord.

Un autre *cailloutis*, dont le niveau de base est moins élevé, a été observé dans les recherches d'Op-Grimby **U2**, de Lanaeken **P1**, de Mechelen **V1**, du pont de Mechelen **U3**, de Louwel **f4** et d'Eysden **X4** ; il est le prolongement du dépôt de débris roulés de la vallée actuelle de la Meuse ; son âge est donc *hesbayen*.

Enfin, des *sables* glauconifères, que l'on peut rapporter au *Flandrien*, ont été observés dans un certain nombre de recherches de la partie occidentale du territoire considéré ; ils sont peu épais et sans importance au point de vue pratique.

***

Abordons maintenant l'examen des formations tertiaires et quaternaires de la **région orientale**, c'est-à-dire de celle limitée au SW. par la faille de la Geule. Nous n'avons eu, malheureusement, à notre disposition que les échantillons provenant d'un très petit nombre de forages et une copie des carnets de sondeurs, pour beaucoup d'autres.

La succession des dépôts tertiaires et quaternaires, surmontant tantôt la formation houillère, tantôt le Crétacé, y est beaucoup plus simple que dans la région occidentale, quoique cette simplicité n'apparaisse pas à première vue. On peut dire, en résumé, qu'elle comprend deux séries superposées, composées chacune de sables et d'argiles glauconifères à la base et de sables et d'argiles lignitifères au sommet. Dans la plupart des recherches, on remarque, au-dessus de ces dépôts et au voisinage immédiat de la surface, un cailloutis formé, en majeure partie, de débris de grès du Dévonien inférieur et du Cambrien.

Passons rapidement en revue chacun des termes que nous venons de signaler.

Les *sables et argiles glauconifères inférieurs* peuvent être rapportés au *Tongrien* et au *Rupélien inférieur* ou à l'une de ces formations seulement. Dans les affleurements connus, ils sont constitués de sable plus ou moins argileux, plus ou moins glauconifère, renfermant des lits d'argile avec ou sans glauconie. Dans les sondages de la région que nous envisageons, ils ont souvent la même physionomie, mais ils passent localement, surtout vers le Nord, à un facies fort différent, constitué par des sables blancs et gris, des argiles souvent noires, du lignite et des cailloux de quartz blanc. C'est ce facies auquel nous avons donné le nom de *Lignites inférieurs du Rhin*. MM. de Brouwer et Lejeune de Schiervel renseignent à Rœteweide **U4**, du lignite et du gravier de quartz, souillant des échantillons de marne que nous avons rapportée à l'assise de Spiennes. Nous estimons que ces débris proviennent d'un dépôt situé à la base du Tertiaire, et qui présenterait donc ce facies. Il se rencontrerait peut-être aussi au sondage d'Aalbeek **M3**, sous forme de sable blanc, associé à de l'argile grise et bleue.

A l'est de la faille de Bocholtz, le même facies existe à Lanklaer **Z5**, à la base du sable glauconifère ; à Urmond **U6**, se trouverait une alternance de marne jaune et de sable blanc et gris foncé, d'après le sondeur ; à Roodhuis **Q1** et à Krawinkel **R1**, on signale une alternance d'argile sableuse, grise et d'argile grasse, surmontée de sable gris rougeâtre. A Kamp **M5**, on renseigne une argile grise, lignitifère et du sable argileux, contenant tous deux des *Turritella*. A Kasteel **L1**, c'est au-dessus du sable vert que se trouverait un dépôt analogue, sans fossiles, et la même composition, mais sans lignite, est mentionnée à Hœve-oude-Bongart **L2**. Les sables verts se continuent jusqu'aux sondages de Weustenrade **L3** et de Hœve-Lindelauf **J2**, où ils affleurent, dans une région tongrienne et rupélienne inférieure, connue depuis longtemps.

A l'est de la faille de Richterich, nous signalerons encore le forage de Breijnder **N4**, où des sables et des argiles lignitifères sont intercalés dans des sables et des argiles glauconifères. Un phénomène analogue se présente à Hœve-Laarhof **L4**. A Weltershuisje **F4**, dans la zone tongrienne connue, on a rencontré jusqu'au sol, des sables divers, de l'argile sableuse, bleuâtre, lignitifère, avec *Turritella* et *Cerithium* et enfin, des sables argileux, bleuâtres et jaunes, avec lignite.

A l'est de la faille de Rukker, le facies ligniteux surmonte le facies normal à Kasteel **L6**. Nous avons eu à notre disposition deux spécimens de *Potamides plicatus*, Brug., *var. Galeotti*, Sndbg., provenant d'argiles surmontées de sable argileux, de Hœnsbrœk **K2**. Les sondeurs renseignent une superposition comparable à celle de Kasteel à Kopjesmolen **J3**, à Koningsbeeind **J4**, à Zeswegen **G1** et à Kempkensweg **G2**, mais sans lignite dans cette dernière recherche, qui est, avec la précédente, dans la zone connue d'affleurement du Tongrien.

A l'est de la faille d'Uersfeld, nous retrouvons le facies lignitifère sous le facies normal aux recherches de Aan-de-Spoorlijn **G8** et de Rouwenhof **F7**, puis le premier paraît exister seul à Winselaar **D4**, à Speckholzerheide **D3**, à Wiebach **D6** et à Chèvremont **D8**, où on ne renseigne cependant pas de lignite. Enfin, C-H. Staring mentionne 19^m40 de Sable de Lethen et 1 m. de Sable de Klein-Spauwen, à Bril **D7**.

Signalons encore, à l'est de la faille de Dœnraede [1], le sondage de Dorp **G4**, où le foreur mentionne du sable gris à *Potamides plicatus*, Brug., *var. Galeotti*, Sndbg., à *Cyrena trigonalis*, Gdf. et à *Natica sp.*

Dans toutes les recherches que nous n'avons pas mentionnées, de même que dans celles situées à l'est de chacune des failles plus orientales, on n'a rencontré que le facies normal du Tongrien et du Rupélien inférieur, à l'exception cependant de celle de Tüddern **64D**, à l'est de la Sandgewand, où la sonde a pénétré de 137^m70 dans une alternance de sable gris et de couches de lignite, non entièrement traversée, surmontée de 101^m80 de sables gris et verts, fossilifères, que nous rapportons, avec doute, au Tongrien.

[1] Nous attirons l'attention sur ce fait que la coupe III b (planche II), au NW. de la faille de Dœnraede et les coupes B à F (planches XII et XI), entre cette faille et la Feldbiss, ne correspondent pas aux coupes de sondages publiées ; nous hésitions, en effet, lors de la confection de ces dessins, sur l'âge à attribuer aux différents termes rencontrés. L'étude des échantillons du sondage de l'E. de Watersleijhof **V4** a levé nos doutes, mais dans un sens différent de notre première interprétation.

La puissance des dépôts que nous envisageons est assez variable. Entre les failles de la Geule et de Bosschenhuisen, elle diminue du SE. au NW., de 55m60 à Aalbeek **M8** à 9m70 à Eysdenbosch **X5**. Entre cette dernière cassure et celle de Bocholtz, se présente la même décroissance : 43m00 à Welde **M4** et 10m00 à Lanklaer **a4**. Entre cette dernière fracture et celle de Richterich, cette puissance augmente d'abord dans la même direction, de 32m64 à Hœve-Lindelauf **J2** à 55m65 à Kamp **M5**, pour décroître ensuite jusque Lanklaer **Z5**, où elle n'est plus que de 3m57. Entre la faille de Richterich et celle de Rukker, la variation est faible et de même ordre ; l'épaisseur du dépôt est de 35m75 à Weltershuisje **F4**, de 57m00 à Huis-Schinnen **N3** et de 40m60 à Daniken **P3**. Entre cette dernière faille et celle d'Uersfeld, la puissance reste sensiblement la même partout : 46m15 à Kempkensweg **G2** et 50m50 à Wolfshagen **M6**. Elle augmente dans une forte proportion du SE. au NW. entre cette dernière fracture et celle de Dœnraede, de 7m65 à Ham **C2** à 202m55 à Eelen **d4**. Le dépôt est peu épais, une vingtaine de mètres, et sensiblement uniforme, entre la faille de Dœnraede et la Feldbiss. Il augmente progressivement, de 28m39 à Euchen **D10** à 87m39 à Zu-Worm **J5**, entre cet important accident et le suivant, sans désignation, à l'est duquel il reste d'épaisseur faible, augmentant du SE. au NW. : 12m80 à Neusen **A1** ; 25m40 à Blumenrath **D12**. Enfin, il croît dans le même sens à l'est de la faille principale occidentale et à l'est de la Sandgewand, où il atteint des puissances considérables. Il passe, en effet, de 22m70 à Mariadorf **B4** à 163m89 à Grœnstraat **L9** et de 14m30 à Bergrath **F10** à 299m08 à Raath **69**, où il n'a pas été entièrement traversé.

*
* *

Comme dans les formations que nous venons d'envisager, les dépôts supérieurs présentent deux facies : dans la partie orientale surtout, de l'*argile grise*, plus ou moins sableuse, que l'on peut assimiler au *Rupélien supérieur*, auquel elle vient aboutir du reste aux affleurements ; cette argile passe insensiblement, par alternance, à des sables blancs ou colorés par le lignite, contenant des couches de ce combustible et d'argile et des lits de cailloux roulés de quartz blanc. Ces sables existent seuls dans toute la région située à l'est de la Feldbiss. Ils ne pourraient être distingués des *Lignites* inférieurs du Rhin, que nous avons mentionnés dans le paragraphe précédent, et auxquels ils passent, dans certaines recherches. Nous les avons dénommés *Lignites supérieurs du Rhin*.

L'Argile de Boom, ou argile rupélienne supérieure, est suffisamment connue pour nous dispenser d'une description que les sables à lignite ne nécessitent pas davantage.

Nous nous bornerons donc à indiquer rapidement la répartition géographique de ces deux sortes de dépôts qui s'étendent moins loin vers le Sud que les formations tongriennes et rupéliennes inférieures.

A l'est de la faille de la Geule, le facies ligniteux apparaît seul aux sondages méridionaux d'Aalbeek **M8** et de Tol **I1**. Il est seul représenté à l'est de la faille de Bosschenhuisen. A l'est de la faille de Bocholtz, les deux facies alternent à Stein **U5** ; le facies ligniteux repose sur le facies normal à Urmond **U6** ; l'alternance se répète à Roodhuis **Q1** et à Krawinkel **R1** ; à Hœve **O1**, le lignite est à la base, l'argile au sommet et la superposition inverse s'observe à Hœve-oude-Bongart **L2**. A l'est de la faille de Richterich, on ne rencontre que les lignites du Rhin à Dilsen **W8** et à Stockheim **U7** ; une superposition comparable à celle de Hœve s'observe à Wetschenheuvel **R2** ; l'argile domine, avec peu de sable intercalé, à Hœve-Laarhof **L4** ; enfin, le facies ligniteux seul existe à Weltershuisje **F4** et à Gracht **D2**.

A l'est de la faille de Rukker, l'argile se trouve seule dans les sondages septentrionaux ; les sables à lignite n'apparaissent à la base de cette argile qu'aux sondages de Kopjesmolen **J8** et de Koningsbeeind **J4**, pour finir par être seuls représentés aux forages de Zeswegen **G1** et de Speckholzerheide **C1** (?). On ne trouve non plus que le facies ligniteux dans toutes les recherches effectuées à l'est de la faille d'Uersfeld, à l'exception de celle d'Eelen **d4**, où il alterne avec l'argile. C'est l'inverse qui se présente à l'est de la faille de Dœnraede, à l'exclusion du sondage d'Ophoven **Z6**, où du sable blanc, mais sans lignite, est intercalé dans l'Argile de Boom, qui existe seule partout ailleurs.

Enfin, à l'est de la Feldbiss, on n'a plus observé nulle part que les Lignites du Rhin.

D'une façon générale, mais sans que l'on puisse établir cela en règle absolue, on peut dire que la puissance des dépôts que nous envisageons augmente progressivement du SE. au NW. entre deux failles voisines, sauf à l'est de la Feldbiss, où le plus grand désordre semble exister ; mais les variations d'épaisseur sont dues aux érosions quaternaires, dans cette région où les Lignites du Rhin affleurent directement au sol, ou sous les cailloutis pleistocènes.

*
* *

Les *sables glauconifères, miocènes et pliocènes*, sont assez aisés à distinguer des sables analogues, tongriens et rupéliens inférieurs ; ils sont, en général, très fins et assez argileux ; la glauconie y est peu abondante ; elle s'y rencontre ordinairement sous forme de petits rognons et non disséminée uniformément dans toute la masse ; aussi, avons-nous pu nous prononcer sur leur âge, sans grande chance d'erreur, chaque fois que nous avons eu des échantillons à notre disposition, ainsi aux forages d'Eysdenbosch **X5**, de Lanklaer **a4** et **Z5**, de Meeswyck **X6**, de Maaselhoven **V2**, de Dilsen **W8**, de Stockheim **U7**, de Hœnsbrœk **K2**, de Limbricht **V8** et de l'est de Watersleijhof **V4**.

L'affleurement de ces sables se trouve partout au nord de celui des dépôts précédents, sauf à l'est de la Feldbiss, où ils ne paraissent plus réprésentés. On peut dire également que leur puissance augmente progressivement du Sud au Nord ; elle atteint même, dans certaines recherches très septentrionales, un chiffre énorme, inconnu jusqu'à ce jour : $216^{m}50$ au sondage de Vossenberg **c3** et $210^{m}00$ à la recherche de Dilsen **W3**, par exemple.

Les *sables lignitifères, argiles et cailloux roulés, moséens*, sont la continuation de ceux de la région occidentale ; ils ne pourraient être distingués des dépôts rangés sous la désignation de Lignites du Rhin ; ils sont même tellement identiques à ces derniers que, lorsque, par suite d'une faille, ils sont mis en contact, le géologue le plus prévenu passe des uns aux autres sans s'en apercevoir. C'est à cette identité que nous attribuons les divergences de vues, absolument inconciliables, qui se sont produites dans la presse scientifique ; certains géologues, n'ayant étudié que des dépôts moséens, alors qu'ils croyaient avoir affaire aux Lignites du Rhin, attribuaient à ces derniers un âge pliocène, alors que d'autres, ayant examiné les Lignites du Rhin proprement dits, leur accordaient une origine oligocène supérieure ou miocène inférieure.

La superposition, dans certains sondages que nous avons étudiés, des deux dépôts de sables à lignite, séparés l'un de l'autre par les sables glauconifères, boldériens à pœderliens, permet de résoudre le problème de leur âge de la façon très simple que nous venons d'indiquer.

La limite méridionale du Moséen est, partout, située au nord de celle des sables glauconifères qu'ils surmontent.

La puissance de cette formation augmente du Sud-Est au Nord-Ouest, ainsi qu'on peut le constater entre les failles de Bocholtz et de Richterich et entre celle de Dœnraede et la Feldbiss, si l'on tient compte des érosions quaternaires qui se sont exercées sur ces dépôts, lesquels affleurent immédiatement au sol, ou sous les cailloutis de cette dernière époque.

Si l'on fait abstraction des limons, qui n'ont nulle part une importance bien considérable, on peut dire que les *formations quaternaires* consistent en dépôts de cailloux en majorité rhénans, mais contenant aussi des roches éruptives de la Scandinavie et de l'Eifel.

Ces *cailloutis* peuvent être répartis en trois catégories différentes. D'abord, des dépôts *glaciaires*, se trouvant à toutes les altitudes supérieures à celle de la formation suivante, à laquelle ils sont un peu antérieurs, d'après les recherches des géologues allemands et hollandais.

Viennent ensuite les *cailloutis campiniens*, occupant des terrasses peu élevées au-dessus du niveau de la vallée de la Meuse, qu'elles avoisinent.

Enfin, vient le *gravier hesbayen* du fond de la vallée actuelle de la Meuse.

Le dépôt glaciaire est difficile à séparer nettement des cailloux renfermés dans les Lignites du Rhin et le Moséen, en se basant uniquement sur les descriptions des sondeurs; il n'est donc pas impossible que nous ayions confondu, dans certains sondages, l'un avec les autres.

CHAPITRE VII.

Les failles. Les nappes aquifères.

e jeter un coup d'œil sur les coupes SW.-NE. travail (planches IX à XII), pour constater que failles ne peut être contestée, quoique leur tracé roximatif.

vand, la Faille principale occidentale, une Faille e et la Feldbiss, ont été reconnues, en Allemagne et urg hollandais, par les travaux d'exploitation de la emière et la dernière ont un rejet considérable. ernier de ces accidents, on n'a rencontré de Crétacé s sondages dont nous possédons la coupe.

de la faille de Dœnraede ne paraît pas laisser de s, si l'on examine les coupes G et H (planche X), apparaître nettement son important rejet et la paisseur et de composition des diverses formations e chaque côté par les sondages. Au Nord-Est, n'a traversé aucun sédiment pouvant être rapporté l'Aix-la-Chapelle et de Herve, tandis qu'au Sud-issent des sables argileux et des argiles sableuses, appartenant à la dernière de ces assises. La déni-luite par les failles d'Uersfeld, de Rukker, de de Bocholtz est assez importante également pour que puisse être considérée comme démontrée, d'autant différence d'épaisseur des différentes formations les forages, est assez notable de part et d'autre ous ferons cependant des réserves sur l'existence de sschenhuisen, que nous n'avons tracée que sur la foi s de M. G.-D. Uhlenbrœk. Mais la publication de sa tive, postérieure à celle de la carte que nous avions tre les mains (!), laisse planer un certain doute sur doute auquel nous nous associons. La faille de la constatée aux affleurements par le même géologue,

ENBRŒK. Le sud-est du Limbourg néerlandais. Essai géolo-c. *géol. de Belg.*, t. XXXII, pp. M 151 à 198, pl. V et VI. 19

et la faille de la Gulpe, quoique moins importante que la précédente au point de vue des dénivellations des dépôts secondaires et tertiaires, se manifeste cependant de façon très nette par les différences que présente le Houiller de part et d'autre.

Si l'on remarque que tous les accidents géologiques que nous venons de mentionner séparent des sédiments qui, tous, ont une épaisseur différente des deux côtés de chacun d'eux, on devra en conclure que ces failles se sont probablement produites aussitôt après le dépôt du Houiller, peut-être même après celui des roches rouges, puis se sont accentuées chacune différemment pendant toutes les périodes qui ont suivi, et jusque pendant le Quaternaire, puisque M. E. Holzapfel [1] a mentionné notamment, aux environs de Hœngen, une dénivellation de quarante-quatre mètres du cailloutis de cette période, dénivellation produite par la Sandgewand.

Ces failles sont-elles les seules de direction SE.-NW. qui existent dans la Campine? Nous ne le pensons pas, car des indices sérieux de la présence d'autres accidents de l'espèce, moins importants cependant, se manifestent en plusieurs endroits.

A une faible distance au SW. de la faille de la Gulpe, la limite méridionale des sables moséens abandonne brusquement, ainsi que nous l'avons fait remarquer pp. 718-719 la direction NE.-SW., qu'elle a depuis cette faille, pour prendre, sur plus de trente-cinq kilomètres, une orientation SE.-NW., sensiblement parallèle à la direction générale des accidents tectoniques reconnus vers l'Est. Elle quitte ensuite cette orientation pour devenir, tout au Nord-Ouest, ESE.-WNW., c'est-à-dire sensiblement parallèle à la direction générale des formations secondaires et tertiaires. Il nous paraît que ce double changement d'allure doit être occasionné par une faille sensiblement parallèle aux précédentes, et cette manière de voir se confirme encore davantage, si l'on examine les coupes O et N (planche VIII), dans lesquelles, à la régularité des couches de la région SW., succède brusquement un changement complet d'allure entre les lignes de coupe XI et X.

D'autres changements comparables se manifestent encore dans les coupes Q, P, O (planches VII et VIII), entre les lignes de coupe

[1] E. HOLZAPFEL. Beobachtungen im Diluvium der Gegend von Aachen. *Jahrb. d. K. preuss. geol. Landesanstalt u. Bergakad.*, Bd. XXIV, p. 493, fig., 1903 (1905).

XII et XIII, et font encore supposer l'existence d'une faille de même direction que les précédentes, passant, dans cet intervalle, vraisemblablement à l'est du sondage de Kleine-Heide **e2**.

Enfin, des modifications d'épaisseur du même genre se présentent encore dans les coupes M, L, K et J (planches VIII et IX), entre les sondages d'Eikenberg **b4** et de Donderslag **e6** dans la première, entre ceux d'Asch **Y3** et **Y4** dans la deuxième et entre les lignes de coupe IX et VIII dans les deux dernières ; en outre, la formation houillère, dans les deux forages d'Asch, très rapprochés l'un de l'autre, montre des différences notables, qui ont frappé tous ceux qui se sont occupés des recherches de houille du nord de notre pays. Il semble donc que, là aussi, doive exister une faille à peu près parallèle à celles de la région orientale. Si nous n'avons pas tracé ces trois cassures sur la carte ni sur les coupes, c'est que l'espacement des sondages de cette région, beaucoup plus considérable que celui des recherches du Limbourg hollandais, laisse trop vague leur emplacement.

Il existe encore d'autres fractures dont on a retrouvé le passage aux forages de Beeringen **c2**, de Zittaert **i1**, de Hœlst **l2** et de Maaselhoven **V2** ; mais nous n'avons aucun renseignement, ni sur leur importance, ni sur leur direction.

Indépendamment des grandes cassures SE.-NW. dont nous avons parlé d'abord, il paraît exister de petites failles qui leur seraient perpendiculaires ou obliques, et qui s'y termineraient. Ces fractures seraient du genre de celle que l'on connaît *de visu* dans les exploitations de tufeau de Fauquemont ([1]). En effet, la grande régularité d'allure des couches, que l'on constate dans toutes les coupes SE.-NW. que nous avons tracées, est interrompue, en quelques endroits, par des accidents sans grande importance, du reste. L'un de ceux-ci est visible entre les sondages de Huskenweide **H3** et de Zeswegen **G1**, dans la coupe IV (planche II) ; un autre, entre les recherches de Kasteel **L1** et de Hœve-oude-Bongart **L2**, dans la coupe V (planche III) ; on en observe de même, dans la coupe IX (planche IV), entre les forages de Waterscheid **X3** et de Gelieren **W1** et dans la coupe X (planche IV), entre Winterslag **X2** et Gelieren **W1** ; il est probable que ces deux derniers accidents sont dus à une seule et même fracture.

([1]) G.-D. Uhlenbrœk. *Loc. cit.*, pp. M. 186-188.

Enfin, MM. Fourmarier et Renier supposent que le bassin de la Campine n'est pas dépourvu de failles de refoulement, dont ils trouvent un indice dans une surface de glissement, inclinée de 40° environ, qu'ils ont rencontrée au sondage de Zolder.

Les failles SE.-NW., dont nous avons parlé d'abord, séparent des blocs de terrains dont les uns sont relevés, les autres abaissés par rapport à ceux qui se trouvent au SW. et au NE. L'un de ces blocs présente une grande importance au point de vue de la facilité du creusement des puits de mine. C'est celui qui est compris entre les failles de Richterich et d'Uersfeld. Nous en avions indiqué l'existence probable avant l'exécution des sondages de Dilsen **W3** et de Stockheim **U7**, en nous appuyant sur les recherches effectuées au SE., dans le Limbourg hollandais, et nous avions indiqué comme probable un relèvement du toit du Houiller, d'environ quatre-vingt-dix mètres, par rapport à celui de la région occidentale. Nos prévisions se sont entièrement réalisées.

***

Les renseignements sur les nappes aquifères de la Campine et du territoire voisin à l'Est sont, malheureusement, assez vagues et paraissent avoir été recueillis sans méthode.

Une nappe libre, dont le niveau hydrostatique se trouve à faible distance sous la surface, existe dans le cailloutis hesbayen. Elle a été signalée aux recherches de Lanklaer **Z5**, à +25.50 et de Rœteweide **U4**, à l'altitude de +36.00 ; c'est peut-être encore la même nappe qui existe dans le cailloutis campinien ; elle a été renseignée à Kelgterhof **b8**, à +71.90 et +70.95. Les sables moséens ont été notés aquifères à Ophoven **Z6**, où deux venues d'eau, dont l'inférieure forte, y existeraient à -90.00 et à -147.00. Les sables glauconifères, boldériens à pœderliens, ont donné deux sources jaillissantes à Stockheim **U7**, à -77.40 et à -91.00, et une eau abondante, remontant à la surface, à Rœteweide **U4**, à -40.30, c'est-à-dire à leur base ; ces sables se sont aussi montrés aquifères à Bolderberg **Z2**, à +23.50, +19.50 et +15.50. Le sommet des sables à lignite du Rhin contient une nappe libre à Hout **60**, à +70.35 et il a donné une source jaillissante à Stockheim **U7**, à -134.00, où il est surmonté d'argile boldérienne. Les sables intercalés dans l'argile rupélienne supérieure se sont également signalés comme riches en eau jaillissante à Stein **U5**, à -22.00 et à -58.61 ;

les sables de même âge de Meeswyck **X6** se sont montrés absorbants à -182.00; il en est de même des psammites contemporains de Kelgterhof **b3**, à -172.26 et à -186.50. Les sables tongriens ont donné des eaux jaillissantes à Lanklaer **Z5**, à -237.95, où la pression au sol était d'une atmosphère et demie, et à Hœsselt **M2**, à +33.60 et à +25.40. Enfin, une nappe jaillissante a été renseignée dans les grès bruxelliens à -187.50, à Westerloo **c1**. Toutes ces eaux sont, comme on le voit, peu inquiétantes pour le fonçage des puits de charbonnages, car elles se trouvent à des profondeurs relativement faibles, ne dépassant pas celles des nappes qui ont été rencontrées lors du creusement de nombreux puits de mines.

Il n'en est plus de même de la nappe, jaillissante en certains points, absorbante en d'autres, que l'on a signalée à la base des formations tertiaires et au sommet du Crétacé, dans nombre de recherches dont nous allons donner l'énumération. Les couches qui la renferment sont en partie ébouleuses, en partie peu cohérentes. Nous avons montré, le 21 décembre 1902, que la même nappe aquifère peut être jaillissante en un point, absorbante en un autre, selon que le niveau du sol est inférieur ou supérieur à son niveau hydrostatique et cette constatation, basée sur le principe des vases communiquants, était d'autant plus importante, que plusieurs auteurs avaient admis que l'absorption d'eau, dans un sondage, dénote une zone de terrain dépourvue d'eau (1).

Le niveau géologique auquel nous faisons allusion a fourni de l'eau jaillissante à Stockheim **U7**, à -189.00 ; la pression au sol y était d'une atmosphère ; à Rœteweide **U4**, vers -200.00 ; le débit y était d'environ 1500 m³ par 24 heures ; à Zolder **b1**, à -300.00 ; à Bolderberg **Z2**, à -246.50 ; à Schans **e3**, à -457.00 ; à Ubbersel **a1**, de -344.50 à -346.50 ; à Heppen **h1**, à -389.50 ; la source y débitait 432 m³ par 24 heures ; à Kleine-Heide **e2**, où deux sources d'un débit de 518 m³ chacune par 24 heures ont été signalées à -405.50 et à -518.00 ; à Beeringen **c2**, à -303.00 ; à Pael **e1**, à -395.50 ; à Zittaert **i1**, à -457.50 ; le débit y était de 432 à 576 m³ par 24 heures et le niveau hydrostatique était un peu supérieur au sol ; à Norderwyck **f1**, à -473.94 ; le jaillissement dépassait quinze

(1) Cette manière de voir a été substituée, dans une communication faite avant la nôtre, à l'opinion diamétralement opposée, qui avait été présentée d'abord, sans que l'auteur ait jugé utile de nous citer.

mètres au-dessus du sol ; à Santhoven **j1**, de -494.74 à -501.10 ; le débit y était de 392 m³ par 24 heures et la température, de 26°5 ; enfin à Kessel **d1**, à -414.00. Il est probable que c'est aussi de ce niveau géologique que provient la source rencontrée à Op-Grimby **U2** ; d'après les renseignements fournis par M. Fr. Schoofs [1], l'eau de cette source a une température de 20°5 et elle contient, par litre, gr. 7.392 de matières fixes, séchées à 100°C. L'analyse de ce résidu a donné Cl 3.6916 ; SO^3 0.2044 ; CaO 0.21556 ; MgO 0.08568 ; Fe^2 0.0070 ; NH^3 0.0030 ; en outre, un dégagement gazeux s'est produit à ce sondage ; il était composé presque exclusivement d'azote, avec un peu d'oxygène.

La nappe du même niveau géologique s'est montrée absorbante aux forages de l'E. de Watersleijhof **V4**, à -318.00, de Louwel **f4**, de Lanklaer **Z4**, à -296.50, d'Op-Glabbeek **b5**, à -333.30, de Groote-Heide **a2**, d'Asch **Y3**, de Donderslag **e6**, d'Eikenberg **b4**, à -344.50, de Kelgterhof **b3**, de -257.82 à -310.15 et de Voorter-Heide **d3**.

Ainsi qu'on le voit par ce qui précède, cette nappe est jaillissante dans la région occidentale et absorbante dans la région orientale, où le niveau général du sol est plus élevé.

Un niveau absorbant a été signalé, tout à fait exceptionnellement, à la base de l'assise de Nouvelles, à Hœlst **l2**, à -718.60 et au milieu de cette assise à Zittaert **i1**, à -536.00.

Peu de renseignements ont été donnés sur le sable argileux de l'assise de Herve, qui nous paraît cependant peu perméable, quoiqu'il soit légèrement aquifère en général, attendu que la tête du Houiller qu'il surmonte est généralement très altérée. A Lanklaer **Z5**, cette assise est renseignée comme non aquifère ; par contre, à Lanklaer **a4**, de l'eau, à niveau hydrostatique supérieur au sol, s'y trouvait immédiatement au-dessus du Houiller, à -483.70 ; à Eysdenbosch **X5**, on y a renseigné un jaillissement de 730 m³ par 24 heures, à -313.00 et à Lanaeken **P1**, cette assise a fourni une source jaillissante, salée et chaude, à -202.60

Les roches rouges ont donné une source, salée également, à Eelen **d4**, de -602 à -619.10.

Enfin, de l'eau jaillissante, salée encore, s'est manifestée dans une fente du Houiller, au forage de Beeringen **c2**, à -980.28. Les échantillons en provenant que nous avons pu voir, renfermaient

[1] Fr. Schoofs. Analyse de l'eau d'une source minérale thermale à Op-Grimby. *Bull. Soc. scient. et litt. du Limbourg, à Tongres*, t. XXI, 1903.

e, formée presque exclusivement de cristaux de
ium. Cette eau a été essayée par MM. J. Delaite,
Lance, de Hanovre et l'analyse a donné les résul-

nalyse de l'eau, par M. J. Delaite.

1 suspension dans l'eau . gr.	1.24	par litre
e, desséché à 120° C	25.67	—
fer et d'alumine	0.02	—
O)	1.45	—
Mg O)	0.55	—
e sodium	19.00	—

enées par l'eau de source, pendant le travail de ées au tamis.

Analyse de M. J. Delaite.

la dessication à 120°	82.06 %
nsolubles dans l'eau	5.84 %
O)	4.90 %
(Mg O)	1.67 %
le sodium (*Na Cl*)	78.24 %

Analyse de M. G. Lance.

	Matière brute	Matière desséchée
le sodium ($NaCl$) . . .	56.50	78.47
magnésium ($MgCl^2$) .	2.80	3.88
calcium ($CaCl^2$) . . .	7.83	10.45
ny^dre^ de calcium ($CaSO^4$) .	0.48	0.66
nsolubles dans l'eau . .	4.56	6.33
. . . .	28.00	0.00
	100.17	99.79

le remplissage de la faille houillère de Beeringen
rouges renfermant une aussi forte proportion de
permettre de supposer que le Permo-Triasique
igine, bien au sud de sa limite méridionale actuelle,
ère, et qu'il n'a disparu, vers le Sud, que par suite
st-triasiques et ante-crétacées.

CHAPITRE VIII.

Conclusions.

Résumons le plus rapidement possible les résultats que nous avons obtenus par l'étude des forages exécutés en Campine, dans le Limbourg hollandais et sur le territoire allemand avoisinant.

La formation houillère n'y comprend pas de Stéphanien, mais uniquement du Westphalien ; elle peut être divisée en trois zones nettement caractérisées : l'inférieure est pauvre en houille et la teneur de celle-ci en matières volatiles y paraît inférieure à 20 °/₀ ; la zone moyenne est stérile ; quant à la zone inférieure, elle contient de nombreuses couches et veinettes de houille, ayant une teneur en gaz comprise entre 20.2 et 47.1 °/₀. Le Houiller ne paraît pas former un synclinal unique, mais trois bassins peu profonds, séparés par des crêtes surbaissées : le plus méridional serait presque seul représenté dans le Limbourg néerlandais ; celui qui lui succède au Nord formerait à peu près la totalité du bassin de la Campine, à l'exception cependant de sa région occidentale, où se dessine une troisième cuvette, que l'on n'a pas suivie très loin vers l'Est, mais qui paraît cependant encore indiquée entre les failles de Bocholtz et de Richterich.

Les roches rouges qui surmontent le Houiller vers le Nord semblent appartenir, partie au Permien, partie au Triasique, mais non au Houiller supérieur. Elles reposent en discordance très faible sur le Westphalien supérieur et ne sont pas limitées au Sud par une faille.

L'assise de Herve, en y comprenant celle d'Aix-la-Chapelle, est composée presque exclusivement de sable argileux et d'argile sableuse, glauconifères ; elle paraît peu aquifère ; elle diminue de puissance du Nord au Sud et de l'Est à l'Ouest. Les sondages les plus occidentaux ne l'ont pas rencontrée.

L'assise de Nouvelles est formée de craie très argileuse, pas très fine, en partie durcie ; elle semble contenir très peu de crevasses en Campine et y être presque, sinon tout à fait imperméable.

L'assise de Spiennes et l'étage maestrichtien ne comprennent que de la craie grossière, du tufeau riche en bryozoaires et des couches subcontinues ou des lentilles de silex ; ils paraissent

rme nappe d'eau, jaillissante dans les endroits
sol est peu élevé, absorbante dans ceux où son
considérable.

élève jusque dans les étages éocènes heersien
semblent contenir plusieurs assises de sables
gileux et calcarifères, boulants ; la traversée de
es puits de mine présentera des difficultés qui
été rencontrées dans la pratique, à notre connais-

ste, en Campine, sauf au voisinage de la Meuse,
nte d'argile grise, contenant, vers l'Ouest, des
Cette argile, qui peut être considérée comme
ninue d'épaisseur vers le Sud-Est, mais elle reste
vers le Nord-Est. Il est vraisemblable que les
présien à laekénien, qui forment incontestable-
férieure vers l'Ouest, se continuent au Nord-Est,
-être jusque en Westphalie, où cette masse d'ar-
avec des caractères identiques à ceux que l'on
que.

rieure de cette argile, appartenant à l'Oligocène,
ntée au SE. La région tout à fait NE. de la Cam-
g hollandais et le territoire allemand avoisinant
e Heersien, de Landénien et de la partie infé-
se argileuse dont il vient d'être question. En
rouve des dépôts sableux, tongriens et rupéliens
ntés d'argile rupélienne supérieure et passant
s l'Est, aux Lignites du Rhin proprement dits.
donc oligocènes et, peut-être aussi, miocènes

région envisagée, l'argile rupélienne ou les
sont surmontés de sables glauconifères, miocènes
sont recouverts eux-mêmes de sables lignitifères,
enir au Pliocène supérieur, et auxquels on a
ue, le nom de sables moséens. Ces sables, iden-
nposition aux vrais Lignites du Rhin, ont souvent
ec eux et ont occasionné des divergences d'opinion
de ces derniers.

voisinage de la Meuse, des cailloutis quaternaires
oques affleurent directement au sol ; les plus

anciens, limités au Limbourg hollandais et à l'Allemagne, appartiennent à la période glaciaire ; ils se trouvent à des altitudes très variables, et supérieures, en tous cas, à celles des suivants. Les deuxièmes sont la continuation du dépôt des terrasses de la vallée de la Meuse ; ils sont à un niveau un peu plus élevé que celui des troisièmes, que l'on peut suivre depuis la région envisagée jusque dans le fond de toute la vallée de la Meuse, plus au Sud.

La région orientale de la Campine, le Limbourg hollandais et la partie avoisinante du territoire allemand sont traversés par un grand nombre de failles orientées du SE. au NW. et qui divisent toute la région considérée en une série de blocs de terrain, ayant chacun une composition particulière et une épaisseur de couches secondaires, tertiaires et quaternaires, différente de celle des lambeaux avoisinants. Ces failles ont dû prendre naissance aussitôt après la période westphalienne ou, tout au moins, après le Trias ; elles ont continué à s'accentuer, chacune de façon différente, pendant toutes les époques qui ont suivi, jusque et y compris le Quaternaire.

Ce réseau de cassures semble se continuer à travers toute la vallée du Rhin jusqu'en Westphalie, ainsi que le montrent, notamment, les sondages effectués aux environs d'Erkelenz, la disposition du Permo-Triasique entre les confluents de la Lippe et de la Ruhr avec le Rhin et les fractures qui limitent la vallée du Rhin vers l'Est.

C'est à l'accentuation de ces failles, qu'il faut vraisemblablement attribuer le grand développement que prennent, vers le Sud-Est, les sables à lignite de la vallée du Rhin, qui s'étendent jusqu'au-delà de Bonn dans cette direction, alors que, en Westphalie, ils ne dépassent pas Essen vers le Sud.

Mais il est à remarquer que ces dépôts tertiaires reposent justement sur un anticlinal transversal primaire, connu sous le nom de *selle de Worringen*. Il semble donc que la direction de la vallée du Rhin soit due à la fracturation et à l'effondrement de cet anticlinal. On observe, en effet, qu'au nord-ouest de Bonn, cette vallée coïncide à peu près avec l'axe de l'anticlinal en question. La direction du fleuve, ainsi que celle de ses principaux affluents est également parallèle aux failles reconnues dans le Limbourg, dans l'est de la province de Liége et au voisinage de la plaine du Rhin.

Dans le prolongement, vers le Sud-Est, du golfe de Lignites du Rhin dont il vient d'être question, se trouve la région des volcans éteints de l'Eifel et des Sept-Montagnes. En continuant vers le Sud-Est la direction des failles dont nous venons de parler, on y aboutit également.

Nous pensons que les fractures qui ont permis les éruptions volcaniques de cette région ne sont que la continuation de celles que nous avons signalées au NW. Par comparaison, ainsi que l'a fait remarquer M. Lohest, nous nous demandons si l'on ne pourrait pas attribuer aussi à la rupture d'une voûte, l'invasion de la mer oligocène vers la région volcanique de l'Auvergne, dont l'analogie avec celle que nous venons d'envisager, frappe immédiatement, si l'on jette les yeux sur une carte géologique de l'Europe.

La faille de la Geule est minéralisée aux environs de Bleyberg, et tous les gîtes métallifères de la région de Moresnet, s'étendant jusque la vallée de la Vesdre et même au-delà, sont compris dans des fractures parallèles à cette dernière faille ; d'autres cassures de même orientation, mais non minéralisées, existent encore dans le Houiller et le Crétacé du Pays de Herve, notamment à l'est de Battice. Il nous paraît que l'effondrement de la selle de Worringen est aussi la cause première de la formation de ces cassures stériles ou minéralisées.

Ces observations confirment donc les théories qui supposent des relations entre les phénomènes volcaniques, l'origine des gîtes métallifères, les failles normales, les effondrements et les retours des mers et l'on en trouverait difficilement un exemple plus démonstratif.

Enfin, la géographie physique de la partie orientale du Limbourg belge, si différente de celle du restant de la basse Belgique, apparait aussi comme une conséquence de l'accentuation des failles. Alors que, dans tout le nord de notre pays, les fleuves, rivières et ruisseaux ont un écoulement lent, tranquille, dans des lits à peine marqués, dans l'est de la Campine, dans le Limbourg néerlandais et dans tout le Pays de Herve, au contraire, les cours d'eau s'écoulent assez rapidement dans des vallées passablement encaissées, rappelant celles de la région primaire. Cette particularité semble due à l'affaissement, pendant le Quaternaire, de certains blocs de terrains, compris entre les fractures dont il vient d'être question et, par suite, à l'abaissement continu du niveau de la Meuse.

Tels sont, en résumé, les principaux résultats scientifiques que l'on peut déduire de l'étude d'ensemble des résultats des sondages de la Campine, du Limbourg néerlandais et de la partie orientale du territoire allemand.

Table des Matières

PROCÈS-VERBAUX.

2me question : Les applications de la paléontologie à la géologie appliquée.

3me question : Origine des combustibles fossiles.

5me question : Gisements filoniens.

6me question : Hydrologie.

7e Questions diverses

Erratum

exte, remplacer « géologie » par « Geologie ».
rtir du bas, remplacer « géologie » par « Geologie ».
rtir du bas, remplacer « trachite » par « trachyte ».
placer « Abbadio » par « Abbadia ».
rtir du bas, remplacer « Co_2 » par « CO_2 ».
rtir du bas, remplacer « **Abbadio** » par « **Abbadia** ».
rtir du bas, remplacer « Impolias » par « Infralias ».
placer « gaecstro » par « Gallestro ».
placer « la phtanite sous-jacente » par « le phtanite sous-
ent ».
placer « bachures » par « bacnures ».
rtir du bas, remplacer « Schlouchenzone » par « Schluchten-
e ».
rtir du bas, remplacer « zône » par « zone ».
placer « Schiéma » par « Schéma »;
rtir du bas, supprimer « vous ».
n de la figure, remplacer « Grünewald » par « Grunerwald »
n de la figure, remplacer « canal de la Teltow » par
nal de Teltow ».
placer « naturels » par « purs ».
rtir du bas, remplacer « désarticulées » par « brisées ».
rtir du bas, remplacer « Seftenberg » par « Seuftenberg ».
rtir du bas, remplacer « *Rieselkohl* » par « *Rieselkohle* ».
placer **U3** par **U3'**.
de M. Smeysters, ajouter « Echelle de 1 à 80 000 ».
e de M. Smeysters, ajouter « Echelle de 1 à 40 000 ».
émoire de M. Smeysters, ajouter « Echelle de 1 à 10 000 ».